AF357365

HISTOIRE NATURELLE

DES

ANIMAUX SANS VERTÈBRES.

TOME DIXIÈME.

OUVRAGES DE LAMARCK

QUI SE TROUVENT CHEZ J.-B. BAILLIERE.

PHILOSOPHIE ZOOLOGIQUE, ou Exposition des considérations relatives à l'Histoire naturelle des animaux, à la diversité de leur organisation, et des facultés qu'ils en obtiennent, aux causes physiques qui maintiennent en eux la vie, et donnent lieu aux mouvemens qu'ils exécutent; enfin à celles qui produisent, les unes le sentiment, et les autres l'intelligence de ceux qui en sont doués; *deuxième édition*. Paris, 1830, 2 vol. in-8.   12 f.

SYSTÈME ANALYTIQUE DES CONNAISSANCES POSITIVES DE L'HOMME restreintes à celles qui proviennent directement ou indirectement de l'observation. Paris, 1830, in-8.   6 f.

MÉMOIRE SUR LES FOSSILES DES ENVIRONS DE PARIS, comprenant la détermination des espèces qui appartiennent aux animaux marins sans vertèbres, et dont la plupart sont figurés dans la collection du Muséum. Paris, in-4. 10 f.

EXTRAIT DU COURS DE ZOOLOGIE du Muséum d'Histoire naturelle, sur les animaux sans vertèbres. Paris, 1812, in-8.   2 f. 50 c.

Imprimé chez PAUL RENOUARD, rue Garancière, 5.

HISTOIRE NATURELLE

DES

ANIMAUX SANS VERTÈBRES,

PRÉSENTANT

LES CARACTÈRES GÉNÉRAUX ET PARTICULIERS DE CES ANIMAUX,
LEUR DISTRIBUTION, LEURS CLASSES, LEURS FAMILLES, LEURS
GENRES, ET LA CITATION DES PRINCIPALES ESPÈCES QUI S'Y
RAPPORTENT ;

PRÉCÉDÉE

D'UNE INTRODUCTION

Offrant la Détermination des caractères essentiels de l'Animal, sa Distinction du végétal et des
autres corps naturels; enfin, l'Exposition des principes fondamentaux de la Zoologie.

PAR J. B. P. A. DE LAMARCK,

MEMBRE DE L'INSTITUT DE FRANCE, PROFESSEUR AU MUSÉUM D'HISTOIRE NATURELLE.

Nihil extrà naturam observatione notum.

DEUXIEME ÉDITION.

REVUE ET AUGMENTÉE DE NOTES PRÉSENTANT LES FAITS NOUVEAUX
DONT LA SCIENCE S'EST ENRICHIE JUSQU'A CE JOUR ;

Par MM.

G. P. DESHAYES ET H. MILNE EDWARDS.

TOME DIXIÈME.

HISTOIRE DES MOLLUSQUES.

A PARIS,

CHEZ J.-B. BAILLIÈRE,

LIBRAIRE DE L'ACADÉMIE ROYALE DE MÉDECINE,

RUE DE L'ÉCOLE DE MÉDECINE, 17.

A LONDRES, H. BAILLIÈRE, 219, REGENT STREET.

1844.

HISTOIRE NATURELLE

DES

ANIMAUX SANS VERTÈBRES.

LES PURPURIFÈRES.

Coquille ayant un canal court, ascendant postérieure-
ment, ou une échancrure oblique en demi-canal, à la base
de son ouverture, se dirigeant vers le dos.

Les *Purpurifères* n'ont presque plus de canal à la base
de leur ouverture, ou n'en ont qu'un qui est court, soit
ascendant postérieurement, soit recourbé vers le dos de
la coquille ; la plupart même n'offrent à la base de l'ouverture qu'une échancrure oblique, dirigée en arrière, et
qui est très apparente, lorsqu'on regarde la coquille du
côté du dos. Il paraît que toutes les coquilles des *Purpu-*
rifères sont operculées.

Cette famille est nombreuse en races diverses, et embrasse au moins onze genres, qu'il a été nécessaire d'établir pour en faciliter l'étude et la connaissance. Je lui ai
donné le nom de *Purpurifère*, parce que les Trachélipodes
qui ont produit les coquilles qu'elle comprend, et surtout
ceux du genre Pourpre, contiennent dans un réservoir
particulier cette matière colorante dont les Romains formaient cette belle couleur si connue, et qui n'est plus en
usage depuis la découverte de la cochenille.

Voici la manière dont nous divisons cette famille :

(1) *Un canal ascendant, ou recourbé vers le dos.*

> Cassidaire.
> Casque.

(2) *Une échancrure oblique, dirigée en arrière.*

> Ricinule.
> Pourpre.
> Licorne.
> Concholépas.
> Harpe.
> Tonne.
> Buccin.
> Éburne.
> Vis.

[La famille instituée par Lamarck, sous le nom de *Pur-puriferes*, est incontestablement très naturelle, et renferme tous les genres qu'elle devait contenir à l'époque où elle a été créée pour la première fois. Tout en la conservant, elle doit actuellement subir quelques modifications devenues nécessaires par les progrès de la science. Déjà dans plusieurs occasions, nous avons passé en revue les différens genres adoptés par Lamarck, et rangés dans sa famille des *Purpuriferes*, et cet examen nous a conduit aux conséquences suivantes :

Les genres Ricinule, Pourpre, Licorne, Concholépas, ne constituent en réalité qu'un seul genre, dont toutes les parties sont liées par des espèces transitoires. Le genre Buccin, dont Lamarck avait d'abord séparé les Nasses, a besoin de réformes radicales, qui s'appuieront sur les observations de O. Müller et de Fabricius, et ensuite sur celles de MM. Quoy et Gaimard. Nous-même avons eu occasion d'observer vivantes un assez grand nombre d'espèces de Buccin, et nous comprenons actuellement que ce genre doit être divisé en plusieurs autres. Nous avons cru, à une autre époque, qu'il serait nécessaire de détacher le genre Colombelle de la famille des Columellaires, pour le faire entrer dans celle des *Purpurifères;* mais la comparaison que nous avons faite des animaux de plusieurs espèces de Colombelle avec ceux des Mitres, nous fait renoncer à cette opinion, en admirant une fois de plus cette profonde sagacité de Lamarck qui a si souvent deviné les rapports naturels des genres.

J. Sowerby, dans son *Genera of Shells*, a proposé depuis assez long-temps de démembrer le genre Cassidaire, d'en séparer un genre qu'il nomme *Oniscia*, et qui a pour type le *Strombus Oniscus* de Linné, *Cassidaria Oniscus* de Lamarck. Nous avions d'abord rejeté ce genre, le croyant lié aux Cassidaires par quelques espèces intermédiaires, soit vivantes, soit fossiles ; mais de nouvelles espèces s'étant jointes au petit nombre de celles qui étaient connues , la constance des caractères s'est manifestée d'une manière assez forte, pour nous déterminer à accepter le nouveau genre du zoologiste anglais.

Plusieurs personnes ont proposé d'ajouter encore d'autres genres à ceux de Lamarck dans la famille des *Purpurifères*. Le genre Trichotrope de Sowerby paraît, en effet, devoir prendre place parmi les *Purpurifères*. Malheureusement nous n'avons pu encore recueillir de renseignemens suffisans sur l'animal de ce genre intéressant, et nous pensons qu'il ne faut l'admettre, à côté des Pourpres, que d'une manière provisoire.

On a parlé aussi des genres *Magilus*, *Leptoconchus*, quoiqu'il paraisse extraordinaire de les introduire dans la famille des Pourpres; cependant si l'on s'en rapporte aux observations de MM. Ruppell et Leukard, ainsi qu'à celles de M. Carus, les animaux auraient tous les caractères convenables pour y être introduits, et leur singulière coquille serait fermée par un opercule semblable à celui des Poupres. Dès-lors, la famille des Purpuracées devrait se composer des genres suivans :

Cassidaire.
Casque.
Oniscie.
Pourpre (Ricinule, Licorne, Concholépas).
Trichotropis.
Magile.
Leptoconque.
Harpe.
Tonne.
Tritonium.
Buccin.
Nasse.
Éburne.
Vis.]

____

(1) *Un canal ascendant, ou recourbé vers le dos.*

CASSIDAIRE (Cassidaria.)

Coquille ovoïde ou ovale-oblongue. Ouverture longitudinale, étroite, terminée à sa base par un canal courbé, subascendant. Bord droit muni d'un bourrelet ou d'un repli; bord gauche appliqué sur la columelle, le plus souvent rude, granuleux, tuberculeux ou ridé.

Testa obovata vel ovato-oblonga. Apertura longitudinalis, angustata, in canalem curvum, subascendentem basi desinens. Labrum marginatum seu margine replicatum; labium columellam obtegens, sæpiùs asperulum, granulosum, tuberculatum vel rugosum.

OBSERVATIONS. — Le genre des Cassidaires comprend des coquillages très voisins des Casques par leurs rapports, mais qui n'en ont pas complétement les caractères. Il importe donc de les en séparer, afin de pouvoir circonscrire plus nettement et avec précision chacun de ces genres, lesquels forment évidemment des coupes particulières.

La coquille des Cassidaires est en général moins bombée que celle des Casques ; mais ce qui la distingue principalement de celle-ci, c'est que le canal plus ou moins court qui termine inférieurement son ouverture n'est point replié brusquement vers le dos, et n'offre qu'une légère courbure, c'est-à-dire n'est qu'un peu ascendant.

La spire des Cassidaires est courte, conoïde, composée de tours convexes, et ne présente point de bourrelets persistans. Le bord gauche est apparent, appliqué sur la columelle, et presque toujours chargé de petits tubercules oblongs, transverses, rugiformes, qui concourent à caractériser ces coquillages.

Les Cassidaires sont des coquilles marines que leurs rapports avec les Casques, les Harpes, les Buccins, etc., font nécessairement rapporter à la famille des Purpurifères.

[Le genre Cassidaire étant actuellement démembré, les caractères que lui a imposés Lamarck doivent être nécessairement modifiés, et voici de quelle manière nous proposons de les exposer :

Animal rampant sur un pied, large, ovalaire, subtronqué en avant, et portant en arrière un opercule corné, oval, oblong, à sommet interne, situé vers le tiers supérieur de sa longueur ; le nucléus est étroit, et il occupe la moitié de la surface inférieure. Cet opercule est lisse, et il est formé, comme dans les *Pourpres*, d'élémens subécailleux. La tête est assez grosse et épaisse ; elle est portée par un cou cylindrique, et se termine en avant par une paire de tentacules allongés et coniques, à la base externe desquels se trouvent les yeux. La bouche se voit en dessous de la tête ; elle est en forme de boutonnière, et elle laisse passer une trompe cylindracée à laquelle l'animal donne quelquefois la longueur de son pied.

Coquille ovale, renflée, à spire médiocre, beaucoup plus courte que le dernier tour ; celui-ci terminé à sa base en un canal assez long, courbé, subascendant, à peine échancré à son extrémité ; ouverture longitudinale, rétrécie à ses extrémités, peu large dans le milieu ; columelle en *S* italique très allongée, revêtue d'un large bord gauche détaché à sa base en une large expansion foliacée ; bord droit épaissi, renversé en dehors, tantôt simple, tantôt plissé, dentelé en dedans.

La forme de l'ouverture est, comme on le voit, la principale différence qui existe entre les Cassidaires et les Oniscies ; et ce qui distingue éminemment les Casques des deux genres en question, c'est qu'ils ont à la base une échancrure profonde, très courte, tout-à-fait comparable à celle des Buccins. Le canal terminal des Cassidaires les rattache à la famille des Murex. Ce canal disparaissant dans les Oniscies, on arrive à l'échancrure des Casques par des nuances peu sensibles. Cependant nous devons ajouter que l'animal des Casques ne diffère en rien d'important de celui des Cassidaires, ce qui nous laisse la conviction que l'on trouvera sans doute un peu plus tard des espèces intermédiaires, qui détermineront les conchyliologues à réunir deux genres qu'ils ont quelque raison de maintenir tous deux dans la méthode.

Nous ne connaissons actuellement que deux espèces vivantes de véritables Cassidaires : la Cassidaire striée et la Cassidaire échinophore ; car nous joignons à cette dernière la Cassidaire tyrrhénienne, qui, en réalité, en est une variété ; nous avons réuni dans notre collection toutes les variétés nécessaires pour donner la preuve de ce que nous avançons. Les espèces fossiles sont plus nombreuses ; nous en comptons quatre aux environs de Paris : il y en a une cinquième à Dax, et une sixième en Italie et en Sicile ; mais celle-ci est l'analogue du *Cassidaria echinophora.*]

ESPECES.

1. Cassidaire échinophore. *Cassidaria echinophora.* Lamk. (1)

> *C. testá ovato-globosá, ventricosá, cinguliferá, supernè infernèque striatá, pallidè fulvá; cingulis quatuor aut quinque tuberculiferis; spiræ anfractibus angulatis : angulo tuberculis crenato.*

---

(1) Je rapporte à cette espèce le *Buccinum nodosum* de Dillwyn, parce qu'il est une simple variété intermédiaire entre lui et le *Tyrrhenum.* Cette variété, après avoir été mentionnée

Buccinum echinophorum. Lin. Syst. nat. éd. 12. p. 1198. Gmel. p. 3471. n° 9.

Lister. Conch. t. 1003. f. 68. et pl. 1011. f. 71.

Bonanni. Recr. 3. f. 18. 19.

Rumph. Mus. t. 27. f. 1.

Gualt. Test. t. 43. f. 3.

D'Argenv. Conch. pl. 17. fig. P. et Zoomorph. pl. 3. fig. H.

Favanne. Conch. pl. 26. fig. E 3. et pl. 70. fig. P 1.

Seba. Mus. 3. t. 68. f. 18. et t. 70. f. 2.

Knorr. Vergn. 1. t. 17. f. 1.

Born. Mus. p. 238. Vign. fig. a. b. et p. 242.

Martini. Conch. 2. Vignette. p. 10. f. 3. et t. 41. f. 407. 408.

Cassidea echinophora. Brug. Dict. n° 19.

Cassidaria echinophora. Encycl. pl. 405. f. 3. a. b.

* *Murex.* Belon de Aquat. p. 416.

* Rondel. Hist. des Poiss. p. 64.

* Gesner de Crust. p. 252. f. 2.

* Aldrov. de Testac. p. 398. et 399. f. 1.

* *Fossile.* Scilla la vana specul. pl. 15. f. 2.

* Ginanni. Op. post. t. 2. pl. 5. f. 43.

* Mus. Gottv. pl. 25. f. 164. pl. 27. f. 186.

* Blainv. Malac. pl. 23. f. 2.

* *Buccinum echinophorum.* Herbst. Hist. Verm. pl. 47. f. 2.

* *Id.* Delle Chiaje, dans Poli Testac. t. 3. 2° p. p. 53. pl. 48.

* Lin. Syst. nat. éd. 10. p. 735.

* Lin. Mus. Ulric. p. 661.

* Barrelier. Plant. per Ital. pl. 1325. f. 11.

* *Echinora tuberculosa.* Schum. Nouv. Syst. p. 249.

* *Buccinum echinophorum.* Schrot. Einl. t. 1. p. 313. n° 6.

* *Id.* Olivi Adriat. p. 143.

* *Id.* Dillw. Cat. t. 2. p. 586. n° 9.

* *Buccinum nodosum.* Dillw. Cat. t. 2. p. 586. n° 10.

* *Buccinum strigosum.* Gmel. p. 3472. n° 26.

* Schrot. Einl. t. 1. p. 380. *Buccinum.* n° 97.

* Payr. Cat. des Moll. de Corse. p. 152. n° 365.

* Blainv. Faun. franç. p. 198. n° 1. pl. 7. B. f. 3.

---

par Gmelin dans la *Synonymie de l'Échinophore*, est reprise par lui sous le nom de *Buccinum strigosum*, ce qui constitue ainsi un double emploi qu'il faut faire disparaître.

* Sow. Genera of Shells. f. 1.
* *Cassidaria tyrrhenum.* Sow. loc. cit. f. 2.
* *Buccinum echinophorum.* Wood. Ind. Test. pl. 22. f. 9.
* *Cassidaria echinophora.* Kiener. Spec. des Coq. p. 4. n° 1. pl. 1. f. 2.
* Reeve. Conch. Syst. t. 2. p. 210. pl. 252. f. 1.
* Desh. Exp. sc. de Morée. Zool. p. 193. n° 327.

Habite les mers Méditerranée et Adriatique. Mon cabinet. Coquille bombée, légèrement transparente, et cerclée sur le dos : la plupart des cercles chargés de tubercules verruciformes. Longueur : près de 4 pouces.

2. Cassidaire tyrrhénienne. *Cassidaria tyrrhena.* Lamk. (1)

C. testá ovatá, transversìm sulcatá, fulvo-rufescente; spiræ anfractibus convexis, ultimo anfractu supernè sulco unico noduloso; aperturá albá; columellá rugoso-tuberculatá.

---

(1) On ne peut s'y tromper : cette espèce a été connue de Linné, inscrite et décrite par lui dans son *Mantissa plantarum,* p. 549, sous le nom de *Buccinum rugosum.* Ce nom de Linné doit donc être préféré à celui de Chemnitz, adopté depuis par tous les auteurs, Gmelin, Bruguière, Lamarck, etc. Dillwyn est excepté, parce qu'il est, en effet, le premier qui ait restitué à l'espèce son nom linnéen. Selon sa coutume, Gmelin fait pour cette espèce plusieurs doubles emplois; il en fait d'abord une variété de l'*Echinophorum* avec la figure 160 de Bonanni; il la reproduit ensuite sous le nom de *Buccinum Tyrrhenum* emprunté à Chemnitz, mettant encore la figure 160 de Bonanni dans cette synonymie; enfin, cette même coquille est encore mentionnée sous le nom de *Buccinum ochroleucum*, établi pour la figure de Gualtieri.

M. Philippi réunit sous le nom de *Tyrrhena* les deux espèces de Linné, de Lamarck, et de la plupart des conchyliologues; il pense, en effet, que le *Cassidaria echinophora* est une variété du *Tyrrhena*, et en cela nous partageons son opinion. Seulement nous observerons que le *Buccinum echinophorum* a été institué par Linné, dès la 10ᵉ édition du *Systema,* tandis que le *Buccinum tyrrhenum* est une espèce de Chemnitz, de beaucoup postérieure à celle de Linné. Dans une bonne nomenclature, l'es-

Lister. Conch. t. 1011. f. 71. e.

Bonanni. Recr. 3. f. 160.

Gualt. Test. t. 43. f. 2.

Favanne. Conch. pl. 26. fig. E. 1. E 2.

Chemn. Conch. 10. t. 153. f. 1461. 1462.

Cassidea tyrrhena. Brug. Dict. n° 21.

Buccinum tyrrhenum. Gmel. p. 3478. n° 180.

Cassidaria tyrrhena. Encycl. pl. 405. f. 1. a. b.

* *Buccinum echinophorum.* Var. γ. Gmel. p. 3472.

* *Buccinum ochrolencum.* Gmel. p. 3477. n° 32.

* Payr. Cat. des Moll. de Corse. p. 153. n° 306.

* *Cassidaria tyrrhena* et *echinophora.* Phil. Enum. Moll. Sicil. p. 216.

* Blainv. Faun. franç. p. 200. n° 2. pl. 7 B. f. 4.

* Kiener. Spec. des Coq. p. 5. n° 2. pl. 1. f. 1.

* Reeve. Conch. Syst. t. 2. p. 210. pl. 210. pl. 252. f. 2. 3.

* *Buccinum tyrrhenum.* Delle Chiaje, dans Poli Testac. t. 3. 2° part. p. 54. pl. 48. f. 5.

* *Plaucus.* de Conch. Min. not. ap. pl. 4. f. A. *cum paguro.*

* Crouch. Lamk. Conch. pl. 18. f. 6.

* Ginnani. Op. post. t. 2. pl. 5. f. 44.

* *Buccinum tyrrhenum.* Wood. Ind. Test. pl. 22. f. 11.

Habite la Méditerranée, particulièrement la mer de Toscane. Mon cabinet. Coquille élégamment et régulièrement sillonnée, un peu transparente, et bien distincte de celle qui précède, n'ayant qu'une seule rangée de nodosités. Longueur : 3 pouces 9 lignes.

3. Cassidaire cerclée. *Cassidaria cingulata.* Lamk.

C. testá ovatá, cingulatá, albo-rufescente; anfractibus convexis supernè subangulatis; caudá longiusculá.

Martini. Conch. 3. t. 118. f. 1083.

An buccinum caudatum? Gmel. p. 3471. n° 6.

* *Fusus cutaceus.* Lamk. Encycl. méth. t. 7. Expl. des planches. pl. 427. f. 4.

* *Triton undosum.* Kiener. Spec. des Coq. p. 44. n° 35. pl. 6. f. 2.

* *Buccinum caudatum.* Wood. Ind. Test. pl. 22. f. 8.

Habite... Mon cabinet. Elle semble avoir quelques rapports avec le *Triton cynocephalum.* Longueur : 2 pouces 2 lignes.

---

pèce qui nous occupe doit reprendre le nom de *Cassidaria echinophora,* et le *Tyrrhena* doit prendre rang parmi ses variétés.

4. Cassidaire striée. *Cassidaria striata*. Lamk.

> *C. testá ovatá, transversìm et elegantissimè striatá, albido-cineras-*
> *cente; anfractibus convexiusculis, spirá abbreviatá, subcancellatá;*
> *caudá brevi; labro crasso, intùs sulcato.*

Encycl. pl. 4o5. f. 2. a. b.

* Kiener. Spec. des Coq. p. 6. n° 3. pl. 2. f. 3.

* Desh. Encycl. méth. Vers. t. 2. p. 208. n° 1.

Habite... Elle vient d'une collection de Lisbonne. Mon cabinet. Columelle un peu plissée. Longueur: 20 lignes.

5. Cassidaire cloporte. *Cassidaria oniscus*. Lamk. (1)

> *C. testá parvulá, crassá, costis tribus nodosis cinctá, albo spadiceo*
> *fuscoque variá, subtùs rubrá; spirá caudáque brevissimis; colu-*
> *mellá granulosá; labro intùs dentato et sulcato.*

---

(1) Linné dit, dans sa courte description de cette espèce, qu'elle
a l'ouverture blanche. Lamarck dit qu'elle est rouge; et cependant il admet, dans sa *Synonymie*, les figures d'une coquille
dont l'ouverture est toujours blanche. Il y a deux espèces très
voisines qui se distinguent facilement par la couleur de l'ouverture et les dentelures du bord droit. Ces espèces sont toujours
confondues à ce point, que dans le plus grand nombre des auteurs modernes, c'est cette espèce à bouche rose qui est donnée
pour l'*Oniscus*; nous la séparons sous le nom d'*Oniscia Lamarckii*, et, en comparant la synonymie des deux espèces, on remarquera facilement ce qui doit être supprimé de l'*Oniscus* de
Lamarck.

Le genre Oniscie a été proposé, pour la première fois, par
Sowerby, dans son *Genera of Shells*; la plupart des naturalistes anglais ont adopté ce démembrement des Cassidaires, tandis
que la plupart des conchyliologues français ne l'ont admis que
d'une manière provisoire. En effet, les coquilles du genre Oniscie, rapportées par Lamarck à son genre Cassidaire, en présentent les principaux caractères; et cette opinion d'un homme
aussi clairvoyant dans la science a été cause sans doute que l'on
a attendu, avant de se décider à accepter le nouveau genre en
question. Il nous semblait nécessaire que des caractères tirés de
l'animal se joignissent à ceux que fournissent les coquilles. On
pouvait croire que des espèces intermédiaires viendraient com-

Strombus oniscus. Lin. Syst. nat. éd. 12. p. 1210. Gmel. p. 3514.
n° 18.

bler la lacune entre les Cassidaires proprement dites et les Oniscies, et déjà l'on pouvait regarder comme un de ces intermédiaires le *Cassidaria striata*; mais depuis, quelques espèces sont
venues s'ajouter à celles qui étaient déjà connues, et la constance
dans leurs caractères nous détermine actuellement à accepter
dans la méthode le genre Oniscie de Sowerby.

Genre **ONISCIE** (*Oniscia*).

Caractères génériques : Coquille oblongue, subcylindrique
un peu conoïde, à spire courte, obtuse au sommet, rétrécie à la
base; ouverture longitudinale, étroite, à bords parallèles; columelle droite, simple, revêtue d'un bord gauche assez large et
granuleux; bord droit épaissi, dentelé, renflé dans le milieu;
canal terminal court, étroit, à peine échancré.

Animal inconnu. Opercule ?

Linné ne connut qu'une seule espèce du genre Oniscie, et il
la rapporta à son genre *Strombus*, quoiqu'elle n'en ait pas les
caractères. Bruguière, le premier, la rapprocha des Casques, et
enfin Lamarck, en séparant des Casques les Cassidaires, en-
traîna à leur suite le *Strombus oniscus* de Linné. Par leur forme
générale, ces coquilles se rapprochent un peu des cônes, car elles
sont allongées, cylindracées, la spire est courte et la base est
rétrécie. Ce qui les distingue éminemment des Cassidaires, c'est la
forme de l'ouverture: elle est allongée, étroite, à bords parallèles;
la columelle est droite, sans plis, et elle est revêtue d'un bord
gauche, large, mince, et appliqué, dans toute son étendue, sur
le ventre de la coquille. Dans toutes les espèces ce bord gauche
est granuleux irrégulièrement. Le bord droit ressemble, à quelques égards, à celui des Colombelles, et peut-être sera-ce près de
ce dernier genre que celui-ci trouvera sa place définitive; le bord
droit est renflé dans le milieu, et dentelé dans toute son étendue;
le canal terminal est petit, étroit, peu profond, et à peine échancré à son extrémité; caractère qui met une assez grande différence entre les Oniscies et les Casques.

Lister. Conch. t. 791. f. 44.
Petiv. Gaz. t. 48. f. 16.

Nous ne connaissons jusqu'à présent que six espèces appartenant au genre Oniscie ; on peut y ajouter une espèce fossile dépendant des terrains tertiaires de Bordeaux et de Turin.

De ces six espèces, Lamarck n'en a mentionné qu'une. En introduisant dans le genre Cassidaire l'*Oniscia cancellata* de Sowerby, M. Kiener n'aurait pas dû lui conserver ce nom spécifique, puisque déjà Lamarck avait donné le nom de *Cassidaria cancellata* à une espèce fossile qui n'a pas le moindre rapport avec l'*Oniscia cancellata* ; il est vrai que l'espèce fossile doit passer dans le genre Casque, et que l'emploi d'un même nom pour ces deux espèces a, par le fait, moins d'inconvéniens.

ESPÈCES.

† 1. Oniscie de Lamarck. *Oniscia Lamarckii.* **Desh.**

O. testâ elongato-oblongâ, crassâ, apicè obtusâ ; costis tribus quatuorve transversìm cinctâ ; costâ primâ bipartitâ, albo spadiceâ fuscoque variâ, subtus rubrâ ; labro incrassato, fusco fasciato, puncticulis irrorato.

Lister. Conch. pl. 791. f. 44.

Knorr. Vergn. t. 6. pl. 15. f. 6?

Fav. Conch. pl. 26. f. K ?

Chemn. Conch. t. 11. pl. 193. A. f. 1872, 1873.

Valentyn Amb. pl. 4. f. 33.

Brug. Ency. t. 1. p. 432. n° 15. *Cassidea oniscus.*

Wood. Ind. Test. pl. 22. f. 21. *Strombus oniscus.*

Oniscia oniscus. Sow. Genera of Shells. f. 4.

Id. Reeve. Conch. Syst. t. 2. p. 212. pl. 254. f. 4.

Sow. Conch. Man. f. 409.

Cassidaria oniscus. Kiener. Spec. des Coq. p. 9. n° 5. pl. 2. f. 5.

Habite les mers de l'Inde.

Cette coquille a la plus grande analogie avec le *Strombus oniscus* de Linné, et presque tous les auteurs ont confondu les deux espèces ; cependant elle se distingue par plusieurs caractères qui nous ont paru constans. Dans l'*Oniscus*, le bord droit est plus épais dans le milieu ; les dentelures sont plus écartées, plus grosses et

Gualt. Test. t. 22. fig. I.
Seba. Mus. 3. t. 55. f. 23. *fig. plures.*

moins nombreuses que dans l'Oniscie de Lamarck. Dans cette dernière, l'ouverture est constamment d'un beau rose, et dans l'*Oniscus*, cette partie est constamment blanche. L'*Oniscus* est toujours plus brun, et reste d'une taille moindre que le *Lamarckii.*

Ces différences nous ont porté à séparer ces espèces; peut-être plus tard trouvera-t-on des variétés qui les réuniront, et peut-être aussi les différences que nous remarquons proviennent de la nature des sexes.

Les grands individus de cette espèce ont jusqu'à 35 millimètres de long et 32 de large.

† 2. Oniscie tuberculeuse. *Oniscia tuberculosa.* Sow.

O. testâ elongato-cylindraceâ, nigro-fucescente, albo punctatâ et maculatâ, transversìm quinque costatâ, tenuè striatâ, costis tuberculosis; spirâ brevi, apice mucronatâ; aperturâ angustâ, albâ in medio subcoarctatâ; labro extus incrassato, intùs denticulato; columellâ rectâ, rugosâ.

Sow. Genera of Shells. *Oniscia.* p. 2.

Reeve. Conch. Syst. t. 2. p. 211. pl. 253. f. 2. 3. 4.

Il habite les mers australes.

Cette espèce se distingue facilement de l'*Oniscus* et du *Lamarkii* avec lesquelles elle a cependant beaucoup de rapport; elle est allongée, cylindracée, à spire courte, et presque plate; la surface du dernier tour présente cinq côtes transverses étroites, distantes, dont la dernière, celle qui est le plus près de la base, est la moins apparente. Sur ces côtes s'élèvent de petits tubercules arrondis; le reste de la surface est occupé par des stries transverses, fines et rapprochées, et qui disparaissent vers la base. L'ouverture est très étroite; elle est toute blanche, le bord gauche est mince, et ceux des tubercules qui sont le plus près de son bord sont oblongs, tandis que ceux qui sont sur la columelle sont arrondis; le bord droit présente une disposition toute spéciale; il est épaissi assez loin de son extrémité; il s'amincit peu-à-peu, et devient tranchant; il ne se renverse pas en dehors comme dans les autres espèces; cependant on lui trouve quelques dentelures à l'intérieur, vers le milieu de sa longueur, ce qui rétrécit un peu l'ouverture dans cet endroit.

Knorr. Vergn. 4. t. 12. f. 4. et 6. t. 15. f. 6.
Favanne. Conch. pl. 26. fig. **K.**

Cette coquille est ordinairement d'un noir intense, ou d'un brun
noirâtre très foncé, et elle est irrégulièrement marbrée de blanc, ou
seulement pointillée de cette couleur.

Les grands individus ont 37 mill. de long et 22 de large.

† 3. **Oniscie de Dennisson.** *Oniscia Dennissoni.* **Reeve.**

*O. testá elongato-conoideá, longitudinaliter lamellosá, transversìm
costatá, spadiceá, fusco trizonatá ; spirá brevi, ultimo anfractu
supernè angulato, basi attenuato ; aperturá elongato-angustá,
labio incrassato, rubescente, albo rugoso, labio sinistro, rubro,
punctulis albis ornato.*

Reeve. Conch. syst. t. 2. p. 211. pl. 253. f. 5. 6.

Habite....

On doit la connaissance de cette magnifique espèce à M. **Reeve**, qui
en a donné une bonne figure dans sa *Conchyliologie systémati-
que.* Cette coquille a la plus grande ressemblance avec l'*Oniscia
cancellata* de Sow., quant à la disposition des lames longitudinales et des côtes transverses qui découpent toute la surface
extérieure, en un réseau à grandes mailles quadrangulaires. La
coloration extérieure a aussi beaucoup d'analogie, puisqu'elle
consiste, dans l'une et l'autre espèce, en 3 zones brunes, sur un
fond d'un blanc jaunâtre; mais dans l'*Oniscia Dennissoni*, ces
zones transverses sont placées autrement. Mais c'est dans l'ouverture que l'on observe les différences les plus considérables.
Dans l'espèce qui nous occupe, le bord droit est d'un rouge pâle,
et de nombreuses rides un peu anguleuses se montrent nettement par leur blancheur ; le bord gauche est d'un beau rouge de
laque, sur lequel ressortent des granulations blanches, fines,
arrondies, et très multipliées.

Cette belle coquille, dont on ne connaît jusqu'à présent qu'un seul
individu appartenant à la collection de M. **Dennisson**, a 52 mill.
de long et 32 de large.

† 4. **Oniscie cancellée.** *Oniscia cancellata.* **Sow.**

*O. testá ovato-oblongá, albo-luteá, fusco trifasciatá ; spirá brevi,
acutá, anfractibus convexiusculis, longitudinaliter plicatis, transversìm sulcatis cancellatis, ultimo conoideo, basi attenuato; aperturá albá; labro intùs extùsque incrassato intùs dentato, labio
angusto, granuloso.*

Cassis parva. Martini. Conch. 2. t. 34. f. 357. 358.

Chemn. Conch. 11. t. 195. a. f. 1872. 1873.

Cassidea oniscus. Brug. Dict. n° 15.

* Mus. Gottv. pl. 26. f. 1796. 180.

* *Strombus oniscus*. Born. Mus. p. 279.

* *Id*. Schrot. Einl. t. 1. p. 434. n° 15.

* *Id*. Dillw. Cat. t. 2. p. 667. n° 21. *exclus. plur. synonym.*

Habite les mers d'Amérique. Mon cabinet. Petite coquille assez commune, mais très singulière ; car, quoique son ouverture soit celle des Casques, sa queue n'est point brusquement retroussée comme dans ce dernier genre. Longueur: 13 lignes.

6. Cassidaire gaufrée. *Cassidaria cancellata*. Lamk. (1)

C. testá fossili, ovato-inflatá, decussatìm striatá ; ultimo anfractu

---

Oniscia cancellata. Sow. Genera of Shells. f. 1. 2. 3.

Cassidaria cancellata. Kiener. Spec. des Coq. p. 7. n° 4. pl. 2. f. 4.

Oniscia cancellata. Reeve. Conch. syst. t. 2. p. 212. pl. 244. f. 1. 2. 3.

Habite les mers de l'Inde et de la Chine.

Coquille ovale oblongue, à spire courte, composée de six à sept tours convexes, étroits, le dernier est très grand, atténué à sa base, subanguleux à sa partie supérieure ; les côtes sublamelleuses longitudinales également distantes, et au nombre de onze sur le dernier tour, s'élèvent à la surface et s'étendent de la suture à la base ; des côtes transverses, étroites, régulières, également espacées, traversent les côtes longitudinales et forment avec elles un réseau à grandes mailles quadrangulaires. Aux points d'intersections des deux sortes de côtes s'élève un tubercule subécailleux. L'ouverture est allongée, étroite, toute blanche ; le bord droit renversé en dehors est épaissi en dedans, surtout dans le milieu de sa longueur, il porte une douzaine de dents aiguës dont les plus grosses sont celles du milieu ; le bord gauche est plus étroit que dans la plupart des autres espèces, et il est chargé de grosses granulations oblongues et transverses. Sur un fond d'un blanc jaunâtre, cette coquille est ornée de trois fascies transverses d'un beau brun marron: la première est placée immédiatement au-dessous de la surface ; la seconde un peu au-dessus du milieu du dernier tour ; et la troisième au tiers antérieur de la longueur totale. Les grands individus ont 45 millim. de long et 25 de large.

(1) Cette coquille n'est point un Cassidaire, mais un Casque ;

supernè angulato, ad angulum infràque cingulo tuberculoso instructo; spirâ breviusculâ, acutâ; columellâ rugosâ; labro dentato.

Cassis cancellata. Annales du Mus. vol. 2. p. 169. n° 2.

Rossy. Buf. Moll. t. 6. p. 104. n° 8.

* *Cassis cancellata.* Desh. Coq. foss. de Paris. t. 2. p. 639. n° 2. pl. 86. f. 1. 2.

Habite... Fossile de Chaumont. Mon cabinet. Longueur : 22 lignes.

7. Cassidaire carinée. *Cassidaria carinata.* Lamk. (1)

C. testâ fossili, ovatâ, transversìm tenuissimè striatâ ; cingulis subquinque carinatis ; supremis tuberculosis ; anfractibus sursùm complanatis; caudâ longiusculâ, ascendente.

Buccinum nodosum. Brander. Foss. Frontisp. n° 131.

Knorr. Foss. t. 39. f. 6.

Cassidea carinata. Brug. Dict. n° 20.

Cassis carinata. Annales. ibid. n° 3.

* Schrot. Einl. t. 1. p. 780. *Buccinum.* n° 97.

* *Buccinum nodosum.* Dillw. Cat. t. 2. p. 586. n° 10.

* *Id.* Wood. Ind. Test. pl. 22. f. 50.

* Sow. Min. Conch. pl. 6. f. 1. 2.

* Roissy. Buff. Moll. t. 6. p. 105. n° 9.

* Sow. Genera of Shells. f. 3.

* Desh. Coq. foss. de Paris. t. 2. p, 633. n° 1. pl, 85. f. 8. 9. pl. 86 f. 7.

* Burtin. Oryct. de Brux. pl. 16. f. z.

---

elle doit donc disparaître de ce genre. Malgré la similitude de son nom avec le *Cassidaria cancellata* de M. Kiener, ces coquilles n'ont entre elles aucune analogie spécifique.

(1) Cette espèce, comme beaucoup d'autres, a reçu plusieurs noms : le plus ancien, celui qui doit lui être rendu, lui a été donné par Brander, en 1766, dans ses *Fossilia hantoniensia :* c'est le *Buccinum nodosum* de cet auteur. Bruguière, dans l'*Encyclopédie,* au lieu de revenir au nom de Brander, a imposé à cette espèce un second nom que Lamarck a eu le tort d'adopter. Aujourd'hui qu'il est indispensable de soumettre la nomenclature à des règles plus sévères, il faut restituer aux espèces leur premier nom, et celle-ci deviendra le *Cassidaria nodosa.*

* Lyell. Princ. of Geol. 1ʳᵉ édit. t. 3. pl. 3. f. 3.
* Galeotti. Brab. p. 146. pl. 3. f. 10.
* Bronn. Leth. Geogn. t. 2. p. 109. pl. 42. f. 2.

Habite... Fossile de Grignon. Mon cabinet. Cette coquille semble avoir quelques rapports avec le *C. echinophora;* mais, outre ses côtes carinées et plus ou moins noduleuses, son dernier tour est partout également strié. Longueur : environ 18 lignes.

† 8. Cassidaire couronnée. *Cassidaria coronata.* Desh.

C. testâ ovato-inflatâ, striis transversalibus numerosissimis ornatâ; spirâ brevi acuminatâ anfractibus supernè planulatis basi carinato-dentatis ultimo tricostato; carinis duobus inferioribus obtusioribus nodosis; aperturâ ovatâ; labio sinistro tenui, expanso.

Desh. Coq. foss. de Paris. t. 2. p. 635. nᵒ 2. pl. 85. f. 1. 2.
* Desh. Encycl. méth. Vers. t. 2. p. 209. nᵒ 3.

Habite.... fossile aux environs de Laon et de Soissons.

Espèce qui a beaucoup d'analogie avec le *Cassidaria carinata* de Lamarck, et qui peut-être en est une forte variété. Elle est ovale, ventrue, à spire pointue peu allongée, étagée. Les tours sont aplatis en dessus, anguleux ou sub-carinés vers la base, et garnis sur cette carène d'une rangée de tubercules allongés, comprimés, obtus. Sur le milieu du dernier tour, et peu écartées entre elles, on voit deux côtes transverses obtuses sur lesquelles s'élèvent des tubercules très courts et presque effacés. La base de la coquille, ainsi que tout le reste de la surface, sont couverts de fines stries transverses souvent onduleuses. Le canal terminal est assez grand, un peu comprimé, et relevé brusquement vers le dos. Le bord gauche s'étale sur presque toute la face inférieure de la coquille, et se détache à la base en une lamelle large et mince. L'ouverture est grande, dilatée dans le milieu, sub-canaliculée en son angle supérieur; le bord droit est épais, renversé en dehors, et garni d'un bourrelet; du côté intérieur ce bord est simple et sans dentelures; le bord gauche est dépourvu également de plis ou de rugosités. La longueur est de 45 millim. la largeur, de 35.

CASQUE. (Cassis.)

Coquille bombée. Ouverture longitudinale, étroite, terminée à sa base par un canal court, brusquement recourbé vers le dos de la coquille. Columelle plissée ou ridée transversalement. Bord droit presque toujours denté.

Testa inflata. Apertura longitudinalis, angusta, in canalem brevem subitòque dorso reflexum desinens. Columella transversè plicata vel rugosa. Labrum sæpissimè dentatum.

Observations. — Les Casques, que Linné rapportait à son genre *Buccinum*, diffèrent des vrais Buccins, 1° par la forme de leur ouverture, qui est longitudinale, étroite et presque toujours dentée sur son bord droit ; 2° par l'aplatissement de leur bord gauche ou columellaire qui fait une saillie ordinairement considérable sur ce côté de la coquille ; 3° par le canal qui termine leur base, et qui est brusquement replié vers le dos de la coquille. Ce repli les fait reconnaître au premier aspect, et les distingue des vrais Buccins, qui n'ont aucun canal, mais seulement une échancrure à la base de leur ouverture.

Les coquilles de ce genre ont en général la spire peu élevée. Celle-ci est souvent interrompue par des bourrelets obliques, cariniformes, et qui sont les sommités persistantes des anciennes ouvertures. Ces bourrelets forment un caractère assez constant dans les espèces en qui on l'observe, pour qu'on puisse l'employer à distinguer ces espèces de celles qui ne l'offrent point, et à former, par son moyen, une section dans le genre.

Plusieurs Casques deviennent fort grands, et acquièrent souvent une épaisseur considérable. Ces coquillages vivent dans la mer, à quelque distance des rivages, et sur des fonds sablonneux, où ils trouvent le moyen de s'enfoncer en totalité.

[On peut considérer Lister comme le créateur du genre Casque, car on remarquera, dans les planches de son *Synopsis Conchyliorum*, tous les Casques rassemblés en un même groupe. Gualtieri, dans son *Index testarum*, imitateur de Lister, fut plus heureux que lui dans la délimitation du genre, en ce qu'il en retira les Cassidaires, que Lister laissait parmi les Casques. Linné, en introduisant ces coquilles dans son grand genre Buccin, eut soin d'en former un groupe à part, et c'est ce groupe, auquel Bruguière rendit sa valeur primitive, qui fut élevé au titre de genre, dans l'*Encyclopédie méthodique*, et bientôt après ramené par Lamarck à l'étendue que lui avait donnée Gualtieri, par la création du genre Cassidaire. Tel qu'il a été circonscrit par Lamarck, le genre Casque a été généralement adopté, et tous les naturalistes, sans exception, l'ont maintenu dans le voisinage des Buccins et des Pourpres.

Lamarck n'a pu compléter les caractères du genre Casque. Il ne connut ni son animal, ni son opercule. MM. Quoy et Gaimard furent les premiers qui donnèrent des figures de l'animal du *Cassis glauca*; mais avant eux nous nous étions procuré l'opercule du *Cassis sulcosa* de la Méditerranée, et les caractères spéciaux de cet opercule nous avaient fait concevoir, dès cette époque, combien le genre Casque est différent de celui des Buccins.

L'animal des Casques rampe sur un pied large, aminci sur les bords; ce pied est quelquefois aussi grand que la coquille; d'autres fois il la déborde; il est glossoïde ou ovalaire, subtronqué en avant. La tête est grosse et épaisse; dans l'état ordinaire de l'animal, elle se prolonge un peu en avant, en un gros mufle obtus, à la base duquel, et de chaque côté, s'élève un tentacule conique, gros et épais, allongé, à la base duquel se trouve l'œil saillant sur un court pédicule. Il paraît que ce pédicule n'existe pas dans l'espèce vue par MM. Quoy et Gaimard; mais il est certain qu'il se montre constamment dans l'espèce de la Méditerranée que nous avons étudiée. En dessous de la tête, et presque à son extrémité, se voit une fente longitudinale : c'est la fente buccale, à travers laquelle l'animal fait saillir une longue trompe cylindrique, avec laquelle il suce sa proie. Le manteau revêt l'intérieur de la coquille, et vient se réfléchir sur les bords de l'ouverture, sur lesquels il s'applique exactement. L'extrémité antérieure de ce manteau se prolonge en un long canal cylindrique, ouvert en avant, passant par l'échancrure de la base de la coquille, et qui sert à porter l'eau dans la cavité branchiale.

L'opercule est corné, il est demi-ovalaire, deux fois plus long que large; son centre est médian et marginal; c'est de ce centre que partent, en rayonnant, un grand nombre de stries profondes et comme hachées, accouplées deux à deux ou en plus grand nombre. Le bord de cet opercule est profondément crénelé, et sa face inférieure ou d'adhésion est partagée en deux parties inégales : l'une, lisse, qui forme une zone à la circonférence, et l'autre, rugueuse, sur laquelle s'insère le muscle du pied.

On compte aujourd'hui une quarantaine d'espèces vivantes appartenant au genre Casque, qui, presque toutes, proviennent des mers chaudes du globe. Ces animaux, qui probablement ont, comme les *Murex*, la facilité de percer les coquilles bivalves, pour s'en nourrir, se rencontrent, pour le plus grand nombre, sur les plages sableuses, là justement où vivent aussi de nombreuses familles de ces coquilles bivalves. Quand ces animaux sont placés sur un corps solide, ils y rampent difficilement, et nous les avons vus très souvent ne pouvoir surmonter la pente très inclinée des parois des vases dans lesquels nous les faisions vivre; posés sur le sable, ils parviennent bientôt à s'y enfoncer et à s'y cacher en partie.

Les espèces fossiles appartenant au genre Casque sont d'une trentaine environ, et toutes, sans exception, ont été recueillies dans les terrains tertiaires. M. Brongniart, dans sa description du bassin de Paris, trompé sur les caractères d'une coquille du terrain crétacé, qui a beaucoup l'apparence des Casques, lui a donné le nom de *Cassis avellana*, quoique en réalité, elle soit plus voisine des auricules.]

ESPÈCES.

[a] *Spire ayant des bourrelets.*

1. **Casque de Madagascar.** *Cassis madagascariensis.* **Lamk.**

> C. *testá maximá, ovato-ventricosá, elevato-rotundatá, fasciolis transversis cinctá, squalidè albá ; tuberculis dorsalibus transversim triseriatis ; inferná facie carneá; aperturá purpureo-nigricante, nitidá, albo-plicatá.*
>
> * Kiener. Spec. des Coq. p. 7. n° 3. pl. 2. f. 2.
> * Chenu. Illust. Conch. *Cassis.* pl. 1.
>
> Habite les mers de Madagascar. Mon cabinet. Ce casque est peut-être le plus grand et le plus gros de tous ceux qui sont connus. Il est très bombé, à dos arrondi et fort élevé, sans mailles réticulaires, et n'offre que des bandelettes transversales et inégales, avec trois rangées de tubercules médiocres. Sa spire est très courte. Longueur : 10 pouces 7 lignes.

2. **Casque tricoté.** *Cassis cornuta.* **Lamk.**

> C. *testá ovato-ventricosá, scrobiculis reticulatá, cingulis tribus instructá, albidá; in juniori cingulis duabus lævibus maculatis,*

in adultá omnibus tuberculos·s; tuberculis anticis maximis, corniformibus; labro intùs citrino.

Buccinum cornutum. Lin. Syst. nat. éd. 12. p. 1198. Gmel. p. 3472. n° 11.

Lister. Conch. t. 1006. f. 70. t. 1008. f. 71. b. et t. 1009. f. 71. c.

Bonanni. Recr. 3. f. 155.

Rumph. Mus. t. 23. f. 1. et fig. A.

Petiv. Gaz. t. 151. f. 9. et Amb. t. 7. f. 10. 14. et t. 11. f. 10.

Gualt. Test. t. 40. fig. D.

Seba. Mus. 3. t. 73. f. 7. 8. et 17. 18.

Knorr. Vergn. 3. t. 2. f. 1.

Favanne. Conch. pl. 26. fig. A 1.

Martini. Conch. 2. t. 33. f. 348. 349. et t. 35. f. 362.

Cassis labiata. Chemn. Conch. 11. t. 184. f. 1790. et t. 185. f. 1791.

Cassidea cornuta. Brug. Dict. n°. 17.

* *An eadem Spec.?* Mus. Cospiano. p. 95.

* Mus. Gottv. pl. 24. f. 159. a. a. b. b.

* Lin. Syst. Nat. éd. 10. p. 735.

* Lin. Mus. Ulric. p. 602.

* Roissy. Buf. Moll. t. 6. p. 100. n° 1.

* *Buccinum cornutum.* Born. Mus. p. 243.

* *Id.* Schrot. Einl. t. 1. p. 314. n° 8.

* *Id.* Dillw. Cat. t. 2. p. 588. n° 14.

* *Id.* Wood. Ind. Test. pl. 22. f. 14.

* Kiener. Spec. des Coq. p. 9. n° 4. pl. 2. f. 3.

* Quoy et Gaim. Voy. de l'Ast. Zool. t. 2. p. 590. pl. 43. f. 1 à 6.

Habite l'Océan indien et des Moluques. Mon cabinet. Ce casque devient aussi fort grand, et il est singulier en ce que son aspect, dans sa jeunesse, est fort différent de celui qu'il offre dans un âge avancé. Sa face inférieure est large, fort plane, calleuse, et présente un bord antérieur qui s'avance d'une manière remarquable. Le fond de l'ouverture est d'un beau jaune-orangé. Les plis de la columelle sont peu étendus, et le bord droit est garni d'une rangée de dents épaisses. Vulg. le *Fer-à-repasser* ou la *Téte-de-cochon.* Longueur : 9 pouces 5 lignes.

3. Casque triangulaire. *Cassis tuberosa.* Lamk.

C. testá ovato-ventricosá, trigoná, decussatìm striatá, castaneo fusco nigroque marmoratá; cingulis tribus tuberculosis; spirá retusá, triangulari, mucronatá; columellá tuberculiferá, purpureo-nigricante, albo-rugosá; labro intùs dentato

Buccinum tuberosum. Lin. Syst. nat. éd. 12. p. 1198. Gmel. p. 3473. n° 13.

Gualt. Test. t. 41. fig. AAA.

Seba. Mus. 3. t. 73. f. 2.

Knorr. Vergn. 3. t. 10. f. 1. 2.

Favanne. Conch. pl. 25. fig. B 2.

Martini. Conch. 2. t. 38. f. 381. 382.

Cassidea tuberosa. Brug. Encyc. méth. Dict. n° 18.

Cassis tuberosa. Encyclop. pl. 406. f. 1. et pl. 407. f. 2.

* Lin. Syst. nat. éd. 10. p. 735.

* Lin. Mus. Ulric. p. 602.

* Murex triangulaire. Rondel. Hist. des Poissons. p. 49.

* Gesner de Crust. p. 244.

* Aldrov. de Test. p. 339.

* Mus. Moscardo. p. 212. f. 4.

* *Buccinum tuberosum*. Born. Mus. p. 244.

* Junior. *Buccinum striatum*. Grenov. Zooph. p. 302. n° 1345. pl. 19. f. 18?

* Schrot. Einl. t. 1. p. 317. n° 10.

* Perry. Conch. pl. 33 f. 1.

* Brookes. Introd. of Conch. pl. 6. f. 84.

* *Buccinum tuberosum*. Dillw. Cat. t. 2. p. 590. n° 16.

* *Id*. Wood. Ind. Test. pl. 22. f. 16.

* Blainv. Malac. pl. 23. f. 1.

* Kiener. Spec. de Coq. p. 6. n° 1. pl. 3. f. 4.

* Sow. Conch. Man. f. 410.

Habite l'Océan des Antilles. Mon cabinet. Le tubercule du milieu de la rangée antérieure est beaucoup plus élevé que les autres. Bord columellaire externe marqué en dessus de larges taches noires qui alternent sur un fond jaunâtre. Longueur : 8 pouces 8 lignes.

4. Casque flambé. *Cassis flammea*. Lamk.

C. testá ovato-inflatá, subtrigoná, in juniori longitudinaliter pli-catá, in adultá seriebus quatuor aut quinque tuberculosis cinctá, griseo-violacescente, flammulis rufo-fuscis pictá; spirá convexá, mucronatá ; columellá rufá, albo-rugosá.

Buccinum flammeum. Lin. Syst. nat. éd. 12. p. 1199. Gmel. p. 3473. n° 14.

Lister. Conch. t. 1004. f. 69. et t. 1005. f. 72.

Bonanni. Recr. 3. f. 156.

Rumph. Mus. t. 23. f. 2.

Petiv. Gaz. t. 153. f. 1.
Seba. Mus. 3. t. 73. f. 5. 6. 10. 11. 14. 15. 16. 19 et 20.
Knorr. Vergn. 4. t. 4. f. 1.
Favanne. Conch. pl. 25. fig. E.
Martini. Conch. 2. t. 34. f. 353. 354.
Cassidea flammea. Brug. Dict. n° 13.
Cassis flammea. Encyclop. pl. 406. f. 3. a. b.
* Lin. Syst. nat. éd. 10. p. 736.
* Lin. Mus. Ulric. p. 603.
* *Buccinum flammeum.* Born. Mus. p. 244.
* *Id.* Schrot. Einl. t. 1. p. 318. n° 11.
* Mus. Gott. pl. 23. f. 159. a. b.
* Grew. Mus. Reg. Soc. pl. 9. Lesser persian Wilk. f. 1. 2.
* Valentyn, Amboina. pl. 11. f. 101. a. b.
* Lessons on Shells. pl. 3. f. 3.
* Perry. Conch. pl. 33. f. 2.
* *Id.* Dillw. Cat. t. 2. p. 591. n° 17.
* Sow. Genera of shells. f. 2.
* Wood. Ind. Test. pl. 22. f. 17.
* Schub. et Wagn. Chemn. Suppl. p. 69. pl. 323. f. 3083.
* Kiener. Spec. des Coq. p. 6. n° 2. pl. 3. f. 5. 5 a.
* Reeve. Conch. Syst. t. 2. p. 214. pl. 255. f. 2.
* Roissy. Buf. Moll. t. 6. p. 103. n° 6.
* Schum. Nouv. Syst. p. 247.

Habite l'Océan indien. Mon cabinet. Dans sa jeunesse, il présente encore une forme très différente de celle qu'il a dans l'état adulte. Longueur : environ 5 pouces et demi.

5. Casque fascié. *Cassis fasciata.* Lamk. (1)

C. testâ oblongo-ovatâ, tenui, longitudinaliter subplicatâ, pallidè fulvâ ; fasciis quinque transversis albis rufo-maculatis ; ultimi

---

(1) Le nom donné par Bruguière à cette espèce, et adopté par Lamarck, devra être changé, car Gronovius l'avait inscrite et figurée dans son *Zoophyllacium*, sous le nom de *Buccinum spinosum*, dès 1781, c'est-à-dire sept ans avant la publication de la 13e édition du *Systema* de Gmelin, et onze ans avant la publication du premier volume des vers de l'*Encyclopédie méthodique* de Bruguière. Ainsi, cette espèce devra prendre le nom de *Cassis spinosa.*

anfractus parte anticâ spirâque tuberculis graniformibus seriatim muricatis.

Lister. Conch. t. 997. f. 62.

Seba. Mus. 3. t. 73. f. 1. 12. 13.

Favanne. Conch. pl. 26. fig. B 1.

Martini. Conch. 2. t. 36. f. 369. et t. 37. f. 374.

Cassidea fasciata. Brug. Dict. n° 14.

Buccinum tessellatum. Gmel. p. 3476. n° 20.

Ejusd. Buccinum maculosum. n° 22.

* Rumph. Mus. pl. 25. f. 3.

* Schrot. Einl. t. 1. p. 356. *Buccinum.* n° 1.

* *Buccinum spinosum.* Gronov. Zoophyl. p. 302. n° 1344. pl. 19. f. 9.

* *Buccinum tessellatum.* Dillw. Cat. t. 2. p. 596. n° 26.

* *Buccinum Rumphii.* Gmel. p. 3491. n° 90.

* Kiener. Spec. des Coq. p. 11. n° 5. pl. 5. f. 8.

Habite... la mer du Sud ? Mon cabinet. Spire convexe, **mucronée,** garnie de cercles granuleux. Partie supérieure de la columelle un peu bombée. Longueur : près de 7 pouces.

6. Casque bezoar. *Cassis glauca.* Lamk.

C. testâ ovato-turgidâ , lævi , glaucâ ; ultimo anfractu anterius subangulato ; spirâ striatâ, papillis coronatâ, mucronatâ, labro basi quadridentato, intùs croceo-fuscescente.

Buccinum glaucum. Lin. Syst. nat. éd. 12. p. 1200. Gmel. p. 3478. n° 35.

Lister. Conch. t. 996. f. 60.

Rumph. Mus. t. 25. fig. A. et f. 4.

Petiv. Amb. t. 7. f. 4. et t. 11. f. 18.

Gualt. Test. t. 40. fig. A.

Seba. Mus. 3. t. 71. f. 11-16.

Knorr. Vergn. 3. t. 8. f. 3.

Favanne. Conch. pl. 25. fig. D 3.

Martini. Conch. 2. t. 32. f. 342. 343.

Cassidea glauca. Brug. Dict. n° 3.

* Mus. Gottv. pl. 23. f. 154 a.

* Lin. Syst. nat. éd. 10. p. 737.

* Lin. Mus. Ulric. p. 606.

* Roissy. Buf. Moll. t. 6. p. 101. n° 3.

* *Bezoardica vulgaris.* Schum. Nouv. Syst. p. 248.

* *Buccinum glaucum.* Born. Mus. p. 249.

* *Id.* Schrot. Einl. t. 1. p. 323. n° 16.

* *Id.* Dillw. Cat. t. 2. p. 600. n° 34.
* Kiener. Spec. des Coq. p. 27. n° 17. pl. 1. p. 5. pl. 5. f. 9.
* Quoy et Gaim. Voy. de l'Astr. Zool. t. 2. p. 593. pl. 43. f. 9 à 13.
* Reeve. Conch. Syst. t. 2. p. 213. pl. 255. f. 1.
* Sow. Genera of Shells. f. 1.
* Wood. Ind. Test. pl. 22. f. 35.

Habite l'Océan indien et des Moluques. Mon cabinet. Son dernier tour est lisse, traversé quelquefois par une varice longitudinale, et offre, vers son sommet, un angle émoussé. Ouverture élargie inférieurement. Longueur : 3 pouces 9 lignes.

7. Casque bourse. *Cassis crumena.* Lamk.

C. testá ovatá, crassá, longitudinaliter plicatá, anteriùs nodiferá, carneá, flavo aut rubro maculatá; spirá brevè conicá, tuberculato-nodulosá; columellá rugosá.

Lister. Conch. t. 1002. f. 67.
Bonanni. Recr. 3. f. 161.
Favanne. Conch. pl. 26. fig. 1.
Martini. Conch. 2. t. 37. f. 379. 380.
Cassidea crumena. Brug. Dict. n° 12.
* *Buccinum plicatum.* Dillw. Cat. t. 2. p. 588. n° 13.
* *Id.* Wood. Ind. Test. pl. 22. f. 13.
* *Cassis testiculus.* Var. Kiener. Spec. des Coq. pl. 4. f. 7.

Habite l'Océan atlantique austral, près de l'île de l'Ascension, selon Lister. Mon cabinet. Longueur : 2 pouces 11 lignes.

8. Casque plicaire. *Cassis plicaria.* Lamk. (1)

C. testá ovato-oblongá, longitudinaliter plicatá, nitidá, albá, strigis longitudinalibus luteis ornatá; ultimo anfractu supernè papillis

---

(1) Nous trouvons dans la 10ᵉ et la 12ₑ édition du *Systema naturæ* un *Buccinum plicatum* qui nous semble être la même espèce que celle-ci. Il est vrai que la synonymie linnéenne n'est pas très correcte ; mais il nous semble qu'en la rectifiant et en admettant uniquement les citations qui sont d'accord avec les caractères donnés dans la phrase caractéristique, on pourrait conserver l'espèce et le nom que Linné lui donna. Linné apporta de notables changemens dans la synonymie de son espèce, en la faisant passer de la 10ᵉ dans la 12ᵉ édition du *Systema:* aussi nous ne parlerons que de cette dernière. Il y a quatre ci-

coronato; spirâ conicâ, striatâ, granosâ; labro basi tridentato, margine externo maculato.

tations : 1o Bonanni, fig. 156; cette figure est bien celle du *Cassis plicaria* de Lamarck. 2o Gualtieri, pl. 40, fig. C; celle-ci n'est plus de la même espèce; elle représente plutôt un jeune individu du *Cassis tuberosum*; elle nous semble trop mauvaise pour être rapportée à une espèce quelconque. 3o d'Argenville, pl. 18, fig. D; cette figure, par son ensemble, se rapporte assez bien à celle de Bonanni; mais, en réalité, elle représente fidèlement le *Cassis zebra* de Lamarck, que probablement Linné ne connaissait pas. 4° Seba, Mus. t. 3, pl. 73, fig. 10; nous pensons que pour cette citation il y a une faute des imprimeurs ou une transposition, car cette figure est bien celle du *Cassis flammea*, ce qui nous porte à croire qu'il y a là une erreur échappée involontairement à Linné, c'est que la même coquille est représentée d'un autre côté, fig. 11 de la même planche, et Linné n'aurait pas manqué de la citer, s'il avait cru que cette figure se rapportait réellement à son espèce.

Martini a aussi donné un *Cassis plicata* dans lequel il admet un *Buccinum plicatum* de Linné; mais il change la synonymie erronée de Linné contre une autre qui n'est pas moins fautive: il prend le type de son espèce dans la figure 161 de Bonanni, qu'il copie, et à laquelle il donne une couleur de fantaisie; il cite la même figure également copiée dans Lister (pl. 1001, f. 67); et enfin il ajoute une figure de Knorr qui représente exactement le *Cassis plicaria* de Lamarck. La figure de Bonanni, copiée par Lister et par Martini, appartient au *Cassis crumena* de Lamarck. D'après ce que nous venons d'exposer, il nous semble qu'il devient facile de faire les rectifications nécessaires pour rendre bonne l'espèce qui nous occupe: il conviendra d'abord de lui rendre son nom linnéen, et ensuite d'en rectifier et d'en compléter la synonymie comme nous proposons de le faire ici. Dillwyn a continué à prendre pour le *Plicatum* de Linné la figure 161 de Bonanni; par conséquent le *Plicatum* de cet auteur doit passer au *Cassis crumena*. On conçoit dès-lors que Dillwyn, qui a attribué le nom de *Plicatum* à une autre espèce, a dû prendre, pour désigner celle-ci, le nom préféré par Gmelin, *Buccinum*

Seba. Mus. 3. t. 53. f. 1. 2.

Knorr. Vergn. 3. t. 28. f. 1.

Favanne, Conch. pl. 25. fig. D 4.

Chemn. Conch. 10. t. 153. f. 1459. 1460.

* *Buccinum plicatum.* Lin. Syst. nat. éd. 12. p. 1198. *Synon. ple-risque exclus.*

* *Cassis plicata.* Pars. Mart. Conch. t. 2. p. 68.

* Bonan. Recr. 3. f. 156.

* *Buccinum fimbria.* Gmel. 3479. n° 39.

* *Id.* Dillw. Cat. t. 2. p. 600. n° 33.

* *Buccinum plicatum.* Var. β. Gmel. p. 3472.

* Mus. Gottv. pl. 23. f. 158 a.

* *Buccinum plicatum.* Schrot. Einl. t. 1. p. 313. n° 7.

* *Buccinum fimbria.* Wood. Ind. Test. pl. 22. f. 34.

* Kiener. Spec. des Coq. p. 14. n° 7. pl. 6. f. 11.

Habite... Mon cabinet. Espèce très rare, ayant une varice longi-tudinale qui traverse obliquement son dernier tour. Cette varice et le limbe externe du bord droit offrent des taches orangées. La partie supérieure de la columelle est plissée longitudinalement, et le limbe interne du bord droit est dentelé. Longueur, 3 pouces 2 lignes.

9. Casque pavé. *Cassis areola.* Lamk. (1)

C, *testâ ovatâ, lævi, nitidâ, albâ, maculis luteis quadratis tessel-latâ; spirâ brevè conicâ, decussatim striatâ; columellâ infernè rugosâ.*

Buccinum areola. Lin. Syst. nat. éd. 12. p. 1199.

Lister. Conch. t. 1012. f. 76.

Bonanni. Recr. 3. f. 154.

Rumph. Mus. t. 25. f. 1. et fig. B.

---

fimbria; mais, par tout ce qui précède, nous devons toujours conclure que le nom linnéen de *Buccinum plicatum* (*Cassis pli-cata*) doit être maintenu.

(1) Lamarck rapporte à tort, selon nous, à cette espèce la figure 1012 de Lister. La coquille de Lister a la spire courte; elle est striée en travers, et elle offre tous les caractères d'une variété du *Cassis saburon*: aussi nous la citons dans la synony-mie de cette dernière espèce, en proposant de la supprimer de celle-ci.

Petiv. Amb. t. 2. f. 11.

Gualt. Test. t. 39. fig. H.

D'Argenv. Conch. pl. 15. fig. I.

Favanne. Conch. pl. 24. fig. I.

Seba. Mus. 3. t. 70. f. 7-9.

Knorr. Vergn. 3. t. 8. f. 5.

Cassis areola. Martini. Conch. 2. t. 34. f. 355. 356.

Cassidea areola. Brug. Dict. n° 8.

Cassis areola. Encycl. pl. 407. f. 3. a. b.

* Klein. Ten. Ostrac. pl. 6. f. 102.

* Junior Valentyn. Amboina. pl. 9. f. 79.

* Lin. Syst. nat. éd. 10. p. 736.

* Lin. Mus. Ulric. p. 605.

* *Buccinum areola.* Born. Mus. p. 247.

* *Id.* Schrot. Einl. t. 1. p. 321. n° 14.

* *Id.* Dillw. Cat. t. 2. p. 593. n° 20.

* *Bezoardica areolata.* Schum. Nouv. Syst. p. 248.

* *Id.* Wood. Ind. Test. pl. 25. f. 20.

* Schub. et Wagn. Suppl. à Chemn. p. 72. n° 1.

* Kiener. Spec. des Coq. p. 24. n° 14. pl. 10. f. 19.

Habite l'Océan des Grandes-Indes et des Moluques. Mon cabinet.
C'est une des espèces les plus jolies de ce genre. Limbe interne du
bord droit bien denté. Longueur : 2 pouces 9 lignes.

10. Casque zèbre. *Cassis zebra.* Lamk. (1)

> C. *testâ ovatâ, lævigatâ, infernè striatâ, albidâ, strigis longitudina-
> libus luteis pictâ; spirâ brevè conicâ, decussatìm striatâ; columellâ
> infernè rugosâ.*

---

(1) Ce Casque a été reproduit deux fois dans le grand ouvrage de Martini et Chemnitz. Le premier de ces auteurs l'a
nommé *Cassis undata :* c'est ce nom, le plus ancien, que doit
conserver l'espèce. Chemnitz donne à la même coquille le nom
de *Buccinum cassidum strigatum.* Ce dernier nom, préféré par
Gmelin, est adopté par Dillwyn. Portant déjà deux noms, nous
ne comprenons pas pourquoi Lamarck en a donné un troisième.
Il est convenable de revenir à celui de Martini, qui est le premier. Presque tous les auteurs ont cru reconnaître dans cette
espèce la variété du *Buccinum areola*, indiqué par Linné dans
le *Museum Ulricæ.* Nous pensons qu'ils sont dans l'erreur, car
nous avons sous les yeux une variété de l'*Areola*, dont les ta-

Lister. Conch. t. 1014. f. 78.

Rumph. Mus. t. 25. f. 2.

D'Argenv. Conch. pl. 15. fig. D.

Favanne. Conch. pl. 24. fig. D.

Cassis undata. Martini. Conch. 2. t. 34. f. 356. a.

Chemn. Conch. 10. t. 153. f. 1457. 1458.

Cassidea areola. Brug. Dict. n° 8. var. [b.]

Buccinum strigatum. Gmel. p. 3477. n° 179.

* *Buccinum rugosum.* Gmel. p. 3476. n° 27.

* *Buccinum strigatum.* Lin. Gmel. p. 3477.

* Perry. Conch. pl. 53. f. 3.

* Cronch. Lamk. Conch. pl. 18. f. 7.

* Schub. et Wagn. Suppl. à Chemn. p. 73. n° 2.

* Kiener. Spec. des Coq. p. 25. n° 15. pl. 10. f. 18.

* Roissy. Buf. Moll. t. 6. pl. 58. f. 7.

* *Buccinum strigatum.* Dillw. Cat. t. 2. p. 593. n° 21.

* *Id.* Wood. Ind. Test. pl. 22. f. 21.

Habite l'Océan indien et des Moluques. Mon cabinet. Il est très voisin du précédent par ses rapports; mais il est moins bombé, moins lisse, et sa coloration est disposée différemment. Son bord droit est aussi garni de dents bien saillantes. Longueur : 2 pouces 8 lignes.

11. Casque treillissé. *Cassis decussata.* Lamk. (1)

C. testá ovatá, penitùs decussatá, cæruleo-violacescente aut virescente : strigis luteis longitudinalibus undulatis, continuis vel interruptis; spirá brevè conicá.

---

ches sont réunies par des flammules longitudinales onduleuses et peu nettes, comme l'indique Linné. Nous avons, d'ailleurs, une autre raison qui milite en faveur de notre opinion : c'est que Linné cite une très bonne figure du *Buccinum strigatum* de Gmelin, dans la synonymie de son *Buccinum plicatum ;* et, quoiqu'il ne l'introduise qu'avec doute, cependant s'il l'avait reconnu pour sa variété de l'*Areola,* il l'aurait mentionnée là, et pas ailleurs. La figure dont il est question est celle de D'Argenville, pl. 15, fig. D.

(1) En ajoutant les figures 367 et 368 de Martini dans la synonymie, Lamarck confond deux espèces : ces figures, en effet, représentent le *Cassis zebra* jeune, et non pas le *Decussata*; il convient donc de rapporter à l'espèce qu'elles concernent les figures en question.

Buccinum decussatum. Lin. Syst. nat. éd. 12. p. 1199. Gmel. p.
   3474. n° 16.

Gualt. Test. t. 40. fig. B. *ad dexteram*, et fig. B. *ad sinistram.*

Knorr. Vergn. 2. t. 10. f. 3. 4.

Martini. Conch. 2. t. 35. f. 360. 361. et f. 367. 368.

Cassidea decussata. Brug. Dict. n° 9.

* Bonanni. Recr. 3. f. 157.

* Lister. Conch. pl. 1000. f. 65.

* *Buccinum decussatum.* Born. Mus. p. 246.

* *Id.* Schrot. Einl. t. 1. p. 320. n° 13.

* *Id.* Dillw. Cat. t. 2. p. 592. n° 19.

* Mus. Gottw. pl. 23. f. 154 b. c. 156. a. b. 157. a. b.

* Lin. Syst. nat. éd. 10. p. 736.

* Lin. Mus. Ulric. p. 604.

* Wood. Ind. Test. pl. 22. f. 19 ? ?

* Kiener. Spec. des Coq. p. 26. n° 16. pl. 9. f. 16. 16 a.

* Payr. Cat. des Moll. de Corse. p. 153. n° 508.

* Blainv. Faun. franç. Moll. p. 193. pl. 7 c. f. 2.

Habite la Méditerranée et l'Océan Atlantique. Mon cabinet. Il a une
   varice opposée au bourrelet du bord droit. Longueur, 2 pouces
   1 ligne.

12. Casque raccourci. *Cassis abbreviata.* Lamk.

    *C. testá ovato-abbreviatá, subglobosá, decussatim striatá, albá, ma-
   culis luteis quadratis pictá; spira parvá, subgranulosá; columellá
   infernè graniferá.*

Lister. Conch. t. 1000. f. 65.

Bonanni. Recr. 3. f. 157.

* Blainv. Faune franç. p. 194. n° 2.

* Kiener. Spec. des Coq. p. 33. n° 21. pl. 15. f. 31.

Habite sur les côtes du Portugal, selon *Bonanni.* Mon cabinet. Coquille bombée, presque globuleuse, ayant quelquefois une varice
   qui s'étend en partie sur la spire, et très distincte du *C. decussata*
   par sa forme plus raccourcie et par sa columelle, qui est granuleuse
   inférieurement. Longueur : 13 lignes.

[b] *Spire sans bourrelets.*

13. Casque rouge. *Cassis rufa.* Lamk.

    *C. testá ovato-ventricosá, crassissimá, ponderosá, tuberculiferá, ru-
   brá; cingulis pluribus tuberculato-nodosis; spirá brevi, mucronatá; columellá labroque intensè purpureis, albo-rugosis.*

Buccinum rufum. Lin. Syst. nat. éd. 12. p. 1198. Gmel. p. 3473.
   n° 12

Bonanni. Recr. 3. f. 328. 329. *fig. mediocres.*
Rumph. Mus. t. 23. fig. B.
Petiv. Amb. t. 5. f. 5.
Gualt. Test. t. 40. fig. F.
Seba. Mus. 3. t. 73. f. 3-6. 9.
Knorr. Vergn. 2. t. 9. f. 2.
Regenf. Conch. 1. t. 12. f. 69.
Favanne. Conch. pl. 26. fig. D 2.
Martini. Conch. 2. t. 32. f. 341 et t. 33. f. 346. 347.
Cassidea rufa. Brug. Dict. n° 16.
* Aldrov. de Test. p. 350. 351.
* Barrelier. *Plantæ per Ital. Obs.* pl. 1325. f. 29.
* Perry. Conch. pl. 33. f. 4.
* *Buccinum ventricosum.* Gmel. p. 3476. n° 25.
* Mus. Gottw. pl. 22. f. 145?
* Lin. Syst. nat. éd. 10. p. 736.
* Lin. Mus. Ulric. p. 603.
* Martini. Conch. t. 2. Vign. p. 9.
* *Buccinum rufum.* Born. Mus. p. 243.
* *Id.* Schrot. Einl. t. 1. p. 315. n° 9.
* Schum. Nouv. Syst. p. 247.
* *Id.* Dillw. Cat. t. 2. p. 589. n° 15.
* *Id.* Wood. Ind. Test. pl. 22. f. 15.
* Kiener. Spec. des Coq. p. 15. n° 8. pl. 7, f. 12. 13.
Habite l'Océan des Grandes-Indes et des Moluques. Mon cabinet.
   C'est un des plus beaux Casques qui soient connus. Il offre à la
   base de son dernier tour, deux rangées de sillons blancs longitu-
   dinaux, et il est fort remarquable par la grande épaisseur des deux
   bords de son ouverture, ainsi que par la vive coloration de cette
   dernière. Longueur : 5 pouces 2 lignes.

14. Casque plume. *Cassis pennata.* Lamk. (1)

> C. testá ovato-turbinatá, tenui, glabrá, obsoletè decussatá, carneá,
>   flammis longitudinalibus rubris pictá; ultimo anfractu supernè an-

---

(1) Déjà, depuis fort long-temps, Born a inscrit cette espèce
sous le non de *Buccinum pullum.* Ce nom étant le premier
donné devrait être rendu à l'espèce qui, en conséquence, deviendrait le *Cassis pullus,* si elle était conservée dans les cata-

gulato, suprà plano, ad angulum noduloso; spirá brevissimá, mu-
cronatá; labro tenui, acuto.

Lister. Conch. t. 1007. f. 71.

Rumph. Mus. t. 23. fig. C.

Petiv. Amb. t. 10. f. 10.

Martini. Conch. 2. t. 36. f. 372. 373.

Cassidea pennata. Brug. Dict. n° 11.

Buccinum pennatum. Gmel. p. 3476. n° 21.

* *Buccinum pullum.* Born. Mus. p. 245.

* *Buccinum rufum.* Junior. Dillw. Cat. t. 2. p. 590.

Habite l'Océan Indien et des Moluques. Mon cabinet. Bruguière
soupçonnait que cette coquille n'était qu'un individu jeune et im-
parfait du *C. rufa.* Nous pensons différemment, considérant qu'il
n'a aucun tubercule sur son dernier tour, et qu'il manque de sillons blancs dans sa partie postérieure. Il est d'ailleurs toujours
mince et léger, et offre une spire presque plane, mucronée au centre. Longueur : 2 pouces 10 ligues. Mais il acquiert au moins 1
pouce de plus.

15. Casque bonnet. *Cassis testiculus.* Lamk.

C. testá ovato-oblongá, cingulatá, longitudinaliter striatá, fulvo-ru-
bente aut violacescente, maculis rubris furcatis transversìm seriatis
pictá; spirá brevi, convexá, mucronatá ; aperturá angustá, rugosá.

Buccinum testiculus. Lin. Syst. nat. éd. 12. p. 1199. Gmel. p. 3474.
n° 15.

Lister. Conch. t. 1001. f. 66.

Bonanni. Recr. 3. f. 162.

Rumph. Mus. t. 23. f. 3.

Petiv. Gaz. t. 152. f. 17.

Gualt. Test. t. 39. fig. C.

Seba. Mus. 3. t. 72. f. 17-21.

Knorr. Vergn. 3. t. 8. f. 2. et 4. t. 6. f. 1.

Favanne. Conch. pl. 26. fig. D 3.

Martini. Conch. 2. t. 37. f. 375. 376.

Cassidea testiculus. Brug. Dict. n° 10.

Cassis crumena. Encycl. pl. 406. f. 2. a. b.

* Mus. Gottw. pl. 22. f. 146. a. b. 147. a. b. 148. a. b. c. d. 149.

---

logues ; mais nous pensons, après avoir étudié attentivement la
description de Bruguière, que cette espèce a été faite avec de
jeunes individus du *Cassis rufa.*

* Valentyn, Amboina. pl. 7. f. 59.
* Lin. Syst. nat. éd. 10. p. 736.
* Lin. Mus. Ulric. p. 604.
* *Junior*. Martini. Conch. t. 2. p. 67. pl. 37. f. 377. 378.
* *Buccinum testiculus*. Born. Mus. p. 246.
* *Id*. Schrot. Einl. t. 1. p. 319. n° 12.
* Crouch. Lamk. Conch. pl. 18. f. 7 a.
* Roissy. Buf. Moll. t. 6. p. 102. n° 5.
* *Id*. Dillw. Cat. t. 2. p. 591. n° 18.
* *Id*. Wood. Ind. Test. pl. 22. f. 18.
* Kiener. Spec. des Coq. p. 20. n° 11. pl. 9. f. 17.

Habite les mers situées entre les tropiques. Mon cabinet. Ce casque a un peu l'aspect de certain *Cypræa*, tant par sa forme oblongue que par celle de son ouverture, qui est étroite. Longueur : 3 pouces.

16. Casque agathe. *Cassis achatina*. Lamk.

C. testá ovato-acutá, ventricosá, lævissimá, nitidá, fulvo aut carneo-violacescente, flammulis rubris ornatá; spirá brevi; aperturá dilatatá.

Encycl. pl. 407. f. 1. a. b.
* *Buccinum achatinum*. Wood. Ind. Test. pl. 22. f. 22.
* Kiener. Spec. des Coq. p. 37. n° 24. pl. 13. f. 24.

Habite les mers de la Nouvelle-Hollande. Mon cabinet. Jolie coquille, très lisse, brillante, agréablement colorée, à spire conique, courte et pointue, dont les tours, légèrement convexes, sont continus. Columelle et bord droit lisses supérieurement. Longueur : 2 pouces 2 lignes.

17. Casque poire. *Cassis pyrum*. Lamk.

C. testá ovato-ventricosá, lævigatá, basi striatá, albá; ultimo anfractu penultimoque anteriùs obtusè angulatis, ad angulum nodulosis; spirá exsertá : anfractibus superioribus convexis, striatis; aperturá dilatatá, basi obsoletè striatá et dentatá.
[b] Var. testá minore, penitiùs lævigatá, pallidè fulvá; ultimo anfractu supernè noduloso.
* Kiener. Spec. des Coq. p. 39. n° 26. pl. 13. f. 25.

Habite les mers de la Nouvelle-Hollande. Mon cabinet. Il est bien moins bombé que le suivant, et a sa spire plus saillante. Bourrelet du bord droit peu épais, maculé de noir. Longueur : 2 pouces 5 lignes.

18. Casque de Ceylan. *Cassis zeylanica*. Lamk.

C. testá subturbinatá, ventricoso-globosá, crassiusculá, lævi, albá,

Tome X.

*interdùm fulvo-nebulatâ : ultimo anfractu anteriùs angulato, bise-
riatìm tuberculato ; spirâ brevi, basi planulatâ; labro marginato,
crasso, subedentulo, intùs rufescente.*

* Kiener. Spec. des Coq. p. 38. n° 25. pl. 13. f. 26.

* Favanne. Conch. pl. 26. f. F 1. F 2.

Habite les mers de Ceylan, près des côtes. Mon cabinet. Espèce très
rare, offrant une coquille presque globuleuse, et fort remarquable
par son bord droit ayant à peine quelques vestiges de dents, et
par sa columelle en très grande partie lisse. Longueur : 2 pouces 10
lignes et demie.

19. **Casque cannelé.** *Cassis sulcosa.* **Lamk.** (1)

*C. testâ ovato-ventricosâ, crassâ, cingulatâ, griseo-fulvâ, flammulis
rufis maculatâ; cingulis latis rotundatis; spirâ exsertâ, conico-
acutâ : anfractibus convexis; columellâ basi granosâ; labro marginato, crasso, intùs sulcato, rufo.*

---

(1) Il existe de la confusion entre cette espèce et le *Dolium
fasciatum,* de Lamarck, à l'égard de la synonymie. Born est le
premier qui ait inscrit dans un ouvrage méthodique le Casque
cannelé sous le nom de *Buccinum sulcosum.* La synonymie mentionne trois figures : les deux premières, de Seba et de Ginnani,
représentent fidèlement le *Cassis sulcosa ;* mais la troisième, de
Martini, représente une véritable Tonne le *Dolium fasciatum.* En
lisant attentivement la description de Born, on reconnaît
qu'elle s'accorde en tout avec le Casque et non avec la Tonne. Par
conséquent pour rendre à l'espèce de Born toute sa valeur, il
suffit d'en retrancher la citation de Martini. C'est ce que ne fit
pas Dillwyn qui attribua le nom de *Buccinum sulcatum* à la
Tonne, et non au Casque. Par un hasard singulier, Bruguière, qui
ne cite par l'ouvrage de Born, conserve cependant le même nom
à l'espèce, et par suite ce Casque doit garder son nom actuel. Il
ne faut donc pas imiter Dillwyn qui préfère pour cette espèce le
nom de Gmelin, *Buccinum undulatum.* M. Kiener confond
avec celle-ci plusieurs espèces parfaitement distinctes, et les
figures elles-mêmes de M. Kiener nous en fournissent la preuve.
Parmi les coquilles figurées dans le *Species,* sous le nom de
Cassis sulcosa, une seule, pl. 12. f. 22, le représente. La fig. 23
porte bien le nom de Casque granuleux dans la légende, et représente en-effet cette espèce; mais dans le texte, M. Kiener la

Bonanni. Recr. 3. f. 159.
Lister. Conch. t. 996. f. 61.
Petiv. Gaz. t. 15. f. 8.
Gualt. Test. t. 39. fig. B.
Seba. Mus. 3. t. 68. f. 14. 15.
Favanne. Conch. pl. 25. fig. A 3.
Cassidea sulcosa. Brug. Dict. n° 6.
Buccinum undulatum. Gmel. p. 3475. n° 18.
* Rondel. Hist. des Poiss. p. 53.
* Gesner de Crust. p. 246. f. 1.
* Aldrov. de Test. p. 330. f. 1.
* Kiener. Spec. des Coq. p. 29. n° 18. pl. 12. f. 22.
* *Buccinum undulatum.* Delle Chiaje dans Poli. Testac. t. 3. 2ᵉ part.
p. 55. pl. 48. f. 1. 2.
* Ginnani. Op. post. t. 2. pl. 6. f. 45 ?
* Payr. Cat. des Moll. de Corse. p. 157. n° 307.
* Philip. Enum. Moll. Sicil. p. 217. n° 1.
* Blainv. Faune franç. Moll. p. 195. n° 4. pl. 7 c. f. 1.
* *Buccinum undulatum.* Dillw. Cat. t. 2. p. 595.
* *Id.* Wood. Ind. Test. pl. 22. f. 25.
* Schub. et Wagn. Suppl. à Chemn. p. 73. n° 7.
Habite l'Océan des Antilles. Mon cabinet. Celui-ci est cerclé comme
une tonne. Longueur : 3 pouces 5 lignes.

20. Casque granuleux. *Cassis granulosa.* Lamk. (1)

C. testá ovato-ventricosá, transversìm sulcatá, longitudinaliter striatá,
albá, maculis luteis quadratis transversìm seriatis tessellatá; spirá
conico-acutá, subdecussatá; columellá infernè granosá; labro
margine dentato.
Bonanni. Recr. 3. f. 158.

rapporte au *Cassis sulcosa.* Quant à la figure 33, elle reproduit
le *Buccinum cassideum, tessellatum,* de Chemnitz, qui très probablement est une variété du *Cassis granulosa.* Il suffit enfin de
comparer la figure 34 à toutes les autres, pour être convaincu à
l'instant même qu'elle représente une espèce très différente des
deux autres : la forme de la columelle et de l'ouverture suffi-
raient pour la distinguer, si elle ne l'était déjà par tous ses autres caractères.

(1) On voit, par la synonymie, que Martini confondait plusieurs espèces avec celle-ci; mais les figures qu'il en donne ne

Bonanni. Recr. 3. f. 158.

Lister. Conch. t. 999. f. 64. et t. 1056. f. 9.

Favanne. Conch. pl. 25. fig. A 4.

Cassis ventricosa. Martini. Conch. 2. t. 32. f. 344. 345. et t. 34. f. 350-352.

Cassidea granulosa. Brug. Dict. n° 5.

* *Buccinum areola.* Var. β. Gmel. p. 3475.

* *Buccinum trifasciatum.* Gmel. p. 3477. n° 30.

* Schrot. Einl. t. 1. p. 384. n° 111.

* *Buccinum granulatum.* Dillw. Cat. t. 2. p. 594. n° 23.

* Blainv. Faune franç. p. 195. n° 5.

* Barrelier. Plant. per Ital. pl. 1325. f. 12.

* Mus. Gottw. pl. 22. f. 150. a. b. 151. a. b. c.

* *Buccinum granulatum.* Born. Mus. p. 248.

* Var. a.) *Buccinum inflatum.* Schaw. Nat. Misc. t. 22. pl. 959 (Ex. Dillw.)

* *Buccinum cassideum tessellatum.* Chemn. Conch. t. 11. p. 76. pl. 186. f. 1792. 1793?

* *Buccinum inflatum.* Dillw. Cat. t. 2. p. 595. n° 25?

* *Id.* Wood. Ind. Test. pl. 25. f. 26?

* *Cassis sulcosa. Var.* Kiener. Spec. des Coq. pl. 16. f. 33?

Habite la Méditerranée, selon *Davila.* Mon cabinet. Il n'est point lisse comme le *C. areola*, ni cerclé comme le *C. sulcosa.* Longueur : 2 pouces 10 lignes et demie.

21. Casque saburon. *Cassis saburon.* Lamk.

> *C. testá ovato-globosá, transversìm densè sulcatá, albido-carneá, interdìm fulvo-maculosá; spirá brevi, acutá; columellá infernè rugosá; labro margine crenato.*

Bonanni. Recr. 3. f. 20.

---

peuvent se rapporter qu'à elle. On remarquera également, dans la synonymie plus complète de cette espèce, un double emploi de Gmelin, qui en fait d'abord une variété du *Buccinum areola*, et qui la reproduit à la page suivante sous le nom de *Buccinum trifasciatum.* Je serais porté à croire que le *Buccinum cassideum tessellatum*, de Chemnitz (t. 11. pl. 186, f. 1792, 1793) est une variété du *Cassis granulosa.* N'ayant point à ma disposition une coquille semblable à celle de Chemnitz, je ne puis décider de l'identité de ces espèces.

Rumph. Mus. t. 25. fig. C.

Petiv. Amb. t. 9. fig. 6.

Gualt. Test. t. 39. fig. G.

Adans. Seneg. pl. 7. f. 8. le Saburon.

Cassidea saburon. Brug. Dict. n° 4.

* *Fossilis.* Scilla lavana specul. pl. 16. f. 4.

* Lister. Conch. pl. 1012. f. 76.

* *Buccinum saburon.* Dillw. Cat. t. 2. p. 594. n° 22.

* Payr. Cat. des Moll. de Corse. p. 154. n° 309.

* Blainv. Faune franç. p. 196. n° 6. pl. 7 c. f. 3.

* Mus. Gottv. pl. 22. f. 152 a.

* *Buccinum areola.* Delle Chiaje dans Poli. Testac. t. 3. 2° part. p. 56. pl. 48. f. 3. 4.

* Martini. Conch. t. 2. Vignette. p. 10. f. 1. 2.

* Roissy. Buf. Moll. t. 6. p. 102. n° 4.

* *Cassis areola.* Burrow. Elem. of Conch. pl. 16. f. 2.

* Wood. Ind. Test. pl. 22. f. 23.

* *Cassis pomum.* Schub. et Wagn. Suppl. à Chemn. p. 71. pl. 223. f. 3084. 3085.

* Desh. Exp. sc. de Morée. Zool. p. 193. n° 328.

* Kiener. Spec. des Coq. p. 31. n° 19. pl. 14. f. 27.

Habite l'Océan Atlantique, près de l'île de Gorée. Mon cabinet. Il n'a point de stries longitudinales, mais seulement des stries transverses très serrées, et la base de sa columelle n'est point granuleuse. Il est quelquefois parqueté de taches fauves quadrangulaires. Longueur : 23 lignes.

22. Casque canaliculé. *Cassis canaliculata.* Lamk.

C. testá ovatá, pellucidá, transversìm sulcatá, albido-roseá, maculis luteolis transversìm seriatis pictá; spirá brevi; suturis canaliculatis; columellá infernè rugosá; labro margine crenato.

Cassidea canaliculata. Brug. Dict. n° 7.

* Schub. et Wagn. Chemn. Suppl. p. 67. pl. 223. f. 3079. 3080.

* Kiener. Spec. des Coq. p. 32. n° 20. pl. 14. f. 28.

Habite sur les côtes de Ceylan. M. *Macleay.* Mon cabinet. Il ressemble beaucoup au précédent par sa forme; mais il en diffère fortement par ses sutures canaliculées. Longueur : 22 lignes.

23. Casque semi-granuleux. *Cassis semigranosa.* Lamk.

C. testá ovato-acutá, infernè lœviusculá, supernè granosá, albá; dorso anteriùs longitudinaliter plicato : plicis granuliferis; spirá decussatá, granosá; labro edentulo, intùs rufescente.

* *Buccinum semigranosum.* Wood. Ind. Test. Suppl. pl. 4. f. 2.

* Kiener. Spec. des Coq. p. 36. n° 23. pl. 14. f. 29.

Habite les mers de la Nouvelle-Hollande. Mon cabinet. Espèce singulière, ayant des rapports par sa forme avec le *C. achatina*, mais qui en est très distincte par les granulations de sa partie supérieure, qui commencent sur la partie antérieure du dernier tour, et s'étendent ensuite sur toute la spire. Longueur : 22 lignes et demie.

24. Casque baudrier. *Cassis vibex*. Lamk.

C. testâ ovato-oblongâ, lævigatâ, nitidâ, pallidè fulvâ; spiræ anfractibus convexiusculis; aperturâ lævi; labro infernè denticulis muricato.

Buccinum vibex. Lin. Syst. nat. éd. 12. p. 1200. Gmel. p. 3479. n° 36.

Bonanni. Recr. 3. f. 151.

Rumph. Mus. t. 25. fig. E. et f. 9.

Petiv. Amb. t. 4. f. 9.

Gualt. Test. t. 39. fig. F. L.

D'Argenv. Conch. pl. 14. fig. H.

Favanne. Conch. pl. 25. fig. H 1.

Seba. Mus. 3. t. 53. f. 3–7. 10. 18. 19.

Knorr. Vergn. 6. t. 11. f. 3.

Regenf. Conch. 1. t. 10. f. 40.

Martini. Conch. 2. t. 35. f. 364–366.

Cassidea vibex. Brug. Dict. n° 1.

* Blainv. Faune franç. p. 197. n° 7. pl. 7 c. f. 4.

* Kiener. Spec. des Coq. p. 22. n° 12. pl. 11. f. 20. 20 a.

* Mus. Gottw. pl. 23. f. 163. b. c. 161. c. 155 bis. b. 158 bis.

* *Id.* pl. 25. f. 166. a. b. 167. a. b. 168. a. b.

* Lin. Syst. nat. éd. 10. p. 737.

* Lin. Mus. Ulric. p. 606.

* Roissy. Buf. Moll. t. 6. p. 101. n° 2.

* *Buccinum vibex.* Schrot. Einl. t. 1. p. 324. n° 17.

* *Id.* Burrow. Elem. of Conch. pl. 16. f. 3. et *Junior.* pl. 25. f. 3.

* *Id.* Dillw. Cat. t. 2. p. 600. n° 35.

* Payr. Cat. des Moll. de Corse. p. 154. n° 310.

Habite dans la Méditerranée, près de l'Egypte, etc. Mon cabinet. Il a quelquefois une varice longitudinale et oblique en manière de baudrier ; mais il est le plus souvent lisse, n'ayant que le bourrelet du bord droit. Longueur : 2 pouces et demi.

25. Casque hérisson. *Cassis erinaceus*. Lamk.

C. testâ ovatâ, longitudinaliter subplicatâ, anteriùs papillis coro-

*natá, griseo-fulvá; ultimo anfractu supernè angulato ; aperturá
lævi; labro crasso, infernè denticulis muricato.*

Buccinum erinaceus. Lin. Syst. nat. éd. 12. p. 1199. Gmel. p. 3478.
no 34.

Bonanni. Recr. 3. f. 152. 153.

Lister. Conch. t. 1015. f. 73.

Rumph. Mus. t. 25. f. 7. et fig. D.

Petiv. Amb. t. 9. f. 9.

Gualt. Test. t. 39. fig. D. I.

D'Argenv. Conch. pl. 14. fig. G.

Favanne. Conch. pl. 24. f. G 1 ?

Seba. Mus. 3. t. 53. f. 8. 11. 12. 29. 30.

Born. Mus. p. 238. Vign. fig. D.

Martini. Conch. 2. t. 35. f. 363. et pl. 38. f. 383 à 386.

Schroëtter. Einl. in Conch. 1. t. 2. f. 9. a. b.

Cassidea erinaceus. Brug. Dict. no 2.

Buccinum nodulosum. Gmel. p. 3479. no 38.

* Mus. Gottv. pl. 23. f. 168. a. b. c. d.

* Lin. Syst. nat. éd. 10. p. 736.

* Lin. Mus. Ulric. p. 605.

* *Buccinum erinaceus.* Born. Mus. p. 248.

* *Id.* Schrot. Einl. t. 1. p. 322. no 15.

* *Id.* Dillw. Cat. t. 2. p. 598. no 31.

* *Buccinum biarmatum.* Dillw. Cat. t. 2. p. 599. no 32.

* Wood. Ind. Test. pl. 22. f. 32.

* *Buccinum nodulosum.* Wood. Ind. Test. pl. 25. f. 33.

* Kiener. Spec. des Coq. pl. 23. no 13. pl. 11. f. 21.

Habite les mers de l'Inde, comme probablement le précédent, dont
il est très voisin par ses rapports; mais sa forme est plus raccourcie. D'ailleurs son dernier tour est toujours anguleux supérieurement, avec des nodulations plicifères, qui se retrouvent quelquefois sur les tours suivans. Le bourrelet externe de son bord droit
est fort large. Longueur : 23 lignes.

† 26. Casque frangé. *Cassis fimbriata.* Quoy et Gaim.

*C. testá ovato-ventricosá, cingulis tribus nodulosis instructá, albo
fucescente, fusco marmoratá, lineis fucescentibus angustis transversis ornatá, longitudinaliter plicatá, plicis irregularibus; aperturá angustá, in medio coarctatá, albá; labro incrassato, marginato, intus obsoletè denticulato, labio latissimo plano ; columella
basi rugosá.*

Quoy et Gaim. Voy. de l'Astr. Zool. t. 2. p. 596. pl. 43. f. 7. 8

Kiener. Spec. des Coq. p. 12. n° 6. pl. 4. f. **6.**

Habite les mers de la Nouvelle-Hollande.

Ce Casque a, en petit, la forme du *Cassis cornuta* de Lamarck ; il est ovale, subtrigone ; sa spire est courte ; elle est interrompue par quatre ou cinq bourrelets, qui sont les traces de l'épaississement du bord droit ; le dernier tour est très grand, il est couronné à sa partie supérieure par une rangée de tubercules pointus, rapprochés, et dont le plus grand est ordinairement sur le milieu du dos ; au-dessous de cette première rangée, et vers le milieu de la coquille, s'en élèvent deux autres, dont les tubercules sont plus courts, plus obtus, plus larges, et s'appuient sur une base quadrangulaire ; la troisième rangée est celle où les tubercules sont plus petits, et ils disparaissent ordinairement avant d'avoir atteint l'ouverture. Des plis longitudinaux, petits et serrés, irréguliers, interrompus, se montrent sur toute la surface de la coquille, ce qui lui donne beaucoup de ressemblance avec le *Cassis cancellata*, fossile des environs de Paris. L'ouverture est blanche ; elle est allongée, étroite. Le bord droit est très épais, aplati en avant, renflé en dedans, et surtout dans le milieu de sa longueur, et garni en dehors d'un bourrelet fort épais dans les vieux individus. Le bord gauche est très grand, il envahit tout le ventre du dernier tour, et en cela cette coquille ressemble aussi au *Cassis cornuta, tuberosa*, etc. Le canal terminal est plus allongé que dans plusieurs autres espèces ; il se relève fortement vers le dos, en s'inclinant un peu à gauche, et il se termine par une échancrure assez profonde. La couleur de cette espèce consiste en marbrure d'un beau fauve sur un blanc jaunâtre, et l'on compte sur le dernier tour 6 linéoles interrompues, également distantes, d'un brun assez foncé. Le bord droit est marqué de cinq grandes taches, d'un brun plus ou moins foncé selon les individus.

Les grands individus ont 85 de long, et 60 de large.

† 27. Casque sans bourrelet. *Cassis coarctata.* Gray.

C. testâ ovato-elongatâ, cylindraceâ, tranversìm costis nodulosis cinctâ ; tenuè striatâ, albo griseâ, maculis rufis subarticulatis ornatâ, spirâ brevi acutâ, anfractibus planis, ultimo supernè angulato ; aperturâ albâ ; columellâ rectâ, dentato-plicatâ ; labro intùs incrassato, extùs non marginato, basi latiore.

Buccinum coarctatum. Gray dans Wood, Ind. Test. Suppl. pl. 4. f. 5.

Cassis coarctatum. Kiener. Spec. des Coq. p. 19. n° 10. pl. 8. f. 15.

Habite les côtes du Pérou, à Acapulco.

Cette espèce a beaucoup de rapport avec le *Cassis tenuis;* elle se distingue cependant par une forme cylindrique ; elle est d'ailleurs toujours plus petite, et son ouverture est constamment dépourvue du bourrelet extérieur qui caractérise les autres Casques. La spire est courte et pointue, on y compte sept à huit tours, dont les premiers sont lisses et d'un brun foncé; les suivans sont aplatis et couverts de petits plis longitudinaux, coupés par des stries transverses, le dernier tour est circonscrit à sa partie supérieure par un angle obtus, sur lequel s'élève un petit nombre de tubercules très obtus. Le reste de la surface est divisé par une dizaine de sillons aplatis et transverses, sur lesquels se montrent des tubercules longitudinaux pliciformes, très obtus. L'ouverture est blanche; la columelle presque droite, est revêtue dans toute sa hauteur d'un bord gauche peu épais, et elle offre des plis transverses, fins et peu apparens; en dedans et profondément, on y trouve des dentelures assez grosses. Le bord droit, comme nous l'avons dit, n'a point de bourrelet en dehors ; il reste assez mince à sa partie supérieure, et il s'épaissit graduellement en dedans jusqu'à sa base, où il se dilate d'une manière notable. Cette disposition du bourrelet intérieur rappelle assez ce que l'on trouve dans plusieurs colombelles. Le bord droit est garni en dedans de gros plis dentiformes, qui contribuent encore à rétrécir l'ouverture.

Cette coquille est d'un gris perlé ou d'un gris jaunâtre; elle est ornée de taches d'un brun marron, dont les unes sont grandes et forment des marbrures irrégulières; les autres, plus petites, sont placées sur les sillons, où elles sont subarticulées.

Les grands individus de cette espèce ont 60 millim. de long, et 32 de large.

† 28. Casque mince. *Cassis tenuis.* Gray.

C. *testâ ovato-oblongâ, cylindraceâ ; spirâ brevi, supernè subplanulatâ, anfractibus angustis, ultimo maximo supernè angulato , transversìm sulcato, sulcis inæqualibus, latis, depressis, superioribus tuberculosis, maculis rubro spadiceis, inæqualibus articulatis ; aperturâ elongato-angustâ, labro marginato reflexo, intùs dentato ; columellâ subrectâ, basi plicatâ.*

Buccinum tenuis. Gray dans Wood. Ind. Test. Suppl. pl. 4. f. 4.

Cassis messenæ. Kiener. Spec. des Coq. p. 17. n° 9. pl. 8. f. 14.

Habite les mers d'Amérique.

Fort belle coquille, rare encore dans les collections et qui se rapproche du *Testiculus*, par l'ensemble de ses caractères. Elle est **ovale oblongue**, cylindracée ; sa spire très courte est en cône surbaissé : elle est presque plane. Le dernier tour est très grand, il est sillonné en travers, mais les sillons sont très plats, inégaux, et on en compte six qui sont plus larges que les autres: le premier, placé au-dessous de l'angle supérieur, est presque toujours tuberculeux, et la plupart des autres sillons le sont aussi: les tubercules sont effacés. L'ouverture est blanche en dedans; elle est longue et étroite, et son bord droit est garni en dedans d'un bourrelet large et épais, sur lequel sont disposées avec régularité des lignes accouplées deux à deux, d'un beau brun noir, et dont les intervalles sont d'un beau fauve. La columelle est presque droite; elle est ridée transversalement à la base, et elle est garnie dans toute sa hauteur d'un large bord gauche qui cache presque tout le ventre de la coquille. Ce beau Casque est orné de très belles couleurs sur un fond d'un blanc grisâtre, légèrement lavé de fauve; on voit un grand nombre de fascies transverses, aussi larges que les sillons, formés de taches d'un roux brun, subarticulées, dont les plus grandes occupent les sillons les plus larges.

Cette coquille a 90 millim. de longueur, et 50 mill. de large.

† 29. Casque cicatrisé. *Cassis cicatricosa*. Desh.

C. testâ ovato-turgidâ, sublævigatâ, apice acutâ, transversìm obsoletè striatâ, cicatricosâ, albâ, fusco irregulariter maculatâ, anfractibus convexiusculis ; aperturâ ovato angustâ, labro marginato, intùs dentato ; columellâ basi pauci granulosâ.

Buccinum cicatricosum. Gronov. Zoophyl. fasc. 3. p. 303.

n° 1350. pl. 19. f. 1. 2.

Id. Gmel. 3475.

Id. Dillw. Cat. t. 2. p. 597.

Id. Wood. Ind. Test. pl. 25. f. 29.

Habite.....

Cette coquille a de l'analogie, pour la forme générale, avec le *Cassis granulosa* de Lamarck ; elle est ovale globuleuse ; son test est mince et transparent ; sa spire est proéminente, et l'on y compte huit tours convexes, lisses, et dont le dernier, beaucoup plus grand que les autres, porte des traces de stries transverses, légèrement saillantes, de sorte qu'il semble que la courbure de la coquille soit formée d'une suite de petits plans limités entre eux par les stries; outre cette disposition particulière, on remarque encore, sur ces plans, un grand nombre de petits méplats, que l'on peut comparer à ce que produit le martelage d'un métal. L'ouverture est assez grande ; elle est d'un jaune fauve au fond, d'un beau blanc dans le reste de ses parties; son bord droit est assez mince, dentelé en dedans et garni en dehors d'un bourrelet, sur lequel se dessinent, à distances égales, des taches quadrangulaires d'un brun pâle. La columelle est légèrement excavée dans le milieu. Le bord gauche qui l'accompagne se détache à la base, et il porte un petit nombre de granulations fines et assez serrées. La couleur de cette espèce est d'un blanc jaunâtre ou fauve, et elle est ornée de quelques marbrures brunes au sommet des tours; le dernier présente les traces très obscures de quatre fascies transverses de taches très pâles.

Cette coquille a 70 millim. de long, et 45 de large.

† 3o. Casque lacté. *Cassis lactea*. Kiener.

C. testâ ovato-oblongâ, candidâ, transversìm striatâ, anfractibus planulatis, basi granulosis, ultimo supernè angulato, tuberculis rotundatis coronato ; aperturâ subsemilunari ; labro incrassato, marginato , intùs plicato dentato, labio plano ; columellâ basi tenuè granulosâ.

Kiener. Spec. des Coq. p. 35. n° 22. pl. 16. f. 35.

Habite...

Coquille qui a quelque analogie avec le *Cassis sulcosa*, mais qui s'en distingue facilement par la plupart de ses caractères ; elle est ovale oblongue; la spire est assez allongée, pointue, composée de 7 à 8 tours aplatis, granuleuse à la base, et ayant la suture bordée d'un petit bourrelet plissé; le dernier tour est anguleux à sa partie supérieure, et il porte sur cet angle une rangée de tubercules obtus, arrondis, au-dessus desquels, et sur la partie plate de la spire, on compte 3 stries transverses; sur le reste de la surface, on voit d'autres stries transverses, obsolètes sur le dos plus profondes à la base. L'ouverture est étroite, subsemilunaire, d'un jaune fauve dans le fond, blanche dans tout le reste de ses parties. Le bord droit est très épais, il est garni en dehors d'un bourrelet large, et en dedans, d'un grand nombre de plis dentiformes, rapprochés et peu saillans. Le bord gauche occupe presque tout le ventre de la coquille; il est épais, il se détache à la base où il est garni d'un grand nombre de granulations fines et serrées.

La plupart des individus de cette espèce sont blancs ou d'un blanc légèrement lavé de fauve; il y en a quelques-uns où l'on remarque cependant 2 ou 3 fascies de taches quadrangulaires, d'un fauve très pâle. — Cette espèce à 35 à 40 millim. de long, et 23 à 27 de large.

Espèces fossiles.

1. **Casque en harpe.** *Cassis harpæformis.* Lamk.

> *C. testâ fossili, ovato-inflatâ, longitudinaliter costulatâ, transversè striatâ; cingulâ subunicâ tuberculosâ.*
>
> *Cassis harpæformis.* Annales du Mus. vol. 2. p. 169. n° 1.
> * Roissy. Buf. Moll. t. 6. p. 104. n° 7.
> * Desh. Coq. foss. de Paris. t. 2. p. 638. n° 1. pl. 86. f. 3. a. b.
> Habite... Fossile de Grignon. Mon cabinet. Ses côtes longitudinales sont saillantes, disposées comme les cordes d'une harpe, et forment, vers le sommet du dernier tour, une rangée de tubercules bien exprimée et une autre à peine distincte. Longueur, 2 pouces une ligne.

† 2. **Casque de Rondelet.** *Cassis Rondeleti.* Bast.

> *C. testâ ovato-turgidâ, transversìm profondè sulcatâ, sulcis regulariter granosis, anfractibus convexiusculis, marginatis, suprà canaliculato-planulatis; aperturâ ovato-oblongâ, labro incrassato reflexo, simplici, basi triplicato, labio sinistro, crasso, basi irregulariter rugoso.*
>
> Bast. Foss. de Bord. p. 51. n° 2. pl. 3. f. 22. pl. 4. f. 13.
> Habite...
> Fossile aux environs de Bordeaux, de Dax et à la Superga près Turin.
> Très belle espèce de Casque fossile, rare encore dans les collections, et qui se distingue facilement de toutes les espèces actuellement connues.
> Elle est ovale oblongue, a la spire pointue et assez allongée, et formée de 6 tours, un peu aplatis à leurs bords supérieurs, et légèrement creusés en rigole à l'endroit de cet aplatissement; un bourrelet granuleux assez gros accompagne les sutures. Sur le dernier tour on compte 11 gros sillons transverses, dont la largeur et l'épaisseur vont graduellement en diminuant, depuis le sommet jusqu'à la base; sur ces sillons s'élèvent des tubercules rapprochés, obtus, que l'on peut comparer à ceux qui existent sur le Cassidaire échinophore. Dans quelques individus, il arrive que dans la partie profonde du sillon se trouve une strie transverse. L'ouverture est grande, ovalaire; le bord droit est épais, garni d'un bourrelet à l'extérieur, mais en dedans il reste simple, si ce n'est à la base où il a ordinairement 3 plis peu profonds. Le bord gauche reste mince dans toute sa partie supérieure; mais à la base, il se détache et forme un feuillet court et épais, à la partie interne duquel se montrent quelques grosses rides. L'échancrure

de la base est large et profonde ; aussi cette coquille appartient aux véritables Casques. Les grands individus ont 6o millim. de long, et 42 de large.

† 3. Casque bonnet. *Cassis calantica*. Desh.

C. testá ovato-turgidulá, transversìm sulcatá, longitudinaliter plicatá, plicis irregularibus, anfractibus planulatis, marginatis, in medio subangulatis, ultimo anfractu, nodulis coronato; aperturá ovato-angustá, labro incrassato, marginato, intùs dentato, labio angusto; columellá regulariter arcuatá, transversìm plicatá.

Desh. Coq. foss. de Paris. t. 2. p. 64o, n° 3. pl. 85. f. 17 à 19.

Habite... Fossile à Valmondois, près Paris.

Cette espèce fort singulière n'a presque point d'analogie avec celles qui sont déjà connues dans le bassin de Paris. Elle est petite, ovalaire. On compte six tours à la spire, et ces tours sont aplatis, et divisés en deux parties égales par un petit angle granuleux ; le dernier tour constitue à lui seul la plus grande partie de la coquille. Toute la surface est découpée par des petits sillons transverses, inégaux et assez réguliers, ainsi que par des plis longitudinaux, irréguliers, et qui ne se continuent pas dans toute la longueur de ce dernier tour. Il résulte de ces sillons et de ces plis un grand nombre de petits tubercules aplatis, quadrangulaires, inégaux, dont une rangée plus large et plus grosse se trouve à la partie supérieure du dernier tour. L'ouverture est ovalaire, atténuée à ses extrémités. La columelle est régulièrement arquée, et elle est accompagnée d'un bord gauche assez épais, mais étroit et point relevé à sa base. Sur la columelle se remarque un grand nombre de plis, assez réguliers, que l'on voit s'enfoncer en dedans de l'ouverture. Le bord droit est épaissi, plus en dedans qu'en dehors ; en dedans, il porte neuf dentelures également espacées. L'échancrure de la base est peu profonde, mais le canal est très court, et par ce caractère, cette espèce peut également servir d'intermédiaire entre les Cassidaires et les Casques.

Cette coquille, très rare, a 28 millim. de long, et 20 de large.

† 4. Casque strié. *Cassis striata*. Sow.

C. testá, ovato-oblongá, apice acutá, transversìm tenuè striatá, anfractibus supernè depressis, ultimo ad peripheriam subangulato, nodulis crebris coronato; aperturá ovato-angustá ; labro incrassato, intùs dentato; columellá basi irregulariter rugosá.

Sow. Min. Conch. p. 24. pl. 6. f. 4. 5. 6. 7.

Brong. Vicent. p. 66. pl. 3. f. 9.

Habite...

Fossile en Angleterre, dans les argiles de Londres et au val de Ronca, dans le Vicentin, d'après M. Brongniart.

Coquille plus ovalaire, et à spire plus allongée, que dans la plupart des Casques. Ses tours, au nombre de six, sont creusés d'une rigole peu profonde à leur partie supérieure, et le bord supérieur de cette rigole forme un petit bourrelet qui accompagne la suture ; sur le dernier tour, on voit immédiatement, en avant de la dépression, un angle obtus sur lequel s'élève un assez grand nombre de petits tubercules obtus et arrondis ; la base du dernier tour se termine insensiblement en un canal court, légèrement relevé en dessus, et dont l'échancrure est moins profonde que dans la plupart des autres Casques, de sorte que l'on peut considérer cette espèce comme intermédiaire entre les Cassidaires et les Casques. L'ouverture est ovalaire, rétrécie à ses extrémités, élargie dans le milieu, principalement à cause de l'excavation de la columelle ; celle-ci est garnie d'un bord gauche un peu épais, un peu détaché vers la base, et formant, au-dessus du canal, un feuillet mince et étroit. Le bord droit est épaissi en dedans et en dehors ; le bourrelet extérieur est très étroit et peu saillant ; à l'intérieur, il l'est davantage, et il est garni, dans sa longueur, d'un assez grand nombre de petites dents. Toute la surface extérieure de cette coquille est couverte de stries fines, transverses, régulières, et assez souvent alternes, c'est-à-dire, qu'une plus petite succède à une plus grosse.

Cette coquille a 27 millim. de long, et 17 de large.

----

(1) *Une échancrure oblique, dirigée en arrière.*

RICINULE. (Ricinula.)

Coquille ovale, le plus souvent tuberculeuse ou épineuse en dehors. Ouverture oblongue, offrant inférieurement un demi-canal recourbé vers le dos, terminé par une échancrure oblique. Des dents inégales sur la columelle et sur la paroi interne du bord droit, rétrécissant en général l'ouverture.

Testa ovata, sæpiùs externè tuberculato-spinosa. Apertura longitudinalis, in canalem brevissimum posticè recurvum, obliquè emarginatum. Plicæ vel dentes inæquales ad columellam et ad parietem internam labri, aperturam sæpè coarctantes.

OBSERVATIONS. — Les Ricinules tiennent de très près aux Pourpres, et cependant en diffèrent assez pour qu'on doive les en distinguer. Ce sont des coquilles en général d'un petit volume, d'une forme ovale, à spire souvent peu élevée, et qui offrent la plupart des tubercules ou des pointes épineuses comme les fruits du ricin. Leur ouverture présente presque toujours une teinte de pourpre ou de violet, et son bord droit est muni de dents inégales qui assez souvent en resserrent l'entrée. Leur columelle n'est point simple et polie comme dans les Pourpres; mais elle offre de faux plis ou des dents inégales.

[Depuis que l'on connaît l'animal des Ricinules, les conchyliologues ont supprimé ce genre et l'ont réuni aux Pourpres, à titre de section. L'étude seule des coquilles conduisait également à cette réunion des deux genres. Dans les généralités sur le genre Pourpre, nous établirons les preuves sur lesquelles on se fonde aujourd'hui pour joindre aux Pourpres plusieurs des genres qui en ont été démembrés par Lamarck.]

ESPÈCES.

1. Ricinule muriquée. *Ricinula horrida.* Lamk. (1)

> *R. testâ obovatâ, subglobosâ, tuberculis crassis brevibus acutis nigris echinatâ; interstitiis albis; spirâ brevissimâ; aperturâ ringente, violaceâ.*

---

(1) Quelque confusion s'est introduite dans la synonymie de cette espèce. Linné lui-même y a contribué en rapportant à son *Murex neritoideus* (*Purpura neritoidea*, Lamk.) quelques figures représentant celle-ci. Gmelin a dénaturé l'espèce de Linné, en substituant sous son nom trois autres espèces confondues dans une synonymie très incorrecte. Dans cette synonymie, prédomine le *Ricinula horrida*, et c'est en rectifiant Gmelin que plusieurs auteurs ont définitivement changé, l'un pour l'autre, les noms des deux espèces. Lamarck n'est point tombé dans cette erreur, et ses noms spécifiques doivent être

Bonanni. Recr. 3. f. 173.
Lister. Conch. t. 804. f. 13.
Klein. Ostr. t. 1. f. 30.
Knorr. Vergn. 1. t. 25. f. 5. 6.
Favanne. Conch. pl. 24. fig. A 1.
Martini. Conch. 3. t. 101. f. 972. 973.
Murex neritoideus. Gmel. p. 3537. n° 43.
Ricinula horrida. Encycl. pl. 395. f. 1. a. b.
* *Purpura horrida.* Blainv. Pourp. nouv. Ann. du Mus. t. 1. p. 208. n° 16.
* Quoy et Gaim. Voy. de l'Astr. t. 2. p. 576. pl. 39. f. 1 à 3. *Purpura horrida.*
* Reeve. Conch. Syst. t. 2. p. 215. pl. 256. f. 1.
* Mus. Gottw. pl. 11. f. 81. c.
* Blainv. Malac. pl. 22. f. 2.
* *Ricinella violacea.* Schum. Nouv. Syst. p. 240.
* *Murex horridus.* Dillw. Cat. t. 2. p. 704. n° 46.
* *Murex neritoideus.* Wood. Ind. Test. pl. 26. f. 47.
* *Purpura horrida.* Kiener. Spec. des Coq. p. 8. n° 1. pl. 1. f. 1.
Habite l'Océan Indien. Mon cabinet. Espèce fort remarquable par ses gros tubercules noirs et pointus, par sa spire aplatie, mucronée, et son ouverture grimaçante et violette. Cette coquille est épaisse et solide. Longueur : 18 lignes. Vulg. la *Mûre.*

2. **Ricinule doucette.** *Ricinula miticula.* Lamk. (1)

R. *testâ obovatâ, tuberculiferâ, griseo-rubente; tuberculis oblongis obtusis quinquefariàm seriatis; spirâ brevissimâ, obtusâ; aperturâ violaceâ; columellâ pliciferâ; labro intùs dentato.*

* Blainv. Pourp. nouv. Ann. du Mus. t. 1. p. 211. n° 23.
* *Purpura clathrata. Junior.* Kiener. Spec. des Coq. p. 16. pl. 3. f. 5.
Habite... Mon cabinet. Son ouverture n'est point grimaçante, et les

---

conservés. Dillwyn attribue à cette espèce le nom linnéen de *Murex ricinus.* Nous pensons que cette erreur est facile à rectifier, et que l'espèce de Linné doit être rapportée au *Ricinula arachnoidea* de Lamarck.

(1) M. Kiener assure que le *Purpura miticula* de Lamarck est une mauvaise espèce, puisqu'elle a été établie sur de jeunes individus du *Ricinula clathrata.* Cette opinion nous paraît fondée, et, en l'adoptant, nous proposons de joindre à l'avenir les deux espèces sous le nom de *clathrata.*

tubercules qui hérissent le test ne sont point piquans. Longueur :
13 lignes.

3. Ricinule gaufrée. *Ricinula clathrata.* Lamk.

R. testá ovatá, muricatá, costis spiniferis longitudinalibus et trans-
versis grossè cancellatá, aurantio-luteá; spinis breviusculis canali-
culatis; aperturá pallidè violaceá; columellá tortuosá, rugiferá; la-
bro dentibus validis armato.

Encycl. pl. 395. f. 5. a. b.
* Blainv. Pourp. nouvelles Ann. du Mus. t. 1. p. 211. n° 22.
* Kiener. Spec. des Coq. p. 15. n° 5. pl. 3. f. 5.
* Martini. Conch. t. 3. pl. 101. f. 974. 975.

Habite... Mon cabinet. Jolie coquille, très rare et fort singulière.
Elle est comme gaufrée par le croisement de côtes spinifères, les
unes transverses, les autres longitudinales, qui ne sont que des carènes courbées en voûte. Longueur : 13 lignes et demie.

4. Ricinule arachnoïde. *Ricinula arachnoides.* Lamk. (1)

R. testá obovatá, spinis subulatis muricatá, albo-lutescente; spinis
basi nigris, inæqualibus, propè labrum longioribus; aperturá rin-
gente, albá, luteo-maculatá.

Rumph. Mus. t. 24. fig. E.
Petiv. Amb. t. 11. f. 11.
Seba. Mus. 3. t. 60. f. 39.
Martini. Conch. 3. t. 102. f. 976. 977.
Encycl. pl. 395. f. 3. a. b.
* *Murex ricinus.* Lin. Syst. nat. éd. 10. p. 750.
* *Id.* Lin. Syst. nat. éd. 12. p. 1219.
* *Id.* Lin. Mus. Ulric. p. 633.
* Blainv. Pourp. nouvelles Ann. du Mus. t. 1. p. 209. n° 18.

______

(1) C'est à cette espèce qu'il convient de rapporter le *Mu-*
rex ricinus de Linné. La description qu'il en donne dans le
Museum Ulricæ et la synonymie s'y rapportent exactement. Cependant Linné dit que quelquefois l'ouverture est violette, ce
qui nous fait croire que, parmi les individus du *Murex ricinus,*
il s'en était glissé quelques-uns du *Ricinula horrida.* Lamk.
Cette confusion, sans importance dans Linné, est devenue plus
considérable chez ses successeurs, qui, sous le seul nom de
Linné, ont rassemblé toute la synonymie des deux espèces.

* *Purpura arachnoides.* Quoy et Gaim. Voy. de l'Astr. p. 579.
   pl. 39. f. 17. 18. 19.
* Kiener. Spec. des Coq. p. 10. no 2. pl. 1. f. 3.
* Mus. Gottw. pl. 11. f. 81. a. b.
* *Murex ricinus.* Murray. Fund. Test. Amæn. Acad. p. 144. pl. 2.
   f. 19.
* *Id.* Schrot. Einl. t. 2. p. 502. n° 23.
* *Junior.* Sow. Genera of Shells. f. 5.
* Reeve. Conch. Syst. t. 2. p. 215. pl. 256. f. 5.

Habite l'Océan Indien. Mon cabinet. Spire très courte; épines avoi-
   sinant le bord droit plus longues que les autres; ouverture grimaçante. Longueur: près d'un pouce.

5. Ricinule digitée. *Ricinula digitata.* (1)

*R. testá obovatá, depressá, lutescente; costis transversis tuberculato-
   nodosis; spirá brevissimá; aperturá angustatá, luteá; labro anteriùs digitis duobus armato.*

Lister. Conch. t. 804. f. 1.

Seba. Mus. 3. t. 60. f. 48.

Martini. Conch. 3. t. 102. f. 979. f. 78.

Encycl. pl. 395. f. 7. a. b.

* Blainv. Pourp. nouvelles Ann. du Mus. t. 1. p. 210. n° 19.
* *Purpura digitata.* Quoy et Gaim. Voy. de l'Astr. t. 2. p. 578.
   pl. 39. f. 20. 21. 22.
* Cronch. Lamk. Conch. pl. 18. f. 8.
* *Murex ricinus.* Wood. Ind. Test. pl. 26. f. 51.
* *Ricinella dactyloides.* Schum. Nouv. Syst. p. 241.
* Sow. Genera of Shells. f. 3.
* Reeve. Conch. Syst. t. 2. pl. 256. f. 3.

---

(1) M. de Blainville a reconnu que l'on confondait habituellement deux espèces sous le nom de *Ricinula digitata :* l'une est
toujours brune, l'autre est toujours blanche, et a l'ouverture
d'un beau jaune. Dans sa phrase caractéristique du *Digitata*,
Lamarck dit: *Aperturá luteá, testá lutescente.* C'est donc à la coquille à bouche jaune que le nom spécifique doit rester. M. de
Blainville a fait le contraire en donnant à l'espèce brune le nom
de *Digitata*, et à la jaune celui de *Lobata.* Nous proposons de
rendre à chaque espèce le nom qui doit lui appartenir : *Digitata* à l'espèce jaune, *Lobata* à l'espèce brune.

* Kiener. Spec. des Coq. p. 16. n° 6. pl. 3. f. 6.
Habite... Mon cabinet. Petite coquille, remarquable par les deux
grandes digitations que son bord droit présente antérieurement.
Longueur : 10 lignes.

6. Ricinule raboteuse. *Ricinula aspera.* (1)

R. testá ovatá, scabriusculá, transversìm sulcatá, cinereá; costis lon-
gitudinalibus nigris; carinis transversis albis dentato-asperis;
aperturá violaceá, dentibus validis angustatá.

Encycl. pl. 395. f. 4. a. b.
* Blainv. Pourp. nouv. Ann. du Mus. t. 1. p. 203. n° 4.
* *Purpura morus.* Var. Kiener. Spec. des Coq. p. 21. pl. 4. f. 9. a.
Habite... Mon cabinet. Celle-ci, très distincte de la suivante, nous
paraît inédite. Longueur : environ 10 lignes.

7. Ricinule mûre. *Ricinula morus.*

R. testá ovatá, nodulis nigris crebris, transversìm seriatis cinctá; in-
terstitiis albidis; spirá obtusiusculá; aperturá violaceá, dentibus va-
lidis angustatá.

Lister. Conch. t. 954. f. 4. 5.
Petiv. Gaz. t. 48. f. 14.
Martini. Conch. 3. t. 101. f. 970.
Ricinula nodus. Encycl. pl. 395. f. 6. a. b.
* Blainv. Pourp. nouvelles Ann. du Mus. p. 203. n° 5.
* Quoy et Gaim. Voy. de l'Astr. t. 2. p. 580. pl. 39. f. 23. 24.
Purpura morus.
* Sow. Genera of Shells. f. 2.
* Reeve. Conch. Syst. t. 2. p. 215. pl. 256. f. 2.
* Kiener. Spec. des Coq. p. 20. n° 9. pl. 4. f. 9.
Habite les mers de l'Ile-de-France. Mon cabinet. Elle ressemble à
une petite mûre, n'ayant que des nodosités en général mutiques,
et qui sont disposées sur de petites côtes transverses. Longueur :
11 lignes et demie.

8. Ricinule mutique. *Ricinula mutica.*

R. testá parvulá, ovato-globosá, muticá, crassá, transversè striatá,

---

(1) M. Kiener regarde cette espèce comme une simple variété de la suivante, *Ricinula morus;* pour nous, ces deux espèces sont toujours distinctes, les figures mêmes de M. Kiener
appuient suffisamment notre opinion.

4.

*fusco-nigricante; spirá obtusissimá; aperturá angustá, albo-viola-
cescente; labro crassissimo, valdè dentato.*

Encycl. pl. 395. f. 2. a. b.

* Blainv. Pourp. nouvelles Ann. du Mus. t. 1. p. 203. n° 2.

* Kiener. Spec. des Coq. p. 19. n° 8. pl. 4. f. 8.

Habite... Mon cabinet. Elle est courte, très épaisse, à spire presque
rétuse, et à ouverture fortement rétrécie par les dents du bord
droit. Longueur : 9 lignes et demie.

9. Ricinule pisoline. *Ricinula pisolina.*

*R. testá parvá, subglobosá, muticá, transversìm striatá, fundo rufes-
cente nigro-lineolatá; spirá brevi, acutá; aperturá violaceá; labro
intùs dentato.*

* Blainv. Pourp. nouvelles Ann. du Mus. t. 1. p. 202. n° 1. pl. 9. f. 2.

* *Purpura mutica junior.* Kiener. Spec. des Coq. p. 20. pl. 4. f. 8 a.

Habite les mers de l'Ile-de-France. Mon cabinet. Celle-ci et la précédente ont les seules de ce genre qui soient mutiques à l'extérieur. Longueur : 7 lignes un quart.

† 10. Ricinule élégante. *Ricinula elegans.* Brod.

*R. testá obovatá, albidá, spinis subulatis muricatá, propè marginem
longioribus; aperturá ringente, albá, lineá castaneá concinnè circumdatá.*

Brod. et Sow. Zool. journ. t. 4. p. 376.

Gray. Zool. of Capt. Beechey. Voy. p. 155. pl. 36. f. 4.

Cette petite espèce a beaucoup de ressemblance, d'une part, avec le
Ricinula arachnoidea, et de l'autre, avec le *Ricinula clathrata* de
Lamarck. Elle est ovalaire, d'un blanc roussâtre, un peu déprimée,
hérissée de tubercules spiniformes, qui s'allongent subitement vers
le bord droit. L'ouverture est oblongue, étroite, grimaçante, blanche. La columelle porte trois dentelures assez grosses et aiguës. Le
bord droit est épais, il présente deux dents lobées, et il est orné
d'une ligne rouge-orangée, assez foncée.

Cette coquille reste petite, elle a 18 millim. de long et autant de largeur, en y comprenant la longueur des épines.

† 11. Ricinule à lèvres blanches. *Ricinula albo labris.* Blainv.

*R. testá obovatá, spinis subulatis, quadrifariam muricatá; albá;
spirá brevi, aperturá angustá, albá, ringente ; labro intùs incrassato, bilobato; columellá basi rugosá, in medio triplicatá.*

Bonanni. Recr. 2. f. 173.

Blainv. Pourp. nouvelles Ann. du Mus. t. 1. p. 208. n° 17. pl. 9.
f. 5.

Kiener. Spec. des Coq. p. 12. n° 3. pl. 1. f. 2.

Habite l'île de Ceylan, d'après M. Reynaud.

Cette espèce, comme le dit M. Kiener, paraît être une variété de *Ricinella arachnoidea* de Lamarck. Dans les principaux caractères, il lui en reste cependant quelques-uns, au moyen desquels on la reconnaît constamment. Les individus que nous rapportons à cette espèce ont les épines blanches, comme le reste de la coquille. Ces épines sont disposées sur quatre rangées transverses, et dans les intervalles on remarque de fines stries, subécailleuses, que nous ne trouvons pas disposées de la même manière dans les individus bien frais de l'arachnoïde. L'ouverture est étroite, elle l'est moins cependant que dans l'espèce à laquelle nous la comparons. Dans l'arachnoïde, les dents lobées du bord droit sont au nombre de deux, il y en a quelquefois une troisième bifide chez les vieux individus. Dans l'*Albo labris*, ces dents lobées sont en même nombre, mais elles sont beaucoup moins saillantes. Dans l'espèce qui nous occupe, on remarque quatre grosses granulations sur la partie plate de la columelle, et le milieu, beaucoup moins gonflé que dans l'arachnoïde, porte trois plis égaux qui n'ont pas la forme et la proéminence de ceux que l'on remarque dans d'autres espèces. Ces différences suffisent-elles pour séparer ces espèces? Il est à présumer que l'on découvrira par la suite quelques variétés, au moyen desquelles on réunira les deux espèces que M. de Blainville a séparées.

Cette coquille a 33 millim. de long et 30 de large, en y comprenant la longueur des épines.

† 12. Ricinule lobée. *Ricinula lobata*. Blainville.

R. testâ obovatâ, depressâ, castaneo-fucescente, costis quinque transversis, tuberculato-nodosis, interstitiis striato-squamosis; spirâ brevissimâ, apice mucronatâ; aperturâ angustâ, castaneâ; labro incrassato, intùs sex-dentato, posticè bidigitato, anticè trilobato.

Blainv. Pourp. nouvelles Ann. du Mus. t. 1. p. 210. n° 20. pl. 9. f. 7.

Ricinula digitata. Var. *Fusca*. Sow. Genera of Shells. f. 4.

Id. Reeve. Conch. Syst. t. 2. p. 215. pl. 256. f. 4.

Purpura lobata. Kiener. Spec. des Coq. p. 18. n° 7. pl. 3. f. 7.

Habite...

On confondait cette espèce avec le *Ricinula digitata* de Lamarck, elle en est constamment distincte par le plus grand nombre de ses caractères. Celui qui la fait reconnaître le plus facilement consiste dans la couleur; le *Digitata* est une coquille blanche ou jaunâtre, celle-ci, lorsqu'elle est fraîche et bien conservée, est d'un beau brun marron. Le dernier tour est très grand, et il porte cinq côtes transverses et noduleuses, dont les intervalles sont plus pâles, quelquefois blancs, dans les individus roulés, et l'on y remarque des stries écailleuses qui suivent la même direction; en aboutissant sur le bord droit, ces côtes se prolongent en digitation dont les trois antérieures sont courtes, et presque égales, tandis que les deux postérieures sont plus grosses et plus allongées. L'ouverture est étroite, blanche dans le fond, d'un très beau brun sur ses bords. La columelle est simple, mais le bord droit très aplati porte en dedans cinq ou six dentelures égales, mais peu épaisses.

Cette coquille, assez commune dans les collections, a 3o millim. de long et 25 de large.

† 13. Ricinule iodostome. *Ricinula iodostoma*. Lesson.

R. testá ovatá, crassá, ponderosá, transversìm tenuè striatá, albo lutescente, nigro quadri seu quinque fasciata; aperturá angustissimá, purpureo-violaceá, ringente ; columellá in medio tumidá, plicato-rugosá; labro incrassato, intùs quadridentato.

Lesson. Magasin de Zool. 1842. Moll. pl. 58.

Habite la Nouvelle-Zélande.

Cette coquille, signalée pour la première fois par M. Lesson, dans le *Magasin de Zoologie*, a beaucoup de ressemblance avec le *Ricinula horrida* de Lamarck, on pourrait même la regarder comme une variété de cette espèce, si elle ne conservait des caractères qui lui sont propres. Elle est ovale, arrondie, déprimée, épaisse, et pesante ; sa surface extérieure est constamment dépourvue des gros tubercules qui se remarquent sur l'*Horrida ;* elle est ordinairement lisse, ou ornée de stries transverses fines, dans les individus les plus frais. La spire est courte, mucronée au sommet ; les sutures sont simples. Les tours sont aplatis et conjoints; le dernier, atténué à sa base, se termine par un canal étroit, peu profond, et à peine échancré. L'ouverture est très étroite, et elle a la forme d'une *S* italique un peu allongée; elle est partout d'un très beau rose pourpré, légèrement violacé. La columelle, renflée dans le milieu, porte sur ce renflement quatre plis assez gros, transverses, et même un peu ascendans. Le bord droit est très épais, il est creusé à sa partie supérieure par deux gouttières qui forment entre elles un angle presque droit; la plus longue de ces gouttières se continue dans l'angle supérieur de l'ouverture; du côté intérieur, le bord droit porte quatre dents, dont les deux premières sont très grosses, et cependant inégales ; la première est trilobée, la deuxième est bilobée, et les deux dernières sont simples et beaucoup plus petites. Sur un fond d'un blanc jaunâtre, cette coquille est ornée de quatre ou cinq zones transverses, étroites, également espacées et d'un noir foncé. Il y a des individus, et celui figuré par M. Lesson est de ce nombre, où il y a une sixième zone noire qui se montre à la base.

Cette coquille est longue de 35 millim. et large de 3o.

POURPRE. (Purpura.)

Coquille ovale, soit mutique, soit tuberculeuse ou anguleuse. Ouverture dilatée, se terminant inférieurement en une échancrure oblique, subcanaliculée. Columelle aplatie, finissant en pointe à sa base.

Testa ovata, vel mutica, vel tuberculifera aut angulosa. Apertura dilatata, infernè emarginata : sinu obliquo, subcanaliculato. Columella depresso-plana, basi in mucronem desinens.

OBSERVATIONS.— Les Pourpres constituent un genre fort nombreux en espèces, et nous offrent les dernières coquilles qui aient encore une apparence de canal à la base de leur ouverture. Elles conduisent donc, dans l'ordre des rapports, ainsi que les Licornes et les Concholépas, aux genres Harpe, Tonne, Buccin, etc., dans lesquels l'échancrure de la base n'offre plus le moindre indice de canal. La diminution insensible du canal dont il s'agit, jusqu'à sa disparition complète, fut cause que Linné a rangé une partie de nos Pourpres parmi ses *Murex*, et l'autre parmi ses *Buccinum*. Mais dans le cas où un caractère qui nous guidait diminue insensiblement, et finit par disparaître en entier, c'est toujours d'après la considération de l'ensemble des autres rapports que les objets doivent être rangés. Or, c'est ici précisément celui des Pourpres. Au reste, leur genre est éminemment caractérisé par leur ouverture non rétrécie dans son milieu, tant par des rides de la columelle que par des dents du bord droit, comme dans les Ricinules, mais qui est au contraire dilatée et à columelle en général nue, aplatie, et finissant en pointe à sa base. L'échancrure de cette dernière est plus ou moins oblique, et semble encore un peu ascendante postérieurement.

C'est principalement dans les mollusques de ce genre, et surtout dans certaines de ses espèces, que l'on trouve cette matière colorante dont les anciens formaient leur belle couleur pourpre. En quelque sorte analogue à l'encre des Sèches, elle est dans un réservoir particulier en forme de vessie, placé près de l'estomac. Mais on prétend que cette matière singulière n'acquiert sa couleur rouge qu'après avoir été étendue dans l'eau et exposée au contact de l'air. On a négligé cette teinture depuis la découverte de la cochenille.

L'animal des Pourpres a un pied elliptique, plus court que la coquille; deux tentacules coniques, pointus, portant les yeux dans leur partie moyenne et extérieure [Adans. Seneg. 1. pl. 7. f. 1]; un manteau formant, pour la respiration, un tube qui passe au-dessus de la tête, se rejetant sur la gauche, et un opercule cartilagineux et semi-lunaire, attaché au pied, près du manteau.

[L'augmentation considérable des collections, la découverte de matériaux nouveaux, et surtout les connaissances actuellement acquises sur un plus grand nombre d'animaux mollusques, rendent nécessaires des changemens dans l'étendue des genres, et, par conséquent, apportent des modifications dans leurs caractères: c'est ce qui résulte, pour le genre Pourpre et quelques-uns de ceux qui l'avoisinent, du mouvement scientifique qui s'est opéré depuis une dizaine d'années. En effet, Lamarck avait mentionné environ soixante espèces dans les genres Ricinule, Pourpre, Licorne et Concholépas: aujourd'hui, dans ces mêmes genres, on compte plus de deux cents espèces, et l'examen seul des coquilles nous a conduit depuis long-temps à ce résultat, accepté par la plupart des autres conchyliologues, que les genres Ricinule, Pourpre, Licorne et Concholépas, doivent être réunis en un seul. C'est à l'article *Pourpre* de l'*Encyclopédie méthodique,* que nous avons proposé la réunion de ces genres. Depuis, M. de Blainville d'abord, et bientôt après, M. Kiener, ont adopté notre opinion. Cette opinion se justifie par deux moyens : l'étude des coquilles, et celle des animaux.

On voit, en effet, l'ouverture si singulière des Ricinules se modifier insensiblement, et passer à celle des Pourpres proprement dites. Les Ricinules, comme on le sait, ne diffèrent des Pourpres que par les dents épaisses de la columelle et du bord droit. Ces dentelures diminuent, selon les espèces, tantôt d'un côté, tantôt de l'autre, et quelquefois de chaque côté en même temps. C'est de cette manière que s'établit une transition insensible entre deux genres que l'on croyait très nettement séparés.

Si nous comparons actuellement les Pourpres aux Licornes, nous verrons se réaliser un phénomène comparable dans le caractère qui a servi à fonder ce genre Licorne. Il y a un certain nombre de Pourpres chez lesquels se montre, à la base du bord droit, une petite inflexion dont le bord est quelquefois un peu plus saillant que le reste ; il y en a d'autres où cette portion du bord de l'inflexion devient plus saillante, prend plus d'épaisseur et de solidité, et reste cependant concave du côté extérieur ; enfin cette inflexion, qui était d'abord en demi-cercle, se change en un circuit fermé, d'où part une dent solide plus ou moins saillante, pointue, et qui porte à la base une petite arete qui indique la clôture définitive de la gouttière, que nous avons signalée comme l'origine de la dent des Monocéros. Il existe encore une autre série d'espèces où l'on voit apparaître la dent des Licornes. Dans ces espèces, elle se montre à l'état rudimentaire ; on l'aperçoit d'abord difficilement à côté de l'extrémité du bord droit, et elle prend successivement plus de développement en passant dans d'autres espèces.

Comme le savent aujourd'hui tous les conchyliologues, le genre Concholépas a été long-temps incertain dans la méthode. Les premiers voyageurs, supposant que cette coquille devait être bivalve, et ne pouvant en rassortir les deux parties, l'ont rejetée comme incomplète, et cela explique l'extrême rareté de cette espèce dans les anciennes collections, tandis qu'elle est si commune dans la nature. Les auteurs méthodiques la rangèrent d'abord parmi les Patelles, et ce fut Bruguière le premier qui détermina les véritables rapports des Concholépas avec les Buccins. En effet, lorsque l'on vient à comparer les Concholépas avec les Pourprès, le *Purpura patula*, et quelques autres espèces analogues, on reconnaît bientôt que la principale différence qui se montre entre ces coquilles consiste dans un peu plus d'enroulement dans l'une que dans l'autre, et dans la disposition du bord gauche. On devait s'attendre que l'on découvrirait quelque jour quelques espèces intermédiaires entre le Concholépas et les Pourpres. Nous possédons une de ces coquilles qui a le bord gauche des Concholépas, et le bord droit des Pourpres. Pour comprendre ceci, il faut se rappeler que, dans le Concholépas du Pérou, il existe à l'extrémité antérieure du bord droit, deux dents obtuses qui ne se montrent point dans les Pourpres. L'absence de ces dents, dans la coquille dont nous venons de parler, nous fait dire qu'elle a le bord droit des Pourpres.

D'après ce qui précède, l'étude seule des coquilles conduit à la fusion des quatre genres dont il vient d'être question ; l'étude des animaux nous mène au même résultat, et il suffit de consulter l'ouvrage de MM. Quoy et Gaimard pour s'assurer immédiatement que les animaux des Ricinules et des Pourpres présentent exactement les mêmes caractères ; il en est de même aussi pour le genre Licorne, et M. Lesson, dans ses *Illustrations zoologiques*, en publiant la figure de l'animal du Concholépas, a donné la preuve que cet animal a tous les caractères de ceux des autres Pourpres.

Si maintenant nous examinons les opercules de ces quatre genres, nous les trouvons exactement semblables, à ce point qu'il serait impossible de dire qu'un opercule appartient plutôt à l'un qu'à l'autre de ces genres. Nous devons ajouter cependant que la forme générale de cette partie subit une modification dans celle des Ricinules, qui ont l'ouverture allongée et encombrée par des dents latérales ; mais la structure intime n'éprouve aucun changement.

L'animal des Pourpres se reconnaît facilement et se distingue de celui des *Murex* et des Buccins par plusieurs caractères constans. La tête est généralement petite, elle se prolonge, en avant, en deux tentacules coniques, souvent obtus à leur extrémité. Au côté externe des tentacules, jusqu'à la moitié, quelquefois jusqu'aux deux tiers de leur longueur, on remarque un épaississement tronqué à son sommet; l'œil est placé sur cette troncature. Par cette disposition, les tentacules des Pourpres sont aplatis dans une partie de leur longueur, et arrondis depuis l'œil jusqu'à leur extrémité. Ce caractère, joint à celui de l'opercule, rend facile la distinction du genre Pourpre de ceux qui l'avoisinent le plus.

Comme nous l'avons dit précédemment, les espèces du genre Pourpre sont actuellement très nombreuses : on en compte plus de deux cents qui sont répandues dans presque toutes les mers du globe; cependant ce sont les mers chaudes qui en fournissent le plus. Les espèces fossiles sont beaucoup moins abondantes. On trouve, dans les terrains oxfordiens des Ardennes, des coquilles qui ont une partie des caractères des Pourpres, mais elles ne les ont pas d'une manière assez complète pour que nous osions, quant à présent, les rapporter à ce genre. Les autres Pourpres fossiles sont particulières aux terrains tertiaires; il n'y en a aucune jusqu'à présent dans le bassin de Paris. Quelques-unes proviennent des falunières de la Touraine et des environs de Bordeaux; quelques autres se rencontrent dans les terrains subapennins; il y en a aussi plusieurs dans le crag d'Angleterre.]

ESPÈCES.

1. Pourpre persique. *Purpura persica.* **Lamk.**

> *P. testá ovatá, transversìm sulcatá, asperiusculá, fusco-nigricante; sulcis obsoletè asperatis, albo-maculatis; spirá brevi; operturá patulá; columellá luteá, medio longitudinaliter excavatá; labro margine interiore sulcato, nigricante, et intùs albo, lineis luteis picto.*

Buccinum persicum. Lin. Syst. nat. éd. 12. p. 1202. Gmel. p. 3482. n° 49.

Lister. Conch. t. 987. f. 46.

Rumph. Mus. t. 27. fig. E.

Petiv. Amb. t. 12. f. 7.

Gualt. Test. t. 51. fig. H. L.

D'Argenv. Conch. pl. 17. fig. E.

Favanne. Conch. pl. 27. fig. D 2.

Seba. Mus. 3. t. 72. f. 10. 11.

Knorr. Vergn. 3. t. 2. f. 5.

Martini. Conch. 3. t. 69. f. 760.

Buccinum hauritorium. Chemn. Conch. 10. t. 152. f. 1449-1450.

Buccinum haustorium. Gmel. p. 3498. n° 175.

Purpura persica. Encyclop. pl. 397. f. 1. a. b.
   * Blainv. Pourpres, nouvelles Ann. du Musée. t. 1. p. 240. n° 81.
   * Kiener. Spec. des Coq. p. 93. n° 58. pl. 25. f. 67.
   * Desh. Encycl. méth. Vers. t. 3. p. 839. n° 1.
   * Blainv. Malac. pl. 24. f. 3.
   * Lin. Syst. nat. éd. 10. p. 738.
   * Lin. Mus. Ulric. p. 609.
   * Crouch. Lamk. Conch. pl. 18. f. 9.
   * Roissy. Buf. Moll. t. 6. p. 22. n° 1.
   * *Buccinum persicum*. Schum. Nouv. syst. p. 211.
   * *Buccinum persicum*. Born. Mus. p. 254. (1)
   * *Id*. Schrot. Einl. t. 1. p. 334. n° 27. *Exclus. plerisque synon.*
   * *Id*. Dillw. Cat. t. 2. p. 608. n° 51. *Exclus. variet.*
   * Sow. Conch. Man. f. 414.
   * Wood. Ind. Test. pl. 22. f. 52.

Habite l'Océan des Grandes-Indes. Mon cabinet. Jolie coquille, très
   connue, et commune dans les collections. Vulg. la *Conque persi-*
   que. Longueur : 2 pouces 9 lignes.

2. **Pourpre tachetée.** *Purpura Rudolphi.* **Lamk.**

   P. testá ovatá, transversìm sulcatá, nodulosá, fusco-nigricante,
   albo-maculatá; anfractibus supernè angulato-nodosis; spirá
   exsertiusculá; columellá luteá.

   Lister. Conch. t. 987. f. 47.
   Seba. Mus. 3. t. 72. f. 12-16.
   Knorr. Vergn. 4. t. 5. f. 4.
   Favanne. Conch. pl. 27. fig. D 3.
   Buccinum Rudolphi. Chemn. Conch. 10. t. 154. f. 1467, 1468.
   * Blainv. Pourp. nouvelles Ann. du Mus. t. 1. p. 239. n° 78.
   * *Buccinum persicum.* Var. Dillw. Cat. t. 2. p. 609.
   Kiener. Spec. des Coq. p. 95. n° 59. pl. 25. f. 68.
   * Desh. Encycl. méth. Vers. t. 3. p. 840. n° 2.

   Habite l'Océan des Grandes-Indes. Mon cabinet. Quoique très voisine de la précédente, on l'en distingue néanmoins par sa spire
   plus élevée, ses tours noduleux et anguleux vers leur sommet, son

---

(1) Born rapporte dans la synonymie de cette espèce quelques figures qui appartiennent à la suivante, ce qui prouve que
cet auteur les confondait : ce qui est arrivé également à
Schroeter.

ouverture moins dilatée, non rayée dans le fond, et sa columelle plus étroite. D'ailleurs elle est marquée de grosses taches noires et blanches, outre ses fascies articulées. Longueur : 2 pouces 8 lignes et demie.

3. Pourpre antique. *Pupura patula.* Lamk.

P. testá ovatá, transversìm sulcatá, tuberculato-nodosá, rufo-nigricante; spirá breviusculá; aperturá patulá; columellá luteo-rufescente; labro intùs albido, limbo sulcato.

Buccinum patulum. Lin. Syst. nat. éd. 12. p. 1262. Gmel. p. 3483. nº 51.

Bonanni. Recr. 3. f. 368.

Lister. Conch. t. 989. f. 49.

Petiv. Gaz. t. 152. f. 3.

D'Argenv. Conch. pl. 17. fig. H.

Favanne. Conch. pl. 273 fig. D 4.

Adans. Seneg. pl. 7. f. 3. le pakel.

Knorr. Vergn. 6. t. 24. f. 1.

Martini. Conch. 3. t. 69. f. 758. 759.

* *Buccinum patulum.* Dillw. Cat. t. 2. p. 609. nº 52.

* Blainv. Pourp. nouvelles Ann. du Mus. t. 1. p. 224. nº 48.

* Payr. Cat. des moll. de Corse. p. 154. nº 311.

* Blainv. Faun. franç. Moll. p. 144. nº 1. pl. 6. f. 1.

* Sow. Genera of Shells. f. 1.

* Reeve. Conch. Syst. t. 2. p. 22. pl. 259. f. 1.

* Wood. Ind. test. pl. 22. f. 53.

* Lin. Syst. nat. éd. 10. p. 739.

* Grew. Mus. reg. soc. pl. 9. Flat. liped Snaile. f. 1. 2.

* Lin. Mus. Ulric. p. 610.

* Gualt. Ind. pl. 51. f. E.

* Perry. Conch. pl. 44. f. 4.

* Roissy. Buf. Moll. t. 6. pl. 57. f. 5.

* *Buccinum patulum.* Schrot. Einl. t. 1. p. 335. nº 28.

* *Id.* Burow. Elem. of Conch. pl. 16. f. 5.

* Schub. et Wagn. Suppl. à Chemn. p. 146. pl. 233. f. 4087. 4088.

* Kiener. Spec. des Coq. p. 91. nº 57. pl. 24. f. 66.

* Desh. Expéd. sc. de Morée. Zool. p. 194. nº 329.

* Desh. Encycl. méth. Vers. t. 3. p. 840. nº 3.

Habite l'Océan atlantique et la Méditerranée. Mon cabinet. Elle est éminemment tuberculeuse dans sa jeunesse. Son ouverture est fort dilatée et même évasée. Selon *Columna*, c'est de l'animal de cette coquille que les Romains tiraient leur couleur pourpre. Longueur de celle qui précède.

4. Pourpre columellaire. *Purpura columellaris.* Lamk.

P. *testá ovatá, crassá, transversìm rugosá et striatá, rufescente; spirá brevi; columellá planá, uniplicatá ; labro crassissimo, dentibus validis intùs muricato.*

Encycl. pl. 398. f. 3. a. b.

* Perry. Conch. pl. 44. f. 3.

* Blainv. Pourp. nouvelles Ann. du Mus. t. 1. p. 220. n° 40. pl. 10. f. 7.

* Schub. et Wagn. Chemn. Suppl. p. 142. pl. 232. f. 4079. 4080.

* Kiener. Spec. des Coq. p. 78. n° 49. pl. 20. f. 58.

* Desh. Encycl. méth. Vers. t. 3. p. 841. n° 4.

Habite... Mon cabinet. Coquille très singulière en ce qu'elle a un pli au milieu de sa columelle, et surtout en ce que son bord droit fort épais, offre en son limbe interne une rangée de dents un peu fortes, ce qui semble particulier à cette espèce. Longueur: 2 pouces.

5. Pourpre cordelée. *Purpura succincta.* Lamk.

P. *testá ovatá, crassiusculá, transversìm striatá, rugis crassis obtusis elevatis costæformibus cinctá, griseá ; spiræ anfractibus subintrusis ; labro intùs sulcato.*

---

(1) Gmelin et Dillwyn confondent deux espèces parfaitement distinctes, séparées d'abord par Martyns, dans l'*Universal conchologist*, et ensuite par Chemnitz. Bruguière a également évité cette confusion ; mais il a eu le tort de donner des noms nouveaux à ces espèces, lorsqu'elles étaient déjà bien nommées avant lui. Pour concilier la nomenclature, cette espèce devra conserver le nom de *Purpura succincta.* L'autre espèce, qui est le *Buccinum striatum* de Martyns, le *Buccinum orbita lacunosa* de Chemnitz, la variété du *Buccinum orbita* de Gmelin, devra reprendre son premier nom. Lamarck a connu cette espèce ; mais au lieu d'en rétablir la synonymie et la nomenclature, il lui a imposé un autre nom : il l'a inscrite au n° 23, sous le nom de *Rugosa.* Nous renvoyons le lecteur à la note qui concerne cette espèce. Dans ses observations à la suite des *Purpura rugosa, textiliosa* et *succincta,* M. de Blainville dit qu'elles passent de l'une à l'autre par des nuances insensibles : cela peut être

Buccinum succinctum. Martyns. Conch. 2. f. 45.

Buccinum orbita. Chemn. Conch. 10. t. 154. f. 1471. 1472.

Gmel. p. 3490. n° 183.

Purpura succincta. Encycl. pl. 398. f. 1. a. b.

* *Buccinum orbita.* Dillw. Cat. t. 2. p. 618. n° 74. *Exclus. var.*

* *Id.* Wood. Ind. Test. pl. 23. f. 75.

* Blainv. Pourp. nouvelles Ann. du Mus. t. 1. p. 249. n° 99.

* Kiener. Spec. des Coq. p. 105. n° 66. pl. 27. f. 73.

* *Purpura orbita.* Sow. Genera of Shells. f. 2.

* Reeve. Conch. Syst. t. 2. p. 220. pl. 259. f. 2. *Purp. succincta.*

* Desh. Encycl. méth. Vers. t. 3. p. 841. n° 5.

Habite les mers de la Nouvelle-Zélande. Mon cabinet. Coquille fort remarquable par les gros cercles très saillans qui l'entourent. Sa spire est courte, et ses tours paraissent comme enfoncés les uns sur les autres par l'effet de la saillie de leurs rides supérieures. Longueur : 2 pouces 3 lignes.

6. Pourpre consul. *Purpura consul.* Lamk.

P. testâ ovato-turbinatâ, ventricosâ, crassâ, ponderosâ, transversìm sulcatâ, albidâ; ultimo anfractu supernè tuberculis maximis compressis coronato; spirâ conico-acutâ, nodiferâ; columellâ flavâ; labro intùs sulcato, supernè emarginato.

Murex consul. Chemn. Conch. 10. t. 160. f. 1516. 1517.

Gmel. p. 3540. n° 159.

An buccinum hæmastoma? Chemn. Conch. 11. t. 187. f. 1796. 1797.

* Blainv. Pourp. nouvelles Ann. du Mus. t. 1. p. 236. n° 73.

* *Murex consul.* Dillw. Cat. t. 2. p. 711. n° 59.

* *Id.* Wood. Ind. Test. pl. 26. f. 61.

* Kiener. Spec. des Coq. p. 113. n° 70. pl. 16. f. 48.

Habite l'Océan Indien. Mon cabinet. Celle-ci est la plus grande des Pourpres connues. Elle est épaisse, pesante, et remarquable par les grands tubercules comprimés qui couronnent son dernier tour. Columelle parfaitement lisse. Longueur : 3 pouces 10 lignes.

---

vrai pour les *Textiliosa* et *succincta*; mais le *Purpura rugosa* reste toujours distinct. L'assertion de M. de Blainville, répétée par M. Kiéner, qui donne cependant une figure de ce qu'il croit le *Rugosa*, mais qui ne l'est pas, me fait croire que ces personnes ne connaissent pas en nature l'espèce en question. La figure de Martyns est d'une admirable exactitude, et peut au besoin suppléer à la coquille même.

7. **Pourpre armigère.** *Purpura armigera.* Lamk.

> P. *testâ ovatâ, subturbinatâ, transversìm striatâ, tuberculis elongatis obtusis transversìm pluriseriatis armatâ, albido-flavescente; spirâ conicâ, tuberculato-nodosâ; labro tenui, undatìm sinuoso.*

Buccinum armigerum. Chemn. Conch. 11. t. 187. f. 1798. 1799.

* *Buccinum armigerum.* Dillw. Cat. t. 2. p. 612. n° 57.

* Blainv. Pourp. nouvelles Ann. du Mus. t. 1. p. 215. n° 31.

* Quoy et Gaim. Voy. de l'Astr. t. 2. p. 556. pl. 37. f. 17. 18. 19.

.* Sow. Genera of Shells. f. 11.

* Reeve. Conch. Syst. t. 2. p. 222. pl. 260. f. 11.

* Wood. Ind. Test. pl. 22. f. 58.

* Kiener. Spec. des Coq. p. 46. n° 28. pl. 11. f. 30.

Habite... Mon cabinet. Les tubercules des deux rangées supérieures de son dernier tour sont plus grands que les autres, coniques, épais, et la plupart obtus. Trois plis obsolètes à la base de la columelle. Longueur: 3 pouces et demi, ou environ.

8. **Pourpre bituberculaire.** *Purpura bitubercularis.* Lamk. (1)

> P. *testâ ovatâ, tuberculis acutis nigris muricatâ, albo et nigro longitudinaliter pictâ; ultimo anfractu biseriatìm tuberculato; spirâ exsertiusculâ; aperturâ lœvi.*

Seba. Mus. 3. t. 52. f. 22. 23.

* Blainv. Pourp. nouv. Ann. du Mus. t. 1. p. 215. n° 32.

Habite... Mon cabinet. Ses deux derniers tours offrent chacun deux rangées de tubercules pointus, et elle a à sa base quelques carènes transverses et interrompues qui la rendent rude au toucher. Longueur: 21 lignes.

9. **Pourpre marron-d'Inde.** *Purpura hippocastanum.* Lamk. (2)

> P. *testâ ovato-abbreviatâ, sulcis subsquamosis cinctâ, tuberculis*

---

(1) L'espèce figurée par M. Kiener sous le nom de *Purpura bitubercularis* nous paraît différente de celle de Lamarck. La courte description de Lamarck s'accorde très bien avec la figure de Seba, qu'il cite, tandis que celle de M. Kiener s'en éloigne d'une manière notable, par la forme générale et le plus grand nombre des caractères. Il faut donc s'en tenir pour cette espèce aux figures de Seba, et donner à l'espèce de M. Kiener un autre nom : nous proposons celui de *Purpura Kienerii.*

(2) Il y a plus d'une observation à faire sur le *Murex hippo-*

*elongatis spiniformibus muricatá, albo et nigro marmoratá; labro
sinuoso, intùs verrucoso.*

castanum de Linné. Lorsque l'on consulte la synonymie de la
10ᵉ et de la 12ᵉ édition du *Systema Naturæ*, on la trouve identique dans les deux ouvrages, tandis que dans le *Museum Ulricæ* deux des citations sont supprimées : celles de Klein et de
Regenfuss. Nous allons examiner cette synonymie : la figure C
de la planche 24 de Rumphius représente très probablement le
Purpura hystrix, variété à longues épines. Cette figure a été recopiée par Klein, *Tent. Ostr.*, pl. 7, fig. 112. Linné cite cette figure ; nous n'aurons plus à y revenir. La seconde citation de
Linné est la suivante : *Gualtieri, Test.*, pl. 31, fig. F. On sera
surpris en reconnaissant dans cette figure le *Pyrula galeodes* de
Lamarck, et c'est à cette espèce que Born a consacré le nom de
Murex hippocastanum. La fig. L, pl. 17, de d'Argenville se rapporte à une Pourpre que Lamarck rapporte à son *Hippocastanum*,
et la fig. 32 de la pl. 3 de Regenfuss représente encore le *Murex
hystrix*. Ainsi, sur cinq citations, en voilà trois qui se rapportent
à une même espèce, l'*Hystrix* ; une seule à ma Pyrule, le *Galeodes* ; et la cinquième à un autre Pourpre. Il faut rechercher
actuellement comment la description s'accorde avec cette synonymie ; la phrase caractéristique reste la même dans les trois ouvrages, et elle est insuffisante : *Testa ecaudata-subovata, striata
quadrifariàm subspinosa ; apertura transversim striata.* Le *Museum Ulricæ*, qui souvent, par une description complète, sert à
détruire les doutes que laisse la synonymie, n'ajoute ici presque
rien, et l'espèce reste douteuse. Il n'est pas surprenant que
chaque auteur ait choisi dans cette synonymie défectueuse le
type de son espèce.

En passant dans l'ouvrage de Schroeter d'abord, et ensuite
dans celui de Gmelin, cette espèce a été le sujet d'une incroyable confusion, dans ce dernier ouvrage surtout. En vérifiant
toute la synonymie de Gmelin, nous y avons reconnu vingt-
deux espèces parmi lesquelles il y a deux Turbinelles, une Pyrule, le *Murex brandaris* et un grand nombre de Pourpres. Dillwyn a été beaucoup plus réservé, et sa synonymie ne contient
que cinq espèces. La première est représentée par Regenf.,

Murex hippocastanum. Lin. Syst. nat. éd. 12. p. 1219. Gmel.
    p. 3539. n° 48.
Rumph. Mus. t. 24. fig. C.
Petiv. Amb. t. 4. f. 12.
Gualt. Test. t. 43. fig. V.
D'Argenv. Conch. pl. 14. fig. L?
Seba. Mus. 3. t. 52. f. 27. et t. 60. f. 12.
Regenf. Conch. 1. t. 2. f. 18.

pl. 2, fig. 18; Seba, pl. 52, fig. 27, et avec beaucoup de doute
par Knorr, t. 2, pl. 2, fig. 3. La seconde, qui est l'*Hystrix*, est
figurée par Rumphius, pl. 24, fig. 5 ; par Klein, pl. 7, fig. 112.
La troisième est représentée par la fig. L, pl. 14 de d'Argenville, et probablement par la fig. C de la pl. 24 de Favanne. La
quatrième se voit dans les fig. 22 et 23 de la pl. 52 de Seba. Enfin, la cinquième à la figure 28 de la même planche.

Dans la synonymie de Lamarck, on trouve encore trois espèces : celle de Rumphius (*Hystrix*) ; celle de d'Argenville et
de Gualtieri ; et enfin la troisième, représentée par Seba, Regenfuss et Martini. Quant à M. Kiener, il rapporte trois espèces à
l'*Hippocastanum*, mais parmi elles ne se trouve pas la troisième
de Lamarck ; nous ajouterons que la figure donnée par Wood,
de l'*Hippocastanum*, ne ressemble à aucune des espèces jusqu'ici
mentionnées, et paraîtrait représenter plutôt un Turbinelle
qu'une Pourpre.

Le lecteur a sans doute déjà prévu à quelle conséquence nous
conduit naturellement l'examen auquel nous venons de livrer le
Purpura hippocastanum. Déjà plusieurs fois, dans le cours de
cet ouvrage, nous avons rencontré des espèces analogues à
celle-ci pour l'incorrection de la synonymie et l'insuffisance des
descriptions, et nous avons fait voir l'impossibilité d'appliquer,
d'une manière rationnelle, le nom spécifique à l'une quelconque
des espèces confondues dans la synonymie. Pour nous, ces
espèces, quoique consacrées par Linné et une longue habitude, doivent disparaître de la nomenclature parce qu'elles y
apportent la confusion conduite par le caprice. Ce qui précède
explique pourquoi nous n'avons rien ajouté, rien changé au
Purpura hippocastanum de Lamarck.

Martini. Conch. 3. t. 99. f. 945. 946.

Habite l'Océan des Grandes-Indes, etc. Mon cabinet. Elle est hérissée de pointes spiniformes comme un marron-d'Inde chargé de son brou. Longueur : 19 lignes.

10. **Pourpre ondée.** *Purpura undata.* Lamk. (1)

P. testá ovato-acutá, transversìm tenuissimè striatá, muricatá, albo et fusco-nigricante longitudinaliter undatìmque pictá; anfractibus supernè angulato-tuberculatis : tuberculis brevibus acutis.

Lister. Conch. t. 939. f. 34. a.

An Murex undatus ? Chemn. Conch. 11. t. 192. f. 1851. 1852.

* Blainv. Pourp. nouvelles Ann. du Mus. t. 1. p. 217. n° 34.

* Kiener. Spec. des Coq. p. 116. n° 73. pl. 34. f. 81. *Exclus var. jun.*

Habite... Mon cabinet. Elle a des côtes longitudinales interrompues, et son dernier tour offre deux rangées de petits tubercules. Ouverture blanche; bord droit un peu denté et sillonné en son limbe interne. Longueur: 22 lignes.

11. **Pourpre hémastome.** *Purpura hæmastoma.* Lamk. (2)

P. testá ovato-conicá, crassiusculá, transversìm striatá, nodulosá, fulvo rufescente; anfractibus supernè obtusè angulatis, noduliferis :

---

(1) M. Kiener confond trois espèces sous ce nom : l'*Undata* véritable, auquel il associe le *Purpura bicarinata* de M. de Blainville, qui constitue une espèce très distincte, et enfin le *Purpura rustica* de Lamk., n° 38, qui est également une espèce très nettement séparée des deux autres par tous ses caractères. L'examen seul des figures de M. Kiener suffit pour justifier ce que nous venons de dire.

(2) Genre absolument inutile, proposé par M. Schumacher pour cette Pourpre, l'nn des types du genre, et pour une autre espèce appartenant également aux Pourpres. Le *Buccinum hæmastoma* de Linné est une espèce propre à la Méditerranée et aux mers d'Europe; elle se trouve aussi au Sénégal : mais il faut considérer comme des espèces distinctes les coquilles qui proviennent de l'Inde ou du Pérou, et que l'on confond assez généralement avec celle-ci. Cette confusion est telle, que sur les cinq coquilles figurées par M. Kiener, sous le nom d'*Hæmas-*

*ultimo nodulis quadrifariàm seriatis cincto; aperturâ luteo-pur-
purascente; labro intùs sulcato.*

Buccinum hæmastoma. Lin. Syst. nat. éd. 12. p. 1202. Gmel.
   p. 3483. n° 52.

Lister. Conch. t. 988. f. 48.

Rumph. Mus. t. 24. f. 5.

Gualt. Test. t. 51. fig. A.

Adans. Seneg. pl. 7. f. 1. le Sakem.

Martini. Conch. 3. t. 101. f. 964. 965.

* Payr. Cat. des Moll. de Corse. p. 155. n° 312.

* Philip. Enum. Moll. Sicil. p. 218.

* Coll. des Ch. Cat. des Moll. du Finist. p. 52. n° 1.

* Blainv. Faun. franç. Moll. p. 145. n° 2. pl. 6. f. 2.

* Wood. Ind. Test. pl. 22. f. 57.

* *Stramonita hæmastoma.* Schum. Nouv. Syst. p. 226. (1)

* *Buccinum hæmastoma.* Born. Mus. p. 254.

* *Id.* Schrot. Einl. t. 1. p. 336. n° 29.

* *Id.* Dillw. Cat. t. 2. p. 611. n° 56.

* Schub. et Wagn. Suppl. à Chemn. t. 12. p. 145. pl. 235. f. 4085.
   4086.

---

toma, à peine y en a-t-il une que l'on peut rapporter avec certitude au *Buccinum hæmastoma* de Linné.

M. de Blainville, en cela, est allé aussi loin que M. Kiener,
puisqu'il rapporte à une même espèce des coquilles de l'Amérique méridionale, de l'Océan atlantique, des côtes du Sénégal,
de la Méditerranée, des côtes de France et de l'Océan indien.
Il est possible de distinguer, avec assez de facilité, au moins trois
espèces dont l'une, celle de la Méditerranée, du Sénégal et de
nos côtes océaniques, est la seule qui doive porter le nom
d'*Hæmastoma.* On trouve dans le supplément à Chemnitz, par
MM. Schubert et Wagner, la figure d'une Pourpre qui participe
à-la-fois des caractères du *Purpura hæmastoma* et du *Mancinella*
M. Kiener n'hésite pas à la rapporter à cette dernière, cependant les plis dentelés du bord droit qui caractérisent l'*Hæmastoma* sont dans cette figure, comme ils n'existent pas; dans
le *Mancinella* nous rapportons cette figure à l'*Hæmastoma,*
comme variété à tubercules plus petits. Il faut ajouter que
la figure elle-même est imparfaite et défectueuse dans son exécution.

* Kiener. Spec. des Coq. p. 110. n° 69. pl. 33. f. 79. *Exclus. alteris variet.*
* Desh. Encycl. méth. Vers. t. 3. p. 842. n° 6.

Habite l'Océan atlantique et peut-être celui des Grandes-Indes. Mon cabinet. Coquille assez commune, dont néanmoins on trouve à peine une bonne figure. Longueur : 2 pouces 2 lignes.

12. Pourpre bourgeonnée, *Purpura mancinella.* Lamk.

P. testá ovato-ventricosá, crassá, tuberculis subacutis basi rubris transversìm seriatis muricatá, albo-rubente; spirá conico-acutá; aperturá flavá; labro intùs striato : striis rubro coloratis.

Murex mancinella. Lin. Syst. nat. éd. 12. p. 1219. Gmel. p. 3538. n° 47.

Rumph. Mus. t. 24. f. 5.

Murex pyrum nodosum sylvestre. Chemn. Conch. 11. t. 192. f. 1847. 1848.

Purpura gemmulata. Encycl. pl. 397. f. 3. a. b.

b] *Var. testá minore, oblongá, albido-flavescente; tuberculis gemmiformibus aurantiis.*

Petiv. Gaz. t. 48. f. 14.

Knorr. Vergn. 3. t. 29. f. 6.

Born. Mus. p. 304. t. 9. f. 19. 20.

* Blainv. Pourp. nouvelles Ann. du Mus. t. 1. p. 222. n° 45.
* Martini. Conch. t. 3. p. 275. pl. 101. f. 967. 968.
* Lister. Conch. pl. 957. f. 9.
* Kiener. Spec. des Coq. p. 66. n° 41. pl. 16. f. 46.
* Desh. Encycl. méth. Vers. t. 3. p. 842. n° 7.
* Lin. Syst. nat. éd. 10. p. 751.
* Lin. Mus. Ulric. p. 636.
* *Murex mancinella.* Schrot. Einl. t. 1. p. 506. n° 27.
* *Id.* Burrow. Elem. of Conch. pl. 18. f. 4.
* Quoy et Gaim. Voy. de l'Astr. t. 2. p. 568. pl. 37. f. 14 à 16.
* *Murex mancinella.* Dillw. Cat. t. 2. p. 707. n° 50.
* *Id.* Wood. Ind. Test. pl. 26. f. 52.

Habite les mers des Indes orientales. Mon cabinet. C'est une des belles espèces de ce genre. Les tubercules des grands individus ne sont colorés que sur la spire. Longueur : 2 pouces 4 lignes.

13. Pourpre crapaud. *Purpura bufo.* Lamk. (1)

P. testá ovato-abbreviatá, ventricosá, transversìm striatá, subercu-

------

(1) M. Kiener confond avec celle-ci deux espèces qui nous

*liferá, rufo-nigricante ; ultimo anfractu tuberculis quadriseriatis
cincto ; spirá brevissimá, acutiusculá ; aperturá dilatatá, lævissimá, albo-lutescente.*

Petiv. Gaz. t. 19. f. 10.

* Blainv. Pourp. nouvelles Ann. du Mus. t. 1. p. 225. n° 50.

* *Purpura tumida.* Blainv. loc. cit. n° 52.

Habite... les mers de l'Inde? Mon cabinet. Elle n'a point la spire
calleuse comme la suivante ; mais elle s'en rapproche par sa forme
générale. Longueur : 20 lignes et demie.

14. Pourpre calleuse. *Purpura callosa.* Lamk.

*P. testá obovatá , ventricosá , transversìm striatá , tuberculiferá,
griseo-fuscescente ; ultimo anfractu tuberculis biseriatis cincto ;
spirá brevissimá, retusá, callosá, mucronatá ; aperturá lævissimá, albo-lutescente.*

Seba. Mus. 3. t. 60. f. 11.

* Blainv. Pourp. nouvelles Ann. du Mus. t. 1. p. 225. n° 51.

* *Purpura tumida.* Schub. et Wagn. Chemn. Suppl. p. 140. pl. 232.
f. 4076. 4077.

* Mus. Gottw. pl. 11. f. 80 b.

* *Purpura bufo.* Kiener. Spec. des Coq. p. 80. n° 50. pl. 20. f. 60.

Habite... Mon cabinet. Coquille très singulière, large, courte, à
spire comme écrasée et calleuse. Vulg. le *Cul-de-singe*. Longueur :
20 lignes.

15. Pourpre néritoïde. *Purpura neritoides.* Lamk. (1)

*P. testá ovato-abbreviatá, ventricosá, crassá, transversìm striatá,
tuberculato-nodosá, squalidè albá ; ultimo anfractu nodis qua—*

---

paraissent très distinctes : le *Callosa* et le *Centiquadrata*. Nous
avons sous les yeux les trois espèces réunies par M. Kiener ;
nous avons vu de chacune un assez bon nombre d'individus, et
nous les avons toujours reconnus par des caractères constants.
Les figures de M. Kiener suffisent à elles seules pour prouver
ce que nous venons de dire, et servir à la distinction des trois
espèces en question.

(1) Il est certain que le *Murex neritoideus* de Linné est de la
même espèce que celle-ci. La courte description que Linné en
donne ne peut s'appliquer qu'au *Purpura neritoides* de Lamarck.
Ce qui, sans doute, aura empêché Lamarck de faire ce rapprochement, c'est que Linné a cité dans sa *Synonymie* des figures

*driseriatis cincto; spirâ brevissimâ, retusâ; columellâ planâ,
medio bipunctatâ : punctis nigris inæqualibus.*

Lister. Conch. t. 990. f. 50.
Bonanni. Recr. 3, f. 174.
Gualt. Test. t. 66. fig. BB.
Martini. Conch. 3. t. 100. f. 959-962.
Murex fucus. Gmel. p. 3538. n° 44.
* *An* Gevens. Conch. Lab. pl. 22. f. 216?
* *Murex neritoideus.* Lin. Syst. nat. éd. 12. p. 1219.
* *Nerita nodosa.* Lin. Syst. nat. éd. 10. p. 777.
* *Murex neritoideus.* Born. Mus. p. 303.
* *An eadem ?* Schrot. Einl. t. 1. p. 504. n° 25.
* *Purpura fucus.* Sow. Genera of Shells. f. 7.
* *Id.* Reeve. Conch. Syst. t. 2. p. 221. pl. 260. f. 7.
* *Purpura fucus.* Blainv. Pourp. nouvelles Ann. du Mus. t. 1.
    p. 224. n° 47.
* *Murex neritoideus.* Dillw. Cat. t. 2. p. 706. n° 48.
* *Murex fucus.* Wood. Ind. Test. pl. 26. f. 49.
* Kiener. Spec. des Coq. p. 87. n° 55. pl. 22. f. 62.
* Desh. Encycl. méth. Vers. t. 3. p. 842. n° 8.

Habite... Mon cabinet. Espèce bien caractérisée par sa forme, qui
    rappelle celle d'une Nérite, et surtout par sa columelle plane,
    très large, et biponctuée de noir. Ouverture blanche et lisse. Lon-
    gueur : près de 2 pouces. Le *M. neritoideus* de Linné comprend
    à-la-fois cette espèce et notre *Ricinula horrida.*

16. Pourpre planospire. *Purpura planospira.* Lamk.

P. *testâ obovatâ, ventricosâ, apice retusissimâ, crassâ, costis subacutis distantibus cinctâ, albâ, luteo-lineatâ ; spirâ planâ ; fauce
sulcis aurantiis lineatâ ; columellâ medio profundè excavatâ ;
labro crasso.*

Purpura lineata. Encycl. pl. 397. f. 5. a. b.
* Perry. Conch. pl. 44. f. 2.

---

qui se rapportent à deux espèces : les unes au *Ricinula horrida*
Lamk., les autres au *Purpura neritoides ;* et comme Linné dit,
dans sa *Caractéristique : Columella planiuscula,* ce caractère ne
peut convenir qu'au *Neritoides,* puisque l'*Horrida* a la columelle
plissée et dentée. M. de Blainville rend à l'espèce le nom de
Gmelin ; mais il eût mieux valu restituer celui de Linné, et par
conséquent conserver celui de Lamarck, qui est le même.

* Blainv. Pourp. nouvelles Ann. du Mus. p. 225. n° 49.
* Schub. et Wagn. Sup. à Chemn. t. 12. p. 143. pl. 232, f. 4081.
    4082.
* Sow. Genera of Shells. f. 6.
* Reeve. Conch. Syst. t. 2. p. 221. pl. 260. f. 6.
* Kiener. Spec. des Coq. p. 83. n° 52. pl. 21. f. 61.
* Desh. Encycl. méth. Vers. t. 3. p. 843. n° 9.

Habite... Mon cabinet. Coquille très rare, et fort remarquable par sa spire comme tronquée, plane, même un peu enfoncée, et surtout par son ouverture dont les deux bords sont élégamment rayés par des rides, ou sillons colorés d'un orangé rougeâtre très vif, et dont la columelle est fortement excavée dans son milieu. Longueur : 17 lignes et demie.

17. Pourpre callifère. *Purpura callifera.* Lamk.

P. testá ventricosá, semiglobosá, nodulosá, albidá ; ultimo anfractu supernè callis gibbosis subascendentibus coronato; spirá brevi, apice mamillari ; aperturá lævi.

* Blainv. Pourp. nouvelles Ann. du Mus. t. 1. p. 234. n° 69.
* *Purpura coronata.* Var. Kiener. Spec. des Coq. p. 72.

Habite... Mon cabinet. Elle avoisine la suivante par ses rapports, mais elle en est très distincte par la rangée de callosités gibbeuses qui couronnent son dernier tour, s'avancent au-dessus de la suture, et font paraître la spire comme enfoncée. Long.: 16 lignes.

18. Pourpre couronnée. *Purpura coronata.* Lamk.

P. testá ovato-acutá, ventricosá, transversè striatá, tuberculiferá; anfractibus angulato-tuberculatis : ultimo cinereo, anteriùs tuberculis elongatis rectis coronato; spirá conicá, fusco-nigricante; suturis laciniato-crispis; aperturá lævi, lutescente.

Adans. Seneg. pl. 7. f. 2. le Labarin.
Encycl. pl. 397. f. 4.
* Blainv. Pourp. nouvelles Ann. du Mus. t. 1. p. 234. n° 71.
* *Purpura guinensis.* Schub. et Wagn. Chemn. Sup. t. 12. p. 144. pl. 232. f. 4083. 4084.
* Kiener. Spec. des Coq. p. 70. n° 44. pl. 18. f. 53. 53 a.
* Desh. Encycl. méth. Vers. t. 3. p. 843. n° 10.

Habite les mers du Sénégal. Mon cabinet. Jolie coquille, qui ne me paraît pas avoir été connue de *Martini,* quoiqu'il applique le Labarin d'*Adanson* à une espèce qui en est différente. Celle dont il s'agit ici a tous ses tours couronnés de tubercules, mais le dernier l'est éminemment. Elle est bicolore, et surtout fort remarquable par le caractère de ses sutures, qui sont imbriquées et laciniées. Longueur : 21 lignes.

19. Pourpre carinifère. *Purpura carinifera.* **Lamk.**

P. testá ovato-acutá, transversìm striatá et carinatá, muricatá, fulvo-rufescente; carinis tuberculato-muricatis : tuberculis distanti-bus; aperturá lævigatá.

Seba. Mus. 3. t. 60. f. 30–32?

An Martini. Conch. 3. t. 100. f. 951?

* Blainv. Pourp. nouvelles Ann. du Mus. t. 1. p. 227. n° 55.

* *Purpura carinata.* Schub. et Wagn. Sup. à Chem. p. 141. pl. 232. f. 4078. pl. 233. f. 4091. 4092.

* Mus. Gottv. pl. 38. f. 260. a. b.

* *An Murex lacerus ?* Born. Mus. p. 308.

* *Murex lacerus.* Wood. Ind. Test. pl. 26. f. 55.

* Kiener. Spec. des Coq. p. 62. n° 39. pl. 14. f. 38.

* Desh. Encycl. méth. Vers. t. 3. p. 844. n° 11.

Habite... l'Océan Atlantique austral ? Mon cabinet. Tours très anguleux, souvent deux carènes transversales sur le dernier. Longueur : 21 lignes et demie. Si la figure citée de Martini ne représentait pas le canal trop allongé, elle conviendrait assez à notre espèce.

20. Pourpre escalier. *Purpura scalariformis.* **Lamk.**

P. testá ovatá, scalariformi, umbilicatá, albá; anfractibus decussatis, supernè angulato-carinatis, suprà planis; spirá exsertá; aperturá rotundatá; labro margine interiore sulcato.

* Blainv. Pourp. nouvelles Ann. du Mus. t. 1. p. 228. n° 57.

* Kiener. Spec. des Coq. p. 74. n° 46. pl. 19. f. 55.

Habite... Mon cabinet. Elle est treillissée par des rides, les unes longitudinales, les autres transverses; mais ce treillis est très fin sur l'aplatissement de chaque tour. Cette coquille est scalariforme, et l'angle du sommet de ses tours est bien cariné. Long.: 15 lignes.

21. Pourpre pagode. *Purpura sacellum.* **Lamk. (1)**

P. testá ovatá, scalariformi, transversìm striatá et cingulatá, fla-vescente, rubro-punctatá; anfractibus supernè angulatis, suprà pla-nis, ad angulum muricatis; labro crenulato, intùs sulcato.

---

(1) Il y a pour cette espèce une erreur que nous avons peine à comprendre. Le *Murex sacellum* de Chemnitz et de Gmelin est une véritable Pyrule voisine du *Rapa.* Si cette coquille est

Murex sacellum. Chemn. Conch. 10. t. 163. f. 1561. 1562.
Gmel. p. 3530. n° 164.

Habite les mers de l'Inde, près des îles de Nicobar. Mon cabinet. Elle est encore scalariforme. Ouverture arrondie-ovale, à bord droit légèrement crénelé. Longueur : 14 lignes et demie. Elle devient plus grande.

22. Pourpre écailleuse. *Purpura squamosa.* Lamk.

P. testá ovato-acutá, subdecussatá, scabriusculá, luteo-testaceá; striis longitudinalibus tenuibus; sulcis transversis acutis squamuloso-scabris ; anfractibus convexis; suturis coarctatis; aperturá albá; labro denticulato.

Encyclop. pl. 398. f. 2. a. b.

* Blainv. Pourp. nouvelles Ann. du Mus. t. 1. p. 250. n° 101.

* Kiener. Spec. des Coq. p. 100. n° 63. pl. 29. f. 76.

* Desh. Encyc. meth. Vers. t. 3. p. 844. n° 12.

Habite... Mon cabinet. Elle est bien distincte de la suivante par ses stries transverses comme écailleuses et très âpres au toucher. Longueur : 21 lignes.

23. Pourpre ridée. *Purpura rugosa.* Lamk. (1)

P. testá ovato-oblongá, transversìm rugosá, squalidè albá; rugis ob-

---

bien celle que représente Chemnitz, elle est assez bien figurée dans cet auteur, pour éviter à M. de Blainville le *sat bona* qu'il ajoute à cette citation. Si ce n'est pas elle, pourquoi Lamarck aurait-il cité Chemnitz? pourquoi M. de Blainville, ainsi que M. Kiener, le citent-ils aussi? Enfin, si ce *Purpura* est bien la même coquille que celle de Chemnitz, pourquoi ne pas la faire passer aux Pyrules? La figure que donne M. Kiener, du *Sacellum* de Lamarck, représente une espèce très différente de celle de Chemnitz, et, pour s'en convaincre, il suffit de mettre en regard les deux figures. Si, comme on peut le croire par la concordance qui existe entre la figure de M. Kiener et la description de Lamarck, c'est bien là le *Sacellum* de notre auteur, il faut convenir qu'il a commis une erreur en citant Chemnitz, et que M. de Blainville, ainsi que M. Kiener, l'ont reproduite en citant de confiance cette même figure de Chemnitz.

(1) La synonymie de cette espèce atteste qu'elle a déjà reçu cinq noms, ce qui provient, sans aucun doute, de l'oubli de

soletè imbricato-squamosis, alternis minoribus; anfractibus convexis; labro margine interiore sulcato.
Buccinum striatum. Martyns. Conch. 1. f. 7.
Buccinum orbita lacunosa. Chemn. Conch. 10. t. 154. f. 1473.
Buccinum bicostatum. Brug. Encyc. Dict. n° 7. *Descriptione exclusà.*
Ejusd. Buccinum lacunosum. n° 19.
* *Buccinum orbita. Var.* β. Gmel. p. 3490. n° 183.
* *Id.* Var. Dillw. Cat. t. 2. p. 618. n° 74.

toutes les règles de la nomenclature. De tous ces noms, il n'y en a qu'un cependant qui doive rester, et c'est le plus ancien. Martyns, le premier, a nommé cette coquille *Buccinum striatum;* elle doit donc prendre rang parmi les Pourpres, sous la dénomination de *Purpura striata.*

Bruguière, contrairement à son exactitude habituelle, fait un double emploi pour cette espèce, double emploi de synonymie, mais non de description. Que l'on compare, en effet, la synonymie du *Buccinum bicostatum*, n° 7, à celle du *Lacunosum*, n° 19, elle est absolument identique, mot pour mot; mais la description du *Bicostatum* se rapporte au *Purpura succincta* de Lamarck, et celle du *Lacunosum*, empruntée à Chemnitz, se rapporte à l'espèce qui nous occupe. En étudiant le travail que M. de Blainville a publié en 1832, dans le premier volume des *Nouvelles Annales du Muséum*, et qui est intitulé : *Disposition méthodique des espèces récentes et fossiles des genres Pourpre, Ricinule, Licorne et Concholépas de Lamarck*, nous avons trouvé à la page 200, n° 41, un *Purpura lacunosa.* Nous nous étions imaginé d'abord qu'il s'agissait du *Buccinum lacunosum* de Bruguière, dont l'histoire nous était familière par suite de nos recherches sur la synonymie. M. de Blainville ne cite qu'une seule figure pour toute synonymie. Nous copions la citation. « P. Rape, Quoy et Gaimard, *Astrolabe*, Zoolog. pl. 38, f. 19-21. » Cette courte citation, en nous faisant recourir à l'ouvrage de MM. Quoy et Gaimard, nous a dévoilé trois erreurs. La première, c'est que ce *Purpura lacunosa* n'est point du tout le *Buccinum lacunosum* de Bruguière. La seconde, c'est que la Pourpre rape n'est pas représentée fig. 19-21, mais aux figures 12 et 13 de la même planche. La troisième erreur, c'est qu'aux

    * *Purpura rugosa*, Blainv. Pourp. nouvelles Ann. du Mus. t. 1. p. 248. n° 97.

Habite les mers de la Nouvelle-Zélande. Mon cabinet. Elle a deux sortes de côtes ou de rides alternativement grandes, et petites et légèrement imbriquées d'écailles. Dans sa jeunesse, elle a quelques teintes brunes. Longueur : 22 lignes et demie.

---

figures 19-21 se trouve une Pourpre rugueuse de Quoy, laquelle n'a point la moindre analogie avec le *Rugosa* de Lamarck. Voilà donc actuellement le nom de l'espèce de Bruguière appliqué à une coquille qui n'était point connue de son temps, puisqu'elle a été rapportée pour la première fois par MM. Quoy et Gaimard. Nous avons voulu tracer l'histoire complète de l'espèce et de son nom, pour donner une nouvelle démonstration de l'importance d'une nomenclature établie d'après les principes inébranlables de la priorité. Ce n'est pas tout, M. de Blainville avait sans doute de bonnes raisons pour donner le nom de *Lacunosa* à l'espèce déjà autrement nommée par MM. Quoy et Gaimard. Voici ces raisons; nous copions textuellement et sans commentaire : « Cette espèce, dit M. de « Blainville, dont un assez grand nombre d'individus exis- « tent dans la collection du Muséum, nous a paru fort dis- « tincte de celle que M. de Lamarck a nommée *P. rugosa*, et « qui appartient même à une toute autre division. Nous avons « préféré la rapporter à l'espèce désignée sous le nom de « *P. lacunosa*, par Bruguière, *mais sans assurer positive-* « *ment qu'il y ait identité.* » L'oubli de toute règle ne peut être porté plus loin; aussi la confusion qui en résulte parle plus haut que nous ne pourrions le faire. Après avoir décrit une espèce sous le nom de *Lacunosa* de Bruguière, à la page 220 de son mémoire, M. de Blainville, néanmoins, à la page 248, à l'occasion du *Purpura rugosa*, reproduit sans changement la synonymie de Lamarck, dans laquelle se trouve justement ce *Buccinum lacunosum* de Bruguière, auquel M. de Blainville préfère rapporter sa coquille de la page 200. Si cette coquille est le *Lacunosa* de Bruguière, ce *Lacunosa* ne devrait plus se trouver dans la synonymie du *Purpura rugosa*.

24. Pourpre nattée. *Purpura textiliosa*. Lamk.

P. testâ ovato-acutâ, ventricosâ, rugis crassis elevatis alternis mino-
ribus succinctâ, striis longitudinalibus tenuissimis decussatâ, squa-
lidè albâ; spirâ mediocri; aperturâ patulâ; labro intùs profundè
sulcato.

Encycl. pl. 398. f. 4. a. b.
* Blainv. Pourp. nouvelles Ann. du Mus. t. 1. p. 249. n° 98.
* Quoy et Gaim. Voy. de l'Astr. p. 552. pl. 37. f. 1 à 3.
* Kiener. Spec. des Coq. p. 104. n° 65. pl. 27. f. 72.

Habite les mers de la Nouvelle-Hollande. Mon cabinet. Plus ventrue
que celle qui précède, les grosses rides dont elle est cerclée ne sont
point écailleuses, mais seulement treillissées par de fines stries longitudinales. Longueur: 2 pouces.

25. Pourpre guirlande. *Purpura sertum*. Lamk.

P. testâ ovato-oblongâ, transversìm striato-granulosâ, striis longitu-
dinalibus impressis decussatâ, maculis latis albis et rufis inæquali-
bus variegatâ; anfractibus convexis, supernè depressis; columellâ
fulvâ.

Lister. Conch. t. 986. f. 45.
Klein. Ostr. t. 4 f. 75.
Martini. Conch. 3. t. 121. f. 1115. 1116.
Buccinum sertum. Brug. Dict. n° 25.
Buccinum coronatum. Gmel. p. 3486. n° 68.
Purpura sertum. Encycl. pl. 397. f. 2.
* Blainv. Pourp. nouvelles Ann. du Mus. t. 1. p. 253. n° 166.
* *Stramonita hederacea.* Schum. Nouv. Syst. p. 227.
* Schrot. Einl. t. 1. p. 363. *Buccinum.* n° 24.
* *Buccinum sertum.* Dillw. Cat. t. 2. p. 615. n° 64.
* Quoy et Gaim. Voy. de l'Astr. t. 2. p. 572. pl. 39. f. 11-13.
* Wood. Ind. Test. pl. 23. f. 65.
* Kiener. Spec. des Coq. p. 133. n° 86. pl. 41. f. 96. *Exclus. variet.*

Habite... Mon cabinet. Coquille assez jolie, distincte de la suivante
par les granulations de ses stries transverses. Columelle fauve,
ayant à son sommet un pli qui répond à une dent de la sommité interne du bord droit; ce bord, lisse et très blanc à l'intérieur, a une
autre petite dent à sa base. Longueur : 2 pouces, 2 lignes.

26. Pourpre Francolin. *Purpura Francolinus*. Lamk.

P. testâ ovato-oblongâ, læviusculâ, striis exilibus simplicissimis cinctâ,
fulvo-rufescente, maculis albis parvulis sparsis ornatâ; anfractibus
convexis, supernè depressis; aperturâ ut in præcedente.

Seba. Mus. 3. t. 53. fig. T.
Buccinum Francolinus. Brug. Dict. n° 24.
* Blainv. Pourp. nouvelles Ann. du Mus. t. 1. p. 253. n° 107.
* Sow. Genera of Shells. f. 3.
* Reeve. Conch. Syst. t. 2. p. 221. pl. 259. f. 3.
* *Purpura sertum. Var.* Kiener. Spec. des Coq. p. 134. pl. 41.
   f. 96 a. b.
* *Purpura Francolinus. Id.* loc. cit. p. 135. n° 87. pl. 42. f. 97.
Habite... Mon cabinet. Très voisine de celle qui précède, elle en
   diffère par ses stries plus fines et qui ne sont nullement granuleu-
   ses. Les petites taches blanches qui l'ornent agréablement sont
   même tout-à-fait lisses. Longueur : 2 pouces, 2 lignes.

27. Pourpre à collet. *Purpura limbosa.* **Lamk.**

P. *testá ovato-oblongá, transversìm tenuissimè striatá, fulvo-rubente;
   anfractuum margine superiore compresso limboso; labro tenui,
   acuto.*
* Kiener. Spec. des Coq. p. 127. n° 81. pl. 40. f. 95.
Habite... Mon cabinet. Les tours de spire sont aplatis sous les sutures et y forment comme des collets appliqués, ce qui caractérise
   cette espèce. Longueur : 16 lignes et demie. Je n'en ai que des individus jeunes.

28. Pourpre ficelée. *Purpura ligata.* **Lamk.** (1)

P. *testá ovato-oblongá, rugis convexiusculis succinctá, griseo–rufes-
   cente; anfractibus convexis, margine superiore plano et adnato lim-
   bosis; aperturá albá, lævigatá.*
* *Buccinum mexicanum.* Brug. Encycl. méth. Vers. t. 1. p. 260.
* *Buccinum porcatum.* Gmel. p. 3494.
* Schrot. Einl. t. 1. p. 372. *Buccinum.* n° 64.
* Martini. Conch. t. 4. p. 71. pl. 126. f. 1213. 1214.
* *Buccinum porcatum.* Dillw. Cat. t. 2. p. 635. n° 113.
* *Buccinum ligatum.* Kiener. Spec. des Coq. p. 7. n° 7. pl. 5. f. 15.
Habite... Mon cabinet. Longueur : 19 lignes.

---

(1) Si les indications de M. Kiener sont exactes, cette espèce serait un véritable Buccin. Connue depuis long-temps cette
espèce a reçu plusieurs noms, comme le témoigne notre synonymie, parmi ces noms, le plus ancien doit rester; et c'est celui
de Gmelin. En faisant rentrer dans le genre Buccin l'espèce qui
nous occupe, elle devra reprendre le nom de *Buccinum porcatum.*

29. **Pourpre fustigée.** *Purpura cruentata* Lamk.. (1)

> P. *testá ovato-acutá, striis exilissimis cinctá, griseá, maculis irregu-*
> *laribus rubris aut spadiceis adspersá; anfractibus convexis, suban-*
> *gulatis; aperturá testaceo-luteá; labro intùs striato.*

Martini. Conch. 4. t. 123. f. 1143. 1144.

Buccinum cruentatum. Gmel. p. 3491, n° 88.

* Schrot. Einl. t. 1. p. 365. *Buccinum.* n° 32.

* *Buccinum cruentatum.* Dillw. Cat. t. 2. p. 630. n° 102.

Habite les mers de la Guiane. Mon cabinet. Longueur : 14 lignes.

30. **Pourpre à teinture.** *Purpura lapillus.* Lamk.

> P. *testá ovato-acutá, transversìm striatá, sublœvigatá, cinereo-lutes-*
> *cente, sœpiùs albo-zonatá; anfractibus convexis; spirá conicá; labro*
> *crasso, intùs dentato.*

Buccinum lapillus. Lin. Syst. nat. éd. 12. p. 1202. mel. p. 3484. n° 53.

Lister. Conch. t. 965. f. 18. 19.

Bonanni. Recr. 3. f. 52.

Adans. Seneg. pl. 7. f. 4. le Sadot.

Knorr. Vergn. 6. t. 29. f. 4.

Pennant. Zool. Brith. 4. pl. 72. f. 89.

Martini. Conch. 3. t. 121. f. 1111.1112. et 4. t.122. f. 1128.1129.

Buccinum lapillus. Brug. Dict. n° 17.

* Lister. Anim. ang. pl. 3. f. 5. 6.

* Réaumur. D'un nouv. teint. Mém. de l'Acad. 1711. p. 166. pl. 6.

* Réaumur. De la form. des Coq. Mém. de l'Acad. 1709. pl. 15. f. 12.

* *Cochlea.* N° 1321. Linné. Faun. svecica. p. 378. 1re édit.

* *Buccinum lapillus.* Lin. Syst. nat. éd. 10. p. 739.

* *Id.* Schrot. Einl. t. 1. p. 337. n° 30.

* *Buccinum lapillus.* Linné. Faun. svecica. 2e éd. p. 523. n° 2161.

* *Id.* Gervi. Cat. des Coq. de la Manche. p. 37. n° 2.

* *Id.* Dillw. Cat. t. 2. p. 613. n° 61.

---

(1) M. Kiener regarde cette espèce comme une variété du *Purpura cataracta* de Lamarck; mais nous n'admettons pas cette opinion, d'abord, parce que la description de Lamarck se rapporte exactement à la figure de Martini, à laquelle il renvoie, laquelle représente une espèce extrêmement différente du *Cataracta* de Chemnitz; et ensuite parce que la figure de M. Kiener ne se rapporte ni à la description de Lamarck, ni à la figure de Martini.

* *Buccinum filosum.* Dillw. Cat. t. 2. p. 614. n° 62.
* Brookes. Introd. of Conch. pl. 6. f. 78.
* Roissy. Buf. Moll. t. 6. p. 23. n° 2.
* *Buccinum lapillus.* Born. Mus. p. 255.
* D'Acosta. Conch. Brit. pl. 7. f. 1. 2. 3. 4. 9. 12.
* Rosa delle porpore. f. 6.
* *Buccinum filosum.* Gmel. p. 3486.
* *Id.* Schrot. Einl. t. 1. p. 363. *Buccinum.* n° 23.
* *Id.* Dillw. Cat. t. 2. p. 614. n° 62.
* Martini. Conch. t. 3. p. 433. pl. 121. f. 1113. 1114.
* Blainv. Pourp. nouvelles Ann. du Mus. t. 1. p. 247. n° 95.
* Coll. des Ch. Cat. des Moll. du Finist. p. 53. n° 2.
* Blainv. Faun. franç. Moll. p. 146. n° 3. pl. 6. f. 3.
* Bouch. Chantr. Cat. des Moll. du Boulon. p. 64. n° 116.
* Wood. Ind. Test. pl. 23. f. 62.
* *Buccinum filosum.* Wood. Ind. Test. pl. 23. f. 63.
* Kiener. Spec. des Coq. p. 101. n° 64. pl. 29. f. 77. pl. 30 et 31. f. 77 a à 77 s.
* *Fossilis Buccinum crispatum.* Sow. Min. Conch. pl. 413.

Habite les mers d'Europe ; très commune sur les côtes occidentales de la France. Mon cabinet. On l'a confondue avec la suivante, qui y tient, en effet, par de très grands rapports, mais dont elle diffère par son défaut d'imbrications. Toutes deux, suivant leur âge, varient dans leur forme, leur coloration et l'épaisseur de leur bord droit. L'animal de l'une et de l'autre fournit une teinture pourpre ou cramoisie, qui était autrefois fort en usage avant la découverte de la Cochenille. Longueur de la coquille : 15 lignes et demie.

31. Pourpre imbriquée. *Purpura imbricata.* Lamk. (1)

P. testá ovato-acutá, costis imbricato-squamosis cinctá, scabrá, cine-reo-lutescente, sœpiùs albo-zonatá; anfractibus convexis; spirá co-nicá; labro ut in præcedente.

---

(1) Comme l'a supposé Lamarck, cette espèce n'est réellement qu'une variété du *Purpura lapillus* ; nous en avons la preuve matérielle par la série des variétés dans les coquilles, et par la ressemblance absolue des animaux. Dans la synonymie de cette coquille, Lamarck a commis une erreur : il cite les figures 1136 et 1137 de Martini, qui représentent une véritable Cancellaire voisine de l'*Oblonga* de M. Sowerby, et pourrait bien être l'*Asperella* de la collection de Lamarck.

Martini. Conch. 4. t. 122. f. 1124. 1125. et t. 123. f. 1136.1137½.
* Coll. des Ch. Cat. des Moll. du Finist. p. 53. n° 3.

Habite les mers d'Europe, où elle est aussi très commune. Mon cabinet. Cette coquille peut n'être qu'une variété de celle qui précède ;
car, à l'égard des produits de la nature, tous sont des variétés les
uns des autres, ce que constate partout l'observation des avoisinans;
néanmoins la coquille dont il s'agit diffère éminemment de la précédente par ses côtes transverses imbriquées d'écailles qui la rendent rude au toucher. Au reste, relativement à ces coquillages,
voyez le mémoire de Réaumur (actes de l'Académie des sciences,
1711). Longueur : de la coquille 16 lignes un quart.

32. Pourpre calebasse. *Purpura lagenaria*. Lamk. (1)

*P. testá ovatá, transversìm tenuissimè striatá, fulvá, fasciis albis
cinctá, lineolis longitudinalibus undatis spadiceis ornatá; anfractibus supernè angulatis, infrà suturas compresso-planis; labro tenui, intùs lævi, fulvo-rubente.*

An Rumph. Mus. t. 24. fig. D?
* Kiener. Spec. des Coq. p.128. n° 82. pl. 40. f. 94. *Exclus. variet.*
* *Purpura cucurbita.* Duclos. Ann. des Sc. nat. t. 26. pl. 2. f. 12.
* Martini. Conch. t. 4. pl. 123. f. 1445?

Habite... Mon cabinet. Spire courte, un peu obtuse. Longueur :
16 lignes.

33. Pourpre cataracte. *Purpura cataracta*. Lamk. (2)

*P. testá ovato-acutá, scabriusculá, griseá, strigis longitudinalibus
undatis fuscis pictá; striis transversis prominulis strias longitudi-*

---

(1) Le *Purpura lagenaria* de Lamarck n'est point une Pourpre, mais un véritable Buccin; nous en avons vu l'opercule, qui
est celui de ce dernier genre. M. Duclos, dans le tome 26 *des
Annales des Sc. naturelles,* lui donne le nom de *Purpura cucurbita,* tandis qu'il applique à une autre espèce celui de *Lagenaria.*
Ce *Lagenaria* de M. Duclos est une véritable Pourpre, et M.
Kiener la rapporte à l'espèce de Lamarck, à titre de variété,
quoiqu'elle ne soit ni de la même espèce ni du même genre; du
reste, l'examen des figures 94, 94 *a, b,* de la planche 40 du spé-
cies des coquilles vivantes, suffit seul pour justifier mes observations.

(2) Le *Buccinum cataracta* de Chemnitz nous paraît plutôt

nales impressas decussantibus; anfractibus supernè subangulatis; labro intùs striato.

Buccinum cataracta. Chem. Conch. 10. t. 152. f. 1455.

Buccinum catarrhacta. Gmel. p. 3498. n° 177.

* *Buccinum cataracta.* Dillw. Cat. t. 2. p. 622. n° 82.

Habite les mers de la Nouvelle-Zélande. Mon cabinet. Longueur : 19 lignes et demie.

34. Pourpre bicostale. *Purpura bicostalis.* Lamk. (1)

P. testá ovato-acutá, tuberculiferá, transversìm striatá, griseá, strigis longitudinalibus angulato-flexuosis, rufo-fuscis pictá; anfractibus supernè angulatis, tuberculato-coronatis : ultimo biseriatim tuberculato; labro intùs sulcato.

Encycl. pl. 398. f. 5. a. b.

[*b*] *Var. testá cinereá, subimmaculatá; tuberculis biseriatis minoribus.*

* Blainv. Pourp. Nouvelles Ann. du Mus. t. 1. p. 238. n° 76.

* Desh. Encycl. méth. Vers. t. 3. p. 844. n° 13.

Habite... Mon cabinet. Elle n'a point de côtes ; mais les deux rangées de tubercules de son dernier tour la font paraître comme bicostale. Ouverture dilatée. Longueur : 17 lignes et demie.

35. Pourpre plissée. *Purpura plicata.* Lamk.

P. testá ovatá, longitudinaliter et obliquè plicatá, tuberculato-mu-

---

un véritable Buccin qu'une Pourpre. Nous n'avons jamais vu une coquille que l'on pût rapporter avec certitude à l'espèce de Chemnitz, et aucune de celles représentées par M. Kiener sous ce nom de *Cataracta* ne peuvent s'identifier avec elle ; et pour s'en convaincre, il suffit de comparer les figures des auteurs que nous venons de mentionner. Nous devons encore observer, que sous ce nom spécifique, M. Kiener rapporte au moins deux espèces : la figure 85 *a*, p. 36, pour l'une ; la figure 85 *d*, pl. 37, pour l'autre. Dans l'incertitude où nous sommes, nous n'osons pas citer M. Kiener dans la synonymie de cette espèce. Cette dernière variété est le *Purpura crenulata* de Lamarck, d'après le même auteur.

(1) Après avoir joint à cette espèce le *Buccinum luteostoma* de Chemnitz (t. 11, pl. 137, f. 1800-1801), M. de Blainville propose d'y réunir encore l'espèce précédente, le *Purpura cataracta* de Lamarck. Nous avons la conviction que les trois espèces en question doivent être maintenues.

*ricatá, albo et nigro per longitudinem coloratá; in ultimo anfractu
tuberculis transversìm quadriseriatis; spirâ brevi, apice obtusá; lá-
bro intùs dentato.*

Martini. Conch. 4. t. 123. f. 1141. 1142.

Murex plicatus. Gmel. p. 3551. n° 94.

* Blainv. Pourp. Nouvelles Ann. du Mus. t. 1. p. 216. n° 33.

* *Purpura hippocastanum.* Var. Kiener. Spec. des Coq. p. 54.

Habite... l'Océan Indien? Mon cabinet. Elle est obscurément plissée, très tuberculeuse, à sommet de la spire obtus, ainsi que celui
des tubercules. Longueur : 15 lignes.

36. Pourpre corbulée. *Purpura fiscella.* Lamk.

*P. testá ovato-oblongá, longitudinaliter plicato-nodosá, transversìm
striatá, albo et nigro per longitudinem coloratá; spirá exsertá, obtusiusculá; labro intùs dentato.*

Murex fiscellum. Chemn. Conch. 10. t. 160. f. 1524. 1525.

Gmel. p. 3552. n° 160.

.* Blainv. Pourp. Nouvelles Ann. du Mus. t. 1. p. 206. n° 11. pl.
10. f. 8?

* *Murex fiscellum.* Dillw. Cat. t. 2. p. 731. n° 99.

* *Id.* Wood. Ind. Test. pl. 27. f. 102.

* Kiener. Spec. des Coq. p. 30. n° 16. pl. 6. f. 12. 12 a. *Excl. var.*

Habite les mers de la Chine. Mon cabinet. Ouverture peu évasée,
teinte de rose-violâtre. Longueur : 14 lignes.

37. Pourpre thiarelle. *Purpura thiarella.* Lamk.

*P. testá ovato-acutá, ventricosiusculá, transversìm striatá, longitu-
dinaliter subplicatá, griseo-fulvá; anfractibus supernè angulatis,
suprà planulatis, ad angulum tuberculato-coronatis; spirá subcontabulatá; labro intùs sulcato.*

* Blainv. Pourp. Nouvelles Ann. du Mus. t. 1. p. 235. n° 72.

* Quoy et Gaim. Voy. de l'Astr. t. 2. p. 571. pl. 39. f. 4. 5. 6.

* Kiener. Spec. des Coq. p. 56. n° 34. pl. 15. f. 41.

Habite... Mon cabinet. Longueur : 14 lignes.

38. Pourpre rustique. *Purpura rustica.* Lamk. (1)

P. testá parvulá, ovato-acutá, longitudinaliter plicato-nodosá,

---

(1) Voici encore une espèce à l'égard de laquelle M. Kiener
commet une erreur, en la rapportant comme jeune âge du
Purpura undata de Lamarck, n° 10. M. Philippi la considère

6.

transversìm striatá; plicis fuscis; interstitiis plumbeis; plicarum nodulis flavescentibus; anfractibus spiræ angulatis.

  * Blainv. Pourp. Nouvelles Ann. du Mus. t. 1. p. 239. n° 77.

  * *Purpura undata junior.* Kiener. Spec. des Coq. p. 118. pl. 34. f. 81 c.

Habite... Mon cabinet. Elle est petite, mais fort jolie. Longueur : 7 lignes et demie.

39. Pourpre semi-imbriquée. *Purpura semi-imbricata.* Lamk. (1)

P. testá ovato-acutá, transversìm costatá, asperatá, albá; ultimi anfractus costis squamoso-imbricatis; spirá exsertá; aperturá oblongá; labro crasso : limbo interiore lato, intùs dentifero.

Habite les côtes occidentales du Mexique. M. *Bonpland.* Mon cabinet. Son dernier tour est un peu ventru, anguleux supérieurement, et remarquable par ses côtes transverses imbriquées d'écailles. Ouverture un peu resserrée dans le fond. Longueur : un pouce.

40. Pourpre échinulée. *Purpura echinulata.* Lamk. (2)

P. testá ovatá, ventricosá, transversìm tenuissimè striatá, longitudinaliter plicatá; tuberculis crebris echinulatá, albá; anfractibus supernè angulatis; spirá brevi, obtusiusculá; aperturá lævi; labro intùs lutescente.

  * *Purpura mancinelloides.* Blainv. Pourp. Nouvelles Ann. du Mus. t. 1. p. 223. n° 45. pl. 11. f. 3.

  * *Purpura echinulata.* Blainv. loc. cit. n° 46.

  * Sow. Genera of Shells. f. 4.

  * Reeve. Conch. Syst. t. 2. p. 221. pl. 259. f. 4.

  * Kiener. Spec. des Coq. p. 68. n° 42. pl. 16. f. 47.

Habite... Mon cabinet. Je l'avais prise d'abord pour le *M. mancinella* de Linné ; mais la description que l'on fait de ce dernier et

---

avec doute comme une variété du *Buccinum d'Orbignyi*; d'après M. de Blainville ce serait une véritable Pourpre spécifiquement distincte du Buccin.

(1) Cette espèce n'est point mentionnée parmi les Pourpres de M. Kiener ; elle nous paraît une espèce très distincte.

(2) En rapprochant la figure et la description du *Purpura mancinelloides* de M. de Blainville du *Purpura echinulata* de Lamarck, on reconnaît l'identité de ces coquilles, ce qui nous détermine à les réunir sous une commune dénomination.

les synonymes qu'on y rapporte ne conviennent point à ma coquille. Son dernier tour est assez ventru, et offre quatre rangées
de tubercules fréquens et un peu élevés. Longueur : 15 lignes.

41. Pourpre hérisson. *Purpura hystrix.* Lamk. (1)

P. testâ obovatâ, ventricosâ, transversìm striatâ, spinosâ, lutescente;
spinis longiusculis, canaliculatis, transversìm quadriseriatis; spirâ
brevi, acutâ; fauce roseâ; labro margine interiore dentifero.

Murex *hystrix.* Lin. Syst. nat. éd. 12, p. 1219. Gmel. p. 3538.
n° 46.

Gualt. Test. t. 28. fig. R.

Knorr. Vergn. 6. t. 24. f. 7.

Regenf. Conch. 1. t. 3. f. 32.

Martini. Conch. 3. t. 101. f. 974. 975.

* Quoy et Gaim. Voy. de l'Astr. t. 2. p. 575. pl. 39. f. 14. 15. 16.
* *Murex hystrix.* Dillw. Cat. t. 2. p. 706. n° 49.
* *Id.* Wood. Ind. Test. pl. 26. f. 50.
* Kiener. Spec. des Coq. p. 13. n° 4. pl. 2. f. 4.
* Desh. Encycl. méth. Vers. t. 3. p. 845. n° 14.
* Lin. Syst. nat. éd. 10. p. 750.
* *Murex hystrix.* Schrot. Einl. t. 1. p. 505. n° 26.
* Blainv. Pourp. Nouvelles Ann. du Mus. t. 1. p. 211. n° 24.
* *Eadem. Purpura spathulifera.* Blainv. Pourp. Nouv. Ann. du Mus.
t. 1. p. 212. n° 25. pl. 9. f. 8.

Habite… Mon cabinet. Son ouverture est teinte de rose. Columelle
légèrement ridée à sa base. Longueur : 16 lignes.

42. Pourpre deltoïde. *Purpura deltoïdea.* Lamk.

P. testâ ovato-abbreviatâ, ventricosâ, subdeltoideâ, rubente; ultimo
anfractu supernè tuberculis raris majusculis coronato; spirâ brevi,
obtusiusculâ; labro intùs lœvigato.

* Blainv. Pourp. Nouvelles Ann. du Mus. t. 1. p. 214. n° 29.
* *Id. Purp. subdeltoidea.* N° 30. pl. 9. f. 11.
* Kiener. Spec. des Coq. p. 54. n° 33. pl. 13. f. 37.

Habite… Mon cabinet. Elle a une rangée de nodosités au-dessous de
celle de ses tubercules. Longueur : environ 13 lignes.

---

(1) Nous considérons comme variété de cette espèce le *Pur-*
pura spathulifera de M. de Blainville. Nous avons cette coquille
dans notre collection: elle se rapproche du *Mancinella* par plusieurs variétés.

43. Pourpre unifasciale. *Purpura unifascialis*. Lamk.

P. testá ovato-acutá, ventricosá, transversìm tenuissimè striatá, rufes-
cente; ultimo anfractu supernè nodulis transversìm seriatis corona-
to, medio fasciá albá cincto ; spirá brevi; aperturá dilatatá, albá;
labro tenui, intùs striato.

Encycl. pl. 397. f. 6.

* Blainv. Pourp. Nouvelles Ann. du Mus. t. 1. p. 239.

* *Purpura hæmastoma*. Var. Kiener. Spec. des Coq. p. 112. pl. 33.
f. 79 a.

Habite... Mon cabinet. Elle est peu épaisse, légère, très ventrue,
et bien distincte de ses congénères. Longueur : 15 lignes.

44. Pourpre rétuse. *Purpura retusa*. Lamk.

P. testá ovatá, lævi, squalidè albidá; ultimo anfractu medio obtusè
angulato, dein excavato, parte superiore turgidá, obsoletè angulo-
sá; spirá brevissimá, retusá; columellá supernè calloso-gibbosá, in-
fernè arcuatá.

An Martini. Conch. 3. t. 94. f. 912 ?

An Buccinum fossile? Gmel. p. 3485. n₀ 58.

Habite... Mon cabinet. Notre coquille ne paraît nullement fossile :
la forme de son dernier tour est extraordinaire. Ouverture petite,
lisse; bord droit mince. Longueur : 12 lignes et demie.

45. Pourpre cabestan. *Purpura trochlea*. Lamk. (1)

P. testá ovatá, cingulatá, cinereá; cingulis elevatis, latis, convexius-
culis, lævissimis, albis, in ultimo anfractu ternis; interstitiis profun-
dis, decussatìm striatis; spirá exsertiusculá; labro intùs lævigato.

Petiv. Gaz. t. 101. f. 14.

Knorr. Vergn. 3. t. 7. f. 2.

Favanne. Conch. pl. 34. fig. E.

Martini. Conch. 3. t. 118. f. 1089. a. b.

---

(1) Le *Mantissa* de Linné, ouvrage peu consulté des zoologistes, contient, à l'endroit que nous citons, une description très
exacte de deux variétés de cette espèce, sous le nom de *Buccinum cingulatum* : comme ce nom est le plus ancien, et que d'ailleurs il vient de Linné, il doit être restitué à l'espèce, qui deviendra le *Purpura cingulata*. Il serait possible que la variété
f. 75 *a* de M. Kiener constituât une espèce distincte; mais nous
n'en avons vu qu'un trop petit nombre d'individus pour nous
fixer à son sujet.

Schroter. Einl. in Conch. 1. t. 2. f. 8. a. b.
Buccinum trochlea. Brug. Dict. n° 8.
Buccinum scala. Gmel. p. 3485. n° 61.
Triton trochlea. Encycl. pl. 422. f. 4. a. b.
* *Buccinum cingulatum.* Lin. Mantissa. p. 549 et 550.
* *Id.* Gmel. p. 3506.
* Schrot. Einl. t. 1. p. 360. *Buccinum.* n° 16.
* *Buccinum scala.* Wood. Ind. Test. pl. 23. f. 76.
* Kiener. Spec. des Coq. p. 107. n° 67. pl. 28. f. 75.
* Davila. Cat. t. 1. pl. 8. f. V.
* *Buccinum scala.* Dillw. Cat. t. 2. p. 619. n° 75.
* Blainv. Pourp. Nouvelles Ann. du Mus. t. 1. p. 249. n° 100.

Habite le détroit de Magellan et les mers du cap de Bonne-Espérance. Mon cabinet. Coquille fort recherchée à cause de sa forme singulière qui l'a fait comparer à un cabestan chargé de quelques tours de corde. Elle est comme étagée, et offre une rampe spirale scalariforme. Son bord droit n'a jamais de bourrelet marginal. Longueur : 17 lignes et demie.

46. Pourpre cheville. *Purpura clavus.* Lamk.

P. *testâ ovato-conicâ, scalariformi, apice acutâ, transversìm elegantissimè striatâ, longitudinaliter obsoletè costatâ, griseo-cærulescente; labro tenui, intùs striato, rubente.*

* Blainv. Pourp. Nouvelles Ann. du Mus. t. 1. p. 251. n° 104.

Habite... Mon cabinet. Celle-ci est obscurément unicingulée sur l'angle de chacun de ses tours. Elle est grêle, presque turriculée. Longueur : 11 lignes et demie.

47. Pourpre fasciolaire. *Purpura fasciolaris.* Lamk. (1)

P. *testâ ovato-conicâ, transversìm tenuissimè striatâ, nitidâ, albo-cærulescente, fulvo-nebulosâ, fasciis crebris albo et fusco articulatis cinctâ; columellâ supernè uniplicatâ; labro intùs striato.*

An Gualt. Test. t. 55. fig. C?

Habite... Mon cabinet. Coquille assez jolie, remarquable en ce que les taches de ses fascies forment, par leur disposition, des rangées longitudinales et comme onduleuses sur la spire. Celle-ci est rougeâtre. Longueur : environ 13 lignes.

---

(1) Nous pensons, avec M. Kiener, que cette espèce a été établie pour une variété du *Buccinum maculosum* que Lamarck maintient parmi les Buccins ; cette espèce devra donc disparaître des catalogues, et entrer à titre de variété dans le *Buccinum maculosum.*

48. Pourpre pavillon. *Purpura vexillum*. Lamk. (1)

P. testá ovatá, lævigatá, nitidá, rufo-rubente, fasciis fuscis cinctá;
spirá brevi, obtusá; aperturá albá, basi effusá; canali brevissimo.

Strombus vexillum. Chemn. Conch. 10. t. 157. f. 1504. 1505.
Gmel. p. 3520. n° 52.

* Kammerer Rudolst. Cab. pl. 7. f. 2. 3.
* *Strombus vexillum.* Dillw. Cat. t. 2. p. 674. n° 36.
* *Id.* Wood. Ind. Test. pl. 25. f. 36.
* *Cassidaria vexillum.* Kiener. Spec. des Coq. p. 10. n° 6. pl. 2. f. 6.
* Desh. Encycl. méth. Vers. t. 3. p. 845. n° 15.
* Valentyn. Amboina. pl. 9. f. 80.

Habite l'Océan Indien. Mon cabinet. Coquille petite, subcylindrique,
alternativement fasciée de rouge et de brun, comme ailée à la manière des Strombes, mais sans le sinus du bord droit qui caractérise
ces derniers. Ce bord est un peu épais et sillonné à l'intérieur.
Longueur : 9 lignes.

49. Pourpre bizonale. *Purpura bizonalis*. Lamk. (2)

P. testá parvulá, ovato-globosá, crassá, lævi, luteá, albo-bizonatá;
spirá brevi, obtusá; aperturá lævi; canali brevissimo.

Habite... Mon cabinet. Elle est fort petite, et remarquable par sa
forme globuleuse et son épaisseur. Longueur : 8 lignes.

50. Pourpre noyau. *Purpura nucleus*. Lamk. (3)

P. testá parvá, ovatá, lævi, nitidá, propè labrum basique transversim

---

(1) M. Kiener retire cette coquille du genre Pourpre pour la
ranger parmi les Cassidaires. Nous n'adoptons pas ce changement, parce que cette espèce a bien plus les caractères des
Pourpres que des Cassidaires. Elle a la columelle aplatie, et ne
présente aucun des caractères, soit des Oniscies, soit des Cassidaires proprement dites.

(2) M. de Blainville assure que cette espèce a été établie sur
une variété du *Purpura lapillus*; M. Kiener ajoute son témoi-
gnage à celui de M. de Blainville, et la courte description s'accorde assez à l'opinion des personnes dont nous venons de citer
les travaux.

(3) Cette espèce n'est point une Pourpre, comme l'a cru Lamarck; ce n'est pas non plus un Planaxe, comme M. Sowerby
l'a supposé, ainsi que nous : c'est un véritable Buccin d'après
l'opercule.

striatá, castanèo -juscescente; aperturá rotundatá ; labro intùs striato.

Lister. Conch. t. 976. f. 32.

Martini. Conch. 4. t. 125. f. 1183.

Buccinum nucleus. Brug. Dict. n° 14.

* *Buccinum nucleus.* Dillw. Cat. t. 2. p. 625. n° 90.

Habite les mers de Madagascar, selon *Bruguière*, et celles de la Barbade, selon *Lister*. Mon cabinet. Elle n'est ni entièrement lisse ni totalement striée. C'est la plus petite des espèces connues de ce genre. Longueur : 6 à 7 lignes.

† **51. Pourpre monodonte.** *Purpura monodonta.* **Quoy et Gaim.**

P. testá ovatá, depressá, transversìm tenuè striatá, albá; spirá brevissimá, obtusá, ultimo anfractu depresso, dilatato; aperturá magná, ovatá; labro simplici; columellá planá, violaceá, basi unidentatá; aperturá basi vix emarginatá.

Blainv. Pourp. Nouvelles Ann. du Mus. t. 1, p. 241. n° 82.

Quoy et Gaim. Voy. de l'Astr. Zool. t. 2. p. 561. pl. 37. f. 9.10.11.

Purpura madreporarum. Sow. Genera of Shells. f. 12.

Id. Reeve. Conch. syst. t. 2. p. 222. pl. 260. f. 12.

Kiener. Spec. des Coq. p. 84. n° 53. pl. 17. f. 50. 50 a.

Habite les mers de l'Inde, sur les Madrépores.

Coquille très singulière et qui demande un examen attentif. En effet, elle rappelle assez bien, par sa forme patellaire, le genre Concholépas ; mais elle se rapproche également du *Leptoconchus* de M. Ruppel, et aussi des jeunes individus du genre Magile, et elle rattache ainsi aux Pourpres des formes qui paraissent s'en éloigner considérablement. Il est à présumer que cette coquille a une manière de vivre différente de celle des autres Pourpres ; ses irrégularités feraient croire qu'elle demeure long-temps à la même place, comme font ordinairement les Calyptrées et les Crépidules, dont elle rappelle un peu la forme.

Cette espèce est ovale ou oblongue. Sa spire est très courte, et son dernier tour est dilaté et aplati. Les individus frais sont striés à l'extérieur ; mais il est rare d'en rencontrer à un bon état de conservation. L'ouverture est grande, dilatée. La columelle, extrêmement large, aplatie et tranchante, rappelle celle du *Purpura patula*. Dans le milieu elle est ornée d'une tache violette assez étendue, et elle présente constamment vers la base une petite dent obtuse et triangulaire. Le bord droit est simple, tranchant et tout-à-fait blanc. Une autre particularité qui rend cette espèce remar-

quable, c'est qu'elle n'a plus qu'une très faible trace du canal antérieur de l'ouverture, qui se trouve représenté par une simple dépression.

Cette coquille a 20 millim. de long et 17 de large; mais les proportions sont variables.

† 52. Pourpre élancée. *Purpura elata*. Blainv.

*P. testá ovato-oblongá, turbinatá, candidá, transversìm tenuè striatá;
spirá longiusculá, apice acuminatá; anfractibus in medio angulato tuberculosis; ultimo transversìm quadriseriatìm tuberculoso;
aperturá ovato-angustá, intùs albá vel flavescente; columellá obsoletè plicatá; labro incrassato, intùs dentato.*

Blainv. Pourp. Nouvelles Ann. du Mus. pl. 11. f. 1.
Kiener. Spec. des Coq. p. 45. n° 27. pl. 10. f. 27.
Habite les mers de la Nouvelle-Hollande.

Coquille ovale-oblongue, bucciniforme, ayant sa spire presque aussi
longue que le dernier tour; on compte six à sept tours à cette
spire; ils sont anguleux dans le milieu, et sur cet angle s'élève une
série de tubercules; sur le dernier tour se montrent quatre séries
de tubercules semblables, elles sont également distantes, mais les
tubercules les plus gros forment la série supérieure. Toute la surface de cette coquille est couverte de fines stries transverses. L'ouverture est ovale-oblongue, étroite. La columelle, presque droite,
est épaisse, et dans les vieux individus, on y voit deux ou trois
dentelures. Le bord droit est fort épais, et garni en dedans de six
dents fort rapprochées. Cette ouverture est ordinairement blanche, elle est d'un beau fauve dans quelques individus.. Cette coquille est toute blanche. Les grands individus ont 35 millim. de
long et 20 de large.

† 53. Pourpre treillissée. *Purpura fenestrata*. Blainv.

*P. testá ovato-turbinatá, costis longitudinalibus et transversis clathra-
tá, loculis profundioribus quadratis fenestratá, fulvá; spirá conicá,
elongatá, acuminatá; anfractibus supernè excavatis, infernè angulatis: ultimo conico, basi attenuato; aperturá ovato-angustá,
flavescente; labro incrassato, tridentato.*

Blainv. Pourp. Nouvelles Ann. du Mus. t. 1. p. 221. n° 43. pl. 10.
f. 11.

Quoy et Gaim. Voy. de l'Astr. Zool. t. 2. p. 563. pl. 37. f. 15. 16.
Habite...

Espèce fort belle et restée très rare jusqu'à présent dans les collections. Elle a des rapports avec le *Purpura albo-marginata*, mais
elle s'en distingue avec la plus grande facilité. Elle est allongée,

et elle semble composée de deux cônes réunis base à base, l'un pour la spire, l'autre pour le dernier tour. La spire est un peu moins longue que le dernier tour ; elle est pointue, et se compose de six ou sept tours, légèrement creusés à leur partie supérieure, et anguleux un peu au-dessus de la suture. Toute la surface de cette coquille est couverte d'un gros réseau de côtes longitudinales et transverses, épaisses et saillantes, et qui viennent se niveler entre elles, dans leur entrecroisement ; aussi les espaces vides qu'elles laissent entre elles sont profonds, quadrangulaires, ce qui fait ressembler la surface de cette espèce à un dé à coudre. L'ouverture est fort étroite, ovalaire, d'un beau jaune orangé. La columelle est droite, simple, aplatie à sa base. Le bord droit est épais, et il porte ordinairement trois ou quatre dents, dont les deux dernières sont beaucoup plus grosses que les autres. Toute cette coquille est d'un jaune orangé, pâle et terne. Il y a des individus où l'on remarque une ou deux zones étroites de points brunâtres.

Cette espèce a 32 millim. de long et 17 de large.

† 54. Pourpre à bord noir. *Purpura atro-marginata.* Blainv.

P. testá ovato-turbinatá, atro fuscescente, transversìm albo obscurè zonatá ; costis longitudinalibus transversisque cancellatá ; aperturá ovato-semilunari, atratá ; labro incrassato, quadridentato; columellá rectá, in medio subrugosá.

Blainv. Pourp. Nouvelles Ann. du Mus., t. 1. pl. 10. f. 1.

Purpurea cancellata. Kiener. Spec. des Coq. p. 25. n° 12. pl. 7. f. 16.

An eadem Purpura tessellata? Sow. Genera of Shells. f. 10.

Habite les rivages de l'île de Ticopia, l'une des nouvelles Hébrides, d'après M. Kiener.

Petite coquille à laquelle M. de Blainville, le premier, a imposé le nom que nous lui conservons, quoique M. Kiener ait proposé de le changer, parce qu'il lui paraît peu approprié aux caractères de l'espèce. Aucune raison ne peut justifier un changement comme celui que propose M. Kiener ; il préfère pour cette espèce le nom de *Cancellata*, et un autre naturaliste, par les mêmes raisons que celles qui ont déterminé M. Kiener, pourrait également trouver ce nom peu convenable, car cette Pourpre n'est pas la seule à laquelle il convient. Il faut donc, comme nous l'avons répété souvent, accepter le premier nom spécifique, sans cela la nomenclature n'aurait jamais rien de fixe et de définitivement arrêté.

Cette petite Pourpre est ovale, turbinée. Sa spire est assez allongée ;

on y compte 6 à 7 tours déprimés en dessus, et anguleux vers la base ; le dernier tour est légèrement creusé à sa partie supérieure ; il est conique, et terminé antérieurement par une très petite échancrure. Toute la surface de la coquille est hérissée par des côtes longitudinales et transverses, saillantes et assez épaisses, laissant entre elles de petits espaces quadrangulaires profonds. Outre ces côtes, on remarque encore des stries transverses, et des stries longitudinales résultant des accroissemens. L'ouverture est d'un noir légèrement violacé, très intense ; elle est ovale, semi-lunaire. La columelle est droite, un peu renflée dans le milieu, et elle présente sur cette partie deux rides blanchâtres ou violâtres. Le bord droit est épais, et garni intérieurement de quatre dents égales. La couleur de cette espèce est assez variable. La plupart des individus sont d'un noir grisâtre ; quelques-uns ont plusieurs zones blanchâtres et transverses ; quelques autres n'en ont qu'une seule.

Les grands individus ont 25 mill. de long et 15 de large.

† 55. Pourpre buccinée. *Purpura buccinea.* Desh.

P. testá ovato-oblongá, fuscá, supernè albo-trizonatá, longitudina-liter plicatá, transversìm striatá ; anfractibus convexiusculis, in medio obsoletè tuberculosis ; aperturá ovato-oblongá, flaves-cente ; columellá rectá, basi subumbilicatá ; labro intùs striato, acuto.

Quoy et Gaim. Voy. de l'Astr. Zool. t. 2. p. 567. pl. 37. f. 12. 13. 14. *Purpura striata.*

Purpura striata. Kiener Spec. des Coq. p. 132. n° 85. pl. 38. f. 88.

Habite la Nouvelle-Guinée. Il y a dans Bruguière une espèce qu'il a nommée *Striata*, et qui fait partie des Pourpres : celle-ci, pour cette raison, devrait changer de nom ; mais long-temps avant Bruguière, Martyns avait donné le nom de *Buccinum striatum* à une autre coquille, qui appartient également au genre Pourpre, et c'est à cette dernière espèce que doit rester le nom de *Purpura striata.* Il y avait donc deux raisons pour que le nom imposé à celle-ci par MM. Quoy et Gaimard fût changé.

Cette coquille est ovale-oblongue ; par sa forme elle rappelle le *Purpura francolinus* de Lamarck. Sa spire pointue se compose de sept tours convexes, sur lesquels s'élèvent des plis longitudinaux, larges et obtus ; sur ces plis se montrent deux rangées transverses de tubercules oblongs, blanchâtres, très obtus, et sur le dernier tour, on voit une troisième rangée de ces tubercules au-dessus des deux premières. Indépendamment de ces accidens, on remarque encore à la surface des stries transverses et longitudinales très fines, formant un réseau assez régulier. L'ouverture est ovale-oblongue, d'un fauve pâle, quelquefois rougeâtre. La columelle est droite, aplatie à la base, le bord droit est moins épais que dans la plupart des autres Pourpres; il est tranchant, et il est finement plissé. Toute cette coquille est d'un brun noirâtre foncé, et elle est ornée à la partie supérieure de ses tours, de trois petites zones blanchâtres, interrompues dans la plupart des individus.

Cette coquille à 45 millim. de long, et 20 de large.

† 56. Pourpre de Blainville. *Purpura Blainvillei*. Desh.

P. testá ovatá, apice acuminatá, pallidè fuscescente, transversìm tenuè striatá ; anfractibus in medio subangulatis, tuberculosis: ultimo transversìm quadricostato, costis inferioribus minoribus ; aperturá ovatá, albá, dilatatá ; lineá ferrugineá circumdatá ; labro tenui intùs striato; columellá arcuatá, basi depressá.

Kiener. Spec. des Coq. p. 99. n° 62. pl. 26. f. 71. *Purpura callaoensis.*

Purpura callaoensis. Blainv. Nouvelles Ann. du Mus. t. 1.

Habite les côtes du Pérou.

Il faut changer le nom de cette espèce, puisque dès 1828 M. Gray, dans le premier fascicule de ses *Spicilegia zoologica,* a donné à une autre espèce de Pourpre le nom de *Purpura callaoensis.* Nous consacrons à l'espèce de M. de Blainville le nom du savant professeur qui le premier a inscrit cette espèce dans le catalogue des Pourpres.

Cette coquille est bucciniforme, ovale-oblongue, ventrue dans le milieu ; sa spire est presque aussi longue que l'ouverture. Cette spire se compose de six à sept tours convexes, partagés en deux parties presque égales par un angle tuberculeux. Toute la surface de la coquille est chargée de stries transverses, fines, serrées, quelquefois pointillées ; sur les premiers tours, ces stries sont régulièrement croisées par petites côtes longitudinales ; le dernier tour est aplati à sa partie supérieure, il est anguleux, et l'on y voit quatre côtes transverses, tuberculeuses, dont les deux antérieures sont les moins apparentes : celles-là sont souvent simples et dénuées de tubercules. L'ouverture est ovale, elle est grande, son bord droit, tranchant dans toute son étendue, et finement plissé en dedans; toute la partie extérieure de ce bord est teinte d'un beau rouge ferrugineux ; une petite zone de la même couleur suit le contour du bord gauche. Cette coquille est ordinairement d'un brun-marron terne; quelquefois elle **est** blanchâtre et striée de brun.

Les grands individus ont 43 millim. de long et 3o de large.

† 57. Pourpre de l'Ascension. *Purpura Ascensionis.* Quoy et Gaim.

> **P.** *testá ovato-ventricosá, abbreviatá, transversìm striatá, fusco-castaneá; spirá brevissimá, subtruncatá, aperturá ovatá, supernè canaliculatá, anticè vix emarginatá, albá; columellá latá, depressá, arcuatá, in medio nigro tri seu quadri-punctatá; labro incrassato, intùs plicato, in margine crenulato.*

Quoy et Gaim. Voy. de l'Astr. Zool. t. 2. p. 55g pl. 37 f. 20 à 23.

Blainv. Pourp. Nouvelles Ann. du Mus. t. 1. p. 242. n° 85.

Kiener. Spec. des Coq. p. 86. n° 54. pl. 22. f. 63.

Murex mœga. Mart. t. 3. p. 270. pl. 100. f. 961. 962.

Habite l'île de l'Ascension.

Martini, ainsi que plusieurs autres conchyliologues confondaient cette espèce avec le *Murex neritoideus* de Linné, et M. Quoy a eu raison de la séparer, en lui donnant un nom nouveau. Cette Pourpre a beaucoup d'analogie, par sa forme générale, avec le *Purpura neritoides* de Lamarck. On la distingue au premier abord, par l'absence des tubercules qui caractérisent d'une manière si facile le *Neritoides*. Cette coquille est ovale, raccourcie, la spire presque plane ou très obtuse; le dernier tour est très grand, convexe, finement strié en travers, à peine atténué à la base, et terminé de ce côté par une échancrure très petite. L'ouverture est d'un très beau blanc: elle est régulièrement ovalaire, et son angle supérieur se continue en une gouttière oblique, assez profonde, qui se termine en une sinuosité, ou plutôt une échancrure placée tout près de la suture. Le bord droit est épais, plissé en dedans, et finement crénelé sur sa partie la plus amincie. La columelle est large, très plate, tranchante, et régulièrement arquée en son bord; sur le milieu de cette columelle se montrent constamment trois ou quatre points arrondis, d'un beau noir, légèrement saillans. En dehors, cette coquille est d'un brun marron assez foncé; les stries sont un peu plus pâles.

Les grands individus de cette espèce ont 45 millim. de long, et 35 de large.

† 58. Pourpre échancrée. *Purpura emarginata.* Desh.

> **P.** *testá ovatá; apice acutá, transversìm costatá, irregulariter squa-*

*moso-nodosâ, albo-griseâ vel fulvâ ; aperturâ ovato-angustâ,
utrinquè attenuatâ ; labro acuto, in medio inflexo et emarginato ;
columellâ arcuatâ, compressâ, acutâ.*

Desh. Magas. de zool. 1841. Moll. pl. 25.

Habite la Nouvelle-Zélande.

Espèce fort remarquable, et dont un petit nombre d'individus a été
rapporté par M. Chiron, qui s'est empressé d'en enrichir quelques-
unes des collections de Paris. Cette coquille est ovale-oblongue,
atténuée à ses extrémités; la spire est pointue, et forme à-peu-
près le tiers de la longueur totale; on y compte quatre tours et demi;
ils sont anguleux à leur partie supérieure, et cet angle est constitué par une série régulière de tubercules squamiformes, quelquefois obtus: ces tubercules ne sont pas espacés régulièrement.
Sur le dernier tour, outre cette première rangée, on en remarque
encore quatre autres qui, à l'exception d'une seule, ont une tendance à s'effacer en s'avançant vers l'ouverture : celle qui persiste
est la seconde, et elle est semblable à la première. Outre ces deux
rangées principales de tubercules, la surface de la coquille est rendue
rugueuse par un grand nombre de tubercules obtus, irréguliers
quant à leur grosseur, et que l'on voit disposés suivant des lignes
longitudinales d'accroissement, et des lignes transverses, parallèles entre elles. L'ouverture est ovale-oblongue, rétrécie à ses
extrémités ; elle est d'une couleur chamois foncé, et son canal
terminal est court et peu profond. Le bord droit est tranchant, et
ce qui rend cette coquille éminemment remarquable, c'est que le
milieu du bord offre une échancrure oblique comparable à l'impression que l'ongle eût laissée dans ce bord, s'il eût été ramolli.
Cette échancrure singulière correspond à la seconde rangée des
tubercules du dernier tour. La columelle est large, aplatie, et régulièrement arquée dans sa longueur. A l'extérieur, toute la coquille est d'un blanc grisâtre sale.

† 59. Pourpre bordée de blanc. *Purpura albo-marginata.*
Desh.

*P. testâ ovatâ, apice acuminatâ, albo-griseâ, nigro multipunctatâ,
transversìm sulcatâ et striatâ; aperturâ ovatâ, intùs atro-violas-
cente, albo-marginatâ; columellâ fuscâ, angustâ, rectâ basi
acutâ.*

Desh. Magas. de zool. 1841. Moll. pl. 44.

Habite la Nouvelle-Zélande.

Petite espèce, qui ne manque pas d'élégance dans la disposition générale de ses couleurs. Elle est ovale-oblongue, ventrue dans le

milieu. Sa spire, pointue, est plus ou moins prolongée selon les individus ; elle est formée de quatre à cinq tours , dont les premiers sont
toujours rongés ; le dernier est subanguleux à sa partie supérieure, et
l'on y compte quatre à cinq côtes transverses, tantôt simples, tantôt
subnoduleuses et plus ou moins saillantes, selon les variétés. Entre
ces côtes se trouvent de fines stries , que l'on ne peut apercevoir
que dans les individus les mieux conservés. L'extrémité antérieure
du dernier tour est terminée par une échancrure très petite, légèrement relevée vers le dos et contractée latéralement. L'ouverture est ovale-semi-lunaire ; elle est d'un brun violacé-noirâtre
très foncé. La columelle est droite, arrondie dans presque toute sa
longueur, et aplatie seulement à son extrémité et dans toute la
longueur du canal terminal. Cette extrémité de la columelle est
trés pointue. Le bord droit est mince et tranchant ; il est creusé
d'un grand nombre de petites gouttières, qui correspondent aux
côtes et aux stries de l'extérieur. Tout ce bord est terminé par
une petite zone d'un blanc éclatant, qui est festonnée par les
lignes brunes de chacune des gouttières, dont le bord est creusé en
dehors. Cette coquille est d'un blanc grisâtre, sur lequel ressortent
vivement un grand nombre de points d'un noir foncé, ordinairement disposés suivant les lignes longitudinales d'accroissement.

Cette coquille a 20 millim. de long. et 12 de large.

† 60. Pourpre kiosquiforme. *Purpura kiosquiformis.* Duclos.

*P. testá ovato-oblongá, subscalariformi, transversìm tenuè striatá,
longitudinaliter tenuissimè lamelloso crispá, ad suturam lamelloso
lacunosá, atro-fuscá, albo transversìm zonatá ; anfractibus in medio carinatis, tuberculatis : ultimo supernè angulato ; aperturá
albá, atro-fasciatá ; labro tenui acuto, supernè ad suturam sinu
soluto ; columellá rectá basi subombilicatá.*

Duclos. Ann. des Sc. nat. t. 26. pl. 1. f. 5.

Kiener. Spec. des Coq. p. 59. n° 36. pl. 15. f. 40.

Habite les mers de la Nouvelle-Hollande, d'après M. Kiener.

Fort belle espèce de Pourpre parfaitement distincte de toutes ses
congénères. Elle est ovale-oblongue. Sa spire, allongée et pointue , est presque aussi longue que l'ouverture elle-même ; elle
est subscalariforme ; les tours sont partagés en deux parties inégales par un angle aigu, sur lequel se relèvent des tubercules
pointus, comprimés, et très élargis à la base ; sur le dernier tour,
au-dessous de cette rangée de tubercules, on compte quatre petits
cordons transverses, dont le premier est armé de quelques petits tu-

bercules pointus. Dans les individus bien frais, la surface présente non-seulement de fines stries transverses, égales et régulières, mais encore un très grand nombre de fines lamelles longitudinales, très serrées et relevées en courtes écailles ; enfin, on voit au-dessous de la suture une série de lamelles arquées, saillantes, et laissant entre elles des lacunes assez profondes. L'ouverture est ovalaire ; la columelle est blanche, et le bord droit présente des fascies alternativement blanches et brunes ; ce bord droit est mince et tranchant, à sa jonction à l'avant-dernier tour, une échancrure assez profonde, semblable à celle de certains Pleurotomes, le détache. La columelle est droite, et dans la plupart des individus, elle présente à la base une fente ombilicale au sommet d'un petit espace demi-circulaire, circonscrit par un bourrelet écailleux. Cette coquille est d'un brun foncé, quelquefois terne et un peu grisâtre ; elle est ornée de deux ou trois fascies blanches, dont l'une occupe la rangée supérieure de tubercules. Cette espèce, assez rare encore dans les collections, a 45 millim. de long et 30 de large, mais il y a des individus plus grands.

† 61. Pourpre découpée. *Purpura lacera*. Desh.

P. testá ovatá subscalariformi, transversìm striatá, striis profundè puncticulatis; spirá acuminatá, anfractibus supernè contabulatis, in medio carinato-dentatis, ultimo anfractu supernè bicarinato, carini, dentatis, basi umbilicato; aperturá ovatá, supernè disjunctá, emarginatá.

Murex lacerus. Born. Mus. p. 308.
Murex africanus. Martini. Conch. t. 3. p. 266. pl. 100. f. 951?
Lister. Conch. pl. 958. f. 11.
Seba. Mus. t. 3. pl. 60. f. 32.
Murex lacerus. Dillw. Cat. t. 2. p. 708. n° 53.
Habite....

Cette espèce a été distinguée autrefois par Born, sous le nom de *Murex lacerus*. Elle appartient au genre Pourpre de Lamarck, et si elle n'a pas été mentionnée par la plupart des auteurs, cela vient sans doute de ce qu'ils l'ont confondue avec le *Purpura carinifera*. En effet, ces deux espèces ont entre elles beaucoup d'analogie, cependant nous avons reconnu des différences dans tous les individus que nous avons eu occasion d'observer. Le *Purpura lacera* est une coquille ovale subturbinée, un peu scalaroïde, ayant la spire un peu plus courte que le dernier tour, composée de six tours, sur le milieu desquels s'élève une carène saillante et dentée ; cette carène est à la partie supérieure du dernier tour, et dans la plupart des individus, il y a au-dessous de la première une deuxième carène dentelée, mais moins saillante. Toute la surface extérieure est chargée de stries transverses, inégales, sur lesquelles passent des stries d'accroissement, fines et multipliées. En les observant sous un grossissement convenable, on s'aperçoit que ces stries sont profondément ponctuées. En arrivant vers l'ouverture, le dernier tour est ordinairement disjoint à son angle supérieur, à la base il présente une surface assez large, infundibuliforme, percée d'un petit ombilic au sommet et ayant la circonférence circonscrite par un bourrelet épais subécailleux. Vers la base du dernier tour, on remarque une zone lisse aplatie, qui se termine à l'ouverture par une échancrure médiocre. L'ouverture est régulièrement ovalaire; elle est d'un blanc fauve très pâle; son angle supérieur est occupé par une petite échancrure, comparable à celle des Pleurotomes. Le bord droit est mince, tranchant, légèrement ondulé. Le bord gauche est étroit, assez épais, aplati à sa base. Le canal terminal est court, profond, et il est plus échancré que dans la plupart des autres Pourpres. Toute cette coquille est d'un fauve pâle; quelquefois elle est ornée de quelques flammules ou d'un petit nombre de taches roussâtres.

Sa longueur est de 45 millim., et sa largeur de 28.

† 62. Pourpre lutéostome. *Purpura luteostoma.* Desh.

P. testá ovatá, acuminatá, fulvá, fusco-marmoratá, transversìm tenuè striatá; anfractibus suprà planulatis, in medio angulato-nodosis, ultimo quadricostato; costis tuberculosis, tuberculis distantibus; aperturá lutescente, ovatá, intùs dentatá; columellá subrectá, basi compressá.

Buccinum luteostomum. Chemn. Conch. t. 11. p. 83. pl. 187. f. 1800 1801.

Id. Dillw. Cat. t. 2. p. 612. n° 58.

Id. Wood. Ind. Test. pl. 22. f. 59.

Habite...

On distingue assez facilement cette espèce parmi les autres Pourpres. Elle est ovale-oblongue, ventrue dans le milieu. Sa spire, assez allongée, est composée de sept à huit tours aplatis en dessus, et dont les premiers sont divisés en deux par un angle sur lequel se relèvent presque perpendiculairement des tubercules obtus. Le dernier tour est plus allongé que la spire; on voit quatre côtes obtuses, dont les deux premières sont les plus grosses et sur lesquelles s'élèvent à des distances assez considérables cinq à six tubercules, gros et courts; les deux dernières côtes plus rapprochées ont des

tubercules très courts et très obtus. La surface entière de cette coquille est couverte de fines stries transverses, serrées, subponctuées. L'ouverture est d'un jaune fauve ou rougeâtre; elle est ovalaire. Son bord droit porte ordinairement en dedans cinq dentelures inégales, dont les trois de la base sont plus petites et plus rapprochées. La columelle est droite, elle est aplatie à la base, et elle
se termine en un canal étroit et profond. Sur un fond d'un fauve
grisâtre et blanchâtre, cette coquille est ornée de flammules longitudinales, irrégulières, d'un brun noirâtre foncé, et qui viennent
se placer à la base des tubercules. Cette coquille, qui paraît rare
encore dans les collections, a 5o millim. de long et 3a de large.

† 63. Pourpre lime. *Purpura lima*. Desh.

*P. testâ ovatâ, apice acuminatâ, castaneâ, transversim inæqualiter
sulcatâ, sulcis squamulosis; anfractibus convexis, ultimo basi attenuato; aperturâ ovatâ; labro tenui angulato; columellâ rectâ, albidâ; basi complanatâ; canali longo angusto terminatâ.*

Buccinum lima. Martyns. Univ. Conch. pl. 46.

Murex lima. Gmel. p. 3541. n° 176.

Habite la Nouvelle-Hollande, au port du roi George, d'après Martyns.

Coquille ovale-oblongue, dont on se fera une très juste idée en la comparant au *Monoceros imbricatum* de Lamarck. En effet, elle en a
à-peu-près la forme et la grandeur, la spire est un peu plus allongée, et l'extrémité antérieure du dernier tour est plus atténuée,
et le canal qui le termine un peu plus allongé. Dans presque tous
les individus du *Monoceros imbricatum*, il y a une petite côte entre
deux plus grosses, ici ces côtes sont un peu inégales, mais accolées
deux à deux, les stries d'accroissement multipliées et lamelleuses
se relèvent en petites écailles, en passant sur les côtes. L'ouverture
est ovale-oblongue, d'un brun rougeâtre pâle et glacé de blanc.
Le bord droit est mince, creusé en dedans par autant de petits
sillons qu'il y a de côtes à l'extérieur. Cette ouverture se termine
antérieurement par un canal long et étroit, ce qui pourrait faire
rapporter cette espèce parmi les Fuseaux, si elle n'était retenue
entre les Pourpres par les caractères de sa columelle. Celle-ci est
presque droite, aplatie, surtout à la base, où elle finit en pointe.
Toute cette coquille est d'une belle couleur brun-marron uniforme, ce qui lui donne une ressemblance de plus avec le *Monoceros* dont nous avons parlé. Quoique le nom de *Buccinum lima*
ait été employé par Martyns, pour l'espèce que nous venons de
décrire, cela n'empêcha pas Chemnitz de donner encore le même

nom à une espèce très différente, appartenant aux Buccins, de la section des Nasses de Lamarck. Ce double emploi, ui pouvait avoir des inconvéniens dans l'ancienne nomenclature, n'en a plus aujourd'hui que les coquilles en question appartiennent à des genres différens. Cette coquille a 5o millim. de long, et 3o de large.

† 64. Pourpre intermédiaire. *Purpura intermedia*. Kiener.

> *P. testá ovato-turbinatá, transversim sulcato-striatá, nigrescente albo-marmoratá; anfractibus convexiusculis, ultimo quadricostato; costis obsoletè tuberculosis; aperturá ovato-subsemilunari, intùs albá, fauce castaneá; columellá rectá, in medio maculá albá notatá; labro incrassato, intùs tenuè denticulato, albo quadrimaculato.*

Kiener. Spec. des Coq. p. 5i. n° 3i. pl. 1a. f. 34.
Habite les côtes du Sénégal, d'après M. Kiener.

M. Kiener regarde cette espèce comme intermédiaire entre les *Purpura hippocastanum* et *Pica*. Elle est constamment distincte des deux espèces en question, quand même on conserverait l'*hippocastanum* à la manière de l'auteur du species. Cette coquille est ovale-oblongue; la spire, assez allongée, mais obtuse au sommet, se compose de cinq tours arrondis et obscurément anguleux dans le milieu; sur le dernier, on remarque quatre côtes transverses également distantes, à peines saillantes, et sur lesquelles font saillie un petit nombre de tubercules très obtus. Indépendamment de ces côtes, on remarque encore sur la surface extérieure uu grand nombre de fines stries transverses. L'ouverture est ovalaire, subsemilunaire; elle est d'un beau blanc dans le fond, tandis que ses parties extérieures sont d'un beau brun-marron. La columelle est presque droite, légèrement renflée dans le milieu, et elle est ornée d'une tache blanche dans l'endroit même du renflement. Le bord droit est épais, finement dentelé en dedans; il est brun, et l'on y remarque quatre taches blanches qui correspondent aux côtes extérieures Toute cette coquille est d'un brun noirâtre foncé; elle est marbrée de blanc, et l'on remarque de plus quelques taches blanches qui sont placées sur les côtes.

Cette coquille est longue de 35 millim., et large de 23.

† 65. Pourpre à lèvre épaisse. *Purpura labiosa*. Gray.

> *P. testá ovato-acuminatá, albá, lamellis longitudinalibus costulisque transversalibus clathratá; spirá acutá, anfractibus primis in medio angulatis; aperturá minimá, ovatá; labro crassissimo, extùs dila-*

tato, intùs dentato ; columellá basi depressá, canali longo angusto terminatá.

Gray. Spicileg. zool. f. 4. pl. 6. f. 9.

Murex crassilabris. Poliez et Mich. Cat. de Douai. p. 414. n° 11. pl. 33. f. 10, 11.

Murex crassilabrum. Sow. Jun. Conch. illust. fig. 14.

Kiener. Spec. des Coq. p. 86. n° 63. pl. 2. fig. 2. *Murex labiosus.*

Habite les côtes du Chili et du Pérou.

Avant que l'on connût l'opercule de cette coquille, il était assez naturel de la ranger parmi les *Murex ;* elle en a, en effet, presque tous les caractères extérieurs, étant terminée à la base par un canal plus long et plus étroit que dans les autres Pourpres. On pouvait même prendre les lamelles longitudinales dont elle est pourvue pour des varices, assez semblables à celles de plusieurs espèces de *Murex ;* mais l'opercule décide absolument de la place que doit occuper cette coquille : elle doit faire partie des Pourpres. — Elle est ovale-allongée ; sa spire pointue forme le tiers de la longueur totale ; les premiers tours sont anguleux dans le milieu ; le dernier présente trois petites côtes transverses, également distantes : elles sont traversées par des lames longitudinales, courtes et tranchantes, de sorte que la coquille est couverte d'un réseau à grandes mailles quadrangulaires. Ce qui rend particulièrement cette espèce facile à reconnaître, c'est l'excessif épaississement que prend le bord droit à mesure que la coquille vieillit. Ce bord se dilate en dehors ; il est plat en avant ; en dedans il porte six petites dents accouplées deux à deux. L'ouverture est ovalaire, étroite. Son canal terminal est long, étroit et à peine échancré. Cette coquille est toute blanche, quelquefois teintée de jaunâtre ou de fauve très pâle. Elle a 35 millim. de long, et 22 de large.

† 66. Pourpre de Kiener. *Purpura Kienerii.* Desh.

P. testá ovato-ventricosá, turbinatá, transversìm tenuè striatá, fuscá, albo longitudinaliter strigatá ; spirá acutá, anfractibus in medio carinato-dentatis, suprà planulatis, ultimo tuberculis majoribus coronato, in medio costulá tuberculosá instructo ; aperturá ovatá, lutescente, fusco-zonatá ; labro tenui denticulato ; columellá rectá, basi obsoletè canaliculatá.

Purpura bitubercularis. Kiener. Spec. des Coq. p. 49. n° 11. pl. 11. f. 32.

Habite la Martinique, d'après M. Kiener.

M. Kiener ayant donné cette coquille comme le *Bitubercularis* de

Lamarck , et ce *Bitubercularis*, comme nous l'avons vu, constituant une espèce très distincte, nous nous trouvons dans l'obligation de changer le nom de l'espèce qui nous occupe, et nous en avons profité pour lui imposer celui de l'auteur du *Species des coquilles vivantes*. Cette espèce est ovale-ventrue ; sa spire, pointue, se compose de sept tours anguleux, dans le milieu et sur l'angle desquels se relève une rangée de tubercules pointus ; leur partie supérieure est aplatie ; elle représente une petite rampe en plan oblique, qui remonte jusqu'au sommet ; le dernier tour présente deux rangées inégales de grands tubercules ; les plus grands sont les supérieurs ; au-dessous et vers la base, on remarque deux petits cordons , sur lesquels se placent quelques petites taches blanches. Sur toute la surface, on voit un grand nombre de stries transverses, fines, qui souvent sont accouplées deux à deux. L'ouverture est ovalaire, d'un jaune fauve ou légèrement safrané. Le bord droit reste mince et tranchant ; il est très finement dentelé, et l'on y remarque deux ou trois fascies d'un brun assez intense. La columelle est droite, aplatie à la base, et légèrement creusée en gouttière à son extrémité. La coloration de cette coquille est assez constante. Sur un fond d'un brun foncé, elle est ornée de taches irrégulières, d'un beau blanc, qui descendent dans les intervalles des tubercules.

Cette coquille est longue de 45 millim. et large de 35.

† 67. Pourpre impériale. *Purpura imperialis*. Blainv.

P. testá ovato-acutá, transversìm striatá albo-griseá, basi umbilicatá ; anfractibus in medio carinato-spinosis, suprà planulatis, contabulatis, ultimo spinis longioribus coronato, in medio angulo tuberculoso instructo, basi umbilico lato, costulá squamosá circumdato ; aperturá oblongá, intùs fusco-fasciatá, labro tenui striato.

Blainv. Pourpres. Nouvelles Annal. du Mus. t. 1. p. 227. n° 54. pl. 11. f. 6.

Kiener. Spec. des cop. p. 57. n° 35. pl. 14. f. 39. *exclus. variet. juniore.*

Habite....

On pourrait confondre cette espèce avec le *Purpura bicarinata,* dont elle se rapproche par plusieurs caractères , mais elle s'en distingue constamment par plusieurs autres. M. Kiener confond celle-ci avec une autre belle espèce (pl. 14, f. 39, a), que nous avons toujours reconnue comme parfaitement distincte de toutes ses congénères ; il suffit, au reste, d'examiner (avec quelque soin les figures de l'auteur que nous citons, pour être convaincu qu'elles représentent deux espèces bien différentes. La pourpre impériale est une coquille ovale-turbinée, pointue au sommet, et ventrue dans le milieu. Sa spire est composée de sept tours, divisés en deux parties par une carène submédiane simple sur les deux ou trois premiers tours, et qui se découpe ensuite en dentelures qui deviennent spiniformes sur le dernier tour. Outre cette rangée d'épines obliquement redressées, le dernier tour présente encore sur le milieu de sa longueur un angle, ou plutôt une petite côte transverse, sur laquelle se relèvent autant de petits tubercules pointus qu'il y a d'épines à l'angle supérieur. Toute la surface de cette coquille est finement striée en travers ; les stries les plus grosses sont à la base du dernier tour. L'ouverture est petite, ovalaire ; la columelle est presque droite, et moins aplatie à la base que dans la plupart des autres espèces. La base de cette columelle présente une surface oblique, large, infundibuliforme, circonscrite en dehors par un bourrelet assez épais, chargé de six ou sept grosses écailles. Le bord droit est mince et tranchant ; il est orné en dedans de plusieurs fascies d'un beau brun, et l'on y remarque aussi de fines stries qui partent de la partie tranchante du bord.

Cette coquille a 30 millim. de long, et 22 de large.

† 68. Pourpre à grandes écailles. *Purpura squamigera.* Desh.

P. testá ovato-turbinatá rugosá, transversìm costatá et striatá; spirá acutá, contabulatá ; costis spinis squamæformibus instructis ; striis rugosis ; aperturá ovato-acutá, rufescente; columellá rectá, basi planá et perforatá ; colore externo rufo griseoque variegato.

Desh. Voy. dans l'Iude par Belanger. Zool. p. 426. n° 15. pl. 3. f. 10. 11. 12.

Muller. Synop. Test. p. 71. n° 4.

Cette coquille est ovale-oblongue, turbinée ; sa spire est courte, formée d'un petit nombre de tours ; elle est pointue au sommet, étagée ; ses tours sont pourvus de deux rangs de grandes écailles spiniformes ; sur le dernier tour on voit quatre côtes transverses, étroites, convexes, sur lesquelles sont disposées régulièrement de grandes écailles pointues, comprimées, canaliculées en dessous. Ces écailles sont graduellement décroissantes d'arrière en avant ; toute la surface est occupée par de très fines stries transverses, sur lesquelles se relèvent de très petites écailles très fines et lamel-

leuses. L'ouverture est ovale-oblongue, rétrécie à son extrémité
antérieure; elle est d'un brun rougeâtre, et son bord droit est
finement crénelé dans toute sa longueur. La columelle est presque
droite, arrondie à la partie supérieure; elle est aplatie à sa base
et percée d'un ombilic assez large. Une côte obliquement décurrente circonscrit à l'extérieur cet ombilic : cette côte est régulièrement écailleuse. A l'extérieur, cette coquille est d'un blanc
grisâtre, et ornée de grandes taches subquadrangulaires d'un brun
rougeâtre assez foncé.

Cette espèce, assez rare dans les collections, a été rapportée des îles
de la Sonde, par M. Bélanger. Elle a 32 millim. de longueur.

† 69. Pourpres à petites écailles. *Purpura squamulosa.* Desh.

*P. testá oblongá, apice acutá; subcontabulatá, nigricante, trans-
versìm sulcatá; sulcis numerosis, squamosis; anfractibus convexis,
costulis longitudinalibus instructis; aperturá albá, labro incrassato, denticulato.*

Desh. dans Bel. Voy. aux Indes. Zool. p. 427. pl. 2. f. 6. 7. 8.

Cette Pourpre est oblongue, turbiniforme, atténuée à ses extrémités;
la spire, aussi longue que le dernier tour, est très pointue au
sommet; elle est formée de 6 à 7 tours étagés, aplatis au-dessus,
carénés dans le milieu et pourvus de côtes longitudinales qui, sur
le dernier tour, se prolongent jusqu'à la base; elles sont traversées par un grand nombre de sillons inégaux, striés, et chargés
d'un très grand nombre de fines écailles. L'ouverture est petite,
ovale-oblongue. Son bord droit, épaissi, est dentelé dans toute sa
longueur. La columelle est épaisse, presque droite, arrondie à sa
partie supérieure, elle est aplatie et pointue à sa base. Le bord
gauche est mince, appliqué dans toute sa longueur; il est d'un
blanc rosâtre à son extrémité antérieure. L'échancrure qui termine
l'ouverture est petite, étroite, et peu profonde. Sur un fond d'un
brun noir, cette coquille est ornée, sur le dernier tour, de 2 ou 3
zones étroites, blanches; quelquefois l'intervalle des sillons est
blanc, tandis que leur sommet est noir. Dans une variété constante, la coquille est toute noire.

Cette coquille a été recueillie par M. Bélanger sur les côtes occidentales de l'Inde. Les grands individus ont 25 millim. de long.

† 70. Pourpre épineuse. *Purpura aculeata.* Regen.

*P. testá ovato-turbinatá, contabulatá, transversìm striato-rugosá,
albá, nigro-marmoratá seu punctatá; anfractibus supernè planu-*

latis, in medio tuberculis aculeiformibus coronatis, ultimo anfractu magno , trifariàm tuberculato ; aperturâ subovatâ, intùs castaneo zonatá ; labro incrassato, intùs dentato.

Regenfuss. Conch. t. 1. p. 10. pl. 2. f. 18.

Seba. Mus. t. 3. pl. 52. f. 27. pl. 60. f. 12.

Martini. Conch. t. 3. pl. 99. f. 945. 946.

Purpura hippocastanum. Pars. Lamk. n° 9.

Murex hippocastanum. Pars. Gmel. p. 3539.

Habite...

Nous avons trouvé, dans l'ouvrage de Regenfuss, une très bonne figure de cette espèce, désignée sous le nom que nous lui avons conservé, *Purpurea aculeata.* La synonymie que lui attribue cet auteur est des plus fautives, puisqu'il y rapporte deux espèces de Pourpre, ainsi que le *Murex turbinellus* de Linné. Cette coquille fait partie du *Murex hippocastanum* de Linné. Nous avons vu, dans une note relative à cette espèce, à combien d'erreurs synonymiques elle avait été sujette, et nous avons fait remarquer que cette confusion s'est continuée jusque dans nos auteurs les plus récens. L'espèce que nous mentionnons actuellement a été confondue par Lamarck lui-même, parmi celles qui constituent son *Purpura hippocastanum.* En démembrant successivement les espèces comprises sous ce nom, le *Murex hippocastanum* de Linné, et la *Pourpre* du même nom de Lamarck, devront disparaître de la nomenclature.

Le *Purpura aculeata* est une coquille turbinée, ovalaire, à test solide, ayant la spire obtuse et assez allongée; on compte à cette spire six à sept tours, aplatis en dessus, et couronnés, dans le milieu, d'une rangée de gros tubercules spiniformes, dirigés horizontalement ; sur le dernier tour, on compte trois, quelquefois quatre rangées de tubercules semblables, mais un peu plus courts. Outre ces tubercules, on voit encore à sa surface des stries transverses souvent accouplées à deux ou à trois, et formant des sillons très aplatis. L'ouverture est ovale-oblongue. Sa columelle, légèrement enflée dans le milieu, présente ordinairement deux grosses rides à peine saillantes. Le bord droit est épais, garni en dedans de cinq à six dents arrondies, desquelles partent autant de zones transverses d'un beau brun, que l'on voit pénétrer dans l'intérieur de l'ouverture. Lorsque cette coquille est bien fraîche, elle est d'un blanc fauve, et ornée de fascies longitudinales, de points ou de taches d'un noir foncé.

Les grands individus ont 50 millim. de long et 43 de large, en y comprenant la longueur des épines.

† 71. Pourpre melon. *Purpura melo*. Duclos.

P. testá ovatá, crassá, ponderosá, transversìm striatá, atro-fuscá; albo irregulariter maculatá; aperturá ovatá; labro tenui, tenuè dentato, intùs plicato, supernè fusco, anticè lutescente; columellá simplici, basi obsoletè canaliculatá, in medio violaceá, supernè infernèque aurantiá.

Blainv. Pourp. Nouv. Ann. du Mus. t. 1. p. 241. n° 83. pl. 12. f. 4.

Duclos. Ann. des Sc. nat. t. 26. p. 105. pl. 1. f. 2.

Sow. Genera of Shells. f. 5.

Reeve. Conch. Syst. t. 2. p. 221. pl. 59. f. 5.

Kiener. Spec. des Coq. p. 125. n° 80. pl. 39. f. 93.

Habite les côtes du Pérou.

Cette espèce avait déjà été nommée par M. Duclos, dans les *Annales des sciences naturelles*, lorsque M. de Blainville lui imposa le nom de *Purpura crassa* dans sa *Monographie des Pourpres*, publiée quatre années plus tard. Cette coquille se reconnaît facilement ; elle est épaisse et pesante ; le plus souvent elle est ovalaire. Dans quelques individus, la spire est très courte et très obtuse ; dans les individus bien conservés, on voit à la surface des stries fines et peu profondes, qui ordinairement se détachent en blanc sur les parties brunes de la coquille. La spire est conique, composée d'un petit nombre de tours aplatis. L'ouverture est petite, régulièrement ovalaire, et son bord droit, mince et tranchant, s'épaissit assez subitement ; presque tout ce bord est d'un brun-noirâtre foncé, il est blanchâtre, ou d'un jaune-orangé pâle à la base ; il est finement dentelé dans toute sa longueur, et chaque dentelure se continue en dedans sous la forme d'un petit pli. La columelle est très épaisse, arrondie dans la plus grande partie de sa longueur ; elle est aplatie à la base, et même légèrement creusée en gouttière. Cette columelle porte au milieu une grande tache violette ; dans les vieux individus elle est d'un beau jaune-orangé à ses deux extrémités. Le canal terminal est court, étroit, peu profond. La plupart des individus sont d'un brun-noirâtre très foncé, avec quelques tâches blanches, irrégulièrement éparses, quelquefois assez grandes pour descendre du haut en bas du dernier tour. Ce dernier tour est toujours pourvu d'une large zone blanche à la base.

Les grands individus de cette espèce ont 58 millim. de long, et 40 de large.

† 72. Pourpre chocolat. *Purpura chocolatum*. Duclos.

P. testá ovato-turgidá, transversìm tenuè striatá, supernè tubercu-

*lato-dentatá, fucescente ; aperturá magná , dilatatá ; columellá
rectá, albá, rubro in medio maculatá.*

Purpura chocolatta. Blainv. Pourp. Nouvelles Ann. du Mus. t. 1.
p. 240. n° 80. pl. 12. f. 23.

Duclos. Ann. des Sc. nat. t. 26. pl. 2. f. 7.

Kiener. Spec. des Coq. p. 98. n° 61. pl. 26. f. 70.

Habite l'Océan Pacifique, sur les côtes du Pérou et du Chili.

Grande et belle espèce de Pourpre, dont on connaît actuellement
plusieurs variétés remarquables. Elle est ovale, ventrue. Sa spire,
peu allongée, est pointue au sommet , et se compose de sept tours,
dont le dernier est très grand, et, dans la plupart des individus,
couronné à sa partie supérieure par une rangée de tubercules
assez grands et pointus. Lorsque l'on a sous les yeux un grand
nombre d'individus de cette coquille, on voit ces tubercules disparaître insensiblement, et l'on arrive par des nuances insensibles
à une variété ovoïde, chez laquelle les tubercules ont complète-
ment disparu. Toute la surface extérieure est couverte de fines
stries transverses, peu apparentes, qui, en aboutissant sur le bord
droit, se terminent par de très fines dentelures, qui le garnissent
dans toute son étendue. L'ouverture est grande, ovalaire, d'un
brun-violacé en dedans, jaunâtre-blanchâtre dans le fond. Le
bord droit, toujours mince et tranchant, est très finement plissé
dans toute sa longueur. Le canal de la base est court, large et
profond. La columelle est droite, assez souvent blanchâtre ou jaunâtre ; la columelle est ornée, dans le milieu, d'une tache nuageuse, d'une belle couleur rouge ocracée. Toute cette coquille est
d'un brun terne , tout-à-fait comparable à celle du chocolat.

Les grands individus ont 65 millim. de long et 55 de large.

† 73. Pourpre puisard. *Purpura haustrum.* Quoy.

*P. testá ovatá, squalidè castaneá, transversìm striatá ; spirá brevi
acuminatá, anfractibus convexis , ultimo-maximo basi attenuato ;
aperturá amplá, candidá ; columellá latá, planá, extùs basi marginatá ; labro tenui acuto, denticulato.*

Buccinum haustrum. Martyns. Univers. Conch. pl. 9.

Buccinum hauritorium. Chemn. Conch. t. 10. p. 183. pl. 152.
f. 1449, 1450.

Buccinum haustorium. Gmel. p. 3498. n° 175.

Buccinum haustrum. Dillw. Cat. t. 2. p. 610. n° 54.

Purpura haustrum. Quoy. Voy. de l'Astr. Moll. t. 2. p. 554. pl. 37.
f. 408.

Kiener. Spec. des Coq. p. 96. n° 60. pl. 25. f. 69.

Purpura haustorium. Blainv. Pourpres. Nouvelles Ann. du Mus. t. 1. p. 239. n° 79.

Wood. Ind. Test. pl. 22. f. 55.

Habite les mers de la Nouvelle-Zélande.

Cette espèce était rare autrefois dans les collections, et Martyns, le premier, en a donné une très bonne figure, dans son *Universal Conchologist.* Quelques auteurs, Gmelin, Lamarck, entre autres, ont confondu cette espèce dans la synonymie de *Purpura persica.* Il est à présumer que ces auteurs ont jugé de cette coquille d'après les figures, car ces espèces sont trop faciles à distinguer lorsqu'on les a sous les yeux. Celle-ci est assez grande, ovale-pyriforme, à spire courte et pointue, atténuée à la base, à la manière du *Pyrula melongena.* Les premiers tours sont étroits et convexes ; le dernier est très grand. Lorsque la coquille est bien fraîche, ce qui est fort rare, on la voit partout couverte de fines stries transverses, assez régulières, et plus ou moins écartées, selon les individus. L'ouverture est fort grande, ovalaire, d'un beau blanc chez les vieux individus ; elle est teintée de blanc sale ou de jaunâtre dans les plus jeunes. La columelle est fort large, légèrement arquée, aplatie à la base, et de ce côté elle est garnie en dehors d'un petit bourrelet décurrent, qui va gagner obliquement l'extrémité du canal. Ce canal est un peu plus allongé que dans la plupart des autres Pourpres ; il est petit, peu profond, et tout-à-fait dénué d'échancrure. Le bord droit est mince et tranchant ; il est festonné dans sa longueur, et finement dentelé.

Les grands individus ont 65 millim. de longueur, et 40 de large.

† 74. Pourpre de Freycinet. *Purpura Freycineti.* Desh.

P. *testâ ovato-oblongâ, subfusiformi, in medio ventricosâ; spirâ brevi acutâ; anfractibus primis supernè carinatis, ultimo transversim obsoletè sulcato, rubescente; aperturâ albâ ovatâ ; columellâ in medio arcuatâ, cylindraceâ, basi compressâ acutâ.*

Desh. Magas. de Zool. 1841. Mollusques. pl. 26.

Habite le Kamtschatka.

Cette espèce curieuse est parfaitement distincte de toutes celles connues jusqu'à présent ; par sa forme extérieure, elle se rapproche du *Purpura Rudolphi;* mais elle est constamment plus petite ; elle est ovale-oblongue, subfusiforme, ventrue dans le milieu. La spire est courte, pointue ; on y compte 5 tours, dont les premiers sont carénés à leur partie supérieure, et treillissés par des stries transverses et longitudinales. Sur le dernier tour, ces stries sont presque effacées, et elles sont remplacées par un petit nombre de côtes transverses peu saillantes, distantes, et entre lesquelles se trouvent quelques stries presque effacées ; la base du dernier tour s'atténue assez rapidement et se prolonge en un canal court, terminé par une échancrure plus profonde que dans la plupart des autres Pourpres, en se rapprochant, en cela, de celle des Buccins. L'ouverture est ovale-oblongue ; elle est blanche sur les bords, et d'un blanc rougeâtre au fond. L'angle supérieur de l'ouverture est creusé en une petite gouttière peu profonde. Le bord droit est mince et tranchant ; il est onduleux dans sa longueur. La columelle est arquée dans son milieu, arrondie dans cette partie ; vers la base elle s'aplatit et devient tranchante dans toute la longueur du canal terminal. Le bord gauche est étroit, appliqué dans toute son étendue, rétréci dans le milieu ; il est blanc comme le reste de l'ouverture. La couleur de cette espèce est peu variable ; elle est d'un brun rougeâtre, uniforme dans le plus grand nombre des individus. Dans quelques autres, dont on pourrait faire une variété, la coquille est d'un blanc rosé, et elle est ornée de 2 ou 3 fascies transverses d'un brun rougeâtre plus ou moins foncé.

Cette coquille a 40 millim. de long, et 28 de large.

† 75. Pourpre mosaïque. *Purpura musiva.* Kiener.

P. testá elongato-turbinatá, in medio angulatá, apice acuminatá, longitudinaliter costatá, transversìm tenuè striatá, costis quinque-fariàm granulosis, spirá conicá, anfractibus excavatis, infernè supernèque granulosis; aperturá ovato-angustá, intùs nigrescente, ad peripheriam luteo-maculatá; columellá in medio inflatá, basi attenuatá; labro simplici acuto, aliquandò quadridentato.

Kiener. Spec. des Coq. p. 38. n° 21. pl. 9. f. 22.

Habite...

Belle et rare espèce de Pourpres, dont on ne connaît encore qu'un petit nombre d'individus bien frais dans les collections de Paris. Elle est allongée, anguleuse dans le milieu, et semble former deux cônes accolés base à base. La spire est formée de sept tours creusés dans le milieu, et garnie de petites côtes longitudinales, au sommet desquelles se trouve une granulation, et une autre s'élève également à la base et contre la suture ; le dernier tour est garni, comme les précédens, de petites côtes longitudinales, obliques, sur lesquelles on compte cinq rangées transverses de granulations arrondies ; quelquefois il y en a une sixième qui est circonscrite obliquement à la base de ce dernier tour. Outre ces parties que l'on remarque à la surface de cette coquille, on y voit aussi un grand nombre de stries transverses, fines et serrées. L'ouverture

est petite, ovalaire, brunâtre en dedans, et ornée de taches jau—
nâtres sur son pourtour. La columelle est assez épaisse, elle est un
peu renflée dans le milieu, et atténuée à son extrémité. Le bord
droit est tantôt mince et simple, tantôt il est plus épais, et alors,
il est garni de quatre dents presque égales. La coloration de cette
coquille est fort remarquable. Les côtes se dessinent en noir sur
un fond blanchâtre, mais les rangées de granulation sont alterna—
tivement noires et d'un beau jaune orangé.

Cette coquille a 3o millim. de long, et 15 de large.

† 76. Pourpre nassoïde. *Purpura nassoides.* Quoy et Gaimard.

*P. testâ ovato-ventricosâ, albo-grised, longitudinaliter costatâ, trans-
versìm striatâ, anfractibus planis, supernè marginatis; aperturâ
ovato-angustâ, intùs pallidè violaceâ, basi angustè emarginatâ;
columellâ arcuatâ, albâ, planâ; lubro intùs tenuè denticulato.*

Quoy et Gaim. Voy. de l'Astr. t. 2. p. 564. pl. 38. f. 7. 8. 9.
Exclus. varietate.

Blainv. Pourp. Nouvelles Ann. du Mus. t. 1. p. 2o5. n° 10.

Kiener. Spec. des Coq. p. 43. n° 25. pl. 10. f. 28.

Habite l'île de Tonga-Tabou.

Petite coquille qui a beaucoup les apparences d'une nasse, et qui cependant appartient au genre Pourpre, à cause de l'aplatissement
de sa columelle. Elle est ovalaire, courte, épaisse, la spire conique
composée de cinq à six tours aplatis, ornés de côtes longitudinales,
découpés transversalement, en granulations régulières, par des
stries transverses et profondes. La rangée de granulations qui se
voit au sommet des tours est un peu plus écartée, et elle forme une
bordure à la suture. Le dernier tour est plus grand que la spire,
il est globuleux, et comme les précédens, il est orné de côtes découpées en granulations. L'ouverture est petite, ovalaire, souvent
blanche, quelquefois légèrement teintée de violet. La columelle est
presque droite, aplatie, pointue à sa base, et elle est ordinairement blanche. Le bord droit est peu épais, et il est garni dans
toute sa longueur d'une rangée de petites dentelures. Cette coquille
est d'une couleur uniforme, d'un blanc jaunâtre ou grisâtre. Les
grands individus ont 20 millim. de long, et 13 de large.

† 77. Pourpre pie. *Purpura pica.* Blainv.

*P. testâ crassâ, ponderosâ, ovato-subturbinatâ, atro fuscescente, albo-
zonatâ, vel maculatâ; spirâ brevi conicâ, anfractibus striatis, supernè excavatis, infernè tuberculis armatis, ultimo anfractu trans-*

versìm triseriatìm tuberculato ; aperturâ intùs albo-lutescente ; rubro tenuè striatâ, ad peripheriam atro-maculatá; columellá incrassatâ, fusco-violaceâ.

Blainv. Pourp. Nouvelles Ann. du Mus. t. 1. p. 213. n° 27. pl. 9. f. 9.

Murex hippocastanum. Var. β. Gmel. p. 3539.

Kiener. Spec. des Coq. p. 48. n° 29. pl. 11. f. 31.

Seba Mus. t. 3. pl. 60. f. 11?

Martini. Conch. t. 3. pl. 100. f. 956, 958.

Habite les îles de l'Océanie.

Cette espèce a été mentionnée par Gmelin, et confondue parmi les variétés du *Murex hippocastanum* de Linné. Depuis elle a été distinguée par M. de Blainville, dans sa monographie du genre Pourpre, et M. Kiener a adopté cette espèce qui en effet est bien distincte de toutes ses congénères. Elle est ovalaire, subturbinée, pesante, épaissie, finement striée en travers. Sa spire est conique, courte, obtuse au sommet, composée d'un petit nombre de tours concaves en dessus, et remarquables par la manière dont ils se meuvent et s'amincissent au-dessous de la suture; ils sont anguleux à leur partie inférieure, et sur cet angle s'élève une série de gros tubercules coniques, courts, à base élargie; ils se continuent au sommet du dernier tour, et ils en forment le couronnement. Outre cette première rangée de tubercules, le dernier tour en porte deux autres, mais ils sont plus courts et plus obtus. L'ouverture est assez grande, ovalaire, son bord droit, mince, est tranchant et finement dentelé, et l'on voit en dedans des stries d'un rouge ocreux qui se perdent dans l'intérieur de la coquille ; en dedans, l'ouverture est d'un blanc jaunâtre, et son bord droit est terminé par une zone d'un brun noir, interrompu en deux ou trois endroits. La columelle est épaisse, d'un beau brun violacé, elle est aplatie et pointue à la base. Cette coquille a une coloration constante, elle est d'un brun noir foncé, et elle est ornée sur le dernier tour de trois fascies transverses, blanches, qui se dilatent entre les tubercules.

Les grands individus ont 60 millim. de long, et 42 de large.

† 78. Pourpre rugueuse. *Purpura rugosa.* Desh.

P. testá ovato-biconicá, in medio angulato-dentatá, transversìm tenuè striatâ, striis eleganter squamosis, albo rubente, transversìm fusco-fasciatâ; spirâ acuminatâ, conicâ, anfractibus in medio angulato-dentatis, ultimo quadricostato, costulis transversalibus nodulosis; aperturâ ovatâ, albâ; columellâ rectâ, complanatâ ; labro acuto, subplicato.

Murex rugosus. Born. Mus. p. 305. pl. 11. f. 6. 7.

Knorr. Vergn. t. 4. pl. 26. f. 2 ?

Buccinum armillatum. Gmel. p. 3496. n° 118.

Id. Dillw. Cat. t. 2. p. 641. n° 129. *Excl. Martini syn.*

Habite l'Océan Indien.

Nous restituons à cette espèce le nom que Born, le premier, lui imposa. Quoiqu'elle fût déjà nommée, Gmelin l'a désignée sous le nom de *Buccinum armillatum*, mais selon sa coutume, sous cette dénomination spécifique, il confond deux espèces très distinctes : celle-ci et le *Purpura concatenata*, de M. de Blainville. Dillwyn commet la même confusion, et si nous citons dans notre synonymie les deux auteurs que nous venons de mentionner, c'est d'une manière restreinte. Long-temps après Born, MM. Quoy et Gaimard ont aussi donné le nom de *Purpura rugosa* à une autre espèce très distincte de celle-ci, et à laquelle un autre nom devra être imposé.

Cette coquille a la plus grande analogie avec le *Purpura sacellum* de Chemnitz, cependant elle s'en distingue spécifiquement. Elle est ovale ou plutôt formée de deux cones appliqués base à base. La spire est aussi longue que l'ouverture, et l'on y compte sept tours divisés en deux parties égales par un angle aigu sur lequel s'élèvent des dentelures squamiformes; cet angle se continue sur le dernier tour, et il y occupe la partie supérieure; au-dessous de lui, ce dernier tour porte trois côtes transverses, étroites, médiocrement saillantes, sur lesquelles se relèvent de petites nodosités; outre ces côtes transverses, on remarque encore des ondulations longitudinales, larges et peu profondes; enfin dans les individus bien conservés, toute la surface est ornée d'un très grand nombre de stries transverses, hérissées de très fortes écailles; l'ouverture est blanche, ovale, subsemilunaire, et prolongée antérieurement en un canal un peu plus long que dans la plupart des Pourpres. Le bord droit est mince, tranchant, et plissé dans sa longueur. Sur un fond d'un blanc jaunâtre ou rougeâtre, cette coquille est ornée de fascies brunes, placées sur les côtes transverses. Les écailles des stries sont également brunes, ce qui les rend fort apparentes sur le fond pâle de la coquille. Cette espèce a 32 millim. de long, et 20 de large.

† 79. Pourpre de Savigny. *Purpura Savignyi.* Desh.

P. *testá ovato-turgidá, crassá, transversìm striatá, quadriseriatìm tuberculatá, nigrá, lineis albis brevibus, subarticulatis ornatá; spirá brevi obtusá, anfractibus angustis supernè subcanaliculatis; aperturá albá, ovato-subsemilunari; columellá depressá, in medio inflatá; labro acuto, profundè plicato, in margine nigro.*

Savigny. Expéd. d'Egypte. Coq. pl. 6. f. 1.

Purpura hippocastanum. Var. B. Kiener. Spec. des Coq. pl. 13. f. 36.

Habite la mer Rouge.

Dans l'explication des planches du grand ouvrage d'Egypte, M. Audouin rapporte cette espèce au *Purpura hippocastanum* de Lamarck. M. Kiener fait de même, mais nous ne partageons pas l'opinion de ces deux auteurs. Nous avons vu que le *Purpura hippocastanum* devait disparaître de la nomenclature, et l'espèce à laquelle nous donnons le nom du savant zoologiste qui a laissé des travaux si remarquables dans la commission d'Egypte, est l'une de celles qui, rapportée dans la synonymie de l'*Hippocastanum*, doit constituer cependant une espèce à part.

Cette coquille est ovale-subglobuleuse, sa spire est courte, assez souvent obtuse, et l'on y compte un petit nombre de tours étroits, creusés en gouttière à leur partie supérieure. Cette gouttière est placée entre deux séries de tubercules; l'une qui appartient à la suture, et l'autre qui forme la base des tours; le dernier tour est très grand, on y remarque quatre rangées transverses de gros tubercules pyramidaux, ordinairement courts et subquadrangulaires. Les rangées de tubercules ne sont point égales, la première est la plus grosse, la deuxième vient ensuite, mais la troisième est la plus petite; dans l'intervalle de ces tubercules se montrent quelques stries transverses, larges et peu profondes. L'ouverture est petite, ovale-subsemilunaire, elle est blanche en dedans. La columelle est de la même couleur, cependant il y a des individus où elle est légèrement teintée de violâtre; cette columelle est aplatie, presque droite, un peu renflée dans le milieu. Le bord droit s'épaissit assez subitement à l'intérieur, il est profondément plissé, ou plutôt taillé en gouttière, aux parties qui correspondent aux rangées supérieures des tubercules. La coloration de cette espèce est assez constante, la couleur noire domine, cette couleur est interrompue par des fascies blanches longitudinales, étroites, qui descendent obliquement entre les tubercules; les stries offrent un grand nombre de linéoles blanches, quelquefois onduleuses, et assez souvent taillées eu croissant ou en fer de flèche.

Cette espèce est longue de 45 millim., et large de 35.

† 80. Pourpre râpe. *Purpura scobina.* Quoy et Gaimard.

P. testâ ovato-oblongâ, transversìm costatâ, rugosâ, squalidè luteâ; interstitiis lamellosis imbricatis; aperturâ ovali minore fucescente, labro undulatâ, intùs tuberculatâ, sulcatâ; spirâ conicâ, crassâ, subacutâ.

Quoy et Gaim. Voy. de l'Astr. t. 2. pl. 38. f. 12. 13.
Kiener. Spec. des Coq. p. 119. n° 75. pl. 35. f. 83.
Habite la Nouvelle-Zélande.

Assez petite espèce, oblongue, à spire épaisse, un peu pointue, dont les tours sont carénés, noduleux; le dernier a trois grosses côtes transverses, rugueuses, dans les intervalles desquelles sont plusieurs rangées de petites écailles imbriquées, rudes comme une râpe. L'ouverture est ovalaire, assez étroite, ondulée sur le bord droit, qui est denticulé et sillonné. La columelle est lisse et forme un sinus en arrière, à sa réunion au côté opposé. Cette coquille est d'un jaunâtre en dessus et d'un fauve-violacé dans l'ouverture. Sa longueur est de 27 millim., et sa largeur de 14.

† 81. Pourpre striée. *Purpura striata*. Desh.

P. testâ albâ ovatâ, acuminatâ, transversìm costatâ, longitudinaliter striatâ; striis irregularibus; anfractibus convexiusculis, costarum interstitiis lacunosis; aperturâ ovatâ, albâ, violaceo-maculatâ; columellâ latâ, depressâ; labro acuto, intùs plicato.

Buccinum striatum. Martyns. Univers. Conch. pl. 7.

Buccinum orbita lacunosa. Chemn. Conch. t. 10. p. 200. pl. 154. f. 1473.

Buccinum orbita. Var. β. Gmel. p. 3490. n° 183.

Buccinum lacunosum. Brug. Encycl. méth. Vers. t. 1. p. 258.

Buccinum orbita. Var. Dillw. Cat. t. 2. p. 618. n° 74.

Buccinum bicostatum. Brug. Encycl. Vers. t. 1. p. 248. n° 7.

Descript. exclusa.

Habite la Nouvelle-Zélande.

A l'occasion du *Purpura succincta* de Lamarck, nous avons fait remarquer la confusion qui existait entre cette espèce et celle que nous allons décrire. Nous avons fait remarquer aussi que Bruguière, ordinairement si exact, avait laissé échapper un singulier double emploi, mais nous n'y reviendrons pas, puisque nous avons traité de ce sujet dans la note que nous venons de citer; nous ajouterons que MM. Quoy et Gaimard ont donné le nom de *Striata* à une Pourpre très différente de celle-ci, mais dont le nom devra être changé. Cette espèce, restée rare jusqu'à présent dans les collections, se distingue facilement de toutes ses congénères, et quand on l'a sous les yeux, on reconnaît combien sont exactes les figures du magnifique ouvrage de Martyns.

Elle est ovale-oblongue et se rapproche, par sa forme, du *Purpura lapillus* de nos côtes. Sa spire est plus courte que le dernier tour, et l'on y compte six tours convexes, sur lesquels il y a trois larges côtes aplaties, séparées par des sillons étroits et assez profonds; sur le dernier tour, ces côtes sont au nombre de huit ou neuf; elles sont traversées par des stries d'accroissement irrégulières, assez nombreuses, qui sont presque effacées sur les côtes, mais qui se relèvent dans les sillons, et laissent entre elles soit des lacunes, soit des ponctuations assez grandes. L'ouverture est ovale-oblongue, elle est blanche, cependant dans le fond on aperçoit une tache nuageuse, d'un brun violacé très pâle. La columelle est assez large et aplatie. Le bord droit est festonné dans toute sa longueur et plissé en dedans. Cette coquille est toute blanche et quelquefois jaunâtre. Notre plus grand individu a 38 millim. de long, et 22 de large. Celui figuré par Martyns est d'un tiers plus grand.

† 82. Pourpre triangulaire. *Purpura triangularis.* Blainv.

P. testâ minimâ, ovato-turbinatâ, albâ, ferrugineo-tinctâ, transversìm tenuè striatâ, bifariàm supernè angulato-tuberculosâ ; spirâ brevissimâ; aperturâ albâ, minimâ; labro acuto, tenuè denticulato.
Blainv. Pourp. Nouvelles Ann. du Mus. t. 1. p. 223. n° 46. pl. 11. f. 4.
Habite l'Océan Pacifique, à Mazatlan.
Petite espèce qui avoisine un peu, par sa forme générale, le *Purpura neritoides* de Lamarck. Elle est ovale-turbinée ; sa spire est très courte, et son dernier tour présente deux, quelquefois trois angles obtus, sur lesquels se relève un petit nombre de tubercules comprimés et dentiformes. On remarque de plus sur toute la surface, des stries transverses, excessivement fines et très finement ponctuées. L'ouverture est étroite, ovale-subsemilunaire. La columelle est droite, large, aplatie, et l'on remarque dans son milieu quelques rides irrégulières ; le bord droit est mince et tranchant, et il est garni en dedans d'une série de petites dents. A la base, on voit un espace ombilical, assez large et circonscrit par un angle assez aigu. Cette coquille est blanchâtre, et l'on y voit quelques taches nuageuses, d'un rouge ocreux pâle, cette couleur se montre surtout au sommet des tubercules.
Cette petite espèce a 22 millim. de long, et 18 de large.

† 83. Pourpre granuleuse. *Purpura granulata.* Duclos.

P. testâ ovatâ, crassâ, transversìm sulcatâ, longitudinaliter costatâ, tuberculosâ, tuberculis nigris, lineis albis separatis; anfractibus angustis, supernè excavatis, ultimo basi attenuato; aperturâ angustâ, albidâ vel nitescente; columellâ in medio subangulatâ; labro incrassato; dentibus duobus albis majoribus in medio instructo.

Blainv. Pourp. Nouvelles Ann. du Mus. t. 1. p. 204. n° 8. pl. 9. f. 3.

Kiener. Spec. des Coq. p. 22. n° 10. pl. 5. f. 10. 10 a.

Purpura granulata. Duclos. Ann. des Sc. nat. t. 26. pl. 2. f. 9.

Habite les mers de Madagascar et la mer Rouge.

Dès 1826, M. Duclos avait donné le nom de *Granulata* à cette espèce, pour laquelle M. de Blainville proposa plus tard un autre
nom. Cette Pourpre appartient à la section des Ricinules; elle est
ovale-oblongue, épaisse et ventrue; on la reconnaît facilement
aux tubercules quadrangulaires, obtus, peu saillans, d'un noir
foncé, qui sont séparés par des lignes blanches transverses et
d'autres lignes blanches longitudinales. Les tours sont étroits,
comme étranglés dans le milieu; le dernier est plus grand que la
spire, il est atténué à son extrémité antérieure, où il se termine
par une échancrure étroite et profonde. L'ouverture est étroite,
grimaçante, sa couleur est variable selon l'âge des individus; dans
les plus vieux, elle est blanche, et son pourtour seulement est noir.
Sa columelle est fort épaisse, aplatie, elle est munie d'un gros pli
triangulaire, saillant dans le milieu. Le bord droit est très épais,
il porte quatre dents, dont les deux médianes sont grosses et obtuses.

Cette coquille a 28 millim. de long, et 18 de large.

Espèces fossiles.

† 1. Pourpre anguleuse. *Purpura angulata.* Duj.

P. *testá ovato-fusiformi, longitudinaliter plicato-angulatâ, transversìm grossè sulcatâ; anfractibus superioribus angustatis, ad suturam demissis, medio tricinctis; cingulis alternatim elevatioribus;
labro crasso intùs quinque dentato.*

Duj. Mém. géol. sur la Touraine. p. 297. pl. 19. f. 4.

Habite... Fossile dans les faluns de la Touraine et aux environs de
Bordeaux.

Coquille d'un médiocre volume, qui ne manque pas d'analogie avec
le *Purpura Edwardsii* de Puyraudeau. Elle est ovale-oblongue,
à spire conique, composée d'un petit nombre de tours aplatis.
Cette spire est plus courte que l'ouverture. Les tours en sont aplatis ou légèrement anguleux vers la base. Ils sont pourvus d'un
assez grand nombre de grosses côtes longitudinales qui, en descendant du sommet à la base, rendent la coquille anguleuse; sur
le dernier tour, ces côtes sont traversées par d'autres petites côtes
transverses, quelquefois subécailleuses, entre lesquelles on remar-

que une fine strie. L'ouverture est ovale-étroite; son bord droit épaissi porte à l'intérieur cinq dentelures. La columelle est à peine arquée, elle est aplatie à la base, et elle montre de ce côté une surface ombilicale, infundibuliforme.

Cette coquille assez rare a 27 millim. de long, et 16 de large.

† 2. Pourpre sculptée. *Purpura exsculpta.* Duj.

P. testâ ovato-fusiformi, longitudinaliter obsoletè costellatâ, transversìm exquisitè striatâ et cingulatâ; anfractibus vix convexis, superioribus costato-granulatis; aperturâ angustâ; columellâ supernè uniplicatâ, ad basim rugosâ; labro incrassato, intùs sulcato; dente supernè canalem cum dente columellari efformante.

Duj. Mém. géog. sur la Tour. p. 297. pl. 19. f. 8.

Habite... Fossile dans les faluns de la Touraine.

Celle-ci très rapprochée de la précédente s'en distingue par plusieurs bons caractères. Elle est ovale-oblongue, ventrue dans le milieu. Sa spire pointue est composée de cinq tours médiocrement convexes; le dernier, très grand, est atténué à la base et prolongé en un canal étroit, ce qui pourrait faire ranger cette espèce parmi les Fuseaux, si elle n'avait la columelle aplatie. A la surface, on remarque non-seulement des côtes longitudinales, obtuses et peu nombreuses, larges et aplaties, mais encore un assez grand nombre de petites côtes transverses, quelquefois égales, assez souvent alternantes, les plus petites se trouvant entre les plus grosses. Dans les individus les mieux conservés, les stries d'accroissement sublamelleuses se relèvent en écailles, en passant sur les côtes transverses. L'ouverture est ovale, très étroite. Le bord droit est remarquable par son grand épaississement et par la manière dont il est aplati en avant. Outre ce caractère, il présente encore celui d'être garni d'un assez grand nombre de dents à l'intérieur, et des rides qui séparent ces dents à la base.

Cette espèce a 25 millim. de long, et 15 de large.

LICORNE. (Monoceros.)

Coquille ovale. Ouverture longitudinale, se terminant inférieurement par une échancrure oblique. Une dent conique à la base interne du bord droit.

Testa ovata. Apertura longitudinalis, basi posticè emarginata : sinu obliquo. Dens conica ad basim internam labri.

OBSERVATIONS. — Les Licornes ressemblent tellement aux Pourpres par la plupart de leurs caractères et par leurs rapports, que je ne les en aurais pas séparées, si plusieurs espèces bien distinctes ne se trouvaient réunies les unes aux autres par ce caractère singulier, qui consiste en une dent conique à la base intérieure du bord droit. Leur columelle, en général, est aplatie comme celle des Pourpres ; ainsi, la dent particulière de leur bord droit est le seul caractère qui les en distingue ; mais il est constant dans les espèces, et ne laisse jamais de doute sur le genre auquel il faut les rapporter.

On en connaît déjà cinq espèces qui vivent toutes dans les mers de l'Amérique.

ESPÈCES.

1. Licorne cerclée. *Monoceros cingulatum.* Lamk.

M. testá ovato-oblongá, contabulatá, cinguliferá, transversim tenuissimèque striatá, fulvo-rufescente ; cingulis lævibus nigris ; anfractibus supernè angulatis ; aperturá candidissimá.

Encycl. pl. 396. f. 4. a. b.

* Crouch. Lamk. Conch. pl. 18. f. 10.

* Schub. et Wagn. Chemn. Supp. p. 150. pl. 233. f. 4096.

* *Turbinella cingulata.* Kiener. Spec. des Coq. p. 36. n° 25. pl. 20. f. 1.

* Sow. Genera of Shells. f. 4.

* Reeve. Conch. Syst. t. 2. p. 224. pl. 261. f. 4.

* *Buccinum pseudodon.* Burrow. Elem. of Conch. pl. 26. f. 2.

* Wood. Ind. test. pl. 24. f. 167.

Habite les côtes occidentales du Mexique. MM. de Humboldt et Bonpland. Mon cabinet. Belle coquille, à tours étagés, ayant la dent conique de son bord droit aussi longue et aussi aiguë que celle de la suivante. C'est une espèce très rare. Longueur: 25 lignes.

2. Licorne tuilée. *Monoceros imbricatum.* Lamk. (1)

M. testá ovatá, ventricosá, scabriusculá, cinereá aut griseo-rufá ; costis transversis confertis imbricato - squamosis ; anfractibus convexis ; spirá brevi ; labro crenulato.

---

(1) Depuis Chemnitz, tous les conchyliologues, sans exception, ont rapporté dans la synonymie de cette espèce une co-

Pallas. Spicil. Zool. Fasc. 10. t. 3. f. 3. 4.
Martyns. Conch. 1. f. 10. et 2. f. 50.
Knorr. Vergn. 4. t. 30. f. 1.
Favanne. Conch. pl. 27. fig. D 1.
Martini. Conch. 3. t. 69. f. 761.
Buccinum monoceros. Chemn. Conch. 10. t. 154. f. 1469. 1470.
Buccinum monoceros. Brug. Dict. n° 11.
Buccinum monodon. Gmel. p. 3483. n° 50.
Monoceros imbricatum. Encycl. pl. 396. f. 1. a. b.
* Blainv. Malac. pl. 22. f. 3.
* Davila. Cat. t. 1. pl. 9. f. B. 6.
* Schrot. Einl. t. 1. p. 357. n° 5.
* Dillw. Cat. t. 2. p. 610. n° 53. *Bucc. monodon.*
* Blainv. Pourp. Nouvelles Ann. du Mus. t. 1. p. 246. n° 90.
* *Rudolpha monodon*. Schum. Nouv. syst. p. 210.
* Sow. Genera of Shells. f. 3.
* Reeve. Conch. Syst. t. 2. p. 223. pl. 261. f. 3.
* Wood. Ind. test. pl. 22. f. 54.
* Kiener. Spec. des Coq. p. 137. n° 89. pl. 43. f. 99. 99 *a*.
Habite les mers Magellaniques. Mon cabinet. Coquille fort remarquable par ses côtes imbriquées. Longueur : 25 lignes.

3. Licorne striée. *Monoceros striatum*. Lamk.

M. *testá ovatá, ventricosá, transversìm undulato-striatá, subdecussatá, rufo-castaneá; anfractìbus convexis : ultimo anteriùs obtusè angulato; spirá brevi, apice albá; aperturá lœvi.*

Monoceros narval. Encycl. pl. 396. f. 3. a. b.
* Blainv. Pourp. Nouvelles Ann. du Mus. t. 1. p. 246. n° 91.
* Kiener. Spec. des Coq. p. 139. n° 90. pl. 43. f. 100?
Habite... Mon cabinet. Ses stries transverses, légèrement ondu-

---

quille représentée dans le bel ouvrage de Martyns (t. 2, fig. 50). Confiant dans l'exactitude des figures de cet ouvrage, exactitude qui ne s'est d'ailleurs jamais démentie, nous pensons que la figure en question représente une espèce parfaitement distincte de l'*Imbricatum*. La spire est beaucoup plus obtuse, l'ouverture plus grande, la columelle plus large, et le bourrelet de sa base est à peine sensible, enfin les côtes squameuses sont alternativement grosses et petites. Tous ces caractères ne sont point réunis dans le *Monoceros imbricatum*.

leuses, semblent décussées par d'autres beaucoup plus fines.
Longueur : près de 18 lignes.

4. Licorne glabre. *Monoceros glabratum*. Lamk.

*M. testá ovatá, lævi, rufo-castaneá ; anfractibus convexis: ultimo
basi unisulcato ; spirá exsertiusculá ; labro tenui, intùs lævigato,
fulvo-rufescente.*

An buccinum narval ? Brug. Dict. n° 12.

Monoceros glabratum. Encycl. pl. 396. f. 5. a. b.

* Blainv. Pourp. Nouvelles Ann. du Mus. t. 1. p. 246. n° 92.

* *Buccinum dentatum.* Wood. Ind. test. pl. 24. f. 168.

* Kiener. Spec. des Coq. p. 140. n° 91. pl. 44. f. 101.

Habite... Mon cabinet. La spire un peu élevée et le dernier tour
peu ventru de ma coquille me font penser qu'elle constitue une
espèce différente du *B. narval* de Bruguière. La dent de son bord
droit est aussi longue que celle des précédentes. Longueur :
18 lignes et demie.

5. Licorne lèvre-épaisse. *Monoceros crassilabrum*. Lamk.

*M. testá ovatá, crassá, lævigatá, cinereo-rubente ; anfractibus
convexis ; spirá exsertiusculá ; labro crasso, subduplicato, intùs
dentato : dente baseos brevi, obtusato.*

Buccinum unicorne. Brug. Dict. n° 13.

Monoceros crassilabrum. Encycl. pl. 396. f. 2. a. b.

* Blainv. Pourp. Nouvelles Ann. du Mus. t. 1. p. 247. n° 94.

* Sow. Conch. Man. f. 417.

* Wood. Ind. test. pl. 24. f. 166.

* Schub. et Wagn. Chemn. Suppl. p. 149. pl. 233. f. 4095.

* Kiener. Spec. des Coq. p. 143. n° 93. pl. 45 et 46. f. 104,
104. a. c. c.

* *Monoceros citrinum.* Sow. Jun. Conch. illustr. f. 2. et 12.

* *Monoceros globulus.* Sow. Jun. *loc. cit.* f. 8.

* *Monoceros crassilabrum.* Sow. Jun. *loc. cit.* f. 13. 14.

Habite les mers Magellaniques. Mon cabinet. Glabre comme la précédente, celle-ci s'en distingue éminemment par son bord droit
qui semble doublé et offre au-dessous du limbe un bourrelet
épais, dentelé, ayant la dent conique de sa base peu allongée et
à peine aiguë. Longueur : 15 lignes et demie.

† 6. Licorne géante. *Monoceros giganteum*. Less.

*M. testá ovato-oblongá, in medio ventricosá, basi caudatá, rubro-
fulvá, transversìm obsoletè costatá, costis rubentibus; aperturá*

ovatá; columellá basi planulatá; labro simplici, ad basim dente brevi instructo.

Monoceros fusoides. Sow. Conch. illus. f. 7.

Lesson. Voy. de la Coq. Zool. Moll. p. 405. pl. 11. f. 4.

Purpura gigantea. Blainv. Pourp. Nouvelles Ann. du Mus. p. 245. n° 89.

Habite les mers du Chili.

Voici un *Monoceros* qui ressemble, pour la forme, à un véritable Fuseau, son dernier tour étant prolongé en avant en un véritable canal, assez profond et sans échancrure terminale. On a pu déjà remarquer des formes analogues parmi les Pourpres, et il n'est pas étonnant qu'elles se représentent dans un genre qui en diffère si peu.

Cette coquille est ovale-ventrue, fusiforme. La spire, beaucoup plus courte que l'ouverture, est composée de cinq tours convexes, sur lesquels on remarque des côtes transverses très obsolètes ; vers la base du dernier tour, il y a un sillon assez profond qui se contourne depuis le tiers postérieur de la columelle jusque vers la base du bord droit, où il est surmonté par une dent obtuse et courte. La columelle est arquée et assez épaisse, elle est aplatie et tranchante à la base. L'ouverture est d'un fauve pâle, elle est régulièrement ovalaire, et son bord droit, assez épais, est simple dans toute sa longueur. Cette coquille est d'une coloration uniforme et peu variable, elle passe du fauve pâle et jaunâtre à un fond d'un fauve rougeâtre, les côtes se dessinent en rouge plus foncé.

Cette espèce est longue de 85 millim. et large de 60. Nous avons vu des individus plus grands d'un tiers au moins.

† 7. Licorne deuil. *Monoceros lugubre.* Sow.

M. testá ovato-ventricosá, turbinatá, transversìm latè sulcatá, longitudinaliter striato-lamellosá, in interstitiis costarum lacunosá, castaneo-griseá, lividá, flammulis longitudinalibus dentatis nigris striatá; anfractibus supernè granulatis; aperturá ovatá, intùs dentatá, albo-flavicante; labro incrassato; basi dente mucronato, armato.

Sow. Genera of Shells. f. 3.

Reeve. Conch. Syst. t. 2. p. 224. pl. 261. f. 3.

Buccinum armatum. Gray dans Wood. ind. Test. Suppl. pl. 4. f. 12.

Monoceros cymatum. Sow. jun. Conch. illus. n° 6. f. 11.

Monoceros lugubris. Kiener. Spec. des Coq. p. 141. n° 92. pl. 44. f. 102.

Habite les mers de Californie.

Espèce que l'on distingue très facilement parmi ses congénères. Elle est ovale-ventrue. Sa spire courte et conique est composée d'un petit nombre de tours étagés, aplatis en dessus, sur le dernier on trouve quatre grosses côtes transverses, arrondies, obtuses, dont la première est la plus grosse ; dans les individus jeunes et bien frais, il y a quelques stries entre les côtes, et l'on voit descendre du sommet à la base des stries longitudinales qui sont obsolètes sur les côtes transverses, mais qui se relèvent dans les interstices et y produisent de petites lacunes profondes. L'ouverture est ovalaire, elle est d'un fauve pâle tirant un peu sur la couleur noisette. Le bord droit s'épaissit subitement, et il porte en dedans quatre petites dents, dont le sommet est blanchâtre ; quelquefois plus au fond de l'ouverture, on remarque trois petites dents semblables aux premières, la dent placée à la base du bord droit est grêle et très pointue. La couleur de cette coquille est d'un brun fauve, livide-blanchâtre, et elle est ornée d'un nombre plus ou moins considérable de longues flammules longitudinales, noires, irrégulières, souvent dentelées, qui descendent du sommet à la base du dernier tour.

Cette espèce est longue de 45 millim. et large de 30.

† 8. Licorne éperon. *Monoceros calcar.* Desh.

M. testâ ovato-globosâ, ventricosâ, apice brevi, obtusâ, castaneâ, transversìm sulcatâ, sulcis inæqualibus, imbricatis alternis minoribus squamoso spirâ brevissimâ; aperturâ albâ, latâ, dilatatâ, patulâ; columellâ latâ, planâ, acutâ; labro tenui, intùs sulcato; basi dente prælongo, acuminato, instructo.

Buccinum calcar. Martyns. Univ. Conch. t. 2. pl. 50.

Monoceros breve. Sow. Genera of Shells. f. 2. ?

Habite le cap Horn.

Cette espèce, dont Martyns a donné une très bonne figure, est presque toujours confondue par les auteurs, comme variété du *Monoceros imbricatum*, mais elle s'en distingue éminemment par la brièveté de sa spire. C'est avec quelques doutes que nous rapportons comme synonyme le *Monoceros breve* de M. Sowerby. La coquille figurée par cet auteur a également la spire très courte, et la forme générale de l'ouverture ne s'accorde pas exactement avec celle de Martyns, car la dent qui est à la base du bord droit paraît en proportion plus courte. Il serait possible que ces différences tinssent à l'âge ou au sexe des individus représentés.

Le *Monoceros calcar* est une coquille ovale-subglobuleuse, d'un beau brun-marron. La spire est excessivement courte ; on y compte cinq

à six tours très étroits, dont le dernier constitue à lui seul presque
toute la coquille. Toute la surface est ornée de nombreux sillons
régulièrement écartés. Il y en a un plus petit, placé entre les autres. L'ouverture est grande et ovalaire ; elle est d'un blanc roux.
La columelle est large, aplatie, tranchante dans presque toute son
étendue. Le bord droit est sillonné en dedans, et la dent qu'il porte
à la base est très longue et très aiguë. L'individu figuré par Martyns a 55 millim. de long, et 5o de large.

† 9. Licorne cornigère. *Monoceros brevidentatum.* Gray.

*M. testá ovato-ventricosá, transversìm obsoletè tricostatá, fusco-
atrá, tuberculis albis obtusissimis in costulis dispositis; spirá acutá,
exsertiusculá; anfractibus planis, transversìm albo-striatis; aperturá albá, ovatá; columellá rectá, in medio angulatá; labro intùs
sulcato, basi dente brevi, instructo.*

Purpura cornigera. Blainv. Pourp. Nouvelles Ann. du Mus. t. 1.
p. 213. n° 28. pl. 9. f. 10.

Monoceros brevidentatum. Gray. dans Wood. Ind. Test. Suppl. pl. 4.
f. 10.

Id. Sow. junior. Conch. illustr. f. 4.

Purpura cornigera. Kiener. Spec. des Coq. p. 123. n° 78. pl. 39.
f. 92.

Habite les mers du Pérou.

Quel que soit le sort du genre *Monoceros,* qu'il soit maintenu dans la
méthode ou qu'il en disparaisse, cette espèce devra toujours conserver le nom que, le premier, M. Gray lui imposa, dans le supplément à l'*Index testaceologicus de Wood.* Cette coquille est
ovale-ventrue, elle est épaisse et solide, et se distingue facilement
parmi ses congénères par les caractères que nous allons exposer :
Sa spire est conique, elle est presque aussi longue que l'ouverture;
ses tours sont aplatis ou à peine convexes, sur le dernier, subglobuleux, se montrent trois côtes transverses, très espacées, également distantes, sur lesquelles se relèvent à peine des tubercules
oblongs et très écrasés. Entre ces côtes, se voient quelques stries
blanchâtres. L'ouverture est toute blanche en dedans. La columelle tombe perpendiculairement ; elle est épaisse, et dans le milieu, on y voit un angle obtus et peu saillant. Le bord droit est
mince, il est noir à son extrémité, et il est garni en dedans d'un
petit nombre de dentelures courtes, de chacune desquelles part une
petite côte qui s'enfonce dans l'ouverture. A la base de ce bord
droit se trouve une dent courte et conique, elle termine un petit
sillon qui circonscrit la base du dernier tour. La coloration de

cette espèce la rend facile à reconnaître; elle est d'un brun noir très foncé, les tubercules sont blancs, et quelquefois on remarque de plus quelques taches blanches irrégulières.

Cette espèce a 35 millim. de long, et 25 de large.

† 10. **Licorne unicarinée.** *Monoceros unicarinatum.* **Sow.**

M. testâ ovato-oblongâ, subfusiformi, griseâ, fusco-strigatâ vel punctatâ; spirâ exsertiusculâ, acutâ, anfractibus in medio subcarinatis, transversim tenuè sulcatis, longitudinaliter tenuissimè lamelloso striatis; aperturâ albo-griseâ; labro intùs obsoletè dentato; basi dente brevissimo instructo.

Blainv. Pourp. Nouvelles Ann. du Mus. t. 1. p. 252. n° 105. pl. 12. f. 8. *Purpura spirata.*

Kiener. Spec. des Coq. p. 121 n° 76. pl. 38. f. 90.

Monoceros unicarinatum. Sow. jun. Conch. illus. f. 5.

Habite les îles Sandwich.

Petite coquille ovale-oblongue, fusiforme, et qui constitue un passage bien évident entre les Pourpres et les Licornes. Elle est ovale-oblongue, fusiforme. Sa spire assez allongée est composée de cinq tours obliquement aplatis à leur partie supérieure, et portant dans le milieu une carène obtuse et peu saillante; le dernier tour se prolonge à la base en un canal assez long, ce qui rapproche un peu cette espèce du *Monoceros giganteum.* Toute la surface est occupée par de nombreux et fins sillons transverses, entre lesquels se relèvent de nombreuses lamelles d'accroissement; ces lames ne sont point saillantes, en passant sur les côtes. L'ouverture est ovale-oblongue, elle est d'un blanc grisâtre ou verdâtre. La columelle est blanche. Le bord droit est mince, et il est garni en dedans de six petites dents; vers la base et à l'endroit où commence le canal, s'élève sur le bord droit une petite dent rudimentaire, courte et conique, creusée en gouttière en dehors. La coloration de cette espèce est d'un blanc grisâtre ou verdâtre, et elle est ornée de fascies longitudinales irrégulières, formées de petites zones brunes, qui sont dans les interstices des côtes.

Cette petite coquille est longue de 25 millim. et large de 15.

Espèce fossile.

† 1. **Licorne monacanthe.** *Monoceros monacanthos.* **Broc.**

M. testâ ovato-turgidâ, brevi, longitudinaliter obsoletè costatâ transversim obtusè rugosâ; aperturâ ovatâ; columellâ arcuatâ, planâ; labro incrassato, intùs obsoletè dentato.

Buccinum monacanthos, Brocchi. Conch. foss. subap. t. 2. p. 331. n° 13. pl. 4. f. 12.

Habite... Fossile dans les terrains tertiaires d'Italie.

Nous ne connaissons aucune espèce vivante que l'on puisse rapprocher de celle-ci, elle est jusqu'à présent la seule fossile connue dans ce genre, ce qui la rend par conséquent très facile à distinguer. Elle est ovale-ventrue. Sa spire est courte et presque toujours obtuse. On voit sur le dernier tour un petit nombre de côtes longitudinales, obliques, très larges et très obtuses. On y voit aussi un petit nombre de côtes transverses, mais à peine apparentes ; enfin vers la base du dernier tour, se montre un sillon étroit qui va gagner la base de la dent du bord droit. L'ouverture est ovalaire. La columelle est assez large aplatie, et le bord droit épaissi est garni, dans sa longueur, d'une rangée de dents obsolètes, il porte à la base une dent courte et conique. Cette coquille conserve assez souvent des traces de sa première coloration, elle est d'une couleur ocracée, et nous avons un individu qui offre des stries transverses de ponctuations d'un rouge ferrugineux assez vif.

Cette espèce est longue de 38 millim. et large de 28.

CONCHOLÉPAS. (Concholepas.)

Coquille ovale-bombée, en demi-spirale, à sommet incliné obliquement vers le bord gauche. Ouverture ample, longitudinale, oblique, ayant inférieurement une légère échancrure. Deux dents à la base du bord droit. Un opercule oblong, mince, corné.

Testa ovato-inflata, semi-spiralis ; vertice versùs labium obliquè inclinato. Apertura ampla, longitudinalis, obliqua, infernè sinu parvulo instructa. Dentes duo ad basim labri. Operculum oblongum, tenue, corneum.

Observations. — Le Concholépas est une coquille fort singulière qu'on a d'abord rapportée au genre des Patelles, quoiqu'elle en soit très distinguée par sa conformation, et surtout par l'opercule que porte l'animal.

Bruguière, en considérant cette coquille, ainsi que la petite échancrure qui termine son ouverture inférieurement, et l'opercule de l'animal, sentit que ses rapports l'éloignaient considérablement des Patelles, et crut pouvoir l'associer au genre des Buccins. C'était déjà faire un pas convenable vers la rectification des rapports à conserver dans le rang à donner à cette coquille; mais les caractères très particuliers de cette même coquille ne permettent pas de la réunir à aucun des genres déjà établis. Elle doit donc constituer un genre propre qui nous paraît devoir être placé immédiatement après les Licornes, ayant deux dents à la base du bord droit au lieu d'une seule. On ne connaît de ce genre singulier que l'espèce suivante, qui en est le type.

ESPÈCE.

1. **Concholépas du Pérou.** *Concholepas peruvianus*. Lamk.

    D'Argenv. Conch. pl. 2. fig. D.

    Favanne. Conch. pl. 4. fig. H 2.

    Chemn. Conch. 10. p. 320. Vign. 25. fig. A. B.

    Buccinum concholepas. Brug. Dict. n° 10.

    Patella lepas. Gmel. p. 3697. n° 26.

    * Blainv. Malac. pl. 24. f. 1.

    * Crouch. Lamk. Conch. pl. 18. f. 11.

    * Roissy. Buf. de Sonn. Moll. t. 5. p. 249. pl. 53. f. 7.

    * D'Acosta. Hist. nat. des Coq. pl. 2. f. 7. et pl. 5. f. 9.

    * *Buccinum lepas*. Burrow. Elem. of Conch. pl. 23. f. 1.

    * *Buccinum concholepas*. Dillw. Cat. t. 2. p. 611. n° 55.

    * Schrot. Einl. t. 2. p. 466. *Patella*. n° 64.

    * *Purpura peruviana*. Blainv. Pourp. Nouvelles Ann. du Mus. t. 1. p. 243. n° 87.

    * Sow. Conch. Man. f. 418.

    * Sow. Genera of Shells. f. 1. 2.

    * Reeve. Conch. Syst. t. 2. p. 224. pl. 262. f. 1. 2.

    * Wood. Ind. Test. pl. 22. f. 56.

    * *Purpura peruviana*. Kiener. Spec. des Coq. p. 88. n° 56. pl. 23. f. 65.

    * Lesson. Illustr. Zool. pl. 27.

Habite sur les côtes du Pérou. Rapporté par Dombey. Mon cabinet. Aucune coquille n'est plus isolée que celle dont il s'agit ici, ses avoisinantes n'étant pas encore connues. Elle est assez grande, et sa spire incomplète et abaissée vers le bord, est sillonnée dans sa longueur. Les deux dents de son bord droit sont courtes et obtuses; le bord gauche représente une columelle aplatie. Longueur de la coquille, 2 pouces 11 lignes; largeur, 23 lignes.

HARPE. (Harpa.)

Coquille ovale, plus ou moins bombée, munie de côtes longitudinales parallèles, inclinées et tranchantes. Spire courte. Ouverture échancrée inférieurement et sans canal. Columelle lisse, aplatie et pointue à sa base.

Testa ovata, plùs minùsve turgida; costis longitudinalibus parallelis, compressis, inclinatis, acutis. Spira brevis. Apertura longitudinalis, infernè emarginata ; canali nullo. Columella lœvis, basi plana et acuta.

OBSERVATIONS. — Les Harpes sont de fort belles coquilles auxquelles il ne manque, pour être précieuses, que d'être plus rares. Quelques-unes, néanmoins, le sont beaucoup, et sont effectivement fort recherchées. Linné les rapportait à son genre *Buccinum*, et les comprenait presque toutes sous la dénomination de *Buccinum harpa*, comme ne constituant qu'une seule espèce. Nous en connaissons cependant plusieurs qui sont constamment distinctes, et qui offrent autant d'espèces éminemment caractérisées. Sans doute elles se réunissent toutes sous le caractère commun d'offrir à l'extérieur des côtes longitudinales parallèles, comprimées, inclinées et tranchantes ; dans toutes, même, l'extrémité supérieure de chaque côté forme une petite pointe détachée et saillante. Malgré cette réunion de caractères, laquelle appartient aux espèces de ce genre, chacune d'elles est distinguée par des caractères propres et constans qui ne permettent pas de la confondre avec aucune des autres. Leur ensemble indique donc l'existence, dans la nature, d'un groupe particulier, offrant ici, comme dans tous les autres genres, une suite d'espèces constantes et distinctes qu'il était nécessaire de faire connaître.

Les Harpes se trouvent dans les mers des Indes ; on en voit en abondance dans les parages des îles de la Sonde, ainsi que dans la mer Rouge. On en trouve aussi dans les mers de l'Amérique, principalement dans les climats chauds.

[Le genre Harpe a été établi par Lamarck, dans son premier essai d'une classification des Mollusques, publié, en 1799, dans les *Mémoires de la Société d'histoire naturelle de Paris*. Comme Lamarck lui-même le dit, les coquilles de ce genre étaient confondues par Linné parmi les Buccins, et il les réunissait toutes à titre de variétés d'une seule espèce. Lorsque toutes ces espèces sont réunies, on reconnaît qu'en effet elles constituent un genre très distinct et très naturel ; il a incontestablement de très grands rapports avec les Buccins, et comme l'a très bien senti Lamarck, il est réellement intermédiaire entre ce genre et celui des Tonnes. Ce que Lamarck avait jugé par l'appréciation exact des seuls caractères des coquilles, l'observation de l'animal est venu le confirmer. Presque en même temps deux zoologistes ont donné des détails intéressans sur l'animal du genre qui nous occupe. M. Reynaud publia en 1829, dans le tome V des *Mémoires de la Société d'histoire naturelle de Paris*, ses observations sur l'animal de la Harpe, observations qu'il fit pendant un voyage dans l'Inde, où il recueillit un assez grand nombre de documens importans sur diverses parties de la zoologie. Il résulte des observations de M. Reynaud, que l'animal de la Harpe est un Gastéropode, rampant sur un pied extrêmement grand, coupé demi-circulairement à sa partie antérieure, et terminé à la postérieure en une portion glossoïde très épaisse. La tête de l'animal est petite, aplatie, fendue en dessous par une petite ouverture buccale et longitudinale, et portant antérieurement deux tentacules coniques, à la base desquels, et du côté externe, se trouvent les yeux. Le manteau forme au-dessus de la tête une large cavité cervicale. On voit la partie antérieure de ce manteau se prolonger en un tube fort long et grêle, cylindrique, au moyen duquel l'eau est portée dans la cavité branchiale. Les sexes sont séparés comme dans les Buccins, et le pied ne porte aucune trace d'opercule. C'est déjà un des caractères par lequel cet animal ressemble à celui des Tonnes. M. Reynaud a consigné une observation, dont l'exactitude a été un peu plus tard confirmée par MM. Quoy et Gaimard. Comme nous l'avons dit, le pied est très grand, et n'a point d'opercule ; mais il paraît lui-même tenir lieu de cette partie, car, lorsque l'animal se contracte, la portion postérieure remplit exactement l'ouverture, et il arrive même que, si l'animal est obligé de se contracter vivement, il déchire spontanément une grande portion de l'extrémité postérieure de cet organe, et la détache pour pouvoir s'enfoncer plus avant dans sa coquille. Il y a peu d'exemples d'un pareil fait parmi les mollusques ; mais les zoologistes savent combien ces ruptures spontanées sont fréquentes, soit dans les vers, soit dans les Annelides, qui, dans leurs contractions violentes, se rompent quelquefois en plusieurs segmens.

Nous avons observé plusieurs fois vivante la Tonne de la Méditerranée : elle marche sur un pied extrêmement grand ; mais nous n'avons jamais vu ce pied se déchirer, quoique nous ayons souvent forcé ces animaux à se contracter violemment.

ESPÈCES.

1. **Harpe impériale.** *Harpa imperialis.* (1)

> *H. testá ovato-turgidá, costis angustis, creberrimis instructá, albidá ; zonis interruptis luteo-rubescentibus ; spirá brevi, apice mucronatá : cariná spirali minimá, asperatá, spiram obvallante.*

Buccinum costatum. Lin. Syst. nat. éd. 12. p. 1202. Gmel. p. 3482. n° 48.

D'Argenv. Append. pl. 2. fig. F.

Favanne. Conch. pl. 28. fig. A 4.

Martini. Conch. 3. t. 119. f. 1093.

Chemn. Conch. 10. t. 152. f. 1452.

Buccinum harpa. Brug. Dict. n° 9. [var. e.]

★ Lin. Syst. nat. éd. 10. p. 738.

★ Lin. Mus. Ulric. p. 608.

★ Barrelier. Plant. per Gall. pl. 1326. f. 14??

★ *Buccinum costatum.* Schrot. Einl. t. 1. p. p. 333. n° 26.

★ Reeve. Conch. Syst. t. 2. p. 226. pl. 263. f. 1.

★ *Harpa ventricosa.*Var. A. Desh. Encycl. méth.Vers. t. 3. p. 186.

---

(1) Depuis Linné cette espèce est connue sous le nom de *Buccinum costatum.* Tous les auteurs l'ont inscrite ainsi dans leurs catalogues ; c'est donc à tort que Lamarck a changé ce nom spécifique en faisant passer l'espèce des Buccins dans son genre Harpe : il aurait dû la nommer *Harpa costata*, et c'est sous ce nom que nous proposons de la rétablir dans les ouvrages de conchyliologie.

Tome X.   9

* *Harpa ventricosa.* Var. Kiener. Spec. des Coq. p. 6. pl. 2. f. 2.
* Reeve. Conch. Iconica. pl. 2. f. 5.
* *Harpa muticostata.* Sow. Genera of Shells. f. 1.
Habite... les mers de l'Amérique méridionale? Mon cabinet. Très belle coquille, fort rare, précieuse, et recherchée dans les collections. C'est la seule de ce genre qui ait une petite carène spirale autour de la spire. Vulg. le *Manteau-de-Saint-James.* Longueur : 3 pouces et demi.

2. Harpe ventrue. *Harpa ventricosa.* Lamk. (1)

H. testâ ovato-ventricosâ; costis latis, compressis, purpureo tinctis; apice mucronatis, infra mucronem subunidentatis; interstitiis albidis, maculis arcuatis spadiceo-fuscis notatis; columellâ purpureo et nigro maculatâ.

Buccinum harpa. Lin. Syst. nat. éd. 12. p. 1201. Gmel. p. 3482. n° 47.
Bonanni. Recr. 3. f. 185.
Rumph. Mus. pl. 32. fig. K.
Seba. Mus. 3. t. 70. *absque numero.*
Knorr. Vergn. 2. t. 19. f. 1. 2.
Regenf. Conch. 2. t. 6. f. 51.
Favanne. Conch. pl. 28. fig. A 3.
Martini. Conch. 3. t. 119. f. 1090.
Buccinum harpa. Brug. Dict. n° 9. [var. a.]
Harpa ventricosa. Encycl. pl. 404. f. 1. a. b.
* Barrelier. Plant. per Gall. pl. 1326. f. 13.
* Mus. Gottv. pl. 15. f. 107. 108. 109 a. b. 111. a. c. d. e. f. 114 a. b. c. d. e. f. i.
* *Buccinum harpa.* Murray. Fund. Test. Amæn. Acad. t. 8. p. 142. pl. 2. f. 14.
* Fab. *Columna.* Aquat. et terr. Observ. p. LXIX. f. 5.
* Lesser. Testaceothéol. p. 246. n° 59.
* Lin. Syst. nat. éd. 10. p. 738. *Exclus. plur. synon.*
* Lin. Mus. Ulric. p. 609.

---

(1) Sous le nom de *Buccinum harpa,* Linné et les auteurs qui ont strictement adopté sa nomenclature, confondent toutes les espèces du genre, et souvent, comme Born, sans les distinguer en variétés; de sorte qu'il est impossible de mentionner ces auteurs, dans la crainte de laisser de la confusion dans la synonymie.

* Perry. Conch. pl. 40. f. 3.
* Brookes. Introd. of Conch. pl. 6. f. 83.
* Roissy. Buf. Moll. t. 6. p. 43. pl. 58. f. 2.
* Schum. Nouv. Syst. p. 208.
* *Buccinum harpa.* Schrot. Einl. t. 1. p. 331. n° 25. *Exclus. plur. syno.*
* *Buccinum harpa.* Var. A. Dillw. Cat. t. 2. p. 607. n° 48.
* Sow. Conch. Man. f. 419.
* Raynaud. Mém. de la Soc. d'Hist. nat. de Paris. t. 5. pl. 3.
* Desh. Encycl. méth. Vers. t. 2. p. 185. n° 1.
* Kiener. Spec. des Coq. p. 6. n° 1. pl. 1. f. 1. pl. 6. f. 9. 10.
* Lessons on Schells. pl. 3. f. 2.
* *Buccinum harpa.* Wood. Ind. Test. pl. 22. f. 49.
* Quoy et Gaim. Voy. de l'Astr. t. 2. p. 611. pl. 42. f. 1 à 4.
* Reeve. Conch. Iconica. pl. 1. f. 2.

Habite les mers des Indes orientales. Mon cabinet. Certes, cette coquille ne saurait être considérée comme une variété de la précédente, non plus que de celles qui suivent. Ses caractères de forme l'en distinguent éminemment. Elle est d'ailleurs vivement et élégamment colorée, et remarquable par ses larges côtes pourprées qui se détachent sur un fond lilas. On pourrait même la regarder comme la plus belle de son genre. Vulg. la *Cassandre*. Longueur, 3 pouces 8 lignes et demie.

3. Harpe conoïdale. *Harpa conoidalis*. Lamk. (1)

H. testá ovatá, subventricosá, albidá; costis distantibus, inæqualibus, roseo tinctis, apice submucronatis; interstitiorum lineis arcuatis pallidè luteis; spirá conoideá, exsertiusculá.

* *Harpa ventricosa.* Var. Kiener. Spec. des Coq. p. 6. pl. 3. f. 4.
* *Harpa ventricosa.* Var. D. Desh. Encycl. méth. Vers. t. 2. p. 186.
* *Buccinum costatum.* Wood. Ind. Test. pl. 22. f. 51.
* Reeve. Conch. Iconica. pl. 3. f. 7.

Habite... Mon cabinet. Celle-ci n'est que médiocrement ventrue, et se distingue particulièrement par la forme et l'état de sa spire, qui n'est presque pas muriquée. La côte qui suit celle de l'ouverture est beaucoup plus large que les autres. Longueur, 3 pouces 2 lignes et demie.

---

(1) Nous avions autrefois considéré cette espèce comme une variété du *Ventricosa*; mais depuis nous avons reconnu, avec M. Reeve, qu'elle constitue une espèce très distincte.

9.

4. Harpe noble. *Harpa nobilis.* Lamk.

H. testá ovatá, subventricosá, griseo albo et fusco variá, maculis amplis purpureo-sanguineis pictá; costis latiusculis : lineis nigris capillaribus transversìm fasciculotis; spirá submuricatá.

Lister. Conch. t. 992. f. 55.

Rumph. Mus. t. 32. fig. L.

Gualt. Test. t. 29. fig. C. E. G.

D'Argenv. Conch. pl. 17. fig. D.

Favanne. Conch. pl. 28. fig. A 1.

Seba. Mus. 3. t. 70. *absque numero.*

Knorr. Vergn. 1. t. 9. f. 3.

Martini. Conch. 3. t. 119. f. 1091.

Buccinum harpa. Brug. Dict. n° 9. [var. c.]

* Regenf. Conch. t. 1. pl. 2. f. 14.

* Blainv. Malac. pl. 23. f. 3.

* *Buccinum harpa.* Var. C. Dillw. Cat. t. 2. p. 607.

* Desh. Encycl. méth. Vers. t. 2. p. 186. n° 2.

* Kiener. Spec. des Coq. p. 9. n° 3. pl. 3. f. 5.

* Reeve. Conch. Iconica. pl. 1. f. 1.

Habite l'Océan des Grandes-Indes. Mon cabinet. Ce qui la distingue spécialement, ce sont les faisceaux de lignes noires qui traversent ses côtes, ainsi que ses grandes taches sanguinolentes. Longueur : 2 pouces 7 lignes.

5. Harpe articulaire. *Harpa articularis.* Lamk.

H. testá ovatá, subventricosá, griseá; costis angustis distantibus albo nigroque articulatim maculatis; spirá exsertiusculá, muriculatá.

Gualt. Test. t. 29. fig. D.

Martini. Conch. 3. t. 119. f. 1092.

Harpa nobilis. Encycl. pl. 404. f. 3. a. b.

* *Harpa ventricosa.* Var. B. Desh. Encycl. méth. Vers. t. 2. p. 186.

* Kiener. Spec. des Coq. p. 8. n° 2. pl. 2. f. 3.

* Reeve. Conch. Iconica. pl. 2. f. 4.

* *Buccinum harpa.* Var. E. Dillw. Cat. t. 2. p. 607.

Habite... Mon cabinet. Espèce qu'on ne saurait confondre avec aucune autre de son genre, ayant des côtes étroites, distantes, comme articulées par des lignes noires qui ne sont point groupées par faisceaux. Les interstices de ces côtes offrent des pennations grisâtres un peu obscures. Columelle d'un pourpre noirâtre. Longueur : 2 pouces 7 lignes et demie.

6. Harpe rose. *Harpa rosea.* Lamk.

H. testá ovatá, subventricosá, tenui, griseá, maculis latis roseis orna-
tá; costis angustissimis distantibus; columellá roseo tinctá.

Martini. Conch. 3. t. 119. f. 1094.

Buccinum harpa. Brug. Dict. n° 9. [var. b.]

Harpa rosea. Encycl. pl. 404. f. 2.

* Kiener. Spec. des Coq. p. 11. n° 5. pl. 15. f. 8. 8 a.

* *Harpa rivoliana.* Lesson illustr. Zool. pl. 36.

* Mus. Gottw. pl. 15. f. 111. f.

* Crouch. Lamk. Conch. pl. 19. f. 1.

* *Buccinum harpa.* Var. B. Dillw. Cat. t. 2. p. 607. n° 48.

* *Buccinum roseum.* Wood. Ind. Test. Sup. pl. 4. f. 23.

* Reeve. Conch. Iconica. pl. 4. f. 8.

Habite... Mon cabinet. Coquille rare, assez jolie, très distincte de ses congénères par ses côtes menues et écartées, ainsi que par les larges taches roses dont elle est ornée. Longueur : 2 pouces une ligne.

7. Harpe allongée. *Harpa minor.* Lamk.

H. testá ovato-oblongá, griseá, fusco-maculosá; costis angustis dis-
tantibus nigro-lineatis : lineis geminatis; spirá exsertiusculá.

Lister. Conch. t. 994. f. 57.

Rumph. Mus. t. 32. fig. M. *Harpa minor.*

Petiv. Amb. t. 15. f. 10.

Klein. Ostracolog. t. 6. f. 105.

Seba. Mus. 3. t. 70. *in inferiori ordine utrinquè.*

Martini. Conch. 3. t. 119. f. 1097.

Buccinum harpa. Brug. Dict. n° 9. [var. d.]

* Quoy et Gaim. Voy. de l'Astr. Moll. t. 2. p. 620. pl. 42. f. 5 à 7.

* Kiener. Spec. des Coq. p. 10. n° 4. pl. 4. f. 6. 6. a.

* Reeve. Conch. Iconica. pl. 3. f. 6.

* Mus. Gottv. pl. 15. f. 108 b. c. f. 100 a. b. c. d. e. f. 113. a. b.

* Schum. Nouv. Syst. p. 208.

* *Buccinum harpa.* Var. D. Dillw. Cat. t. 2. p. 607.

* Desh. Encycl. méth. Vers. t. 2. p. 187. n° 3.

* *Buccinum minor.* Wood. Ind. Test. Suppl. pl. 4. f. 24.

Habite l'Océan Indien. Mon cabinet. Longueur : 20 lignes.

8. Harpe striée. *Harpa striata.* Lamk.

H. testá ovato-abbreviatá, ventricosá, griseo-rufescente; costis angus-
tis, remotiusculis, albo rufo et fusco maculatis; interstitiis trans-
versè striatis; spirá planulatá, mucronatá.

Seba. Mus. 3. t. 70. *figura prima in serie ultima. Bona.*
Encycl. pl. 404. f. 4.
* *Harpa ventricosa.* Var. C. Junior. Desh. Encycl. méth. Vers. t. 2.
  p. 186.
* *Buccinum cancellatum.* Wood. Ind. Test. pl. 22. f. 50.
* *Harpa ventricosa.* Var. Kiener. Spec. des Coq. p. 6. pl. 4. f. 7.
Habite... Mon cabinet. C'est la plus petite des Harpes que je con-
naisse. Elle paraît avoisiner le *Harpa cancellata* de Chemnitz,
Conch. 10. t. 152. f. 1453, mais ce n'est pas la même. La nôtre a
la spire bien plus courte, les côtes autrement colorées, et ne paraît
que très peu treillissée dans les interstices. Longueur 10 : lignes
trois quarts.

9. Harpe mutique. *Harpa mutica.* Lamk.

H. *testâ fossili, ovato-oblongâ; costis acutis, distantibus, apice mu-
ticis; striis intercostalibus decussatis : longitudinalibus majoribus;
spirâ exsertâ.*
Harpa mutica. Annales du Mus. vol. 2. p. 167. n° 1.
* Desh. Encycl. méth. Vers. t. 2. p. 187. n° 4.
* Desh. Descrip. des Coq. foss. t. 2. p. 642. n° 86. f. 14. 15.
* Roissy. Buff. Moll. t. 6. p. 44. n° 2.
* Sow. Genera of Shells. f. 2.
* Reeve. Conch. Syst. t. 2. p. 227. pl. 263. f. 2.
Habite... Fossile de Grignon. Mon cabinet. Longueur : 16 lignes.

† 10. Harpe élégante. *Harpa elegans.* Desh.

H. *testâ fossili ovatâ, costis longitudinalibus, supernè subspinosis ornatâ; costulis transversis, distantibus et longitudinalibus, tenuissimis
decussatâ; aperturâ ovato-oblongâ; columellâ basi subumbilicatâ.*
Habite... Fossile à Valmondois.
Coquille fort belle et remarquable, dont nous n'avons vu jusqu'à
présent qu'un très petit nombre d'individus, parmi lesquels un seul
entier, que nous avons trouvé dans la belle localité que nous venons de citer.
Elle est ovale-oblongue, un peu plus cylindracée que l'espèce précédente. Sa spire est courte; on y compte six tours très étroits, dont
les derniers sont aplatis en dessus. On compte 13 ou 14 côtes
longitudinales sur le dernier tour ; ces côtes sont plus épaisses que
dans l'espèce précédente, et elles s'allongent un peu à leur partie
supérieure, comme dans le *Harpa nobilis.* Les intervalles des côtes
présentent des stries transverses assez grosses, distantes, inégales,
une, plus fine, étant placée entre les plus grosses. Ces stries forment un réseau élégant avec d'autres longitudinales, régulières et

beaucoup plus fines. L'ouverture est proportionnellement plus large que dans l'autre espèce. Le bord gauche est beaucoup plus étroit, et surtout à la base de la columelle, où il laisse entièrement à découvert le bourrelet oblique et écailleux qui vient se terminer à l'échancrure terminale de l'ouverture. Le bord droit est simple et épaissi en dehors par la dernière côte.

Le plus grand individu que nous connaissions de cette espèce rare et précieuse est long de 33 millim. et large de 20.

TONNE. (Dolium.)

Coquille mince, ventrue, bombée, le plus souvent sub-globuleuse, rarement oblongue, cerclée transversalement; à bord droit denté ou crénelé dans toute sa longueur. Ouverture oblongue, échancrée inférieurement.

Testa tenuis, ventricosa, inflata, sæpius subglobosa, rarò oblonga, transversim cingulata; labro per totam longitudinem dentato vel crenato. Apertura longitudinalis, basi emarginata.

OBSERVATIONS. — D'Argenville, pénétré de l'analogie qu'ont entre elles toutes les coquilles de ce genre, les avaient distinguées, et leur avait donné le nom de Tonne, que je leur conserve. Néanmoins Linné, et depuis, tous les naturalistes qui ont écrit sur les coquilles, ne considérant que l'échancrure de la base de l'ouverture, ont confondu les Tonnes avec les Buccins; et dès-lors, non-seulement les Harpes furent des Buccins, mais les Vis, les Éburnes, etc., si distinguées des Tonnes par leur forme générale, furent rapportées au même genre. Ainsi, les groupes que je viens de citer, et que la nature a si évidemment tracés, semblent disparaître sous la considération isolée d'une échancrure à la base de la coquille. Nous avons préféré de suivre la nature dans le tracé de ces groupes, parce qu'il est extrêmement remarquable, et que des Harpes, ni des Vis, etc., ne sauraient être associées, dans un même genre, avec les Tonnes. Ici, point de côtes longitudinales; ailleurs, une conformation allongée ou turriculée contraste fortement avec celle des objets que nous allons mentionner. En effet, les Tonnes sont remarquables par leur forme ventrue, bombée, subglobuleuse, leur spire étant beaucoup plus courte que le tour inférieur ; ce qui est cause que leur ouverture est très ample, et occupe toujours plus des deux tiers de la longueur de la coquille. Quoique minces, certaines de ces coquilles sont quelquefois très volumineuses. Toutes sont cerclées transversalement en leur surface externe, ce qui les distingue fortement, et rend leur bord droit denté ou crénelé dans sa longueur. On les voit rarement tuberculeuses, et même je n'en connais pas qui le soient. Voici les espèces que nous rapportons à ce genre.

[Le genre Tonne, que l'on trouve pour la première fois dans Rondelet, a été mentionné, depuis lui, par presque tous ceux des naturalistes qui ont traité des coquilles. L'histoire de ce genre pourrait être longue sans avoir beaucoup d'intérêt, et nous nous abstiendrons de la présenter ici. Il nous suffira de rappeler que Linné rapportait ces coquilles à son grand genre Buccin, quoique d'Argenville les eût en quelque sorte séparées, en les désignant sous le nom vulgaire de Tonne. Tous les successeurs de Linné, jusqu'à Lamarck, n'apportèrent aucun changement dans la disposition des espèces du grand genre Buccin, et Lamarck, comme nous l'avons répété souvent dans le cours de cet ouvrage, est le premier qui ait porté la réforme dans ce genre rendu plus indigeste par la mauvaise compilation de Gmelin. Lamarck proposa le genre Tonne, pour la première fois, dans son *Système des Animaux sans vertèbres*, publiés en 1802. Dès cette époque, ce célèbre zoologiste indiqua les rapports naturels des Tonnes avec les Harpes et les Casques ; et quoique Cuvier ait modifié l'opinion de Lamarck, en laissant les Tonnes comme sous-genre des Buccins, tous les naturalistes modernes se sont cependant rangés à l'opinion de Lamarck, qui se trouve d'ailleurs confirmée par la connaissance nouvellement acquise des animaux des Harpes et des Tonnes. M. de Blainville, tant dans son *Traité de malacologie*, que dans son article Tonne du *Dictionnaire des sciences naturelles*, a montré quelque vacillation relativement à la place que le genre Tonne doit occuper dans la série des mollusques ; mais cette incertitude provient, sans aucun doute, de ce que les travaux que nous mentionnons ont été publiés avant que l'on connût l'animal des Tonnes. L'occasion se présente souvent de

faire remarquer avec quelle profonde sagacité Lamarck a su
devancer une époque plus éclairée de la science ; et quoique cela
pût paraître fastidieux, nous ne cesserons de mettre en relief
les éminens services que ce grand homme a rendus à la
zoologie.

MM. Quoy et Gaimard sont les premiers qui ont fait connaître l'animal des Tonnes, dans la partie zoologique du
Voyage de l'Astrolabe. M. Delle Chiaje a également fait représenter un animal de Tonne dans le troisième volume du grand
ouvrage de Poli. Tout récemment encore, nous avons eu occasion d'observer vivante l'espèce figurée par le zoologiste italien.
Il résulte de toutes ces observations, d'abord, que l'animal des
Tonnes ne porte point d'opercule, ensuite que, s'il a beaucoup
d'analogie avec l'animal des Buccins, il en diffère cependant
d'une manière assez notable pour mériter de constituer un genre
à part. Il se rapproche des Harpes par la grandeur du pied,
mais il en diffère par la forme de la tête, et surtout par la grosseur de la trompe.

L'animal de la Tonne rampe sur un pied ovale-oblong, très
large et très épais ; ce pied, comme dans les Buccins, est sub-
auriculé en avant, et souvent, surtout quand l'animal veut na-
ger, il gonfle cet organe d'une énorme quantité d'eau qui s'y
introduit au moyen des pores aquifères. Sa tête est assez large
et aplatie ; elle est coupée en avant en forme de croissant, et
de chacun des angles part un long tentacule conique, à la base
extérieure duquel se trouve un point oculaire fort gros et très
noir. L'œil est sans pédicule, et cependant le tentacule est sensiblement élargi dans toute la partie qui est au-dessous de cet
organe. La bouche est placée au-dessous de la tête : elle consiste en une fente longitudinale, médiocre, mais susceptible
d'une grande dilatation au moment où l'animal fait sortir sa
trompe. Dans les grands individus du *Dolium galea*, cette
trompe est de la grosseur du doigt, et elle a plus de 6 pouces
de longueur : l'animal la fait sortir et rentrer avec assez de ra-
pidité. Le manteau revêt tout l'intérieur de la coquille, et, en
avant, il se prolonge en un tuyau cylindrique assez grand, qui
passe par l'échancrure de la coquille, et se relève sur le dos.
Les animaux des Tonnes sont assez prompts dans leurs mouve-

mens; en cela ils se rapprochent des Buccins, surtout de ceux qui constituent les Nasses de Lamarck.

Le nombre des espèces connues est peu considérable. Lamarck en a inscrit sept, et Brocchi, dans ses fossiles subappennins, a donné comme analogue du *Dolium pomum* une espèce fossile du Plaisantin, qui est bien distincte. M. Valenciennes, dans les observations zoologiques de MM. de Humboldt et Bonpland, a proposé un genre *Malea*, pour une espèce des mers du Chili, dont le bord droit est extrêmement épais et considérablement dilaté; mais, à bien considérer cette coquille, elle appartient aussi bien aux *Dolium* que le *Pomum* de Linné, et MM. Quoy et Gaimard, dans l'ouvrage que nous avons cité, ont fait voir que l'animal de ce *Pomum* ne diffère en rien d'essentiel de celui des autres Tonnes. Cette espèce est la seule que M. Kiener ait ajoutée à celle de Lamarck, et cependant on en trouve dans son ouvrage deux autres : l'une qu'il a confondue avec le *Dolium variegatum* de Lamarck; et l'autre avec le *Dolium fasciatum*. A ces espèces, plusieurs autres doivent être ajoutées : l'une qui vient des mers de la Chine, est le *Buccinum chinense* de Chemnitz et de Dillwyn; une autre a été figurée pour la première fois par M. John Jay, dans son *Catalogue des Coquilles de sa Collection*, publié à New-York, en 1839. Enfin, nous voulons signaler une espèce que nous regardons comme nouvelle, et qui a été figurée par M. Sowerby, dans son *Genera of Shells*, sous le nom de *Dolium olearium*. Il résulte de ce qui précède, qu'il existe au moins treize espèces dans le genre *Dolium*.

On a rapporté à ce genre des coquilles fossiles très globuleuses, que l'on rencontre quelquefois dans la partie moyenne des terrains crétacés. M. d'Orbigny, dans sa *Paléontologie française*, a retranché des Tonnes ces espèces, et il en a fait un genre *Globiconcha*, qu'il rapproche de la famille des Auricules, et particulièrement de son genre *Acteonella*. Nous avons depuis long-temps quelques individus de ces coquilles, mais malheureusement en trop mauvais état pour pouvoir contrôler l'opinion de M. d'Orbigny.]

ESPECES.

1. Tonne cannelée. *Dolium galea.*

D. testá maximá, ovato-globosá, ventricosissimá, umbilicatá, tenui, albido-fulvá; costis convexis : anteriús alternis minoribus; anfractibus prope suturas incurvato-excavatis, canaliculatis.

Buccinum galea. Lin. Syst. nat. éd. 12. p. 1197. Gmel. p. 3469. n° 2.

Lister. Conch. t. 898. f. 18.

Bonanni. Recr. 3. f. 183.

Gualt. Test. t. 42. fig. A.

Favanne. Conch. pl. 27. fig. B 1.

Schroëter. Einl. in Conch. 1. t. 2. f. 1.

Martini. Conch. 3. t. 116. f. 1070.

Buccinum galea. Brug. Dict. n° 2.

* *Tertia nautili species.* Belon de aqual. p. 383.

* Rondel. Hist. des Poiss. p. 72.

* Gesner. de Crust. p. 253.

* Aldrov. de Testac. p. 396.

* Mus. Calcéol. p. 41.

* Mus. Moscardo. p. 216. f. 6.

* Jonst. Hist. nat. de Exang. pl. 10. f. 9 et pl. 12. f. 1.

* *Rariora.* Mus. Besleriani. pl. 20. f. 1.

* *Buccinum galea.* Delle Chiaje dans Poli. Testac. t. 3. 2e part. p. 39. pl. 47. f. 3. 4. et pl. 50. f. 1 à 17.

* Lin. Syst. nat. éd. 10. p. 734.

* Planc. de Conch. app. pl. 3. *Cumpaguro.*

* Roissy. Buf. Moll. t. 6. p. 39. n° 1.

* *Buccinum galea.* Born. Mus. p. 239.

* *Id.* Schrot. Einl. t. 1. p. 308. n° 2.

* *Id.* Olivi. Zool. adriat. p. 143.

* *Buccinum galea.* Dillw. Cat. t. 2. p. 582. n° 2.

* Payr. Cat. des Moll. de Corse. p. 156. n° 314.

* Phil. Enum. Moll. Sicil. p. 219.

* Blainv. Faune franç. p. 191. n° 1. pl. 7 B. f. 1.

* Wood. Ind. Test. pl. 22. f. 2. *Buccinum galea.*

* Desh. Exp. sc. de Morée. Zool. t. 3. p. 195. n° 331.

* Kiener. Spec. des Coq. p. 7. n° 3. pl. 2. f. 2.

* Blainv. Malac. pl. 23. f. 4.

Habite la Méditerranée. Mon cabinet. C'est la plus grande des espèces de ce genre; quoique légère, elle devient aussi grosse que la tète d'un homme. Longueur : 8 pouces 9 lignes.

2. Tonne pelure-d'oignon. *Dolium olearium.* (1)

D. testá ovato-globosá, ventricosá, tenui, fulvo-rufescente; costis latis, complanatis, sulco-impresso separatis anfractibus propè suturas canaliculatis.

Buccinum olearium. Lin. Syst. nat. éd. 12. p. 1196. Gmel. p. 3469. n° 1.

Rumph. Mus. t. 27. fig. D.

Petiv. Amb. t. 9. f. 7.

Gualt. Test. t. 44. fig. T.

Seba. Mus. 3. t. 69.

Knorr. Vergn. 5. t. 12. f. 1.

Martini. Conch. 3. t. 117. f. 1076. 1077.

Buccinum olearium. Brug. Dict. n° 1.

Dolium olearium. Encycl. pl. 403. f. 1.

* Lin. Syst. nat. éd. 10. p. 734.

* Crouch. Lamk. Conch. pl. 19. f. 2.

* Roissy. Buf. Moll. t. 6. p. 39. n° 2.

* *Buccinum olearium.* Schrot. Einl. t. 1. p. 307. n° 1.

* *Id.* Dillw. Cat. t. 2. p. 582. n° 1.

* *Id.* Wood. Ind. Test. pl. 22. f. 1.

* Kiener. Spec. des Coq. p. 6. n° 2. pl. 1. f. 1.

Habite l'Océan des Grandes-Indes. Mon cabinet. Bien moins grande que celle qui précède, elle est aussi très mince et légère, et est ordinairement maculée de blanc et de brun. Longueur : 4 pouces 7 lignes.

3. Tonne tachetée. *Dolium maculatum.* (2)

D. testá ovato-globosá, ventricoso-inflatá, tenui, albá; costis convexis, distantibus, fulvo aut rufo maculatis; interstitiis striá prominulá divisis.

---

(1) M. Sowerby, dans son *Genera of Shells*, et M. Reeve après lui, dans son *Conchologia systematica*, ont représenté sous le nom d'*Olearium* une coquille qui paraît distincte ; l'*Olearium* a toujours les sutures canaliculées ; ce caractère manquerait complétement, d'après la figure de M. Sowerby.

(2) Nous devons faire remarquer que depuis Linné jusqu'aujourd'hui, deux espèces au moins sont confondues sous une com-

Buccinum dolium. Lin. Syst. nat. éd. 12. p. 1197. Gmel. p. 3470. n° 5.

Lister. Conch. t. 899. f. 10.

Bonanni. Recr. 3. f. 16. 17. et 25.

Rumph. Mus. t. 27. fig. A.

Petit. Gaz. t. 99. f. 11. et Amb. t. 12. f. 5.

Gualt. Test. t. 39. fig. E.

D'Argenv. Conch. pl. 17. fig. C.

Favanne. Conch. pl. 27. fig. C 1. C 2.

Adans. Seneg. pl. 7. f. 6. le Minjac.

Seba. Mus. 3. t. 68. f. 9–11. t. 69. et t. 70. f. 1 et 5.

Knorr. Vergn. 3. t. 8. f. 4.

Martini. Conch. 3. t. 117. f. 1073. et t. 118. f. 1082.

Buccinum dolium. Brug. Dict. n° 4.

Dolium tessellatum. Encycl. pl. 403. f. 3. a. b.

* Sow. Conch. Man. f. 420.

* Kiener. Spec. des Coq. p. 8. n° 4. pl. 3. f. 4.

* Mus. Gottw. pl. 27. f. 1856?

* Lin. Syst. nat. éd. 10. p. 735.

* Lin. Mus. Ulric. p. 601.

* Lessons on Shells. pl. 3. f. 1.

---

mune dénomination de *Buccinum dolium* ou de *Dolium maculatum :* l'une de ces espèces, à laquelle le Minjac d'Adanson peut servir de type, a toujours quatorze côtes transverses sur le dernier tour, et trois sur les premiers ; l'autre espèce, figurée par Lister, Gualtieri, d'Argenville, Seba, Martini, n'a que dix ou onze côtes principales sur le dernier tour, et deux seulement sur les premiers ; enfin, il faudra peut-être considérer comme troisième espèce celle figurée par Favanne f. C 2, pl. 27, et que M. Kiener donne à tort, selon nous, comme le jeune âge du *Dolium variegatum* de Lamarck. M. Sowerby, dans son *Genera,* et M. Reeve, à son exemple, dans son *Conchologia systematica,* donnent le nom de *Dolium fimbriatum* au Minjac d'Adanson. Nous pensons que, malgré leur étrangeté, les noms d'Adanson doivent être conservés autant que le permet la date de leur publication ; et c'est pour cette raison que nous proposons de rétablir cette espèce sous le nom de *Tonne minjac, Dolium minjac.*

* Brookes. Introd. of Conch. pl. 6. f. 82.
*. Roissy. Buf. Moll. t. 6. pl. 58. f. 1.
* *Buccinum dolium.* Born. Mus. p. 241.
* *Id.* Schrot. Einl. t. 1. p. 311. n° 5.
* *Id.* Burrow. Elem. of Conch. pl. 16. f. 1.
* Dillw. Cat. t. 2. p. 584. n° 6.
* Wood. Ind. Test. pl. 22. f. 6.

Habite l'Océan des Grandes-Indes; se trouve aussi sur les côtes du Sénégal. Mon cabinet. Ses cordelettes, distantes, très convexes, et maculées de jaune-roussâtre, la font aisément reconnaître. Longueur : 4 pouces 8 lignes. Vulg. le *Tonneau.*

4. Tonne fasciée. *Dolium fasciatum.* (1)

D. testá ovato-ventricosá, tenuiusculá, albá, fasciis, quatuor fulvo-rufis versùs labrum evanidis cinctá; costis convexo-planis, plerisque confertis, supremis remotiusculis; labro intùs dentato, extùs marginato.

Seba. Mus. 3. t. 68. f. 17.

Favanne. Conch. pl. 27. fig. B 2.

Martini. Conch. 3. t. 118. f. 1081.

Buccinum fasciatum. Brug. Dict. n° 5.

* *Buccinum sulcosum.* Dillw. Cat. t. 2. p. 584. n° 5. *Non.* Born.

* *Id.* Wood. Ind. Test. pl. 22. f. 5.

* Kiener. Spec. des Coq. pl. 11. n° 6. pl. 3. f. 5. *Exclus. var.*

Habite l'Océan des Grandes-Indes. Mon cabinet. Celle-ci n'est point tachetée; mais elle offre quatre fascies transverses d'un fauve plus ou moins foncé, et qui n'arrivent point jusqu'au bord. L'extrémité de la spire est rembrunie. Longueur : 4 pouces.

5. Tonne cassidiforme. *Dolium pomum.*

D. testá ovato-turgidá, crassiusculá, albá, luteo-maculatá; costis convexiusculis, latis, confertis; spirá brevi; aperturá coarctatá, utrinquè dentatá; labro crasso, extùs marginato.

---

(1) Cette espèce ayant été citée par Born dans sa synonymie du *Cassis sulcosa*, Dillw. a attribué le nom du Casque à la Tonne, sans que rien justifie cette transposition. Voyez la note du *Cassis sulcosa.* Dans son Species, M. Kiener donne comme variété du *Dolium fasciatum* une coquille qui en est constamment distincte. Nous pouvons en attester les figures de M. Kiener, qui, quoique médiocres pour les espèces en question, indiquent cependant d'une manière suffisante leurs caractères spécifiques.

Buccinum pomum. Lin. Syst. nat. éd. 12. p. 1197. Gmel. 3470. n° 4.

Bonanni. Recr. 3. f. 22,

Rumph. Mus. t. 27. fig. B.

Petiv. Amb. t. 12. f. 6.

Gualt. Test. t. 51. fig. C.

D'Argenv. Conch. pl. 17. fig. L.

Favanne. Conch. pl. 27. fig. G.

Seba. Mus. 3. t. 70. f. 3. 4.

Knorr. Vergn. 6. t. 23. f. 2.

Cassis labrosa. Martini. Conch. 2. t. 36. f. 370. 371.

Buccinum pomum. Brug. Dict. n° 6.

Dolium pomum. Encycl. pl. 403. f. 2. a. b.

* Mus. Gottw. pl. 27. f. 184 c. 188 a. b. c.

* Klein. Tentam. Ostracolog. pl. 5. f. 100.

* *Buccinum pomum.* Lin. Syst. nat. éd. 10. p. 735.

* Lin. Mus. Ulric. p. 600.

* Roissy. Buf. Moll. t. 6. p. 41. n° 4.

* *Buccinum pomum.* Born. Mus. p. 240.

* *Id.* Schrot. Einl. t. 1. p. 310. n° 4.

* *Id.* Dillw. Cat. t. 2. p. 583. n° 4.

* *Id.* Wood. Ind. Test. pl. 22. f. 4.

* Kiener. Spec. des Coq. p. 12. n° 7. pl. 5. f. 8.

Habite l'Océan des Grandes-Indes. Mon cabinet. Son ouverture est tout-à-fait celle d'un casque; mais elle n'en a point la queue. Longueur, 2 pouces et demi.

6. Tonne panachée. *Dolium variegatum.* (1)

> **D.** *testâ ovato-globosâ, ventricosâ, umbilicatâ, tenui, albo et rufo variegatâ; costis convexis, confertis, aliis albis rufo—maculatis, aliis rufis; spirâ brevi.*
>
> * Kiener. Spec. des Coq. p. 9. n° 5. pl. 2. f. 3.
>
> Habite les mers de la Nouvelle-Hollande, dans la baie des Chiens-Marins. Mon cabinet. Elle a quelques rapports avec le *D. macu-*

---

(1) Cette espèce, qui provient de la Nouvelle-Hollande, paraît avoir quelque analogie avec le *Dolium maculatum*, et surtout avec le Minjac d'Adanson. Nous pensons que les deux espèces peuvent être conservées; M. Kiener paraît les confondre. M. Kiener rapporte aussi à cette espèce, comme variété jeune, une coquille qui se distingue facilement.

latum; mais ses cordelettes ou côtes sont serrées, les unes blanches, les autres roussâtres, et sont couvertes de taches rousses irrégulières qui forment des rangées en zig-zag, à-peu-près longitudinales. Longueur : 2 pouces 8 lignes.

7. Tonne perdrix. *Dolium perdix.* Lamk.

D. *testá ovato-oblongá, inflatá, tenui, fulvo-rufescente, maculis albis lunatisque seriatim notatá; costis convexiusculis confertis; spirá exsertiusculá, conicá.*

Buccinum perdix. Lin. Syst. nat. éd. 12. p. 1197. Gmel. p. 3470. n° 3.

Lister. Conch. t. 984. f. 43.

Bonanni. Recr. 3. f. 191.

Rumph. Mus. t. 27. fig. C.

Petiv. Gaz. t. 153. f. 13. et Amb. t. 4. f. 11.

Gualt. Test. t. 51. fig. F.

D'Argenv. Conch. pl. 17. fig. A.

Favanne. Conch. pl. 27. fig. A 1.

Adans. Seneg. pl. 7. f. 5. le Tesan.

Seba. Mus. 3. t. 68. f. 16. et t. 69.

Knorr. Vergn. 3. t. 8. f. 1.

Martini. Conch. 3. t. 117. f. 1078-1080.

Buccinum perdix. Brug. Dict. n° 3.

* Mus. Gottv. pl. 27 f. n° 1. n° 2.

* Blainv. Malac. pl. 23. f. 5.

* Lin. Syst. nat. éd. 10. p. 734. *Buccinum perdix.*

* Roissy. Buf. Moll. t. 6. p. 40. n° 3.

* Schum. Nouv. Syst. p. 209.

* *Buccinum perdix.* Born. Mus. p. 239.

* *Id.* Schrot. Einl. t. 1. p. 309. n° 3.

* *Id.* Dillw. Cat. t. 2. p. 583. n° 3.

* Blainv. Faune franç. Moll. p. 192. pl. 7 B. f. 2.

* Wood. Ind. Test. pl. 22. f. 3.

* Kiener. Spec. des Coq. p. 4. n° 1. pl. 5. f. 9.

Habite les mers équatoriales, indiennes, africaines et américaines. Mon cabinet. Quoique son dernier tour soit grand et fort renflé, la forme générale de cette Tonne est plus allongée que celle des autres espèces. La coquille d'ailleurs est mince et légère, et agréablement émaillée de petites taches blanches, arquées en croissant. Longueur : 4 pouces 3 lignes.

† 8. Tonne à côtes. *Dolium costatum.* Desh.

D. *testá ovato-ventricosá, transversìm regulariter costatá, costis qua-*

*tuordecim, albâ, costis aliquandò rufescentibus, anfractibus con-
vexis, suprà planis; aperturâ albâ, ovatâ; labro incrassato, reflexo,
profundè emarginato; columellâ contortâ; basi subumbilicatâ.*

Dolium fasciatum. Var. Kiener. Spec. des Coq. p. 11. pl. 4. f. 6.

Habite...

Cette espèce est celle que M. Kiener a confondue avec le *Dolium fasciatum* de Lamarck. Par l'ensemble de ses caractères, elle se rappro-
cherait plutôt du *Dolium maculatum*, et nous sommes convaincu
qu'elle doit constituer une espèce à part, car nous en avons vu un
assez grand nombre d'exemplaires qui tous nous ont offert des caractères identiques. Le *Dolium costatum* est une coquille ovale-
ventrue, dont le test est un peu plus épais que dans la plupart des
autres espèces. La spire est courte, et elle est composée de cinq
tours seulement, convexes, sur lesquels sont placées, à distances
égales, trois côtes transverses simples, dont les interstices sont toujours dénués de stries; sur le dernier tour, on compte 14 côtes
transverses qui vont graduellement en se rapprochant et en s'amincissant un peu; la dernière ou la quatorzième circonscrit l'origine
de l'échancrure de la base. L'ouverture est assez grande; élargie
dans le milieu, elle se rétrécit à ses extrémités. Dans les vieux individus, le bord droit s'épaissit et se renverse en dehors; ce qui le
rend remarquable, c'est qu'il est creusé d'autant de gouttières qu'il
y a de côtes à l'extérieur. La columelle est assez épaisse, et elle présente à la base un gros pli tordu, derrière lequel est creusée une
fente ombilicale. Cette coquille est peu variable dans sa coloration;
tantôt elle est toute blanche, tantôt ses côtes sont teintées de fauve
pâle.

Elle est longue de 80 millim. et large de 55; on connaît des individus plus grands.

† 9. Tonne minjac. *Dolium minjac.*

*D. testâ ovato-globosâ, transversìm multicostatâ, albo-fulvâ, costis
albo et fulvo-maculatis; spirâ brevi, anfractibus convexis, ad suturam canaliculatis; aperturâ magnâ, ovatâ, intùs fuscescente; columellâ contortâ, basi uniplicatâ; labro incrassato, extùs reflexo, profundè denticulato.*

Bonan. Recreat. part. 3, fig. 16. 17. 25.

Rumph. Mus. pl. 27. fig. A.

Le Minjac. Adans. Voy. au Sénég. pl. 7. f. 6.

Knorr. Vergn. t. 3. pl. 8. f. 4.

Dolium tessellatum. Encycl. méth. pl. 403. f. 3.

Dolium fimbriatum. Sow. Genera of Shells. f. 2.

Dolium fimbriatum. Reeve Conch. Syst. t. 2. p. 229. pl. 264. f. 2.

Habite les mers du Sénégal et peut-être celles de l'Inde et de l'île de
France.

D'après la description que donne Lamarck de son *Dolium variegatum*, il nous paraît certain qu'il constitue une espèce très distincte
de celles du Sénégal, à laquelle Adanson a donné le nom de Minjac;
quoique bizarre, nous avons dû le conserver à cause de sa priorité, et il faut rendre à Adanson cette justice, qu'il avait inventé la
nomenclature binaire à-peu-près en même temps que Linné, et
qu'il en aurait eu l'honneur, si le savant professeur d'Upsal ne l'a-
vait précédé d'un petit nombre d'années.

Cette coquille est ovale-ventrue, très globuleuse, elle semble une variété du *Dolium maculatum*, avec lequel Lamarck l'a particulièrement confondue : en comparant les deux synonymies, on verra ce
qu'il faut retrancher du *Maculatum*, et ce qu'il faut rapporter à
l'espèce qui nous occupe. Ce qui distingue essentiellement les deux
espèces, c'est que dans le *Maculatum* il y a dix côtes principales, et
quelques côtes intermédiaires plus petites, tandis que, dans le Minjac, il y en a quinze au moins qui vont graduellement en s'amoindrissant du sommet à la base. L'ouverture est ovale, subsemilunaire.
Le bord droit est épais, blanc, tandis qu'à l'intérieur la coquille
est d'un fauve brun ; ce bord droit s'épaissit avec l'âge, il se renverse en dehors, il est dentelé en dedans et creusé en dehors en
autant de gouttières qu'il y a de côtes à l'extérieur. Le bord gauche
s'étale sur une portion de l'avant-dernier tour, mais il se détache
vers la base en une lamelle mince et horizontale. La columelle est
presque droite, tordue, plissée, et terminée par une échancrure
large et profonde. Cette coquille est ordinairement d'un blanc
fauve, quelquefois grisâtre ; ses côtes sont ornées de taches fauves
rougeâtres, quadrangulaires, alternant avec des taches blanches
plus longues.

Elle est longue de 125 millim. et large de 42 ; mais il y a des individus dont le volume est au moins double.

† 10. Tonne de la Chine. *Dolium chinense.* Desh

*D. testá ovato-globosá, ventricosá, tenuè pellucidá, albo fulvoque
alternatìm zonatá, zonis albis fusco-punctatis; spirá brevi acuminatá, anfractibus convexis, transversìm multicostatis, costis depressis, alternis minoribus; aperturá magná; labro intùs marginato;
columellá rectá; basi umbilicatá.*

Buccinum australe seu chinense. Chemn. Conch. t. 11. p. 85. pl. 188.
f. 1804. 1805.

Buccinum chinense. Dillw. Cat. t. 2. p. 585. n° 7.

Id. Wood. Ind. Test. pl. 22. f. 7.

Habite les mers de la Chine.

Figurée pour la première fois par Chemnitz, cette espèce ne l'a pas été depuis, et Wood en a emprunté la figure à l'ouvrage cité. Cette coquille a des rapports avec le *Dolium olearium*, mais elle s'en distingue facilement par l'absence de canal à la spire. Elle est ovale-ventrue, très globuleuse. Sa spire est courte, et l'on y compte un petit nombre de tours convexes, dont le dernier est de beaucoup le plus grand. Sur ces tours, se trouvent des côtes transverses, peu saillantes, à-peu-près comme dans le *Dolium perdix.* Dans les interstices des côtes principales, il y en a une beaucoup plus petite. L'ouverture est très grande, le bord droit est médiocrement épaissi à l'intérieur, mais je soupçonne que les individus que j'ai sous les yeux n'ont pas acquis tout leur développement, et qu'en vieillissant, leur bord droit se serait épaissi davantage, et probablement se serait renversé en dehors. La columelle est un peu arquée dans sa longueur ; à la base, elle est creusée en gouttière, et cette gouttière pénètre dans un ombilic assez grand et profond. Le test de cette coquille est mince et fragile ; il est orné de six fascies transverses, blanches, étroites, alternant avec un nombre égal d'autres fascies fauves un peu plus larges ; sur le milieu des fascies blanches se montrent, à des distances assez grandes, de gros points d'un brun foncé. On remarque encore sur les fascies brunes des lignes longitudinales, brunâtres, qui suivent la direction des accroissemens.

Cette espèce, rare encore dans les collections, a 75 millim. de long et 60 de large.

Espèce fossile.

† 1. Tonne denticulée. *Dolium denticulatum.* Desh.

> *D. testâ ovato-oblongâ, utrinquè attenuatâ, transversìm regulariter sulcatâ, sulcis simplicibus, depressis, convexiusculis; aperturâ angustâ, ringente; columellâ in medio excavatâ, plicis tribus majoribus instructâ, alteris minoribus rugæformibus; labro regulariter denticulato, in medio incrassato.*

Buccinum pomum. Brocc. Conch. foss. subap. p. 525. n° 3.

Desh. Expéd. de Morée, Moll. p. 194. pl. 25. f. 1. 2.

Brocchi, conduit par une fausse analogie, a confondu, sous le nom de *Buccinum pomum,* deux espèces fort différentes, l'une vivant dans l'Océan Indien, et l'autre actuellement connue fossile seulement dans les terrains subapennins de l'Italie et de la Morée.

En comparant des individus vivans à cet individu fossile, on s'apercevra facilement des nombreuses différences qui existent entre eux. Cette coquille est ovoïde ; sa spire est courte, pointue, formée de huit tours étroits, dont le dernier est beaucoup plus grand que tous les autres réunis ; ils sont légèrement convexes, séparés par une suture un peu profonde ; la surface du dernier tour offre une vingtaine de sillons transverses, convexes, déprimés, très réguliers, dont les plus larges sont les médians. Ces sillons sont beaucoup plus nombreux que dans l'espèce vivante, où il n'en existe que dix ou onze. L'ouverture est étroite, grimaçante, un peu oblique. La columelle, excavée dans le milieu, offre, dans cet endroit, trois gros plis transverses inégaux et inégalement espacés ; à côté de ces plis, ou plutôt en avant d'eux, ou en remarque un assez grand nombre d'autres, beaucoup plus fins et en forme de rides. Le bord gauche s'étale en une large callosité ; il se relève à sa base au-dessus d'une fente ombilicale très étroite, et cette partie relevée du bord est profondément dentelée. Le bord droit est fort épais ; il est renversé en dehors comme dans certains Casques ; mais ce qui est particulier, c'est qu'il est séparé en dehors du reste de la coquille par une inflexion profonde du test ; inflexion qui correspond à l'épaississement intérieur du milieu de ce bord, il est aplati en dessous, pourvu dans sa longueur d'un double rang de dentelures, l'un sur le bord interne et l'autre sur le bord externe. Ces dentelures sont égales et correspondent à la terminaison des cannelures extérieures, dont le dernier tour est chargé. L'échancrure de la base est profonde et fortement relevée vers le dos.

Cette coquille, assez rare, a 80 millim. de long et 50 de large.

BUCCIN. (Buccinum.)

Coquille ovale ou ovale-conique. Ouverture longitudinale, ayant à sa base une échancrure sans canal. Columelle non aplatie, renflée dans sa partie supérieure.

Testa ovata vel ovato-conica. Apertura longitudinalis, basi emarginata : canali nullo. Columella non depressa, supernè turgidá, undato-curva.

Observations. — Les *Buccins*, beaucoup trop nombreux et trop vaguement déterminés par les auteurs, sont ici considérablement réduits ; et cependant ces coquillages offrent encore un grand nombre d'espèces. Bruguière, convaincu de la nécessité de réformer le genre *Buccinum* de Linné, en a séparé les Casques et même les Vis. Depuis, j'ai cru devoir porter plus loin la réforme, et, avec d'autres démembremens de cet énorme genre, j'ai établi les Harpes, les Tonnes, les Licornes, les Concholépas et les Éburnes. Chacun de ces genres se trouve distingué par des caractères propres que les *Buccins* réformés n'offrent point.

Ainsi le genre dont il est maintenant question se compose d'un résidu des anciens *Buccinum*, duquel je n'ai pu détacher aucun groupe convenablement séparable. Les nombreuses espèces qu'il embrasse présentent cependant beaucoup de diversité dans leur aspect, quoiqu'elles se lient par de grands rapports.

Les Buccins sont des coquilles marines, littorales, la plupart fort petites, quoique certaines espèces soient d'une taille moyenne ou ordinaire. L'animal de ces coquilles a deux tentacules coniques, portant les yeux à leur base externe, un pied plus court que sa coquille, un siphon saillant, sortant par l'échancrure de la base du test, et un opercule cartilagineux attaché au pied.

[Lorsque l'on considère dans son ensemble le genre Buccin tel qu'il est actuellement constitué, l'on s'aperçoit bientôt qu'il contient plusieurs sortes de Mollusques, et l'on conçoit que la réforme de ce genre est enfin devenue nécessaire. Déjà quelques zoologistes, et particulièrement en Angleterre M. Gray, ont proposé de démembrer le genre Buccin de Lamarck; mais avant d'admettre ces démembremens, il est nécessaire d'en examiner la valeur. Il faut voir aussi s'il n'existait pas déjà dans la science quelques-uns des genres que l'on propose aujourd'hui sous d'autres noms.

A l'époque où Bruguière écrivait le premier volume de l'*Encyclopédie méthodique*, on ne connaissait qu'un bien petit nombre d'animaux appartenant au genre Buccin de Linné; mais dans ce genre linnéen se trouvaient réunies des formes si différentes, que la coquille seule pouvait suffire pour réformer le genre Buccin du célèbre professeur d'Upsal. Lamarck se servit des mêmes moyens que Bruguière pour diviser encore le genre

Buccin de Linné; mais entraîné par les idées de ses prédécesseurs, il présenta, comme type du genre Buccin réformé, le *Buccinum undatum* dont O. Müller avait fait son genre *Tritonium*, adopté bientôt après par Fabricius dans sa Faune du Groënland. Voilà donc, dès le commencement, le genre de Müller substitué, pour ainsi dire, à celui des Buccins, dont on lui fait emprunter le nom. Aussi, lorsque Cuvier publia ses divers mémoires anatomiques sur les Mollusques, il continua à donner le nom de Buccin au *Tritonium* de Müller, et à le considérer comme le type du genre Buccin réformé. Pour n'avoir plus à revenir sur le genre *Tritonium*, nous ajouterons d'abord qu'il a été établi le premier, et que, démembré par Müller des Buccins de Linné, il doit conserver le nom que lui a imposé le zoologiste danois. Ensuite nous dirons que ce genre est suffisamment caractérisé par l'animal, sa coquille et son opercule, et que, par conséquent, il doit rester dans la science, et prendre sa place, dans la méthode, entre les Buccins et les Tritons dont il partage, en quelque sorte, les caractères. Le genre *Polia* de M. Gray me semble en grande partie composé d'espèces qui devront entrer dans ce genre *Tritonium* de Müller.

En continuant l'examen des Buccins, nous observons un autre type qui nous paraît intermédiaire entre les Pourpres et les Nasses. C'est à ce groupe que devra être conservé le nom de Buccin, à moins que l'on ne préfère réserver ce nom pour l'appliquer à la partie la plus considérable de l'ancien genre Buccin de Lamarck. Le genre dont nous parlons actuellement est parfaitement caractérisé par un opercule onguiculé qui ferme l'ouverture assez complétement, et qui ressemble assez à celui des Turbinelles et des Fasciolaires.

M. Gray a proposé récemment, dans la partie zoologique du Voyage du capitaine Beechey, un genre *Bullia* pour quelques espèces de Buccins (*Buccinum lævissimum* par exemple) dont l'animal a le pied extrêmement large, un opercule très petit, dentelé, et est dépourvu des organes de la vue qui sont généralement bien développés dans toute la famille des Buccins; mais ce genre se rapproche beaucoup trop de celui des Nasses de Lamarck, que nous allons examiner, et nous proposerons d'en faire une section dans ce genre Nasse.

Lamarck proposa son genre Nasse dans le premier essai de classification des coquilles qu'il publia, en 1799, dans le 1er vol. des *Mémoires de la Société d'histoire naturelle de Paris*. Il conserva ce genre dans ses différentes méthodes jusqu'à la publication de son grand ouvrage sur les animaux sans vertèbres ; il le supprima alors, et le joignit aux Buccins à titre de section. Cela se concevra d'autant mieux, que Lamarck a confondu un assez grand nombre de véritables Nasses parmi ses Buccins. Il est vrai de dire qu'il est difficile de déterminer une limite exacte entre ces genres, d'après la coquille elle seule, et que, pour les distinguer, il faut être aidé de la connaissance d'un assez grand nombre d'animaux, et c'est alors que l'on voit que le genre Nasse doit être rétabli dans la méthode, et classé dans le voisinage des Casques et des Buccins.

Si les observations de MM. Quoy et Gaimard sur le *Murex senticosus* de Linné sont exactes, et s'il est vrai que cet animal porte les yeux sur le milieu des tentacules (ce qui nous paraît assez douteux), il faudrait encore rétablir pour lui un genre proposé autrefois par Montfort sous le nom de *Phos*, et y réunir quelques espèces qui ont, sur le bord droit, une très légère dépression que l'on a comparée à celle qui caractérise les Strombes. Quoique nous ayons beaucoup de confiance dans les travaux de MM. Quoy et Gaimard, nous dirons cependant que, pour les formes extérieures des animaux mollusques, et particulièrement pour celles des Nasses, il leur est échappé quelques erreurs, qui, peut-être, sont le fait de la mauvaise exécution de plusieurs de leurs planches, plutôt que de l'imperfection de leurs dessins. Nous voyons, en effet, parmi les figures de véritables Nasses des animaux dont les yeux ne sont pas à la même place, et cependant nous pouvons affirmer que sur les huit ou dix espèces de la Méditerranée, nous avons toujours trouvé ces organes placés de la même manière. Au reste, par les caractères du pied, par ceux du siphon, de la forme générale de la tête, ce genre *Phos* de Montfort se joint aux Nasses par un si grand nombre de points de contact, qu'il est difficile de l'en détacher.

On trouve encore parmi les Buccins des auteurs un *Buccinum plombeum* de Chemnitz, dont on ne connaît pas encore l'animal et l'opercule, et qui, selon toutes les probabilités, deviendra ainsi le type d'un genre nouveau, dans lequel il faudra introduire plusieurs de nos espèces fossiles des environs de Paris. Ce genre est caractérisé par un petit sillon décurrent vers la base du dernier tour, sillon qui en aboutissant au bord droit, est surmonté d'une petite dent assez semblable à celle des *Monoceros*, et il est à présumer que ce groupe aurait été introduit parmi les Pourpres, si l'on y eût trouvé une columelle aplatie et pointue comme dans ce dernier genre.

Il resterait maintenant à examiner auquel de ces divers groupes le nom de Buccin doit être appliqué. Déjà celui nommé *Tritonium* par Müller doit être mis hors de cause. La discussion doit s'établir entre les Nasses et le deuxième groupe que nous avons signalé, et il est certain que si le nombre des espèces devait l'emporter, c'est aux Nasses de Lamarck que le nom de Buccin reviendrait, car aujourd'hui elles constituent à elles seules plus des trois quarts de l'ancien genre Buccin.

D'après toutes les observations qui précèdent, il nous semble que, dans l'état actuel de la science, le genre Buccin de Lamarck doit se partager en d'autres genres, que l'on pourrait disposer dans l'ordre suivant : 1º *Tritonium* de Müller; 2º *Buccinum*; 3º *Nassa*. On comprendra que le genre Buccin, après avoir subi des changemens aussi considérables que ceux que nous venons de signaler, devra éprouver dans ses caractères de profondes modifications; et pour les faire mieux comprendre, nous allons exposer ici les caractères des trois genres que venons de mentionner.

1º Genre **TRITONIUM**, Müller.

Caractères génériques : Animal gastéropode, ayant le pied ovale, un peu plus court que la coquille. Tête aplatie, étroite, portant deux tentacules coniques, à la base extérieure desquels se trouvent les points oculaires. Trompe allongée, cylindrique, sortant par une fente buccale, étroite, placée au-dessous de la tête. Opercule corné-ovale, à élémens subconcentriques, ayant le sommet latéral et submédian. Coquille ovale ou ovale-conique, épidermée, ayant l'ouverture longitudinale, échancrée à la base, quelquefois subcanaliculée. Columelle arrondie, simple, sans callosités sur le bord gauche.

2° Genre **BUCCINUM** , Lamarck.

Caractères génériques : Animal gastéropode, rampant sur un pied étroit, allongé en avant. Tête petite, étroite, aplatie, portant deux tentacules cylindracés, obtus au sommet, au côté externe desquels se relèvent, à la base, de petits pédicules, au sommet desquels sont les yeux. Opercule corné, onguiculé, à sommet pointu, terminal, inférieur. Coquille ovale-oblongue, épidermée, échancrée à la base. Columelle arrondie, sans callosités sur le bord gauche.

3° Genre **NASSA** , Lamarck.

Caractères génériques : Animal gastéropode, ayant le pied large, mince, ordinairement plus long que la coquille, subsemi-circulaire en avant, et terminé de chaque côté par une courte oreillette ; l'extrémité postérieure est bifurquée ou porte deux petits tentacules. Tête aplatie, très large, terminée de chaque côté en un long tentacule conique, renflé au côté externe de la base, et portant le point oculaire sur l'extrémité antérieure de ce renflement. Opercule corné, mince, petit, toujours trop petit pour fermer l'ouverture, et dentelé sur les bords. Coquille ovale-sub-globuleuse, quelquefois allongée, à ouverture ovale-oblongue, profondément échancrée à la manière des Casques. Columelle tantôt simple, tantôt garnie d'une callosité plus ou moins large, formant un bord gauche.

Les personnes qui étudient la conchyliologie et qui ont à leur disposition des collections plus ou moins nombreuses, pourront facilement, à l'aide des caractères de ces trois genres, distribuer les espèces qui s'y rapportent. Nous aurons soin, du reste, de les signaler, de manière à leur permettre de reconstituer les trois genres naturels tels que nous les entendons.

Lamarck n'a signalé, dans le genre Buccin, qu'un très petit nombre d'espèces, et à considérer ce genre de la même manière que lui, on peut y compter aujourd'hui près de deux cents espèces vivantes. On en trouve aussi un certain nombre d'espèces à l'état fossile, celles-ci se distribuent dans les terrains tertiaires. On en compte, aujourd'hui, au moins cent cinquante dans ce dernier état, ce qui porte à trois cent cinquante au moins le nombre des Buccins aujourd'hui connus.]

ESPÈCES.

1. **Buccin ondé.** *Buccinum undatum.* Lin. (*Tritonium.* Müller).

> *B. testá ovato-conicá, ventricosá, transversim sulcatá et striatá, striis longitudinalibus tenuissimis decussatá, longitudinaliter plicatá, albidá vel griseo-lutescente; plicis crassis obliquis undatis; anfractibus convexis; aperturá albá aut flavá.*

Buccinum undatum. Lin. Syst. nat. éd. 12. p. 1204. Gmel. p. 3492 n° 93.

Lister. Conch. t. 962. f. 14. **15.**

Bonanni. Recr. 3. f. 189. 190.

Seba. Mus. 3. t. 39. f. 76-80. et t. 83. f. 7.

Pennant. Brith. Zool. 4. t. 73. f. 90.

Born. Mus. t. 9. f. 14. 15. *Var. sinistra.*

Favanne. Conch. pl. 32. fig. D.

Martini. Conch. 4. t. 126. f. 1206-1211.

Chemn. Conch. 9. t. 105. f. 892. 893. *Var. sinistra.*

Buccinum undatum. Brug. Dict. n° 20.

Encycl. pl. 399. f. 1. a. b.

Küst. Conch. Cab. Chemn. Nov. édit. p. 100. n° 1. pl. 1. f. 1-6. pl. 2. f. 1-2.

* *Cochlea marina.* Belon de Aquat. p. 429.

* Lister. Anim. angl. pl. 3. f. 2. 3.

* Pontoppidan. Voy. t. 2. p. 270. f. 1.

* *Buccinum solutum.* Herman. Naturf. t. 16. pl. 2. f. 3. 4.

* Olafsen. Voy. en Isl. pl. 10. f. 1.

* Perry. Conch. pl. 48. f. 1?

* Pennant. Zool. Brit. t. 4. pl. 76. 77.

* Blainv. Malac. pl. 22. f. 4.

* Knorr. Delic. nat. Select. t. 1. Coq. pl. B,VI. f. 6.

* Lin. Syst. nat. éd. 10. p. 740.

* Brookes. Introd. of Conch. pl. 6. f. 79.

* Roissy. Buf. Moll. t. 6. p. 28. n° 1. pl. 57. f. 6.

* *Tritonium undatum.* Schum. Nouv. Syst. p. 210.

* D'Acosta. Conch. brit. pl. 6. f. 6.

* Linné. Fauna suecica. p. 523. n° 2163.

* Schrot. Einl. t. 1. p. 344. n° 38.

* Gerville. Cat. des Coq. de la Manche. p. 38. n° 3.
* *Tritonium undatum.* Mull. Zool. danica Prod. p. 243. n° 2938.
* Dillw. Cat. t. 2. p. 632. n₀ 108.
* *Buccinum solutum.* Dillw. Cat. t. 2. p. 633. n° 110.
* Gmel. p. 3493.
* Coll. des Ch. Cat. des Moll. du Finist. p. 53. n° 1.
* Blainv. Faun. franç. p. 169. n° 2. pl. 6. b. f. 2. 3.
* Bouchard. Chantr. Cat. des Moll. du Boul. p. 66. n° 117.
* Sow. Genera of Shells. f. 1.
* Wood. Ind. Test. pl. 23. f. 102.
* Kiener. Spec. des Coq. p. 3. n° 1. pl. 2. f. 5.

Habite les mers de l'Europe. Mon cabinet. C'est la plus grande des espèces de ce genre. La coquille est quelquefois sinistrale. Longueur : 3 pouces 3 lignes et demie. Vulgairement la *Bouche-aurore.*

2. Buccin du Nord. *Buccinum glaciale.* Lin. (*Tritonium.* Müller).

B. testâ ovato-conicâ, longitudinaliter subplicatâ, fulvo-rubente; anfractibus carinato-noduliferis : ultimo carinis tribus cincto; labro repando, margine reflexo.

Buccinum glaciale. Lin. Syst. nat. éd. 12. p. 1204. Gmel. p. 3491. n° 92.

Tritonium glaciale. Müller. Zool. Dan. Prodr. n° 2942.

Oth. Fabric. Faun. Groënl. n° 397.

Chemn. Conch. 10. t. 152. f. 1446. 1447.

Buccinum glaciale. Brug. Dict. n° 21.

Encycl. pl. 399. f. 3. a. b.

* Fabricius. Faun. Groënl. p. 397.
* Dillw. Cat. t. 2. p. 631. n° 105.
* Blainv. Faun. franç. Moll. p. 170. n° 3.
* Wood. Ind. Test. pl. 23. f. 106.
* Kiener. Spec. des Coq. p. 6. n° 5. pl. 2. f. 4.
* Linné. Faun. Suec. 1761. p. 523.
* Roissy. Buf. Moll. t. 6. p. 29. n° 2.
* *Buccinum glaciale.* Schrot. Einl. t. 1. p. 344. n° 37.

Habite les mers du Nord. Mon cabinet. Il a un peu le port d'une Struthiolaire. Ses carènes sont obscurément noduleuses; chaque tour de la spire n'en a qu'une seule, mais le dernier en offre trois, dont celle du milieu est la plus forte; la dernière est peu apparente. Longueur : 2 pouces 3 lignes.

3. Buccin anglican. *Buccinum anglicanum*. Martini. (*Buc-cinum*. Lamk.).

B. testá oblongá, conicá, tenuiusculá, transversìm sulcatá et striatá, rufo-fuscescente ; sulcis prominulis; anfractibus convexis, supernè depressis; spirá apice obtusá; columellá subverrucosá.

Lister. Conch. t. 963. f. 17.

Buccinum anglicanum. Martini. Conch. 4. t. 126. f. 1212.

Buccinum anglicum. Gmel. p. 3494. n° 104.

Buccinum norvegicum. Encycl. pl. 399. f. 5 a. b.

* *Buccinum papyraceum*. Var. B. Dillw. Cat. t. 2. p. 634.

* Schrot. Einl. t. 1. p. 371. *Buccinum*. n° 63.

* Blainv. Faun. franç. Moll. p. 171. n° 5.

* Kiener. Spec. des Coq. p. 7. n° 6. pl. 4. f. 9.

Habite les mers d'Angleterre et de Norwège. Mon cabinet. Bord droit mince, tranchant, lisse à l'intérieur. Longueur : environ 23 lignes.

4. Buccin papyracé. *Buccinum papyraceum*. Brug. (*Buc-cinum*. Lamk.).

B. testá ovato-conicá, tenui, transversìm striatá, albidá, infernè supernèque rufescente; anfractibus convexis, anteriùs depressiusculis; spirá peracutá; labro tenuissimo, acuto, intùs striato.

Buccinum papyraceum. Brug. Dict. n° 22.

Encycl. pl. 400. f. 3. a. b.

* *Buccinum papyraceum*. Var. A. Dillw. Cat. t. 2. p. 634. n° 111.

* Kiener. Spec. des Coq. p. 8. n° 8. pl. 4. f. 10.

Habite... Mon cabinet. La moitié inférieure de son dernier tour est rousse et fortement striée; la supérieure est blanchâtre et moins striée. Longueur : 22 lignes et demie.

5. Buccin annelé. *Buccinum annulatum*. Lamk. (*Nassa*. Nob.).

B. testá ovato-conicá, transversìm tenuissimè striatá, albidá, luteo-nebulosá; anfractibus supernè angulatis : angulo annulátìm cingu-lifero; aperturá lœvi; labro tenui, simplici, infernè repando.

Encycl. pl. 399. f. 4. a. b.

* Kiener. Spec. des Coq. p. 9. n° 9. pl. 4. f. 11.

Habite... Mon cabinet. Coquille rare, et singulière en ce que les tours de sa spire ne sont nullement convexes, et qu'à leur angle supérieur se trouve un bourrelet en forme d'anneau; ce bourrelet est froncé et comme écailleux sur le dernier tour. Long. : 21 lignes.

6. Buccin lisse. *Buccinum lævissimum.* Gmel. (*Nassa. Nob.*).

> *B. testá ovato-oblongá, lævissimá, nitidá, luteo-fulvá et cærulescente; anfractibus convexiusculis, connatis; spirá breviusculá, obtusiusculá; aperturá lævi; labro arcuato, infernè repando.*

Lister. Conch. t. 978. f. 35.

Buccinum lævigatum. Martini. Conch. 4. t. 127. f. 1215. 1216.

Buccinum flammeum. Brug. Dict. n° 32.

Buccinum lævissimum. Gmel. p. 3494. n° 106.

Buccinum lævigatum. Encycl. pl. 400. f. 1. a. b.

* Schrot. Einl. t. 1. p. 372. n° 66. *Buccinum.*

* Dillw. Cat. t. 2. p. 623. n° 83.

* Wood. Ind. Test. pl. 23. f. 84.

* Quoy et Gaim. Voy. de l'Astr. Zool. t. 2. p. 433. pl. 31. f. 14 à 16.

* Kiener. Spec. des Coq. p. 27. n° 18. pl. 7. f. 20.

Habite... Mon cabinet. Les sutures paraissent fort peu, la partie supérieure des tours étant confluente, ceux-ci sont très lisses, brillans, ayant quelques nuances bleuâtres sur un fond d'un fauve clair. Longueur : 22 lignes.

7. Buccin écaille. *Buccinum testudineum.* Chemn. (1). (*Buccinum.* Lamk.).

> *B. testá ovato-conicá, lævigatá, cinereo-fuscescente; tæniis transversis albo et nigro tessellatìm articulatis; aperturá lævi; labro tenui, margine acuto.*

---

(1) Tous les conchyliologistes, depuis Martyns jusqu'à Lamarck, ont toujours séparé le *Buccinum testudineum* du *Maculatum* de Martyns. MM. Quoy et Gaimard sont les premiers qui ont confondu les deux espèces, tout en donnant cependant dans leur ouvrage (Zoologie du voy. de l'Astrolabe, Moll. pl. 30) le moyen de les distinguer : en effet, la figure 12, qui représente le *Buccinum maculatum* à titre de variété du *Testudineum,* offre un animal fort différent de celui représenté fig. 8. Dans ce dernier (*Buccinum testudineum*), les tentacules sont noirs au sommet ; les yeux sont placés aux deux tiers antérieurs de leur longueur ; le canal de la respiration est noir ; le pied est énormément gros, épais, aussi long que la coquille. Dans l'autre (*Buccinum maculatum*), les tentacules sont plus courts en pro-

Martyns. Conch. 1. f. 8.

Buccinum testudineum. Chemn. Conch. 10. t.152. f. 1454.

Brug. Dict. n° 31.

Gmel. p. 3498. n° 176.

Encycl. pl. 399. f. 2.

* Quoy et Gaim. Voy. de l'Astr. Zool. t. 2. p. 415. pl. 30. f. 8. 9. 10. 13.
* Crouch. Lamk. Conch. pl. 19. f. 3.
* Sow. Genera of Shells. f. 3.
* Wood. Ind. Test. pl. 23. f. 82.
* Kiener. Spec. des Coq. p. 13. n° 13. pl. 1. f. 1.

Habite les mers de la Nouvelle-Zélande. Mon cabinet. Bord droit mince, tranchant. Longueur: 18 lignes et demie.

8. Buccin agathe. *Buccinum achatinum.* Lamk. (1). (*Nassa. Nob.*).

B. testá ovato-turritá, lævi, luteo–rufescente; anfractibus convexius-culis, supernè confluentibus; spirá apice obtusiusculá; aperturá lævi, basi latiusculá.

Lister. Conch. t. 977. f. 33.

Petiv. Gaz. t. 102. f. 15.

Martini. Conch. 4. t. 155. f. 1468. 1469.

Encycl. pl. 400. f. 4. a. b.

* Quoy et Gaim. Voy. de l'Astr. Zool. t. 2. p. 437. pl. 31. f. 17.
* Kiener. Spec. des Coq. p. 24. n° 25. pl. 7. f. 21.
* *Buccinum vittatum.* Var. β. Gmel. p. 3500.
* *Buccinum digitale.* Meusch. Mus. Gevers. p. 296. n° 507.

---

portion, non teintés de noir au sommet; les yeux sont au **tiers** postérieur de leur longueur; le pied est beaucoup plus petit, et tout l'animal est d'une toute autre coloration. Ces différences dans les animaux ne sont pas les seules; les coquilles elles-mêmes en offrent de non moins constantes: il faut avouer qu'elles ont aussi des rapports, ce qui est cause sans doute que M. Kiener, qui cependant paraît en avoir examiné un grand nombre d'individus, les a néanmoins confondues.

(1) Cette espèce, nommée avant Lamarck, par Meuschen et par Dillwyn, doit reprendre son premier nom de *Buccinum digitale.*

* Schrot. Einl. t. 1. p. 404. *Buccinum.* n° 180.

* *Buccinum digitale.* Dillw. Cat. t. 2. p. 646. n° 142. *Exclus. variet.*

Habite... Mon cabinet. Longueur : 22 lignes.

9. Buccin luisant. *Buccinum glans.* Lin. (*Nassa.* Nob.).

B. *testâ ovato-conicâ, tenui, lævi, nitidâ, albâ, luteo-nebulosâ, lineis
spadiceo-fuscis distantibus cinctâ ; spirâ anteriùs longitudinaliter
plicatâ; labro basi repando, margine inferiore denticulis muricato.*

Buccinum glans. Lin. Syst. nat. éd. 12. p. 1200. Gmel. p. 3480.
n° 41.

Lister. Conch. t. 981. f. 40.

Rumph. Mus. t. 29. fig. P.

Petiv. Amb. t. 13. f. 5.

Seba. Mus. 3. t. 39. f. 56. 57. 60.

Knorr. Vergn. 3. t. 5. f. 5.

Favanne. Conch. pl. 33. fig. L.

Martini. Conch. 4. t. 125. f. 1196–1198

Buccinum glans. Brug. Dict. n° 34.

Encycl. pl. 400. f. 5. a. b.

* Lin. Syst. nat. éd. 10. p. 737.

* Lin. Mus. Ulric. p. 607.

* Perry. Conch. pl. 31. f. 7.

* Born. Mus. p. 251.

* Schrot. Einl. t. 1. p. 326. n° 19.

* Dillw. Cat. t. 2. p. 601. n° 37. *Var. exclus.*

* Wood. Ind. Test. pl. 22. f. 38.

* Kiener. Spec. des Coq. p. 54. n° 53. pl. 15. f. 52.

Habite l'Océan Indien. Mon cabinet. Jolie coquille, constituant une
espèce très distincte. Les lignes transversales dont elle est rayée
sont très fines et assez également espacées. Longueur : 22 lignes.

10. Buccin tuberculeux. *Buccinum papillosum.* Lin. (*Nassa.* Nob.).

B. *testâ ovato-conicâ, crassiusculâ, in fundo fulvo-fuscescente tuberculis albis seriatis creberrimis undiquè obsitâ; aperturâ albâ; labro
infernè denticulis muricato.*

Buccinum papillosum. Lin. Syst. nat. éd. 12. p. 1200. Gmel
p. 3479. n° 40.

Lister. Conch. t. 969. f. 23.

Rumph. Mus. t. 29. fig. M.

Petiv. Amb. t. 9. f. 16.

Gualt. Test. t. 44. fig. G.

D'Argenv. Conch. pl. 9. fig. I.

Favanne. Conch. pl. 31. fig. G 2.

Seba. Mus. 3. t. 49. f. 57-59.

Knorr. Vergn. 2. t. 27. f. 2.

Martini. Conch. 4. t. 125. f. 1204. 1205.

Buccinum papillosum. Brug. Dict. n° 35.

Encycl. pl. 400. f. 2. a. b.

* Blainv. Malac. pl. 17 bis. f. 4.

* Lin. Syst. nat. éd. 10. p. 737.

* Lin. Mus. Ulric. p. 607.

* Born. Mus. p. 250.

* Schrot. Einl. t. 1. p. 325. n° 18.

* Dillw. Cat. t. 2. p. 601. n° 36.

* *Nassa papillosa.* Sow. Genera of Shells. f. 5.

* *Id.* Reeve. Conch. Syst. t. 2. p. 237. pl. 269. f. 5.

* Wood. Ind. Test. pl. 22. f. 37.

* Kiener. Spec. des Coq. p. 58. n° 57. pl. 15. f. 54.

Habite l'Océan Indien. Mon cabinet. Ses tubercules sont nodiformes, blancs, et ressemblent à des perles disposées par rangées transverses sur un fond rembruni. Longueur : 19 lignes et demie.

11. Buccin olivâtre. *Buccinum olivaceum.* Brug. (1). (*Nassa.* Nob.).

B. testá ovato-conicá, longitudinaliter plicatá, transversè striatá, rufo-fuscescente aut olivaceá; ultimo anfractu medio lævigato; labro crassiusculo, extùs marginato, posticè denticulis muricato, intùs sulcato.

Favanne. Conch. pl. 33. fig. K 2.

Buccinum olivaceum. Brug. Dict. n° 38.

Nassa olivacea. Encycl. pl. 394. f. 7.

* Quoy et Gaim. Voy. de l'Astr. Zool. t. 2. p. 442. pl. 32. f. 13 à 15.

* Kiener. Spec. des Coq. p. 59. n° 58. pl. 15. f. 53.

* *Buccinum tænia.* Gmel. p. 3493. n° 98.

* Knorr. Vergn. t. 5. pl. 10. f. 3.

* Schrot. Einl. t. 1. p. 395. *Buccinum.* n° 152.

* *Buccinum reticulatum.* Var. Dillw. Cat. t. 2. p. 637.

Habite les mers des Antilles, sur les côtes de la Guadeloupe. Mon

______

(1) Cette espèce est sans aucun doute le *Buccinum tænia* de Gmelin ; il faut donc lui restituer son premier nom, qu'elle n'aurait pas dû perdre.

cabinet. Il a une fascie blanchâtre un peu obscure sur le dernier tour. Sa columelle est rugueuse. Longueur : 16 lignes 3 quarts.

12. Buccin canaliculé. *Buccinum canaliculatum.* Lamk. (*Nassa.* Nob.).

B. testá ovato--conicá, supernè longitudinaliter plicatá, basi striatá, pallidè fulvá, interdùm castaneo-bizonatá; anfractibus supernè canaliculatis : duobus infimis dorso lævibus; aperturá rugosá et sulcatá.

* Kiener. Spec. des Coq. p. 61. n° 60. pl. 23 f. 89.

Habite... Mon cabinet. Spire pointue; quelques petites dents à la base du bord droit. Longueur : 16 lignes et demie.

13. Buccin crénelé. *Buccinum crenulatum.* Brug. (*Nassa.* Nob.).

B. testá ovato—conicá, longitudinaliter plicatá, transversìm tenuis-simè striatá, pallidè fulvá, maculis rufo-fuscis pictá; anfractibus supernè angulatis, suprà complanatis, ad angulum crenulatis; aperturá utrinquè sulcatá.

Petiv. Gaz. t. 64. f. 8.

Buccinum crenulatum. Brug. Dict. n° 37.

Nassa crenulata. Encycl. pl. 394. f. 6.

* Kiener. Spec. des Coq. p. 62. n° 61. pl. 23. f. 90. pl. 14. f. 49.

Habite... Mon cabinet. Coquille assez jolie, luisante, dont les stries fines et transverses passent sous ses plis longitudinaux. L'angle du sommet de ses tours est crénelé. Longueur : 13 lignes 3 quarts.

14. Buccin réticulé. *Buccinum reticulatum.* Lin. (1). (*Nassa.* Nob.).

B. testá ovato—conicá, longitudinaliter plicatá, striis transversis de-cussatá, subgranulosá, variè coloratá; anfractibus convexo-planis; aperturá rugosá et dentatá.

---

(1) D'après l'éditeur de la nouvelle édition de 1812 de la Zoologie britannique de Pennant, le *Buccinum pullus* de cet auteur aurait été établi avec un jeune individu du *Reticulatum ;* cependant Dillwyn donne ce *Buccinum pullus* de Pennant dans la synonymie du *Buccinum ambiguum* de Dorset et de Montagu. Pourrait-on conclure de là que cet *ambiguum* doit rentrer en entier dans le *reticulatum*, suivant ainsi le sort du *Buccinum pullus?* Dans tous les cas cet *ambiguum* méritera une réforme,

Buccinum reticulatum. Lin. Syst. nat. édit. 10. p. 740. Gmel.
    p. 3495. nᵒ 111.

Lister. Conch. t. 966. f. 21. a.

Petiv. Gaz. t. 75. f. 4.

Gualt. Test. t. 44. fig. C. E.

Pennant. Brith. Zool. 4. t. 72. f. 92.

Born. Mus. p. 260. t. 9. f. 16.

Martini. Conch. 4. t. 124. f. 1162-1164.

Schroëtter. Einl. in Conch. 1. t. 2. f. 5.

Buccinum reticulatum. Brug. Dict. nᵒ 40.

* Blainv. Malac. pl. 24. f. 2.

* Pontoppidan. Voy. t. 2. p. 270. f. 4.

* *Buccinum ambiguum?* Dillw. Cat. t. 2. p. 638. nᵒ 121.

* *Buccinum pullus.* Pennant. Zool. brit. t. 4. p. 118. pl. 72. f. 88.

* Lin. Syst. nat. éd. 10. p. 740.

* *Buccinum vulgatum. Exclus. var.* B. Gmel. p. 3496. nᵒ 120.

* Dillw. Cat. t. 2. p. 637. nᵒ 120. *Var. exclus.*

* Payr. Cat. des Moll. de Corse. p. 156. nᵒ 315.

* Phil. Enum. Moll. Siciliæ. p. 220. nᵒ 2.

* Coll. des Ch. Cat. des Moll. du Finist. p. 53. nᵒ 2.

* Blainv. Faun. franç. Moll. p. 172. nᵒ 7. pl. 6 b. f. 6.

* Seba. Mus. t. 3. pl. 49. f. 61.

* Delle Chiaje. Dans Poli. Testac. t. 3. 2ᵉ part. p. 47. pl. 47. f. 1. 2.

* Réaumur. Du Mouvem. Mém. de l'Ac. 1710. pl. 10. f. 18.

* D'Acosta. Conch. brit. pl. 70. f. 10.

* Schrot. Einl. t. 1. p. 346. nᵒ 39.

* Olivi. Zool. Adriat. p. 144.

---

puisqu'il renferme à-la-fois un *Rissoa*, un Buccin de notre Océan, et un Buccin des mers de l'Inde.

MM. Quoy et Gaimard ont figuré sous le nom de *Reticulatum* une espèce de Vanikoro, qui, en effet, a de la ressemblance avec la coquille de nos côtes; mais on y remarque facilement une différence considérable. Le *Reticulatum* porte une callosité sur l'avant-dernier tour, callosité qui n'existe pas dans l'espèce de Vanikoro. Au reste, si les animaux de ces deux espèces appartiennent au genre Nasse, ils diffèrent par la coloration, et par ce caractère, présentent les moyens les plus faciles de les distinguer.

* Burrow. Elem. of Conch. pl. 16. f. 7.
* Gerville. Cat. des Coq. de la Manche. p. 38. n° 4.
* Pennant. Brit. Zool. t. 4. pl. 75. f. 2.
* Bouch. Chantr. Cat. des Moll. du Boul. p. 68. n° 118.
* Kiener. Spec. des Coq. p. 67. n° 65. pl. 23. f. 91. et pl. 19. f. 71.

Habite les mers d'Europe. Mon cabinet. Il varie beaucoup dans sa coloration, en sorte qu'il y en a de blancs, de jaunâtres, de bleuâtres, de bruns, etc. Espèce commune. Longueur : 14 lignes et demie.

15. Buccin de Tranquebar. *Buccinum tranquebaricum* (1). Gmel. (*Tritonium?* Muller).

B. testá ovatá, ventricosá, longitudinaliter costatá, transversìm striatá, albá; anfractibus supernè angulatis; spirá contabulatá.

Martini. Conch. 4. t. 123. f. 1146, 1147.

Buccinum tranquebaricum. Gmel. p. 3491. n° 85.
* *Ryrana flavescens.* Schum. Nouv. Syst. p. 314.
* Sow. Genera of Shells. f. 6.
* Kiener. Spec. des Coq. p. 36. n° 37. pl. 23. f. 92.
* Mus. Gottw. pl. 26. f. 175.
* Dillw. Cat. t. 2. p. 629. n° 100.
* Wood. Ind. Test. pl. 23. f. 101.

Habite les mers de l'Inde, sur la côte de Coromandel. Mon cabinet. Longueur : environ 19 lignes.

16. Buccin rayé. *Buccinum lineatum.* Lamk. (2)

B. testá ovatá, ventricosá, transversìm minutissìmè striatá, albido-griseá, lineis rufis distantibus cinctá ; anfractibus supernè angu-

---

(1) Dillwyn rapporte à tort à cette espèce les figures 1148, 1149 de la pl. 123 de Martini. Ces figures représentent le *Buccinum coromandelianum* de Lamarck. M. Kiener regarde le *Buccinum melanostoma* de Sowerby comme une variété du *Tranquebaricum*, M. Kiener aura jugé d'après les figures sans doute, car les deux espèces en question sont toujours distinctes, ce que nous pouvons affirmer après avoir examiné un assez grand nombre d'individus.

(2) Comme l'a dit M. Kiener, cette espèce appartient au genre Pourpre, où elle doit se placer dans le voisinage de l'*Hæmastoma*.

latis, ad angulum tuberculato-coronatis; aperturæ labiis aurantiis, ad angulum tuberculato-coronatis.

Buccinum cingulatum. Encycl. pl. 400. f. 6. a. b.

* Kiener. Spec. des Coq. p. 155. n° 72. pl. 33. f. 80.

Habite... Mon cabinet. Les tubercules qui couronnent son dernier tour sont plus forts que les autres. Bord droit finement strié et d'un beau blanc à l'intérieur, ayant son limbe orangé, ainsi que la columelle. Longueur : 17 lignes et demie.

17. Buccin brunâtre. *Buccinum fuscatum.* Brug. (*Buccinum.* Lamk.).

B. testá ovato-conicá, lævigatá, rufo-fuscá; anfractibus convexis, supernè longitudinaliter plicatis; aperturá lævi, fuscá; labro tenui, simplici, margine acuto.

Buccinum fuscatum. Brug. Dict. n° 55.

* Kiener. Spec. des Coq. p. 20. n° 21. pl. 8. f. 24.

Habite... Mon cabinet. Spire pointue, de la longueur du dernier tour. Longueur de la coquille : 14 lignes 3 quarts.

18. Buccin linéolé. *Buccinum lineolatum.* Lamk. (*Buccinum* Lamk.)

B. testá ovato-conicá, læviusculá, albido-cærulescente, lineolis fusco-nigris creberrimis interruptis seriatìm cinctá; anfractibus convexis, supernè depressis; labro margine acuto, intùs striato.

Encyclop. pl. 400. f. 8. a. b.

* Kiener. Spec. des Coq. p. 14. n° 14. pl. 1. f. 3.

Habite... Mon cabinet. Longueur : 15 lignes.

19. Buccin truité. *Buccinum maculosum.* Lamk. (1) (*Buccinum* Lamk.).

B. testá ovato-acutá, crassiusculá, transversim tenuissimè striatá, maculis irregularibus albis rufis aut nigris undiquè pictá; ultimo anfractu spirá majore; aperturá angustatá; labro intùs dentato, striato.

---

(1) M. Delle Chiaje, dans l'ouvrage que nous citons, prend cette coquille bien connue pour la *Columbella mercatoria* de Lamarck. Lamarck lui-même ne s'est pas aperçu que son espèce était nommée depuis long-temps *Voluta striata* par Gmelin; il eût été nécessaire, en la faisant passer dans les Buccins,

Encyclop. pl. 400. f. 7. a. b.
* *Voluta striata.* Gmel. p. 3455.
* Schrot. Einl. t. 1. p. 279. *Voluta.* n° 136.
* Martini. Conch. t. 4. pl. 150. f. 1405.
* *Voluta striata.* Dillw. Cat. t. 1. p. 556. n° 135.
* *Voluta mercatoria.* Delle Chiaje dans Poli. Testac. t. 3. 2ᵉ part. p. 33. pl. 46. f. 44. 45. 46.
* *Purpura maculosa.* Blainv. Nouvelles Ann. du Mus. t. 1. p. 253. n° 108.
* Payr. Cat. des Moll. de Corse. p. 157. n° 317. pl. 7. f. 21. 22.
* Bonanni. Recr. part. 3. f. 40.
* *Voluta syracusana.* Gmel. p. 3456. n° 78.
* *Buccinum maculosum.* Phil. Enum. Moll. Sicil. p. 224. n° 12.
* *Purpura maculosa.* Blainv. Faun. franç. Moll. p. 149. n° 5. pl. 6. f. 6. et pl. 6. b. f. 2.
* Lister. Conch. pl. 964. f. 49 e ?
* *Purpura variegata.* Schub. et Wagn. Chemn. Suppl. p. 148. pl. 233. f. 4093. 4094.
* *Purpura maculosa.* Kiener. Spec. des Coq. p. 136. n° 88. pl. 42. f. 98.

Habite la Méditerranée, sur les côtes de Syrie; envoyé par Bruguières sous le nom que je lui conserve. Mon cabinet. Columelle un peu plissée à sa base. Longueur, un pouce.

20. **Buccin poli.** *Buccinum politum.* Lamk. (*Nassa.* Nob.).

B. *testá ovato-conicá, apice peracutá, lævissimá, nitidá, albo aut luteo cærulescente; anfractibus convexiusculis : supremis obsoletè plicatis; aperturá lævi; labro simplici, margine acuto.*

* Le Miran. Adans. Seneg. p. 50. pl. 4. f. 1.
* Kiener. Spec. des Coq. p. 20. n° 20. pl. 8. f. 27.

Habite les mers du Sénégal. Mon cabinet. Longueur : 12 lignes et demie.

---

dont elle a tous les caractères, de lui conserver son premier nom, si déjà il n'y avait cinq espèces de coquilles qui portent le nom de *Buccinum striatum* : celle-ci deviendrait la sixième. Pour éviter d'introduire cette espèce dans cette confusion, il vaut mieux lui laisser le nom que Lamarck lui a imposé. Malgré l'opercule, qui est d'un Buccin, M. de Blainville place cette espèce parmi les Pourpres, où elle ne pourra rester.

21. Buccin sutural. *Buccinum suturale.* Lamk. (*Nassa. Nob.*).

> *B. testâ ovato-conicâ, lœvi, nitidâ, albâ, luteo-nebulosâ; anfractibus convexiusculis, propè suturas noduliferis : supremis longitudinaliter plicatis; aperturâ lœvi; labro posticè denticulato.*

* Kiener. Spec. des Coq. p. 55. n° 54. pl. 24. f. 96.

* *Buccinum glans. Pars.* Martini. Conch. t. 4. pl. 125. f. 1199. 1200.

Habite… Mon cabinet. Une rangée de petites nodulations près de chaque suture le distingue. Sommet de la spire rougeâtre. Longueur : 12 lignes et demie.

22. Buccin ceinturé. *Buccinum mutabile.* Lin. (1) (*Nassa. Nob.*).

> *B. testâ ovato-conicâ, lœvi, nitidâ, basi striatâ, supernè longitudinaliter plicatâ, fulvo aut luteo nebulosâ; anfractibus convexis, propè suturas fasciâ albo et rufo articulatâ cinctis; spirâ exsertâ, apice acutâ; labro intùs striato.*

Buccinum mutabile. Lin. Syst. nat. éd. 12. p. 1201. Gmel. p. 3481. n° 45.

Lister. Conch. t. 975. f. 30.

Bonanni. Recr. 3. f. 60–63.

Gualtieri. Index. Test. t. 44. fig. B.

Born. Mus. t. 9. f. 13. (2)

---

(1) Dillwyn n'a pas reconnu bien nettement le *Buccinum mutabile* de Linné; il distribue une partie de la synonymie sous le nom de *Buccinum gibbum* de Bruguières, et une autre sous celui de *Mutabile*, mais en apportant de la confusion dans cette dernière espèce, et en attribuant particulièrement le nom linnéen au *Buccinum canaliculatum*. Cette erreur de Dillwyn a sa source dans Bruguières lui-même, qui, sous le nom de *Buccinum gibbum*, rassemble la plus grande partie de la synonymie du *Buccinum mutabile* de Linné.

(2) D'après la figure et la description de Born, il est évident que son *Buccinum mutabile* n'est pas celui de Linné. Dans sa synonymie, il rapporte deux figures du *Mutabile*, et une troisième de Martini, qui est le *Buccinum canaliculatum* de Lamarck. Enfin la figure de Born, à laquelle la description s'accorde, représente une espèce voisine du *Canaliculatum*, et qui

Favanne. Conch. pl. 33. fig. S 2.

Chemn. Conch. 11. t. 188. f. 1810. 1811.

* Fab. Columna *de purp.* p. 16. f. 2.

* Dan. Major. Fab. Colum. *de purp.* p. 22.

* Lin. Syst. nat. éd. 10. p. 738.

* Martini. Conch. t. 2. Vign. pl. 14. f. 1.

* *Cassis imperfecta.* Martini. t. 2. p. 54. pl. 38. f. 387. 388.

* *Buccinum gibbum.* Brug. Encyc. méth. t. 1. p. 267.

* Delle Chiaje. Dans Poli. Testac. t. 3. 2ᵉ part. p. 48. pl. 47. f. 5. 6. 7.

* *Nassa gibba.* Roissy. Buf. Moll. t. 6. p. 17. n° 2.

* *Buccinum mutabile.* Olivi. Zoologia Adriat. p. 143.

* Ginnani. Op. post. t. 2. pl. 6. f. 46.

* *Buccinum gibbum.* Dillw. Cat. t. 2. p. 602. n° 38.

* *Buccinum mutabile. Pars.* Dillw. Cat. t. 2. p. 605. n° 46.

* Payr. Cat. des Moll. de Corse. p. 156. n° 316.

* Philip. Enum. Moll. Sicil. p. 222. n° 8.

* Collard. des Ch. Cat. des Moll. du Finist. p. 54.

* Blainv. Faun. franç. Moll. p. 181. pl. 7 A. f. 2.

* *Buccinum foliosum.* Wood. Ind. Test. pl. 22. f. 39.

* Kiener. Spec. des Coq. p. 88. n° 87. pl. 21. f. 93.

Habite dans la Méditerranée. Mon cabinet. Coquille assez jolie, luisante, agréablement variée dans sa coloration. Elle a quelques rugosités longitudinales à l'extérieur de son bord droit. Longueur : 10 lignes et demie.

23. Buccin renflé. *Buccinum inflatum.* Lamk. (1). *Nassa. Nob.*).

> B. *testâ ovato-turgidâ, ventricosâ, lævi, basi striatâ, albidâ aut pallidè fulvâ, anfractibus convexis, propè suturas fasciâ albo et rufo articulatâ cinctis; spirâ brevi, apice obtusâ; aperturâ infernè dilatatâ; labro basi repando.*

en est distincte par les sutures simples et non canaliculées. Il résulte de ces observations qu'il faut supprimer cette citation de l'ouvrage de Born de la synonymie du *Buccinum mutabile.*

(1) Lamarck dit que cette espèce est fort différente du *Mutabile.* Nous n'avons pas vu la coquille de la collection de Lamarck, mais les figures qu'il rapporte dans sa synonymie représentent des variétés du *Buccinum mutabile;* il est bien à présumer que cette espèce devra disparaître du catalogue.

Rumph. Mus. t. 29. fig. Y.

Petiv. Amb. t. 13. f. 25.

Martini. Conch. 2. t. 38. f. 387. 388.

Buccinum tessulatum. Gmel. p. 3479. n° 37.

Habite... Mon cabinet. Ce Buccin est fort différent de celui qui précède, quoiqu'il ait de même, sous chaque suture, une fascie articulée de blanc et de roux ; mais sa spire est courte et obtuse, et son dernier tour est fort grand, très enflé. Son ouverture d'ailleurs est bien dilatée inférieurement. Longueur : 15 lignes.

24. Buccin rétus. *Buccinum retusum.* Lamk. (*Nassa.* Nob.)

B. testá ovato-abbreviatá, transversim minutissimè striatá, luteo-rubente; spirá brevi, turgidá, apice retusá; aperturá albá, infernè dilatatá; labro intùs striato.

An Chemn. Conch. 10. t. 153. f. 1465?

Nassa ventricosa. Encycl. pl. 394. f. 3. a. b.

Kien. Spec. des Coq. p. 87. n° 86. pl. 34. f. 94.

Habite... Mon cabinet. Il a à peine quatre tours complets. Sa spire est courte, rétuse et enflée. Dernier tour ceint de deux ou trois fascies articulées et obscures. Longueur : 11 lignes et demie.

25. Buccin ventru. *Buccinum ventricosum.* Lamk. (1). (*Nassa.* Nob.).

B. testá ovatá, ventricosá, læviusculá, rufá; anfractibus convexis : ultimo supernè basique striato; spirá brevi, apice obtusiusculá; labro simplici, infernè repando.

Nassa mutabilis. Encycl. pl. 394. f. 4. a. b.

* *Buccinum rufulum.* Kiener. Spec. des Coq. p. 89. n° 88. pl. 24. f. 95.

Habite... Mon cabinet. Longueur : 10 lignes 3 quarts.

---

(1) M. Kiener a nommé *Buccinum ventricosum* une espèce très différente de celle-ci, qui avoisine le *Buccinum undatum*. Après avoir fait ce double emploi, il propose de changer le nom de Lamarck, et de donner à l'espèce qui nous occupe le nom de *Buccinum rufulum*. M. Kiener aurait dû faire le contraire, laisser à cette espèce son nom de Lamarck, et changer celui de *Ventricosum*, qu'il donne à tort à une autre coquille.

26. **Buccin perlé.** *Buccinum gemmulatum.* Lamk. (*Nassa.* (Nob.).

> P. *testá ovali, ventricosá, crassiusculá, longitudinaliter plicato-gra-*
> *nosá, striis impressis transversis decussatá, albá, rubro-nebulosá;*
> *suturis excavatis; spirá breviusculá ; columellá basi granosá; la-*
> *bro intùs sulcato.*

Nassa clathrata. Encycl. pl. 394. f. 5. a. b.

* Reeve. Conch. Syst. t. 2. p. 237. pl. 269. f. 4.
* Wood. Ind. Test. pl. 23. f. 114.
* Kiener. Spec. des Coq. p. 85. n° 84. pl. 22. f. 84.
* *An Buccinum clathratum.* Born. Mus. p. 261. pl. 9. f. 17. 18?

Habite... Mon cabinet. Coquille ventrue, à spire courte, remarquable par ses rangées longitudinales de granulations qui ressemblent
à de petites perles. Il ne faut pas la confondre avec le *B. clathratum* de Bruguières. Longueur : 10 lignes et demie.

27. **Buccin de Coromandel.** *Buccinum coromandelianum.* Lamk. (*Buccinum*).

> B. *testá ovatá, longitudinaliter plicatá, transversè sulcatá et striatá,*
> *rufescente; plicis nodiferis; ultimo anfractu supernè angulato ;*
> *spirá exsertiusculá; aperturá albá; labro crassiusculo, intùs striato.*

Martini. Conch. 4. t. 123. f. 1148. 1149.

* Klein. Tentam. Ostrac. pl. 3. f. 56.
* Kiener. Spec. des Coq. p. 37. n° 38. pl. 22. f. 85.

Habite sur la côte de Coromandel, près de Tranquebar. Mon cabinet. Longueur : un pouce.

28. **Buccin fascié.** *Buccinum fasciatum.* (1). (*Nassa.* Nob.).

> B. *testá ovato-conicá, apice acutá, longitudinaliter plicato-granu-*
> *losá, transversìm striatá, albá vel cinereá aut lutescente; fasciis*
> *transversis diversimodè coloratis; labro intùs dentato.*

* Quoy et Gaim. Voy. de l'Astr. Zool. t. 2. p. 445. pl. 32. f. 18
à 21.

---

(1) Les coquilles que décrit et figure M. Kiener, sous le nom
de *Buccinum fasciatum,* nous paraissent appartenir à d'autres
espèces que celle-ci. Le vrai *Fasciatum* ne se trouve jamais
dans la Méditerranée; il ne s'est point montré non plus dans
les mers d'Afrique, et ces désignations de localités annoncent
la confusion faite par l'auteur du *Species* des coquilles.

Habite les mers de la Nouvelle-Hollande, près des îles Saint-Pierre
et Saint-François, de Diémen, etc. M. Macleay. Mon cabinet.
Cette espèce, bien caractérisée par ses petits plis longitudinaux et
granuleux, offre beaucoup de variétés, tant dans la couleur du
fond de la coquille que dans celle de ses fascies. Son ouverture est
ovale-arrondie. Longueur : 8 à 9 lignes.

29. Buccin miga. *Buccinum miga*. Brug. (1). (*Nassa*. Nob.).

B. testá ovatá, longitudinaliter plicatá, transversim minutissimè stria-
tá; albo–lutescente aut rubente, posticè rufo-zonatá; plicis distan-
tibus obliquis; anfractibus convexis; aperturá subrotundá.

Adans. Voyage au Sénég. pl. 8. f. 10. le Miga.
Martini. Conch. 4. t. 124. f. 1167–1169.
Buccinum miga. Brug. Dict. n° 41.
Buccinum stolatum. Gmel. p. 3496. n° 121.
* Kiener. Spec. des Coq. p. 83. n° 82. pl. 22. f. 87.
* *Buccinum stolatum pars*. Dillw. Cat. t. 2. p. 688. n° 123.

Habite sur les côtes de Barbarie et de l'Afrique occidentale. Mon cabinet. Ses stries transverses sont plus apparentes sur la moitié inférieure de son dernier tour. Longueur: 7 ligues 3 quarts.

30. Buccin en lyre. *Buccinum lyratum*. Lamk. (*Buccinum*.
Lamk.).

B. testá ovatá, crassiusculá, longitudinaliter plicatá, supernè infer-
nèque transversim striatá, albo-cœrulescente; plicis distantibus
prominulis, basi obliquis, versùs labrum tenuioribus magisque
confertis; spirá brevi; labro intùs striato.

* Kiener. Spec. des Coq. p. 38. n° 39. pl. 22. f. 88.
* *Buccinum Desnoyersi*. Bast. Foss. de Bord. p. 50. pl. 2. f. 13.

---

(1) Deux espèces sont ici confondues : l'une, celle d'Adanson, doit conserver ce nom ; l'autre est le *Buccinum stolatum* de
Gmelin, lequel est représenté par les figures 1167–1169 de
Martini. Cette confusion se montre dans Bruguières, dans Dillwyn, dans Lamarck. M. Kiener a bien distingué ces espèces,
mais il a eu le tort de donner un nom nouveau, tout en reconnaissant cependant que déjà l'espèce était inscrite et figurée
sous le nom de *Stolatum*, dans le catalogue de Wood. Cette
méthode de faire la nomenclature est blâmable; elle tendrait
à jeter une confusion irrémédiable dans la science, si elle était
suivie.

Habite les mers du Sénégal. Mon cabinet. Bord droit un peu épais.
Longueur : 8 lignes un quart.

31. Buccin tricariné. *Buccinum tricarinatum.* Lamk. (1). (*Nassa.* Nob.).

B. testâ ovato-conicâ, cylindraceo-attenuatâ, apice acutâ, lævigatâ, rufo-fuscescente; anfractibus angulato-carinatis : ultimo tricarinato; columellâ albâ; labro tenui, simplicissimo.

Buccinum tricarinatum. Brug. Dict. n° 51.

Habite... Mon cabinet. Columelle calleuse supérieurement; bord droit très mince. Longueur : 7 lignes et demie.

32. Buccin du Brésil. *Buccinum brasilianum.* Lamk. (2)

B. testâ ovato-conicâ, crassiusculâ, lævissimâ, albâ; anfractibus convexo-planis, connatis; labri limbo striato.

* Kiener. Spec. des Coq. p. 70. n° 69. pl. 17. f. 59.
* *Buccinum lævigatum.* Wood. Ind. Test. pl. 4. f. 29.

Habite sur les côtes du Brésil, près de Rio-Janeiro; communiqué par madame Paterson. Mon cabinet. Sutures à peine apparentes. Longueur: 8 lignes.

33. Buccin semi-convexe. *Buccinum semiconvexum.* L. (3)

B. testâ ovato-conicâ, apice peracutâ, lævi, basi striatâ, pallidè rubente; anfractibus supernè fusco-maculatis : duobus infimis convexis, superioribus planulatis; labro intùs dentato.

---

(1) M. Kiener ne parle pas de cette espèce, et ne la figure pas dans son *Species.* La description de Bruguières dans l'*Encyclopédie,* en donne les caractères spécifiques; elle nous paraît appartenir au genre Nasse.

(2) Si la figure que donne M. Kiener de cette coquille est exacte, et si elle représente bien l'espèce de Lamarck, il est certain que cette espèce doit passer parmi les Planaxes : c'est le *Planaxis mollis* de Sowerby, *Buccinum lævigatum* de Wood. Nous avons décrit cette coquille dans le genre Planaxe. N'ayant pu reconnaître dans le *Buccinum brasilianum* une espèce d'un autre genre, la phrase courte et l'absence de la synonymie, rendaient impossible à éviter le double emploi que nous signalons.

(3) Il est très probable que cette coquille ne restera pas parmi les Buccins, elle a tous les caractères des Colombelles allongées.

* Kiener. Spec. des Coq. p. 49. n° 47. pl. 17. f. 60.

Habite... Mon cabinet. Dernier tour un peu déprimé supérieurement ; le pénultième plus convexe. Longueur : 8 lignes un quart.

34. Buccin fasciolé. *Buccinum fasciolatum.* Lamk. (1). (*Nassa.* Nob.).

> P. *testâ ovato-conicâ, lævigatâ, rubente; anfractibus convexiusculis, subconnatis : ultimo zonis duabus cærulescentibus remotis cincto; labro intùs striato.*

* *Buccinum corniculum.* Olivi. Zoologia Adriat. p. 144.

* *Buccinum olivaceum.* Delle Chiaje dans Poli. t. 3. p. 51. pl. 47. f. 14. 15.

* *Buccinum calmeilii.* Payr. Cat. des Moll. de Corse. p. 160. n° 323. pl. 8. f. 7. 8. 9.

* *Buccinum corniculum.* Phil. Enum. Moll. Sicil. p. 223. n° 9.

* *Buccinum corniculum.* Blainv. Faune franç. Moll. p. 183. pl. 6 B. f. 5.

* *Buccinum fasciolatum.* Kiener. Spec. des Coq. p. 75. n° 74. pl. 17. f. 61. 62. 63.

Habite... Mon cabinet. Les deux zones de son dernier tour sont disposées, l'une vers la base, l'autre près de la suture. Longueur : 7 lignes et demie.

35. Buccin vineux. *Buccinum vinosum.* (2)

> B. *testâ ovato-acutâ, transversè rugosâ, longitudinaliter tenuissimè striatâ, subcancellatâ, griseo-cinerascente; anfractibus subangulatis; fauce violaceo-fuscâ; labro intùs striato.*

---

(1) Cette espèce a été nommée depuis très long-temps *Buccinum corniculum* par Olivi ; elle n'a point été reconnue depuis, si ce n'est par M. de Blainville qui, dans la *Faune française,* lui a restitué son premier nom. Nous proposons de suivre l'exemple du savant professeur.

(2) Nous avons déjà fait observer plusieurs fois, dans différentes parties de cet ouvrage, combien on doit regretter que M. Kiener, qui dispose de la collection de Lamarck, n'ait pas reproduit toutes les espèces mentionnées dans cet ouvrage, et spécialement celles qui, manquant de synonymie, ne peuvent être facilement reconnues sans une bonne figure et sans une description plus étendue, et nous le manifestons encore ici,

Habite les mers de la Nouvelle-Hollande. *Péron.* Mon cabinet. Espèce petite, mais très distincte. Longueur : 7 lignes un quart.

36. Buccin petits-plis. *Buccinum tenuiplicatum.*

> *B. testá parvulá, ovato-conicá, longitudinaliter tenuissimè plicatá, transversè striatá, fulvo-rufescente; anfractibus convexis: ultimo fasciá albá cincto; labro tenui, intùs striato.*

Habite... Mon cabinet. Longueur : 6 lignes.

37. Buccin subépineux. *Buccinum subspinosum.* Lamk. (*Nassa.* Nob.).

> *B. testá parvulá, ovatá, longitudinaliter plicato-tuberculatá, transversìm striatá, griseo-fuscescente; tuberculis acutis, subspinosis; aperturá rotundatá; labro intùs striato.*

* Kiener. Spec. des Coq. p. 94. n° 93. pl. 26. f. 103.

Habite... Mon cabinet. Deux rangées de tubercules sur le dernier tour. Longueur : 6 lignes.

38. Buccin Ascagne. *Buccinum Ascanias.* Lamk. (1). (*Nassa.* Nob.).

> *B. testá ovato-conicá, longitudinaliter plicatá, transversìm striatá,*

à l'occasion de plusieurs Buccins que l'on cherche en vain dans l'ouvrage de M. Kiener. Ces espèces sont les suivantes: *Buccinum vinosum*, n° 35; *Buccinum tenuiplicatum*, n° 36; *Buccinum aciculatum*, n° 41; *Buccinum zebra*, n° 46.

(1) Je possède dans ma collection des individus de cette espèce provenant depuis les mers de Norwége jusqu'à la Méditerranée; il est évident pour moi que, malgré les variétés que présente cette série, elle appartient tout entière à une seule et même espèce mentionnée pour la première fois par O. Müller sous le nom de *Tritonium incrassatum.* Une année après Müller, Pennant a donné à la même coquille le nom de *Buccinum minutum* qui, plus de vingt ans après a été nommée *Buccinum macula* par Montagu. Quelques années avant Montagu, Bruguières, dans l'Encyclopédie, avait établi son *Buccinum ascanias* pour une variété de la Méditerranée, à laquelle il ne rapporte aucune synonymie. Entre ces quatre noms un seul devait être choisi, le plus ancien, celui de Müller, par conséquent. Dillwyn a préféré, je ne sais pourquoi, celui de Montagu; et son exemple a été généralement suivi, non-seulement par les auteurs anglais, mais encore par les naturalistes français qui ont

cinereá aut luteo-fulvá; anfractibus valdè convexis : ultimo spirá breviore; aperturá rotundatá; labro extiùs marginato, intùs striato.

Gualtieri Index. Test. t. 44. fig. N.

Buccinum Ascanias. Brug. Dict. n° 42.

* *Buccinum macula.* Gerville. Cat. des Coq. de la Manche. p. 38. n° 5.

* *Id.* Payr. Cat. des Moll. de Corse. p. 157. n° 318. pl. 7. f. 23. 24.

* *Fossilis. Buccinum asperulum.* Brocch. Conch. Foss. Subap. p. 339. pl. 5. f. 8.

* *Buccinum macula.* Montaigu. Test. p. 241. pl. 8. f. 4.

* *Buccinum minutum.* Penn. Brit. Zool. t. 4. p. 122. pl. 79.

* *Tritonium incrassatum.* Müll. Zool. Dan. Prod. n° 2946.

* *Murex incrassatus.* Gmel. p. 3547. n° 76.

* *Buccinum macula.* Dillw. Cat. t. 2. p. 638. n° 122.

* *Buccinum Lacepedii.* Payr. Cat. des Moll. de Corse. p. 157. pl. 7. f. 23. 24.

* *Buccinum asperulum.* Philip. Enum. Moll. Sicil. p. 220. n° 3.

* Collard des Ch. Cat. des Moll. du Finist. p. 54. n° 4.

* *Buccinum macula.* Blainv. Faun. franç. Moll. p. 174. n° 9. pl. 66. f. 8. 9.

* *Id.* Bouch. Chantr. Cat. des Moll. du Boul. p. 69. n° 120.

* *Buccinum Ascanias.* Kiener. Spec. des Coq. p. 81. n° 80. pl. 26. f. 104?

Habite la Méditerranée, sur les côtes de Naples et celles de la Barbarie. Mon cabinet. Il a une fascie bleuâtre sur son dernier tour. Longueur : 7 lignes et demie.

39. Buccin varié. *Buccinum lævigatum.* (1)

B. testá ovato-oblongá, lævi, nitidá, luteo-rufescente, lineolis fuscis

---

dressé des catalogues des productions de nos mers. La coquille nommée *Tritonia varicosa* par M. Turton, dans le tome 2 du *Zoological journal* (pl. 13, fig. 7), a beaucoup d'analogie avec celle-ci, et n'en est probablement qu'une variété. Brocchi a trouvé cette espèce fossile en Italie, et l'a décrite sous le nom de *Buccinum asperulum.* Ce nom, adopté par M. Philippi, doit être rejeté : l'espèce doit reprendre son premier nom de *Buccinum incrassatum.*

(1) Cette coquille n'est point pour nous un Buccin, mais une Colombelle.

longitudinalibus flexuosis sæpiùs ornatá; ultimo anfractu spirá longiore, medio fasciá albo nigroque articulatá cincto; aperturá subdilatatá, lævi, albá.

Buccinum lævigatum. Lin. Gmel. p. 3497. n° 129.

Gualt. Test. t. 52. fig. B.

* Payr. Cat. des Moll. de Corse. p. 158. n° 319. pl. 8. f. 1. 2. 3.

* Blainv. Faun. franç. Moll. p. 184. pl. 7. f. 3.

* Kiener. Spec. des Coq. p. 21. n° 22. pl. 8. f. 26.

Habite la Méditerranée, selon Linné. Mon cabinet. Coquille assez jolie. Longueur : 7 lignes et demie.

40. Buccin flexueux. *Buccinum flexuosum.* (1)

B. testá oblongá, subfusiformi, basi transversè striatá, albido-fulvá, lineis luteis aut fuscis longitudinalibus flexuosis ornatá; aperturá angustiusculá; labro obsoletè striato.

* Kiener. Spec. des Coq. p. 44. n° 43. pl. 26. f. 106.

Habite les mers de l'Ile-de-France. Mon cabinet. Dernier tour au moins aussi long que la spire. Longueur totale : 8 lignes trois quarts.

41. Buccin aciculé. *Buccinum aciculatum.*

B. testá elongato-subulatá, transversìm minutissimè striatá, colore variá, diversimodè fasciatá aut zonatá; anfractibus longitudinaliter plicatis, noduloso-crenulatis : ultimo spirá breviore.

Habite... Mon cabinet. Spire aiguë, plus longue que le dernier tour. Longueur totale : 7 lignes trois quarts.

42. Buccin corniculé. *Buccinum corniculatum.* (2)

B. testá parvulá, oblongo-conicá, angustá, lævi, nitidá, basi obsoletè striatá, corneá, maculis fulvis aut rubris ornatá; anfractibus connatis; labro intùs dentato.

---

(1) D'après la figure de M. Kiener tout nous porte à croire que cette espèce appartient au genre Colombelle.

(2) La figure que donne M. Kiener de cette espèce, de Lamarck, ne laisse aucun doute sur son identité avec le *Buccinum Linnei* de M. Payraudeau. M. Philippi a aussi reconnu cette identité; mais il a eu le tort de conserver le nom de M. Payraudeau, quoique celui de Lamarck soit antérieur. Nous avons vu vivant l'animal de cette espèce, et nous pouvons affirmer qu'elle appartient au genre Colombelle. M. Philippi regarde comme

    * *Buccinum Linnei.* Payr. Cat. des Moll. de Corse. p. 161. pl. 8.
      f. 10. 11. 12.
    * *Id.* Philip. Enum. Moll. Sicil. p. 225. n°13. *Exclus plur. synony.*
    * *Murex conulus.* Olivi. Zool. Adriat. p. 154. pl. 5. f. 1.
    * *Columbella conulus.* Blainv. Faun. franç. p. 208. n° 3. pl. 8 A. f. 5.
    * Kiener. Spec. des Coq. p. 48. n° 46. pl. 16. f. 56.
    Habite... Mon cabinet. Sutures peu distinctes. Longueur : 5 lignes.

43. Buccin criblaire. *Buccinum cribrarium.* (1)

    B. testá parvulá, oblongá, cylindraceá, lævi, rufá, albo-punctatá;
      anfractibus subconnatis, margine superiore fasciá albo et fusco ar-
      ticulatá cinctis; spirá apice truncatá; aperturá angustiusculá; la-
      bro intùs striato.

    * Quoy et Gaim. Voy. de l'Astr. Zool. t. 2. p. 421. pl. 30. f. 21. 22.
    * Kiener. Spec. des Coq. p. 45. n° 44. pl. 16. f. 57.
    Habite les mers de Java. M. Leschenault. Mon cabinet. Longueur :
      4 lignes un quart.

44. Buccin graine. *Buccinum grana.* Lamk. (*Nassa.* Nob.).

    B. testá parvulá, ovatá, crassiusculá, lævi, albâ, lineolis rufis inter-
      ruptis cinctá; spirá obtusiusculá; aperturá lævi.

    * Kiener. Spec. des Coq. p. 22. n° 23. pl. 16. f. 58.
    Habite... Mon cabinet. Longueur du précédent.

45. Buccin coccinelle. *Buccinum coccinella.* Lamk. (*Nassa.* Nob.).

    B. testá parvulá, ovato-conicá, crassiusculá, longitudinaliter et obli-
      què plicatá, transversìm tenuissimèque striatá, colore variá; an-
      fractibus convexis; labro margine inflexo, crasso, intùs dentato.

    * Coll. des Ch. Cat. des Moll. du Finist. p. 54. n° 5.
    Habite sur les côtes de la Bretagne. Mon cabinet. Longueur : 5 lignes
      et demie.

---

les analogues fossiles de cette espèce, les *Voluta turgidula* de Brocchi et *Nassa columbelloides* de Bastérot. Ces espèces fossiles sont pour nous différentes de l'espèce vivante.

(1) D'après la figure de l'animal de cette espèce, donnée par M. Quoy, il est certain qu'elle doit passer du genre Buccin dans celui des Colombelles; les caractères de la coquille pouvaient faire prévoir ce changement.

46. Buccin zèbre. *Buccinum zebra.* Lamk.

> B. testá parvulá, ovato-oblongá, albo spadiceoque transversìm fas-
> ciatá : fasciis albis subgranosis alternis; spirá obtusá; aperturá
> angustiusculá.

Lister. Conch. t. 929. f. 23.

Habite... Mon cabinet. Petite coquille, jolie et très distincte. Longueur : 5 lignes.

47. Buccin dermestoïde. *Buccinum dermestoideum.*
Lamk. (1)

> B. testá parvá, ovato-oblongá, lævi, nitidá, lbá, lineis rufis reticu-
> latá; anfractibus convexiusculis, fasciá rubrá ad margines albo-
> crenatá cinctis; spirá obtusiusculá; apertura angustatá

  * Payr. Cat. des Moll. de Corse. p. 158. n° 321.

  * Kiener. Spec. des Coq. p. 52. n° 51. pl. 25. f. 100.

Habite... Mon cabinet. La fascie de chaque tour est placée à la base
de ceux de la spire et sur le milieu du dernier. Longueur : 3 lignes
trois quarts.

48. Buccin orangé. *Buccinum aurantium.* Lamk.

> B. testá minimá, ovato-acutá, longitudinaliter et tenuissimè plicatá,
> obsoletè decussatá, luteo-aurantiá, apice rubrá; anfractibus con-
> vexo-planis; aperturá angustiusculá.

Martini. Conch. 4. t. 125. f. 1188. 1189.

  * Kiener. Spec. des Coq. p. 50. n° 49. pl. 25. f. 101.

Habite... Mon cabinet. Ses plis sont serrés et fréquens. Longueur :
3 lignes.

49. Buccin pédiculaire. *Buccinum pediculare.* Lamk. (2).
(*Buccinum.* Lamk.).

> B. testá minimá, ovato-conicá, lævigatá, lineis albidis et spadiceo-
> fuscis alternis eleganter cinctá; spirá acutá; aperturá rotundatá.

  * *Buccinum lineatum.* D'Acosta. Brit. Conch. p. 130. pl. 8. f. 5.

---

(1) Les figures de cette espèce et de la suivante, données par
M. Kiener, ne laissent presque point de doute sur le genre auquel elles appartiennent ; c'est parmi les Colombelles qu'elles
doivent trouver leur place.

(2) Cette coquille est bien la même que le *Buccinum lineatum*
de d'Acosta et des auteurs anglais ; elle devra donc reprendre
son premier nom.

* *Id.* Dillw. Cat. t. 2. p. 626. n° 91.
* *Id.* Wood. Ind. Test. pl. 23. f. 92.
* *Buccinum pediculare.* Kiener. Spec. des Coq. p. 72. n° 71. pl. 25. f. 102.

Habite les mers de Java. M. Leschenault. Mon cabinet. Longueur : 2 lignes trois quarts.

Columelle calleuse. (Les Nasses.)

5o. Buccin casquillon. *Buccinum arcularia.* Lin. (1). (*Nassa.* Lamk.).

> *B. testâ ovato-abbreviatâ, ventricosâ, crassâ, cinereâ aut griseo-cœru-lescente; ultimo anfractu turgido, tuberculis coronatɔ; anfractibus spiræ longitudinaliter grossèque plicatis; labro intùs striato.*

---

(1) Linné a beaucoup mieux distingué cette espèce que ses successeurs. On voit, en effet, par sa description dans le *Museum Ulricæ,* et par la synonymie très châtiée de ses autres ouvrages, qu'il avait restreint cette espèce à de très justes limites : elle ne contenait que ceux des individus qui sont garnis d'une très large callosité. Depuis, Gmelin a réuni plusieurs autres espèces dans sa *Synonymie,* confusion qui n'a point été corrigée par Dillwyn. Lamarck ne rapporte plus que deux espèces sous le nom linnéen, et il a du moins le soin de les séparer en variétés. L'exemple de Lamarck a été généralement suivi; cependant il nous semble qu'il aurait fallu faire une espèce de sa variété; et pour s'en convaincre, il suffit de comparer avec soin cette variété avec le type de l'espèce : on voit que dans la variété la callosité est toujours beaucoup moins étendue et moins épaisse, elle ne couvre pas tout le ventre du dernier tour; la spire est plus élancée, plus scalaroïde, le sommet des tours étant toujours aplati; sur ces premiers tours, les plis longitudinaux sont beaucoup plus nombreux, et une strie profonde détache à leur sommet une rangée de petits tubercules qui deviennent subitement plus gros sur le dernier tour, sans cependant prendre la grosseur et la disposition de ceux de l'*Arcularia.* Toutes ces différences, et il en est d'autres que nous ne

Buccinum arcularia. Lin. Syst. nat. éd. 12. p. 1200. Gmel. p. 3480. n° 42.

Lister. Conch. t. 970. f. 24.

Bonanni. Recr. 3. f. 175. 340.

Gualt. Test. t. 44. fig. O. R.

D'Argenv. Conch. pl. 14. fig. C.

Seba. Mus. 3. t. 53. f. 32. 33. 37. 40.

Born. Mus. p. 238. Vign. fig. E.

Martini. Conch. 2. t. 41. f. 409. 410.

Buccinum arcularia. Brug. Dict. n° 47.

Nassa arcularia. Encycl. pl. 394. f. 1. a. b.

* Blainv. Malac. pl. 17 bis. f. 5.

* Kiener. Spec. des Coq. p. 94. n° 94. pl. 28. f. 115.

* Wood. Ind. Test. pl. 22. f. 40.

* Quoy et Gaim. Voy. de l'Astr. Zool. t. 2. p. 438. pl. 32. f. 1 à 4.

* Mus. Gottv. pl. 26. f. 178 c. d. 183. a. b.

* Lin. Syst. nat. éd. 10. p. 737.

* Lin. Mus. Ulric. p. 608.

* Brookes. Introd. of Conch. pl. 6. f. 79.

* Roissy. Buf. Moll. t. 6. p. 16. pl. 57. f. 4.

* Born. Mus. pl. 251.

* Schrot. Einl. t. 1. p. 327. n° 20.

* Dillw. Cat. t. 2. p. 603. n° 39. *Exclus. var.*

[b] *Var. spirá exsertiore, plicis tenuibus confertis subcancellatis.*

Rumph. Mus. t. 27. fig. M.

Petiv. Amb. t. 12. f. 9.

Gualt. Test. t. 44. fig. Q.

Seba. Mus. 3. t. 53. f. 34. 35. 41.

Knorr. Vergn. 6. t. 22. f. 3.

Favanne. Conch. pl. 33. fig. F. 3.

Martini. Conch. 2. t. 41. f. 411. 412.

Encycl. pl. 394. f. 2.

---

mentionnons pas, nous font regarder cette variété comme une espèce très distincte dont les caractères sont invariables. Nous proposons de désigner cette espèce sous le nom de *Buccinum Rumphii.* Non-seulement M. Kiener a confondu ces deux espèces, mais, de plus, il propose d'y joindre le *Buccinum pullus*, qui en est très distinct, comme le savent tous les conchyliologues (Voy. la note du *Buccin. pullus*, p. 182).

12.

* Reeve. Conch. Syst. t. 2. p. 236. pl. 269. f. 1.

* *Buccinum totombo.* Kiener. Spec. des Coq. p. 96. n° 95. pl. 28.
f. 114.

Habite l'Océan des Grandes-Indes et des Moluques. Mon cabinet.
Coquille ventrue, épaisse, lisse sur le milieu de son dernier tour,
mais striée transversalement à sa base. Columelle très calleuse.
Longueur : 13 lignes ; de la variété : 15.

51. Buccin couronné. *Buccinum coronatum (Nassa.* Lamk.).

*B. testâ ovato-acutâ, crassiusculâ, dorso lævigatâ, basi striatâ, pal-
lidè olivaceâ, obscurè zonatâ; anfractibus propè suturas tuberculatis; labro posticè denticulis muricato, intùs striato.*

Seba. Mus. 3. t. 53. f. 28. 39.

Buccinum mutabile. Schroëtter. Einl. in Conch. 1. p. 329. n° 23
t. 2. f. 4.

Buccinum coronatum. Brug. Dict. n° 46.

* Wood. Ind. Test. pl. 22. f. 41.

* Quoy et Gaim. Voy. de l'Astr. Zool. t. 2. p. 440. pl. 32. f. 8 à 10.

* Kiener. Spec. des Coq. p. 97. n° 96. pl. 28. f. 110.

* Mus. Gottv. pl. 26. f. 183 c.

* Dillw. Cat. t. 2. p. 603. n° 40.

Habite les mers de Madagascar. Mon cabinet. Longueur : 11 lignes.

52. Buccin Thersite. *Buccinum Thersites.* Brug. (*Nassa.* Lamk.).

*B. testâ ovatâ, dorso valdè gibbâ, longitudinaliter partìmque pli-
catâ, basi striatâ, olivaceâ vel pallidè cærulescente, albo aut fusco
fasciatâ; gibbo lævi, maculato; labro crasso, intùs dentato.*

Lister. Conch. t. 971. f. 26.

Seba. Mus. 3. t. 53. f. 44-46.

An Knorr. Vergn. 6. t. 22. f. 5?

Martini. Conch. 2. t. 41. f. 413.

Buccinum Thersites. Brug. Dict. n° 48.

Nassa Thersites. Encycl. pl. 394. f. 8. a. b.

* Kiener. Spec. des Coq. p. 99. n° 97. pl. 28. f. 113.

* Crouch. Lamk. Conch. pl. 19. f. 4.

* *Buccinum arcularia.* Var. β. Gmel. p. 3480.

* Dillw. Cat. t. 2. p. 604. n° 43.

* Reeve. Conch. Syst. t. 2. p. 236. pl. 269. f. 2.

* Wood. Ind. Test. pl. 22. f. 44.

* Quoy et Gaim. Voy. de l'Astr. Zool. t. 2. p. 447. pl. 32. f. 22 à 24.

Habite l'Océan Asiatique. Mon cabinet. Spire pointue; une tache brune au sommet de la bosse; bord droit épais, marginé en dehors, crénelé en dedans; columelle blanche et très calleuse. Longueur : 9 lignes.

53. Buccin bossu. *Buccinum gibbosulum.* Lin. (1). (*Nassa.* Lamk.).

B. *testá ovatá, dorso gibbá, lœvi, albidá aut olivaceá; spirá brevi, acutá; marginibus oppositis anteriùs usquè ad spiram decurrentibus.*

Buccinum gibbosulum. Lin. Syst. nat. éd. 12. p. 1201. Gmel. p. 3481. n° 44.

Lister. Conch. t. 973. f. 28.

Bonanni. Recr. 3. f. 383. *Ampliata.*

Gualt. Test. t. 44. fig. L.

Knorr. Vergn. 6. t. 22. f. 6.

Schroëtter. Eiul. in Conch. 1. p. 329. n° 22. t. 2. f. 3. a. b.

Martini. Conch. 2. t. 41. f. 414. 415.

Buccinum gibbosulum. Brug. Dict. n° 50.

* Kiener. Spec. des Coq. p. 102. n° 100. pl. 28. f. 116.

* Lin. Syst. nat. éd. 10. p. 737.

* Roissy. Buf. Moll. t. 6. p. 17. n° 3.

* *Buccinum pullus.* Burrow. Elem. of Conch. pl. 16. f. 4.

* Dillw. Cat. t. 2. p. 605. n° 45.

* Payr. Cat. des Moll. de Corse. p. 158. n° 320.

* Philip. Enum. Moll. Sicil. p. 224. n° 11.

* Blainv. Faun. franç. p. 185. n° 25. pl. 7 A. f. 3.

---

(1) Il y a deux espèces très voisines qui ont également leur surface inférieure envahie par la callosité columellaire, celle des deux à laquelle le nom appartient se distingue par sa forme plus courte, plus large, par sa bosse du dernier tour et les taches blanches éparses sur une couleur gris-brun ou rougeâtre. Le dernier tour présente aussi une ligne brune transverse vers le tiers antérieur. M. Kiener, dans sa description, comprend les deux espèces, et sa figure peu exacte me paraît par sa forme appartenir à l'une, et par sa coloration à l'autre des espèces.

* Wood. Ind. Test. pl. 22. f 46.

Habite l'Océan Asiatique. Mon cabinet. Sa bosse est moins élevée que dans celui qui précède. Bord droit lisse en dedans; columelle encore très calleuse. Longueur : 8 lignes.

54. Buccin totombo. *Buccinum pullus*. Lamk. (1). (*Nassa*. Lamk.).

B. testá ovato-acutá, plicis longitudinalibus tenuibus striisque transversis decussatá, cinereo-cærulescente; anfractibus supernè angulatis : ultimo ad angulum trituberculato; labro intùs striato.

Buccinum pullus. Lin. Syst. nat. éd. 12. p. 1201. Gmel. p. 3481. nº 43.

Lister. Conch. t. 970. f. 25.

Gualt. Test. t. 44. fig. M.

Adans. Seneg. t. 8. f. 11. le Totombo.

Schroëtter. Einl. in Conch. 1. p. 328. nº 21. t. 2. f. 2. a. b.

Buccinum pullus. Brug. Dict. nº 45.

* Dillw. Cat. t. 2. p. 604. nº 42.

* Wood. Ind. Test. pl. 22. f. 43?

Habite l'Océan des Grandes-Indes. Mon cabinet. Long. : 9 l. et dem.

55. Buccin marginulé. *Buccinum marginulatum* (2). (*Nassa*. Lamk.).

B. testá ovato-acutá, plicis tenuibus longitudinalibus confertis striis-

---

(1) Toutes les personnes qui étudient les coquilles depuis Adanson et Linné, ont reconnu avec la plus grande facilité le *Totombo* d'Adanson (*Buccinum pullus*. Lin.). La description d'Adanson est tellement précise, que l'erreur et le doute ne se sont jamais glissés dans les ouvrages qui ont mentionné cette espèce. Gmelin lui-même l'a conservé dans son intégrité. On sera donc étonné de trouver dans l'ouvrage de M. Kiener une variété du *Buccinum orcularia*, sous le nom de *Buccinum pullus*. Cette erreur provient sans doute de la transposition fortuite d'une coquille à la place d'une autre, dans la collection de Lamarck, et l'auteur l'eût facilement évitée, non-seulement en consultant Linné et Adanson, mais Lamarck lui-même et sa synonymie très correcte. Cette note était nécessaire pour faire comprendre pourquoi nous ne citons pas ici le *Buccinum pullus* de M. Kiener et pourquoi nous le rapportons à l'*Arcularia*.

(2) M. Kiener confond avec cette espèce notre *Buccinum co-*

que transversis decussatá, subgranulosá, colore variá; anfractuum margine superiore crassiusculo, crenulato; spirá exsertiusculá; labro intùs striato.

* Kiener. Spec. des Coq. p. 91 n° 90. pl. 29. f. 117.

Habite la Méditerranée, sur les côtes de Barbarie et de Naples. Mon cabinet. Il varie beaucoup dans sa coloration, tantôt blanche, tantôt verdâtre, et tantôt fauve ou rose. Longueur: 7 lignes 3 quarts.

56. Buccin pauvret. *Buccinum pauperatum* (1). (*Nassa.* Lamk.).

B. testá ovatá, ventricosá, crassiusculá, longitudinaliter undatim plicatá, transversìm minutissimè striatá, albá, luteo-fasciatá; ultimo anfractu; spirá longiore, maculá rufá tincto; labro intùs striato.

* Kiener. Spec. des Coq. p. 90. n° 89. pl. 29. f. 118.

Habite... Mon cabinet. Il a deux rangées de granulations sous les sutures. Longueur: 7 lignes un quart.

57. Buccin polygoné. *Buccinum polygonatum* (2). (*Nassa.* Lamk.).

B. testá ovatá, longitudinaliter costatá, transversè striatá, rubente;

---

noidale, parce que ce naturaliste prend notre espèce pour le jeune individu d'une autre; mais nos individus sont adultes et ils diffèrent du *Marginulatum* figuré par M. Kiener, comme il le dit justement lui-même, par la forme et l'étendue de la callosité.

(1) Cette espèce nous laisse beaucoup d'incertitudes : la phrase de Lamarck ne dit rien d'un caractère très important: la grandeur de la callosité columellaire, quoique cette partie ait des proportions invariables dans chaque espèce; aussi M. Kiener, sous le nom de *Buccinum pauperatum*, figure une coquille qui a une callosité assez large sur le ventre de l'avant-dernier tour. MM. Quoy et Gaimard ont figuré et décrit sous le même nom une coquille sans callosité ; nous savons que M. Quoy a vérifié ses espèces dans la collection de Lamarck. Lamarck comprenait-il dans sa collection deux espèces sous un même nom? M. Kiener ne dit rien à ce sujet, et cependant il adopte comme variété du *Pauperatum* l'espèce de M. Quoy; nous pensons qu'elles doivent être distinguées; mais à laquelle le nom de Lamarck doit-il rester?

(2) M. Kiener commet une singulière erreur, contre laquelle

costis prominentibus; spirâ obtusiusculâ; aperturâ rotundatâ; labro extùs marginato, intùs striato.

* Kiener. Spec. des Coq. p. 92. n° 91. pl. 29. f. 119.
* Menke. Moll. not. Holl. Spec. p. 21. n° 94.

Habite… Mon cabinet. La saillie de ses côtes le rend comme polygonal. Longueur : 7 lignes trois quarts.

58. Buccin néritoïde. *Buccinum neriteum.* Lin. (1). (*Nassa.* Lamk.).

B. testâ orbiculari, convexo-depressâ, lævi, albido-fulvâ; ultimo anfractu ad periphæriam subangulato; spirâ retusissimâ.

Buccinum neriteum. Lin. Syst. nat. éd. 12. p. 1201. Gmel. p. 3481. n° 46.

Gualt. Test. t. 65. fig. C. I.

Born. Mus. p. 252. t. 10. f. 3. 4.

* Olivi. Adriat. p. 144.

Favanne. Conch. pl. 11. fig. Q.

Chemn. Conch. 5. t. 166. f. 1602. 1. 2. 3.

Buccinum neriteum. Brug. Dict. n° 60.

Nassa neritoides. Encyclop. pl. 394. f. 9. a. b.

* Blainv. Malac. pl. 24. f. 4.

---

nous devons prémunir le lecteur. On trouve dans l'ouvrage de MM. Quoy et Gaimard un petit *Buccinum jacksonianum ;* M. Kiener a également décrit et figuré une petite espèce de Buccin sous le même nom; on aurait pu croire que ces deux coquilles appartenaient à une seule espèce, mais il n'en est rien; après avoir substitué le nom d'une espèce à une autre, M. Kiener donne le véritable *Jacksonianum* de M. Quoy, comme variété du *Buccinum polygonatum* ; cependant ces deux espèces sont très différentes, et pour en donner la meilleure preuve, nous prions le lecteur de comparer les figures 107, pl. 27, à celles 119, pl. 29, qui, selon M. Kiener, représentent des variétés d'une même espèce.

(1) Cette espèce, bien connue des naturalistes, a toujours été maintenue parmi les Buccins, elle en a en effet tous les principaux caractères, on doit donc être étonné que M. Schumacher ait fait de cette coquille le sujet d'un genre nouveau, dans lequel il introduit une espèce de Mélanopside.

* Aldrov. de Testac. p. 397.
* Lin. Syst. nat. éd. 10. p. 738.
* Plancus de Conch. Min. nat. pl. 3. f. 3.
* *Nana nerita.* Schum. Nouv. Syst. p. 226.
* Payr. Cat. des Moll. de Corse. p. 164. n° 328.
* Phil. Enum. Moll. Sicil. p. 223. n° 10.
* Coll. des Ch. Cat. des Moll. du Finist. p. 54. n° 6.
* *Trochus vestiorius.* Var. B. Gmel. p. 3578.
* Schrot. Einl. t. 1. p. 695. *Trochus.* n° 40.
* Dillw. Cat. t. 2. p. 606. n° 47.
* Kiener. Spec. génér. des Coq. viv. p. 103. n° 101. pl. 29. f. 120.
* *An eadem spec.?* Blainv. Faun. franc. Moll. p. 186. n° 26.
  pl. 7 A. f. 4.
* *Nassa neritea.* Reeve. Conch. Syst. t. 2. p. 336. pl. 269. f. 3.
* Wood. Ind. Test. pl. 22. f. 48.

Habite dans la Méditerranée, etc. Mon cabinet. Son port lui est tout-
à-fait particulier. Diam., 5 lignes un quart.

† 59. Buccin tacheté. *Buccinum maculatum.* Martyns.

B. *testá ovato-turgidá, griseo-flavá, testaná, lævigatá, transversìm
serialiter fusco punctatá; anfractibus convexiusculis, primis nodulosis et striatis; aperturá ovatá, luteolá, supernè callosá, in angulo
canaliculatá; columellá crassá, basi profundè emarginatá.*

Buccinum maculatum. Martyns. Univ. Conch. t. 2. pl. 49.

Buccinum ex-sanguineo adspersum. Chemn. Conch. t. 10. p. 201.
  pl. 154. f. 1475. 1476.

Buccinum turgitum. Gmel. p. 3490. n° 184.

Buccinum adspersum. Brug. Encycl. méth. Vers. t. 1. p. 265. n° 29.
  Wood. Ind. Test. pl. 23. f. 80.

Buccinum turgitum. Dillw. Cat. t. 2. p. 621. n° 79.

Buccinum testudineum. Var. Kiener. Spec. des Coq. p. 13. n° 13.
  pl. 1. f. 2.

Eburna adspersa. Roissy. Buf. Moll. t. 6. p. 32. n° 4.

Buccinum testudineum. Var. Quoy. Voy. de l'Astr. Mol. t. 2. p. 415.
  pl. 30. f. 12.

Habite les mers de la Nouvelle-Zélande.

Comme le témoigne la synonymie de cette espèce, elle a reçu déjà
plusieurs noms, et même quelques auteurs l'ont confondue avec
une espèce voisine, le *Buccinum testudineum.* Mais cette espèce se
distingue non-seulement par la coquille, mais encore par l'animal
dont M. Quoy a donné une figure dans le *Voyage de l'Astrolabe.*
Cette coquille est ovale-ventrue. Sa spire, courte et conique, est for-

mée de sept à huit tours aplatis, presque conjoints, sur lesquels
on remarque à-la-fois des stries transverses et des côtes longitudinales, larges et épaisses ; le dernier tour est toujours lisse, il est
globuleux, et il est terminé à la base par une échancrure oblique
et profonde. L'ouverture est assez grande, ovalaire, profondément
canaliculée dans son angle supérieur, et garnie, à cette extrémité,
d'une callosité très épaisse formant le sommet de la columelle. Le
bord droit est simple, peu épais, il est sinueux dans sa longueur.
La columelle est arrondie, très épaisse ; elle est garnie, dans sa
longueur, d'un bord gauche assez large, épais et calleux ; toute
cette ouverture est d'un jaune orangé pâle. A l'extérieur, cette
coquille est d'un jaune blanchâtre, terne, testacé, et elle est ornée
d'un grand nombre de séries transverses, de ponctuations quadrangulaires ou oblongues, d'un brun ferrugineux assez foncé.
Cette coquille est longue de 55 millim., et large de 35.

† 60. Buccin linéolé. *Buccinum lineolatum.* Quoy.

> *B. testâ elongatâ acuminatâ, lævi squalidè griseâ vel fucescente li-*
> *neolis nigris distantibus æqualibus ornatâ; aperturâ ovatâ, au-*
> *rantiacâ; labro tenui intùs striato; columellâ basi subperforatâ.*

Quoy et Gaim.Voy. de l'Astr. Zool. t. 2. p. 419. pl. 30. f. 14 à 16.
Kiener. Spec. des Coq. p. 14. nº 14. pl. 1. f. 3.
Habite les mers de la Nouvelle-Zélande.

Coquille ovale-oblongue, étroite, qui a quelques rapports avec le
Buccinum testudineum, mais qui s'en distingue constamment par le
plus grand nombre de ses caractères. Sa spire, pointue, est formée
de huit tours convexes, dont le dernier est à-peu-près aussi long
que la spire ; toute la surface est lisse ; le dernier tour, subglobuleux, est terminé à la base par une échancrure étroite et profonde.
L'ouverture est ovalaire, elle est d'un brun noirâtre en dedans, son
pourtour est d'un beau rouge orangé. Le bord droit est mince et
tranchant, il est strié en dedans; les stries pénètrent profondément. La couleur de cette espèce est peu variable; sur un fond
d'un brun foncé, terne, quelquefois grisâtre, se montrent de fines
lignes transverses, régulières, d'un brun noir très intense; ces
lignes sont plus nombreuses dans le jeune âge que chez les vieux
individus: aussi on en remarque un plus grand nombre sur les
premiers tours que sur le dernier.
Cette espèce a 37 millim. de long, et 18 de large.

† 61. Buccin rampe. *Buccinum gradatum.* Desh.

> *B. testâ ovato-ventricosâ, lævigatâ, flavâ, strigis longitudinalibus*
> *flexuosis fuscis ornatâ; anfractibus planulatis, supernè spiratis,*

*marginatis; aperturâ ovatâ, intùs flavescente supernè callosâ; labro
tenui acuto, simplici; columellâ callosâ.*

Buccinum cochlidium. Kiener. Spec. des Coq. p. 10. n° 10. pl. 6
f. 17.

Habite la Nouvelle-Zélande, d'après M. Kiener.

Celui-ci diffère du *Cochlidium* de Chemnitz, pour lequel l'a pris
M. Kiener. En effet, le *Cochlidium* de Chemnitz, autant qu'on en
peut juger d'après la figure et la description, est une coquille d'un
blanc sale, qui paraît mince, et dont l'ouverture est dépourvue de
cette large callosité qui caractérise l'espèce dont nous allons donner la description. Dans le *Cochlidium* de Chemnitz, le bord de la
rampe des tours n'est point saillant, tandis que dans le *Buccinum
gradatum*, cette rampe est suivie par un angle obtus et saillant.
Ces différences considérables nous ont déterminé à séparer le
Buccinum cochlidium de celui-ci.

Cette coquille est ovale-oblongue, ventrue, à spire assez allongée,
composée de huit tours, aplatis ou à peine convexes, au sommet
desquels se trouve une rampe aplatie qui parcourt tous les tours,
de la base au sommet; cette rampe se trouve élargie par l'angle
obtus et saillant qui l'accompagne, et dont nous avons déjà parlé; le
dernier tour est sensiblement cylindracé, il est arrondi à la base, et
il est terminé de ce côté par une échancrure très large et profonde.
Toute la surface extérieure est lisse. L'ouverture est grande, ovalaire; à son angle supérieur est creusée une gouttière étroite et
profonde. Le bord droit est mince, simple et tranchant. La columelle est épaisse, et elle est garnie, dans toute sa hauteur, d'une
large callosité qui a quelque analogie avec celle des Nasses et même
des Struthiolaires; cette callosité, dans sa forme et ses caractères,
n'a pas la moindre ressemblance avec celles du *Buccinum cochili-
dium* de Chemnitz. Sur un fond d'un jaune orangé pâle ou grisâtre,
se dessine un grand nombre de linéoles onduleuses, d'un brun plus
ou moins intense; outre ces linéoles, on remarque aussi, sur l'angle
des tours, une série de taches de la même couleur.

Les grands individus de cette espèce ont 75 millim. de long, et 45
de large.

† 62. Buccin escalier. *Buccinum cochlidium*, Chemn.

*B. testâ ovato-oblongâ, albâ, lævi; spirâ exertâ, acuminatâ; anfrac-
tibus sex, convexis, suprà planis; aperturâ ovali, patulâ; labro tenui, acuto; columellâ arcuatâ.*

Perry. Conch. pl. 48. f. 2?

Chemn. Conch. t. 11. p. 275. pl. 209. f. 2053. 2054.

Dillw. Cat. t. 2. p. 627. n° 94.

Le *Buccinum cochlidium* de M. Kiener n'est pas de la même espèce que celui de Chemnitz, en conséquence son nom doit être changé, et nous avons proposé celui du *Buccinum gradatum*. Nous n'avons pas sous les yeux l'espèce de Chemnitz, nous ne la connaissons que par la figure et la description de cet auteur. Nous nous bornons à y renvoyer le lecteur, ne voulant pas déroger à la règle que nous nous sommes imposée de ne décrire que les espèces que nous avons en nature sous les yeux.

† 63. Buccin à côtes. *Buccinum costatum.* Quoy.

B. testá ovato-conicá, longitudinaliter costato-plicatá, transversìm striatá, fucescente; anfractibus in medio angulato subnodosis; aperturá ovato-angustá, intùs fusco flavescente.

Quoy et Gaim. Voy. de l'Astr. Zool. t. 2. p. 417. pl. 30. f. 17 à 20.

Kiener. Spec. des Coq. p. 30. n° 31. pl. 11. f. 36.

Menke. Specim. Moll. Nouv.-Holl. p. 20. n° 90.

Habite la Nouvelle-Hollande.

Assez petite espèce, à canal court, à queue allongée, pointue, couverte de bourrelets formant des côtes longitudinales traversées par des sillons qui ne deviennent bien apparens que près du canal. Les tours de la spire, au nombre de sept, sont larges et variqueux. L'ouverture est ovalaire, lisse, d'un brun marron clair. Le bord droit est évasé, tranchant, sillonné en dedans, infléchi en arrière pour former un petit sinus. La columelle est calleuse en dehors. Vivante, cette coquille est brune, avec quelques teintes rougeâtres. Morte, elle est réticulée de gris clair ou blanchâtre. Une variété moins grande, sur un fond jaunâtre, a des bandes brunes en hélice près des sutures. Une autre variété a des stries transverses, espacées et bien marquées (Quoy).

Les plus grands individus ont 14 lignes de long, et 6 d'épaisseur.

† 64. Buccin tafon. *Buccinum tafon.* Desh.

B. testá ovatá, utrinquè attenuatá, castaneo-atratá, transversìm tenuè striatá, aliquandò griseá, flammulis castaneis ornatá; spirá acuminatá; anfractibus connatis; aperturá ovatá, albá, in angulo superiore angustè canaliculatá; columellá arcuatá, rugosá.

Buccinum viverratum. Kiener. Spec. des Coq. p. 35. n° 36. pl. 10. f. 35.

Le *Tafon.* Adans. Sénég. p. 133. pl. 9. f. 25.

Muller. Syn. Test. p. 65. n° 11.

Habite le Sénégal.

Malgré l'étrangeté des noms spécifiques d'Adanson, nous les conservons autant que cela nous est possible, parce qu'il y a peu

d'hommes qui aient, autant que lui, contribué, dans le siècle dernier, à l'avancement de la conchyliologie. Il est juste de conserver
dans la nomenclature la trace des espèces qu'il a si bien décrites
dans son voyage au Sénégal.

Cette coquille est ovale-oblongue, un peu subfusiforme, et se rapproche un peu du *Fusus lignarius*. Sa spire, pointue au sommet,
compte huit tours à peine convexes, légèrement déprimés à leur
partie supérieure; le dernier est plus grand que la spire, il s'atténue à son extrémité antérieure, où il se termine en une échancrure étroite, un peu profonde. Toute la surface est couverte de
stries transverses, très fines, serrées, inégales; presque toujours il
y en a une plus fine entre deux grosses. Il y a des individus chez
lesquels les premiers tours de la spire sont chargés d'une rangée de
nodosités plus ou moins saillantes. L'ouverture est d'un blanc laiteux, un peu bleuâtre vers le fond. Le bord droit est mince, dentelé à l'intérieur, et souvent linéolé de brun. La columelle porte
un bord gauche étroit, sur lequel se montrent des rides et quelques granulations. Dans l'angle supérieur de l'ouverture, est creusée une gouttière étroite et profonde, limitée à droite et à gauche
par de petits bourrelets décurrens. La coloration de cette espèce
est assez variable; ordinairement elle est d'un gris perlé et flam-
mulé de brun. Dans une série de variétés, on voit le brun prédo-
miner insensiblement, devenir plus intense, et finir par envahir
toute la coquille.

Cette espèce est longue de 35 millim., et large de 20.

† **65. Buccin Delalande.** *Buccinum Delalandi.* Kiener.

B. *testâ ovato-acutâ, angustâ, cinereâ, longitudinaliter ferrugineo,
fuscoque strigatâ, transversìm tenuè striatâ; aperturâ ovatâ, extremitatibus attenuatâ, intùs albidâ; labro basi dilatato, simplici,
acuto intùs tenuè plicato.*

Kiener. Spec. des Coq. p. 15. n° 15. pl. 5. f. 14.

Muller. Syn. Test. p. 63. n° 86.

Habite le cap de Bonne-Espérance.

Après avoir cité le *Buccinum cataracta* de Chemnitz, au *Purpura cataracta* de Lamarck, M. Kiener rapporte encore ici à son *Buccinum Delalandi*, la même figure de Chemnitz. Dans une note relative au *Purpura cataracta*, nous avons dit que l'espèce de Chemnitz, contre le sentiment de M. Kiener, nous paraissait un Buccin
et non une Pourpre. M. Kiener justifie en quelque sorte notre opinion par le double emploi que nous venons de signaler. On ne
peut contester l'analogie qui existe entre le *Buccinum Delalandi*

et le *Cataracta* de Chemnitz ; nous pensons néanmoins que ces coquilles constituent deux espèces bien distinctes.

Cette coquille a 37 millim. de long, et 21 de large.

† 66. Buccin ficelé. *Buccinum porcatum.* Gmel.

*B. testá ovatá, castaneá, transversìm latè sulcatá, et tenuè striatá ;
anfractibus convexis supernè depressis primis trisulcatis : ultimo
septem octove sulcato ; aperturá ovatá intùs rubescente, supernè in
angulo canaliculatá.*

Buccinum porcatum. Gmel. p. 3494.

Schrot. Einl. t. 1. p. 372. *Buccinum.* n° 64.

Martini. Conch. t. 4. p. 71. pl. 126. f. 1213. 1214.

Buccinum mexicanum. Brug. Encycl. méth. Vers. t. 1. p. 260. n° 23.

Buccinum ligatum. Kiener. Spec. des Coq. p. 7. n° 7. pl. 5. f. 15.

Habite le cap de Bonne-Espérance, d'après M. Kiener.

Nous restituons à cette espèce le premier nom qu'elle a reçu. Bruguière, qui a décrit cette coquille, ne s'est point sans doute aperçu
que Gmelin l'avait déjà nommée avant lui. M. Kiener, en l'introduisant dans sa monographie des Buccins, a proposé un troisième
nom, celui de *Buccinum ligatum ;* il eût été plus naturel de revenir à l'un des deux noms précédemment publiés.

Cette coquille est ovale-oblongue ; sa spire, obtuse, est formée d'un
petit nombre de tours convexes, dont le dernier constitue à lui seul
les deux tiers au moins de toute la coquille ; sur ces tours, creusés
à leur partie supérieure, on remarque de fines stries transverses,
ainsi qu'un petit nombre de grosses côtes qui suivent la même direction ; il y en a deux sur les premiers tours, on en compte sept ou
huit sur les derniers. Ces côtes sont également distantes, larges,
peu convexes, plus étroites que les intervalles qui les séparent.
L'ouverture est grande, ovalaire, blanche ou rougeâtre. Son bord
droit est mince, tranchant, simple. La columelle est peu épaisse et
bordée, dans toute sa longueur, d'un bord droit et peu épais. A
l'angle supérieur aboutit une gouttière étroite et peu profonde. La
base de l'ouverture est occupée par une échancrure large et peu
profonde. Sous un épiderme épais et tenace, d'un brun verdâtre,
quelquefois très foncé, cette coquille est d'un brun rouge uniforme.

Les grands individus ont 58 millim. de long, et 30 de large.

† 67. Buccin d'Orbigny. *Buccinum d'Orbignyi.* Payr.

*B. testá ovato-angustá, fuscá, in medio albo univittatá, longitudi-
naliter plicatá, transversìm sulcatá, et tenuè striatá ; anfractibus
convexis : ultimo alteris longiore ; aperturá ovato-angustá, albá ;
labro acuto, intùs plicato.*

Payr. Cat. des Moll. de Corse. p. 159. n° 322. pl. 8. f. 4. 5. 6.
Philip. Enum. Moll. Sicil. p. 222. n° 5.
Cancellaria d'Orbignyi. Blainv. Faun. franç. Moll. p. 140. n° 2.
pl. 5 b. f. 4. pl. 6 b. f. 1.
Kiener. Spec. des Coq. p. 42. n° 41. pl. 13. f. 42.
Habite la Méditerranée.

Coquille d'un médiocre volume, ovale-étroite, à spire pointue, plus
courte que le dernier tour, et à laquelle on compte sept tours
étroits et convexes. Sur toute la surface s'élèvent des côtes longitudinales qui sont découpées transversalement par des stries nombreuses et inégales. L'ouverture est petite, ovalaire, rétrécie,
blanche; elle se prolonge à la base, en un canal assez long, terminé
par une échancrure étroite et peu profonde. Le bord droit est
épais, sillonné en dedans. La columelle est garnie d'un bord gauche, étroit et à peine saillant. La coloration de cette espèce est
assez variable. Il y a des individus d'un brun assez foncé, ornés
d'une fascie blanche, à la base des premiers tours, et sur le milieu
du dernier. Chez d'autres individus, le sommet des côtes devient
d'un blanc jaunâtre, les intervalles seuls restent bruns, et quelquefois on distingue plusieurs fascies transverses sur le dernier tour.
Cette coquille, fort commune sur tous les points de la Méditerranée,
a 20 millim. de long, et 10 de large.

† 68. Buccin à collier. *Buccinum moniliferum.* Kiener.

*B. testá ovato-elongatá, lævigatá, albá, transversìm fusco bifasciatá;
anfractibus planis, suprà spiratis angulato-dentatis dentibus ali-
quando spinæformibus; aperturá ovatá, columellá valde arcuatá,
callosá, aperturá angulo superiore canaliculato.*

Kiener. Spec. des Coq. p. 11. n° 11. pl. 3. f. 8.
Reeve. Conch. Syst. t. 2. p. 234. pl. 268. f. 4.
Habite Terre-Neuve.

Coquille ovale-oblongue, à spire longue et pointue, composée de
huit à neuf tours, au sommet desquels règne une rampe aplatie, un
peu oblique, limitée en dehors par une rangée de tubercules spiniformes, au nombre de onze ou douze sur chaque tour; ces tubercules sont dirigés presque horizontalement. L'ouverture est
médiocre, elle est régulièrement ovalaire, son angle supérieur est
non-seulement creusé d'une gouttière intérieure et décurrente,
mais encore échancrée dans l'extrémité du bord droit. Ce bord
droit est mince et tranchant, il est simple et lisse. La columelle
est épaisse, et elle est garnie, dans les vieux individus, d'une large
callosité qui se fond particulièrement par ses bords avec le reste

du test. Cette disposition nous fait croire que cette coquille appartient plutôt aux Nasses. La coloration est peu variable; elle consiste en deux fascies brunes, transverses, larges, qui occupent une
grande partie du dernier tour, et dont la supérieure remonte sur
les tours qui précèdent jusqu'au sommet de la coquille.

Cette espèce a quelquefois 50 millim. de long, et 23 de large.

† 69. **Buccin scie.** *Buccinum pristis.* Desh.

> *B. testá elongatá, subturritá, apice acuminatá, lævigatá, politá, flavo*
> *fucescente; anfractibus convexiusculis, ad suturam subdepressis*
> *primùs longitudinaliter nodosis transversìm striatis: ultimo basi*
> *striato; aperturá ovatá; labro expanso, tenui denticulato, serrato.*

Buccinum serratum. Kiener. Spec. des Coq. p. 23. n° 24. pl. 9. f. 28.

Reeve. Conch. Syst. t. 2. p. 235. pl. 268. f. 5. 6.

Habite les mers de Californie.

Nous nous trouvons dans la nécessité de changer le nom donné à
cette espèce par M. Kiener, parce qu'il y a déjà une autre espèce
décrite sous le même nom par Brocchi dès 1814, parmi ses fossiles
subapennins.

Belle espèce, bien distincte, dont les caractères sont suffisamment
tranchés pour qu'on la reconnaisse facilement. Elle est allongée,
étroite, subturriculée. Sa spire, très pointue, se compose de dix
tours convexes, légèrement creusés au-dessus de la suture. Sur les
cinq ou six premiers tours, on remarque non-seulement des côtes
longitudinales, mais encore des stries transverses très fiues; les
unes et les autres disparaissent insensiblement, et les quatre ou
cinq derniers tours restent complétement lisses; le dernier tour est
subcanaliculé à la base, et terminé par une échancrure large et
profonde. L'ouverture est ovale, son angle supérieur offre une petite rigole fort étroite et peu profonde. Le bord droit est mince,
renversé en dehors, et il est garni, dans toute sa longueur, d'une
série de fiues dentelures, comme celles d'une scie. La columelle est
peu épaisse; elle est d'un brun jaunâtre, peu foncé. Toute la coquille est d'un brun grisâtre, uniforme; à l'intérieur, l'ouverture
est un peu violacée.

Cette coquille est longue de 55 millim., large de 20; mais il y en a
de plus grands individus.

† 70. **Buccin difforme.** *Buccinum distortum.* Gray.

> *B. testá ovato-ventricosá, albá, fusco longitudinaliter flammulatá,*
> *transversìm striatá, aliquandò striato-sulcatá, aliquantisper sulcis*
> *subnodulosis; aperturá albá, ovato-angustá, aliquandò callo cras-*
> *sissimo supernè canaliculato distortá; labro acuto, intùs striato.*

Gray, dans Wood, Ind. Test. Suppl. pl. 4. f. 7.

Kiener. Spec. des Coq. p. 43. nº 42. pl. 18. f. 64 et 65.

Habite les mers du Chili.

M. Kiener rapporte à cette espèce une figure de Chemnitz (pl. 94, f. 913). Cette figure représente une coquille fossile qui appartient au genre Mélanopside. C'est le *Melanopsis Chemnitzii* de Férussac.

Coquille extrêmement variable, et dont il faut avoir un grand nombre d'individus pour en apprécier tous les caractères. Elle est ovale-ventrue. Sa spire, plus ou moins allongée, est composée de sept à huit tours, médiocrement convexes, sur lesquels il y a tout à-la-fois des stries transverses et des côtes longitudinales obtuses, et en petit nombre ; dans le plus grand nombre des individus, le dernier tour est lisse, ou présente seulement quelques stries obsolètes ; souvent on voit les accidens des premiers tours se continuer sur le dernier, et l'on reconnaît que des coquilles si différentes appartiennent à la même espèce, parce qu'elles se lient par un grand nombre de variétés. L'ouverture est d'un beau blanc laiteux ; elle est ovalaire. Le bord droit, peu épais, est faiblement plissé en dedans. Dans le plus grand nombre des individus, l'angle supérieur de l'ouverture est occupé par une petite rigole peu profonde ; mais dans d'autres, il s'établit dans cet angle une callosité énorme qui rend irrégulière cette partie du dernier tour, et une gouttière, large et peu profonde, est creusée dans cette callosité. La coloration n'est pas moins variable que le reste de la coquille. Il y a des individus qui, sur un fond blanc, ont un petit nombre de linéoles ou de flammules d'un brun marron plus ou moins foncé ; dans d'autres individus, quelques fascies transverses de ponctuations viennent interrompre ces linéoles ; peu-à-peu les ponctuations et les flammules se confondent, et l'on arrive ainsi insensiblement à des individus d'un brun marron foncé uniforme.

Cette coquille a 45 millim. de long, et 25 de large, mais elle est variable dans ses proportions.

† **71.** Buccin damier. *Buccinum alveolatum.* Kiener.

B. testâ ovatâ, apice acutâ, transversìm striatâ, albo lutescente maculis nigrescentibus quadratis seriatìm ornatâ; spirâ acuminatâ; anfractibus longitudinaliter plicatis, ad suturam depressis; aperturâ ovatâ, intùs violascente et striatâ; columellâ albâ.

Kiener. Spec. des Coq. p. 31. nº 32. pl. 10. f. 34.

Habite la Nouvelle-Hollande.

Par sa coloration, cette espèce a beaucoup d'analogie avec le *Buccinum testudineum*, mais elle s'en distingue facilement par tous ses

autres caractères. Sa spire pointue compte huit tours sur lesquels
se relèvent des côtes longitudinales assez épaisses et convexes. Sur
le dernier tour, elles s'amoindrissent et disparaissent insensiblement.
Sur la surface de cette coquille on remarque aussi des stries transverses, fines, écartées. Ses tours sont convexes, mais ils sont déprimés en dessous de la suture, et légèrement creusés en gouttière.
L'ouverture est ovalaire, d'un blanc violacé en dedans ; le bord droit
est mince et strié en dedans ; l'échancrure terminale est large,
oblique et profonde. Sur un fond d'un blanc jaunâtre ou grisâtre,
cette coquille est ornée d'un grand nombre de taches quadrangulaires, régulières, formant des séries transverses, et dans l'ensemble,
elles sont disposées comme les cases d'un damier.

Cette coquille a 30 millim. de long, et 15 de large. Il y a des individus un peu plus grands.

2e SECTION. — LES NASSES.

† 72. Buccin court. *Buccinum abbreviatum*. Chemn.

*B. testá ovato-globosá, albá, lineolis undulosis longitudinalibus
ornatá, transversìm regulariter sulcatá ; spirá obtusá ; anfractibus angustis, convexis, ad suturam subcanaliculatis ; aperturá
ovatá, fucescente, labro incrassato, dentato ; columella brevi, labio sinistro calloso.*

Chemn. Conch. t. 10. p. 194. pl. 153. f. 1463. 1464.

Gmel. p. 3478. n° 181.

Dillw. Cat. t. 2. p. 587. n° 12. *Exclus. variet.*

Wood. Ind. Test. pl. 22. f. 12.

Nassa globosa. Sow. Genera of Shells. f. 6.

Id. Reeve. Conch. Syst. t. 2. p. 237. pl. 269. f. 6.

Kiener. Spec. des Coq. p. 86. n° 85. pl. 26. f. 105.

Habite l'Océan Indien.

Coquille curieuse et intéressante, qui se rapproche des Casques par sa
forme, mais qui, par ses autres caractères, appartient bien aux
Nasses. Elle avoisine le *Buccinum retusum* de Lamarck, mais beaucoup plus encore le *Buccinum conglobatum* de Brocchi, fossile du
Plaisantin. On pourrait même croire à l'identité des deux espèces ;
mais en les étudiant dans tous leurs détails, on s'aperçoit qu'elles
sont toujours distinctes.

Cette coquille est ovale, globuleuse, à spire obtuse, courte, composée
de sept tours convexes, étagés et subcanaliculés à la suture ; le dernier est globuleux et terminé à la base en une échancrure courte,
large et profonde, subitement relevée vers le dos. Toute la surface

est occupée par un assez grand nombre de sillons transverses égaux, réguliers, assez fins. L'ouverture est petite, ovale, arrondie, jaunâtre en dedans ; le bord droit est épais, fortement dentelé en dedans ; le bord gauche s'étale en une callosité assez large, très nettement circonscrite. La columelle est courte, et le bord gauche qui se continue dans sa hauteur est épais et calleux. Cette coquille est souvent blanche, quelquefois jaunâtre, et elle est ornée de linéoles longitudinales, onduleuses, d'un brun assez foncé. Sa longueur est de 30 millim., sa largeur de 24.

† 73. Buccin globuleux. *Buccinum globosum*. Quoy.

B. testá globosá, turgidá, in medio aliquantisper gibbosá, fuscá, albo basi fasciatá, longitudinaliter plicatá, transversìm striatá, obsoletè granulosá; spirá brevi, apice acuminatá; anfractibus convexis : ultimo maximo basi obliquè emarginato; aperturá minimá, ovatá, albá; callo columellari, albo, maximo, incrassato, plano.

Quoy et Gaim. Voy. de l'Astr. Zool. t. 2. p. 448. pl. 32. f. 25 à 27.

Buccinum clathratum. Kiener. Spec. des Coq. p. 101. n° 99. pl. 27. f. 108.

Habite l'île Vanikoro, et la Nouvelle-Irlande.

M. Kiener, après avoir emprunté à cette espèce son nom, pour l'appliquer à une autre qui n'a point la moindre analogie, propose de donner à celle-ci le nom de *Clathratum*. Si de tels exemples étaient suivis, jamais il n'y aurait de nomenclature faite dans la science : il faudrait plaindre le naturaliste qui aurait des recherches a faire, car il devrait consacrer un temps très considérable et entièrement perdu en rectifications préalables.

Cette petite espèce est fort remarquable ; elle est courte, très globuleuse. Sa spire, pointue, est composée de neuf tours étroits, convexes ; le dernier, beaucoup plus grand que la spire, présente ordinairement sur le milieu du dos une gibbosité comparable à celle du *Buccinum thersites* de Lamarck. Toute la surface est chargée de côtes longitudinales, régulières, élevées, et de stries transverses, également espacées, qui, en passant sur les côtes, les découpent en granulations quadrangulaires aplaties. L'ouverture est ovalaire, toute blanche ; son angle supérieur se termine en une petite échancrure oblique et fort étroite. Le bord droit est assez épais, et l'on compte en dedans sept plis transverses. Le bord gauche est représenté par une très large callosité blanche, très épaisse, aplatie, et qui envahit tout le ventre du dernier tour. La plupart des individus de cette espèce sont d'un brun rouge peu foncé ; ils ont pres-

que tous une linéole blanchâtre vers le milieu du dernier tour. La
base est toujours blanche.

Cette petite coquille a 19 millim. de long, et 11 de large.

† 74. Buccin granifère. *Buccinum graniferum.* Kiener.

B. testá ovato-globosá, albá, transversìm quadrifariàm granulosá;
spirá acuminatá; anfractibus primis supernè granulosis; aperturá
minimá, ovatá; labro incrassato, extùs marginato , intùs plicato;
columellá incrassatá, callo maximo, crassissimo, usquè ad apicem
testæ decurrente indutá.

Kiener. Spec. des Coq. p. 100. n° 98. pl. 27. f. 111.

Müller. Syn. Test. p. 70. n° 1.

Habite les mers des Indes orientales, d'après M. Kiener.

Petite coquille très singulière, fort rare jusqu'à présent dans les collections; elle est ovale, globuleuse. Sa spire, conique et pointue,
compte neuf tours médiocrement convexes, sur le sommet desquels
s'élève une rangée de grosses granulations ; le dernier tour est ventru et globuleux. Sa surface présente quatre rangées transverses
de grosses granulations, au nombre de cinq ou six par rangée. L'ouverture est très petite, relativement à la grosseur de la coquille.
Le bord droit est épais, bordé en dehors et un peu infléchi en dedans. L'angle supérieur de l'ouverture est occupé par une très petite échancrure, sur le côté droit de laquelle s'élève une dent obtuse qui la surmonte. En dedans du bord droit, on trouve huit
petits plis transverses aigus. La surface inférieure de la coquille est
occupée par une énorme callosité qui remonte jusque près du sommet de la spire; cette callosité, très épaisse, est aplatie en dessous
et arrondie sur les bords. Toute cette coquille est d'un blanc laiteux. Elle est longue de 20 millim., et large de 10.

† 75. Buccin conoïde. *Buccinum conoidale.* Desh.

B. testá ovatá, in medio ventricosá, apice acutá, regulariter decus-
satá; anfractibus planis, suturá canaliculatá separatis; aperturá
rotundatá, albá; labro profundè sulcato; margine sinistro cal-
loso, verrucoso, basi elevato.

Desh. dans Bélanger. Voy. aux Indes. Zool. p. 433. pl. 3. f. 6. 7.

Müller. Synop. Test. p. 61. n° 4.

Ce Buccin a beaucoup d'analogie avec une espèce fossile qui se trouve
aux environs de Bordeaux et d'Angers. Il est très ventru. Sa spire
est pointue, composée de sept à huit tours aplatis, séparés entre
eux par une suture assez profonde et canaliculée; toute la surface
est très régulièrement treillissée par des stries longitudinales
obliques, et par d'autres, transverses, non moins régulières que les

premières. L'ouverture est obronde, un peu oblique, blanche. Le
bord droit est épais et fortement sillonné à l'intérieur. La columelle est fortement excavée dans le milieu; elle présente, à sa partie supérieure, une petite callosité décurrente; à la base, elle est
cylindracée et terminée par un petit pli saillant et fort oblique.
Elle est revêtue, dans toute sa longueur, d'un bord gauche assez
épais, calleux, rédressé dans une partie de son étendue, et présentant vers son extrémité antérieure quelques petites rides granuleuses, irrégulières. La coloration de cette coquille est d'un fauve
pâle uniforme, présentant quelquefois sur le dernier tour une
fascie blanchâtre, médiane et transverse.

Cette coquille, fort rare, a été trouvée par M. Bélanger dans les mers
de la Sonde. Elle est longue de 21 millim.

† 76. Buccin de Bélanger. *Buccinum Belangeri*. Kiener.

*B. testá elongatá, subturritá, albá, apice acutá ; anfractibus con-
vexis, suturâ marginatâ separatis : ultimo basi striato ; aperturá
ovatá ; columellá arcuatá, basi uniplicatá.*

Buccinum politum. Bast. Foss. de Bord. p. 48. nº 5. pl. 2. f. 11.
Id. Desh. dans Bél. Voy. aux Indes. Zool. p. 431. pl. 3. f. 1. 2.
Buccinum Belangeri. Kiener. Spec. des Coq. p. 34. pl. 14. f. 48.
Buccinum politum. Müller. Syn. Test. p. 61.

Cette espèce est allongée, étroite, subturriculée, toute blanche. Sa
spire, allongée et pointue, se compose de sept à huit tours légèrement convexes, séparés entre eux par une suture marginée; le
dernier tour est plus court que la spire; il est lisse à sa partie
supérieure, et pourvu à sa base de quelques stries transverses régulières. L'ouverture est ovale-oblongue; le bord droit est mince
et tranchant, strié en dedans. La columelle est régulièrement arquée, et se termine, à la base, par un pli saillant et très oblique.

Cette coquille, dont nous n'avons jamais vu qu'un petit nombre
d'exemplaires vivans, se trouve assez communément fossile à la
Superga, près de Turin, et aux environs de Bordeaux. Sa longueur est de 20 millimètres.

† 77. Buccin de Gay. *Buccinum Gayi*. Kiener.

*B. testá ovato-angustá, acuminatá, fuscescente longitudinaliter plicatá,
transversim striatá, granulosá; anfractibus convexiusculis ad suturam marginatis ; aperturá albá, ovatá ; labro intùs obsoletè
plicato ; columellá vix callosá.*

Kiener. Spec. des Coq. p. 71. nº 70. pl. 21. f. 79.
Müller. Synop. Test. p. 68. nº 19.

Habite les côtes du Pérou.

Petite coquille ovale, conique, ayant la spire aussi longue que le dernier tour. On compte six ou sept tours à cette spire; ils sont peu
convexes, et leur suture est bordée d'une rangée de granulations plus
grosses que celles du reste de la surface. Toute la surface est garnie de
petites côtes longitudinales, régulières, un peu flexueuses, qui sont
découpées en granulations par des stries transverses régulières et
nombreuses. Sous le rapport des stries et des côtes, il y a de notables variations dans cette espèce; il y a des individus chez lesquels
les côtes longitudinales disparaissent peu-à-peu, et où il ne reste
plus sur le dernier tour que les stries transverses; il y a des individus chez lesquels les stries transverses s'amoindrissent à leur
tour, et il arrive que le dernier tour est presque lisse. L'ouverture
est blanche, ovalaire; le bord droit est mince et plissé en dedans;
le bord gauche est peu épais, et il s'étale en une petite callosité
peu étendue sur le ventre du dernier tour. Toute cette coquille
est d'un brun terne foncé et rougeâtre. Cette espèce a 18 millim. de long, et 10 de large.

† 78. Buccin de Roissy. *Buccinum Roissyi*. Desh.

*B. testá elongatá, subturritá, angustá, pallidè fulvá, clathratá;
anfractibus convexis : ultimo brevi; aperturá minimá, albá; labro
intùs incrassato, striato; columellá obliquè truncatá.*

Desh. dans Bél. Voy. aux Indes. Zool. p. 432. pl. 3. f. 3. 4.
Kiener. Spec. des Coq. p. 80. n° 78. pl. 21. f. 82.
Müller. Syn. Test. p. 61. n° 3.

Ce Buccin est allongé, subturriculé. Sa spire est longue et pointue;
on y compte huit à neuf tours très convexes, treillissés par des
côtes longitudinales très régulières, et des stries transverses assez
épaisses, non moins régulières que les côtes; le dernier tour est
très court; il est subglobuleux; l'ouverture qui le termine est fort
petite, ovale-oblongue et blanche dans toutes ses parties. Son
bord droit, épaissi à l'intérieur, est finement sillonné dans toute
sa longueur. La columelle est plus courte que l'extrémité du bord
droit; elle est cylindracée obliquement, tronquée et terminée par
une échancrure profonde, qui se relève vers le dos de la coquille.
La coloration est peu remarquable; elle est d'un fauve pâle uniforme, interrompu sur le dernier tour par une zone blanchâtre,
obscure et transverse.

Ce petit Buccin, fort rare, ne s'est encore rencontré que dans l'O-
céan Indien. Il a 15 millimètres de longueur.

† 79. Buccin muriqué. *Buccinum muricatum*. Quoy.

B. testá minimá, ovato-globosá, luteá, apice acutá, longitudinaliter plicatá, transversìm echinatá ; aperturá albá, granulosá, intùs striatá; columellá uniplicatá.

Quoy et Gaim. Voy. de l'Astr. Zool. t. 2. p. 450. pl. 32. f. 32. 33.

Kiener. Spec. des Coq. p. 93. n° 92. pl. 27. f. 110.

Habite la Nouvelle-Irlande.

Très petite espèce, arrondie, subglobuleuse à la base, à sommet conique et pointu, plissée en long, hérissée de nombreux petits tubercules transverses, comme certaines Ricinules. Son ouverture, ovalaire, grande, est granuleuse dans son contour, et sillonnée en dedans du bord droit. La columelle porte à sa base un pli commun à presque toutes les Nasses. La couleur de cette coquille est jaunâtre très clair ou rougeâtre. Son ouverture est blanche. Lamarck en possédait une dans sa collection, qu'il n'a pas décrite. On la voit également au Muséum, sous le nom de Nucléole. Les individus en sont blancs ou maculés.

Elle est longue de 13 millim. et large de 6.

† 80. Buccin paré. *Buccinum stolatum.* Gmel.

B. testá ovato-turgidá, apice acuminatá, albo-grisea, fusco transversìm fasciatá, longitudinaliter costatá, basi transversìm paucistriatá; spirá exsertiusculá; anfractibus convexis; aperturá angustá, ovatá; labro intùs extùsque marginato; columellá obsoletègranulosá, cylindraceá, callo albo tenui brevi vestitá.

Buccinum stolatum. Gmel. p. 3496. n° 121.

Schrot. Einl. t. 1. p. 368. *Buccinum.* n° 44.

Martini. Conch. t. 4. p. 43. pl. 124. f. 1167 à 1169.

Dillw. Cat. t. 2. p. 368. n° 123. *Exclus. Brugu. Synony.*

Buccinum ornatum. Kiener. Spec. génér. des Coq. viv. p. 80. n° 79. pl. 21. f. 83.

Habite les mers de l'Inde.

Lorsque M. Kiener a donné à cette espèce le nom de *Buccinum ornatum,* il n'ignorait pas que déjà avant lui elle avait reçu un nom différent, puisqu'il cite le catalogue de Wood, où elle est mentionnée sous le nom de *Buccinum stolatum.* Avec cette indication, il eût été facile à M. Kiener de retrouver l'auteur original de ce nom spécifique, et il l'eût trouvé en consultant la table alphabétique de la treizième édition du *Systema naturæ.* Nous sommes donc obligé de restituer à cette espèce le nom que Gmelin lui avait d'abord imposé.

Cette jolie espèce a quelque analogie, pour la coloration, avec le *Buccinum miga* de Bruguières. Elle est ovale-pointue. La spire, un peu plus courte que le dernier tour, est composée de neuf tours

convexes, étroits, sur lesquels se relèvent des côtes longitudinales,
grosses et obtuses, égales, sur le sommet desquelles on voit deux ou
trois stries obsolètes; sur le dernier tour, ces côtes descendent du
sommet à la base, mais elles diminuent peu-à-peu, et vers l'ouverture il n'en reste plus que la partie supérieure, et sous la forme de
deux ou trois tubercules; à la base de ce dernier tour, il y a constamment un petit nombre de stries transverses, graduellement décroissantes. L'ouverture est petite, d'un blanc jaunâtre très pâle;
en dedans, elle est ornée de deux fascies brunes qui correspondent
à celles du dehors. Le bord droit est épaissi de chaque côté; en dedans, il est pourvu de six dentelures, dont les deux premières sont
les plus grosses. La columelle est cylindracée; son bord gauche,
saillant à la base, porte un petit nombre de granulations obsolètes;
une callosité peu épaisse et fort courte s'étale sur le ventre du dernier tour. La coloration de cette espèce est assez constante; elle
consiste en une ou deux fascies d'un beau brun, sur un fond d'un
blanc grisâtre.

Elle a 22 millim. de long, et 14 de large.

† 81. Buccin lime. *Buccinum limatum*. Chemn.

*B. testá ovato-oblongá, longitudinaliter costatá, striis elevatis, trans-
versis, creberrimis, costas decussantibus; labio supernè uniplicato;
aperturá basi effusa, emarginatá; testá albá, anfractibus basi,
ultimo in medio, zoná fuscá ornatis.*

Buccinum limatum. Chemn. Conch. t. 11. p. 87. pl. 188. f. 1808.
1809.

Buccinum scalariforme. Kiener. Spec. des Coq. p. 79. n° 77. pl. 21.
f. 80.

Habite la Méditerranée.

Nous considérons cette espèce de Chemnitz comme l'analogue d'une
coquille que l'on rencontre fréquemment à l'état de fossile dans
les terrains tertiaires d'Italie, ainsi que dans ceux plus récens des
environs de Palerme, et qui n'est peut-être qu'une variété du *Buccinum prismaticum.*

Cette coquille est ovale-conique. Sa spire est plus allongée que le
dernier tour; elle est composée de huit tours larges et convexes,
sur lesquels descendent, du sommet à la base, un assez grand nombre de côtes longitudinales, peu épaisses, quelquefois même un
peu tranchantes à leur sommet, et plus étroites que les intervalles
qu'elles laissent entre elles. Ces côtes se succèdent d'un tour à
l'autre, assez régulièrement, de manière à rendre la coquille polygonale. De plus, toute la surface est chargée d'un très grand

nombre de fines stries, des plus régulières, qui passent sur les côtes, sans éprouver de changement. L'ouverture est très petite, proportionnellement à la coquille ; elle est régulièrement ovalaire, toute blanche, et son bord droit aminci est très finement plissé en dedans. La columelle est régulièrement arquée; elle est accompagnée d'un bord gauche saillant à la base, mais dépourvu de callosité. Sur un fond d'un blanc jaunâtre, cette coquille est ordinairement ornée de deux fascies violâtres.

Les grands individus ont 28 millim. de long, et 16 de large.,

† 82. Buccin olive. *Buccinum olivæforme.* Kien.

B. testâ ovato-oblongâ, incrassatâ, solidâ, longitudinaliter costatâ, transversìm striatâ, granulosâ, atro-fuscâ; spirâ exsertiusculâ, acutâ; anfractibus convexiusculis, marginatis; aperturâ ovatâ, nigrescente; labro intùs denticulato; columellâ brevi, basi truncatâ, callosâ.

Kiener. Spec. des Coq. p. 70. n° 68. pl. 25. f. 99.

Müller. Synop. Test. p. 63. n° 18.

Habite les mers de l'Amérique septentrionale.

Coquille ovale-oblongue, à spire presque aussi longue que le dernier tour. Cette spire est pointue et composée de neuf tours médiocrement convexes, sur lesquels se montrent des granulations assez souvent obsolètes, qui résultent de l'accroissement de petites côtes longitudinales et obliques, avec des stries transverses, régulières et peu profondes. L'ouverture est petite, elle est d'un brun noirâtre très intense; son bord droit, peu épais, est garni en dedans d'un petit nombre de dentelures, dont les trois premières sont les plus grosses. La columelle présente un singulier caractère : elle est courte et obliquement tronquée long-temps avant d'être parvenue à la base de la coquille. Le bord gauche s'étale à la base et sur le ventre du dernier tour, en une callosité peu épaisse, d'un noir brillant. Cette coquille est d'une couleur uniforme, d'un brun marron noirâtre, toujours terne.

Elle est longue de 25 millim., et large de 14.

† 83. Buccin tissu. *Buccinum textum.* Gmel.

B. testâ elongatâ, apice acutâ, albo-griseâ, costulis longitudinalibus et striis transversis decussatâ; anfractibus angustis, in medio carinatis; aperturâ minimâ, ovatâ, violascente; labro intùs tenuè striato; columellâ apice rugosâ.

Buccinum textum. Gmel. p. 3493.

Schrot. Einl. t. 1. p. 371. *Buccinum.* n° 61.

Martini. Conch. t. 4. p. 62. pl. 125. f. 1201. 1202.

Buccinum textum. Dillw. Cat. t. 2. p. 635. n° 116.

Buccinum Blainvillei. Desh. Voy. aux Indes par Bélanger. Zool.
p. 408. pl. 2. f. 1. 2.

Buccinum cancellatum. Quoy et Gaim. Voy. de l'Astr. t. 2. p. 449.
pl. 32. f. 30. 31.

Wood. Ind. Test. pl. 23. f. 113.

Buccinum Blainvillei. Kiener. Spec. des Coq. p. 29. n° 30. pl. 11.
f. 38.

Habite les mers de l'Inde et la Méditerranée.

On verra, d'après la synonymie de cette espèce, qu'elle a reçu plusieurs noms, lorsque déjà elle était inscrite dans le catalogue de Gmelin sous celui que nous lui restituons aujourd'hui ; nous-mêmes, en décrivant les espèces de M. Bélanger, rapportées de son voyage aux Indes, n'avons pas reconnu le *Buccinum textum* de Gmelin, ce qui est cause d'un double emploi que nous nous empressons de rectifier actuellement. Il est bien à présumer que le *Buccinum polygonum* de Brocchi, que l'on trouve fossile dans les terrains sub-apennins, est une variété du *Buccinum textum* de Gmelin. Cette coquille devrait faire partie du genre Phos de Montfort, si ce genre était maintenu dans la méthode.

Cette coquille est ovale-oblongue. Sa spire, allongée, est très pointue au sommet ; on y compte sept à huit tours étroits, peu convexes, anguleux dans le milieu ; le dernier est presque aussi grand que la spire ; comme ceux qui précèdent, il est chargé d'un grand nombre de petites côtes longitudinales fort régulières, arrondies et convexes, dans les intervalles desquels on voit, à des distances égales, des stries transverses assez aiguës, entre lesquelles s'en montrent de beaucoup plus fines. L'ouverture est fort petite, ovale-oblongue, d'un brun violacé, obscur à l'intérieur ; son bord droit est tranchant, et pourvu, dans toute sa longueur, d'un grand nombre de fins sillons transverses. La columelle est arrondie, munie de deux taches nuageuses, d'un brun très intense. A sa base, on remarque un petit pli très oblique.

Cette coquille est longue de 21 millim.

† 84. Buccin mélanoïde. *Buccinum melanoides.* Desh.

B. testá elongatá, turritá, angustá; spirá exsertá, aliquandò inflexá; anfractibus convexiusculis, decussatis : ultimo in medio lævigato, basi transversim striato; aperturá minimá, ovatá, albidá fuscáve, basi latè emarginatá; colore externo rubro, violascente vel fusco-griseo, et aliquandò fusco-bifasciato.

Desh. dans Bél. Voy. dans l'Inde. Zool. p. 430. pl. 2. f. 3. 4.

Müller. Synop. Test. p. 60. n° 2.

Cette coquille se rapproche de celle que Lamarck, confondant à tort parmi les Vis, a nommée *Terebra vittata.* Elle est allongée, turriculée, souvent infléchie dans sa longueur, comme cela arrive à quelques Mélanies. Sa spire, très longue et pointue, est composée de neuf à dix tours peu convexes, sur lesquels se montrent de très petites côtes longitudinales, découpées par des stries transverses fines et profondes; les premiers tours sont minces, transparens et un peu plus enflés que ceux qui suivent. L'ouverture est fort petite, elle est ovalaire, blanchâtre en dedans, et terminée à la base par une très large échancrure. Les côtes longitudinales sont très courtes sur le dernier tour; sa partie moyenne reste lisse, et on remarque à sa base quelques stries transverses régulières. Il existe plusieurs variétés de coloration: dans celles qui sont d'un brun pâle, on remarque une ou deux fascies transverses d'un brun rougeâtre; dans les autres, les fascies deviennent plus larges et plus obscures; et dans quelques individus elles se réunissent, et sont d'un brun violacé assez intense.

Cette espèce intéressante de Buccin, qui établit plus qu'aucune autre les rapports de ce genre avec les Vis, a été trouvée dans les mers de Ceylan. Elle est longue de 22 millim.

† 85. Buccin ampullacé. *Buccinum ampullaceum.* Desh.

B. testâ ovato-turgidâ, flavâ vel flavescente, fusco obsoletè bifasciatâ; spirâ acuminatâ; anfractibus convexiusculis, supernè submarginatis; aperturâ ovatâ, flavescente, intùs pallidè violaceâ, basi latè profundèque emarginatâ; columellâ incrassatâ, callosâ, pallidè luteâ.

Buccinum globosum. Kiener. Spec. des Coq. p. 12. n° 12. pl. 10. f. 33.

Müller. Synop. Test. p. 63. n° 8.

Habite...

Nous nous trouvons dans l'obligation de changer le nom que M. Kiener a imposé à cette espèce. Il y avait déjà un *Buccinum globosum* publié par MM. Quoy et Gaimard, plusieurs années avant que M. Kiener donnât celui-ci sous un nom qui a trop d'analogie avec l'autre pour ne pas entraîner à sa suite de la confusion, et c'est pour cette raison que nous proposons d'y substituer celui de *Buccinum ampullaceum.*

Cette coquille est ovale-ventrue. Sa spire, beaucoup plus courte que le dernier tour, est composée de sept à huit tours médiocrement convexes, un peu déprimés au-dessous des sutures. Toute la surface de la coquille est lisse. L'ouverture est grande, ovalaire, d'un jaune fauve à son entrée ; elle est d'un violet blanchâtre très pâle dans le fond. Le bord droit est épais ; il est simple dans toute son étendue. Son extrémité supérieure s'appuie sur une épaisse callosité columellaire, en laissant entre eux une gouttière étroite et profonde. La columelle est épaisse ; elle est régulièrement arquée en portion de cercle, et sa base est creusée en échancrure large et profonde. La coloration de cette espèce est assez variable ; il y a des individus d'un brun fauve, assez intense, sur lesquels règne, à la base et au sommet du dernier tour, une large fascie d'un brun foncé. D'autres individus sont plus pâles et sont d'un fauve jaunâtre. D'après l'ensemble de ces caractères, il est très probable que cette coquille doit faire partie du genre *Bullia* de M. Gray, dont nous avons eu occasion de parler dans les généralités sur le genre qui nous occupe.

Cette coquille est longue de 42 millimètres et large de 26.

† 86. Buccin calleux. *Buccinum callosum*. Gray.

B. testá ovato-oblongá subcylindraceá; spirá acutá; anfractibus in medio subangulatis, lœvigatis; suturá suprà angulum positá; aperturá ovatá, supernè angustatá; labro tenui, simplici; columellá callo latissimo, angulato, castaneo indutá.

Gray, dans Wood. Ind. Test. Suppl. pl. 4. f. 14.

M. Kiener, dans son *Species*, décrit et figure sous le nom de *Callosum* une autre espèce de Buccin qui a bien quelque ressemblance avec celui-ci, mais qui s'en distingue toujours par ses caractères spécifiques ; par conséquent, cette espèce devra prendre un autre nom, celui de *Callosum* appartient à l'espèce de M. Gray par droit de priorité.

Cette coquille est très singulière ; elle est ovale-oblongue ; sa spire, pointue, compte six tours divisés dans le milieu par un angle obtus. La suture se fait sur la partie la plus saillante et la plus aiguë de l'angle. Sur le dernier tour il y a une notable dépression au-dessous de la suture ; toute la surface est lisse ; l'ouverture est ovale, très rétrécie en une gouttière étroite à son angle supérieur. L'échancrure de la base est large et assez profonde ; le bord droit, mince et tranchant, reste simple. Une énorme callosité brune dans toute sa partie antérieure, blanchâtre dans la postérieure, anguleuse à son tiers postérieur. C'est à cet angle que se fait le partage des deux couleurs et c'est sur lui que se fait la suture. Cette disposition rend le *Buccinum callosum* très particulier parmi les

autres espèces du même genre. Cette callosité envahit toute la base
du dernier tour. Malgré l'allongement de sa spire, cette coquille
a beaucoup d'analogie avec le *Buccinum neriteum;* elle est d'un
gris cendré ou jaunâtre; sa longueur est de 38 millimètres, sa largeur de 18.

3e SECTION. — LES MONODONTES.

+ 87. Buccin pesant. *Buccinum plumbeum.* Chemn.

> *B. testâ ovato-globosâ, turgidâ, crassâ, ponderosâ, lævigatâ, rufâ,*
> *vel castaneâ; spirâ brevi, anfractibus angustis, convexis : ultimo*
> *basi sulco impresso circumdato ; aperturâ ovato-oblongâ, pallidè*
> *flavâ ; labro tenui, acuto, basi unidentato ; columellâ regulariter*
> *arcuatâ, callosâ.*

Buccinum plumbeum. Chemn. Conch. t. 11. p. 86. pl. 188.
  f. 1806. 1807.

Id. Dillw. Cat. t. 2. p. 617. n° 69.

Id. Wood. Ind. Test. pl. 23. f. 70.

Eburna plumbea. Sow. jun. Conch. illustr. f. 4. 5.

Habite...

Cette coquille curieuse devient pour nous le type d'une section
  particulière parmi les Buccins; elle n'est pas la seule vivante qui
  présente le caractère sur lequel cette section est fondée : nous en
  connaissons deux autres qui se trouvent à la suite de celle-ci.
  Le Buccinum plumbeum de Chemnitz est une coquille ovale, globuleuse, ventrue, toute lisse, à spire courte, composée de six tours
  convexes, étroits, et dont la suture est un peu déprimée; vers la
  base du dernier tour, on remarque un sillon étroit et assez profond, qui descend obliquement, depuis le milieu de la columelle,
  jusque vers la base du bord droit, où il est surmonté d'une petite
  dent triangulaire, canaliculée en dehors. L'ouverture est d'un
  fauve jaunâtre très pâle; son bord droit est simple, mince et
  tranchant. La columelle est régulièrement arquée, à sa partie
  supérieure elle est chargée d'une grosse callosité, dans laquelle
  est creusée une petite rigole qui la sépare du bord droit ; son extrémité antérieure est amincie et pointue, mais elle est arrondie
  comme dans les Buccins, et non aplatie comme dans les Pourpres.
  L'échancrure terminale de l'ouverture est large et profonde.
  Toute cette coquille est d'une couleur uniforme, d'un roux-brun
  plus ou moins foncé, selon les individus.

Elle est longue de 40 millim., et large de 30.

† 88. Buccin sépimente. *Buccinum sepimentum.* Rang.

B. testâ ovatâ, utrinquè attenuatâ, griseâ, lævigatâ, basi sulco impresso circumdatâ; spirâ brevi acutâ, anfractibus convexis, aperturâ obovato-angustâ; labro acuto ad basim unidentato; columellâ arcuatâ, basi acuminatâ, supernè callosâ; angulo superiore callo transverso separato.

Rang. Magas. de Zool. 1832. pl. 18.

Kiener. Spec. des Coq. p. 57. n° 56. pl. 18. f. 66.

Habite l'île au Prince.

Coquille très singulière, dont on doit la découverte à M. Rang, connu par ses divers travaux sur la conchyliologie. Elle appartient à cette section des Buccins, dans lesquelles nous avons fait remarquer un sillon étroit et, plus ou moins profond, situé à la base du dernier tour, et qui est surmonté d'une petite dent aiguë lorsqu'il arrive sur le bord droit. Cette coquille est ovale-oblongue, atténuée à ses extrémités. Sa spire pointue se compose de six tours étroits, convexes, tout-à-fait lisses. Le dernier tour est pointu vers l'extrémité antérieure; il se termine de ce côté par une échancrure dont le côté gauche est plus proéminent, ce qui est ordinairement le contraire dans les autres Buccins. Toute la surface de la coquille est lisse. L'ouverture est d'un blanc rougeâtre en dedans; elle est ovalaire, étroite, et son bord droit est mince, simple et tranchant; il est pourvu, vers la base, d'une petite dent étroite qui surmonte l'extrémité du sillon dont nous avons parlé. La partie la plus remarquable de l'ouverture est l'angle supérieur. Dans un grand nombre de coquilles, cet angle est changé en rigole intérieure par un petit bourrelet décurrent qui s'appuie sur le sommet de la columelle, et qui fait une saillie plus ou moins considérable selon les espèces. Mais l'intervalle qui existe entre ce bourrelet et le bord droit est toujours assez large: ici ce bourrelet prend une saillie inaccoutumée; il s'avance horizontalement à la rencontre du bord droit, qui lui-même s'infléchit un peu en dedans dans cet endroit, de sorte qu'il ne reste plus qu'une fente extrêmement étroite entre ces deux parties; au-dessus de cette sorte de cloison, l'angle supérieur de l'ouverture laisse une lacune triangulaire, profonde. La columelle est régulièrement arquée; elle est calleuse, garnie d'un bord gauche, blanc, et elle se termine à la base en une pointe aiguë. Toute cette coquille est d'un gris cendré, quelquefois un peu rougeâtre.

Les grands individus ont 25 millim. de long, et 13 de large.

† 89. Buccin melanostome. *Buccinum melanostoma.* Sow.

B. testâ ovato-turgidâ, aurantiâ, vel fuscescente, longitudinaliter-

costatá, transversìm sulcatá : costis crassis obtusis, sulcis, inæqua-
libus; aperturá ovatá., labro incrassato aurantiaco, dentato,
intùs profundè sulcato ; columellá incrassatá, nigrescente.

Sow. Genera of Shells. f. 5.

Reeve. Conch. Syst. t. 2. p. 235. pl. 268. f. 7.

Wood. Ind. Test. Suppl. pl. 4. f. 3.

Habite...

Espèce qui a beaucoup d'analogie avec le *Buccinum tranquebaricum*
de Lamarck, mais que l'on distingue facilement. C'est une coquille
épaisse, solide, ovale, ventrue, à spire un peu moins longue que
le dernier tour. Les tours sont souvent aplatis à leur partie supérieure ; ils sont chargés de grosses côtes longitudinales obtuses,
peu écartées sur le dernier tour. Ces côtes ne descendent pas
jusqu'à la base. Sur toute la surface il existe un grand nombre de
sillons transverses inégaux, quelquefois alternes, et sur lesquels
il y a aussi des stries assez fines. L'ouverture est petite proportionnellement à la coquille ; elle est ovale, d'un blanc jaunâtre
en dedans ; le bord droit est très épais, dentelé dans toute sa
longueur et plissé en dedans. Parmi les dentelures du bord droit
il y en a une plus grosse et plus saillante, située vers la base :
elle correspond à un sillon plus profond que les autres, et qui
est semblable à celui du *Buccinum punderosum*. Son bord est d'un
beau jaune orangé ; la columelle est très épaisse ; elle est d'un
brun noir très intense. Toute la coquille est d'un brun jaunâtre
ou rougeâtre.

Les grands individus ont 58 millim. de long et 38 de large.

Espèces fossiles.

Ire SECTION. — BUCCINS.

1. Buccin stromboïde. *Buccinum stromboides.*

B. testá oblongo-ovatá, lævi ; anfractibus convexis : ultimo spirá
multò longiore ; labro extùs subcostato, supernè soluto.

Buccinum stromboides. Gmel. p. 3489. n° 82.

Annales du Mus. vol. 2. p. 164. n° 1.

* *Buccinum stromboides.* Herman. Naturf. t. 16. p. 57. pl. 2. f. 5. 6.

* Seba Mus. t. 4. pl. 96. f. 22 ?

* Desh. Coq. Foss. de Paris. t. 2. p. 647. pl. 86. f. 8. 9. 10.

* Roissy. Buf. Moll. t. 6. p. 29. n° 4.

* Sow. Genera of Shells. f. 8.

Habite... Fossile de Grignon. Mon cabinet. Il est légèrement sil-

lonné à sa base, et son bord droit, un peu ample, lui donne l'aspect d'un Strombe ; ce bord est lisse en dedans. Longueur : près
de 2 pouces.

2. **Buccin fines stries.** *Buccinum striatulum.* (*Buccinum.*
Lamk.).

> *B. testâ elongatâ, transversìm striatâ; anfractibus rotundatis.*
> *Buccinum striatulum.* Annales. vol. 2. p. 164. n° 2.
> [b] *Var. striis obsoletis, vix perspicuis.*
> * Desh. Coq. foss. de Paris. t. 2. p. 649. n° 4. pl. 94 bis. f. 24 à 26.
> Habite... Fossile de Grignon. Cabinet de M. *Defrance.* Ses stries
> sont transverses et très fines. Longueur : 8 ou 9 mill.

3. **Buccin térébral.** *Buccinum terebrale.* **Lamk.**

> *B. testâ elongatâ, lævi, basi transversìm obsoletèque striatâ.*
> *Buccinum terebrale.* **Ann.** ibid. n° 3.
> Habite... Fossile de Grignon. Cabinet de M. *Defrance.* Il est long de
> 15 mill., lisse, et a sa spire un peu turriculée.

4. **Buccin croisé.** *Buccinum decussatum.* (*Buccinum.* Lam.)

> *B. testâ ovato-conicâ, striis creberrimis decussatâ; anfractibus con-*
> *vexis; aperturâ subdentatâ.*
> *Buccinum decussatum.* Ann. ibid. p. 165. n° 4.
> * Desh. Coq. foss. de Paris. t. 2. p. 650. n° 6. pl. 87. f. 4. 5. 6.
> Habite... Fossile de Grignon, où il est commun. Mon cabinet. Il n'a
> que 10 à 12 mill. de longueur. Ses stries fines et croisées le ren-
> dent assez élégant.

5. **Buccin doubles-stries.** *Buccinum bistriatum.* **Lamk.** (1)

> *B. testâ ovato-oblongâ, transversìm striatâ; striis alternis minoribus;*
> *majoribus superioribus nodulosis.*
> *Buccinum bistriatum.* Ann. ibid. n° 5. et t. 6. pl. 44. f. 12.
> * Desh. Coq. foss. de Paris. t. 2. p. 648. n° 3. pl. 86. f. 11.12.13.
> Habite... Fossile de Grignon. Cabinet de M. *Defrance.* Belle et rare
> espèce, qui a plus de 3 centimètres de longueur. Elle est mince,
> fragile, et offre un bourrelet peu élevé sur le bord droit de son
> ouverture.

6. **Buccin clavatulé.** *Buccinum clavatulatum.* **Lamk.**

> *B. testâ elongatâ; striis transversis tenuissimis; labro brevi, rotun-*
> *dato, supernè emarginato.*

---

(1) Cette coquille est très probablement d'un autre genre ;
son canal, un peu relevé, lui donne un peu des caractères des
Cassidaires.

Buccinum clavatulatum. Ann. ibid. n° 6.

Habite... Fossile de Grignon. Cabinet de M. *Defrance.* Il n'a que 4 millim. de longueur.

† 7. Buccin ovale. *Buccinum ovatum.* Desh.

B. testâ ovatâ, brevi, transversìm substriatâ; spirâ brevi, acutâ; ultimo anfractu breviore; aperturâ ovatâ; columellâ supernè subcallosâ; basi profundè emarginatâ.

Desh. Desc. Coq. foss. env. de Paris. t. 2. p. 652. pl. 94. f. 14. 16.

Localité : Rétheuil.

Ce Buccin est ovale-oblong. Sa spire, conique et pointue, est plus courte que le dernier tour ; elle est formée de sept tours peu convexes, sur lesquels on aperçoit un réseau qui semble effacé, de stries transverses et longitudinales, obsolètes. Le dernier tour, ventru dans le milieu, est terminé à la base en une échancrure assez large et profonde. La columelle est régulièrement arquée. Le bord gauche s'étale sur sa partie supérieure. Le bord droit est mince, simple et tranchant.

Il a 12 millim. de long, et 8 de large.

† 8. Buccin intermédiaire. *Buccinum intermedium.* Desh.

B. testâ ovato-subventricosâ, transversìm tenuè et eleganter striatâ; spirâ acuminatâ; ultimo anfractu breviore; anfractibus convexis, suturâ simplici, profundâ, separatis; aperturâ ovatâ; labro tenuissimo, simplici.

Desh. Desc. Coq. foss. env. de Paris. t. 2. p. 649. pl. 87. f. 2. 3.

Localités : Grignon, Parnes.

Nous avions d'abord pris cette espèce pour le *Buccinum striatulum* de Lamarck ; il suffira de comparer les figures et les descriptions pour s'assurer qu'elles constituent deux espèces bien distinctes; peut-être n'en est-il pas de même par rapport au *Buccinum decussatum,* avec lequel celui-ci a beaucoup d'analogie. Cependant, comme dans celui-ci la surface n'est point treillissée, que la coquille est plus ventrue, l'ouverture proportionnellement plus grande, que son bord droit est simple et mince, nous avons pensé que ces différences étaient suffisantes pour séparer cette espèce, sans nous dissimuler la possibilité de sa réunion avec le *Buccinum decussatum,* lorsque l'on viendra à découvrir des variétés intermédiaires. Le Buccin intermédiaire est ovale-oblong, ventru dans le milieu. Sa spire, très pointue, est composée de huit tours très convexes dont le dernier est plus grand que tous les autres réunis. Ce dernier tour est subglobuleux, atténué à la base, terminé par une échancrure assez large et profonde. L'ouverture est ovale-oblongue, proportionnellement plus grande que dans le *Buccinum cla-thratum*. La columelle est faiblement arquée dans le milieu; elle est cylindracée et accompagnée d'un bord gauche, mince et étroit. Le bord droit est simple, mince et fragile. Toute la surface extérieure de la coquille est ornée de stries transverses fines, régulières, rapprochées, qui, sur les premiers tours, sont traversées par de petites côtes longitudinales.

Nous ne connaissons jusqu'à présent qu'un petit nombre d'individus de cette espèce fragile. Leur longueur est de 14 millim., et leur largeur de 8.

† 9. Buccin d'André. *Buccinum Andrei*. Bast.

B. testá elongatá; spirá conicá, acuminatá, transversìm striatá, longitudinaliter costellis plùs minùsve proeminentibus ornatá; anfractibus planis, ad suturam submarginatis; aperturá ovato-angustá; columellá contortá, rugosá; labro acuto, intùs sulcato.

Nasssa Andrei. Bast. Bass. tert. du S. O. de la Fr. p. 50. n° 7. pl. 4. f. 7.

Desh. Desc. Coq. foss. env. de Paris. t. 2. p. 651. pl. 87. f. 7-10.

Var. *a*. Desh.) *Testá angustiore, transversim sulcatá; costis longitudinalibus, obsoletis.*

Var. *b*. Desh.) *Testá minore, sulcis costulisque clathratá.*

Var. *c*. Desh.) *Testá majore, costis longitudinalibus, eminentioribus; striis transversis, crenulatis.*

Localités : Senlis, Lévemont, Valmondois, les environs de Bordeaux.

Cette espèce est variable, et nous prenons comme type les individus que l'on rencontre le plus fréquemment. Ils sont ovales-oblongs. La spire, à-peu-près aussi longue que le dernier tour, est conique pointue, et l'on y compte sept à huit tours aplatis ou à peine convexes ; le dernier tour est ventru dans le milieu ; il est terminé à la base par une petite échancrure oblique et profonde. L'ouverture est étroite, ovalaire. La columelle est courbée en *S* italique allongée ; le bord gauche dont elle est revêtue est épais, ridé, mais étroit et calleux vers la base, où il cache en partie une fente ombilicale. Le bord droit est tranchant, mais épaissi à l'intérieur et sillonné transversalement dans toute sa longueur. Toute la surface extérieure de la coquille est chargée de petits sillons transverses, réguliers, dont un ou deux plus gros bordent la suture. Sur ces sillons descendent obliquement de petites côtes longitudinales obsolètes, presque effacées, et dont plusieurs individus manquent tout-à-fait. Notre première variété a les sillons transverses plus gros et plus profonds, et à peine si l'on remarque quelques côtes longitudinales. Dans la deuxième variété, la coquille, plus petite, a les côtes et les sillons presque égaux, tandis que dans la dernière les côtes sont devenues proéminentes, et elles semblent crénelées par les sillons transverses.

Lorsqu'on examine à la loupe des individus bien conservés de cette coquille, outre les accidens dont nous avons parlé, on remarque encore à la surface un réseau extrêmement fin de stries transverses et longitudinales.

Commune dans les grès marins : les grands individus de cette espèce ont 30 millim. de long, et 15 de large.

† 10. Buccin aplati. *Buccinum patulum*. Desh.

B. testá ovato-inflatá, lævigatá; depressá, patulá; spirá brevi, acu-minatá; aperturá magná, ovatá, basi latè profundèque emargi-natá; columellá arcuatá, callosá; labro tenui, acuto, simplici.

Desh. Desc. Coq. foss. env. de Paris. t. 2. p. 646. pl. 88. f. 5. 6.

Localité : Valmondois.

Ce Buccin a beaucoup des apparences des Ancillaires, mais il n'a pas, comme dans ces dernières, la spire cachée par la couche ver-nissée que l'on voit dans toutes les coquilles de ce dernier genre. Ce Buccin, remarquable par sa forme, se rapproche par ses carac-tères de l'espèce vivante, nommée *Buccinum lævissimum* par La-marck. Il est ovale-ventru, très déprimé. Sa spire est très courte, pointue, formée de trois ou quatre tours très étroits; le dernier est si grand qu'il constitue à lui seul presque toute la coquille. Sa surface est lisse, et sa base présente une zone oblique limitée en dessus par un angle vif et aboutissant à l'échancrure terminale; cette échancrure est large et profonde. L'ouverture est ovale, di-latée; la columelle, creusée dans toute sa longueur, est revêtue d'un large bord gauche, sur lequel s'étale une large callosité épaisse; sur cette callosité vient s'appuyer l'extrémité du bord droit. Entre elle et le bord est creusée une gouttière peu profonde, dont l'extrémité vient aboutir à un petit sillon qui circonscrit ex-térieurement la base de la spire ; le bord droit est mince et tran-chant; il est simple dans toute sa longueur.

Il est très rare de rencontrer des individus bien conservés de cette espèce. Les plus grands ont 40 millim. de long, et 32 de large.

2e SECTION. — NASSES.

† 11. Buccin de Dujardin. *Buccinum Dujardinii*. Desh.

B. testá ovato-turgidá, lævi; spirá conicá; anfractibus convexiusculis :

14.

ultimo ventricoso, varice obliquâ sæpè ornato; infernè 3-5 striato!
aperturâ ovali callosâ dimidiam longitudinem æquante, supernè
angulatâ; labro incrassato, intùs sulcato.

Buccinum callosum. Dujard. Touraine. p. 88. n° 5. pl. 20. f. 5 et 7.

Nassa lævigata. Pusch. Pol. Paleon. p. 122. n° 3. pl. 11. f. 8.

Habite... Fossile de la Touraine, des environs de Vienne, en Autriche, et des environs de Bordeaux.

Déjà il existait un *Buccinum callosum* dans l'ouvrage de Wood, lorsque M. Dujardin a publié l'espèce que nous venons de décrire,
sous ce même nom de *Callosum* que nous lui avions imposé dans
notre collection. Comme l'ouvrage de M. Dujardin est postérieur
à celui de Wood, nous changeons le nom spécifique et nous proposons d'y substituer celui de l'auteur, auquel la science est redevable de l'excellent mémoire sur la géologie de la Touraine.

Espèce singulière qui, par l'ensemble de sa forme, rappelle un peu
sous un plus grand volume, l'*Auricula ringens* de Lamarck, aujourd'hui le type de notre genre Ringicule. Cette coquille est
ovale-globuleuse. Sa spire pointue est plus courte que le dernier
tour, elle est composée de huit tours étroits et convexes, dont les
premiers sont ordinairement plissés. Le dernier tour est globuleux, il se termine à la base en une échancrure large et peu profonde qui est subtrigone. Son sommet aboutit à une petite carène
qui circonscrit le bourrelet terminal; au-dessus de cette carène, le
dernier tour est pourvu de deux ou trois stries transverses. Tout
le reste de la coquille est lisse. L'ouverture est ovale et très petite,
proportionnellement à la grosseur de la coquille. Son bord droit
est épaissi et garni à l'extérieur d'un bourrelet comparable à celui
des Casques. La columelle porte à son extrémité supérieure une
grosse callosité que l'on peut comparer à celle du *Buccinum maculatum*, par exemple, ou bien encore à celle du *Buccinum distortum* de Gray. Le bord droit, en s'appuyant sur cette callosité, y
laisse une petite rigole assez profonde.

Les grands individus de cette espèce ont 16 millim. de long, et 10 de
large.

† 12. Buccin arrondi. *Buccinum conglobatum.* Brocchi.

B. testâ solidâ, transversìm crebrè sulcatâ, anfractu primo globoso;
spirâ abbreviatâ; labro dextro intùs plicato; altero adnato, rugo-
so; basi reflexâ; profondè obliquè emarginatâ.

Brocchi. Conch. Foss. subap. t. 2. p. 334. pl. 4. f. 15.

Borson. Oritt. Piémont. p. 56. n° 6.

Habite... Fossile du Plaisantin.

Espèce fort remarquable par sa forme et ses caractères. Elle est ovale-ventrue, subglobuleuse, épaisse et solide. Sa spire pointue est moins longue que le dernier tour, et est composée de huit tours étroits, convexes, sur lesquels s'élèvent un grand nombre de petites côtes transverses, convexes, lisses, serrées, et entre lesquelles se montrent des stries longitudinales, assez régulières; le dernier tour est globuleux, il se termine en avant, en une échancrure très oblique, profonde, dont le bord droit est fortement relevé vers le dos. L'ouverture est très petite relativement à la grosseur de la coquille, elle est ovale-obronde. Le bord droit tranchant s'épaissit subitement à l'intérieur, et quelquefois il est épaissi en dehors, sans cependant former un bourrelet, comme dans les Casques; à l'intérieur, ce bord droit porte douze plis assez gros, entre lesquels il y en a un plus petit et plus court. La columelle est profondément arquée dans le milieu; elle est garnie d'un bord gauche, sur lequel on remarque quelques rides irrégulières, et à la partie supérieure une petite côte décurrente. A la base, le bord gauche se relève en une lamelle épaisse, dont l'extrémité vient se confondre avec le pli saillant qui limite, à l'intérieur, l'échancrure terminale. Il y a plusieurs variétés dans cette espèce. Dans le plus grand nombre des individus, les petites côtes transverses sont égales et serrées; dans d'autres, une petite côte alterne avec les grosses; dans d'autres enfin, cette petite côte intermédiaire disparaît complétement, et cette variété semblerait constituer une espèce distincte, si elle ne se rattachait au type de l'espèce par les variétés intermédiaires que nous venons de mentionner.

Les grands individus ont 40 millim. de long, et 32 de large.

† i3. Buccin maillot. *Buccinum pupa*. Brocchi.

B. testâ solidâ, ovato-oblongâ, inflatâ, transversìm obsoletè striatâ, labro dextro intùs sulcato, altero membranaceo supernè uniplicato; basi brevi reflexâ, profundè emarginatâ.

Brocchi. Conch. Foss. subap. t. 2. p. 335. pl. 4. f. i4.

Borson. Oritt. Piémont. p. 37. n° 7.

Habite... Fossile du Plaisantin.

Cette espèce a beaucoup d'analogie avec le *Buccinum conglobatum*; elle est plus allongée. Sa spire est aussi longue que le dernier tour, les sept ou huit tours dont elle est formée, sont plus aplatis. Toute la surface est finement striée transversalement. L'ouverture est ovale-obronde et très petite relativement à la grosseur de la coquille. Son bord droit s'épaissit subitement et il porte à l'intérieur sept à huit grosses dentelures. Le bord gauche est court, il s'étale et se

renverse sur la columelle, il est lisse et sans rides. L'échancrure
terminale est très courte, fort oblique et très profonde. D'après les
observations de M. Michelotti, de Turin, cette espèce ne serait
qu'une variété de la précédente.

Les grands individus ont 45 millim. de long, et 26 de large.

† 14. Buccin oblique. *Buccinum obliquatum.* Brocchi.

*B. testá ovatá, transversìm sulcatá, anfractibus spiræ supremis longi-
tudinaliter rugosis; labio dextro extùs incrassato, altero dilatato,
calloso, granulis plicisque exasperato.*

Brocchi. Conch. Foss. subap. t. 2. p. 336. pl. 4. f. 16. a. b.

Buccinum mutabile. Var. γ. Bronn. Lethea. Geogn. t. 2. p. 1099.

Borson. Oritt. Piémont. p. 37. n° 8.

Habite... Fossile du Plaisantin et des environs de Perpignan.

Par l'ensemble de ses caractères, cette coquille se rapproche beaucoup
du *Buccinum mutabile.* Elle est ovale-oblongue, à spire conique et
pointue, à laquelle on compte huit tours convexes, dont les trois
ou quatre premiers sont ordinairement plissés dans leur longueur,
tandis que les suivans sont lisses et ne présentent que deux ou
trois stries transverses au-dessous de la suture. Ce qui est remarquable, c'est que le dernier tour est couvert de stries
transverses dans toute sa hauteur; ces stries sont peu profondes, également distantes, et les intervalles qui les séparent
restent aplatis. L'ouverture est étroite, ovale-obronde, son angle
supérieur est très rétréci et très profond. Le bord droit est légèrement festonné dans sa longueur, il est un peu sinueux vers la
base, et il s'épaissit subitement à l'intérieur; de ce côté, il est
pourvu de nombreux sillons simples qui pénètrent au fond de l'ouverture. La columelle est profondément excavée dans le milieu,
elle est garnie d'un bord gauche qui s'étale sur le ventre du dernier tour, en une callosité large et épaisse, sur laquelle on remarque quelques rides irrégulières sur la partie comprise dans l'intérieur de l'ouverture.

Cette coquille est longue de 24 millim., et large de 16.

† 15. Buccin interrompu. *Buccinum interruptum.* Brocchi.

*B. testá ovato-acutá, inflatá, anfractu primo infernè sulcato, sulcis
5, 6 scrobiculatis; spirá cancellatá, hinc indè veluti decorticá; labio
dextro intùs granulato, altero supernè ruguloso.*

Buccinum mutabile. Dub. de Montp. Conch. Foss. p. 26. n° 2. pl. 1.
f. 30. 31.

Brocchi. Conch. Foss. subap. t. 2. p. 340. pl. 5. f. 3. a. b.

Habite... Foss. du Plaisantin; on la trouve aussi à Sales, près Bordeaux.

Cette coquille a beaucoup d'analogie avec le *Buccinum obliquatum* d'une part, et avec le *Mutabile* de l'autre. Elle est ovale-globuleuse. Sa spire est courte et pointue, et l'on y compte sept à huit tours étroits et convexes; sur le dernier s'élève quelques côtes longitudinales qui disparaissent peu-à-peu et sont remplacées sur le dernier tour par une ou deux stries transverses qui avoisinent la suture. Le dernier tour est globuleux; il est lisse dans le milieu, mais il est profondément sillonné à la base. L'ouverture est ovalaire; le bord droit tranchant s'épaissit subitement en dedans, et de ce côté, il est garni de plis aigus qui pénètrent assez avant dans l'ouverture. La columelle est assez épaisse, le bord gauche l'est aussi, mais il est court et sans callosité, ce qui distingue éminemment cette espèce du *Mutabile* et de ses variétés.

Cette coquille est longue de 25 millim., et large de 18.

† 16. Buccin quadrillé. *Buccinum clathratum.* Born.

B. testá ovato-ventricosâ longitudinaliter plicatá, transversìm sulcatá; spirá exsertiusculá, apice acutá; anfractibus convexis, ad suturam canaliculatis : ultimo anfractu globoso, basi profundè emarginato; aperturá ovatá; labro acuto, intùs plicato, labio sinistro, angusto, callo destituto.

Born. Mus. p. 261. pl. 9. f. 17. 18.

Schrot. Einl. t. 1. p. 397.

Gmel. p. 3471. n° 8.

Buccinum clathratum. Gmél. p. 3495. n° 110.

Brug. Encycl. méth. Vers. t. 1. p. 275. n° 43.

Dillw. Cat. t. 2. p. 636. n° 117.

Knorr. Test. diluv. t. 2. pl. c. 4. f. 7.

Brocchi. Conch. Foss. subap. p. 338. n° 21.

Bronn. Leth. géog. t. 2. p. 1102. n° 6. pl. 41. f. 32. a. b.

Borson. Oritt. Piémont. p. 36. n° 5.

Habite... Fossile en Italie et aux environs de Perpignan.

Born, le premier, a mentionné cette espèce et en a donné une figure dans son *Testacea musæi cæsarei vendobomensis.* Si l'on en croit cet auteur, la coquille qu'il décrit, est vivante et provient des mers de l'Inde. Ceux des Conchyliologues qui ont suivi et qui ont mentionné cette espèce, ont admis l'opinion de Born, et il en est résulté que la plupart des auteurs récens recherchent encore une coquille vivante dont les caractères s'accorderaient avec ceux assignés par Born à son espèce. On trouve, dans les mers de l'Inde, une Nasse subglobuleuse qui a la plupart des caractères de celle de Born, et plusieurs personnes ont pensé qu'il fallait lui imposer le nom de

Buccinum clathratum. Nous pensons que les deux espèces mises en regard doivent avoir leur nom, car elles se distinguent constamment. Dans notre conviction, la coquille, décrite par Born, était fossile, et sa figure a conservé à cette espèce la teinte grisâtre qu'elle a ordinairement, lorsqu'elle a été retirée des terrains argileux où on la rencontre en Italie. Il est bien à présumer que Bruguières, entraîné par l'opinion de Born, aura cru que cette espèce vivait encore dans l'Océan de l'Iude, mais sa description est tellement exacte qu'elle ne peut s'appliquer qu'aux individus fossiles, et non à l'espèce vivante qui en est voisine. Nous ferons remarquer un double emploi assez singulier de Gmelin, qui reproduit la même espèce, non pas sous deux noms, comme ce pourrait arriver, mais sous le même nom de *Clathratum* emprunté à Born.

Cette coquille est ovale-globuleuse, ventrue; elle est largement quadrillée par des plis longitudinaux et par des sillons transverses plus ou moins écartés, selon les individus, au nombre de onze ou douze, sur le dernier tour. L'ouverture est ovalaire, sillonnée en dedans; les sillons sont presque tous bifides vers l'extrémité du bord droit; le bord gauche est très étroit et sans callosité.

Les grands individus ont 35 millim. de long., et 25 de large.

† 17. Buccin prismatique. *Buccinum prismaticum.* Broc.

B. testâ ovato-oblongâ, longitudinaliter costatâ; striis transversis crebris, elevatis, labro columellari supernè uniplicato, basi reflexâ, emarginatâ.

Philip. Enum. Moll. Sicil. p. 225. n° 1.

Brocchi. Conch. Foss. subap. t. 2. p. 337. pl. 5. f. 7.

Desh. Exp. de Morée. Moll. p. 196. n° 333.

Borson. Oritt. Piémont. p. 36. n° 4.

Habite... Fossile du Plaisantin et de l'Astesan.

Très belle espèce, ovale-conique, à spire très pointue, un peu plus longue que le dernier tour; elle est formée de onze tours très convexes sur lesquels on voit un grand nombre de côtes longitudinales qui descendent un peu obliquement du sommet à la base; quelquefois les côtes sont un peu anguleuses; obtuses dans quelques individus, elles sont souvent un peu tranchantes à leur bord. Outre ces côtes, toute la surface est ornée d'un très grand nombre de stries transverses, régulières, également espacées, au nombre de treize ou quatorze sur les premiers tours. L'ouverture est régulièrement ovalaire; son bord droit peu épais est sillonné en dedans; et le bord gauche court et mince sort à peine de l'ouverture pour former une courte callosité lisse et sans rides.

Cette espèce a 37 millim. de long, et 21 de large. Il existe en Sicile, aux environs de Palerme, une coquille fossile qui a beaucoup d'analogie avec celle-ci, mais elle est constamment plus longue, les plis longitudinaux sont plus nombreux, et son ouverture est plus arrondie. Il faudra probablement en faire une espèce distincte, à moins que l'on ne trouve des variétés intermédiaires pour la réunir au *Buccinum prismaticum* de Brocchi.

† 18. Buccin allongé. *Buccinum elongatum.* Sow.

B. testâ ovato-conicâ, elongatâ, apice acuminatâ; spirâ exsertâ; anfractibus convexiusculis, longitudinaliter tenuè plicatis, transversim striatis; aperturâ ovato-angustâ, basi subcanaliculatâ, profundè emarginatâ; labro tenui, simplici; labio tenuissimo, supernè dilatato.

Sow. Min. Conch. pl. 110. f. 1.

Habite... Fossile dans le crag d'Angleterre.

Coquille qui par sa forme rappelle un peu le *Buccinum reticulatum* de Linné, mais elle est toujours plus grande, et son test est constamment mince et fragile. Elle est ovale-conique, à spire allongée et pointue au sommet; elle est à-peu-près aussi longue que le dernier tour; elle se compose de huit tours médiocrement convexes, sur lesquels se relèvent de petites côtes longitudinales étroites et serrées qui disparaissent habituellement sur le dernier tour; elles sont remplacées par des stries; des stries transverses, nombreuses, forment avec les côtes un réseau à mailles quadrangulaires, mais oblongues. Le dernier tour est ovale-globuleux, il se prolonge à la base en un canal très court que termine une échancrure large et profonde. L'ouverture est ovale-oblongue. Le bord droit reste mince et simple. Sa columelle est revêtue d'un bord gauche assez large, mais très mince, qui s'étale en un feuillet à peine apparent sur une petite portion du ventre du dernier tour.

Cette espèce est longue de 50 millim., et large de 23.

† 19. Buccin croisé. *Buccinum reticosuum.* Sow.

B. testâ ovato-conicâ, spirâ exsertâ; anfractibus numerosis convexis, eleganter decussatis; aperturâ ovato-angustâ; labro tenui, simplici.

Sow. Min. Conch. pl. 110. f. 2.

Habite... Fossile, dans le crag d'Angleterre.

Cette belle espèce de Buccin se distingue facilement. Il est ovale-conique. Sa spire, aussi longue que le dernier tour, est aiguë au sommet et composée de 8 tours très convexes; le dernier est subglobuleux, et il se termine à la base par une échancrure large et

profonde. Toute la surface de la coquille est couverte d'un réseau
rendu élégant par sa régularité. Il est formé par l'entrecroisement
de petites côtes ou de stries longitudinales et de stries transverses, toutes celles-là ne sont pas égales, il y en a ordinairement
une plus fine entre deux plus grosses. L'ouverture est ovale-
oblongue; son bord droit est tantôt mince et tantôt un peu épaissi
en dedans', mais il reste toujours simple. La columelle est resserrée vers la base, et elle est accompagnée d'un bord gauche fort
étroit et très mince, qui s'élargit un peu sur le ventre du dernier
tour, et prend la forme d'une callosité très mince.

Cette coq. a 42 millim. de long et 23 de large.

† 20. Buccin rugueux. *Buccinum rugosum.* Sow.

B. testá ovato-conicá, elongatá, spirá acutá ultimo anfractu lon-
giore; anfractibus convexiusculis, costulis longitudinalibus angustis
distantibus ornatis, striis transversis numerosis decussatis ; aper-
turá ovato-angustá; labro tenui simplici; columellá arcuatá,
labio brevi tenui vestitá.

Sow. Min. Conch. pl. 110. f. 3.

Habite... Fossile du crag d'Angleterre.

Espèce allongée, étroite, subturriculée, ayant la spire plus longue
que le dernier tour. Les tours sont larges, médiocrement convexes, et l'on y remarque un petit nombre de côtes étroites et
longitudinales, séparées par des espaces plus larges qu'elles; outre
ces côtes, on trouve encore sur la surface extérieure un grand
nombre de stries transverses fines, serrées, obsolètes, que l'on
pourrait comparer à celles du *Buccinum prismaticum* de Brocchi. L'ouverture est ovale, courte petite; son bord droit es
mince et simple à l'intérieur. La columelle est épaisse, et le bor
gauche qui la revêt est assez large, mais très mince et coup
dans toute son étendue.

Cette coquille a 35 millim. de long et 17 de large.

† 21. Buccin dentelé. *Buccinum serratum.* Brocchi.

B. testá ovato-oblongá, longitudinaliter costatá, striis elevat
transversis, costas longitudinales decussantibus ; basi erectiuscu
emarginatá.

Philip. Enum. Moll. Sicil. p. 225. n° 2.

Brocchi Conch. foss. subap. t. 2. 338. pl. 5 f. 4.

Borson. Oritt. Piémont. p. 88. n°9.

Habite... Fossile du Plaisantin.

M. Kiener, dans son *Species des coquilles vivantes,* a donné nom de *Serratum* à une espèce très distincte de celle-ci, à laquelle nous avons dû imposer un nom nouveau, l'espèce de Brocchi devant rester en possession du nom que le savant italien lui a donné le premier. Le *Buccinum serratum* est une coquille ovale-oblongue, à spire allongée et pointue, un peu plus longue que le dernier tour. Toute la surface est élégamment treillissée par l'entrecroisement de petites côtes longitudinales égales, de stries transverses, à-peu-près aussi grosses que les côtes. Les tours sont très convexes, leur suture est subcanaliculée, et des côtes longitudinales se terminent en dentelures, petites, qui couvrent la suture. L'ouverture est régulièrement ovalaire; le bord droit tranchant s'épaissit assez subitement; il est chargé, en dedans, d'un grand nombre de plis qui se prolongent jusqu'au fond de l'ouverture. La columelle est régulièrement arquée dans sa longueur, et elle est accompagnée, dans toute sa hauteur, d'un bord gauche, mince et étroit.

Cette belle espèce a 38 millim. de long et 13 de large. Nous connaissons une variété beaucoup plus ventrue, car sur 30 millim. de longueur elle en a 18 de large.

† 22. Buccin élégant. *Buccinum elegans.* Duj.

B. testá oblongá, subturritá, longitudinaliter costatá, argutè striatá; anfractibus rotundatis, interdùm varicosis costis 12-15 interstitiá non œquantibus; aperturá subrotundá; labio supernè unidentato; labro crasso intùs sulcato.

Dujardin. Tour. p. 88. n° 7, pl. 20. f. 3 et 10.

Habite... Fossile de la Touraine.

Le Buccin élégant est une petite coquille ovale-conique, à spire pointue, un peu plus longue que le dernier tour; on y compte 8 tours convexes, dont le dernier est arrondi et terminé à la base par une échancrure assez large et profonde. De petites côtes longitudinales sont rangées régulièrement sur toute la surface de la coquille, et elles sont traversées par un grand nombre de stries fines, très serrées, et dont les 2 ou 3 premières sont un peu plus grosses que les autres. L'ouverture est ovale, elle est petite. Le bord droit est épais, il est régulièrement strié en dedans. |Le bord gauche est étroit, simple, et sans callosité.

Cette petite coquille n'a pas plus de 14 millim. de long et 8 de large.

† 23. Buccin flexueux. *Buccinum flexuosum.* Brocchi.

B. testá turritá, costellis longitudinalibus flexuosis sulcis transversis filiformibus; labio dextro intùs sulcato, altero lævi, basi reflexá, emarginatá.

Borson Oritt. Piémont. p. 38. n° 10.

Brocchi. Conch. Foss. subap. t. 2. p. 339. pl. 5 f. 12.

Habite.... Foss. du Plaisantin.

Jolie petite espèce, allongée, conique, que l'on reconnaît facilement par les petites côtes longitudinales, légèrement courbées en *S* italique, dont elle est ornée ; ces côtes sont régulières, serrées et étroites, et elles sont traversées par un grand nombre de stries transverses, très fines, capillaires, et des plus régulières. La spire est plus longue que le dernier tour, elle compte 8 tours convexes, étroits, à suture subcanaliculée. L'ouverture est petite, ovalaire. Son bord droit est mince, et finement sillonné en dedans. La columelle, assez profondément arquée dans le milieu, est accompagnée d'un bord gauche très mince et très étroit.

Cette coq. est longue de 18 à 20 millim. et large de 9 à 10.

† 24. Buccin costulé. *Buccinum costulatum.* Brocchi.

B. testá ovato-acutá, longitudinaliter plicatá, transversim sulcatá; anfractibus marginatis ; labro intùs sulcato.

Brocchi. Conch. foss. subap. t. 2. p. 343. pl. 5 f. 9.

Borson Oritt. Piémont. p. 38. n° 13.

Habite.... Fossile du Plaisantin.

Petite coquille qui a quelque analogie avec une espèce vivante de la Méditerranée, et dont Gualtieri a donné une médiocre figure. Mais cette analogie, au dire même de Brocchi, n'est point assez parfaite pour que l'on regarde comme identique les deux espèces. Celle-ci est ovale-conique, à spire pointue, un peu plus longue que le dernier tour. On compte 8 tours à cette spire; ils sont à peine convexes et nettement séparés entre eux par une suture canaliculée et bordée d'un petit bourrelet assez large. Toute la surface est ornée d'un réseau formé par l'entrecroisement de petites côtes longitudinales et de stries transverses. L'ouverture est petite, ovalaire; son bord droit est tranchant et profondément sillonné à l'intérieur. Le bord gauche est mince, et il sort un peu de l'ouverture pour former une callosité étroite.

Cette petite coquille est longue de 18 millim. et large de 9.

† 25. Buccin natté. *Buccinum intextum.* Duj.

B. testá ovato-turritá, sulcis longitudinalibus striisque transversis decussatá ; spirá elongatá ; anfractibus convexis, versùs suturam striis profundioribus exaratis, cingulatis : ultimo sæpè varicoso ; aperturá bis quintam partem longitudinis æquante ; labio vix calloso ; labro crasso, intùs striato.

Dujardin. Touraine. p. 88. n° 4. pl. 20. f. 9.

Habite... Fossile de la Touraine.

Jolie espèce qui a la plus grande analogie avec le *Buccinum mu-sivum* de Brocchi , peut-être même devrait-on la considérer comme une simple variété de l'espèce d'Italie; cependant elle présente quelques différences constantes que nous allons signaler. Elle est toujours plus petite, sa spire est en proportion plus courte ; les côtes longitudinales et les stries transverses sont disposées de manière à laisser entre elles de petits espaces quadrangulaires enfoncés, tandis qu'au *Musivum* ces espaces sont remplis ; dans l'*Intextum*, les sutures sont bordées et élégamment crénelées par une strie transverse plus profonde qui détache l'extrémité supérieure des côtes. L'ouverture est ovalaire, le bord droit est mince, finement dentelé en dedans, le bord gauche est plus large vers la base de l'ouverture que dans le *Musivum ;* la callosité occupe la même place, et a à-peu-près la même forme.

Cette coquille est longue de 15 millim., et large de 7.

† 26. Buccin mosaïque. *Buccinum musivum*. Brocchi.

B. testâ oblongâ ; anfractibus omnibus reticulatis, areolis quadratis ; labro intùs rugoso, labio glabro ; basi reflexâ. emarginatâ.

Philip. Enum. Moll. Sicil. p. 226. n° 3.

Brocchi. Conch. Foss. subap. t. 2. p. 340. pl. 5. f. 1.

Borson. Oritt. Piémont. p. 36. n° 2.

Habite... Fossile du Plaisantin.

Ce Buccin a son analogue vivant dans la Méditerranée, et particulièrement dans les mers de Sicile. Nous l'avons vu entre les mains d'un marchand d'histoire naturelle qui, ayant long-temps habité la Sicile, en rapporta des collections nombreuses. Je crois que l'individu vivant fait actuellement partie des collections du Muséum ; ne l'ayant pas sous les yeux, nous décrivons l'espèce d'après les individus fossiles. On les trouve aussi bien dans le Plaisantin, que dans les terrains plus récens de la Sicile.

Cette coquille est allongée, conique. La spire est plus longue que le dernier tour ; elle est formée de huit à neuf tours peu convexes, dont toute la surface est découpée en petites portions subquadrangulaires, par l'entre-croisement de stries longitudinales et transverses , presque égales. L'ouverture est ovalaire, étroite ; son bord droit, peu épais, est garni en dedans de sillons peu apparens. La columelle est régulièrement arquée, et le bord gauche qui la garnit, très étroit dans sa moitié antérieure, s'étale en une callosité demi-circulaire, étroite, et monte sur la partie du ventre du dernier tour qui est la plus voisine de l'ouverture ; la forme

de cette callosité est tellement particulière, qu'elle rend très facile l'espèce à séparer de ses congénères. L'échancrure terminale
est médiocre, elle est très oblique, et plus profonde que large.

Les grands individus de cette espèce ont 31 millim. de long, et
15 de large.

† 27. **Buccin de Vénus.** *Buccinum Veneris.* **Bast.**

*B. testá ovato-oblongá, angustá, spirá exsertá, acuminatá; an-
fractibus in medio angulatis, crenatis, transversìm regulariter,
striatis ; aperturá ovatá, supernè acuminatá, basi latè et obliquis-
simè emarginatá ; labro incrassato, intùs sulcato.*

Faujas. Mém. du Mus. t. 3. pl. 10. f. 2.

Bast. Foss. de Bord. p. 47. n° 1. pl. 2. f. 15.

Habite... Fossile aux environs de Dax et de Bordeaux.

Fort belle espèce de Buccin que l'on rencontre abondamment dans
les deux localités que nous venons d'indiquer. Elle est allongée,
ovale-conique; sa spire, longue et pointue, a une longueur
égale à celle du dernier tour. On y compte dix tours, anguleux
dans le milieu, obliquement déprimés à leur partie supérieure,
et ayant l'angle médian élégamment crénelé. Toute la surface est
ornée d'un grand nombre de stries transverses, plus ou moins
serrées, selon les individus. L'ouverture est ovalaire, rétrécie
supérieurement en un angle assez profond. L'échancrure terminale présente des caractères tout particuliers : elle est large,
mais extrêmement oblique ; lorsqu'on la regarde par la base, on
la trouve dilatée et subinfundibuliforme de ce côté. Le bord droit
est tranchant, il s'épaissit en dedans, et de ce côté il est garni de
sillons dans toute sa hauteur. Le bord gauche est étroit, mince
appliqué dans toute son étendue.

Les grands individus de cette espèce ont 53 millim. de long, et
25 de large.

28. **Buccin à collier.** *Buccinum baccatum.* **Bast.**

*B. testá elongato-acuminatá, transversim basi striatá; anfractibus
in medio angulato tuberculosis, supernè marginatis, tuberculosis ;
aperturá ovatá; labro tenui simplici.*

Bast. foss. de Bord. p. 47. n° 2. pl. 2. f. 16.

Dujardin. foss. de Tour. p. 87. n° 1. pl. 20. f. 8.

Dub. de Montp. Conch. foss. p. 28, n° 6. pl. 1 f. 24-25.

Habite... Fossile, à Dax, à Bordeaux , aux environs de Vienne, en
Autriche, et dans les faluns de la Touraine.

Cette coquille ressemble au *Buccinum Veneris* du même auteur ; elle est ordinairement plus petite, et toujours plus étroite. Sa spire, allongée et pointue, est plus longue que le dernier tour; elle se compose de dix tours, anguleux dans le milieu, un peu creusés à leur partie supérieure, et ornés d'un double rang de tubercules, dont l'un garnit la suture, et l'autre est placé sur l'angle des tours. Ces tubercules sont égaux et arrondis; le dernier tour est sensiblement atténué à la base; il porte à cette extrémité des stries transverses qui vont graduellement, en s'amoindrissant, à mesure qu'elles remontent vers le dos. Il y a des variétés dans lesquelles toute la coquille est striée. L'ouverture est ovalaire; le bord droit, légèrement dilaté, est mince et simple; l'échancrure terminale est large, profonde, mais moins oblique que dans le *Buccinum Veneris*.

Les grands individus de cette espèce ont 45 millim. de long, et 20 de large.

Il existe un assez grand nombre de variétés : dans les unes, le nombre des tubercules est beaucoup plus considérable; dans les autres, ils ont une tendance à s'effacer, et c'est cette variété que l'on rencontre le plus spécialement en Touraine.

29. Buccin de la Touraine. *Buccinum Turonense*. Duj.

B. testá oblongá, subturritá, longitudinaliter costatá, lineis transversis elevatis cinctá; costis 11-13 exsertis, angustis, graniferis; anfractibus convexis, nonnunquàm varicosis; aperturá roduntatá; labio supernè unidentato; labro crasso 5-6 dentato.

Buccinum graniferum, Duj. Touraine, pl. 89 . n° 8, pl. 20. f. 11. 12.

Habite... Fossile dans les faluns de la Touraine.

Petite coquille ovale-oblongue, à spire pointue, un peu plus longue que le dernier tour. On compte huit tours à cette spire; ils sont convexes, et ils portent un nombre assez considérable de petites côtes longitudinales qui descendent perpendiculairement d'une suture à l'autre; ces côtes sont traversées par un petit nombre de stries qui s'élèvent au sommet des côtes sous forme de petits tubercules : le dernier tour est globuleux, et présente les mêmes accidens que ceux qui précèdent. L'ouverture est petite, ovale-oblongue. Le bord droit épaissi, en dehors, par la dernière côte, est garni, en dedans, de six dentelures égales, et également distantes. La columelle est courte, régulièrement arquée, et elle est accompagnée d'un bord gauche étroit, et assez épais. L'échancrure terminale est large et profonde.

Cette petite espèce, assez commune dans le terrain tertiaire de la Touraine, a 10 millim. de long, et 5 de large.

M. Kiener, ayant employé le nom de *Buccinum graniferum* dans son *Species* des coquilles vivantes, et ce nom ayant été publié quelques années avant le mémoire de M. Dujardin, nous nous trouvons dans l'obligation de changer le nom de l'espèce fossile, pour éviter toute espèce de confusion entre des espèces qui ont entre elles peu d'analogie.

† 3o. **Buccin granulé.** *Buccinum granulatum.* Sow.

B. testá ovato-conicá, apice acutá; anfractibus convexis, suturá pro-
fundá simplici separatis, costulis longitudinalibus, striisque trans-
versalibus decussatis; costulis granulosis; aperturá minimá, ovato-
rotundá; labro incrassato, intùs pauci-dentato; columellá callosá.

Sow. Min. Conch. pl. 110. f. 4.

Habite... Fossile dans le grag d'Angleterre.

Petite coquille qui, par l'ensemble de ses caractères, se rapproche beaucoup du *Buccinum macula* des auteurs anglais, qui vit encore dans les mers d'Europe. Cette coquille est ovale-conique. La spire, pointue au sommet, est formée de huit tours, dont le dernier est un peu plus court que tous les autres réunis. Toute la surface est treillissée par de petites côtes longitudinales obliques, et des stries transverses un peu plus fines que les côtes, au point d'intersection desquelles s'élève une petite granulation. L'ouverture est petite, arrondie; son bord droit, épaissi en dedans, porte un petit nombre de dentelures, dont les moyennes sont les plus grosses. La columelle est garnie, dans sa longueur, d'un bord gauche assez épais, qui s'étale en une callosité qui garnit la partie la plus voisine de l'ouverture. L'échancrure de la base est petite et peu profonde.

Cette coquille est longue de 12 millim., et large de 7.

† 31. **Buccin demi-strié.** *Buccinum semi-striatum.* **Brocc.**

B. testá ovato-acutá; spirá exsertá, acuminatá; anfractibus con-
vexiusculis, primis longitudinaliter plicatis, alteris supernè stria-
tis : ultimo basi striato, in medio lævigato; aperturá ovato-angustá;
labro tenui, intùs striato; columellá supernè, callo tenui angusto
vestitá.

Buccinum corniculum. Brocchi. Conch. Foss. subap. t. 2. p. 342.

Buccinum semistriatum. Brocchi. Loc. cit. Suppl. p. 651. pl. 15. f. 15.

Nassa semistriata. Borson. Oritt. Piémont. p. 39. n°15. pl. 1. f. 10.

Id. Brong. Vicent. p. 65. pl. 6. f. 8.

Desh. Exp. sc. de Morée. Zool. p. 197. n° 338.

Philip. Enum. Moll. Sicil. p. 227. n° 11.

Habite... Fossile dans les terrains subapennins, en Italie, en Sicile, en Morée, aux environs de Perpignan.

Brocchi avait d'abord confondu cette espèce avec le *Buccinum corni-culum;* plus tard, il s'aperçut de son erreur, et la rectifia dans le supplément de son ouvrage sur les fossiles subapennins. Cette coquille est d'un médiocre volume, elle est ovale-conique. Sa spire pointue est un peu plus courte que le dernier tour : les tours de spire sont médiocrement convexes; les quatre ou cinq premiers sont chargés de petits plis longitudinaux. Les suivans ne présentent plus que des stries transverses à leur partie supérieure, et l'une d'elles, plus grosse que les autres, forme un bourrelet au-dessous de la suture; le dernier tour est ovalaire, il est lisse dans le milieu, et strié à ses deux extrémités. L'ouverture est médiocre, ovale-oblongue, atténuée à ses extrémités. Le bord droit, mince et tranchant, est sillonné à l'intérieur. La columelle est arquée dans le milieu, et la callosité dont elle est revêtue, mince et étroite, s'étale sur la partie du ventre qui avoisine le plus l'ouverture, elle forme dans cet endroit une languette semi-lunaire, à-peu-près de la même forme que celle du *Buccinum musivum.* Cette espèce présente un assez grand nombre de variétés, car on trouve des individus presque entièrement lisses, et d'autres dont toute la surface est couverte de stries; entre ces deux états, on trouve tous les intermédiaires.

Les grands individus de cette espèce ont 20 millim. de long, et 12 de large.

32. Buccin de Dale. *Buccinum Dalei.* Sow.

B. testá ovato-globosá, apice obtusá; anfractibus convexis, transver-sìm obsoletè striatis : ultimo basi latè et profonde emarginato, aperturá ovatá, supernè angulatá; labro tenui, simplici; columellá regulariter excavatá; labio sinistro tenuissimo angusto.

Sow. Min. Conch. pl. 486. f. 2.

Habite... Fossile dans le Crag d'Angleterre.

Par l'ensemble de sa forme, cette espèce ressemble un peu au *Buccinum mutabile,* elle est plus grande et beaucoup plus mince, et elle se distingue du reste par tous ses caractères spéciaux. Elle est ovale-globuleuse. Sa spire, courte et obtuse, est composée d'un petit nombre de tours convexes, sur lesquels on remarque un assez grand nombre de stries transverses, obsolètes, presque effacées, qui souvent disparaissent sur le dernier tour. L'ouverture est assez grande, ovalaire; son bord droit reste mince et simple, dans toute son étendue. La columelle est excavée régulièrement en segment de cercle; elle est accompagnée d'un bord gauche extrêmement mince, étroit et appliqué dans toute son étendue. L'échancrure de la base est élargie et profonde, et un peu moins relevée vers le dos, que dans beaucoup d'autres Buccins. Cette espèce paraît assez commune dans les terrains tertiaires, connus en Angleterre sous le nom de Crag.

Elle est longue de 45 millim., et large de 27. Il y a des individus plus grands.

4° SECTION. — LES MONODONTES.

† 33. Buccin à fissure. *Buccinum fissuratum*. Desh.

B. testâ ovato-ventricosâ, lævigatâ; spirâ brevi, conicâ; ultimo an-fractu ad basim sulco unico cincto; aperturâ ovatâ; columellâ ar-cuatâ, callosâ; labro tenui, simplici, ad basim unidentato.

Desh. Desc. Coq. foss. env. de Paris. t. 2. p. 656. pl. 87. f. 21. 22.
Localités : Noailles, Abbecourt.

Cette espèce est ovale-oviforme, à spire très courte, à laquelle on compte quatre ou cinq tours très étroits, en partie recouverts par l'expansion supérieure de la callosité columellaire ; le dernier tour est terminé à la base par une échancrure large et profonde, et il présente, un peu au-dessous du milieu, un sillon profond, oblique, aboutissant au bord droit et se terminant par une petite dent peu saillante. Toute la surface est lisse ; cependant, dans la plupart des individus, on remarque des sortes d'accroissement irrégulières, onduleuses, indiquant le contour du bord droit. L'ouverture est ovale-oblongue. La columelle, arquée dans sa longueur, est termi-née en pointe à son extrémité : elle est recouverte par un bord gauche épais et calleux, sur l'extrémité supérieure duquel le bord droit vient s'appuyer. Ce bord est un peu onduleux dans sa lon-gueur, mais il est mince, simple et tranchant.

Cette espèce est celle qui a le plus de ressemblance avec le *Buccinum crassum* de Chemnitz, mais on ne peut la considérer comme son analogue, car la position du sillon est tout-à-fait différente, aussi bien que la forme du bord droit.

Cette coquille est longue de 42 millim., et large de 30.

† 34. Buccin obtus. *Buccinum obtusum*. Desh.

B. testâ ovato-globulosâ, lævigatâ, basi substriatâ ; spirâ bre-vissimâ, obtusâ ; ultimo anfractu ad basim unisulcato ; aperturâ ovatâ ; columellâ arcuatâ, callosâ ; basi planulatâ ; labro sim-plici, supernè incrassato.

Desh. Descr. des Coq. foss. env. de Paris. t. 2. p. 657. pl. 88. f. 1. 2.
Localité : Chaumont.

On distingue facilement cette espèce de la précédente, avec laquelle

elle a de l'analogie: elle est beaucoup plus globuleuse ; sa spire, très courte, est presque entièrement enveloppée par le dernier tour et la callosité columellaire ; la surface extérieure offre quelques stries d'accroissement irrégulières, et vers la base un petit nombre de stries transverses obsolètes ; vers le tiers inférieur se montre le sillon oblique ; mais ce sillon est moins profond et plus étroit que dans les autres espèces, il est placé un peu plus bas ; sa terminaison sur le bord droit a lieu un peu plus vers l'extrémité. L'ouverture est ovale-oblongue : son extrémité supérieure est terminée par une gouttière oblique, placée entre une grosse callosité columellaire et l'extrémité du bord droit ; la columelle est arquée dans sa longueur, aplatie à son extrémité, à la manière de certaines Pourpres, et recouverte dans toute sa longueur par un bord gauche, épais, recouvrant inférieurement un ombilic, circonscrit en dehors par un petit angle saillant. Le bord droit est épaissi à sa partie supérieure, et dans le reste de son étendue, il est simple et tranchant.

Cette espèce est longue de 41 millim., et large de 30.

† 35. Buccin semicostulé. *Buccinum semicostatum*. Desh.

B. testâ ovato-ventricosâ, depressâ, lævigatâ ; supernè ultimo anfractu semicostato, ad basim transversìm obsoletè striato, profundè unisulcato ; costis undulosis, plicæformibus ; aperturâ ovatâ ; columellâ arcuatâ, supernè callosâ, basi contortâ, planulatâ ; labro incrassato, simplici.

Desh. Descr. Foss. env. de Paris. t. 2. p. 657. pl. 88. f. 3. 4.

Localité : Soissons.

Cette espèce a beaucoup d'analogie avec le *Buccinum fissuratum*, et elle s'en distingue non-seulement par les côtes, mais beaucoup mieux par la forme de la columelle. Cette coquille est ovale-ventrue, à spire courte, composée de cinq ou six tours étroits, en partie recouverts par les restes de la callosité columellaire. A sa partie supérieure, ce dernier tour est nu, orné d'un petit nombre de côtes longitudinales, un peu onduleuses, en forme de plis, et qui s'arrêtent assez brusquement vers le milieu de la longueur, un peu au-dessus du sillon transverse ; ce sillon est moins profond que dans la plupart des espèces précédentes, et au-dessous de lui, on remarque quelques stries transverses, peu profondes. L'ouverture est ovale ; elle est proportionnellement plus large que dans les autres espèces. La columelle, arquée dans sa longueur, se termine en pointe à son extrémité, et cette extrémité est sensiblement contournée. Le bord gauche est largement étalé, fort épais à sa partie supérieure. Le bord droit est épaissi supérieurement, et il est creusé, entre son extrémité et la callosité columellaire, en une petite gouttière oblique. Ce bord est mince et tranchant dans le reste de son étendue. La base de la columelle est aplatie comme dans les Pourpres.

Cette coquille, non moins rare que les précédentes, est longue de 42 millim., et large de 31.

† 36. Buccin tiare. *Buccinum tiara*. Desh.

B. testâ ovatâ, transversìm striatâ ; spirâ acutâ, contabulatâ ; anfractibus angustis, transversìm tenuè striatis, supernè nodulis brevibus regulariter coronatis ; ultimo anfractu ad basim sulco profundo cincto ; aperturâ ovatâ ; columellâ arcuatâ, subcallosâ ; labro tenui, supernè emarginato, infernè unidentato.

Desh. Descr. Foss. env. de Paris. t. 2. p. 655. pl. 87. f. 23. 24.

Localités: Abbecourt, Noailles.

Coquille singulière, que M. Defrance prit pour une Struthiolaire, lorsqu'il n'en connaissait qu'un seul individu mutilé. Depuis, ayant recherché cette espèce dans les deux localités où on la rencontre très rarement, nous avons pu obtenir un individu dont le bord droit était assez bien conservé. Nous avons pu dès-lors nous assurer que cette coquille n'appartenait point au genre Struthiolaire, mais qu'elle se rapprochait des Buccins par la plupart de ses caractères. Elle est ovale-oblongue, ventrue. Sa spire, conique, est formée de sept à huit tours, dont la partie supérieure est plane, et forme une rampe spirale, remontant jusqu'au sommet. Le bord externe de cette rampe est couronné de tubercules obtus en forme de grosses crénelures; le dernier tour est beaucoup plus grand que la spire ; il est ventru dans le milieu, et l'on y remarque, vers le tiers inférieur de sa longueur, un sillon oblique, étroit et profond, dans le fond duquel se trouvent des écailles irrégulières, dont le contour indique la forme que devrait avoir la dent saillante sur le bord droit; ce sillon aboutit, en effet, sur le bord, et se termine par une petite dent comparable à celle des *Monoceros*, ou plutôt à celle de certaines Turbinelles (*Turbinella leucozonalis et cingulifera* Lamk.). La base de la coquille est terminée par une échancrure large et profonde. L'ouverture est ovale-oblongue, rétrécie à ses extrémités. La columelle est courbée en arc de cercle; elle est revêtue d'un bord gauche fort épais, appliqué dans toute son étendue, plus mince et plus large dans sa partie supérieure. Le bord droit, par son extrémité supérieure, vient s'appuyer sur une callosité columellaire, dont il est séparé par une échancrure comparable à celle du *Buccinum stromboides*, mais moins profonde ; ce bord est mince et simple dans toute son étendue.

Les grands individus de cette espèce, très rare et très fragile, ont 75 millim. de long, et 40 de large.

M. Kiener conciliera difficilement les deux opinions qu'il a publiées au sujet du *Purpura nassoides* de MM. Quoy et Gaimard : en effet, à la page 43 des Pourpres de M. Kiener, on trouve la Pourpre nassoïde, et l'auteur renvoie à la planche 38, fig. 7 à 9 du Voyage de l'Astrolabe. M. Kiener, dans cette partie de son ouvrage, décrit cette coquille comme une Pourpre. Dans le genre Buccin, nous trouvons, à la page 69, un *Buccinum gualterianum*, après la description duquel M. Kiener ajoute l'observation suivante : « Nous rapportons à cette espèce une coquille décrite et figurée par MM. Quoy et Gaimard sous le nom de *Purpura nassoides* » (Voyage de l'Astrolable, pag. 564, pl. 38, fig. 7-10). » L'individu qui a servi à ces naturalistes nous paraît être une coquille seulement plus petite et moins fraîche de conservation ; mais elle présente exactement les mêmes caractères que celle dont nous venons de donner la description. A cette note, nous ajouterons celle que donne M Kiener pour le *Purpura nassoides* : « Cette espèce, dit-il, établie par MM. Quoy et Gaimard, et décrite dans leur Voyage de l'Astrolabe, pag. 564, est bien distincte des autres Pourpres par la forme, qui a quelques rapports avec certains Buccins nasses. » A laquelle de ces opinions de M. Kiener doit-on s'arrêter ? Les figures de M. Kiener, mises en regard, ne paraissent pas représenter la même espèce, quoiqu'il y ait entre elles beaucoup d'analogie : elles devraient cependant être identiques, puisqu'elles ont été faites sur une même espèce. Pour nous, l'espèce dont il est question est une Poupre ; nous l'avons sous les yeux, et nous pensons que le *Buccinum gualterianum* doit rentrer dans la synonymie du *Purpura nassoides*. Cette note aurait dû être jointe à la description du *Purpura nassoides* ; mais, lorsque nous avons décrit cette espèce, nous n'avions pas remarqué le double emploi de M. Kiener, et nous le signalons ici, dans le double but d'éviter au lecteur la recherche infructueuse du *Buccinum gualterianum*, et pour rendre plus complète la synonymie du *Purpura nassoides*.

ÉBURNE. (Eburna.)

Coquille ovale ou allongée, à bord droit très simple. Ouverture longitudinale échancrée à sa base. Columelle ombiliquée dans sa partie supérieure, et canaliculée sous l'ombilic.

Testa ovata vel elongata : labro simplicissimo. Apertura longitudinalis, basi emarginata. Columella supernè umbilicata, infrà umbilicum canaliculata.

OBSERVATIONS. — Le genre que nous présentons ici, quoique tenant de très près aux Buccins par ses rapports, en est éminemment distingué par la position singulière de l'ombilic de la columelle, et surtout parce que cet ombilic se prolonge inférieurement en un canal qui occupe le reste du bord gauche, ce qui ne se rencontre, ni dans les autres genres de cette famille, ni ailleurs. Or, ce caractère nous a paru si éminent, que nous avons jugé convenable d'établir le genre dont il s'agit, quoiqu'il soit peu nombreux en espèces.

Les Éburnes sont des coquilles lisses à l'extérieur, assez semblables aux Buccins par leur forme générale, ainsi que par l'échancrure de leur base, mais qui en sont très distinctes par le caractère que l'on vient de citer.

[En instituant le genre Éburne, Lamarck lui donne pour type le *Buccinum glabratum* de Linné, qui est une coquille lisse, polie, ayant la columelle ouverte par un ombilic assez grand qui se continue en gouttière jusque près de la base de cette columelle. A cette espèce type, Lamarck en joignit quelques autres, qui, dans les anciennes collections, étaient toujours dépouillées de leur épiderme, et polies artificiellement. Ces coquilles ont, comme la première que nous avons mentionnée, un ombilic ouvert, quelquefois même calleux ou canaliculé ; mais elles n'ont jamais naturellement ce vernis brillant qui revêt le *Buccinum glabratum*. Il y avait donc deux sortes de coquilles dans le genre Éburne de Lamarck, et cependant les zoologistes acceptèrent ce genre, sans y apporter de changemens, jusqu'au moment où de nouvelles explorations firent connaître un nombre considérable d'espèces dans le genre Ancillaire : alors on s'aperçut, et ce fut M. Sowerby le premier, que le *Buccinum glabratum* devait appartenir à ce genre. Les autres Éburnes furent également mieux connues ; on eut leur opercule, on les vit recouvertes d'un épiderme semblable à celui des Buccins, et enfin l'animal décrit par MM. Quoy et Gaimard ne laisse plus de doutes sur la place que devaient occuper les espèces en question. De toutes ces observations, il résulta le démembrement et la disparition complète du genre Éburne de Lamarck, car la première espèce va dans le genre Ancillaire, comme nous l'avons dit, tandis que toutes les autres doivent aller dans le genre Buccin, parmi les Buccins proprement dits, ayant un opercule corné presque aussi grand que l'ouverture, et onguiculé au sommet.

Il nous reste à faire quelques observations sur plusieurs espèces attribuées par les auteurs au genre Éburne de Lamarck. M. Kiener admet que le *Buccinum glabratum* est une véritable Ancillaire ; il conserve en même temps le genre Éburne, qu'il réduit à quatre espèces, parmi lesquelles il y a quelques confusions. M. Sowerby le jeune, dans son *Conchological illustration*, admet neuf espèces dans le genre Éburne réformé ; mais parmi ces espèces, il y en a deux qui ne pourront rester dans le genre, car l'une est le *Buccinum plumbeum* de Chemnitz, qui n'a aucun des caractères des Éburnes proprement dites, et l'autre est l'*Eburna australis*, pour laquelle l'auteur a fait un singulier double emploi. On retrouve, en effet, la même espèce dans la *Monographie des Cancellaires*, publiée par le même auteur sous le nom de *Cancellaria spirata*. Ce qui paraîtra singulier, c'est que cette même espèce, représentée deux fois dans le même ouvrage, dans deux genres différens, n'a pas conservé les mêmes caractères sous la main du dessinateur et du graveur. En effet, dans la Cancellaire, il y a trois plis à la columelle, tandis que dans celle de l'Éburne il n'y a aucune trace de ces plis. M. Sowerby peut seul apprendre comment ces modifications se sont opérées dans cette espèce, en passant de l'un à l'autre genre.

Nous ne terminerons pas ce qui a rapport au genre Éburne sans dire quelques mots de l'animal. Il présente tous les caractères des Buccins : il rampe sur un pied épais et robuste, ova-

laire en avant, pointu en arrière, et portant à l'extrémité postérieure un opercule assez grand qui clôt l'ouverture assez
exactement. La tête est grosse; elle se bifurque en avant en
deux tentacules allongés et coniques, à la base extérieure desquels se montrent les points oculaires. La bouche est armée
d'une trompe cylindrique, et le manteau se transforme en avant
en un canal cylindracé assez long, qui est destiné à porter l'eau
sur les branchies.]

ESPÈCES.

1. **Eburne allongée.** *Eburna glabrata.* Lamk. (1)

> E. *testá ovato-elongatá, basi bisulcatá, lævissimá, nitidá, pallidè lu-
> teá; anfractibus convexiusculis, supernè confluentibus; suturis ob-
> soletis.*
>
> *Buccinum glabratum.* Lin. Syst. nat. éd. 12. p. 1203. Gmel.
> p. 3489. n° 81.
> Lister. Conch. t. 974. f. 29.
> Bonanni. Recr. 3. f. 149.
> Gualt. Test. t. 43. fig. T.
> D'Argenv. Conch. pl. 9. fig. G. *ad sinistram.*
> Favanne. Conch. pl. 31. fig. F 1.
> Knorr. Vergn. 2. t. 16. f. 4. 5.
> Martini. Conch. 4. t. 122. f. 1117.
> *Buccinum glabratum.* Brug. Dict. n° 28.
> *Eburna glabrata.* Encycl. pl. 401. f. 1. a. b.
> * Wood. Ind. Test. pl. 23. f. 79.
> Sow. Genera of Shells. f. 1.
> *Ancillaria glabrata.* Sow. Spec. Conch. 1re fasc. p. 10. pl. 2.
> f. 60 à 64.
> * *Id.* Sow. Conch. Man. f. 455.
> * Desh. Encyc. méth. Vers. t. 2. p. 105. n° 1.
> * Lin. Syst. nat. éd. 10. p. 739.
> * Klein. Tent. Ostrac. pl. 2. f. 47.

---

(1) Cette coquille, comme l'a très bien senti M. Sowerby,
n'appartient pas au genre Éburne, mais présente tous les caractères des Ancillaires par la forme de la columelle, par le poli de
la surface extérieure, et enfin par la manière dont les sutures
sont cachées.

* Lin. Mus. Ulric. p. 611.
* Perry. Conch. pl. 31. f. 4.
* Brookes. Introd. of Conch. pl. 6. f. 80.
* Crouch. Lamk. Conch. pl. 19. f. 5.
* Roissy. Buf. Moll. t. 6. p. 31. n° 1. pl. 57. f. 7.
* *Eburna flavida*. Schum. Nouv. Syst. p. 206.
* *Buccinum glabratum*. Born. Mus. p. 257.
* *Id*. Schrot. Einl. t. 1. p. 340. n° 33.
* *Id*. Dillw. Cat. t. 2. p. 621. n° 78.

Habite l'Océan Américain et peut-être celui de l'Inde. Mon cabinet. Belle coquille, extrêmement lisse, vulg. nommée l'*Ivoire*. Long. 3 pouces.

2. Eburne de Ceylan. *Eburna zeylanica*. **Lamk.**

> *E. testá ovato-conicá, apice acutá, lævi, albá, maculis luteo-fulvis pictá; anfractibus convexis; suturis distinctis; spirá apice cæruleá, columellæ canali squammifero.*

Lister. Conch. t. 982. f. 42.

Klein. Ostr. t. 2. f. 47.

Gualt. Test. t. 51. fig. B.

Martini. Conch. 4. t. 122. f. 1119.

Buccinum zeylanicum. Brug. Dict. n° 27.

Eburna zeylanica. Encycl. pl. 401. f. 3. a. b.

* Desh. Encycl. méth. Vers. t. 2. p. 106. n° 2.
* Kiener. Spec. des Coq. p. 3. n° 1. pl. 2. f. 4.
* Roissy. Buf. Moll. t. 6. p. 32. n° 3.
* *Buccinum glabratum*. Schrot. Einl. t. 1. p. 341. *Var.*
* *Id*. Gmel. p. 3489.
* *Buccinum zeylanicum*. Dillw. Cat. t. 2. p. 621. n° 77.
* Blainv. Malac. pl. 28. f. 1.
* Wood. Ind. Test. pl. 23. f. 78.
* Sow. Conch. Man. f. 426.

Habite sur les côtes de Ceylan. Mon cabinet. Celle-ci est remarquable par les écailles violacées qui garnissent le canal de sa columelle. Longueur : 2 pouces 4 lignes.

3. Eburne canaliculée. *Eburna spirata*. **Lamk.** (1)

> *E. testá ovato-acutá, ventricosá, lævi, albá, maculis luteo-fulvis pictá; anfractibus supernè canaliculatis : canalis margine externo*

---

(1) Les auteurs confondent, sous le nom de cette espèce, plusieurs autres Éburnes qu'il est possible de distinguer par les ac

*acuto; spirá apice cæruleá ; callo columellæ umbilicum partim ob-
tegente.*

Buccinum spiratum. Lin. Syst. nat. éd. 12. p. 1203. Gmel. p. 3487.
n° 70.

Lister. Conch. t. 983. f. 42. c.

Bonanni. Recr. 3. f. 370.

Rumph. Mus. t. 49. fig. D.

Petiv. Gaz. t. 101. f. 13. et Amb. t. 9. f. 21.

D'Argenv. Conch. pl. 17. fig. N.

Favanne. Conch. pl. 33. fig. E 1.

Seba. Mus. 3. t. 73. f. 21. 22. 24. 25.

Knorr. Vergn. 2. t. 6. f. 5. et 3. t. 3. f. 4.

Martini. Conch. 4. t. 122. f. 1118.

Buccinum spiratum. Var. [a]. Brug. Dict. n° 26.

Eburna spirata. Encycl. pl. 401. f. 2. a. b.

* Regenf. Conch. t. 1. pl. 10. f. 41.

* Lin. Syst. nat. éd. 10. p. 739.

* Lin. Mus. Ulric. p. 611.

* Perry. Conch. pl. 31. f. 3.

* Roissy. Buf. Moll. t. 6. p. 32. n° 2.

* *Buccinum spiratum.* Born. Mus. p. 256.

* *Id.* Schrot. Einl. t. 1. p. 338. n° 32. Var. 1.

* Desh. Encycl. méth. Vers. t. 2. p. 106. n° 3.

* Reeve. Conch. Syst. t. 2. p. 240. pl. 271. f. 3.

* Kiener. Spec. des Coq. p. 7. n° 4. pl. 1. f. 1.

---

cidens de la columelle. Nous remarquons, en effet : 1° des individus qui ont à la base un large ombilic simple et sans callosité;
2° des individus à ombilic plus étroit, du centre duquel descend
une callosité comparable à celle des Natices; 3° des individus
ayant l'ombilic étroit ou fermé, simple, mais leur columelle est
canaliculée. Ces trois groupes devront constituer trois espèces
avec leurs variétés, à moins que plus tard la connaissance des
animaux ne vienne prouver que ces coquilles sont seulement des
variétés d'un seul type. M. Kiener rapporte à cette espèce,
comme jeune âge, une jolie coquille, rare encore dans les collec-
biens, et qui, selon nous, doit être séparée en espèce distincte:
elle est plus globuleuse; le canal de la spire est beaucoup plus
étroit, enfin la coloration est différente pour le nombre et la disposition des taches, qui ici sont plus régulières.

* *Id.* Burrow. Elem. of Conch. pl. 16. f. 6.
* *Id.* Dillw. Cat. t. 2. p. 620. n° 76. *Excl. var.*
* *Id.* Wood. Ind. Test. pl. 23. f. 77.
* Quoy et Gaim. Voy. de l'Astr. Zool. t. 2. p. 458. pl. 31. f. 10 à 13.

Habite les mers de Ceylan. M. *Macleay.* Mon cabinet. Coquille grosse, ventrue, pesante, très canaliculée. Le bord externe de son canal, étant aigu, la distingue éminemment. Longueur : 2 pouces 3 lignes.

4. Eburne parquetée. *Eburna areolata.* **Lamk.**

E. testá ovato-ventricosá, lævi, albá, maculis rufis quadratis triseriatis tessellatá; anfractibus supernè angulatis, suprà planocavis : angulo obtuso; spirá apice albá; columellæ canali nudo.

Lister. Conch. t. 981. f. 41.

Bonanni. Recr. 3. f. 70.

Rumph. Mus. t. 49. fig. C.

Petiv. Amb. t. 9. f. 20.

Seba. Mus. 3. t. 73. f. 23. 26.

Favanne. Conch. pl. 33. fig. E 2.

Martini. Conch. 4. t. 122. f. 1120. 1121.

Buccinum spiratum. Var. [b]. Brug. Dict. n° 26.

* *Buccinum spiratum.* Var. 2. Schrot. Einl. t. 1. p. 339.
* *Buccinum spiratum.* Var. Dillw. Cat. t. 2. p. 620. n° 76.
* *Eburna tessellata.* Swain. Zool. illustr. 1re série. t. 3. pl. 145.
* Desh. Encycl. méth. Vers. t. 2. p. 106. n° 4.
* Kiener. Spec. des Coq. p. 4. n° 2. pl. 2. f. 3.

Habite les mers de la Chine. Mon cabinet. Ses caractères distinctifs sont constans; ainsi c'est une véritable espèce. Longueur : 2 pouces.

5. Eburne boueuse. *Eburna lutosa.* **Lamk.**

E. testá ovato-acutá, subventricosá, lævigatá, squalidè albidá; zonis duabus aut tribus obscurè fulvis; anfractibus supernè angulo obtusissimo præditis; umbilico semi-obtecto.

Encycl. pl. 401. f. 4. a. b.

* *Eburna pacifica.* Swain. Zool. illustr. 1re série. t. 3. pl. 146.
* Desh. Encycl. méth. Vers. t. 2. p. 107. n° 5.
* Reeve. Conch. Syst. t. 2. p. 240. pl. 20. f. 5.
* Kiener. Spec. des Coq. p. 6. n° 3. pl. 3. f. 6.

Habite... Mon cabinet. Celle-ci est encore très distincte des précédentes, et n'est plus que légèrement planulée au sommet de ses tours. Sa coloration n'offre rien d'agréable. Longueur : 23 lignes.

VIS. (Terebra.)

Coquille allongée, turriculée, très pointue au sommet.
Ouverture longitudinale, plusieurs fois plus courte que la
spire, échancrée à sa base postérieure. Base de la columelle torse ou oblique.

*Testa elongata, turrita, apice peracuta. Apertura longi-
tudinalis, spirâ duplò vel ultrà brevior, basi posticè emarginata. Columellæ basis contorta vel obliqua.*

OBSERVATIONS. — C'est Bruguières qui a établi ce genre aux
dépens du genre *Buccinum* de Linné; et il l'a fait avec d'autant
plus de raison, qu'indépendamment de la forme très turriculée
de la coquille des Vis, la columelle très courte offre un caractère particulier, et que l'animal, selon Adanson, n'a point d'o-
percule.

Les Vis se reconnaissent facilement au premier aspect. Leur
forme générale est à-peu-près la même que celle des Turritelles;
mais leur ouverture et l'échancrure de leur base postérieure les
en distinguent. Elles n'ont point un ombilic canaliculé, comme
les Éburnes, et elles diffèrent des Buccins par une ouverture
plusieurs fois plus courte que la spire. Ces coquilles sont marines, lisses ou munies de stries transverses, avec ou sans crénelures. On en connaît un assez grand nombre d'espèces.

[Tel que Bruguières l'a réformé, le genre *Terebra* est très
naturel. On pourrait en juger d'après les coquilles elles seules,
car elles ont un ensemble de caractères qui leur sont propres.
Il était donc utile d'abandonner la méthode linnéenne, d'après
laquelle les espèces du genre Vis constituent une simple section
des Buccins. Pour que le genre qui nous occupe ait définitivement acquis toute sa valeur, il lui manquait une sanction, celle
que donne la connaissance de l'animal. Pendant long-temps on
crut le connaître, parce que Adanson avait décrit, comme appartenant à ce genre, un animal qui, en effet, en est voisin, et
qui dépend évidemment du genre Buccin. Adanson, et non
Bruguières, comme on le croit ordinairement, est le créateur
du genre *Terebra*. Malheureusement, trompé par des caractères
superficiels, parmi les cinq espèces qu'il a introduites dans son

genre, il n'y en a réellement que deux qui doivent y rester. Cette confusion, de la part d'un observateur aussi attentif qu'Adanson, en a déterminé une autre de la part de M. de Blainville qui, prenant le Buccin décrit sous le nom de *Terebra*, par Adanson, pour le type du genre *Terebra*, a cru nécessaire d'établir, sous le nom de *Subula*, un genre nouveau qui devenait inutile, puisqu'il correspond avec la plus grande exactitude au genre *Terebra* réformé de Bruguières, et tel que Lamarck lui-même l'a caractérisé. Sur nos observations, M. de Blainville reconnut le double emploi qu'il avait fait, et le supprima à l'article *Terebra*, du *Dictionnaire des sciences naturelles*. Depuis cette époque, MM. Quoy et Gaimard firent connaître l'animal véritable du genre Vis, et l'on s'aperçut qu'il avait la plus grande analogie avec celui des Buccins. Cependant il offre aussi des différences qui sont assez notables, et qui méritent d'être prises en considération.

C'est un animal qui rampe sur un pied court et très épais, beaucoup moins long que la coquille; sa longueur dépasse même rarement celle du dernier tour, et il contracte en marchant une adhérence très solide avec les corps sous-jacens, de manière à pouvoir soulever la coquille longue et pesante qu'il porte sur lui. Sa tête est grosse, proboscidiforme, cylindracée, et elle porte de chaque côté un tentacule court et conique, ayant l'œil placé au côté externe de la base. Le manteau, après avoir revêtu l'intérieur de la coquille, se prolonge en avant en un canal charnu, cylindrique, qui passe par l'échancrure antérieure de la coquille. Contrairement à l'opinion depuis long-temps reçue, l'animal porte à l'extrémité postérieure de son pied, un opercule corné, ovale-onguiculé, formé d'élémens imbriqués : cet opercule a la plus grande analogie avec celui des Eburnes.

M. de Blainville lui-même est un des premiers naturalistes qui donna des détails anatomiques sur le genre qui nous occupe. Ces détails sont consignés dans le *Voyage autour du monde*, commandé par M. Freycinet; on les trouve à la pl. 69 de la partie zoologique, publiée par MM. Quoy et Gaimard.

Lamarck n'a inscrit qu'un petit nombre d'espèces dans le genre Vis; elles sont au nombre de vingt-quatre, mais les deux dernières, comme nous l'avons dit depuis long-temps, sont de véritables

Buccins. Dans les *Proceedings of the zool. soc.* (1834), M. Gray a donné des renseignemens sommaires sur les espèces du genre *Terebra*; aux espèces décrites, il en ajoute vingt autres, mais au lieu de rejeter parmi les Buccins les deux dernières espèces dont nous parlions tout-à-l'heure, il les maintient dans le genre Vis, et y ajoute quelques espèces qui dépendent évidemment du même groupe; mais rien ne justifie jusqu'à présent l'opinion de M. Gray: aussi elle est restée sans partisan. M. Kiener a ajouté un moins grand nombre d'espèces dans sa *Monographie*.

Tout récemment M. Hinds a publié, dans les *Proceedings* de la Société zoologique de Londres, le prodrome d'une monographie du genre *Terebra*, et il porte le nombre des espèces connues vivantes à 108. A ces espèces vivantes, nous pourrons en ajouter trente-deux de fossiles, qui toutes, sans exception, appartiennent aux terrains tertiaires.

ESPÈCES.

1. Vis tachetée. *Terebra maculata*. Lamk.

> *T. testá conico-subulatá, crassá, ponderosá, lævi, albá, maculis fusco-cæruleis seriatis cinctá, versùs basim pallidè luteo-maculatá; anfractibus planulatis.*
>
> *Buccinum maculatum.* Lin. Syst. nat. éd. 12. p. 1205. Gmel. p. 3499. n° 130.
> Lister. Conch. t. 846. f. 74.
> Bonanni. Recr. 3. f. 317.
> Rumph. Mus. t. 30. fig. A.
> Petiv. Amb. t. 5. f. 4.
> Gualt. Test. t. 56. fig. I.
> D'Argenv. Conch. pl. 11. fig. A.
> Favanne. Conch. pl. 39. fig. A.
> Seba. Mus. 3. t. 56. f. 4. 6.
> Knorr. Vergn. 3. t. 23. f. 2. et t. 19. f. 6.
> Martini. Conch. 4. t. 153. f. 1440.
> *Terebra maculata.* Encycl. pl. 402. f. 1. a. b.
> * Quoy et Gaim. Voy. de l'Uranie. Zool. pl. 69. f. 6.
> * Desh. Encycl. méth. Vers. t. 3. p. 1128. n° 1.
> * Kiener. Spec. des Coq. p. 4. n° 1. pl. 1. f. 1.
> * Küster. Conch. Cab. p. 11. n° 10. pl. 2. f. 7. pl. 3. f. 1.
> * Alène tachetée. Blainv. Malac. pl. 16. f. 2.
> * Fab. Columna. Aquat. et terrest. Observ. p. LIII. l. 3.

* Lin. Syst. nat. éd. 10. p. 741. *Excl. plur. synon.*
* Lin. Mus. Ulric. p. 613.
★ Brookes. Introd. of Conch. pl. 6. f. 31.
★ Roissy. Buf. Moll. t. 6. p. 35. n° 1.
★ *Subula maculata.* Schum. Nouv. Syst. p. 233.
★ *Buccinum maculatum.* Born. Mus. p. 261.
* *Id.* Schrot. Einl. t. 1. p. 348. n° 42.
* *Id.* Dillw. Cat. t. 2. p. 642. n° 132. *Variet. exclus.*
* *Id.* Wood. Ind. Test. pl. 24. f. 129.
* Hinds. Proc. of zool. soc. 1844. p. 159. n° 1.

Habite l'Océan des Moluques et la mer Pacifique. J'en possède un exemplaire recueilli sur les rives de Owyhée, l'une des îles Sandwich, où le capitaine Cook fut tué par les sauvages. Mon cabinet. Cette Vis est la plus belle de son genre, et c'est du moins la plus grosse à son dernier tour. Sa surface lisse et bien maculée la rend fort remarquable. Longueur : 4 pouces 9 lignes.

2. **Vis flambée.** *Terebra flammea.* Lamk.

T. testá turrito-subulatá, prælongá, longitudinaliter undatìmque striatá, albidá, flammis longitudinalibus rufo-fuscis pictá; anfractibus convexiusculis, medio sulco impresso divisis et infrà transversìm excavatis.

Lister. Conch. t. 841. f. 69.
Martini. Conch. 4. t. 154. f. 1446.
* Kiener. Spec. des Coq. p. 12. n° 8. pl. 5. f. 10.
* Küster. Conch. Cab. p. 6. n° 4. pl. 1. f. 7.
* Schrot. Einl. t. 1. p. 400. *Buccinum.* n° 168.
* *Buccinum subulatum.* Var. Dillw. Cat. t. 2. p. 643.
★ Desh. Encycl. méth. Vers. t. 3. p. 1128. n° 2.
* Hinds. Proc. of zool. soc. 1844. p. 160. n° 3.

Hab. l'Océan des Grandes-Indes. Mon cab. Long. : 5 pouces une lig.

3. **Vis crénelée.** *Terebra crenulata.* Lamk.

T. testá turrito-subulatá, lævi, albidá; anfractibus margine superiore plicato-crenatis, punctis rufis biseriatìm cinctis : supremis sulco impresso transversìm divisis.

Buccinum crenulatum. Lin. Syst. nat. éd. 12. p. 1205. Gmel. p. 3500. n° 132.
Lister. Conch. t. 846. f. 75.
Rumph. Mus. t. 30. fig. E.
Petiv. Amb. t. 8. f. 13.
Gualt. Test. t. 57. fig. L.
Seba. Mus. 3. t. 56. f. 9. 10.

Knorr. Vergn. 1. t. 8. f. 7.

Favanne. Conch. pl. 40. fig. A 1.

Martini. Conch. 4. t. 154. f. 1445.

Terebra crenulata. Encycl. pl. 402. f. 3. a. b.

* Lin. Syst. nat. éd. 10. p. 741.

* D'Argenv. Conch. pl. 14. fig. Y.

* Lin. Mus. Ulric. p. 613.

* Perry. Conch. pl. 16. f. 2.

* Crouch. Lamk. Conch. pl. 19. f. 6.

* *Buccinum crenulatum.* Born. Mus. p. 263.

* *Id.* Schrot. Einl. t. 1. p. 350. n° 44.

* *Id.* Dillw. Cat. t. 2. p. 644. n° 136. *Excl. var.*

* *Id.* Wood. Ind. Test. pl. 24. f. 133.

* Desh. Encycl. méth. Vers. t. 3. p. 1129. n° 3.

* Kiener. Spec. des Coq. p. 13. n° 9. pl. 5. n° 9. 9 a.

* Küster. Conch. Cab. p. 8. n° 6. pl. 1. f. 10. pl. 3. f. 7. 8.

* Hinds. Proc. of zool. soc. p. 160. n° 7.

Habite l'Océan des Grandes-Indes. Mon cab. Espèce remarquable par les crénelures de la sommité de ses tours. Long. : 4 pouces 3 lign.

4. Vis polie. *Terebra dimidiata.* Lamk.

T. testá turrito-subulatá, lævi, luteo-carneá, maculis albis longitudinalibus undatis subbifidis ornatá; anfractibus planulatis, supernè sulco impresso divisis : supremis longitudinaliter striatis.

Buccinum dimidiatum. Lin. Syst. nat. éd. 12. p. 1206. Gmel. p. 3501. n° 138.

Lister. Conch. t. 843. f. 71.

Bonanni. Recr. 3. f. 107.

Rumph. Mus. t. 30. fig. C.

Petit. Amb. t. 13. f. 17.

Gualt. Test. t. 57. fig. M.

Seba. Mus. 3. t. 56. f. 15. 19.

Knorr. Vergn. 1. t. 23. f. 5. et 6. t. 18. f. 5.

Martini. Conch. 4. t. 154. f. 1444.

* Kiener. Spec. des Coq. p. 6. n° 3. pl. 2. f. 2. a. b.

* Küster. Conch. Cab. p. 7. n° 5. pl. 1. f. 8. pl. 4. f. 23.

* *B. hecticum.* Chemn. Conch. t. 11. p. 95. pl. 188. f. 1817. 1818.

* *Id.* Küster. Conch. Cab. p. 13. n° 12. pl. 3. f. 9. 10.

* Perry. Conch. pl. 16. f. 1.

* *Subula dimidiata.* Schum. Nouv. Syst. p. 233.

* *Buccinum dimidiatum.* Var. β. Born. Mus. p. 266.

* Hinds. Proc. of zool. soc. p. 160. n° 8.

* *Id*. Schrot. Einl. t. 1. p. 355. n° 50.
* Dillw. Cat. t. 2. p. 649. n° 150. *Excl. variet.*
* Quoy et Gaim. Voy. de l'Astr. Zool. t. 2. p. 461. pl. 36. f. 17. 18.
* Desh. Encycl. méth. Vers. t. 3. p. 1129. n° 4.

Habite l'Océan des Grandes-Indes et des Moluques. Mon cabinet. Ses tours sont très lisses et divisés dans leur partie supérieure par un sillon transverse. Elle est élégamment maculée de blanc, sur un fond couleur de chair. Longueur : 4 pouces et demi.

5. Vis mouchetée. *Terebra muscaria*. Lamk. (1)

T. testá turrito-subulatá, lœvi, albidá; anfractibus planulatis, singulis supernè sulco impresso divisis, maculis rufo-fuscis inæqualibus triseriatim cinctis.

Seba. Mus. 3. t. 56. f. 16. 23. 24. 27.

Knorr. Vergn. 1. t. 23. f. 4.

Martini. Conch. 4. t. 153. f. 1441. et t. 154. f. 1443.

Terebra subulata, Encycl. pl. 402. f. 2. a. b.

* Kiener. Spec. des Coq. p. 9. n° 5. pl. 3. f. 4. 4 a. *Excl. var.* 4 b.
* Küster. Conch. Cab. *Terebra*. p. 4. n° 1. pl. 1. f. 1. pl. 2. f. 8.
* Chemn. Conch. t. 11. p. 95. pl. 188. f. 1817. 1818.
* *Buccinum dimidiatum*. Var. α. Born. Mus. p. 266.
* Réaumur. De la form. des Coq. Mém. de l'Ac. 1709. pl. 14. f. 3.
* Desh. Encycl. méth. Vers. t. 3. p. 1129. n° 5.

Habite l'Océan des Grandes-Indes. Mon cabinet. Outre qu'elle est

---

(1) M. Kiener rapporte à cette espèce, comme simple variété, une jolie coquille qui doit constituer une espèce bien distincte. Cette espèce est déjà inscrite dans les catalogues : c'est le *Buccinum tigrinum* de Gmelin, *Buccinum felinum* de Wood; nous lui avons donné le nom de *Terebra tigrina*. M. Küster, dans sa nouvelle édition de Martini et Chemnitz, commet la même erreur que M. Kiener, relativement au *Buccinum tigrinum* de Gmelin; mais il faut que, par suite d'une incorrection typographique échappée à l'auteur, il ait cité, pour le *Terebra muscaria*, les figures 4 et 5 de la planche 3 : ce serait probablement les figures 9 et 10 qu'il aurait voulu indiquer; cependant l'auteur cite ces figures 9 et 10 au *Terebra hectica*, puis il cite encore les figures 4 et 5 au *Terebra aciculina*, p. 16, n° 15. Cependant ces figures ne peuvent représenter à-la-fois deux espèces aussi différentes que celles dont il s'agit (*Voir la note du n° 12*).

moins effilée que la suivante, et que son dernier tour est aussi plus ventru, elle s'en distingue encore par ses taches disposées sur trois rangées et qui sont très inégales entre elles, celles des rangées inférieures étant toujours les plus grandes. Longueur : 3 pouces 5 lignes et demie.

6. Vis tigrée. *Terebra subulata*. Lamk.

T. testâ turrito-subulatâ, angustâ, lævigatâ, albidâ; anfractibus convexiusculis, maculis quadratis rufo-fuscis biseriatìm cinctis : supremis sulco impresso divisis.

Buccinum subulatum. Lin. Syst. nat. éd. 12. p. 1205. Gmel. p. 3499. n° 131.

Lister. Conch. t. 842. f. 70.

Bonanni. Recr. 3. f. 118.

Rumph. Mus. t. 3o. fig. B.

Gualt. Test. t. 56. fig. B.

D'Argenv. Conch. pl. 11. fig. X.

Favanne. Conch. pl. 40. fig. D.

Seba. Mus. 3. t. 56. f. 28. 39.

Born. Mus. p. 262. t. 10. f. 9.

* Desh. Encycl. méth. Vers. t. 3. p. 1130. n° 6.

* *Terebra muscaria.* Sow. Genera of Shells. f. 1.

* Kiener. Spec. des Coq. p. 10. n° 6. pl. 4. f. 6.

* Küster. Conch. Cab. p. 23. n° 27. pl. 6. f. 1.

* Lessons on Shells. pl. 3. f. 4.

* Perry. Conch. pl. 16. f. 3?

* Roissy. Buf. Moll. t. 6. p. 35. n° 2. pl. 57. f. 8.

* *Buccinum subulatum.* Schrot. Einl. t. 1. p. 349. n° 43.

* *Id.* Dillw. Cat. t. 2. p. 643. n° 134. *Variet. exclus.*

* Reeve. Conch. Syst. t. 2. p. 245. pl. 275. f. 1.

* Quoy et Gaim. Voy. de l'Astr. t. 2. p. 465. pl. 36. f. 19. 20.

* Wood. Ind. Test. pl. 24. f. 131.

Habite l'Océan des Grandes-Indes. Mon cabinet. Coquille longue, grêle, effilée, très pointue, remarquable par les taches carrées et bisériales de chacun de ses tours, sauf le dernier qui en a trois. Celui-ci n'est presque point ventru. Longueur : 4 pouces 3 lignes et demie.

7. Vis oculée. *Terebra oculata*. Lamk.

T. testâ turrito-subulatâ, peracutâ. lævigatâ, pallidè fulvâ, infrà suturas maculis albis rotundatis unicâ serie cinctâ; anfractibus supernè convexis, ferè marginatis, infernè planulatis.

Rumph. Mus. t. 3o. fig. D.

Petiv. Amb. t. 2. f. 4.

Seba. Mus. 3. t. 56. f. 11.

Favanne. Conch. pl. 40. fig. Z.

Buccinum maculatum. Var. Schrot. Einl. in Conch. 1. t. 2. f. 6.

Martini. Conch. 4. t. 153. f. 1442.

* *Buccinum maculatum.* Var. γ Gmel. p. 3499.

* *Buccinum oculatum.* Dillw. Cat. t. 2. p. 642. n° 133.

* Wood. Ind. Test. pl. 24. f. 130.

* Desh. Encycl. méth. Vers. t. 3. p. 1130. n° 7.

* Kiener. Spec. des Coq. p. 11. n° 7. pl. 4. f. 7.

* Küster. Conch. Cab. p. 13. n° 11. pl. 2. f. 9.

Habite l'Océan des Grandes-Indes et des Moluques. Mon cabinet. Jolie espèce, bien caractérisée par ses taches oculaires, et à spire très aiguë, blanche vers son sommet. Longueur : 3 pouces 4 lignes trois quarts.

8. Vis tressée. *Terebra duplicata.* Lamk.

T. testá turrito-subulatá, longitudinaliter striatá, cinereo-cœrules-cente; anfractibus planulatis supernè sulco impresso cinctis, ferè duplicatis, basi fasciá albá in margine superiore maculis nigris quadratis pictá notatis; striis suturisque impressis.

Buccinum duplicatum. Lin. Syst. nat. éd. 12. p. 1206. Gmel. p. 3501. n° 136.

Lister. Conch. t. 837. f. 64.

Bonanni. Recr. 3. f. 110.

Gualt. Test. t. 57. fig. N.

Knorr. Vergn. 6. t. 18. f. 6. et t. 24. f. 5.

Martini. Conch. 4. t. 155. f. 1455.

[b] *Var.* testá luteo-fulvá.

* Desh. Encycl. méth. Vers. t. 3. p. 1130. n° 8.

* Kiener. Spec. des Coq. p. 32. n° 27. pl. 12. f. 26. 26 a.

* Küster. Conch. Cab. p. 15. n° 14. pl. 3. f. 3.

* Lin. Syst. nat. éd. 10. p. 742.

* Lin. Mus. Ulric. p. 614.

* *Buccinum duplicatum.* Born. Mus. p. 265.

* *Id.* Schrot. Einl. t. 1. p. 354. n° 48.

* *Id.* Dillw. Cat. t. 2. p. 648. n° 145.

* *Id.* Wood. Ind. test. pl. 24. f. 142.

Habite l'Océan indien. Mon cabinet. Longueur : 3 pouces ; de sa variété : 3 pouces 4 lignes trois quarts.

9. Vis Tour-de-Babel. *Terebra babylonia.* Lamk.

T. testá turrito-subulatá, longitudinaliter undatìmque plicatá :

16.

plicis retusis albis; interstitiis luteis ; anfractibus supernè con-
vexis, infrà planulatis, transversìm tristriatis : ultimo infernè
rufo, minutissimè striato.

Encyclop. pl. 402. f. 5.
* Küster. Conch. Cab. p. 14. n° 13. pl. 5. f. 6.
* Desh. Encycl. méth. Vers. t. 3. p. 1131. n° 9.
* Kiener. Spec. des Coq. p. 38. n° 33. pl. 14. f. 35.
Habite... Mon cabinet. Longueur : 2 pouces 7 lignes et demie.

10. Vis froncée. *Terebra corrugata*. Lamk.

T. testá turrito-subulatá, luteo-fulvá ; anfractibus supernè sulco
impresso divisis, infernè planulatis, biseriatìm spadiceo-punc-
tatis; suturis marginatis : margine tumido, plicis transversis
fimbriato ; plicarum interstitiis spadiceis.
* Kiener. Spec. des Coq. p. 25. n° 20. pl. 13. f. 31.
* Küster. Conch. Cab. p. 30. n° 36. pl. 6. f. 14.
Habite... Mon cabinet. Les deux rangées de points de chaque tour
et le bourrelet frangé qui accompagne chaque suture la rendent
remarquable. Longueur : 2 pouces 4 lignes et demie, et un peu
plus, la pointe de mon exemplaire étant cassée.

11. Vis du Sénégal. *Terebra senegalensis*. Lamk. (1)

T. testá turrito-subulatá, longitudinaliter striatá, parte superiore
castaneo-rubrá, inferiore luteo-rufescente : anfractibus convexius-
culis, supernè sulco impresso divisis : ultimo obsoletè striato.
* *Buccinum ferrugineum.* Born. Mus. p. 263. f. 7.
* Lister. Conch. pl. 843. f. 71?
* *Le Faval.* Adans. Seneg. p. 54. pl. 4. f. 5.
* *Buccinum dimidiatum.* Var. Dillw. Cat. t. 2. p. 650.

---

(1) La Vis Faval d'Adanson est certainement la même espèce
que le *Terebra senegalensis* de Lamarck ; il en est de même du
Buccinum ferrugineum de Born. Ainsi, de toute manière, le
nom de *Senegalensis* ne pourra pas rester, et comme le nom
d'Adanson est le plus ancien, nous proposons de restituer à
l'espèce la dénomination de *Terebra faval*. Selon des circon-
stances qui ne sont pas bien connues et qui tiennent probablement
à la nature des eaux, on a du Sénégal une variété qui est d'une
couleur ocreuse et rutilante : c'est cette variété qui constitue le
Buccinum ferrugineum de Born.

* Kiener. Spec. des Coq. p. 27. n° 22. pl. 8. f. 15 a, b, c.
* Küster. Conch. Cab. p. 22. n° 25. pl. 5. f. 7. 8. 10.
* *Terebra plicaria*. Bast. Mém. sur les foss. de Bord. p. 52. n° 1. pl. 3. f. 4.
* *Terebra faval*. Dujardin. Touraine. p. 90. n° 1.
* *Terebra fuscata*. Bronn. Leth. Geogn. t. 2. p. 1103. pl. 42. f. 5. *Exclusis plerisque synonymis.*

Habite les mers du Sénégal. Mon cabinet. Espèce distincte par les proportions de ses parties et sa coloration ; elle n'a que quelques maculations brunâtres, et est comme veinée dans sa moitié inférieure. Longueur : 2 pouces 4 lignes trois quarts.

12. **Vis bleuâtre.** *Terebra cærulescens.* Lamk. (1)

T. testâ turritâ, lævigatâ, cærulescente aut albo cæruleoque variâ ; anfractibus planiusculis, indivisis, subconnatis, longitudinaliter et undatìm venosis ; suturis obsoletis.

* *Buccinum cinereum.* Born. Mus. p. 267. pl. 10. f. 11. 12.
* *Id.* Gmel. p. 3405.
* *Id.* Dillw. Cat. t. 2. p. 648. n° 146. *Exclus. plur. synoym.*

---

(1) Le *Buccinum hecticum* de Linné ne serait-il pas de la même espèce que celle-ci ? Linné rapporte dans sa synonymie deux figures : celle de Gualtieri, pl. 56, f. C, pourrait se rapporter avec assez de certitude au *Cærulescens* ; l'autre figure est le n° 21 de la planche 56 de Seba ; elle se rapporte à une toute autre espèce que celle de Gualtieri. Cette seconde figure a des rapports avec le *Terebra dimidiata*, mais elle est trop douteuse pour qu'on puisse la citer à cette espèce ou à toute autre. Dans sa phrase malheureusement trop courte, Linné dit *anfractibus bifidis*, ce qui ne saurait se rapporter au *Terebra cærulescens*. Le *Buccinum cinereum* de Born nous paraît être la même coquille que le *Terebra cærulescens* de Lamarck ; aussi pensons-nous que le nom spécifique de Born doit être substitué à celui de Lamarck. Nous ne savons sur quoi Chemnitz se fonde pour rétablir le *Buccinum hecticum* de Linné sur une variété du *Terebra dimidiata* de Lamarck ; rien ne justifie cette opinion à laquelle M. Küster s'est rangé. Selon nous, le *Buccinum hecticum* est au nombre de ces espèces qu'il faut abandonner, à cause des incertitudes qu'elles entraînent toujours avec elles dans la nomenclature.

* *Id.* Wood. Ind. Test. pl. 24. f. 143.

* Kiener. Spec. des Coq. p. 17. n° 12. pl. 6. f. 12 à 12 d.

* Küster. Conch. Cab. p. 10. n° 9. pl. 2. f. 1 à 6.

Habite les mers de la Nouvelle-Hollande. Mon cabinet. Longueur :
25 lignes un quart.

13. Vis striatule. *Terebra striatula.* Lamk. (1)

*T. testâ turritâ, longitudinaliter et obliquè striatâ, squalidè albidâ
aut pallidè fulvâ, maculis fusco-cœrulescentibus signatâ; anfractibus convexiusculis, supernè sulco impresso divisis.*

Martini. Conch. 4. t. 154. f. 1447.

* Küster. Conch. Cab. p. 5. n° 2. pl. 2. f. 2.

Habite... Mon cabinet. Longueur : 2 pouces 4 lignes.

14. Vis chlorique. *Terebra chlorata.* Lamk.

*T. testâ turritâ, lævigatâ, squalidè albidâ, maculis et venis luteolis
obscurè pictâ; anfractibus convexiusculis, supernè sulco impresso
divisis, infrà suturas appressis, planis; spirâ versùs extremitatem
longitudinaliter striatâ.*

An Buccinum hecticum? Lin. Gmel. p. 3500. n° 133.

* Kiener. Spec. des Coq. p. 8. n° 4. pl. 4. f. 8. 8 a.

* *Terebra Knorrii.* Gray. Proc. of Zool. Soc. 1834. p. 59.

* Küster. Conch. Cab. p. 24. n° 28. pl. 6. f. 2.

* Knorr. Vergn. t. 3. pl. 23. f.

* Hinds. Proced. of Zool. Soc. 1843. p. 161. n° 22.

Habite... Mon cabinet. Longueur : 22 lignes un quart.

15. Vis céritine. *Terebra cerithina.* Lamk.

*T. testâ turrito-acutâ, infernè lævigatâ, supernè longitudinaliter
striatâ, squalidè albidâ, lineis longitudinalibus pallidè luteis pictâ;
anfractibus convexo-planis, supernè sulco impresso divisis, infrà
suturas marginatis.*

* Kiener. Spec. des Coq. p. 33. n° 28. pl. 11. f. 25.

* Küster. Conch. Cab. p. 17. n° 17. pl. 4. f. 6.

* Hinds. Proc. of Zool. Soc. 1843. p. 161. n° 24.

Habite les mers de Timor. Mon cabinet. Longueur : 2 pouces une
ligne et demie.

16. Vis petite-rave. *Terebra raphanula.* Lamk.

T. testâ turrito-subulatâ, glabrâ, nitidulâ, albâ; anfractibus con-

---

(1) Cette espèce ne se trouve pas dans l'ouvrage de M. Kiener, d'après la figure de Martini, à laquelle Lamarck renvoie;
elle paraît une variété du Faval d'Adanson.

vexiusculis, supernè sulco impresso divisis, infernè lævibus; suturis unimarginatis: cingulo planulato, lævi.

* Kiener. Spec. des Coq. p. 21. n° 16. pl. 10. f. 20.
* Küster. Conch. Cab. p. 16. n° 16. pl. 4. f. 1.
* Hinds. Proc. of Zool. Soc. 1843. p. 161. n° 23.

Habite... Mon cabinet. Coquille bien distincte de la suivante. Longueur : 23 lignes et demie.

17. Vis cingulifère. *Terebra cingulifera*. Lamk.

T. testâ turrito-subulatâ, longitudinaliter striatâ, albidâ; striis tenuissimis, undulatis; anfractibus convexiusculis, supernè sulco impresso divisis, infrà striis tribus minoribus impressis cinctis, propè suturam marginatis.

* Kiener. Spec. des Coq. p. 39. n° 34. pl. 13. f. 3.
* Küster. Conch. Cab. p. 18. n° 19. pl. 4. f. 8.
* Hinds. Proc. of. Zool. Soc. 1843. p. 161. n° 56.

Habite... Mon cabinet. Le renflement de la partie supérieure de chaque tour la fait paraître comme cerclée sous les sutures. Longueur : 2 pouces 8 lignes.

18. Vis queue-de-rat. *Terebra myuros*. Lamk.

T. testâ turrito-subulatâ, gracili, perangustâ, acutissimâ, longitudinaliter et obliquè striatâ, rufo-rubente ; anfractibus planulatis, trisulcatis, subdecussatis, propè suturas bimarginatis.

Lister. Conch. t. 845. f. 73.
Rumph. Mus. t. 30. fig. H.
Petiv. Amb. t. 5. f. 12.
Knorr. Vergn. 6. t. 22. f. 8. 9.
Martini. Conch. 4. t. 155. f. 1456.
Buccinum strigilatum. Gmel. p. 3501. n° 135, *exclus. varietatibus.*
* *Buccinum strigilatum.* Wood. Ind. Test. pl. 24. f. 140.
* Desh. Encycl. méth. Vers. t. 3. p. 1131. n° 10.
* Kiener. Spec. des Coq. p. 40. n° 35. pl. 14. f. 34.
* Küster. Conch. Cab. p. 20. n° 23. pl. 3. f. 2. pl. 5. f. 3. 4.

Habite l'Océan des Grandes-Indes et des Moluques. Mon cabinet. Ses doubles bourrelets et son défaut de maculations, ainsi que sa forme particulière, la distinguent du *B. strigilatum* de Linné, avec lequel Martini et Gmelin l'ont confondue. Vulg. l'*Aiguille-tressée.* Longueur: 2 pouces 9 lignes un quart.

19. Vis scabrelle. *Terebra scabrella*. Lamk.

T. testâ turrito-subulatâ, angustâ, scabriusculâ, longitudinaliter minutissimè striatâ transversìmque sulcatâ, subdecussatâ, albido-

cinereá, flammulis fuscis pictá; anfractibus convexo-planis; sutu-
ris bimarginatis : cingulis asperatis.

* *Terebra myuros.* Var. Kiener. Spec. des Coq. pl. 14. f. 34 a.

Habite les mers de la Nouvelle-Hollande. M. Macleay. Mon cabinet. Les deux cordonnets qui accompagnent chaque suture sont
comme tressés par de petits plis longitudinaux et obliques qui les
rendent un peu rudes au toucher. Cette espèce a de grands rapports avec celle qui précède, et n'en diffère presque que par les
légères aspérités que l'on remarque à sa surface, outre celles de ses
sutures. Longueur: 25 lignes et demie.

20. **Vis forêt.** *Terebra strigilata.* Lamk. (1)

T. testá turrito-subulatá, longitudinaliter et obliquè striatá, nitidulá,
in junioribus cinereo-cœrulescente, in adultis luteo-rufescente; an-

---

(1) Il est évident que Linné a confondu deux espèces sous le
nom de *Buccinum strigilatum.* La figure citée de Rumphius représente le *Terebra myuros* de Lamarck, tandis que les figures
de Gualtieri et de d'Argenville doivent se rapporter à une autre
espèce très distincte à laquelle Lamarck a cru devoir conserver
de préférence le nom linnéen.

Quant à Gmelin, il fait, pour cette espèce, une confusion
qu'il est utile de signaler. En effet, sous le nom de *Buccinum stri-*
gilatum, il réunit plusieurs espèces à titre de variétés: la première a été nommée *Terebra myuros* par Lamark; la seconde
(Var. β. Gmel.) constitue le *Terebra strigilata* du même auteur.
De la synonymie de cette variété, il faut en retrancher la figure
de Chemnitz (fig. 1, p. 235, vign., f. 1). Quant aux deux autres
variétés, elles appartiennent à deux espèces très distinctes, qui
n'ont point de rapports avec les deux précédentes. Ce n'est pas
là tout ce qu'il faut relever dans l'ouvrage de Gmelin: on trouve,
en effet, à la page 3502 un *Buccinum commaculatum* qui est
un double emploi de la variété α. du *Strigilatum* qui, comme
nous venons de le dire, est le *Terebra myuros.* Le *Buccinum*
commaculatum étant un double emploi, doit être supprimé, et,
pour éviter dans l'avenir de fâcheuses confusions de nomenclature, il serait peut-être utile de supprimer aussi le *Strigilatum*
lui-même, puisqu'il contient deux espèces dans Linné et au
moins quatre dans Gmelin. M. Hinds, dans le travail qu'il a pu-

*fractibus plano-convexis, propè suturas fasciâ albâ fusco-maculatâ
cinctis : maculis quadratis.*

Buccinum strigilatum. Lin. Syst. nat. 2. p. 1206. n° 484. *Plur.
syn. exclus.*

Gualt. Test. t. 57. fig. O.

D'Argenv. Conch. pl. 11. fig. R. *fig. mediocris.*

Favanne. Conch. pl. 39. fig. L 1. *idem.*

Born. Mus. t. 10. p. 264. f. 10. *icon optima.*

An Martini. Conch. 4. t. 235. Vign. 40. f. 3?

* *Murex strigilatus.* Gmel. p. 3564.

* Wood. Ind. Test. pl. 24. f. 141. *Buccinum cominum.*

* Desh. Encycl. méth. Vers. t. 3. p. 1131. n° 11.

* Kiener. Spec. des Coq. p. 29. n° 24. pl. 9. f. 18. a. b. c.

* Küster. Conch. Cab. p. 28. n° 33. pl. 4. f. 8. 9.

* Lin. Mus. Ulric. p. 614.

* Schrot. Einl. t. 1. p. 353. n° 47.

* *Buccinum strigilatum.* Dillw. Cat. t. 2. p. 647. n° 143. *Var. excl.*

Habite l'Océan des Grandes-Indes. Mon cabinet. Jolie coquille, très
distincte par la rangée de taches brunes qui occupent le bord inférieur de la fascie blanche de chaque suture. Le sommet de sa spire
est bleuâtre. Longueur : 23 lignes et demie.

21. Vis linéolée. *Terebra lanceata.* **Lamk.** (1)

*T. testâ turrito-subulatâ, glaberrimâ, albâ, pellucidâ, lineis luteis
longitudinalibus remotis, ad suturas interruptis; anfractibus indivisis, planulatis, lævibus : supremis longitudinaliter striatis.*

Buccinum lanceatum. Lin. Syst. nat. éd. 12. p. 1206. Gmel. p. 3501.
n° 137.

---

blié l'année dernière sur le genre *Terebra*, propose de rétablir
le *Buccinatum commaculatum*, et de lui donner comme synonymie le *Terebra myuros* de Lamark. Nous pensons que le nom
de Lamark doit rester, puisque, comme double emploi, le *Commaculatum* doit disparaître.

(1) Nous n'admettons pas dans cette espèce les diverses variétés que M. Kiener y introduit; la forme de l'ouverture, les
accidens du bourrelet de la columelle, les plis des premiers
tours diffèrent dans ces coquilles, et pour nous, les variétés
22 *a* et 22 *b* constituent une espèce toujours distincte du véritable *Terebra lanceata*, dont M. Kiener ne donne qu'une seule
figure.

Rumph. Mus. t. 3o. fig. G.

Petiv. Amb. t. 13. f. 20.

D'Argenv. Conch. pl. 11. fig. Z.

Knorr. Vergn. 6. t. 24. f. 4.

Martini. Conch. 4. t. 154. f. 1450.

* Küster. Conch. Cab. p. 6. n° 3. pl. 1. f. 4. 5. 6

* *Buccinum lanceatum.* Born. Mus. p. 266.

* *Id.* Schrot. Einl. t. 1. p. 354. n° 49.

* *Id.* Dillw. Cat. t. 2. p. 649. n° 149.

* Desh. Encycl. méth. Vers. t. 3. p. 1132. n° 12.

* Kiener. Spec. des Coq. p. 20. n° 15. pl. 10. f. 22. *Excl. variet.*

Habite l'Océan des Moluques. Mon cabinet. Jolie coquille. Longueur :
19 lignes et demie.

22. **Vis aiguillette.** *Terebra aciculina.* (1) Lamk.

> *T. testá turrito-subulatá, glabrá, pellucidá, albido cinereá; anfrac-
> tibus indivisis, planulatis, præsertìm propè suturas longitudinaliter
> striatis.*

Petiv. Gaz. t. 75. f. 6.

Buccinum cinereum. Born. Mus. t. 10. f. 11. 12.

Gmel. p. 3505. n° 167.

* Desh. Encycl. méth. Vers. t. 3. p. 1132. n° 13.

* Kiener. Spec. des Coq. p. 18. n° 13. pl. 7. f. 13.

Habite... Mon cabinet. Longueur : 15 lignes.

23. **Vis granuleuse.** *Terebra granulosa.* Lamk.

> *T. testá conico-acutá, subturritá, longitudinaliter et obliquè striatá,
> striis minutis impressis distantibus cinctá, cinereo-lutescente aut
> cærulescente; anfractibus convexis, propè suturas biseriatim gra-
> nulosis : ultimo lævigato, basi striato.*

* *Buccinum vittatum.* Var. Kiener. Spec. des Coq. p. 25. pl. 9. f. 30.

---

(1) Si cette coquille de Lamarck est la même que le *Buccinum cinereum* de Born, comme l'établit la synonymie, Lamarck
aurait eu tort de changer son nom spécifique, mais il se pourrait que ce *Buccinum cinereum* appartînt à une autre espèce, le
Terebra cærulescens de Lamarck. Les figures que donne M. Kiener de l'*Aciculina* nous confirment dans cette opinion, que le
Buccinum cinereum est la même espèce que le *Cærulescens.* La
citation de Born doit donc disparaître de la synonymie du *Terebra aciculina.*

Habite les mers du Sénégal. Mon cabinet. Elle a quelquefois une petite fascie bleuâtre au sommet de ses tours. Longueur : 14 lignes.

24. Vis buccinée. *Terebra vittata.* Lamk. (1)

T. testá conico-acutá, subturritá, albido-corneá vel cinereo-cærulescente ; anfractibus convexis, striis impressis tenuibus distantibus cinctis, supernè bicingulatis : cingulis plicato-granulosis ; fauce fulvo-fuscescente.

Buccinum vittatum. Lin. Syst. nat. éd. 12. p. 1206. Gmel. p. 3500. n° 134.

Lister. Conch. t. 977. f. 34.

Petiv. Gaz. t. 98. f. 15.

Klein. Ostracol. t. 7. f. 121.

Favanne. Conch. pl. 40. fig. C. 2.

Knorr. Verg. 6. t. 36. f. 4.

Buccinum vittatum. Schroëtter. Einl. in Conch. 1. p. 352. n° 46. t. 2. f. 7. *icon optima.*

Martini. Conch. 4. t. 155. f. 1461. 1462.

Terebra vittata. Encyclop. pl. 402. f. 4. a. b.

* Vis buccin. Blainv. Malac. pl. 16. f. 3.

* Perry. Conch. pl. 31. f. 1.

* *Eburna monilis.* Schum. Nouv. Syst. p. 206.

* *Buccinum vittatum.* Born. Mus. p. 264.

* *Id.* Dilw. Cat. t. 2. p. 646. n° 141.

* *Id.* Kiener. Spec. des Coq. p. 25. n° 26. pl. 9. f. 29.

* Wood. Ind. Test. pl. 24. f. 138.

Habite l'Océan indien. Mon cabinet. Espèce en quelque sorte

---

(1) Cette coquille n'appartient pas au genre *Terebra ;* quoique plus allongée que la plupart des Buccins, c'est dans ce genre cependant qu'elle doit prendre place. M. Kiener dans ses planches donne le nom de Buccin Vis à cette espèce : dans le texte, on la trouve sous celui de Buccin granuleux, nom attribué dans les planches à une coquille dont l'auteur a fait plus tard une variété de la première. M. Kiener prend mon *Buccinum melanoides* pour une variété de celui-ci ; mais il se trompe, ce *Melanoides* a des caractères qui lui sont propres. On doit approuver M. Kiener d'avoir fait passer ces espèces parmi les Buccins ; mais, contrairement à son opinion, il faut les regarder comme trois espèces distinctes.

moyenne entre les Buccins et les vis ; néanmoins la longueur de la spire, comparée à celle de l'ouverture, décide son genre. Longueur totale : 2 pouces une ligne.

† 25. Vis zébrée. *Terebra strigata.* Sow.

T. testá conico-subulatá, crassá, lævigatá, apice plicatá, albá, flammulis castaneis undulatis pictá ; anfractibus planulatis, in medio sulco bipartitis ; aperturá ovato-oblongá, basi latè profundéque emarginatá, albá ; columellá cylindraceá, brevi, basi uniplicatá.

Sow. Tank. Cat. app. p. 23.
Reeve. Conch. syst. t. 2. p. 245. pl. 247. f. 3.
Buccinum elongatum. Wood. Ind. Test. Suppl. pl. 4. f. 25.
Terebra zebra. Kiener. Spec. des Coq. p. 5. nº 2. pl. 3. f. 5.
Terebra flammea. Lesson. Illustr. de Zool. pl. 18.
Terebra zebra. Küster. Conch. cab. p. 25. nº 29. pl. 6. f. 3.
Terebra strigata. Hinds. Proc. of Zool. Soc. 1843. p. 160. nº 2.
Habite Panama.

Quoique cette espèce ne soit répandue dans les collections que depuis un petit nombre d'années, elle a cependant reçu plusieurs noms ; nous lui conservons le plus ancien, celui que M. Sowerby lui a donné dans le Catalogue de Tankarville.

Cette belle espèce, par sa forme, se rapproche du *Terebra maculata.* Elle est allongée, conique, très pointue au sommet, et formée de seize à dix-huit tours, dont les premiers sont plissés longitudinalement, tandis que les suivans sont lisses ; tous sont divisés en deux parties presque égales, par un sillon transverse. L'ouverture est assez grande, oblongue : son angle supérieur est très profond. Elle est blanche en dedans, et la columelle, assez épaisse et cylindracée, présente, près de la base, un petit pli oblique, assez semblable à celui du *Terebra maculata.* Cette coquille est remarquable par sa coloration. Sur un fond d'un beau blanc, elle est ornée de belles flammules onduleuses assez régulières, d'un brun marron, plus ou moins foncé.

Cette coquille est longue de 90 millim., et large de 23.

† 26. Vis tigrine. *Terebra tigrina.* Desh.

T. testá turrito-subulatá, lævi, albá, nitidá, rubro uniseriatim maculatá ; maculis quadrangularibus, anfractibus planulatis, transversim bipartitis : ultimo biseriatim maculato ; aperturá angustá, columellá brevi, conicá, basi uniplicatá.

Buccinum tigrinum. Gmel. p. 2602.
Schrot. Einl. t. 1. p. 401. *Buccinum* nº 170.

Gualt. Index. pl. 56. f. G.

Seba. Thes. t. 3. pl. 56. f. A.

Martini. Conch. t. 4. p. 297. pl. 154. f. 1448.

Buccinum felinum. Dillw. Cat. t. 2. p. 644. n° 135.

Buccinum tigrinum. Wood. Ind. Test. pl. 24. f. 132.

Terebra muscaria. Var. β. Kiener. Spec. des Coq. pl. 3. f. 46.

Id. Küster. Conch. Cab. pl. 1. f. 3.

Habite.....

Comme le témoigne cette synonymie, cette espèce, connue de quel-ques-uns des anciens conchyliologues, a été inscrite par Gmelin, dans son Catalogue, sous le nom de *Buccinum tigrinum*, que nous conservons à l'espèce. Depuis, M. Dillwin lui a donné celui de *Buccinum felinum*, et enfin M. Kiener, et à son exemple M. Küster, ont regardé cette espèce comme une variété du *Te-rebra muscaria*. Cependant elle se distingue très nettement, et nous avons déjà vu un assez grand nombre d'individus pour nous permettre de constater l'identité et la constance de ses ca-ractères.

Cette espèce reste toujours beaucoup plus petite que le *Muscaria*, elle est aussi en proportion plus large à la base ; elle est allongée, subulée ; ses bords sont aplatis et partagés en deux parties iné-gales par un sillon transverse. Dans la plupart des individus et surtout dans les jeunes, ce sillon est ponctué. La suture l'est également, et quelquefois elle est garnie de très fines écailles. Son ouverture est oblongue, courte, et un peu dilatée ; son bord droit est très mince, très oblique, à l'axe longitudinal, et sinueux en forme d'*S* italique très allongée. La columelle est conique, large à la base, pointue au sommet. Elle présente, à la base et du côté interne, une sorte de méplat, résultant d'une érosion que l'animal fait subir à sa coquille. Cette columelle, qui est plus courte que l'extrémité du bord droit, porte, à son extrémité, un petit pli oblique. Toute cette coquille est d'un beau blanc ; elle a, dans ses reflets, quelque chose d'opalin ; elle est ornée immé-diatement au-dessus de la suture, d'une seule rangée de taches quadrangulaires, d'un rouge ferrugineux. A la base du dernier tour, se montre un second rang de taches semblables aux pre-mières.

Assez rare dans les collections. Cette espèce a 64 millim. de long, et 17 de large.

† 27. Vis ornée. *Terebra ornata.* Gray.

T. testâ conico-subulatâ, crassâ, ponderosâ lævigatâ, maculis fuscis quadratis triseriatìm pictá; anfractibus planulatis, sulco transverso bipartitis; aperturá angustá, luteolá, vel aurantiacá; labro incrassato; columellá brevissimá, contortá, basi obliquè truncatá.

Gray. Proc. Zool. Soc. 1834. p. 62.

Reeve. Conch. Syst. t. 2. p. 245. pl. 274. f. 1.

Hinds. Proc. Zool. Soc. 1843. p. 160. n° 6.

Habite la mer de Panama.

Très belle espèce qui, par sa coloration, a quelque rapport avec le *Terebra subulata*. Elle est allongée, épaisse, plus large à la base que la plupart de ses congénères. Par cette forme, elle se rapproche du *Terebra maculata*. Ses tours sont nombreux, à peine convexes, et ils sont partagés en deux moitiés égales par un sillon transverse : toute leur surface reste lisse. L'ouverture est d'un jaune-orangé, plus ou moins intense, selon les individus. Le bord droit s'épaissit avec l'âge, et il est médiocrement sinueux dans sa longueur. La columelle est de la même couleur que l'ouverture, elle est très épaisse, cylindracée, tordue dans sa longueur, très courte et obliquement tronquée à la base. L'échancrure terminale est large, profonde, très oblique, et un peu prolongée en canal. La coloration de cette espèce la rend facile à distinguer : sur un fond blanc, d'un blanc jaunâtre, se dessinent trois rangées transverses de taches quadrangulaires, d'un brun foncé ; le troisième rang est coupé en deux par la suture. Sur le dernier tour, à ces trois rangs vient s'en ajouter un quatrième, qui occupe la base de la coquille.

Les grands individus de cette espèce ont 93 millim. de long, et 23 de large.

† 28. Vis perlée. *Terebra gemmulata*. Kiener.

T. testá turrito-subulatá, peracutá, flavá, albo cinctá; anfractibus subplanulatis, longitudinaliter obsoletè costatis, ad suturam depressis, biseriatìm granulosis; aperturá ovato-angustá; labro tenui arcuato; columellá rectá, fuscescente, basi profundè emarginatá; ultimo anfractu zoná albá basi circumdato.

Kiener. Spec. des Coq. p. 15. n° 11. pl. 5. f. 11. 11 a.

Küster. Conch. Cab. p. 26. n° 30. pl. 6. f. 6.

Hinds. Proc. of Zool. Soc. 1844. p. 161. n° 18.

Habite...

Espèce fort remarquable, et dont nous ne connaissons jusqu'à présent qu'un petit nombre d'individus. Comme toutes les autres espèces du même genre, elle est allongée, subulée, à spire très pointue.

Les tours sont au nombre de 14 ; sur les premiers se montre un assez grand nombre de côtes longitudinales, relevées et rapprochées ; sur les derniers tours, elles ont une tendance à s'éloigner et à s'effacer. Ces côtes sont légèrement courbées dans leur longueur. Cette courbure est semblable à celle du bord droit de l'ouverture. Immédiatement au-dessous de la suture, il y a un sillon transverse, bordé de chaque côté d'une rangée de petites perles blanches, régulièrement disposées. Les granulations de la rangée supérieure sont les plus petites. Celles de l'autre rang occupent une petite zone blanche qui circonscrit le sommet des tours. Le dernier tour présente à la base une zone blanche étroite, semblable à la première ; ces zones blanches ressortent agréablement sur le brun fauve de la coquille. L'ouverture est oblongue, son échancrure terminale est profonde ; sa columelle est presque droite, d'un brun plus foncé que le reste de l'ouverture, et elle est circonscrite en dehors par un petit bourrelet oblique qui va gagner l'extrémité antérieure de la lèvre droite de l'échancrure.

Cette espèce a 50 millimètres de long, et 11 de large.

† **29. Vis chevillette.** *Terebra hastata.* Kiener.

T. testâ elongato-turritâ, acuminatâ, longitudinaliter plicatâ, albâ, fusco unizonatâ; anfractibus planulatis, suturis crenulatis, conjunctis; aperturâ angustâ, brevi; columellâ incrassatâ, brevi, contortâ, basi carinatâ.

Buccinum hastatum. Gmel. p. 3502.

Schrot. Einl. t. 1. p. 402. *Buccinum.* n° 176.

Dillw. Cat. t. 2. p. 651. n° 153. *Buccinum hastatum.*

Martini. Conch. t. 4. p. 300. pl. 154. f. 1453. 1454.

Kiener. Spec. des Coq. p. 22. n° 17. pl. 10. f. 23.

Küster. Conch. Cab. p. 9. n° 7. pl. 1. f. 11. 12.

Hinds. Proc. of Zool. Soc. 1844. p. 162. n° 43.

Habite....

Petite espèce bien distincte parmi ses congénères ; elle est allongée et un peu subcylindracée. La ligne de son profil n'est point droite, comme dans les autres espèces, mais sensiblement courbée, surtout vers l'extrémité postérieure. Les tours sont aplatis ; ils sont chargés d'un grand nombre de petits plis très réguliers, qui, commençant à la suture, y forment des crénelures régulières. La forme de l'ouverture donne des caractères toujours propres à distinguer facilement cette espèce. En effet, elle est courte et étroite ; l'extrémité de la columelle est dépassée par celle du bord droit ; cette columelle est conique, très courte, épaisse, et divisée en deux parties bien distinctes : l'une comprend deux petits plis obliques ; l'autre une carène qui circonscrit presque horizontalement la base de la columelle. La coloration de cette espèce consiste en une zone d'un brun plus ou moins foncé qui occupe la moitié antérieure des tours de spire, tandis que l'autre moitié reste blanche. Sur le dernier tour, on voit deux zones brunes, interrompues par une petite zone blanche.

Cette espèce est longue de 25 millim. et large de 8.

† 3o. Vis de Dussumier. *Terebra Dussumieri*. Kiener.

T. testâ turrito-subulatâ, angustâ, fuscescente, albo in medio uni-
zonatâ, longitudinaliter plicatâ ; anfractibus planulatis, in medio
sulco bipartitis; aperturâ elongato-angustâ, fuscescente, in medio
albo-zonatâ ; columellâ contortâ, basi latè emarginatâ.

Kiener. Spec. des Coq. p. 31. n° 26.
Küster. Conch. Cab. p. 20. n° 22. pl. 5. f. 2.
Hinds. Proc. of Zool. Soc. 1844. p. 161. n° 14.
Habite les mers de Chine.

Belle et grande espèce qui a beaucoup de rapport avec le *Terebra duplicata* de Lamarck. Elle s'en distingue constamment, non-seulement par sa taille qui est plus grande, mais encore par la disposition particulière des plis qui couvrent les tours. Ces tours sont aplatis et ils sont divisés en deux parties presque égales par un sillon transverse, sur lequel règne une zone blanchâtre. Les plis longitudinaux sont assez brusquement interrompus par ce sillon, et l'on voit les stries d'accroissement former une inflexion assez profonde au point d'intersection. La portion inférieure des plis est courbée ; la portion supérieure est droite, et sur le dernier tour ces plis s'arrêtent insensiblement un peu avant la base. L'ouverture est allongée, étroite, deux fois aussi haute que large. Le bord droit est simple, d'un brun foncé en dedans, divisé en deux par une fascie d'un beau blanc. La columelle est arquée, convexe, brune en dedans ; elle est circonscrite par un angle assez aigu, qui se contourne à la base de la coquille, et va se confondre avec l'extrémité antérieure du bord droit. Toute cette coquille est d'un brun marron un peu foncé, et les tours sont ornés de deux zones blanchâtres : l'une à la suture, l'autre au milieu des tours.

Cette espèce, assez rare encore dans les collections, a 95 millimètres de long, et 15 de large.

† 31. Vis de Lamarck. *Terebra Lamarkii*. Kiener.

T. testâ turrito-subulatâ, longitudinaliter undatìm et tenuè costatâ,
fusco-griseâ ; anfractibus sulco transverso bipartitis, basi propè

suturas fasciâ albâ fusco-maculatâ distinctis ; aperturâ-elongatâ-
angustâ, fuscescente, zonâ albâ intùs interruptâ.

Kiener. Spec. des Coq. p. 30. n° 25. pl. 9. f. 19.

Küster. Conch. Cab. p. 21. n° 24. pl. 5. f. 5.

Terebra duplicata. Var. Hinds. Proc. Zool. Soc. 1843. p. 161.
n° 13.

Habite...

M. Kiener a eu raison de séparer cette espèce du *Terebra duplicata*
de Lamarck, avec laquelle elle a en effet beaucoup de rapport.
M. Hinds, dans le Prodrome d'une Monographie du genre *Te-*
rebra, qu'il a publiée dans les *Proceedings Zool. Soc.*, n'a point
adopté cette espèce. Il est à présumer qu'il n'a point assez fait
attention à la constance de ses caractères. Le *Terebra Lamarckii*
est une coquille allongée, subulée, et brunâtre au sommet. Ses
tours sont légèrement convexes, et divisés en deux parties presque
égales par un sillon transverse. Toute la surface est couverte de
petites côtes longitudinales, aplaties, en proportion plus larges
et moins nombreuses que dans le *Terebra duplicata*. Dans le *Du-*
plicata, la suture est creusée d'un canal très étroit; dans le *La-*
marckii, ce canal manque toujours. L'ouverture est allongée,
étroite; elle est d'un brun assez foncé, et la lèvre droite, légèrement sinueuse, est simple et tranchante. La columelle des deux
espèces présente quelques différences. La carène qui circonscrit la
base du *Lamarckii* est plus large, plus empâtée, et laisse un bourrelet terminal, plus étroit que dans l'autre espèce. La ligne blanche
qui se voit à l'intérieur de l'ouverture, est plus dans le milieu du
bord droit, que dans le *Duplicata* où elle occupe le côté antérieur.
Une coloration constante vient s'ajouter à ces caractères et confirme l'espèce. Tous les individus que nous avons vus, sont d'un
brun grisâtre-pâle, et les tours de spire sont ornés, immédiatement au-dessus de la suture, d'une zone blanche sur laquelle
sont rangées en une seule série, des taches quadrangulaires, d'un
brun rouge assez foncé.

Cette belle espèce a 70 millim. de long, et 12 de large.

† 32. Vis striée. *Terebra striata.* Quoy.

T. testâ turritâ, basi leviter ventricosâ, albido fulvoque marmoratâ ;
anfractibus convexiusculis, supernè sulco divisis, longitrorsùm se-
paratìm striatis : ultimo anfractu lineâ rufâ bicincto.

Quoy et Gaim. Voy. de l'Astr. t. 2. p. 468. pl. 36. f. 23. 24. 1833.

Terebra affinis. Gray. Proc. of Zool. Soc. 1834. p. 60.

Id. Hinds. Proc. of Zool. Soc. 1844. p. 164. n° 66.

Habite les Carolines?

Petite espèce, conique, assez peu pointue, légèrement ventrue à la base, dont les tours de spire sont larges, bifides, et tous séparément striés en long par des sillons profonds, rougeâtres, écartés les uns des autres, et qui, en passant d'un tour à l'autre, ne se correspondent pas toujours. Le ruban qui borde chaque tour près des sutures devient tuberculeux vers la pointe de la spire. Une strie décurrente, double ou même triple sur le dernier tour, se perd insensiblement sur les autres. L'ouverture est allongée, la columelle tordue, avec un pli très oblique à la base. Le fond de la coquille est brun, avec des maculatures fauves, quadrilatères, allongées.

Cette coquille a 55 millimètres de long, et 9 de large.

† 33. Vis chapelet. *Terebra monilis.* Quoy.

T. testâ elongato-subulatâ, angustâ, acuminatâ, flavâ; anfractibus planulatis, basi supernè marginatis, albo-maculatis, transversim obsoletè striatis; aperturâ angustâ, basi profundè et obliquè emarginatâ; labro simplici; columellâ brevi; labio angusto subcalloso indutâ.

Quoy et Gaim. Voy. de l'Astr. Zool. t. 2. p. 467. pl. 36. f. 21. 22.

Kiener. Spec. des Coq. p. 26. n° 21. pl. 12. f. 29.

Küster. Conch. Cab. p. 29. n° 35. pl. 6. f. 10.

Hinds. Proc. of Zool. Soc. 1844. p. 163. n° 55.

Habite les îles Mariannes ou les Carolines? d'après M. Quoy.

Espèce remarquable, qui, par sa forme, ne manque pas d'analogie avec le *Terebra myuros* de Lamarck. Elle est allongée, étroite, composée d'un grand nombre de tours, aplatis et ornés, au sommet, d'un bourrelet quelquefois saillant dans certains individus, sur lequel sont disposés avec assez de régularité une rangée de tubercules obsolètes, d'un beau blanc. Tout le reste de la coquille est d'un jaune fauve. Au-dessus de ce bourrelet, les tours portent habituellement trois stries transverses peu apparentes. L'ouverture est de la même couleur que le reste de la coquille; elle est petite, étroite, et son angle supérieur est coupé par une petite gouttière antérieure. L'échancrure terminale est très oblique, et elle se prolonge un peu sous forme de canal. La columelle est fortement tordue dans sa longueur, et elle est toujours accompagnée d'un bord gauche qui se détache dans presque toute son étendue, sous la forme d'une lamelle courte et assez épaisse.

Cette espèce a 55 millim. de long, et 8 de large.

34. Vis parée. *Terebra concinna.* Desh.

T. testá subulatá, angustá, anfractibus planulatis, longitudinaliter, profundè striatis suturis subcrenulatis ; aperturá minimá elongatá, angustá, anfractibus supernè zonulá albá punctisque fuscis ornatis : ultimo basi zoná albá instructo.

Buccinum strigilatum. Var. β. Gmel. p. 35o1.

Schrot. Einl. t. 1. p. 40t. *Buccinum.* n° 173.

D'Argenv. Conch. pl. 11. f. R.

Buccinum concinnum. Dillw. Cat. t. 2. p. 647. n° 144.

Habite Amboine.

Espèce voisine du *Strigilata*, mais distincte. La seule figure de d'Argenville en donne une idée satisfaisante : c'est une des trois espèces confondues par Linné dans son *Buccinum strigilatum.*

Elle est une des espèces les plus étroites, proportionnellement à sa longueur. Elle se compose de dix-sept ou dix-huit tours à peine convexes, sur lesquels s'étendent, d'une suture à l'autre, des stries étroites, mais enfoncées, d'une parfaite régularité, et se suivant, d'un tour à l'autre, du sommet à la base. Il n'existe aucune trace de stries transverses, et les tours ne sont point divisés par un sillon médian, comme dans la plupart des autres espèces. L'ouverture est petite, étroite, près de deux fois aussi longue que large. Son bord droit est brun en dedans, et divisé à-peu-près, par le milieu, par une zone étroite d'un beau blanc. La columelle est oblique ; elle est accompagnée à la base d'un petit bourrelet blanc, qui la contourne jusqu'à l'extrémité de l'échancrure terminale. On remarque à son extrémité un petit bourrelet brun, décurrent, en forme de pli, et qui circonscrit en dedans l'échancrure de la base, de la même manière que dans les Buccins. La coloration de cette espèce la rapproche beaucoup du *Terebra strigilata* de Lamarck. Elle est d'un brun violacé pâle, quelquefois grisâtre, et les tours sont ornés, à leur sommet, d'une zone blanche plus ou moins large, selon les individus, sur laquelle sont rangées, en une seule série, des ponctuations d'un brun rouge, assez grosses, arrondies ou subquadrangulaires. A la base du dernier tour, à l'endroit même où s'applique l'extrémité du bord droit, se trouve une autre zone blanche, étroite et sans ponctuation.

Cette espèce est longue de 35 millim., et large de 6.

Espèces fossiles.

1. Vis plicatule. *Terebra plicatula.* **Lamk.**

> *T. testâ subulatâ; anfractibus plicatis; plicis crebris : inferioribus*
> *obsoletis.*
>
> *Terebra plicatula.* Annales. vol. **2.** p. 166. n° 1.
>
> * Roissy. Buf. Moll. t. 6. p. 36. n° 3.
>
> * Desh. Encycl. méth. Vers. t. 3. p. 1132. n° 14.
>
> Habite... Fossile de Grignon. Mon cabinet. Cette Vis acquiert près
> d'un pouce de longueur. Le dernier tour de la spire est à-peu-
> près lisse; les autres, surtout les supérieurs, sont plissés longitu-
> dinalement.

2. Vis scalarine. *Terebra scalarina.* **Lamk.** (1)

> *T. testâ conicâ, longitudinaliter costatâ, apice basique transversim*
> *striatâ; anfractibus convexis, subturgiis.*
>
> *Terebra scalarina.* Ann. ibid. n° 2.
>
> * *Fusus scalarinus.* Desh. Coq. Foss. de Paris. t. 2. p. 574. n° 56.
> pl. 73. f. 27. 28.
>
> * Roissy. Buf. Moll. t. 6. p. 36. n° 4.
>
> Habite... Fossile de Parnes. Cabinet de M. *Defrance.* Très belle
> espèce de Vis fossile découverte dans le sable coquillier de Parnes.
> Sa masse présente un cône beaucoup moins allongé que dans les
> autres Vis. Par sa forme générale, et par les côtes longitudiuales
> parallèles et distantes dont elle est ornée, elle ressemble, au pre-
> mier aspect, à un jeune *Scalata* [*Turbo scalaris* de Linné]; mais
> son ouverture, sa columelle torse, et l'échancrure de sa base,
> nous obligent de la ranger parmi les Vis. La longueur de cette
> coquille est d'un pouce et un peu plus. Son sommet est en mame-
> lon lisse; ses côtes longitudinales, sur le ventre de chaque tour,
> sont un peu plus élevées et comme pincées ou comprimées laté-
> ralement.

---

(1) Cette coquille n'est point un *Terebra*, elle est courte,
costulée, terminée par un canal court et un peu relevé. Ces
caractères nous l'ont fait placer parmi les Fuseaux; mais peut-
être n'appartient-elle pas non plus à ce genre, car elle a dans
l'ouverture quelque chose qui rappelle les Cassidaires.

LES COLUMELLAIRES.

*Point de canal à la base de l'ouverture, mais une échan-
crure subdorsale, plus ou moins distincte, et des plis
sur la columelle.*

Dans la coquille de ces Trachélipodes, le canal de la base
de l'ouverture a tout-à-fait disparu, et la columelle, offrant
constamment des plis dentiformes, a dû servir à caractériser
la famille.

Les *Columellaires* effectivement constituent une famille
naturelle, nombreuse en races diverses, et fort remarquable
par la beauté des coquilles qui y appartiennent. Ces coquilles faisaient partie du genre *Voluta* de Linné, genre
immense en étendue, auquel Linné associait des coquillages de familles différentes.

Maintenant réduite, dans notre méthode, et ne comprenant plus, parmi les coquilles qui ont des plis sur la
columelle, celles dont l'ouverture est essentiellement entière
à sa base, ni celles qui se terminent inférieurement par un
canal, cette belle famille embrasse encore cinq genres
distincts qui sont les suivans : *Colombelle, Mitre, Volute,
Marginelle* et *Volvaire*.

[La plupart des conchyliologues n'ont point adopté la famille
des Columellaires de Lamarck. Cette famille, créée pour la
première fois en 1809, dans sa *Philosophie zoologique*, était
alors composée des cinq genres : Cancellaire, Marginelle, Colombelle, Mitre, et Volute. Dans l'ordre général, Lamarck lui
avait assigné sa place entre la famille des Purpurifères et celle
des Enroulées. Dans l'extrait du cours publié en 1812, Lamarck fit subir à cette famille une seule modification qui consiste dans la création du genre Volvaire, et le rapprochement
de ce genre des Marginelles. Du reste, cette famille reste dans
les mêmes rapports que dans sa méthode précédente. G. Cuvier,
dans la 1re et dans la 2e édition du *Règne animal*, conserva au
genre Volute de Linné à-peu-près toute son étendue, en le

subdivisant en un assez grand nombre de sous-genres, parmi
lesquels figurent tous ceux que Lamarck a compris dans sa famille des Columellaires. Les rapports que Cuvier donne à ce
groupe sont, du reste, assez semblables à ceux de Lamarck,
mais dans un ordre inverse. Dans ses tableaux systématiques,
M. de Férussac modifia la famille des Enroulées de Lamarck
en la réduisant aux trois genres : Vis, Mitre et Volute ; il trans-
porta les Marginelles et les Volvaires dans la famille des Enroulées, et le genre Colombelle fut compris dans la famille des
Pourpres. M. de Férussac démembra le genre Volute, réformé
par Lamarck, adopta le genre Yèt d'Adanson, et fit de ce seul
genre une petite famille qui suit celle des Columellaires. Nous-
même, sans partager entièrement les opinions de M. de Férussac, avions pensé que les Colombelles se rapprochent plus
des Buccins que des Mitres et des Volutes, et en conséquence,
nous avions proposé de faire passer le genre Colombelle dans
la famille des Purpurifères. Depuis, nous avons pu nous assurer
que Lamarck avait deviné mieux que personne la place du
genre que nous venons de mentionner, car son animal se distingue à peine de celui des Mitres. Quand on considère, dans
leur ensemble, les coquilles qui constituent la grande famille
des Columellaires de Lamarck, on est naturellement porté à les
rassembler, comme l'a fait ce célèbre zoologiste, et l'on se per-
suade aisément qu'elles constituent un ensemble naturel. Si l'on
vient à considérer les animaux seuls, cette opinion se trouve
un peu ébranlée, parce que ces animaux ne présentent pas dans
tous les genres des caractères semblables, soit pour la forme des
tentacules et la position des yeux, soit pour l'étendue du pied
et du manteau. Il faut ajouter, cependant, que malheureusement on ne connaît encore qu'un bien petit nombre d'animaux dans les divers genres de la famille des Columellaires ;
cependant, avec ceux qui sont connus, on peut établir une série dans laquelle on voit s'opérer des changemens remarquables dans certaines parties extérieures, sans que les parties
principales de l'organisation aient éprouvé des changemens
aussi notables.

L'animal des Colombelles n'a pas le manteau plus développé
que celui des Buccins, mais il a la tête petite, les tentacules

grêles, et les yeux placés à la base externe, exactement comme dans les Mitres. Dans les Mitres, le pied et le manteau restent également petits, mais la trompe s'allonge outre mesure; tandis que dans les Volutes il y en a qui ont le pied réduit, comme dans les deux genres précédens; mais déjà le lobe gauche du manteau s'élargit et sécrète un bord gauche calleux qui ne se voit pas dans les genres précédens. Dans le genre Volute lui-même, on voit le pied se développer insensiblement, se relever sur la coquille, et en couvrir une partie, et c'est de là que proviennent ces dépôts vernissés qui couvrent quelquefois une grande partie de la surface extérieure des Volutes. Dans le genre *Cymbium* de Montfort, le pied principalement prend un développement énorme; le lobe gauche du manteau ne prend pas une extension aussi grande que dans les Volutes proprement dites. Enfin, dans les Marginelles et les Volvaires, qui établissent un passage entre la famille des Columellaires et celle des Enroulées, les deux lobes du manteau se dilatent pour couvrir la plus grande partie de la surface de la coquille.

Les observations qui précèdent conduisent naturellement à cette double conséquence, que la famille des Columellaires est naturelle, et doit rester telle que Lamarck l'a composée, et ensuite qu'elle sert véritablement de groupe intermédiaire entre la famille des Purpurifères et celle des Enroulées. Dans notre opinion, la famille des Columellaires ne doit subir qu'une seule modification, qui consiste à faire rentrer le genre Volvaire dans celui des Marginelles.]

COLOMBELLE. (Columbella.)

Coquille ovale, à spire courte, à base de l'ouverture plus ou moins échancrée et sans canal. Des plis sur la columelle. Un renflement à la paroi interne du bord droit, rétrécissant l'ouverture.

Testa ovalis; spira brevis. Aperturæ basis subemarginata: canali nullo. Columella plicifera. Labrum internè gibbum, aperturam coarctans.

OBSERVATIONS. — Les *Colombelles* sont des coquilles courtes, petites, assez épaisses, souvent striées transversalement, et très variées dans leurs couleurs. Elles paraissent avoisiner les Mitres. Linné les a confondues parmi ses Volutes; mais elles s'en distinguent essentiellement par le renflement de la paroi interne de leur bord droit, renflement qui rend l'ouverture de la coquille étroite et sinueuse, et parce que l'animal qui les produit est muni d'un petit opercule.

Ces coquilles sont marines, littorales, et les espèces déjà connues sont fort nombreuses.

L'animal des Colombelles est un Trachélipode, dont la tête est munie de deux tentacules portant les yeux au-dessous de leur partie moyenne. Un siphon au-dessus de la tête pour la respiration. Un très petit opercule elliptique et fort mince, attaché au pied.

[Dans nos observations générales sur la famille des Columellaires, nous avons déjà donné quelques détails sur le genre Colombelle; mais ils sont trop insuffisans, et nous devons actuellement les compléter. Le genre Colombelle, fondé par Lamarck, rassemble un assez grand nombre de petites coquilles qui toutes présentent ce caractère commun d'une ouverture étroite, à bords parallèles, et presque toujours rétrécis par un renflement du bord droit. A ce caractère, Lamarck en avait joint un autre, celui de plis columellaires, semblables à ceux que l'on voit dans les Mitres; mais Lamarck, à ce sujet, s'en est laissé imposer par une simple apparence dans un grand nombre d'espèces, et aussi par l'introduction de véritables Mitres dans le genre Colombelle. Il existe, en effet, des Mitres qui ont le bord droit épaissi en dedans, et qui, sous ce rapport, ont beaucoup d'analogie avec les Colombelles; mais si l'on vient à user ces coquilles, de manière à mettre à nu la columelle dans toute son étendue, on reconnaît que, dans les Mitres, les plis se continuent jusqu'au sommet; tandis que, dans les Colombelles, ces plis n'existent réellement pas: il faut donc croire que Lamarck avait pris pour des plis, dans les Colombelles, les tubercules ou les crénelures qui se voient sur la columelle, et que l'on peut comparer à ce qui se remarque aussi, soit dans les Casques, soit dans certaines Pourpres. Ces observations rendent nécessaire la réforme des caractères génériques, et en même temps la séparation en deux parts des espèces de Colombelles de Lamarck : celles sans plis qui restent dans le genre réformé, et celles qui passent dans le genre Mitre.

Nous avons fait remarquer précédemment que, malgré l'erreur de Lamarck, à l'occasion des plis des Colombelles, ce savant zoologiste avait discerné, avec la plus grande sagacité, la place que ce genre doit occuper dans la série. Nous avons vu les animaux de plusieurs espèces appartenant à deux groupes bien distincts de Colombelles, les unes courtes et renflées, telles que le *Columbella rustica;* les autres, Buccinoïdes et allongées, telles que le *Columbella conulus* (*Buccinum Linnæi*, Payraudau). Ces animaux ont la plus grande ressemblance avec celui des Mitres. Leur pied est allongé, étroit, peu épais, tronqué en avant, un peu dilaté à cette extrémité, exactement comme dans les cônes et les Mitres. La tête est petite, aplatie ; elle ressemble à un V, dont le sommet serait appuyé sur un col étroit et court. Les tentacules forment les deux branches du V ; ils sont cylindracés, coniques ; ils sont pédiculés à la base, dans le tiers de leur longueur environ, et c'est au sommet de ce pédicule que se trouve placé l'organe de la vision. Ces pédicules sont soudés dans toute leur longueur au côté externe des tentacules. La bouche est située en avant et en dessous de la tête ; elle se présente sous la forme d'une petite boutonnière, au travers de laquelle l'animal fait sortir une trompe cylindracée très longue, dépassant souvent en longueur celle de l'ouverture de la coquille. Le manteau est mince, diversement coloré, suivant les espèces ; il revêt tout l'intérieur de la coquille, et il se prolonge en avant en un tube cylindrique assez gros, que l'animal porte souvent en avant, et qui passe par l'échancrure terminale de la coquille. A l'extrémité postérieure du pied, l'animal porte un petit opercule corné, assez comparable à celui des cônes.

Les Colombelles sont des animaux de rivages ; il y en a quelques-unes, cependant, qui vivent plus profondément, et que l'on ne peut obtenir qu'au moyen de la drague. Toutes sont petites, d'un médiocre volume ; souvent elles sont ornées de très agréables couleurs, et quelques-unes prennent des formes très élégantes. Le plus grand nombre des espèces vivent dans les mers chaudes; on en connaît quelques-unes dans les mers tempérées; nous n'en connaissons point encore dans les mers glaciales. Lamarck n'a connu qu'un petit nombre d'espèces de ce genre; il en confondait quelques-unes dans son genre Buccin, et quelques autres parmi les Mitres. Depuis que le goût de la conchyliologie s'est répandu, et que les mers sont accessibles aux voyageurs, on a ajouté un nombre très considérable d'espèces, que M. Kiener a porté d'abord à cinquante-trois, et M. Sowerby, plus récemment, en a décrit cent deux espèces dans la quatrième partie de son *Thesaurus conchyliorum*. Nous croyons que ce nombre pourrait s'accroître encore, car, dans notre seule collection, nous comptons une vingtaine d'espèces qui n'ont point été décrites dans les ouvrages que nous venons de mentionner. Les espèces fossiles sont peu nombreuses: nous en connaissons quatorze seulement qui appartiennent, sans exception, aux deux étages supérieurs des terrains tertiaires, car jusqu'à présent aucune espèce de ce genre n'est connue dans le bassin de Paris.]

ESPÈCES.

1. **Colombelle strombiforme.** *Columbella strombiformis.* **Lamk.** (1)

> *C. testâ ovato-turbinatâ, subulatâ, læviusculâ, castaneâ, strigis albis longitudinalibus breviusculis ornatâ; anfractibus supernè angulatis; spirâ exsertiusculâ; labro majusculo, crasso, intùs denticulato.*

* *An eadem?* Sow. Genera of Shells. f. 1.
* Desh. Encycl. méth. Vers. t. 2. p. 251. n° 1.
* Reeve. Conch. Syst. t. 2. p. 218. pl. 257. f. 1?
* Kiener. Spec. des Coq. p. 3. n° 1. pl. 1. f. 1.
* Sow. Thes. Conch. p. 110. n° 1. pl. 36. f. 1. 2.

---

(1) Dans la plupart des collections, on réunit au *Columbella strombiformis* de Lamarck, une coquille qui lui ressemble beaucoup; M. Sowerby la distingue d'après des caractères qui paraissent de peu de valeur, mais qui en acquièrent par leur constance. Cette espèce, à laquelle le zoologiste anglais donne le nom de *Columbella major*, est la variété de M. Kiener du *Strombiformis* de Lamarck.

* *Buccinum strombiforme.* Wood. Ind. Test. Sup. pl. 1. f. 18.

* Blainv. Malac. l. 29. f. 3.

Habite la mer Pacifique, sur les côtes d'Acapulco. MM. de Hum—boldt et Bonpland. Mon cabinet. Elle est striée transversalement à sa base, et a deux plis sur la columelle. Longueur : 1 pouce.

2. Colombelle étoilée. *Columbella rustica.* Lamk. (1)

C. testá ovato-turbinatá, lævi, albo spadiceoque reticulatá, propè su-turas maculis albis angularibus stellatis ornatá; labro intùs denticulato.

Voluta rustica. Lin. Syst. nat. éd. 12. p. 1190. Gmel. p. 3447. n° 36.

Lister. Conch. t. 825. f. 46. et t. 826. f. 49.

Petiv. Gaz. t. 30. f. 6.

Gualt. Test. t. 43. fig. E. G. H.

Adans. Voyage au Sénég. pl. 9. f. 28. le Siger.

Knorr. Vergn. 6. t. 18. f. 4.

Martini. Conch. 2. t. 44. f. 469. 470.

* Philip. Enum. Moll. Sicil. p. 228. n° 1.

* Blainv. Faune franç. p. 205. n° 1. pl. 8. f. 8. 9. 10.

* *An eadem?* Sow. Genera of Shells. f. 3.

* Desh. Encycl. méth.Vers. t. 2. p. 251. n° 2.

* Reeve. Conch. Syst. t. 2. p. 218. pl. 257. f. 3?

* Kiener. Spec. des Coq. p. 7. n° 5. pl. 1. f. 3. 3 a. pl. 2. f. 1.

* Sow. Thes. Conch. p. 114. n° 10. pl. 36. f. 19. 22. 24.

* *Voluta rustica.* Delle Chiaje dans Poll. Testac. t. 3. 2ᵉ part. p. 32. pl. 4 6. f. 39. 40. 41.

* *Voluta rustica.* Lin. Syst. nat. éd. 10. p. 731.

---

(1) M. Kiener rapporte à cette espèce le *Columbella reticulata* de Lamarck : mais cette espèce, qui est des mers du Brésil, se distingue toujours, et doit être conservée dans les catalogues. M. Kiener sépare du *Rustica,* sous le nom de *Columbella spongiarum ,* une coquille plus allongée, il est vrai, que la plupart des individus du *Rustica,* mais qui cependant doit y rentrer à titre de variété. Nous avons eu occasion d'observer le *Columbella rustica* sur une grande étendue de côtes, et nous nous sommes assuré, par une foule de variétés, que ces individus allongés ne peuvent constituer une espèce à part: ils sont habités par un animal identique avec celui des individus à spire courte.

* Roissy. Buf. Moll. t. 6. p. 6. n° 2.
* *Voluta rustica.* Born. Mus. p. 222.
* *Id.* Olivi. Zool. Adriat. p. 141.
* *Id.* Dillw. Cat. t. 1. p. 533. n° 75.
* Payr. Cat. des Moll. de Corse. p. 164. n° 329.

Habite l'Océan Atlantique et celui des Antilles. Mon cabinet. Jolie coquille, lisse, réticulée de rouge-brun, comme ponctuée de blanc et marquée contre les sutures de taches blanches, irrégulières et stelliformes. Longueur : 9 lignes un quart.

3. Colombelle commune. *Columbella mercatoria.* Lamk.

C. testá ovato-turbinatá, transversìm sulcatá, albá, lineolis rufo-fuscis transversis subfasciculatis pictá, interdìum fasciatá; labro intùs denticulato.

Voluta mercatoria. Lin. Gmel. p. 3446. n° 35.

Lister. Conch. t. 824. f. 43.

Bonanni. Recr. 3. f. 36. *Ampliata.*

Petiv. Gaz. t. 9. f. 4.

Gualt. Test. t. 43. fig. L.

Adans. Sénég. pl. 9. f. 29. le Staron.

Knorr. Vergn. 4. t. 12. f. 5.

Martini. Conch. 2. t. 44. f. 452-458.

Encycl. pl. 375. f. 4. a. b.

* Mus. Gottv. pl. 16. f. 120. b. d. e.
* *Voluta mercatoria.* Lin. Syst. nat. éd. 10. p. 730.
* Brookes. Introd. of Conch. pl. 6. f. 72.
* Roissy. Buf. Moll. t. 6. p. 6. n° 5.
* *Columbella variabilis.* Schum. Nouv. Syst. p. 245.
* *Voluta mercatoria.* Born. Mus. p. 222.
* *Id.* Schrot. Einl. t. 1. p. 215. n° 18.
* *Voluta mercatoria.* Dillw. Cat. t. 1. p. 532. n° 74.
* Blainv. Faun. franç. p. 207. pl. 8. f. 6.
* *Var. scalaris.* Sow. Genera of Shells. f. 9.
* Desh. Encycl. méth. Vers. t. 2. p. 252. n° 3.
* *Var. scalaris.* Reeve. Conch. Syst. t. 2. p. 219. pl. 258. f. 9.
* Kiener. Spec. des Coq. p. 23. n° 19. pl. 5. f. 1. 1 a. 1 b.
* Sow. Thes. Conch. p. 115. n° 14. pl. 36. f. 28 à 32.

Habite l'Océan Atlantique, sur les côtes de l'île de Gorée, et les mers des Antilles. Mon cabinet. Petite coquille assez jolie, et commune dans les collections. Longueur : 9 lignes.

4. Colombelle jaunâtre. *Columbella flavida.* Lamk.

C. testá ovato-turbinatá, lævi, basi striatá, flavicante; spirá exsertiusculá; labro intùs denticulato.

Buccinum flavum. Brug. Dict. n° 53.

* Kiener. Spec. des Coq. p. 34. n° 3o. pl. 8. f. 3.

* *Columbella punctata.* Sow. Genera of Shells. f. 5.

* *Id.* Reeve. Conch. Syst. t. 2. p. 218. pl. 257. f. 5.

* Sow. Thes. Conch. p. 118. n° 22. pl. 37. f. 55. 56.

Habite... Mon cabinet. Longueur : 9 lignes un quart.

5. Colombelle semi-ponctuée. *Colombella semipunctata.* Lamk. (1)

C. testá ovato-turbinatá, turgidá, lævi, basi striatá, parte inferiore
rufá, albo-punctatá, superiore pallidiore, maculis albis irregularibus pictá; spirá obtusiusculá; labro intùs denticulato.

Lister. Conch. t. 826. f. 48.

Gualt. Test. t. 43. fig. D.

Martini. Conch. 2. t. 44. f. 465. 466.

Buccinum punctatum. Brug. Dict. n° 52.

* *Voluta torva. Pars.* Dillw. Cat. t. 1. p. 533. n° 76.

* *Voluta discors.* Gmel. p. 3455.

* Schrot. Einl. t. 1. p. 279. n° 135.

* Martini. Conch. t. 4. pl. 150. f. 1400.

* *Id.* Wood Ind. Test. pl. 21. f. 131.

* *Voluta discors.* Dillw. Cat. t. 1. p. 556. n° 134.

* Kiener. Spec. des Coq. p. 38. n° 34. pl. 8. f. 1. *Exclus. variet.*

* Sow. Thes. Conch. p. 119. n° 23. pl. 37. f. 58 à 61.

Habite sur les côtes orientales de l'Afrique. Mon cabinet. Jolie coquille luisante et agréablement colorée. Longueur : 9 lignes.

6. Colombelle bizonale. *Colombella bizonalis.* Lamk. (2)

C. testá ovato-turbinatá, lævi, basi striatá, albá; strigis longitudina-

---

(1) Nous rapportons à cette espèce le *Voluta discors* de
Gmelin, parce qu'elle lui est identique, et cette identité nous
conduit à proposer de substituer le nom plus ancien de Gmelin
à celui de Lamarck.

(2) Cette coquille est une véritable *Mitre :* elle a des plis à la
columelle, tandis que les Colombelles proprement dites n'en
ont point ; il est à présumer que Lamarck se sera laissé tromper
par le bord droit, très épais dans cette espèce, ce qui lui donne
de la ressemblance avec les Colombelles : mais elle n'est pas la
seule des *Mitres* qui offre le même caractère. Lamarck a reproduit cette espèce dans le genre Mitre, sous le nom de *Litterata.*

libus luteo-rufis confertis in zonas duabus dispositis : columellá
quadriplicatá

Martini. Conch. **2**. t. 44. f. 463. 464.

Encycl. pl. 375. f. 7. a. b.

Habite... Mon cabinet. Ouverture un peu dilatée inférieurement.
Longueur : 10 lignes et demie.

7. Colombelle réticulée. *Columbella reticulata.* Lamk. (1)

C. testá ovato-turbinatá, lævi, basi striatá, albá, lineis spadiceis re-
ticulatá; plicis columellæ obsoletis.

Encycl. pl. 375. f. 2. a. b.

* *Columbella rustica.* Var. Kiener. Spec. des Coq. p. 8. pl. 2. f. 2.

* Sow. Thes. Conch. p. 115. n° 12. pl. 36. f. 23. 26.

Habite... Mon cabinet. Longueur : 8 lignes.

8. Colombelle hébraïque. *Columbella hebræa.* Lamk. (2)

C. testá ovato-oblongá, lævi, basi striatá, albá, litturis fuscis longi-
tudinalibus interruptis fasciatá; columella quadriplicatá.

Habite... Mon cabinet. Longueur : 8 lignes un quart.

9. Colombelle panthérine. *Columbella pardalina.* Lamk.

C. testá ovali, lævi, basi striatá, albá, maculis rufo-fuscis pictá; co-
lumellá obscurè plicatá.

* Quoy et Gaim. Voy. de l'Astr. Zool. t. 2. p. 586. pl. 40. f. 29. 30.

* Desh. Encycl. méth. Vers. t. 2. p. 252. n° 4.

* Kiener. Spec. des Coq. p. 36. n° 32. pl. 4. f. 3.

* Sow. Thes. Conch. p. 124. n° 38. pl. 38. f. 90. 91. 92.

Habite... Mon cabinet. Le fond blanc de cette coquille ressort en
taches rondes entre ses maculations brunâtres. Long. : 7 lignes.

10. Colombelle écrite. *Columbella scripta.* Lamk. (3)

C. testá ovali, lævi, basi striatá, albá, litturis fuscis minimis fascia-
tim cinctá; columellá biplicatá, extùs denticulatá.

---

(1) M. Kiener rapporte cette espèce au *Columbella rustica* à
titre de variété: pour nous, elle nous paraît distincte, opinion
que partage aussi M. Sowerby.

(2) Cette coquille est une véritable Mitre : *Columella quadri-*
plicata, dit Lamarck, le prouve suffisamment. D'après M. Kiener,
cette espèce ne serait qu'une autre variété du *Mitra litterata*,
dont le *Colombella bizonalis* serait aussi une variété impor-
tante.

(3) M. Sowerby, dans son *Thesaurus conchyliorum*, donne

* Desh. Encycl. méth.Vers. t. 2. p. 253. n° 6.
* Kiener. Spec. des Coq. p. 50. n° 45. pl. 6. f. 3. 3 a.
* *Colombella versicolor*, Sow. Proc. of Zool. Soc. t. 2. p. 119.
* *Id.* Sow. Thes. Conch. p. 117. n° 18. pl. 37. f. 41 à 46.
Habite... Mon cabinet. Petite coquille, ayant des fascies transverses
de linéoles brunes verticales ressemblant à des caractères d'écriture.
Longueur : 5 lignes 3 quarts.

11. Colombelle ovulée. *Columbella ovulata.* Lamk.

C. testá ovali, nitidá, transversìm et minutissimè striatá, rufo-cas-
taneá, maculis albis irregularibus sparsis ornatá; spirá brevi, ob-
tusiusculá.

* Desh. Encycl. méth.Vers. t. 2. p. 253. n° 7.
* Kiener. Spec. des Coq. p. 40. n° 36. pl. 14. f. 3.
* Sow. Thes. Conch. p. 120. n° 27. pl. 37. f. 67.68.69.
Habite... Mon cabinet. Plis de la columelle obsolètes; bord droit
légèrement denté. Longueur : 6 lignes.

12. Colombelle luisante. *Columbella nitida.* Lamk. (1)

C. testá ovato-oblongá, lævi, nitidá, albá, maculis punctisque fulvis

---

à cette espèce un nom nouveau, celui de *Columbell versicolor.*
M. Sowerby veut justifier ce changement en disant que l'espèce
de Lamarck a été établie avec une seule variété, peu impor-
tante, dans une espèce qui en contient.plusieurs autres ; mais
ce motif ne paraîtra pas suffisant aux yeux des zoologistes qui
adoptent les principes rigoureux de la nomenclature. Si ce prétexte de changemens, dans les noms spécifiques, était changé en
principe, il y a une foule d'espèces qui, déjà établies sur de
bonnes observations, devraient changer de nom à mesure
qu'elles seront mieux connues, et cela est inadmissible.

(1) Plusieurs conchyliologues, et M. Sowerby entre autres,
attribuent à cette espèce le *Buccinum nitidulum* de Linné : en
effet, la plupart des caractères assignés par Linné, à son espèce, conviennent au *Columbella nitida* de Lamarck ; mais pour
nous l'identité n'est pas parfaite, parce que Linné dit : *longitu-*
dinaliter striato-rugosá, ce qui ne peut pas convenir à une coquille lisse et polie, qui entrerait dans le genre Marginelle si
elle avait des plis à la columelle.

aut rubris irregularibus pictá; spirá brevi; columellá subbiplicatá.

Lister. Conch. t. 827. f. 49. b.

* Reeve. Conch. Syst. t. 2. p. 219. pl. 258. f. 7.

* Kiener. Spec. des Coq. p. 39. n° 35. pl. 15. f. 1.

* Sow. Thes. Conch. p. 121. n° 29. pl. 40. f. 162.

* *Colombella nitidula.* Sow. Genera of Shells. f. 7.

* Desh. Encycl. méth. Vers. t. 2. p. 253. n° 5.

Habite les mers des Antilles. Mon cabinet. Jolie coquille, très variée dans la disposition et la couleur de ses taches. Longueur : 7 lignes et demie.

13. Colombelle foudroyante. *Columbella fulgurans.* Lamk.

C. testá ovatá, dorso lævi, basi striatá, spadiceo-nigricante; strigis albis longitudinalibus angulato-flexuosis fulmen æmulantibus; spirá brevi, obtusá; aperturá ringente, subviolaceá.

Petiv. Gaz. t. 49. f. 9. 10.

Encycl. pl. 374. f. 7. a. b.

* *Voluta flammea.* Var. β. Gmel. p. 3435. n° 2.

* Lister. Conch. pl. 827. f. 49 e.

* Desh. Encycl. méth. Vers. t. 2. p. 253. n° 8.

* Sow. Thes. Conch. p. 125. n° 40. pl. 38. f. 94. 95. 96.

* *Buccinum fulgurans.* Wood. Ind. Test. Supp. pl. 4. f. 19.

Habite... l'Océan Indien ? Mon cabinet. Jolie coquille, remarquable par sa coloration, à bord droit épais, gibbeux, très denté. Longueur : 7 lignes 3 quarts.

14. Colombelle rubanée. *Columbella mendicaria.* Lamk.

C. testá ovatá, ventricosá, nodulosá, transversìm striatá, tæniis alternè nigris et albis aut luteolis cinctá; aperturá subcinnamomeá ; labro crasso, dentato.

Voluta mendicaria. Lin. Syst. nat. éd. 12. p. 1191. Gmel. p. 3448. n° 38.

Lister. Conch. t. 826. f. 47.

Petiv. Gaz. t. 11. f. 5.

Gualt. Test. t. 52. fig. E.

Knorr. Vergn. 4. t. 16. f. 3. *Bona.*

Martini. Conch. 2. t. 44. f. 460. 461.

Encycl. pl. 375. f. 10. a. b.

* *Voluta mendicaria.* Lin. Syst. nat. éd. 10. p. 731.

* *Voluta mendicaria.* Born. Mus. p. 224.

* *Id.* Schrot. Einl. t. 1. p. 218. n° 21.

* *Id.* Dillw. Cat. t. 1. p. 536. n° 82.

* Quoy et Gaim. Voy. de l'Astr. Zool. t. 2. p. 584. pl. 40. f. 27. 28.
* Sow. Genera of Shells. f. 4.
* Desh. Encycl. méth. Vers. t. 2. p. 254. n° 9.
* Reeve. Conch. Syst. t. 2. p. 218. pl. 257. f. 4.
* Kiener. Spec. des Coq. p. 48. n° 43. pl. 6. f. 1. 1 a.

Habite les mers de l'Inde. Mon cabinet. Petite coquille, comme zébrée par des rubans alternativement blancs et noirs qui la ceignent. Elle est obscurément noduleuse. Spire tantôt obtuse, tantôt plus saillante et pointue. Longueur : 7 lignes 3 quarts.

15. Colombelle tourterelle. *Columbella turturina.* **Lamk.**

C. testá ovato-turbinatá, supernè lævigatá, infernè transversìm striatá, albá, lineolis punctisque fulvis pictá; spirá brevi; aperturá ringente subroseá.

Encycl. pl. 374. f. 2. a. b.
* Desh. Encycl. méth. Vers. t. 2. p. 254. n° 10.
* Kiener. Spec. des Coq. p. 16. n° 13. pl. 11. f. 3.
* Sow. Thes. Conch. p. 116. n° 17. pl. 37. f. 38. 39. 40.

Habite... Mon cabinet. Ouverture fortement dentée, tant sur la columelle que sur le limbe interne du bord droit. Longueur : 6 lignes et demie.

16. Colombelle ponctuée. *Columbella punctata.* **Lamk.**

C. testá ovato-turbinatá, infernè transversìm striatá, in fundo spadiceo-nigricante punctis albis laxè dispersis pictá; spirá brevi, obtusá; labro crasso, dentato.

Potiv. Gaz. t. 18. f. 1.
Martini. Conch. 2. t. 44. f. 471.
Encycl. pl. 374. f. 4. a. b.
* *Columbella fulgurans.* Var. Kiener. Spec. des Coq. p. 35. n° 31. pl. 7. f. 1 e.
* Desh. Encycl. méth. Vers. t. 2. p. 255. n° 11.

Habite l'Océan Indien. Mon cabinet. Les points blancs de son dernier tour sont ronds; mais sur la spire, on ne voit que de petites taches blanches et oblongues. Longueur : 6 lignes et demie.

17. Colombelle unifasciale. *Columbella unifascialis.*

C. testá ovatá, infernè transversìm striatá, fulvo-rufescente; ultimo anfractu supernè fasciá obscurè albá cincto; spirá breviusculá, obtusá.

[b] Var. testá penitùs et exquisitè striatá; fasciá nullá; spirá exsertiusculá.

Habite les mers de l'Ile-de-France. Mon cabinet. Quatre plis à la columelle. Longueur : 6 lignes un quart

TOME X. 18

18. Colombelle zonale. *Columbella zonalis*. **Lamk.** (1)

C. testâ parvâ, ovato-oblongâ, transversìm striatâ, longitudinaliter et obsoletè costulatâ, subnodulosâ, fasciis alternè albis et nigris cinctâ ; spirâ exsertâ.

Martini. Conch. 2. t. 44. f. 459.

* *Voluta costica.*Var. δ. Gmel. p. 3447.

* Schrot. Einl. t. 1. p. 273. *Voluta*, n° 110.

* *Voluta nana.* Dillw. Cat. t. 1. p. 536. n° 83.

Habite... Mon cabinet. Celle-ci est distincte, par sa forme, du *C. mendicaria*, sa spire étant presque aussi longue que le dernier tour. Elle lui ressemble d'ailleurs par sa coloration. Longueur : 4 lignes un quart.

† 19. Colombelle grande. *Columbella major*. **Sow.**

C. testâ ovatâ, medio gibbosâ, castaneâ, albido-punctulatâ; spirâ breviusculâ, pyramidali, acuminatâ; anfractibus lævigatis; ultimo maximo, supernè rotundato-turgido, infrà spiraliter sulcato; aperturâ elongatâ, flexuosâ, albâ, supernè obtusè angulatâ; labro albo, intùs denticulato; labio columellari supernè callifero, infrà plicato-rugoso.

Sow. Proc. of Zool. Soc. Lond. 1832. p. 119.

Columbella strombiformis. Var. Kiener. Spec. des Coq. p. 3. pl. 1. f. 1. a.

Columbella major. Sow. Thes. Conch. p. 110. n° 2. pl. 36. f. 3.4.6.

Habite les mers de l'Amérique Méridionale.

Presque tous les auteurs confondent cette espèce avec le *Columbella strombiformis* de Lamarck. M. Sowerby, le premier, l'a distinguée d'après des caractères constans, dont on saisit bien la valeur lorsqu'on vient à les comparer avec ceux de l'espèce que nous venons de mentionner. Par sa taille et par sa forme, elle se rapproche considérablement du *Strombiformis;* elle a proportionnellement la spire plus étroite et plus allongée. Les tours sont à peine convexes et ne sont point subanguleux dans le milieu. L'ouverture est toute blanche ; elle est étroite ; son angle supérieur est un peu porté en dehors, comme dans le *Strombiformis.* Son bord droit est in-

---

(1) Cette espèce avait déjà reçu le nom de *Voluta nana* de Dillwyn, avant que Lamarck la mentionnât : elle doit donc reprendre son premier nom, et sera inscrite sous celui de *Columbella nana.*

fléchi dans sa longueur, très épaissi **en** dedans, et chargé d'une douzaine de grosses dentelures, dont les moyennes sont les plus épaisses. La columelle, outre les granulations irrégulières, présente deux plis profonds. Une coloration assez constante vient à l'appui des caractères propres à cette espèce. Sur un fond d'un brun rougeâtre, plus ou moins foncé, toute la base du dernier tour est ornée de fines ponctuations blanches, ou d'un fauve pâle. Vers le sommet des tours, et principalement à l'angle de l'ouverture, il y a quelques grandes taches d'un beau blanc.

Cette coquille est longue de 3o millim. et large de 18.

† 20. Colombelle de Payta. *Columbella Paytensis*. Lesson.

C. testâ oblongâ, castaneâ, albido maculatâ et guttatâ; spirâ acuminatâ; anfractibus 7, posticè angulatis : ultimo ventricoso, infrà spiraliter sulcato; aperturâ latâ, oblongâ, intùs violascente, supernè angulatâ; labio externo subflexuoso, subincrassato, intùs denticulato; columellâ infrà unituberculatâ; labii interni margine ad basin denticulis 6.

Lesson. Revue Zool. 1842. p. 184. n° 2.

Sow. Thes. Conch. 4ᵉ fasc. p. 116. n° 16. pl. 36. f. 36. 37.

Columbella paytalida. Kiener. Spec. des Coq. p. 5. n° 3. pl. 1. f. 2.

Habite les côtes du Pérou.

Celle-ci est une des plus grandes espèces du genre. Elle est ovale-ventrue, elle a de l'analogie avec le *Columbella strombiformis*, mais elle s'en distingue par un grand nombre de caractères. Sa spire conoïde compte sept à huit tours creusés, au-dessous de la suture, d'une rigole assez large et peu profonde. Le dernier tour est ventru, et il est sillonné à la base. Tout le reste de la coquille est lisse. L'ouverture est allongée, plus large en proportion que dans la plupart des autres espèces. Elle est d'un violet pâle en dedans. Son bord droit, médiocrement épaissi dans le milieu, porte de grosses dentelures inégales. La columelle présente, à la base d'un bord gauche très court, une rangée de six gros tubercules aplatis; enfin cette columelle présente, vers son milieu, un seul pli assez profond. Toute cette coquille est d'un brun marron foncé, et elle est toute couverte de très fines ponctuations arrondies, d'un blanc fauve, irrégulièrement éparses.

Cette coquille a 3o millim. de long, et 17 de large.

† 21. Colombelle de Plee. *Columbella Pleei*. Kiener.

C. testâ brevi, crassiusculâ, lævigatâ, albicante, maculis variis aurantiaco-brunneis pictâ; spirâ brevi, submucronatâ, propè apicem granosâ; anfractu ultimo maximo, lævi, ad basin et propè externam

partem labii externi transversìm sulcato; aperturâ subsinuosâ, pur-
purascente roseâ, ad basin columella denticulis parvis 5 externis,
internis duobus validis.

Kiener. Spec. des Coq. p. 24. n° 20. pl. 5. f. 2.

Columbella rudis. Sow. Thes. Conch. p. 116. n° 15. pl. 36. f. 33.
　34. 35.

Habite Masbate et Dumaguette.

On confondrait facilement cette espèce avec le *Columbella mercato-*
ria. Elle en a toutes les apparences; on pourrait même croire
qu'elle constitue une simple variété; mais il suffit d'en observer
un certain nombre d'individus pour se convaincre qu'elle doit former une espèce toujours distincte. Sa spire, courte et conique,
compte sept à huit tours étagés, aplatis, divisés en deux parties à-
peu-près égales : l'une supérieure et aplatie, l'autre inférieure, formant un angle presque droit avec la première. Le dernier tour est
élargi au milieu, atténué à la base, et se termine par une ouverture
étroite, sinueuse dans le milieu; le bord droit, infléchi vers le
milieu de sa longueur, est très épaissi en dedans; il est garni de
petites dents aiguës, dans toute sa longueur. La columelle présente
vers la base un pli très profond. Toute la surface de cette coquille
est couverte de petits sillons inégaux, subgranuleux. La coloration
est assez variable, et elle a beaucoup de rapports avec celle du
Mercatoria, tantôt jaunâtre, tantôt brune, avec des points blancs
ou des flammules de la même couleur.

Les grands individus ont 27 millim. de long, et 16 de large.

† 22. Colombelle rembrunie. *Columbella fuscata.* Sow.

C. testâ ovato-acuminatâ, medio ventricosâ, castaneâ, albidâ guttu-
latâ, epidermide fuscâ indutâ; spirâ acuminatâ; anfractibus 7;
ultimo maximo; aperturâ elongatâ, flexuosâ; peritrematis albidi
aut violacei medio intùs denticulatâ; columellæ dimidio inferiore
denticulato.

Sow. Proc. of Zool. Soc. Lond. 1832. p. 117.

Columbella meleagris. Kiener. Spec. des Coq. p. 10. n° 7. pl. 3. f. 3.

Sow. Thes. Conch. p. 114. n° 11. pl. 36. f. 20. 25.

Habite l'Amérique méridionale (Panama, Sainte-Hélène, Monte-
　Christi).

Espèce très voisine, pour la forme et la coloration, du *Columbella*
rustica de Lamarck. On rencontre, parmi les individus de la Méditerranée, quelques-uns que l'on pourrait confondre avec le *Co-*
lumbella fuscata, sans quelques caractères constans qui servent
à reconnaître ces espèces. Celle-ci est ovale-ventrue, à spire courte

et conique, composée de six à sept tours, dont les premiers sont violacés; le dernier est renflé dans le milieu, atténué à la base ; il est lisse, comme le reste de la surface. L'ouverture est d'un blanc rosé ou violacé : elle est en fente très étroite. Le bord droit, renflé dans le milieu, présente dix ou onze dentelures peu saillantes : les antérieures sont obsolètes. La columelle est épaisse, garnie vers la base d'un petit bord gauche renversé, demi-circulaire, sur lequel on compte quatre ou cinq dents qui ressemblent à des plis. A l'extérieur, cette coquille, sur un fond d'un beau brun marron, est ornée d'un très grand nombre de ponctuations blanches, irrégulièrement éparses. Vers le milieu du dernier tour, il arrive souvent que les taches se réunissent et forment une zone transverse de taches blanches irrégulières. Enfin, au sommet des tours, et immédiatement au-dessous de la suture, se montre une zone dentelée, blanche, qui forme une sorte de collier à plaque triangulaire.

Cette espèce est longue de 25 millim., et large de 14.

† 23. Colombelle aranéeuse. *Columbella araneosa*. Kien.

C. testá oblongá, lævigatá, pallescente, strigis maculisque castaneis undatis punctisve albis ornatá; spiræ apice nigricante; anfractibus 6, posticè subnodulosis : ultimo magno, anticè transversìm striato ; aperturá latiusculá, labio externo extùs striato, interno denticulis externis 8-9, internis 2-3; canali latiusculo.

Kiener. Spec. des Coq. p. 49. n° 44. pl. 9. f. 4.

C. bidentata. Sow. Thes. Conch. p. 118. n° 21. pl. 37. f. 53. 54.

Habite la rivière des Cygnes à la Nouvelle-Hollande.

Par sa forme , cette espèce se rapproche du *Columbella mercatoria*, cependant elle est en proportion plus allongée et plus étroite. Sa spire est allongée, conique, noire au sommet, un peu plus courte que l'ouverture, composée de sept à huit tours convexes, lisses, dont le dernier, très atténué à la base est à peine strié à son extrémité antérieure. L'ouverture est blanche, allongée, étroite. Le bord droit, peu épaissi dans le milieu, porte sur l'épaississement cinq ou six petites dentelures. La columelle est presque droite, et présente un pli assez saillant dans le milieu. Sur un fond d'un beau blanc transparent, cette coquille est ornée d'un fin réseau, irrégulier, formé de petites linéoles onduleuses qui s'entrecroisent diversement. Ces linéoles sont d'un brun fauve plus ou moins foncé.

Cette coquille est longue de 17 millim., et large de huit.

† 24. Colombelle de Duclos. *Columbella Duclosiana*. Sowerby.

C. testá ovatá, utrinquè acuminatá, longitudinaliter costatá, satio-

raté fuscá, zonis binis pallidioribus; spirá acuminatá; anfracti-
bus 6, costatis; ultimi magni parte ventrali longitudinaliter cos-
tato, interstitiis costarum transversim striatis, dorsali lævigatá,
anticè transversim striatá; aperturá latiusculá, flexuosá, nigri-
cante; labio externo crasso, intùs denticulis 8-9, posticis majori-
bus; interno posticè callifero; canali breviter acuminato, subre-
flexo; epidermide crassiusculá.

Sow. Thes. Conch. p. 113. n° 8, pl. 36. f. 15-16.

Habite sur les côtes de Malacca.

Espèce fort belle, et bien facile à distinguer : elle a un peu l'apparence d'une Cancellaire. Elle est ovale-oblongue, renflée dans le
milieu. Sa spire, courte et conique, se compose de six tours
étroits, sub-anguleux dans le milieu, ornés de côtes longitudinales régulières, entre lesquelles se montrent des stries transverses, fines et serrées; ces côtes et ces stries diminuent peu-à-
peu et disparaissent sur le dos du dernier tour; cependant les
stries transverses se montrent à la base de la coquille, et se continuent le long du bord droit : celui-ci est épaissi en dedans et
en dehors; l'ouverture est étroite, un peu contournée en S; elle
est brunâtre. L'épaississement du bord droit est d'un blanc violâtre, et il porte huit à neuf dentelures obtuses, dont les trois ou
quatre premières sont les plus grosses. La columelle est sensiblement renflée dans le milieu, et elle est garnie d'une série de tubercules très effacés. Cette coquille est d'un beau brun marron
foncé, couleur qui est interrompue dans le milieu du dernier
tour par une ou deux zones d'un brun plus pâle.

Elle est longue de 20 millim. et large de 9.

† 25. Colombelle pâle. *Columbella pallida.* Desh.

C. testá minimá ovato-ventricosá, transversim tenuè striatá, albá vel
subflavá, flammulis rubescentibus ad basin pictá; anfractibus
angustis in medio sub-angulatis, longitudinaliter costatis : ultimo
supernè tuberculato; aperturá angustá, albá, sinuosá.

Columbella nana. Kiener. Spec. des Coq. p. 53. n° 48. pl. 14. f. 4.

Habite...

La Colombelle zonale de Lamarck devant reprendre le nom de *Nana*
puisque Dillwyn lui avait donné cette épithète, il est nécessaire
d'imposer un autre nom au *Columbella nana* de M. Kiener.
Petite coquille qui, par sa forme générale, se rapproche un peu
du *Columbella mercatoria.* Elle est ovale-ventrue. Sa spire est plus
courte que le dernier tour ; elle est composée de sept tours subanguleux à leur partie supérieure, et sur lesquels sont disposées

avec régularité un assez grand nombre de petites côtes longitudinales. Sur le dernier tour, un tubercule peu saillant s'élève sur
l'angle, et le plus souvent ce tubercule est d'un blanc mat et opaque, tandis que le reste de la coquille est d'un blanc jaunâtre et
transparent. Outre ces côtes, toute la surface est envahie par un
grand nombre de stries transverses, régulières, et obscurément
ponctuées. L'ouverture est petite, très étroite, toute blanche, et
infléchie en *S* italique très allongée. Le bord droit est infléchi
dans toute sa longueur, et très épaissi en dedans, et fortement
denté. Toute cette coquille est blanche, ou d'un blanc fauve, et
les individus qui ont conservé quelque fraîcheur sont ornés, à la
base du dernier tour, de flammules étroites, d'un fauve rougeâtre.
Cette petite coquille a 8 millimètres de long, et 5 de large.

† 26. **Colombelle des Philippines.** *Columbella Philippi-
narum.* **Reeve.**

    *C. testá ovato-turbinatá, lævi, albá, nigro-undatim variegatá; spirá
breviter conicá; anfractibus 7 : ultimo maximo, posticè rotundato-
angulato, anticè conico, basi transversìm striato ; labii externi
medio crassimento, denticulato, labio Interno laminam sublevatam
columellarem efformante ; canali reflexo.*

Reeve. Proc. of Zool. Soc. 1842.
Id. Conch. Syst. t. 2. p. 218. pl. 257. f. 9.
Sow. Thes. Conch. p. 122. n° 31. pl. 37. f. 74. 75. 76.
Habite l'île de Luçon.

Espèce conoïde qui, par sa forme, semblerait rattacher les colum-
belles aux cônes : elle est allongée, conique. La spire, pointue,
forme à-peu-près le tiers de la longueur totale. Les tours sont
étroits, séparés par une suture légèrement canaliculée ; ils sont
lisses, et le dernier, atténué à l'extrémité antérieure, porte des
sillons transverses à cette extrémité seulement. L'ouverture est
blanche, allongée, très étroite. La columelle est à peine creusée
dans le milieu. Le bord droit est médiocrement épaissi à l'intérieur, justement vis-à-vis de l'excavation de la columelle. Il résulte de cette disposition que les bords de l'ouverture restent
parfaitement parallèles. Sur le bourrelet du bord droit se relèvent
quatorze ou quinze dentelures, petites et inégales. A l'extrémité
antérieure de la coquille se voit une échancrure assez allongée, et
relevée obliquement, un peu à la manière des Cassidaires. Sur un
fond d'un beau blanc, cette coquille est ornée d'un grand nombre
de flammules onduleuses, quelquefois confuses, du plus beau brun.
Il y a des individus où ces flammules étant petites et éparses, le

fond blanc domine; il y en a d'autres où elles s'élargissent, se confondent, et ces individus deviennent presque entièrement bruns.

Cette espèce, l'une des grandes du genre, a 28 millimètres de long, et 14 de large.

† 27. Colombelle splendide. *Columbella splendidula.* Sowerby.

C. testá oblongá, lævi, aurantiacá, maculis albis castaneisque variegatá; spirá breviusculá, subacuminatá; anfractibus 7-8, brevibus; ultimo magno, anticè transversim striato; aperturá subflexuosá, albá; labio externo extùs varicoso, margine tenuiusculo; labio interno anticè laminam levatam columellarem instructo; canali brevi, subreflexo.

Sow. Thes. Conch. p. 120. n° 26. pl. 37. f. 65. 66.

Habite Manille.

Coquille ovale-oblongue, qui, par ses caractères, se rapproche assez du *Columbella semi-punctata* de Lamarck; elle a également des rapports avec le *Columbella flavida.* Elle a la spire moins courte que la première, et elle est un peu plus ventrue que la seconde. Sa spire est obtuse, convexe, formée de sept à huit tours, à peine convexes, rentrés les uns dans les autres comme les tuyaux d'une lunette. Le dernier tour est plus grand que la spire : il porte à la base cinq à six côtes transverses, et il y en a quatre ou cinq autres qui se montrent seulement sur la partie extérieure du bord droit; tout le reste de la coquille est parfaitement lisse. L'ouverture est blanche, très étroite. Le bord droit, renflé dans le milieu, est armé de sept à huit dents, dont les trois moyennes sont les plus grosses. La columelle est épaisse, cylindracée, revêtue d'un bord gauche très court, à la base duquel on remarque une rangée de petits tubercules très effacés. La coloration de cette espèce est assez variable. Les deux principales variétés ont été figurées par M. Sowerby. Dans la première, sur un fond d'un jaune fauve, assez foncé, se montrent quelques zones transverses d'un brun noir, dont l'une, entre autres, borde les sutures. Dans les intervalles, il y a quelques linéoles blanches onduleuses, ou en zigzag. Dans la seconde variété, les zones brunes sont remplacées par les inflexions que prennent régulièrement les linéoles blanches; il y a de plus, vers les sutures, une rangée de grandes taches blanches irrégulières.

Cette coquille, assez rare dans les collections, a 20 millim. de long, et 11 de large.

† 28. Colombelle de Boivin. *Columbella Boivini*. Kiener.

C. testá ovatá, crassá, lævi, nigrá, albo-guttatá; apice acumi-
nato, anfractibus 6-7, brevibus, tribus ultimis posticè tubercu-
latis; ultimi magni parte ventricali nonnunquàm rugis non-
nullis instructo; aperturá latiusculá, posticè angulatá, intùs
albá; margine interno labii externo fusco, denticulato.

Kiener. Spec. des Coq. p. 47. n° 42. pl. 11. f. 1.

Sow. Thes. Conch. p. 126. n° 43. pl. 38. f. 100.

Habite l'Amérique centrale, dans le golfe de Nocoiyo.

Très jolie coquille ovale-ventrue, buccinoïde, à spire courte et conique, formée de sept à huit tours, dont les premiers sont lisses,
à peine convexes, tandis que sur les derniers s'élève, vers la base,
une rangée de gros tubercules coniques, pointus au sommet. Le
dernier tour est conoïde, atténué à la base. On remarque, à la
surface, des stries transverses, peu apparentes, et de la base des
tubercules part une petite côte longitudinale, qui ne dépasse pas
le milieu du dernier tour. L'ouverture est ovale-oblongue. Le
bord droit est dilaté, à son angle supérieur, en une oreillette
comparable à celle de certains Strombes. Dans le reste de la
longueur, le bord droit est épaissi de chaque côté; il est d'un
brun vineux en dedans, et il porte de ce côté une série de petits
plis transverses. La columelle est blanchâtre, cylindracée, pointue à la base, et accompagnée d'un bord gauche mince et étroit,
Sur un fond d'un brun noirâtre, très intense, toute la surface
de cette coquille est parsemée d'un grand nombre de petites
taches blanches arrondies, irrégulièrement éparses. Chacun des
tubercules est marqué en dessus d'une tache blanche.

Cette jolie coquille est longue de 17 millim., et large de 11.

† 29. Colombelle fauve. *Columbella fulva*. Sow.

C. testá ovato-subulatá, fulvá, epidermide minutissimè reticulatá,
indutá; anfractibus 10, superioribus longitudinaliter costatis;
ultimo infrà spiraliter striato, supernè longitudinaliter costato;
aperturæ labio externo dentibusque externis albis.

Sow. Proc. of Zool. Soc. Lond. 1832. p. 115.

Sow. Thes. Conch. p. 138. n° 80. pl. 39. f. 148.

Habite à Panama, sous les pierres.

Cette coquille a quelques rapports avec la Colombelle scalarine. Elle
est allongée, buccinoïde. Sa spire, pointue, est plus longue que
le dernier tour. Ses tours, au nombre de neuf ou dix, sont peu
convexes, mais nettement séparés par une suture un peu bordée;
ils sont ornés de petites côtes longitudinales, régulières, élégam-

ment contournées dans leur longueur. Sur les premiers tours, ces
côtes sont traversées par de petits sillons transverses qui disparaissent sur les trois ou quatre derniers tours ; le dernier est atténué à la base, strié transversalement ; l'ouverture qui le termine est allongée, fort étroite. Le bord droit est à peine épaissi
en dedans, et il est pourvu d'un petit nombre de dentelures qui
diminuent graduellement vers l'extrémité antérieure. La columelle est blanchâtre comme le reste de l'ouverture, et elle est
accompagnée d'un bord gauche très étroit, et à peine saillant.
Toute cette coquille est d'un brun fauve uniforme, plus ou moins
foncé, selon les individus, et souvent elle est ornée sur le dernier
tour d'une petite zone blanche qui en occupe le milieu.

Les grands individus ont 32 millim. de long, et 12 de large.

† 3o. Colombelle unicolore. *Columbella unicolor.* Sow.

C. testá ovatá, medio ventricosá, castaneá; anfractibus 6-7, lævi-
bus; suturá profundiusculo; aperturá latiusculá, ad basin subef-
fusá; canali brevissimá; labio externo extùs subincrassato, intùs
denticulis obsoletiusculis nonnullis.

Sow. Proc. of Zool. Soc. 1832. p. 119.
Sow. Thes. Conch. p. 133. nº 64. pl. 39. fig. 129.
Habite les îles Gallopago.

Petite espèce buccinoïde, à spire allongée, conique, composée de
six à sept tours convexes, lisses, dont le dernier est finement strié
à la base. L'ouverture est petite, courte, rougeâtre; son bord
droit, peu épaissi dans le milieu, est tantôt simple, tantôt pourvu
d'un petit nombre de dentelures obsolètes. La columelle est blanchâtre; vers la base elle est garnie d'un petit bourrelet longitudinal, au-dessus duquel se relève un bord gauche très court. Cette
petite coquille est d'une couleur uniforme, d'un brun corné, plus
ou moins foncé selon les individus.

Les grands individus ont 14 millim. de long et 6 de large.

† 31. Colombelle variée. *Columbella varia.* Sowerby.

C. testá oblongá, decussato-costatá, apice acuminatá; anfractibus
8-9 fuscis; albido variegatis, longitudinaliter costatis; intersti-
tiis costarum sulcatis; aperturá subovali; labii externi extùs in-
crassati margine supernè emarginato.

Sow. Proc. of Zool. Soc. 1832. p. 116.
Sow. Thes. Conch. p. 130. nº 54. pl. 116. 117.
Habite à Panama, sous les pierres.

Très belle espèce, allongée, buccinoïde, à spire pointue, aussi longue que l'ouverture, et à laquelle on compte dix tours nettement séparés par une suture bordée d'un petit bourrelet. Toute cette coquille est ornée de côtes longitudinales, onduleuses, entre lesquelles on remarque des stries transverses, obsolètes ; ces stries disparaissent même quelquefois sur le dernier tour. L'ouverture est allongée, étroite. Le bord droit est peu renflé dans le milieu, et il est garni de petits plis peu apparens. La columelle est presque droite, cylindracée, et accompagnée d'un bord gauche étroit et peu apparent. Cette coquille présente un assez grand nombre de variétés. Il y a des individus d'un brun fauve uniforme et d'autres marbrés de blanc et de brun. Il y en a aussi qui sont marbrés de brun sur un fond d'un jaune fauve.

Cette espèce, assez rare encore dans les collections, a 23 millim. de long et 10 de large.

† 32. Colombelle couronnée. *Columbella coronata*. Sow.

C. testá oblongo-acuminatá, albá, brunneo-variegatá ; anfractibus 7–8 lævibus, tribus ultimis serie unicá tuberculorum mucronatorum coronatis ; labio externo intùs denticulato.

Sow. Proc. of Zool. Soc. Lond. 1832. p. 114.
Sow. Thes. Conch. p. 135. n° 70. pl. 39. f. 134.
Habite l'isthme de Panama, sous les pierres.

Coquille ovale-oblongue, cylindracée, ayant la spire aussi longue que le dernier tour. On y compte sept à huit tours peu convexes, dont les quatre premiers sont lisses, tandis que les derniers sont couronnés par une rangée de petits tubercules pointus. La base de ces tubercules se prolonge en une petite côte obsolète. La coquille est lisse, si ce n'est à la base du dernier tour, où elle offre des stries transverses peu profondes. L'ouverture est étroite, d'un brun violacé. Le bord droit, épaissi en dedans et en dehors, porte à l'intérieur six dents, qui vont graduellement en diminuant, du sommet jusqu'à la base. La columelle est épaissie, cylindracée, et elle présente à la base d'un bord gauche très étroit une rangée de cinq petits tubercules. La coloration de cette espèce consiste en petites taches irrégulières, quelquefois réticulées, d'un brun foncé, sur un fond blanc.

Cette espèce est longue de 20 millim. et large de 9.

† 33. Colombelle flexueuse. *Columbella fluctuata*. Sowerby.

C. testá oblonguá, albá, nigro vel castaneo-maculatá et fluctuatá ; epidermide fuscá ; spiræ apice plerùmque eroso ; anfractibus 7, longitudinaliter costatis ; ultimi costis abbreviatis ; aperturá medio

coarctatá ; labio externo supernè emarginato , interno infrà den-
ticulato.

Sow. Proc. Zool. Soc. p. 110.

Sow. Thes. Conch. p. 138. pl. 39. f. 159.

Gray dans Griff. Anim. Kingd. pl. 41. f. 6.

Kiener. Spec. des Coq. p. 45. n° 46. pl. 9. f. 2.

Habite le golfe de Nocoïyo.

Très jolie espèce de Colombelle, à laquelle nous rendons le premier nom qui lui a été donné par M. Sowerby. Elle est allongée , sub-cylindracée. Sa spire, à-peu-près aussi longue que l'ouverture , est très pointue au sommet , et ses tours , au nombre de douze, sont étroits, médiocrement convexes et ornés de petites côtes lon-gitudinales assez régulières. Sur le dernier tour , ces côtes des-cendent un peu obliquement jusqu'à la base. L'ouverture est allongée , très étroite et toute blanche. Son bord droit est sensi-blement infléchi, et il est médiocrement épaissi en dedans. Sur un renflement assez court, il porte trois ou quatre dents obsolè-tes et inégales. La columelle est assez épaisse; elle est accompagnée d'un bord gauche, mince, très étroit, à peine saillant , à la par-tie antérieure duquel on voit une petite rangée de quatre ou cinq petits tubercules. La coloration de cette espèce la rend très re-marquable. Sur un fond d'un brun noir très intense se dessinent avec élégance des lignes blanches très obliques, qui quelquefois s'infléchissent en zigzag. Il y a des individus chez lesquels ces lignes |blanches sont coupées par d'autres non moins obliques , mais qui parcourent la coquille dans un sens opposé. Il en résulte alors un réseau dont les mailles sont trapézoïdes ; une zone blan-che règne le long de la suture.

Cette belle espèce a 22 millim. de long et 12 de large.

† 34. Colombelle buccinoïde. *Columbella buccinoides.* Sow.

C. testá, oblongá, lævi, piceo-nigrá, propè suturas pallidè maculatá ;
spirá acuminatá; anfractibus 8; ultimo infrà spiraliter striato; labio
externo extùs subincrassato , intùs obsoletè denticulato; aperturá
margine superiori subemarginatá, canali brevissimo.

Sow. Proc. of Zool. Soc. 1832. p. 114.

Sow. Thes. Conch. p. 133. n° 63. pl. 39. f. 128.

Habite les rivages du Pérou.

Coquille allongée, étroite, à spire aussi longue que le dernier tour, composée de 7 à 8 tours, à peines convexes, lisses, dont le dernier seul présente à la base quelques stries obsolètes. L'ouverture est d'un blanc violacé. Son pourtour est d'un brun assez foncé. Le bord droit est à peine infléchi en dedans et peu épaissi, et les dentelures à peine apparentes qui s'y trouvent sont au nombre de quatre ou cinq. La columelle est cylindracée, pourvue d'un bord gauche très mince et à peine apparent. Cette coquille se distingue particulièrement par sa coloration, qui est d'un brun noir très foncé, sur lequel se dessinent deux rangées de petites taches blanches, l'une sur le milieu du dernier tour, l'autre près de la suture.

Cette espèce à 17 millimètres de long, et 7 de large.

† 35. Colombelle jaune. *Columbella lutea.* Quoy.

C. testâ ovato-conicâ; apice peracutâ, lævi basi striatâ, flavâ; columellâ tantisper rugosâ.

* Quoy et Gaim. Voy. Astrol. t. 2. p. 586. pl. 40. f. 23. 24.

* Kiener. Spec. des Coq. p. 31. n° 27. pl. 16. f. 3.

Habite les îles de la mer du Sud?

Cette espèce ressemble beaucoup, pour la forme, au Buccin semi-convexe; mais sa couleur est bien différente, puisqu'elle est d'un jaune clair uniforme. Elle est allongée, conique, à spire très pointue, lisse, excepté le dernier tour, qui présente quelques stries transverses à sa base. Le bord droit est arrondi sans renflement, et la columelle a quelques plis transverses qu'on ne voit bien qu'à la loupe. Le canal s'allonge, et se recourbe un peu plus que dans les autres espèces.

Cette coquille est longue de 22 millim., large de 7.

† 36. Colombelle terpsichore. *Columbella terpsichore.* Sowerby.

C. testâ oblongâ, crassiusculâ, costellatâ, albicante, maculis strigilisque fuscis concinnè ornatâ; spirâ pyramidali, snbacuminatâ, apice obtusiusculo; anfractibus 6, lævibus, primis longitudinaliter costellatis: ultimo primùm costellato, deindè lævigato, posticè tuberculis parvis instructo, ad basin spiraliter tenuiter sulcato; aperturâ latiusculâ, labio externo intùs denticulato (nullo modo tumido), rugis ad basin columellæ parvis.

Sow. Gener. of Shells. f. 6.

Reev. Conch. Syst. t. 2. p. 219. pl. 258. f. 6.

Kiener. Spec. des Coq. p. 58. n° 52.

Sow. Thes. Conch. p. 126. n° 42. pl. 38. f. 98. 99.

Habite les Indes occidentales.

Très jolie espèce qui se rapproche du *Columbella lyra* de M. Sowerby, ainsi que du *Lineolata* de M. Kiener. Si l'on s'en rapportait aux figures que donne M. Sowerby de cette espèce, dans les deux ouvrages que nous avons cités, on trouverait de notables différences avec la coquille figurée par M. Kiener sous le même nom; mais il en existe de non moins grandes entre la figure du *Genera* et celle du *Thesaurus*, et nous concluons naturellement que cette coquille est très variable ; s'il en était autrement, on pourrait croire que plusieurs espèces différentes ont été représentées sous un même nom. La Colombelle terpsichore appartient au groupe des espèces Buccinoïdes. Elle est allongée, la spire est presque aussi longue que le dernier tour, et est composée de 9 à 10 tours convexes, sensiblement étagés, et sur lesquels sont disposées avec régularité des côtes longitudinales, droites, qui se correspondent régulièrement du sommet à la base. L'ouverture est petite, étroite, d'une teinte violette très pâle. Le bord droit, peu épaissi en dedans, présente un petit nombre de plis qui ne sont bien apparens que dans les vieux individus. Le dernier tour est atténué à la base; il présente de ce côté, des stries transversales fines et serrées. La coloration de cette coquille la rend très élégante. Sur un fond blanc jaunâtre, les premiers tours sont ornés de deux rangées de points, d'un brun très intense, placés, l'une à la base, l'autre au sommet. Sur le dernier tour, il y a quatre, quelquefois cinq rangées de ces ponctuations, et elles alternent avec des points d'un blanc pur et opaque, d'une autre nuance que le blanc du reste de la coquille.

Cette jolie espèce, rare encore dans les collections, a 20 millimètres de long et 10 de large.

† 37. Colombelle rougeâtre, *Columbella rubicundula,* Quoy.

C. testá ovato-conicá, apice crassiusculá, transversìm striatá; fusco-rubente, epidermide piloso tectá; anfractibus turriculatis.

Quoy et Gaim. Voy. Astr. t. 2. p. 588. pl. 40. f. 25-26.

Kiener. Spec. des Coq. p. 30. n° 26. pl. 16. f. 1.

Habite Tonga-tabou.

Coquille conique, un peu ventrue, dont le canal assez allongé est recourbé, le sommet épais, pointu, les tours de spire saillans, turriculés un peu, comme dans les Mitres, avec lesquelles plusieurs espèces de Colombelles ont la plus grande ressemblance. Il en est même dont la connaissance seule de l'animal peut indiquer le genre. Notre espèce est striée assez largement en travers. Les sillons sont à peine visibles au commencement de la spire. Ce sont eux qui forment les bourrelets de la columelle. Sa couleur est un rouge brun uniforme, assez vif, recoouvert par un épiderme scarieux, poilu sur le relief des stries. L'ouverture est resserrée et rouge violacé.

Cette coquille est longue de 20 millim., et large de 10.

✝ **38. Colombella unizonale.** *Columbella unifasciata.* Sow.

> *C. testâ oblongo-pyramidali, lævi, castaneo-nigricante ; anfracti-bus sex medio spiraliter albido unifasciatis ; aperturâ brevius-culâ ; peritremate intùs denticulis nonnullis.*

Sow. Proc. of Zool. Soc. Lond. 1832. p. 114.

Sow. Thes. Conch. p. 133. nº 65. pl. 39. f. 130.

Columbella unizonalis. Gray Becch. Voy. Zool.

Habite à Valparaiso.

Très petite espèce, ovale-conique, buccinoïde, toute lisse, si ce n'est à la base du dernier tour, où elle est finement striée. L'ouverture est petite, subquadrangulaire : elle est d'un blanc violacé ; son bord droit, médiocrement épaissi, porte un petit nombre de den-telures, et l'on voit sur la columelle quatre ou cinq petits tuber-cules qui simulent assez bien les plis des Mitres. Cette petite coquille est d'un brun marron foncé, et elle est ornée, sur le mi-lieu du dernier tour, d'une petite zone étroite et très nette, d'un blanc jaunâtre.

Elle est longue de 8 millim., et large de 3 et demi.

✝ **39. Colombelle à petites rides.** *Columbella rugulosa.* Sowerby.

> *C. testâ obovatâ, rugulosâ, crassâ ; violaceo-nigricante, fasciâ an-ticâ maculisque parvis albidis ornatâ ; anfractibus 5, longitudina-liter costatis, tenuiter densatìm striatis, striis anticis fortioribus ; aperturâ latiusculâ, dentibus internis labii externi paucis, majus-culis.*

Sow. Thes. Conch. p. 133. nº 66. pl. 39. f. 131.

Habite l'île de Chatham.

Coquille buccinoïde, ovale-oblongue, ayant la spire courte, convexe et obtuse. Cette spire se compose de cinq à six tours, peu con-vexes, sur lesquels sont disposées, sans beaucoup de régularité, de petites côtes longitudinales, un peu arquées dans leur lon-gueur. Ces côtes sont quelquefois interrompues par des espaces lisses. On remarque aussi à la surface un assez grand nombre de stries transverses, régulières, rapprochées et très peu profondes. L'ouverture est petite, d'un brun violâtre, quelquefois livide. Le bord droit porte en dedans cinq dentelures obtuses, blanchâtres. La columelle est épaisse, simple, et revêtue d'un bord gauche peu saillant, sur lequel il y a quelques rides. La coloration de cette espèce est assez variable. Il y a des individus d'un brun presque noir, et ornés sur le dernier tour d'une petite fascie transverse, blanchâtre ; chez d'autres la fascie moyenne est plus large, et elle est irrégulièrement découpée sur ses bords; de plus, dans l'intervalle des stries, il y a souvent des points d'un blanc bleuâtre.

Cette petite espèce, assez commune, a 12 millim. de long, et 6 de large.

† 40. **Colombelle scalarine.** *Columbella scalarina.* Sow.

C. testâ ovatâ, longitudinaliter costatâ, apice pyramidali ; anfractibus 8-9 supernè contabulatis, longitudinaliter costatis, interstitiis costarum decussatis ; costis ad basin continuis ; aperturâ coarctatâ, supernè emarginatâ ; peritremate intùs denticulato, denticulis majoribus superioribus.

Sow. Proc. of Zool. Soc. Lond. 1832. p. 116.

Sow. Thes. Conch. p. 130. n° 55. pl. 39. f. 118.

Habite Panama, sous les pierres.

Cette coquille a beaucoup de rapports avec le *Columbella varia* ; elle s'en distingue cependant d'une manière très nette. Elle est allongée, buccinoïde ; sa spire est très pointue, et l'on y compte neuf tours étroits, peu convexes, et nettement séparés par un petit rebord qui accompagne la suture. Toute la coquille est ornée de côtes longitudinales droites, non infléchies, sur lesquelles passent un petit nombre de fins sillons transverses qui forment un réseau sur les premiers tours, et qui disparaissent insensiblement sur les derniers ; cependant il en reste un certain nombre à la base ; ils sont même généralement plus gros que ceux des premiers tours. L'ouverture est étroite, blanche en dedans. Le bord droit, peu épaissi, porte quatre grosses dentelures. La columelle présente, à l'origine du bord gauche, sept à huit tubercules arrondis, d'un blanc rougeâtre. Cette coquille, sur un fond d'un blanc jaunâtre, est ornée sur le dernier tour de deux fascies inégales, d'un brun assez foncé. Il y a des individus qui sont bruns et ornés, dans le milieu du dernier tour, d'une seule fascie blanchâtre.

Cette belle espèce a 21 millim. de long, et 14 de large.

† 41. **Colombelle élégante.** *Columbella elegans.* Sow.

C. testâ elongato-subulatâ, albâ, fusco-variegatâ et reticulatâ, epidermide tenui fulvâ indutâ ; anfractibus 11-12 primis lævibus, cæteris longitudinaliter costatis ; ultimo infrà spiraliter sulcato ; labio externo incrassato ; peritremate subreflexo, supernè intùs emarginato, demùm dentibus nonnullis internis ; labio interno lamellari ; canali incrassato.

Sow. Proc. of Zool. Soc. Lond. 1832. p. 114.

Kiener. Spec. des Coq. p. 56. n° 5o. pl. 12. f. 2.
Sow. Thes. Conch. p. 136. n° 74. pl. 39. f. 139.
Habite Guacamayo, dans l'Amérique centrale.

Coquille allongée, étroite, blanche, variée de fauve et réticulée ; épiderme léger, jaunâtre. La spire porte onze ou douze tours : les premiers sont lisses, les autres couverts de côtes longitudinales ; le dernier est sillonné en dessous. Le bord droit est épaissi ; le contour de l'ouverture est réfléchi en dessous, marginé à l'intérieur, et garni de quelques dents. Le bord gauche est lamelleux. Le canal terminal a ses bords épaissis.

Cette coquille a 36 millim. de long, et 13 de large.

† 42. Colombelle albine. *Columbella albina*. Kiener.

C. testâ oblongo-acuminatâ, lævi, albidâ, coloribus variis ornatâ; spirâ elongatiusculâ, anfractibus 9, breviusculis, subcylindraceis : ultimo magno, antè suturam tumidiusculo, posticè nonnunquàm subtuberculifero; aperturâ breviusculâ, latiusculâ; labio externo subincrassato, intùs denticulato; canali brevi, lato.

Kiener. Spec. des Coq. p. 32. n° 38. pl. 13. f. 4.
Sow. Thes. Conch. p. 123. n° 34. pl. 38. f. 81. 82.
Habite Puerto-Galero, île de Mindoro.

Espèce facile à distinguer, et qui ne manque pas d'analogie avec une coquille fossile que l'on rencontre quelquefois dans les faluns de la Touraine. Elle est allongée, étroite. La spire est aussi longue que le dernier tour; elle est pointue ; les tours sont aplatis et nettement séparés par un bourrelet convexe et une suture assez enfoncée. L'ouverture est très petite et fort étroite; elle est blanche en dedans ; son bord droit est épaissi en dedans, et il porte, dans sa longueur, cinq à six dentelures, dont les quatre premières sont les plus grosses. La columelle est cylindracée, épaisse; elle a un pli oblique vers la base, et elle porte ordinairement trois ou quatre petits tubercules alignés dans la direction longitudinale. Toute cette coquille est polie, brillante, sans stries, si ce n'est vers la base du dernier tour. Elle est blanche et ornée de deux ou trois fascies transverses, jaunâtres, d'un brun verdâtre : ces fascies sont composées de taches interrompues et sont très variables, quant à leur largeur et à la disposition des taches.

Cette coquille est longue de 18 millim., et large de 7.

† 43. Colombelle tachetée. *Columbella maculosa*. Sow.

C. testâ oblongo-subulatâ, albidâ, irregulariter fulvo maculatâ; spirâ acuminato-pyramidali ; anfractibus 9-10; primis 7-8 lævigatis;

TOME X.

cæteris tuberculorum serie unicâ coronatis; ultimo serie alterâ ad jectâ; aperturâ brevi, canali subrecurvo.

Sow. Proceed. of Zool. Soc. Lond. 1832. p. 116.

Sow. Thes. Conch. p. 135. pl. 39. f. 135.

Habite les rivages de l'Amérique centrale.

Celle-ci est très allongée et fort étroite. Sa spire, très pointue, compte douze tours, dont les neuf premiers sont entièrement lisses, tandis que sur les trois derniers, il y a une rangée de tubercules subspiniformes au sommet; un second rang de tubercules semblables existe sur le dernier tour, un peu au-dessous du premier. L'ouverture est allongée, très étroite. Le bord droit est peu épais; il est garni en dedans, de trois ou quatre plis, et il présente à sa partie supérieure une petite échancrure comparable à celle des Pleurotomes. La columelle est droite, cylindracée et revêtue d'un bord gauche court et assez épais. Sur un fond blanc, cette coquille est ornée de marbrures fauves ou brunâtres.

Elle est longue de 25 millim., et large de 8.

† 44. Colombelle turriculée. *Columbella turrita.* Sowerby.

C. testâ elongato-pyramidatâ; spirâ subulatâ; anfractibus 10 albidis fusco reticulatis; et propè suturam articulatis; aperturâ oblongâ supernè acuminatâ, subcanaliferâ; labio externo incrassato; peritremate albo, subreflexo, intùs lævi; columellâ arcuatâ.

Sow. Proceed. of Zool. Soc. Lond. 1832. p. 115.

Sow. Thes. Conch. p. 135. n° 73. pl. 39. f. 137. 138.

Habite les rivages de l'Amérique centrale.

Très belle espèce, allongée, subturriculée, à spire longue et pointue, composée de 12 ou 13 tours à peine convexes, qui paraissent lisses, mais qui, examinés sous un grossissement suffisant, se montrent chargés d'un très grand nombre de stries transverses, excessivement fines, un peu onduleuses, ou plutôt tremblées. Par son dernier tour, cette espèce se rapproche un peu du *Columbella lanceolata;* en effet, il y a, à l'opposite de l'ouverture, un indice de varice, et le bord droit est très saillant en dehors, tandis qu'en dedans il est simple, et non renflé, comme dans le plus grand nombre des Colombelles. Toute l'ouverture est du plus beau blanc. La columelle, régulièrement arquée dans sa longueur, se prolonge en un canal court, relevé vers le dos, et terminé par une échancrure profonde. La coloration de cette espèce consiste le plus ordinairement en fines linéoles, d'un brun noir, en zigzag, formant des angles très aigus; elles sont serrées quelquefois à ce point que la coquille paraît être brune. M. Sowerby a figuré une variété re-

marquable qui , sur un fond d'un blanc jaunâtre, est ornée de linéoles brunes très fines , très régulières , mais peu apparentes à cause
de leur finesse.

Cette belle espèce a 3o millim. de long et 11 de large. La variété est
un peu plus grande.

† 45. Colombelle dorsale. *Columbella dorsata.* Sowerby.

C. testá oblongo-pyramidali, albá, lineis irregularibus, flexuosis, con-
fertis, castaneis obtectá; anfractibus 8 lœvibus, supernè turgidulis ;
ultimi lateribus inflatis, dorso prominente; suturá distinctá; aper-
turá angustá, flexuosá, albá; peritremate extùs incrassato ; labio
columellari exarato.

Sow. Proc. of Zool. Soc. Lond. 1832. p. 120.

Sow. Thes. Conch. p. 136. n° 75. pl. 39. f. 140. 141.

Habite les rivages de la Colombie.

Cette espèce est du voisinage du *Columbella lanceolata*. Elle a la spire
allongée, pointue, aussi longue que le dernier tour; celui-ci est
gros, subglobuleux, dilaté latéralement, non-seulement par l'é-
paississement considérable du bord droit, mais encore par une
sorte de grosse varice éloignée de l'ouverture. On trouve de plus,
sur le milieu du dos, une grosse gibbosité; aussi quand on regarde
cette coquille par la base, le milieu du dernier tour a un profil
triangulaire. L'ouverture est singulière , elle est toute blanche.
Son angle supérieur est long et étroit. Le bord droit, médiocrement épaissi en dedans, porte 4 ou 5 dentelures oblongues et peu
saillantes. La columelle est droite, elle est accompagnée d'un bord
gauche, appliqué, peu épais, et subitement interrompu vers le milieu de la longueur totale de l'ouverture. Cette coquille semble
toute brune; lorsqu'on l'examine à la loupe, on voit que cette
coloration est due à un grand nombre de linéoles onduleuses,
très rapprochées, sur un fond blanchâtre ou brunâtre.

Cette espèce, assez rare encore dans les collections, a 25 millim. de
long et 12 de large.

† 46. Colombelle recourbée. *Columbella recurva.* Sow.

C. testá oblongá, turritá , fulvá ; spirá acuminato-pyramidali;
anfractibus 10-11 ; primis 6 longitudinaliter costatis ; cæteris
serie tuberculorum unicá instructis ; ultimi dorso subgibbo; parte
inferiore transversim striatá; aperturæ elongatæ canali longius-
culo, recurvo ; labio externo reflexo, incrassato.

Sow. Proc. of Zool. Soc. Lond. 1832. p. 115.

Sow. Thes. Conch. p. 139. n° 84. pl. 40. p. 152.

Habite les rivages de l'Amérique méridionale.

19.

Celle-ci avoisine plus qu'aucune autre le *Columbella lanceolata* de Sowerby. Elle est allongée, étroite. Sa spire, très pointue, est formée de dix tours, dont les premiers, à peine convexes, sont chargés de petites côtes longitudinales. Sur les quatre derniers, ces côtes sont plus largement espacées, et elles portent, vers le milieu de leur longueur, un tubercule assez gros et blanchâtre. Sur le milieu du dos du dernier tour, se trouvent trois petits tubercules, rapprochés, après une petite interruption des tubercules des tours précédens. L'ouverture est très étroite, contournée en *S* italique très allongée : elle est blanche en dedans. Le bord droit est jaunâtre, épaissi de chaque côté. Le bourrelet intérieur est dénué de dents. La columelle est gonflée dans le milieu de sa longueur, et elle est accompagnée d'un bord gauche, étroit, épais et peu saillant. Le dernier tour se termine en un canal très étroit, relevé vers le dos, terminé par une échancrure oblique, dont une des lèvres, celle qui prolonge la columelle, est la plus longue.

Cette coquille est d'un brun rougeâtre uniforme. Elle est longue de 30 millim., et large de 12.

† 47. Colombelle bossue. *Columbella gibberula.* Sow.

C. testá ovato-pyramidali; spirá subulatá; anfractibus 8-9, pallidis, brunneo nubeculatis, ultimi dorso supernè gibberulo, ad utrumque latus varicoso; aperturá breviusculá; peritremate incrassato, expanso, intùs denticulis nonnullis; labio interno supernè calloso, medio arcuato; canali brevi, reflexo.

Sow. Proc. of Zool. Soc. Lond. 1832. p. 115.

Kiener. Spec. des Coq. p. 44. nº 39. pl. 15. f. 3.

Sow. Thes. Conch. p. 136. nº 76. pl. 39. f. 142. 143.

Habite les rivages de l'Amérique méridionale et centrale.

Espèce très singulière, qui, par sa forme générale, se rapproche du *Columbella dorsata* de Sowerby, et est constamment plus petite. Sa spire est allongée-pointue, subturriculée, composée de huit tours aplatis, à suture simple, et faiblement canaliculés. Le dernier tour diffère des précédens, non-seulement parce qu'il s'aplatit latéralement, mais encore par une grosse gibbosité, qu'il porte sur le milieu du dos. L'ouverture est petite, étroite, un peu en forme de losange. Le bord droit est très épaissi en dehors ; en dedans il est un peu renflé, et il est à peine dentelé ; ce bord droit s'appuie, par son sommet, sur une grosse callosité blanche qui appartient à la columelle. Celle-ci est cylindracée, simple, pointue à son extrémité antérieure, et accompagnée d'un bord gauche

blanc, étroit, mais très épais. Toute la coquille est lisse, si ce
n'est à la base du dernier tour, où il y a quatre ou cinq stries
transverses. La coloration de cette espèce consiste en un réseau
de ponctuations ovalaires blanches, sur un fond d'un fauve jaunâtre pâle. On remarque aussi une linéole d'un brun rougeâtre,
sur la gibbosité dorsale, immédiatement au-dessous de la suture.

Cette curieuse espèce a 14 millim. de long, et 7 de large.

† 48. Colombelle lancéolée. *Columbella lanceolata.* Sow.

C. testá oblongá, turritá, albidá fulvo variá; spirá acuminato-py-
ramidali; anfractibus 10-12; primis 6-7 lævigatis; cæteris serie
unicá tuberculorum instructis; ultimi dorso subgibbo, parte in-
feriore transversìm striatá; aperturæ elongatæ canali breviusculo,
subrecurvo; labio externo incrassato, variciformi.

Sow. Proc. of Zool. Soc. Lond. 1832. p. 116.

Kiener. Spec. des Coq. p. 43. n° 38. pl. 15. f. 2.

Sow. Thes. Conch. p. 139. n° 35. pl. 40. f. 153. 154. 155.

Habite les îles Gallopagos.

Coquille fort remarquable, allongée, étroite, à spire pointue, presque aussi longue que le dernier tour : cette spire est d'un brun
noirâtre au sommet. Les premiers tours sont chargés de plis longitudinaux, qui se changent peu-à-peu en côtes, sur chacune desquelles s'élève un tubercule; ces tubercules forment un angle sur
le milieu de chaque tour. Sur le dernier, les côtes disparaissent,
les tubercules eux-mêmes ne sont plus qu'au nombre de deux :
l'un, oblique, opposé à l'ouverture; l'autre, gros et obtus, situé
au milieu du dos; par cette disposition, le dernier tour devient
réellement triangulaire. L'ouverture est longue et étroite; elle
est blanche, si ce n'est à la base où elle est jaunâtre ou brunâtre.
Le bord droit est très épais en dedans, mais il est dénué de dentelures, si ce n'est dans quelques individus, où l'on en voit quelques-unes de très obsolètes. La columelle est simple, elle est revêtue d'un bord gauche, qui s'élargit en une callosité qui, comme
dans les Nasses, occupe une partie du ventre du dernier tour.
Sous un épiderme d'un brun verdâtre et qui est singulièrement
découpé en un réseau très fin, la coquille est blanchâtre, quelquefois linéolée, assez souvent marbrée de fauve.

Cette espèce remarquable est longue de 37 millim. et large de 15.

MITRE. (Mitra.)

Coquille turriculée ou subfusiforme, à spire pointue au sommet, à base échancrée et sans canal. Columelle chargée de plis parallèles entre eux, transverses, et dont les inférieurs sont les plus petits. Bord columellaire mince et appliqué.

Testa turrita vel subfusiformis, apice acutá, basi emarginatá; canali nullo. Columella plicata : plicis omnibus parallelis, transversis; inferioribus minoribus. Labium columellare tenue, adnatum.

Les *Mitres* forment un genre très naturel, nombreux en espèces, et qui est bien distingué des Volutes. Non-seulement elles en diffèrent par une forme plus allongée, la plupart étant turriculées ou subfusiformes, mais en outre par des caractères précis.

En effet, les *Mitres* diffèrent constamment des Volutes: 1^0 parce que le sommet de leur spire est véritablement pointu, et non terminé en mamelon; 2° parce que les plis de leur columelle vont insensiblement en diminuant de grandeur vers le bas, de manière que les inférieurs sont toujours plus petits que les autres. Ces plis sont transverses et tous parallèles entre eux.

Ici, le bord columellaire existe: il est mince, appliqué, et quelquefois ne paraît que vers la base de la columelle. Le drap marin n'est pas non plus entièrement nul dans les *Mitres*, car j'en possède plusieurs qui en sont encore munies.

Quoique les Trachélipodes qui produisent ces coquilles ne soient pas encore connus, leurs rapports prochains avec ceux qui forment les Volutes indiquent qu'ils doivent être aussi privés d'opercule.

Les *Mitres* sont agréablement variées dans leurs couleurs. Elles vivent, comme les Volutes, dans les mers des pays chauds. Parmi les espèces connues de ce genre, plusieurs sont rares, précieuses et fort recherchées. En France, les conchyliologistes nomment *Minarets* celles qui sont grêles, allongées, fort pointues.

On en connaît un assez grand nombre d'espèces dans l'état fossile, et même dont les analogues vivans n'ont pas été observés.

[Lorsque Lamarck sépara le genre Mitre des Volutes de Linné, il se laissa guider par les caractères extérieurs des coquilles des deux genres. En effet, malgré leur analogie, on remarque entre elles des différences constantes, non-seulement dans la forme générale, mais encore dans la disposition des plis de la columelle. Lorsque l'observation se borne à un petit nombre d'espèces, lorsque surtout on néglige les espèces fossiles, les caractères du genre Mitre paraissent d'une constance suffisante pour prendre beaucoup d'importance, malgré leur peu d'apparence. Le caractère dominant qui sépare les Mitres des Volutes consiste en ce que, dans le premier de ces genres, les plis columellaires vont graduellement en diminuant d'arrière en avant, tandis que, dans les Volutes, ces plis diminuent d'avant en arrière, par conséquent, dans un sens diamétralement opposé. Si à ce caractère on joint celui de la forme extérieure, plus cylindracée dans les Mitres que dans les Volutes, on trouve la limite des deux genres d'une manière nette et tranchée; mais si l'on vient à rassembler les espèces vivantes et fossiles des deux genres que nous comparons, on verra, d'un côté, les Volutes s'allonger et prendre la forme extérieure des Mitres, et d'un autre, un certain nombre de coquilles ambiguës, qui, en prenant des formes plus trapues, ont les plis columellaires égaux entre eux, et ne pourraient appartenir ni à l'un ni à l'autre des genres en question, si on admettait leurs caractères en toute rigueur. Il est évident pour nous que ces espèces à plis égaux, dont les formes participent à-la-fois de celles des Volutes et des Mitres, établissent le passage entre les deux genres, et font voir que Linné, en les réunissant, avait montré, comme à son ordinaire, une grande sagacité. Avant de décider si ces deux genres devaient être maintenus dans une méthode naturelle, les zoologistes sentaient le besoin d'appuyer leur opinion sur des faits plus importans. Adanson avait fait connaître l'animal d'une Volute, mais celui des Mitres n'avait point été mentionné, et personne n'en avait donné de figures. MM. Quoy et Gaimard, dans leur second voyage de circumnavigation, furent les premiers qui donnèrent des figures et des descriptions de plusieurs espèces de Mitres, dont ils observèrent les animaux. D'après ces savans voyageurs, les Mitres sont des animaux extrêmement apathiques, qui marchent sur un pied petit et étroit, peu épais, dilaté en avant dans quelques espèces. La tête que porte l'animal est très petite; elle est en forme d'un grand V, dont les tentacules formeraient les deux branches : ces tentacules sont grêles, coniques, pointus au sommet; les yeux n'y occupent pas la même place; leur position paraît varier, selon les espèces: ainsi ils sont, à la base des tentacules, dans les *Mitra marmorata*, *episcopalis, zebra, nigra* et *retusa*, d'après les figures de MM. Quoy et Gaimard ; ils sont placés plus en avant, vers le tiers ou le milieu de la longueur, dans les *Mitra conoidea, adusta* et *rugosa*. Quant à nous, qui avons observé plusieurs espèces de la Méditerranée, nous avons toujours trouvé des tentacules courts, subcylindracés, pédiculés à la base, le pédicule remontant jusque vers le tiers de la longueur du tentacule, et soudé dans toute sa longueur; le point oculaire est placé au sommet du pédicule. Une particularité bien remarquable, dans l'organisation du genre qui nous occupe, c'est que l'animal est pourvu d'une trompe dont la longueur excède de beaucoup celle de tous les autres Mollusques. Dans la Mitre épiscopale, par exemple, la trompe a au moins une fois et demie la longueur de la coquille; elle est cylindracée dans presque toute sa longueur; son extrémité libre se termine en un renflement ovalaire, fendu dans une partie de sa longueur, et dans lequel se trouve un suçoir. Le manteau revêt l'intérieur de la coquille, comme dans tous les autres Mollusques, et il se prolonge en avant en un canal charnu plus ou moins long, cylindrique, qui passe par l'échancrure de la coquille, et qui sert à porter l'eau dans la cavité branchiale. MM. Quoy et Gaimard ont observé combien les animaux des Mitres sont apathiques: ils en ont eu de vivans pendant plusieurs jours, et il leur fallait un temps considérable de tranquillité pour les décider à se mouvoir. Pendant cette immobilité, ces animaux se contentent de lancer leur longue trompe dans différentes directions, pour reconnaître, à ce qu'il paraît, les corps qui les environnent, et peut-être chercher leur nourriture, sans se donner la peine de se déranger.

Depuis la publication de l'ouvrage de Lamarck, les espèces du genre Mitre se sont considérablement accrues. Ce n'est point en exagérer le nombre, que de le porter à 250 espèces vivantes, et il est à présumer que ce nombre s'accroîtra encore, car il n'est presque point de collections, où l'on n'en remarque quelques espèces nouvelles. Quant aux espèces fossiles, elles sont moins nombreuses; nous en comptons 70 environ, ce qui porte au moins à 320 les espèces actuellement connues, dans le genre qui nous occupe. A mesure que nous avons étudié la synonymie des espèces aujourd'hui inscrites dans les ouvrages, nous nous sommes aperçu d'un assez grand nombre d'erreurs que nous avons cherché à rectifier dans les notes. Nous nous sommes attaché particulièrement à l'ouvrage de M. Kiener, dans lequel nous recherchons avec empressement les espèces de Lamarck. Malheureusement ici, comme dans plusieurs des genres que nous avons déjà annotés, l'ouvrage de M. Kiener laisse de fâcheuses lacunes. C'est pour cette raison que nous n'avons pu donner de renseignemens sur cinq ou six espèces de Lamarck. Nous espérions rencontrer ces renseignemens dans l'ouvrage que publie M. Küster. Ce naturaliste s'est malheureusement trop attaché à suivre l'ouvrage de M. Kiener, et s'est borné à faire copier les figures des espèces qu'il ne possédait pas, et n'a fait aucune rectification, soit dans les déterminations spécifiques, soit dans la synonymie de l'auteur qui lui a servi de guide.]

ESPÈCES.

1. Mitre épiscopale. *Mitra episcopalis*. **Lamk.** (1)

> *M. testá turritá, lævi, albá, rubro-maculatá : maculis inferioribus quadratis transversim seriatis : superioribus irregularibus; anfractuum margine superiore integro; columellá quadriplicatá; labro posticè denticulato.*

---

(1) Peut-être faudra-t-il distinguer comme espèce une coquille que l'on confond avec celle-ci; elle est cependant toujours plus petite, en proportion plus étroite : elle n'est pas le jeune âge, elle n'en a pas la forme et le peu d'épaisseur; au lieu de huit ou neuf séries transverses de taches que porte le der-

Voluta episcopalis. Lin. Syst. nat. éd. 12. p. 1193. Gmel. p. 3459.
   n° 94.
Lister. Conch. t. 839. f. 66.
Bonanni. Recr. 3. f. 120.
Rumph. Mus. t. 29. fig. K.
Petiv. Amb. t. 13. f. 11.
Gualt. Test. t. 53. fig. G.
D'Argenv. Conch. pl. 9. fig. C.
Favanne. Conch. pl. 31. fig. C 2.
Seba. Mus. 3. t. 51. f. 8-19.
Knorr. Vergn. 1. t. 6. f. 2.
Regenf. Conch. 1. t. 3. f. 33.
Martini. Conch. 4. t. 147. f. 1360. 1360 a.
Encycl. pl. 369. f. 2 et 4.
Mitra episcopalis. Ann. du Mus. vol. 17. p. 197. n° 1.
* Swain. Zool. illus. 2ᵉ série. t. 2. pl. 4.
* Desh. Encycl. méth. Vers. t. 2. p. 449. n° 4.
* Wood. Ind. Test. pl. 121. f. 143.
* Reeve. Conch. Syst. t. 2. p. 252. pl. 279. f. 1.
* Kiener. Spec. des Coq. p. 3. n° 1. pl. 1. f. 1.
* Küster. Conch. Cab. mitra. p. 34. n° 1. pl. 7. f. 9-10.
* Knorr. Deli. nat. Select. t. 1. Coq. pl. BIII. f. 3.
* Swammerd. Biblia nat. pl. 7. f. 4.
* *Voluta mitra episcopalis*. Lin. Syst. nat. éd. 10. p. 732.
* Lessons on Shells. pl. 2. f. 10.
* Perry. Conch. pl. 39. f. 4.
* Roissy. Buf. Moll. t. 5. p. 442. n° 1.
* *Voluta mitra episcopalis*. Born. Mus. p. 228.
* *Id*. Schrot. Einl. t. 1. p. 230.
* *Voluta episcopalis*. Dillw. Cat. t. 1. p. 559. n° 146.

---

nier tour des grands individus, ceux-ci en ont seulement cinq.
Les figures de d'Argenville, Favanne, celles de Seba, pl. 51.
f. 8, 9, 15, 16, 17, et d'autres encore donnent une idée suffisante de l'espèce que je propose d'établir.

Nous avons vu avec surprise que M. Küster joignait à la
synonymie de cette espèce le *Voluta Schrœteri*. Cette coquille
est extrêmement différente de l'*Episcopalis*; pour le prouver il
suffit de dire que ce *Mitra Schrœteri* est la même espèce que
celle nommée *Mitra cornicularis* par Lamarck, n° 36.

* *Mitra episcopalis.* Sow. Genera of Shells. f. 1.

* Blainv. Malac. pl. 28 bis. f. 1.

* Quoy et Gaim. Voy. de l'Astr. Zool. t. 2. p. 634. pl. 45. f. 1 à 7.

Habite l'Océan des Grandes-Indes. Mon cabinet. Très belle coquille, remarquable par la vivacité de la couleur de ses taches. Ses derniers tours sont très lisses; mais les supérieurs présentent des stries transverses très fines, munies de points enfoncés. Longueur : 3 pouces 11 lignes.

2. Mitre papale. *Mitra papalis.* Lamk.

M. testá turritá, crassá, ponderosá, striis impresso-punctatis remotiusculis cinctá, albá, rubro maculatá : maculis irregularibus transversìm seriatis; anfractuum margine superiore plicis dentiformibus coronato; columellá subquinqueplicatá; labro posticè denticulato.

Voluta papalis. Lin. Syst. nat. éd. 12. p. 1194. Gmel. p. 3459. n° 95.

Lister. Conch. t. 839. f. 67.

Bonanni. Recr. 3. f. 119.

Rumph. Mus. t. 29. fig. I.

Petiv. Amb. t. 13. f. 12.

Gualt. Test. t. 53. fig. I.

D'Argenv. Conch. pl. 9. fig. E.

Favanne. Conch. pl. 31. fig. D 2.

Seba. Mus. 3. t. 51. f. 1-5.

Knorr. Vergn. 1. t. 6. f. 1.

Regenf. Conch. 1. t. 1. f. 1.

Martini. Conch. 4. t. 147. f. 1353. 1354.

Encycl. pl. 370. f. 1. a. b.

Mitra papalis. Ann. ibid. n° 2.

* *Voluta papalis.* Lin. Syst. nat. éd. 10. p. 732.

* Perry. Conch. pl. 39. f. 1.

* Roissy. Buf. Moll. p. 442. n° 2.

* Schum. Nouv. Syst. p. 239.

* *Voluta mitra papalis.* Born. Mus. p. 229.

* *Voluta papalis.* Dillw. Cat. t. 1. p. 560. n° 147.

* Desh. Encycl. méth. Vers. t. 2. p. 449. n° 5.

* Wood. Ind. Test. pl. 21. f. 144.

* Kiener. Spec. des Coq. p. 8. n° 6. pl. 2. f. 3. 3 a.

* Küster. Conch. Cab. p. 36. n° 2. pl. 7. f. 1. 2.

Habite l'Océan des Grandes-Indes, les côtes des Moluques. Mon cabinet. C'est la plus grande et la plus belle de son genre. Ses taches sónt d'un rouge de sang très vif, et les plis dentiformes qui couronnent la sommité de ses tours la caractérisent. Vulg. la *Thiare.* Longueur : 4 pouces 8 lignes.

3. Mitre pontificale. *Mitra pontificalis*. Lamk.

M. *testá ovato-turritá, striis impressis cinctá, punctis majusculis per-*
foratá, albá, maculis aurantio-rubris irregularibus pictá; anfrac-
tuum margine superiore elevato, tuberculis crassis coronato; colu-
mellá quadriplicatá.

Lister. Conch. t. 840. f. 68.

Petiv. Amb. t. 9. f. 15.

Gualt. Test. t. 53. fig. I. *ad dexteram.*

Seba. Mus. 3. t. 51. f. 37. *figuræ quatuor.*

Knorr. Vergn. 4. t. 28. f. 2.

Martini. Conch. 4. t. 147. f. 1355. 1356.

Encycl. pl. 370. f. 2. a. b.

Mitra pontificalis. Ann. ibid. p. 198. n° 3.

* *Voluta papalis.* Var. β. Gmel. p. 3459.

* *Voluta thiara.* Dillw. Cat. t. 1. p. 561. n° 148. *Ex Man. solanderi.*

* Desh. Encycl. méth. Vers. t. 2. p. 450. n° 6.

* Wood. Ind. Test. pl. 21. f. 145.

* Kiener. Spec. des Coq. p. 7. n° 5. pl. 1. f. 2.

* Küster. Conch. Cab. p. 39. n° 4. pl. 7. f. 6. 7.

* Valentyn. Amboina. pl. 5. f. 45.

* Perry. Conch. pl. 39. f. 2. 3.

* Brookes. Introd. of Conch. pl. 6. f. 71.

* *Voluta papalis.* Var. β. Schrot. Einl. t. 1. p. 232.

* *Mitra coronata.* Schum. Nouv. Syst. p. 239.

* *Mitra papalis.* Burrow. Elem. of Conch. pl. 15. f. 4.

Habite l'Océan des Grandes-Indes. Mon cabinet. Espèce voisine de
la précédente par ses rapports, mais qui en diffère constamment
par sa taille et par les caractères précités. Vulg. la *Petite Thiare.*
Longueur : 2 pouces 2 lignes.

4. Mitre pointillée. *Mitra puncticulata*. Lamk.

M. *testá ovato-acutá, transversim striatá, luteo-rufescente, infernè al-*
bido-zonatá, flammulis fuscis longitudinalibus pictá; striis impres-
sis, punctatis, subdenticulatis; anfractibus tuberculato-coronatis;
columellá quadriplicatá.

Seba. Mus. 3. t. 50. f. 29. 30.

Favanne. Conch. pl. 31. fig. D 3.

Mitra puncticulata. Ann. ibid. n° 4.

* Desh. Encycl. méth. Vers. t. 2. p. 450. n° 7.

* Kiener. Spec. des Coq. p. 10. n° 8. pl. 7. f. 20.

* Küster. Conch. Cab. p. 120. n° 115. pl. 17 d. f. 1. 2.

* Kammerer. Rudelst. Cab. pl. 9. f. 8.

* *Voluta digitalis*.Var. Dillw. Cat. t. 1. p. 559.

Habite l'Océan Indien. Mon cabinet. Cette espèce se distingue de la suivante, en ce que les tubercules qui couronnent ses tours sont assez grands pour faire paraître la spire comme muriquée et étagée. Ces mêmes tubercules sont un peu pointus. Long. : 17 lignes.

5. Mitre millépore. *Mitra millepora*. Lamk. (1)

M. *testá ovato-oblongá, transversìm striatá, albo luteo rufo et fusco variá; striis impressis, excavato-punctatis; anfractuum margine superiore tuberculis parvis obtusis coronato; columellá quinqueplicatá.*

An voluta pertusa? Lin. Syst. nat. 2. p. 1193. n° 424.

Seba. Mus. 3. t. 5o. f. 28.

Voluta digitalis. Chemn. Conch. 10. t. 151. f. 1432. 1433.

Encycl. pl. 370. f. 5.

Mitra millepora. Ann. ibid. n° 5.

* *Voluta pertusa.*Var. γ. Gmel. p. 3458.

* *Voluta digitalis.*Dillw. Cat. t. 1. p. 559. n° 145. *Exclus. var.*

* *Id.* Wood. Ind. Test. pl. 21. f. 142.

* Kiener. Spec. des Coq. p. 11. n° 9. pl. 7. f. 19.

* Küster. Conch. Cab. p. 45. n° 13. pl. 8. f. 11. 12.

Habite l'Océan Indien. Mon cabinet. Celle-ci a ses stries plus serrées et plus régulièrement piquetées que l'espèce précédente. Sa spire n'est point étagée, et les tubercules qui en couronnent les tours sont petits et obtus. Longueur : 21 lignes 3 quarts.

6. Mitre cardinale. *Mitra cardinalis*. Lamk. (2)

M. *testá ovato-acutá, transversìm striatá, punctis minutis perforatá, albá; maculis spadiceis ut plurimùm tessellatis seriatis; columellá quinqueplicatá.*

---

(1) Ce nom de *Mitra millepora* doit être changé contre celui de *Mitra digitalis*, parce que ce nom est le premier que l'espèce ait reçu; il a été donné par Chemnitz, comme le constate la synonymie de Lamarck lui-même.

(2) Nous avons plusieurs questions à discuter dans cette note : d'abord qu'est-ce que le *Voluta pertusa* de Linné? On trouve pour la première fois ce *Pertusa* dans la 10ᵉ édition du *Systema naturæ*. La phrase qui le caractérise est si courte et si vague qu'elle pourrait s'appliquer à un assez grand nombre d'espèces. Linné renvoie à une seule figure de Gualtieri, la-

Lister. Conch. t. 838. f. 65.
Gualt. Test. t. 53. fig. G. *ad dexteram.*

quelle, assez douteuse elle-même, me paraît représenter une variété du *Mitra versicolor.* En passant dans le *Museum Ulricæ*, cette espèce prend un tout autre caractère : la description est plus complète, la phrase caractéristique plus étendue; mais Linné soupçonna alors que ce *Pertusa* pourrait bien être une simple variété du *Voluta mitra.* On pourrait croire néanmoins qu'il est plus facile de déterminer l'espèce linnéenne. Pour y parvenir, j'ai mis en regard les trois espèces auxquelles les caractères de Linné peuvent s'appliquer, c'est-à-dire le *Mitra millepora*, le *Mitra cardinalis* et le *Mitra versicolor.* Il résulte de cette recherche faite avec la plus scupuleuse attention, que l'on peut appliquer le nom de *Pertusa* à l'une quelconque de ces espèces, tant les caractères sont peu précis. J'engage les naturalistes, que de telles questions intéressent, de recommencer la même épreuve pour s'assurer de l'exactitude de ce que j'avance. Dans la 12ᵉ édition, la confusion augmente par l'addition, dans la synonymie, de trois figures de Seba (t. 3, pl. 50, f. 28, 47, 48). La figure 28 pourrait, à la rigueur, convenir au *Mitra millepora* de Lamarck. Quant aux figures 47 et 48, elles représentent bien évidemment des variétés du *Mitra scabriuscula.* Il n'est pas étonnant qu'une espèce rendue aussi vague occasionne tant de divergence dans les opinions des naturalistes. Gmelin commence par introduire, sous le nom de Linné, cinq espèces bien distinctes. Dillwyn rejette le *Pertusa*, tel que Gmelin l'a fait, mais il prétend que le *Pertusa* de Linné est le *Voluta cardinalis* de Gmelin, et en même temps les *Mitra cardinalis* et *archiepiscopalis* de Lamarck. Quant à Lamarck, il a encore une autre opinion que ses prédécesseurs : il rapporte, il est vrai, avec doute, le *Pertusa* de Linné à son *Mitra millepora*, qui est le *Digitalis* de Chemnitz. Pour faire voir combien cette divergence a été générale, j'ajouterai encore que Born a cru trouver l'espèce de Linné dans le *Versicolor.* M. Sowerby, dans son *Genera*, applique ce nom au *Mitra cardinalis*, tandis que M. Anton, dans son catalogue, adopte la manière de voir de

Seba. Mus. 3. t. 5o. f. 5o. 5r.

Knorr. Vergn. 4. t. 28. f. 3.

Voluta pertusa. Born. Mus. t. 9. f. 11. 12.

Martini. Conch. 4. t. 147. f. 1358. 1359.

Voluta cardinalis. Gmel. p. 3458. n° 93.

Encycl. pl. 369. f. 3. a. b.

Mitra cardinalis. Ann. ibid. p. 199. n° 6.

* *Voluta pertusa.* Dillw. Cat. t. 1. p. 558. n° 144. *Non Linnei.*

* *Mitra pertusa.* Sow. Genera of Shells. f. 2.

* *Id.* Reeve. Conch. Syst. t. 2. p. 252. pl. 279. f. 2.

* *Id.* Swainson, Exot. Conch. p. 24. pl. 3o.

* Desh. Encycl. méth. Vers. t. 2. p. 448. n° 2.

* Wood. Ind. Test. pl. 21. f. 141.

* Kiener. Spec. des Coq. p. 4. n° 2. pl. 3. f. 6. 6 a.

* *Mitra Lamarkii. Id.* p. 5. n° 3. pl. 3. f. 7.

* Küster. Conch. Cab. p. 38. n° 3. pl. 7. f. 3. 4.

Habite l'Océan Indien. Mon cabinet. Plus grande et moins rare que
les deux Mitres qui précèdent, cette espèce est éminemment distinguée par ses petites taches carrées et d'un rouge brun, disposées
par rangées transverses sur un fond blanc, avec quelques nébulosités violâtres. Longueur : 2 pouces une ligne.

7. Mitre archiépiscopale. *Mitra archiepiscopalis.* Lamk.

> *M. testá ovato-acutá, fulvá; maculis rufis inæqualibus subseriatis;*
> *striis transversis puncticulatis; labro crenulato; columellá quinque-*
> *plicatá.*

Lamarck : *tot capita quot sensus.* J'ai insisté avec quelque détail
sur cet exemple de confusion, pour faire sentir la nécessité de
la réforme que j'ai déjà proposée plus d'une fois, dans le cours
de mes annotations, et qui consiste à supprimer définitivement
des catalogues ces espèces incertaines de Linné, dont le nom
peut s'appliquer à plusieurs de nos espèces plus sévèrement observées et circonscrites.

Une autre question se présente : qu'est-ce que le *Mitra archiepiscopalis* de Lamarck ? C'est un mélange de plusieurs espèces, une variété du *Scabriuscula*, Gualt. 53. fig. L. Seba 5o, 47,
une variété du *Versicolor*, Gualt. 54, H ; une variété du *Cardinalis*, Encycl. 369, f. 1. a. b. D'où nous concluons à la suppres-
sion de l'espèce et à la distribution de la synonymie, de la manière que nous venons de l'indiquer.

Gualt. Test. t. 53. fig. L. et t. 54. fig. H.

Seba. Mus. 3. t. 5o. f. 47.

Favanne. Conch. pl. 31. fig. C 5.

Encycl. pl. 369. f. 1. a. b.

Mitra archiepiscopalis. Ann. ibid. n° 7.

Habite l'Océan Indien. Mon cabinet. Voisine de la précédente par ses rapports, mais plus petite et moins belle, cette espèce s'en distingue par ses stries plus serrées, régulièrement pointillées, par sa couleur sombre, blanc-fauve nué de brun, avec des taches rousses inégales, subsériales, et surtout par son bord droit crénelé. Longueur : 22 lignes.

8. Mitre fleurie. *Mitra versicolor.* Martyns. (1)

M. testá subfusiformi, lutescente, albo rufo fuscoque maculatá et nebulosá; striis transversis puncticulatis; labro crenulato; columellá quadriplicatá.

Mitra versicolor. Martyns. Conch. 1. f. 23.

Voluta nubila. Gmel. p. 3450. n° 143.

Mitra versicolor. Ann. ibid. n° 8.

* *Voluta nubila.* Chemn. Conch. t. 11. p. 17. pl. 177. f. 1705. 1706.

* *Voluta nubila.* Dillw. Cat. t. 1. p. 558. n° 143.

» Kiener. Spec. génér. des Coq. p. 6. n° 4. pl. 7. f. 18.

* Desh. Encycl. méth. Vers. t. 2. p. 448. n° 3.

* Küster. Conch. Cab. p. 5. 135. n° 122. pl. 17 *d.* f. 10. 11.

Habite les mers de la Nouvelle-Hollande et sur les côtes des îles des Amis. Mon cabinet. Cette espèce est différente du *V. nubila* de Chemnitz. Elle est munie transversalement de stries un peu distantes, et finement pointillées. Les interstices de ces stries forment

---

(1) Le *Voluta nubila* de Chemnitz est exactement la même espèce que le *Mitra versicolor* de Martyns. Ce qui a pu faire croire à Lamarck que ces espèces sont différentes, c'est que les figures de Chemnitz sont incorrectes, et faites d'après des individus d'une coloration plus intense que ceux que l'on voit le plus habituellement dans les collections. S'il était possible de déterminer exactement le *Voluta ruffina* de Linné, ce serait, je pense, plutôt à cette espèce qu'au *Mitra adusta* de Lamarck qu'il faudrait la rapporter. Dillwyn pense que ce *Voluta ruffina* et le *Mitra adusta* ne sont qu'une seule et même espèce.

des rides aplaties qui sont traversées par des stries longitudinales très fines. Longueur : 22 lignes trois quarts.

9. **Mitre sanguinolente.** *Mitra sanguinolenta.* Lamk. (1)

> M. testá ovato-fusiformi, albá, maculis flammulisque sanguineis pictá; sulcis transversis excavato-punctatis; columellá quinqueplicatá.

Voluta nubila. Chemn. Conch. 11. t. 177. f. 1705. 1706. *syn. excl.*

Mitra sanguinolenta. Ann. ibid. p. 200. n° 9.

* Kiener. Spec. des Coq. p. 19. n° 16. pl. 14. f. 45.

* Küster. Conch. Cab. p. 88. n° 67. *Exclus. Chemn. synom.*

Habite... l'Océan austral? Collect. du Mus. Espèce fort jolie et très rare. Sa superficie offre des sillons transverses munis de gros points enfoncés, et des rides ou très petites côtes longitudinales qui la font paraitre un peu granuleuse. Longueur : 33 millimètres.

10. **Mitre ferrugineuse.** *Mitra ferruginea.* Lamk.

> M. testá ovato-fusiformi, albá, aurantio vel ferrugineo maculatá; sulcis transversis elevatis; columellá subquinqueplicatá.

An Martini. Conch. 4. t. 149. f. 1380? 1381?

Mitra ferruginea. Ann. ibid. n° 10.

[b] *Var. testá elongatá, subturritá.*

Voluta mitra abbatis. Chemn. Conch. 11. t. 177. f. 1709. 1710.

* Swain. Zool. Illust. 1re série. t. 1. pl. 66. f. 2.

* Desh. Ency. méth. Vers. t. 2. p. 461. n° 37.

* Kiener. Spec. des Coq. p. 24. n° 21. pl. 8. f. 23.

* Küster. Conch. Cab. p. 68. n° 42. pl. 13. f. 1. 2.

* *Voluta vitulina.* Dillw. Cat. t. 1. p. 553. n° 124.

* *Voluta abbatis.* Dillw. Cab. t. 1. p. 557. n° 140.

---

(1) Si la figure que donne M. Kiener, du *Mitra sanguinolenta*, représente fidèlement, comme je le crois, l'espèce de Lamarck, il en résulterait pour moi, du moins, que Lamarck aurait entendu une espèce dans sa description, et l'aurait confondue avec une autre dans sa synonymie ; ou pour être plus net, la description et la synonymie comportent deux espèces : celle de la synonymie me paraît être une variété de la précédente (*Voluta nubila*, Chemn.); *Mitra versicolor*, la seule figure de M. Kiener, représente pour moi le *Mitra sanguinolenta*. M. Küster admet à la fois, sous le nom de *Sanguinolenta* les deux espèces, en question, puisqu'il introduit dans sa synonymie les figures de Chemnitz et celles de M. Kiener.

* Wood. Ind. Test. pl. 2r. f. 137.

Habite... Mon cabinet. Celle-ci est dépourvue de points enfoncés, et offre des sillons élevés qui la traversent. Longueur : r3 lignes et demie ; l'exemplaire du Muséum a 46 millimètres. Le mien est un individu jeune.

11. Mitre térébrale. *Mitra terebralis*. Lamk.

M. testâ turritâ, prælongâ , lutescente, flammulis spadiceis longitudinalibus ornatâ ; sulcis transversis elevatis ; costis longitudinalibus crebris parvulis inæqualibus sulcos decussantibus ; columella sexplicatâ.

Mitra terebralis. Ann. ibid. p. 201. n° 11.

* Kiener. Spec. des Coq. p. 23. n° 20. pl. 8. f. 21.

* Küster. Conch. Cab. p. 70. n° 44. pl. 13. f. 5. 6.

Habite... Mon cabinet. Cette espèce très remarquable semble tenir le milieu entre la précédente et celle qui suit. Elle est allongée , turriculée, et offre huit tours de spire. Son ouverture est blanche. Longueur : 3 pouces une ligne.

12. Mitre rôtie. *Mitra adusta*. Lamk. (1)

M. testâ fusiformi-turritâ, albido-lutescente , maculis rufo-fuscis longitudinalibus ornatâ ; striis transversis impressis remotiusculis puncticulatis ; suturis crenulatis ; columellâ quinqueplicatâ.

Lister. Conch. t. 822. f. 40.

Seba. Mus. 3. t. 5o. f. 49.

Knorr. Vergn. 2. t. 3. f. 5.

Martini. Conch. 4. t. 147. f. 1361.

Voluta pertusa. Gmel. p. 3458. n° 92.

Encyclop. pl. 569. f. 5. a. b.

Mitra adusta. Ann. ibid. n° 12.

[*b*] *Var. testâ breviore , ventricosiore ; maculis nigricantibus.*

* Reeve. Conch. Syst. t. 2. p. 252. pl. 279. f. 3.

---

(1) Schroëter et Gmelin ont commis une erreur en appliquant à cette espèce le nom de *Voluta pertusa*, qui appartient à une autre. Dillwyn lui-même a eu tort d'assimiler au *Mitra adusta* de Lamarck le *Ruffina* de Linné, quoique la trop courte description linnéenne laisse beaucoup de doute. En s'aidant de sa synonymie, il y aurait plus de raisons de penser que le *Versicolor* est la même espèce que le *Ruffina*.

* Kiener. Spec. des Coq. p. 22. n° 19. pl. 6. f. 15.
* Küster. Conch. Cab. p. 40. n° 5. pl. 7. f. 5.
* *Voluta pertusa.* Schrot. Einl. t. 1. p. 228. n° 33. *Non Linnæi.*
* *Voluta Ruffina.* Dillw. Cat. t. 1. p. 545. n° 106. *Non Linnæi.*
* *Mitra adusta.* Sow. Genera of Shells. f. 3.
* Quoy et Gaim. Voy. de l'Astr. Zool. t. 2. p. 638. pl. 55. f. 8. 9.
* Encyclop. méth. Vers. t. 2. p. 460. n° 36.
* Wood. Ind. Test. pl. 20. f. 103.

Habite les côtes de Timor. Mon cabinet. Bord droit un peu crénelé postérieurement. Longueur : 2 pouces 8 lignes. La variété [b] est plus raccourcie, plus ventrue, en fuseau court, et offre sur un fond roussâtre des taches brunes, presque noires. Long. : 23 lignes.

13. Mitre granulée. *Mitra granulosa.* **Lamk.** (1)

M. *testá subturritá, decussatá, granosá, rufo-fuscescente ; granis confertis, crassiusculis, transversim et longitudinaliter ordinatis ; columellá quadriplicatá.*

Martyns. Conch. 1. f. 19.
Martini. Conch. 4. t. 149. f. 1390.
Encyclop. pl. 370. f. 6.
Mitra granulosa. Ann. ibid. n° 13.
* Kiener. Spec. des Coq. p. 25. n° 23. pl. 8. f. 22.
* Küster. Conch. Cab. p. 69. n° 43. pl. 13. f. 3. 4.
* *Voluta nodulosa.* Gmel. p. 3453. n° 58. Var. β.
* Schrot. Einl. t. 1. p. 277. *Voluta* n° 125.
* *Voluta nodulosa.* Dillw. Cat. t. 1. p. 544. n° 103. *Variet. exclus.*
* Desh. Encyclop. méth. Vers. t. 2. p. 460. n° 35.

Habite l'Océan des grandes Indes. Mon cabinet. Ses tours sont légèrement étagés. Longueur : 20 lignes trois quarts.

14. Mitre safranée. *Mitra crocata.* **Lamk.**

M. *testá ovato-turritá, decussatá, granulosá, croceá; anfractibus*

---

(1) Nous avons plusieurs observations à faire au sujet de cette espèce : 1° le nom de *Granulosa,* donné par Lamarck doit être changé pour celui de *Nodulosa,* proposé pour la première fois par Gmelin ; 2° Lamarck introduit dans la synonymie de l'espèce la figure 19 de Martyns, qui pour nous constitue une espèce à part ; 4° Dillwyn confond à tort avec le *Nodulosa* le *Mitra crocata* de Lamarck, qui est toujours parfaitement distinct.

*basi lineâ albâ cinctis, supernè angulatis : angulo granis emi-
nentioribus coronato ; columellâ quadriplicatâ.*

Mitra crocata. Ann. ibid. p. 202. n° 14.

Voluta nodulosa. Var. Dillw. Cat. t. 1. p. 544. *Syn. pl. exclus.*

* Kiener. Spec. des Coq. p. 89. n° 87. pl. 27. f. 85.

* Küster. Conch. Cab. p. 32. n° 119. pl. 17. *d.* f. 6.

Habite... Les mers des Indes orientales? Mon cabinet. Cette espèce,
plus petite, mais plus élégante que celle qui précède, est très
rare, et parait même inédite. Sa spire est étagée, et chacun de ses
tours est terminé inférieurement par une ligne blanche transverse ; mais le dernier porte cette ligne vers sa partie supérieure.
Longueur : 15 lignes.

15. **Mitre bicolore.** *Mitra casta.* **Lamk.** (1)

*M. testâ turritâ, lævi, bruneâ, albo-fasciatâ; spiræ fasciis seriatìm
punctatis, subplicatis; columellâ sexplicatâ.*

Mitra fasciata. Martyns. Conch. 1. f. 20.

Voluta casta. Chemn. Conch. 10. p. 136. Vign. 20. fig. C. D.

Gmel. p. 3453. n° 137.

Mitra casta. Ann. ibid. n° 15.

* *Mitra matronalis.* Schum. Nouv. Syst. p. 239.

* *Mitra casta.* Swain. Zool. Illustr. 1re série. t. 1. pl. 48.

* *Voluta casta.* Dillw. Cat. t. 1. p. 554. no 127.

* *Mitra casta.* Kiener. Spec. génér. des Coq. p. 105. n° 103. pl.
33. f. 109.

* Desh. Ency. méth. Vers. t. 2. p. 460. n° 34.

* Swain. Zool. Illustr. 1re série. f. 1. pl. 48.

* Wood. Ind. Test. pl. 20. f. 124.

---

(1) Malgré l'habitude où l'on est de donner à cette espèce le
nom que Chemnitz lui a imposé, nous proposons de lui restituer un nom plus ancien de plusieurs années, celui de Martyns:
cela serait d'autant plus convenable que l'auteur anglais a eu le
mérite en même temps de désigner le genre Mitre, de la manière la plus précise. Toutes les espèces de ce genre sont dé-
signées sous le nom de *Mitra*, et celle-ci sous celui de *Mitra
fasciata*. M. Kiener attribue à tort à Swainson l'introduction
de cette espèce dans le genre Mitre: c'est Lamarck, le premier,
qui l'a placée dans son véritable genre, en publiant sa *Monographie* des Mitres, dans le tome 15 des *Annales du Museum.*

Küster. Conch. Cab. p. 6o. n° 3ı. pl. ıı. f. ıo. ıı.

Habite les côtes septentrionales de l'île d'Amboine. Longueur, selon les figures de *Chemnitz* : 2 pouces et un peu plus.

ı6. Mitre rayée. *Mitra nexilis*. Lamk. (ı)

M. testâ subfusiformi, transversim fusco-lineatâ, punctis albis cinctâ.

Martyns. Conch. ı. f. 22.

Mitra nexilis. Ann. ibid. n° ı6.

Habite sur les côtes des îles des Amis. Cette Mitre et la précédente offrent tant d'intérêt par leurs caractères, que j'ai dû les mentionner, quoique je ne les connaisse pas.

ı7. Mitre olivaire. *Mitra olivaria*. Lamk. (2)

M. testâ ovato-fusiformi, læviusculâ, albidâ, fusco-fasciatâ; striis transversis obsoletis; columellâ quinqueplicatâ.

An Lister. Conch. t. 8ı3. f. 23. a?

Encyclop. pl. 37ı. f. 3. a. b.

Mitra olivaria. Ann. ibid. n° ı7.

* *Voluta Nucea.* Dillw. Cat. t. ı. p. 538. n° 87.

* *Voluta olivaria.* Dillw. Càt. t. ı. p. 558. n° ı42.

* Wood. Ind. Test. pl. 20. f. 84.

* Reeve. Conch. Syst. t. 2. p. 252. pl. 280. f. 6.

* *Voluta nucea.* Gronov. Zooph. p. 398. n° ı3ı9. pl. ı8. f. ıı.

* Wood. Ind. Test. pl. 2ı. f. ı38.

* *Id.* Gmel. p. 3449.

* Schrot. Einl. t. ı. p. 3oı.

* Desh. Encycl. meth. Vers. t. 2. p. 459. n° 32.

(ı) Il est évident pour moi que cette espèce doit être supprimée : elle ne diffère en rien du *Mitra filosa*, n° 33 ; en les réunissant, on fera disparaître un double emploi fâcheux.

(2) Si Lamarck avait consulté l'ouvrage de Gronovius, il y aurait trouvé cette espèce, inscrite et figurée sous le nom de *Voluta nucea* : il faut donc rendre à l'espèce le nom de Gronovius, puisqu'il est le premier donné. Dillwyn fait, à l'occasion de cette espèce, un double emploi bien évident; pour s'en convaincre il suffit de comparer les figures de Gronovius et de l'Encyclopédie. Ce qui a pu tromper Dillwyn, c'est que la figure de Gronovius représente un individu sans couleur, tandis que celle de l'Encyclopédie en représente un très beau, tel qu'il est très rare d'en voir dans les collections.

* Kiener. Spec. des Coq. p. 101. n° 99. pl. 31. f. 102.

* Küster. Conch. Cab. p. 91. n° 70. pl. 16. f. 1 à 4.

Habite... Mon cabinet. Espèce rare, ayant un peu la forme d'une
olive, et à spire pointue, beaucoup plus courte que le dernier
tour. Longueur : 23 lignes.

18. **Mitre scabriuscule.** *Mitra scabriuscula.* **Lamk.**

*M. testâ fusiformi, longitudinaliter striatâ, transversè rugosâ : rugis
ut plurimùm albo fuscoque articulatis ; anfractibus convexis ; columellâ quadriplicatâ, perforatâ ; labro crenulato.*

Voluta scabriuscula. Lin. Syst. nat. éd. 12. p. 1192. Gmel. p.
3450. n° 48.

Mitra sphærulata. Martyns. Conch. 1. f. 21.

Encycl. pl. 371. f. 5. a. b.

Mitra scabriuscula. Ann. ibid. p. 203. n° 18.

* Kiener. Spec. génér. des Coq. p. 14. n° 12. pl. 4. f. 9. 9 a.

* *Voluta scabriuscula.* Born. Mus. p. 225?

* Schub. et Wagn. Suppl. à Chemn. p. 80. pl. 225. f. 3090. 3091.

* Desh. Encycl. méth. Vers. t. 2. p. 459. n° 33.

* Wood. Ind. Test. pl. 20. f. 96.

* Küster. Conch. Cab. p. 41. n° 6. pl. 7. f. 8. pl. 9. f. 1. 2.

* Knorr. Vergn. t. 4. pl. 11. f. 3.

* Gualt. Ind. Test. pl. 53. f. L.

* *Buccinum scabriculum.* Lin. Syst. nat. éd. 10. p. 740.

* *Voluta exasperata.* Var. β. Gmel. p. 3453.

* *Voluta leucostoma.* Gmel. p. 3457. n° 88.

* Gualt. Ind. pl. 54. f. L ?

* Seba. Mus. t. 3. pl. 50. f. 47. 48.

* Schrot. Einl. t. 1. p. 297. n° 213.

* *Voluta scabricula.* Dillw. Cat. t. 1. p. 542. n° 99. *Exclus. variet.*

Habite l'Océan des grandes Indes, les côtes des îles des Amis. **Mon**
cabinet. Très belle et très rare espèce, qui paraît plus ou moins
perfectionnée dans ses caractères, selon qu'elle vit, ou dans l'Océan
Pacifique, ou dans les mers de l'Inde. Elle est allongée, fusiforme,
à tours arrondis. Dans les individus de la mer Pacifique, les rides
transverses sont toutes articulées de blanc et de brun ; mais dans
ceux de l'Océan indien, la moitié supérieure de la coquille est
grisâtre, légèrement nuée de fauve, et ce n'est que sur le dernier
tour, principalement sur la zone du milieu, que les rides sont articulées de blanc et de rouge brun. L'exemplaire que je possède
est au nombre de ces derniers. Longueur : 25 lignes.

19. **Mitre granatine.** *Mitra granatina.* **Lamk.**

M. testâ fusiformi, longitudinaliter striatâ, albidâ, subfasciatâ ;

cingulis elevatis, angustis, granulatis, albo spadiceoque articulatis ; columellá subquinqueplicatá.

Rumph. Mus. t. 29. fig. T.

Petiv. Amb. t. 9. f. 18.

Encycl. pl. 371. f. 4. a. b.

Mitra granatina. Ann. ibid. n° 19.

* Knorr. Vergn. t. 5. pl. 15. f. 8.

* *Voluta scabricula.* Var. Dillw. Cat. t. 1. p. 542. n° 99.

* Kiener. Spec. des Coq. p. 16. n° 13. pl. 4. f. 10.

* Desh. Encycl. méth. Vers. 4. f. 2. p. 458. n° 30.

* Küster. Conch. Cab. p. 127. n° 113. pl. 17 c. f. 11.

Habite l'Océan des grandes Indes. Mon cabinet. Voisine de la précédente par ses rapports, celle-ci s'en distingue par ses cordelettes transverses qui, au lieu d'être aplaties, sont distinctement granuleuses. Elle est d'ailleurs moins grande et moins vivement colorée. Longueur : 22 lignes.

20. **Mitre à créneaux.** *Mitra crenifera.* Lamk. (1)

M. testá fusiformi, albá, spadiceo seu fusco fasciatá ; fasciis margine superiore lobatis ; rugis transversis granulatis ; columellá quadriplicatá.

Seba. Mus. 3. t. 49. f. 19. 20.

Encycl. pl. 370. f. 3. a. b.

Mitra crenifera. Ann. ibid. p. 204. n° 20.

* Knorr. Vergn. t. 3. pl. 27. f. 3.

* *Voluta clathrus.* Gmel. p. 3457. n° 86.

* Schrot. Einl. t. 1. p. 296. *Voluta.* n° 208.

* *Voluta clathrus.* Dillw. Cat. t. 1. p. 541. n° 97.

* *Voluta crenifera.* Dillw. Cat. t. 1. p. 542. n° 98.

* Desh. Encycl méth. Vers. t. 2. p. 459. n° 31.

---

(1) Peut-être le *Voluta ruffina* de Linné (Syst. nat. édit. 12. p. 1192. n° 418) est-il la même espèce que celle-ci : on lui trouve quelques caractères communs, mais l'identité ne peut être établie, parce que la description de Linné est trop courte, et n'est point accompagnée d'une synonymie suffisante. Nous joignons au *Mitra crenifera* de Lamarck le *Voluta clathrus* de Gmelin et de Dillwyn. Ce *Clathrus* a été établi sur une figure de Knorr, qui représente un individu du *Crenifera*, plus jeune et plus pâle ; au reste cette espèce a la plus grande analogie avec le *Mitra scabriuscula*, n° 18.

* Wood. Ind. Test. pl. 20. f. 94. 95.
* Kiener. Spec. des Coq. p. 18. n° 15. pl. 4. f. 11.
* Küster. Conch. Cab. p. 126. n° 112. pl. 17'c. f. 10.

Habite les mers de l'Inde. Mon cabinet. Elle est fort jolie, vivement colorée, peu ventrue, et remarquable par les crénelures du bord supérieur de ses zones, lesquelles ressemblent à celles des anciennes fortifications. Longueur : 14 lignes 3 quarts.

21. **Mitre serpentine.** *Mitra serpentina.* **Lamk.** (1)

M. testá subfusiformi, albá, aurantio-zonatá, lineis spadiceis longi-tudinalibus undatis pictá; striis transversis excavato-punctatis; columellá quinque seu sexplicatá.

Encycl. pl. 370. f. 4. a. b.

Mitra serpentina. Ann. ibid. n° 21.

* Knorr. Vergn. t. 5. pl. 18. f. 6.
* Schrot. Einl. t. 1. p. 298. *Voluta.* n° 215.
* *Voluta variegata.* Gmel. p. 3457. n° 89.
* *Voluta variegata.* Dillw. Cat. t. 1. p. 545. n° 107.
* *Voluta serpentina.* Dillw. Cat. t. 1. p. 557 n° 141.
* *Id.* Wood. Ind. Test. pl. 21. f. 138.
* Schub. et Wag. Chemn. Supp. p. 86. pl. 225. f. 4004. a. b.
* Desh. Encycl. méth. Vers. t. 2. p. 458. n° 28.
* Kiener. Spec. des Coq. p. 13. n° 11. pl. 6. f. 17.
* Küster. Conch. Cab. p. 50. n° 20. pl. 9. f. 13. 14.

Habite l'Océan Indien. Mon cabinet. Plus jolie encore, et au moins aussi rare que la précédente, cette espèce est remarquable par ses lignes longitudinales, ondées, colorées d'un rouge brun. Les interstices de ses stries offrent des cordelettes lisses, un peu aplaties, et ses tours de spire présentent un angle obtus vers leur sommet. Longueur : 15 lignes et demie.

22. **Mitre rubanée.** *Mitra tæniata.* **Lamk.** (2)

M. testá elongatá, fusiformi, angustá, zonis alternatìm luteis et al-bis ornatá : earumdem marginibus nigris; costis longitudinalibus

---

(1) Cette espèce avait été déjà nommée par Gmelin *Voluta variegata,* elle doit donc reprendre son premier nom et devenir le *Mitra variegata.* Dillwyn fait à son sujet un double emploi, en la reproduisant plus loin sous le nom de *Serpentina.*

(2) Lamarck confond sous ce nom deux espèces : l'une de Chemnitz, nommé *Regina* par M. Sowerby; l'autre de l'Encyclo-

obtusis; interstitiis transversè striatis; columellâ quadriplicatâ; labro internè striato.

Chemn. Conch. 10. t. 151. f. 1444. 1445.

Encycl. pl. 373. f. 7. a. b.

Mitra tæniata. Ann. ibid. nº 22.

* Valentyn. Amboina. pl. 2. f. 12.

* *Voluta tæniata.* Dillw. Cat. t. 1. p. 550. nº 117. *Excl. dans. syn.*

* Kiener. Spec. des Coq. p. 68. nº 67. pl. 19. f. c.

Habite l'Océan Indien. Mon cabinet. Très belle espèce, toujours distincte de la suivante par sa forme et sa coloration. Elle est fort allongée, et sa base forme une espèce de queue un peu ascendante. C'est une de celles auxquelles on donne vulgairement le nom de *Minarets.* Longueur : 23 lignes et demie. Mais elle devient plus grande.

23. **Mitre plicaire.** *Mitra plicaria.* Lamk.

M. testâ ovato-fusiformi, longitudinaliter plicatâ, albidâ, fasciis fusco-nigris interruptis cinctâ; plicis elevatis, remotiusculis, anticè subspinosis; anfractibus supernè angulatis : ultimo zonâ lividâ cincto; columellâ quadriplicatâ; labro intùs striato.

Voluta plicaria. Lin. Syst. nat. éd. 12. p. 1193. Gmel. p. 3452. nº 55.

Lister. Conch. t. 820. f. 37.

Bonanni. Recr. 3. f. 65.

Petiv. Gaz. t. 56. f. 1.

Gualt. Test. t. 54. fig. F.

D'Argenv. Conch. pl. 9. fig. Q.

Favanne. Conch. pl. 31. fig. I.

Seba. Mus. 3. t. 49. f. 23. 24.

Knorr. Vergn. 1. t. 15. f. 5. 6. et 3. t. 27. f. 4.

Martini. Conch. 4. t. 148. f. 1362. 1363.

Encycl. pl. 373. f. 6.

Mitra plicaria. Ann. ibid. p. 205. nº 23.

* *Voluta plicaria.* Lin. Syst. nat. éd. 10. p. 732.

* *Id.* Lin. Mus. Ulric. p. 596.

---

pédie, à laquelle reste le nom de *Tæniata.* MM. Schubert et Wagner rapportent au *Tæniata* de Lamarck, une espèce qui nous paraît différente de celles comprises par Lamarck, dans sa synonymie ; cependant elle se rapproche plus de la figure de l'Encyclopédie que de celle de Chemnitz.

* Schum. Nouv. Syst. p. 238:

* *Voluta plicaria.* Born. Mus. p. 227.

* *Id.* Schrot. Einl. t. 1. p. 227. n° 32.

* *Id.* Dillw. Cat. t. 1. p. 550. n° 118.

* Desh. Encycl. méth. Vers. t. 2. p. 457. n° 26.

* Wood. Ind. Test. pl. 20. f. 115.

* Kiener. Spec. des Coq. p. 75. n° 73. pl. 20. f. 63.

* Küster. Conch. Cab. p. 53. n° 24. pl. 10. f. 1. 2.

Habite l'Océan Indien. Mon cabinet. C'est une des moins effilées et des plus communes parmi les *Minarets*. Bien plus raccourcie et autrement colorée que la précédente, elle est fortement plissée, et a sa spire bien étagée, presque muriquée, l'extrémité des plis formant une saillie un peu pointue à l'angle des tours. Elle est ridée transversalement vers sa base. Long. : 23 lignes un quart.

24. Mitre ridée. *Mitra corrugata.* Lamk. (1)

M. testá ovato-fusiformi, longitudinaliter plicatá, transversè rugosá, albidá; fasciis cingulisque fuscis; anfractibus supernè angulatis: ultimi anfractús angulo submuricato; columellá quadriplicatá.

Rumph. Mus. t. 29. fig. S.

Petiv. Amb. t. 13. f. 7.

Gualt. Test. t. 54. fig. A. E.

Seba. Mus. 3. t. 49. f. 31. 32. 35. 36. 38. 43. 44.

Encycl. pl. 373. f. 8. a. b.

Mitra corrugata. Ann. ibid. n° 24.

[*b*] *Var. testá rubente; zonis albis.*

Knorr. Vergn. 6. t. 12. f. 5.

Martini. Conch. 4. t. 148. f. 1364.

* Klein. Tentam. Ostrac. pl. 5. f. 87.

* Küster. Conch. Cab. p. 54. n° 25. pl. 10. f. 3? pl. 11. f. 4.

* *Voluta rugosa.* Gmel. p. 3456. n° 82.

* Schrot. Einl. t. 1. p. 201. *Voluta.* n° 186.

* *Voluta rugosa.* Dillw. Cat. t. 1. p. 551. n° 119.

* Quoy et Gaim. Voy. de l'Astr. Zool. t. 2. p. 641. pl. 45. f. 10.

* Desh. Encyc. méth. Vers. t. 2. p. 457. n° 27.

* Wood. Ind. Test. pl. 20. f. 116.

---

(1) Gmelin ayant établi cette espèce dans la 13ᵉ édition du *Systema naturæ*, sous le nom de *Voluta rugosa*, il sera nécessaire de substituer cette dénomination à celle de Lamarck, qui est de beaucoup postérieure.

* Kiener. Spec. des Coq. p. 71. n° 70. pl. 22. f. 67. *Excl. var.*
Habite l'Océan Indien. Mon cabinet. Celle-ci n'est pas moins commune que la précédente, et s'en rapproche beaucoup par ses rapports ; mais elle est un peu moins ventrue, et s'en distingue surtout par ses rides transverses, quoique petites, et par sa coloration, offrant, sur un fond blanc, des zones brunâtres et des fascies
de même couleur, qui ne sont jamais interrompues. Longueur :
19 lignes.

25. Mitre costellaire. *Mitra costellaris.* Lamk. (1)

*M. testâ fusiformi, transversè striatâ, fuscatâ, albo-fasciatâ; costis
longitudinalibus crebris; anfractibus supernè angulatis, ad angulum crenato-muricatis; columellâ quadriplicatâ.*

Gualt. Index. Test. t. 54. fig. D.
Chemn. Conch. 10. t. 151. f. 1436. 1437.
Encycl. pl. 373. f. 3.

---

(1) Chemnitz confond cette espèce avec la suivante, sous le
nom de *Voluta subdivisa* ; je crois que Lamarck, après avoir conservé ce nom dans les Annales, a eu raison de le rejeter. Pourquoi, en effet, serait-ce plutôt l'une que l'autre de ces espèces
qui conserverait le nom de Chemnitz? C'est le hasard ou l'arbitraire seul qui pourrait résoudre cette question, et rien dans
la nomenclature ne doit être livré au hasard ou à l'arbitraire.
La nomenclature a ses règles dictées par le bon sens, et je pense
que dans cette occasion, et dans tous les cas semblables, il faut
suivre l'exemple de Lamarck, donner à chaque espèce un nom
nouveau, pour que le nom ancien ne soit plus un sujet de doute
et de polémique.

M. Kiener nomme *Mitra intermedia*, une belle et grande variété de cette espèce; nous l'avons sous les yeux, et nous n'apercevons de différences que dans la taille, et quelques nuances dans
la coloration, mais pour nous ces différences sont insuffisantes
pour fonder sur elles une bonne espèce. Il serait possible que le
Mitra hybrida de M. Kiener ne soit aussi qu'une autre variété
du *Mitra costellaris* ; il est vrai que la coquille de M. Kiener est
rouge, mais l'on sait que les coquilles brunes ou noirâtres prennent cette couleur lorsqu'elles ont été long-temps exposées aux
influences atmosphériques.

Mitra costellaris. Ann. ibid. p. 206. n° 25.

[*b*] *Var. costis laxioribus.*

* *Voluta costellaris.* Dillw. Cat. t. 1. p. 548. n° 113.

* Desh. Encycl. méth. Vers. t. 2. p. 456. n° 24.

* Wood. Ind. Test. pl. 20. f. 110.

* Kiener. Spec. des Coq. p. 69. n° 68. pl. 19. f. 6.

* *Mitra intermedia.* Kiener. Spec. des Coq. p. 73. n° 71. pl. 22. f. 70.

* Küster. Conch. Cab. p. 42. n° 8. pl. 8. f. 3. 4.

Habite l'Océan Indien. Mon cabinet. Quoique voisine des précédentes, on l'en distingue facilement en ce qu'elle est allongée, étroite, que sa spire est bien étagée, et que ses côtes sont fréquentes et menues. Longueur : 21 lignes.

26. Mitre en lyre. *Mitra lyrata.* Lamk.

M. testá fusiformi, angustá, muticá, albidá, fasciis spadiceis cinctá; costis longitudinalibus angustis creberrimis; interstitiis transversè striatis; anfractibus supernè obtusissimè angulatis; columellá quadriplicatá.

Chemn. Conch. 10. t. 151. f. 1434. 1435.

Encycl. pl. 373. f. 1. a. b.

Mitra subdivisa. Ann. ibid. n° 26.

* *Voluta subdivisa.* Dillw. Cat. t. 1. p. 548. n° 114.

* Desh. Encycl. méth. Vers. t. 2. p. 456. n° 25.

* Wood. Ind. Test. pl. 20. f. 111.

* Kiener. Spec. des Coq. p. 81. n° 79. pl. 23. f. 71.

* Küster. Conch. Cab. p. 46. n° 14. pl. 8. f. 15. 16.

Habite l'Océan Indien. Mon cabinet. Elle est très différente de celle qui précède, avec laquelle cependant on l'a confondue. C'est, en effet, une coquille tout-à-fait mutique, l'angle de chaque tour étant très obtus et sans aspérités. Elle offre, dans toute sa longueur, une multitude de côtes étroites qui ressemblent, en quelque sorte, aux cordes d'une lyre. Longueur : 20 lignes un quart.

27. Mitre mélongène. *Mitra melongena.* Lamk. (1)

M. testá fusiformi, albidá, rufo-fuscescente fasciatá; costellis longitudinalibus creberrimis; striis transversis infrà suturas profundioribus; spirá peracutá; columellá quadriplicatá.

---

(1) M. Kiener, dans son *Species des Coquilles vivantes*, ne donne pas la figure de cette espèce; on trouve à sa place, et sous

Encycl. pl. 373. f. 9.

Mitra melongena. Ann. ibid. n° 27.

* *Voluta melongena.* Dillw. Cat. t. 1. p. 549. n° 115.

* Desh. Encycl. méth. Vers. t. 2. p. 455. n° 22.

* Wood. Ind. Test. pl. 20. f. 112.

Habite... l'Océan Indien? Mon cabinet. Plus ventrue au milieu, et autrement colorée que le *M. lyrata*, bien distinguée du *M. costellaris*, par son défaut d'angles et d'aspérités, elle constitue une espèce particulière, rare, et très distincte. Elle a plusieurs zones transverses, les unes d'un roux très brun, les autres d'un fauve livide. Longueur : 17 lignes un quart.

28. **Mitre sanglée.** *Mitra cinctella.* Lamk.

M. testâ fusiformi, transversè striatâ, albidâ, zonis lividis lineisque aliis rubris, aliis cœruleis cinctâ; costis longitudinalibus infernè obsoletis; anfractibus supernè obtusè angulatis; columellâ quadriplicatâ.

Mitra cingulata. Ann. ibid. p. 207. n° 28.

* Desh. Encycl. méth. Vers. t. 2. 456. n° 23.

* Kiener. Spec. des Coq. p. 70. n° 69. pl. 20. f. 62.

* Küster. Conch. Cab. p. 116. n° 100. pl. 17 *b.* f. 7. 8.

Habite... l'Océan Indien? Mon cabinet. C'est avec l'espèce suivante que cette Mitre a le plus de rapports, et néanmoins elle paraît devoir en être distinguée. Elle est allongée, fusiforme, blanchâtre, zonée obscurément, et est ornée, sur chacun de ses tours, de deux lignes transverses, l'une rouge, l'autre bleuâtre. Son bord droit est strié intérieurement. Longueur : 2 pouces une ligne.

---

son nom, une variété du *Mitra vulpecula.* M. Kiener aurait sans doute évité cette erreur en pesant chacun des mots de la phrase caractéristique de Lamarck; il connaît cette phrase cependant, puisqu'il l'a reproduite textuellement dans l'ouvrage que nous citons, et il aurait dû s'apercevoir que les caractères principaux de forme, de coloration, du nombre des côtes données par Lamarck au *Melongena*, ne s'accordent pas avec ceux de cette variété du *Vulpecula*; enfin, Lamarck ajoute que cette coquille a des rapports avec les *Mitra costellaris* et *Lyrata*, et ne mentionne pas le *Vulpecula*. Si, à tous ces renseignemens, on ajoute la figure citée de l'Encyclopédie, on aura de la peine à se rendre compte de l'erreur de M. Kiener.

29. Mitre renardine. *Mitra vulpecula*. Lamk.

M. testâ fusiformi, transversìm impresso-striatâ, longitudinaliter et obtusè costatâ, luteo-rufescente, fusco-zonatâ; apice basique nigricantibus; columellâ quadriplicatâ; labro intùs striato.

Voluta vulpecula. Lin. Syst. nat. éd. 12. p. 1193. Gmel. p. 3451. n° 54.

Rumph. Mus. t. 29. fig. R.

Petiv. Amb. t. 13. f. 6.

Gualt. Test. t. 54. fig. B. C.

Seba. Mus. 3. t. 49. f. 27. 28. 29. 30. 39. 40.

Knorr. Vergn. 3. t. 15. f. 2. et 5. t. 16. f. 3.

Martini. Conch. 4. t. 148. f. 1366.

Encycl. pl. 373. f. 2.

Mitra vulpecula. Ann. ibid. n° 29.

* *An eadem. Var.? Mitra vittata.* Swain. Zool. illustr. 1re série. t. 1. pl. 23.

* Lin. Syst. nat. éd. 10. p. 732.

* Lin. Mus. Ulric. p. 595.

* Roissy. Buf. Moll. t. 5. pl. 56. f. 9.

* *Voluta vulpecula.* Born. Mus. p. 227.

* *Id.* Schrot. Einl. t. 1. p. 226. n° 31.

* *Id.* Dillw. Cat. t. 1. p. 547. n° 112.

* *Id.* Wood. Ind. Test. pl. 20. f. 109.

* *Mitra vulpecula.* Küster. Conch. Cab. p. 58. n° 29. pl. 10. f. 12. 13. pl. 11. f. 1. 2. 3.

* Desh. Encycl. méth. Vers. t. 2. p. 454. n° 20.

* *Mitra vittata.* Kiener. Spec. des Coq. p. 67. n° 66. pl. 20. f. 61.

* *Mitra vulpecula.* Kiener. Spec. des Coq. p. 76. n° 74. pl. 21. f. 64.

* *Mitra melongena.* Kiener. Spec. des Coq. p. 77. n° 75. pl. 21. f. 65.

* *Id.* Küster. Conch. Cab. p. 57. n° 27. pl. 10. f. 8. 9.

Habite l'Océan Indien. Mon cabinet. On la distingue par ses côtes longitudinales obtuses, lesquelles sont presque nulles vers la base du dernier tour. Sa columelle et son bord droit sont maculés de brun. Longueur : 22 lignes un quart.

30. Mitre nègre. *Mitra caffra*. Lamk. (1)

M. testâ fusiformi, medio lævi, zonis alternatìm albo-luteis et rufo

---

(1) Il est à présumer que le *Voluta morio* de Linné n'est qu'une

*fuscescentibus ornatá; basi transversè rugosá; spirá longitudina-
liter plicatá transversìmque striatá; columellá quadriplicatá.*

Voluta caffra. Lin. Syst. nat. éd. 12. p. 1192, Gmel. 3451. n° 51.

Gualt. Test. t. 53. fig. E.

Seba. Mus. 3. t. 49. fig. 21. 22. 41.

Knorr. Vergn. 5. t. 19. f. 4.

Martini. Conch. 4. t. 148. f. 1369.'1370.

Encycl. pl. 373. f. 4.

Mitra caffra. Ann. ibid. p. 208. n° 30.

* *Voluta caffra.* Lin. Syst. nat. éd. 10. p. 732.

* *Id.* Lin. Mus. Ulric. p. 595.

* *Voluta caffra.* Born. Mus. p. 226.

* *Id.* Schrot. Einl. t. 1. p. 225. n° 29.

* *Id.* Dillw. Cat. t. 1. p. 546. n° 109.

* *Mitra bifasciata.* Swain. Illust. Zool. t. 1. pl. 35. et t. 2. pl. 88.
fig. *duæ med. Mit. caffra.*

* *An eadem. Var.? Mitra zonalis.* Quoy et Gaim. Voy. de l'Astr.
Zool. t. 2. p. 654. pl. 45 bis. f. 16. 17.

* Desh. Encycl. méth. Vers. t. 2. p. 455. n° 21.

* Wood. Ind. Test. pl. 20. f. 106.

* Kiener. Spec. des Coq. p. 73. n° 76. pl. 21. f. 66.

* Küster. Conch. Cab. p. 56. n° 26. pl. 10. f. 6. 7.

Habite les mers de l'Asie. Mon cabinet. Bord droit strié à l'intérieur.
Longueur : 20 lignes un quart.

31. Mitre sangsue. *Mitra sanguisuga.* Lamk. (1)

*M. testá fusiformi, transversìm impresso-striatá, longitudinaliter cos-
tatá, fulvo-cærulescente, albo-zonatá; costis granulatis sanguineis;
columellá quadriplicatá.*

---

variété du *Caffra.* Ce qui me porte à le croire, c'est que, pour
les deux espèces, Linné, dans sa synonymie, renvoie aux mêmes
figures de Seba, citées ainsi deux fois pour des espèces distinctes
aux yeux de leur auteur, cependant Linné donne pour caractère
au *Voluta morio* de n'avoir que trois petits plis à la columelle, il
y en a toujours quatre au *Voluta caffra.*

(1) Linné réunissait, sous le nom de *Voluta sanguisuga*, toute
la synonymie de cette espèce et de la suivante nommée Stigma-
taire par Lamarck; il nous semble que Lamarck aurait dû de
préférence donner le nom linnéen à son *Stigmataria*, et Linné

Voluta sanguisuga. Lin. Syst. nat. éd. 12. p. 1192. Gmel. p. 3450. n° 50.

Lister. Conch. t. 821. f. 38.

Petiv. Gaz. t. 4. f. 5.

An Gualt. Index. Test. t. 53. fig. F.

Seba. Mus. 3. t. 49. f. 11. 12. 15. 16.

Martini. Conch. 4. t. 148. f. 1373. 1374.

Encycl. pl. 373. f. 10.

Mitra sanguisuga. Ann. ibid. n° 31.

* Lin. Syst. nat. éd. 10. p. 732.

* *Voluta sanguisuga.* Born. Mus. p. 226.

* *Id.* Schrot. Einl. t. 1. p. 224. n° 28.

* *Id.* Dillw. Cat. t. 1. p. 546. n° 108. *Exclus variet.*

* Desh. Encycl. méth. Vers. t. 2. p. 454. n° 18.

* Wood. Ind. Test. pl. 20. f. 105.

* Kiener. Spec. des Coq. p. 80. n° 78. pl. 24. f. 75.

* Küster. Conch. Cab. p. 58. f. 28. pl. 10. f. 10. 11.

Habite l'Océan indien. Mon cabinet. Espèce très jolie, mais imparfaitement figurée dans la plupart des ouvrages, ce qui l'a fait confondre avec la suivante. Ses côtes longitudinales sont très menues, granuleuses, et d'un rouge vive. Longueur: 17 lignes.

32. Mitre stigmataire. *Mitra stigmataria.* Lamk.

M. testá cylindraceo-fusiformi, transversìm impresso-striatá, longitudinaliter costatá, cinereo-cœrulescente, lineis punctatis sanguineis cinctá costis granosis; columellá triplicatá.

Rumph. Mus. t. 29. fig. V.

Petiv. Amb. t. 13. f. 9.

Knorr. Vergn. 4. t. 11. f. 4.

Regenf. Conch. 1. t. 1. f. 5.

Martini. Conch. 4. t. 148. f. 1367. 1368.

An voluta granosa? Chemn. Conch. 10. t. 151. f. 1442. 1443.

Mitra stigmataria. Ann. ibid. n° 32.

* *Voluta sanguisuga.* Var. Dillw. Cat. t. 1. p. 546.

* Schub. et Vag. Chemn. Supp. p. 85. pl. 225. f. 4002. 4003.

* Quoy et Gaim. Voy. de l'Astr. Zool. t. 2. pl. 642. pl. 45. f. 11. 12.

---

dit que les fascies transverses du *Sanguisuga* sont formées de points rouges; ce serait donc à celle-ci qui n'a pas de fascies, de points rouges, que conviendrait la dénomination nouvelle, celle de Linné devant appartenir à la suivante.

* Desh. Encycl. méth. Vers. t. 2. p. 454. n° 19.
* Kiener. Spec. des Coq. p. 79. n° 77. pl. 24. f. 74.
* Küster. Conch. Cab. p. 48. n° 17. pl. 9. f. 5. 6. pl. 10. f. 4. 5.

Habite l'Océan Indien. Mon cabinet. Jolie coquille, plus grêle que la précédente, et qui s'en distingue par des rangées transverses de points rouges situés sur les côtes, et par sa columelle à trois plis. Longueur : 15 lignes et demie.

33. Mitre filifère. *Mitra filosa.* Lamk. (1)

M. testâ fusiformi, tenuissimè cancellatâ, cinguliferâ, stramineâ; cingulis elevatis, angustis, crebris, intensè rubris; columellâ quadriplicatâ.

Gualt. Test. t. 53. fig. H.

Voluta filosa. Born. Mus. p. 225. t. 9. f. 9. 10.

Favanne. Conch. pl. 31. fig. C 7.

Voluta filosa. Gmel. p. 3465. n° 111.

Mitra filosa. Ann. ibid. p. 209. n° 33.

* *Voluta filaris.* Lin. Mantissa. p. 548.
* *Id.* Gmel. p. 3457.
* *Id.* Dillw. Cat. t. 1. p. 540. n° 93.
* *Mitra filosa.* Schub. et Wagn. Supp. à Chemn. p. 81. pl. 225. f. 3092. 3093.
* Desh. Encycl. méth. Vers. t. 2. p. 453. n° 16.
* Crouch. Lamk. Conch. pl. 19. f. 3.
* *Mitra nexilis.* Martyns. Univ. Conch. pl. 22.
* *Voluta leucosticta.* Var. β. Gmel. p. 3452. n° 85.
* *Voluta filosa.* Dillw. Cat. t. 1. p. 540. n° 94.
* Schrot. Einl. t. 1. p. 301. n° 225.
* Kiener. Spec. génér. des Coq. p. 20. n° 17. pl. 5. f. 12. 12 a.
* Wood. Ind. Test. pl. 20. f. 91.
* Küster. Conch. Cab. p. 47. n° 15. pl. 9. f. 3. 4. pl. 13. f. 11. 12.

(1) La description que Linné donne de son *Voluta filaris* dans le Mantissa ne me laisse aucun doute sur son identité avec le *Voluta filosa* de Born. Je suis étonné que les auteurs qui ont étudié Linné avec soin n'aient pas reconnu le fait; aussi nous engageons ceux que ces questions intéressent, à revoir le Mantissa, la coquille à la main, et ils seront étonnés de l'exactitude et de la précision d'une description très courte cependant. En conséquence, nous proposons de rendre à l'espèce son nom linnéen. Nous ajouterons que le *Mitra nexilis* de Lamarck, n° 16, est un double emploi de celle-ci,

* *Mitra nexilis.* Küster. Conch. Cab. p. 64. n° 36. pl. 12. f. 7.

Habite... Mon cabinet. Jolie espèce, facile à reconnaître par les nombreuses cordelettes élevées et purpurines qui l'entourent et l'ornent agréablement. Longueur : 16 lignes.

34. Mitre fendillée. *Mitra fissurata.* Lamk.

M. testâ fusiformi, lævissimâ, pallidè griseâ; lineis albis obliquis reticulatìm cancellatis fissuras æmulantibus; columellâ quadriplicatâ.

Encycl. pl. 371. f. 1. a. b.

Mitra fissurata. Ann. ibid. n° 34.

* *Voluta fissurata.* Dillw. Cat. t. 1. p. 541. n° 95.

* Desh. Encycl. méth. Vers. t. 2. p. 453. n° 17.

* Wood. Ind. Test. pl. 20. f. 92.

* Reeve. Conch. Syst. t. 2. p. 252. pl. 280. f. 5.

* Kiener. Spec. des Coq. p. 38. n° 37. pl. 33. f. 110.

* Küster. Conch. Cab. p. 125. n° 110. pl. 17 c. f. 8.

Habite... Mon cabinet. Espèce rare, très singulière, et dont la surface, quoique fort lisse, ressemble, par ses lignes en réseau, à de la faïence légèrement fendillée. Elle est fusiforme-cylindracée. Bord supérieur des tours resserré près des sutures. Longueur : 17 lignes 3 quarts.

35. Mitre lactée. *Mitra lactea.* Lamk.

M. testâ fusiformi, sublævigatâ, pellucidâ, albâ; striis transversis obsoletis subpuncticulatis; columellâ quadriplicatâ.

Chemn. Conch. 11. t. 179. f. 1735. 1736.

Encycl. pl. 371. f. 2. a. b.

Mitra lactea. Ann. ibid. p. 210. n° 35.

* *Voluta Schrœteri.* Var. B. Dillw. Cat. t. 1. p. 539.

* Desh. Encycl. méth. Vers. t. 2. p. 453. n° 15.

* *Voluta Schrœteri.* Wood. Ind. Test. pl. 20. f. 87.

* Küster. Conch. Cab. p. 125. n° 111. pl. 17 c. f. 9.

Habite... les côtes occidentales d'Afrique? Mon cabinet. Cette espèce, que Chemnitz regarde comme une variété de la suivante, me parait en être bien distincte. Non-seulement elle devient plus grande, mais elle est unicolore, et lorsque les individus ne sont pas usés ou roulés, on aperçoit des stries transverses un peu pointillées que l'autre n'offre pas. Longueur : 14 lignes un quart.

36. Mitre corniculaire. *Mitra cornicularis.* Lamk. (1)

M. testâ subturritâ, basi vix emarginatâ, lævi, corneâ, albo fulvoque nebulatâ; columellâ quadriplicatâ.

---

(1) Schrœter avait pris cette espèce pour le *Cornicula* de

Voluta cornicula. Schroëtter. Einl. in Conch. 1. t. 1. f. 13.

Voluta Schrœteri. Chemn. Conch. 11. t. 179. 1733. 1734.

Mitra cornicula. Ann. ibid. n° 36.

* *Voluta cornicula*. Gmél. p. 3449. *non Linnei*.

* *Voluta Schrœteri*. Dilw. Cat. t. 1. p. 539. n° 90. *Excl. variet*.

* Kiener. Spec. des Coq. p. 32. n° 30. pl. 12. f. 38.

Habite les côtes occidentales d'Afrique. Mon cabinet. A-t-elle quelque chose de commun avec le *V. cornicula* de Linné? Ses tours sont à peine convexes et presque continus, et la pointe de sa spire est émoussée. Longueur : 9 lignes et demie.

37. Mitre jaunâtre. *Mitra lutescente*. **Lamk.**

M. *testá subturritá, basi vix emarginatá, lævi, corneá, lutescente aut pallidè fulvá, immaculatá; columellá triplicatá.*

Mitra lutescens. Ann. ibid. n° 37.

* *Voluta lutescens*. Delle Chiaje dans Poli. Testac. t. 3. 2ᵉ p. 35. pl. 46. f. 31. 32.

* *Voluta Schrœteri*. Var. C. Dillw. Cat. t. 1. p. 539.

* Payr. Cat. des Moll. de Corse. p. 164. n° 330. pl. 8. f. 19.

* Küster. Conch. Cab. p. 89. n° 68. pl. 15. f. 19. 20.

* Desh. Encycl. méth. Vers. t. 2. p. 452. n° 14.

* Kiener. Spec. des Coq. p. 31. n° 29. pl. 11. f. 32.

Habite les côtes occidentales d'Afrique. Mon cabinet. Celle-ci est, sans doute, très voisine de la précédente; mais elle est unicolore et n'a que trois plis à la columelle. Longueur : 7 lignes un quart.

38. Mitre striatule. *Mitra striatula*. **Lamk. (1)**

M. *testá subturritá, acutá, striis elegantissimè cinctá, albido-fulvá;*

Linné, mais le vrai *Cornicula* est la même coquille que celle nommée *Cornea* par Lamarck, n° 40. Chemnitz reconnut l'erreur de Schroëter, et proposa le nom de *Voluta Schrœteri* pour l'espèce de cet auteur. Ce nom, à cause de sa priorité, doit être substitué à celui de Lamarck, et l'espèce deviendra le *Mitra Schrœteri*. Sous le nom de *Mitra tessellata*, M. Kiener figure une espèce à laquelle il rapporte, comme synonymie, le *Voluta Schrœteri* de Chemnitz, et il ne s'aperçoit pas que déjà il a mentionné la même figure à une autre espèce, le *Mitra cornicularis* de Lamarck. Cependant cette figure de Chemnitz ne peut convenir à deux espèces à-la-fois.

(1) Si la figure citée de Lister, pl. 819, f. 33, représente réel-

*anfractibus margine superiore appressis; columellâ quinque seu
sexplicatâ.*

Lister. Conch. t. 819. f. 33.

Encycl. pl. 372. f. 6.

Mitra striatula. Ann. ibid. n° 38.

* *Voluta barbadensis.* Gmel. p. 3455. n° 74.

* Schrot. Einl. t. 1. p. 281. *Voluta.* n° 149.

* *Voluta barbadensis.* Dillw. Cat. t. 1. p. 541. n° 96.

* Desh. Encycl. méth. Vers. t. 2. p. 452. n° 13.

* Wood. Ind. Test. pl. 20. f. 73.

* Kiener. Spec. des Coq. p. 36. n° 35. pl. 13. f. 41.

* Küster. Conch. Cab. p. 75. n° 51. pl. 14. f. 4. 5.

Habite les mers d'Amérique. Mon cabinet. Ses stries fines, serrées,
et régulièrement espacées, la caractérisent. Sa base est médiocrement échancrée. On en voit beaucoup de petits individus dans les
collections. Longueur : 19 lignes. Mais rare, de cette taille.

39. Mitre subulée. *Mitra subulata.* Lamk.

*M. testâ fusiformi-turritâ, subulatâ, longitudinaliter transversìmque
impresso-striatâ, albido-corneâ, fulvo-nebulosâ; caudâ subreflexâ;
columellâ quadriplicatâ.*

An Schroëter. Einl. in Conch. 1. t. 1. f. 17.

Mitra subulata. Ann. ibid. p. 211. n° 39.

* *Voluta costata.* Gmel. p. 3458.

* *Id.* Dillw. Cat. t. 1. p. 543. n° 101.

* Küster. Conch. Cab. p. 112. n° 96. pl. 17 *b.* f. 1. 2.

Habite... Mon cabinet. Celle-ci est allongée, étroite, subulée, et a
l'aspect d'une Vis. La série transverse, voisine de chaque suture,
est plus profonde que les autres. Longueur : 16 lignes et demie.

40. Mitre cornée. *Mitra cornea.* Lamk. (1)

*M. testâ ovato-fusiformi, acutâ, medio lævigatâ, apice basique
transversìm striatâ, corneo-fuscescente; columellâ quadriplicatâ.*

---

lement cette espèce, ce qui n'est pas douteux, il faudra admettre avec Dillwyn que, reconnue par Gmelin, il lui a donné
le nom de *Voluta barbadensis.* Dès-lors, l'identité de l'espèce de
Gmelin et de celle de Lamarck se trouve établie, et le nom de
Barbadensis, le premier en date, doit rester à l'espèce.

(1) Le *Voluta cornicula* de Linné me paraît être exactement
la même espèce que le *Mitra cornea* de Lamarck. Les deux

Mitra cornea. Ann. ibid. n° 40.
* *Voluta cornicula.* Lin. Syst. nat. éd. 12. p. 1191. n° 415.
* *Id.* Dillw. Cat. t. 1. p. 538. n° 89. *Synon. Chemn. Exclus.*
* *Id.* Olivi. Adriat. p. 141
* *Voluta lævigata.* Gmel. p. 3455.
* Schrot. Einl. t. 1. p. 279. *Voluta.* n° 139.
* Martini. Conch. t. 4. pl. 150. f. 1408.
* *Voluta lævigata.* Dillw. Cat. t. 1. p. 556. n° 136.
* *Mitra cornea.* Payr. Cat. des Moll. de Corse. p. 165. n° 332.
    pl. 8. f. 20.
* *Id.* Philip. Enum. Moll. Sicil. p. 229. n$_o$ 2.
* Blainv. Faune franç. p. 216. n° 2. pl. 8 B. f. 1.

Habite les côtes occidentales d'Afrique. Mon cabinet. Son dernier
tour est ventru, lisse, mais ridé transversalement à sa base, qui est
à peine échancrée. Spire pointue. Longueur : 12 lignes et demie.

41. Mitre bigarrée. *Mitra tringa.* Lamk. (1)

M. *testá ovato-acutá, lævi, basi rugosá, albá, maculis ferrugineis
inæqualibus pictá; columellá triplicatá; labro internè striato, gib-
bosulo.*

---

courtes phrases de Linné sont tellement précises et s'accordent
avec une telle exactitude à l'espèce en question, que je n'hésite
pas à réunir, sous une commune synonymie, la coquille de Linné
et celle de Lamarck. L'espèce devra naturellement reprendre
son nom spécifique et deviendra le *Mitra cornicula.* La coquille
que Schroëter, Einl. pl. 1, f. 13, donne comme le *Cornicula* de
Linné, en est très différente, et par la forme et par la coloration. L'espèce de Schroëter a été donnée comme *Cornicula* par
Gmelin. Dillwyn rejette avec juste raison le *Cornicula* de
Schroëter, de la synonymie de celui de Linné, mais il y introduit
une autre coquille qui vient des Antilles, qui a en réalité beaucoup
d'analogie avec le vrai *Cornicula,* et qui cependant s'en distingue toujours.

(1) Si l'on s'en rapportait uniquement à la synonymie de
Linné, on ne pourrait se décider à comprendre cette espèce
parmi les Mitres, car la figure B de la planche 43 de Gualtieri,
conviendrait mieux au *Columbella rustica,* qu'à une Mitre.
Quant au Bigni d'Adanson, si la figure n'est pas très bonne, du

Voluta tringa. Lin. Syst. nat. éd. 12. p. 1191. *Exclus. synon.* Gmel. p. 3449. n° 44.

Gualt. Test. t. 43. fig. B.

Schroëter. Einl. in Conch. 1. p. 220. n° 23. t. 1. f. 12.

Encycl. pl. 374. f. 10. a. b.

Mitra tringa. Ann. ibid. n° 41.

* *Voluta tringa.* Dillw. Cat. t. 1. p. 338. n° 88.

* *Columbella tringa.* Kiener. Spec. des Coq. p. 26. n° 22. pl. 9. f. 3.

* *Id.* Sow. Thes. Conch. p. 119. n° 24. pl. 37. f. 62.

Habite la Méditerranée, sur les côtes d'Afrique. Mon cabinet. Elle a neuf ou dix tours. Les trois plis de la columelle sont peu apparens, et elle semble se rapprocher des Colombelles par le renflement de son bord droit. Longueur : 11 lignes.

42. Mitre mélanienne. *Mitra melaniana.* Lamk. (1)

M. testâ fusiformi, lævigatâ, fusco-nigricante; spirâ acutâ; columellâ quadriplicatâ.

Voluta nigra. Chemn. Conch. 10. t. 151. f. 1430. 1431.

Gmel. p. 3452. n° 132.

Mitra melaniana. Ann. ibid. p. 212. n° 42.

* *Voluta nigra.* Dillw. Cat. t. 1. p. 553. n° 126.

* Wood. Ind. Test. pl. 20. f. 123.

* *An eadem?* Swain. Zool. illustr. 2ᶜ série. t. 1. pl. 5.

* Kiener. Spec. des Coq. p. 27. n° 25. pl. 10. f. 29.

---

moins la description nous apprend qu'elle n'a point de plis sur la columelle. Si cette synonymie n'est point acceptable pour l'espèce en question, la description très courte de Linné ne laisse cependant aucun doute, et son espèce est bien la même que celle de Lamarck. Cette espèce n'est point une Mitre, mais une Colombelle.

(1) Voilà encore une rectification à faire dans la nomenclature de Lamarck, et que lui-même indique dans sa synonymie. Cette espèce doit donc reprendre son nom de *Nigra.* M. Quoy, par un double emploi, a donné le nom de *Mitra nigra* à une espèce très différente de celle de Chemnitz. Comme cette coquille de M. Quoy doit nécessairement changer de nom, nous proposons de lui consacrer celui du savant voyageur, et de l'inscrire sous le nom de *Mitra Quoyi.*

* Küster. Conch. Cab. p. 44. n° 10. pl. 8. f. 8.

Habite les côtes de la Guinée, de l'Inde, et du Groënland, selon les auteurs cités. Espèce bien remarquable, partout brune ou noirâtre et ayant l'aspect d'une Mélanie. Elle est peu ventrue, à tours médiocrement convexes, dont le dernier est un peu strié à sa base. Columelle blanche. Longueur : 46 ou 47 millimètres. Collection du Muséum.

43. Mitre pie. *Mitra scutulata*. Lamk.

T. *testá ovato-acutá, transversìm striatá, fusco-nigricante, albo-maculatá; columellá quadriplicatá.*

Voluta scutulata. Chemn. Conch. 10. t. 151. f. 1428. 1429.

Gmel. p. 3452. n° 131.

Mitra scutulata. Ann. ibid. n° 43.

* *Voluta scutulata.* Dillw. Cat. t. 1. p. 553. n° 125.

* Wood. Ind. Test. pl. 20. f. 122.

* Kiener. Spec. des Coq. p. 64. n° 17. f. 57.

* Küster. Conch. Cab. p. 42. pl. 8. f. 1. 2.

Habite l'Océan Indien. Celle-ci m'est inconnue; ainsi je me borne à la mentionner.

44. Mitre dactyle. *Mitra dactylus*. Lamk.

M. *testá ovato-turbinatá, striis impressis obsoletè punctulatis cinctá, albidá, fulvo-nebulosá; spirá brevissimá, subdecussatá; columellá sexplicatá.*

Voluta dactylus. Lin. Syst. nat. éd. 12. p. 1188. Gmel. p. 3445. n° 25.

Lister. Conch. t. 813. f. 23.

Seba. Mus. 3. t. 53. fig. S.

Chemn. Conch. 10. t. 150. f. 1411. 1412.

Encycl. pl. 372. f. 5. a. b.

Mitra dactylus. Ann. ibid. n° 44.

* Gualt. Ind. Test. pl. 28. fig. P.

* *Voluta dactylus.* Born. Mus. p. 219.

* *Id.* Schrot. Einl. t. 1. p. 208. n° 10.

* *Id.* Dillw. Cat. t. 1. p. 522. n° 47. *Variet. excl.*

* Blainv. Malac. pl. 28 bis. f. 3.

* Desh. Encycl. méth. Vers. t. 2. p. 452. n° 12.

* Wood. Ind. Test. pl. 19. f. 47.

* Reeve. Conch. Syst. t. 2. p. 253. pl. 280. f. 7.

* Kiener. Spec. des Coq. p. 102. n° 100. pl. 31. f. 103.

* Küster. Conch. Cab. p. 94. n° 73. pl. 16. f. 7. 8.

Habite dans le golfe du Bengale. Mon cabinet. Coquille peu commune, épaisse, turbinée comme un cône, à spire fort courte, légèrement treillissée. Longueur : 17 lignes.

45. Mitre gauffrée. *Mitra fenestrata.* Lamk.

M. testá ovato-cylindraceá, subturbinatá, clathratá, albido-fulvá ; costellis longitudinalibus obtusis ; cingulis transversis acutioribus, fusco-maculatis, costellas decussantibus ; spirá brevissimá, acutá ; columellá novemplicatá.

Encyclop. pl. 372. f. 3. a. b.

Mitra fenestrata. Ann. ibid. n° 45.

* Gualt. Ind. pl. 26. f. P.

* *Voluta fenestrata.* Dillw. Cat. t. 1. p. 522. n° 48.

* *Id.* Wood. Ind. Test. pl. 19. f. 48.

* Kiener. Spec. des Coq. p. 106. n° 102. pl. 31. f. 104.

* Küster. Conch. Cab. p. 93. n° 72. pl. 16. f. 5. 6.

Habite les mers de l'Inde. Mon cabinet. Coquille très rare, précieuse, plus petite, moins turbinée et moins épaisse que la précédente. Spire courte et conique. Longueur : 12 lignes et demie.

46. Mitre crénelée. *Mitra crenulata.* Lamk.

M. testá cylindraceá, striis impresso-punctatis cinctá, albá, luteonebulosá ; suturis labroque crenulatis ; spirá brevissimá, conicá ; columellá octoplicatá.

Voluta crenulata. Chemn. Conch. 10. t. 150. f. 1413. 1414.

Gmel. p. 3452. n° 130.

Encyclop. pl. 372. f. 4. a. b.

Mitra crenulata. Ann. ibid. p. 213. n° 46.

* Lister. Conch. pl. 813. f. 23. a.

* *Cylindra coronata.* Schum. Nouv. Syst. p. 236.

* Schrot. Einl. t. 1. p. 258. *Voluta* n° 39.

* *Voluta crenulata.* Dillw. Cat. t. 1. p. 523. n° 49.

* *Id.* Wood. Ind. Test. pl. 19. f. 49.

Desh. Encycl. méth. Vers. t. 2. p. 451. n° 11.

* Kiener. Spec. des Coq. p. 103. n° 101. pl. 32. f. 105.

* Küster. Conch. Cab. p. 95. pl. 16. f. 9. 10.

Habite l'Océan des Grandes-Indes. Mon cabinet. Celle-ci est plus cylindracée que celle qui précède. Elle est finement striée et treillissée, et a ses sutures marginées et crénelées. Longueur : 13 lignes et demie.

47. Mitre tricotée. *Mitra texturata.* Lamk.

M. testá ovato-acutá, ventricosá, albo-ferrugineoque variegatá ;

*sulcis transversis impressis distantibus: interstitiis rugæformi-
bus granosis; striis longitudinalibus impressis confertis; columellá quadriplicatá.*

Lister. Conch. t. 819. f. 36.

Encyclop. pl. 372. f. 2. a. b.

Mitra texturata. Ann. ibid. n⁰ 47.

* *Voluta texturata.* Dillw. Cat. t. 1. p. 523. n⁰ 50.

* Schub. et Wagn. Chemn. Suppl. p. 87. pl. 225. f. 4005. a. b.

* Desh. Encyclop. méth. Vers. t. 2. p. 451. n⁰ 10.

* Wood. Ind. Test. pl. 19. f. 50.

* Kiener. Spec. des Coq. p. 12. n⁰ 10. pl. 2. f. 4.

* Küster. Conch. Cab. p. 51. n⁰ 21. pl. 9. f. 15. 16.

Habite... Mon cabinet. Elle s'éloigne un peu des précédentes par sa
forme et le nombre des plis de sa columelle. Spire un peu saillante.
Longueur : 14 lignes un quart.

48. Mitre petit-cône. *Mitra conulus.* Lamk. (1)

*M. testá obversè conicá, albo-virente, lineis fuscis tenuissimis
remotiusculis cinctá; spirá brevi, conico-acutá, crenulatá et
granosá; ultimo anfractu basi transversim striato; columellá
sexplicatá.*

Lister. Conch. t. 814. f. 23. b.

Voluta conus. Chemn. Conch. 10. t. 150. f. 1415. 1416.

Gmel. p. 3449. n⁰ 140.

Encyclop. pl. 382. f. 2. a. b.

Mitra conulus. Ann. Ibid. n⁰ 48.

* Schrot. Einl. t. 1. p. 281. *Voluta.* n⁰ 148.

* *Voluta conus.* Dillw. Cat. t. 1. p. 325. n⁰ 51.

* *Id.* Wood. Ind. Test. pl. 19. f. 51.

* Kiener. Spec. des Coq. p. 109. n⁰ 107. pl. 34. f. 111.

* Küster. Conch. Cab. p. 98. n⁰ 78. pl. 16. f. 13. 14.

Habite... Mon cabinet. Coquille turbinée, ayant la forme et l'aspect
d'un petit cône, mais dont le genre est caractérisé par les plis de
sa columelle. Longueur : 14 lignes trois quarts.

49. Mitre limbifère. *Mitra limbifera.* Lamk. (2)

M. testá ovato-fusiformi, lævigatá, basi rugosá, aurantio-fulvá;

---

(1) Ce nom de *Conulus* doit être changé pour celui de *Conus,*
donné d'abord par Chemnitz à l'espèce.

(2) Le *Voluta aurantia* de Gmelin, que Lamarck cite ici avec

anfractuum inferiorum limbo albo planiusculo ; columellâ quadriplicatâ.

An Martini. Conch. 4. t. 150. f. 1393? 1394?

An voluta aurantia? Gmel. p. 3454. n⁰ 60.

Mitra limbifera. Ann. ibid. p. 214. n⁰ 49.

* *Voluta aurantia.* Dillw. Cat. t. 1. p. 552. n⁰ 123. *excl. var.*

* Desh. Encyclop. méth. Vers. t. 2. p. 451. n⁰ 8.

* Kiener. Spec. des Coq. p. 56. n⁰ 55. pl. 17. f. 54.

* Küster. Conch. Cab. p. 106. n⁰ 88. pl. 172. f. 1. 2.

Habite... Collection du Muséum. Longueur : 38 millimètres.

50 Mitre orangée. *Mitra aurantiaca.* Lamk.

M. testâ ovatâ, transversim sulcatâ, aurantiâ, albo-zonatâ ; columellâ quadriplicatâ; labro crenulato.

Encyclop. pl. 375. f. 5.

Mitra aurantiaca. Ann. ibid. n⁰ 50.

* *Voluta aurantia. Var.* Dillw. Cat. t. 1. p. 552.

* Desh. Encyclop. méth. Vers. t. 2. p. 451. n⁰ 9.

* *Id.* Mag. de Zool. Coq. 1831. f. 4.

* Kiener. Spec. des Coq. p. 59. n⁰ 58. pl. 18. f. 59.

* Küster. Conch. Cab. p. 124. n⁰ 109. pl. 17. c. f. 7.

Habite... Mon cabinet. Plus petite que la précédente, et simplement ovale, elle est partout sillonnée transversalement, et offre, vers le sommet de son dernier tour, une fascie blanche. Les autres tours sont blancs inférieurement, et orangés vers leur partie supérieure. Longueur : 10 lignes un quart.

51. Mitre amphorelle. *Mitra amphorella.* Lamk. (1)

M. testâ ovato-acutâ, lævigatâ, basi transversè sulcatâ, olivacceo-fuscâ; anfractuum limbo superiore lutescente ; columellâ quadriplicatâ, supernè callosâ.

---

doute, a été établi pour les figures 1393, 1394 de Chemnitz. Si l'on compare ces figures à celle du *Limbifera* que donne M. Kiener, on s'apercevra qu'elles diffèrent; mais ces différences suffisent-elles pour établir deux espèces? M. Küster, dans la nouvelle édition de Chemnitz qu'il publie, attache au *Mitra Peronii* de Lamarck ces figures 1393, 1394. S'il était vrai qu'elles appartinssent à cette espèce, il aurait fallu rétablir le *Mitra aurantia* de Gmelin, et y rapporter le *Mitra Peronii,* comme double emploi.

(1) D'après la figure que M. Kiener donne de cette espèce,

Mitra amphorella. Ann. ibid. n° 51.

* Kiener. Spec. des Coq. p. 57. n° 56. pl. 17. f. 54.

Habite... Mon cabinet. Coquille ovale, lisse et bombée en son milieu, pointue et sillonnée aux extrémités, et ayant une callosité blanchâtre au sommet de sa columelle. Long. : près d'un pouce.

52. Mitre couronnée. *Mitra coronata.* Lamk.

M. testá ovato-fusiformi, striis excavato-punctatis, cinctá, fulvá vel spadiceá; anfractuum limbo superiore albo subcrenato; columellá quinqueplicatá.

Voluta coronata. Chemn. Conch. 11. t. 178. f. 1719. 1720.

Encycl. pl. 371. f. 6. a. b.

Mitra coronata. Ann. ibid. n° 52.

* Wood. Ind. Test. pl. 21. f. 146.

* *Voluta coronota.* Dillw. Cat. t. 1. p. 561. n° 149.

* Desh. Encycl. méth. Vers. t. 2. p. 461. n° 38.

* Kiener. Spec. des Coq. p. 61. pl. 18. f. 60.

* Küster. Conch. Cab. p. 88. n° 66. pl. 26. f. 5. 6.

Habite... Mon cabinet. Celle-ci est plus allongée et moins bombée que la précédente, et a ses tours bordés de blanc et un peu crénelés sous les sutures. Longueur : 11 lignes trois quarts.

53. Mitre zébrée. *Mitra paupercula.* Lamk. (1)

M. testá ovato-oblongá, lœvigatá, basi striatá, albá, lineis spadiceis longitudinalibus radiatìm pictá; columellá quadriplicatá; labro sinuoso.

Voluta paupercula. Lin. Syst. nat. éd. 12. p. 1190. *Excl. Bon. syn.*

Gmel. p. 3447. n° 37.

Lister. Conch. t. 819. f. 35.

---

elle nous paraît un double emploi du *Mitra scutulata*, n° 43. Nous avons une variété de cette dernière dont les tours sont ornés d'une fascie blanche au-dessous de la suture; elle ne diffère en rien de l'*Amphorella* figurée par M. Kiener.

(1) Dillwyn confond avec le *Paupercula*, à titre de variété, une espèce très distincte, à laquelle Lamarck a donné le nom de *Mitra retusa*, n° 61. De son côté, Lamarck confond aussi avec le *Paupercula* une autre espèce qui est non moins distincte que la précédente, et qui est le *Voluta pica* de Chemnitz. Il faut donc dégager cette variété de Lamarck, et lui donner place parmi les espèces, sous le nom de *Mitra pica.*

Gualt. Test. t. 54. fig. L.

Knorr. Vergn. 4. t. 26. f. 5.

Martini. Conch. 4. t. 149. f. 1386. 1387.

Encycl. pl. 372. f. 8. a. b.

Mitra zebra. Ann. ibid. p. 215. n° 53.

[b] *Var. testá penitùs transversim striatá; labro non sinuoso.*

An Voluta pica? Chemn. Conch. 11. t. 178. f. 1721. 1722.

Encycl. pl. 372. f. 7. a. b.

  * Knorr. Vergn. t. 4. pl. 26. f. 5.

  * Wood. Ind. Test. pl. 20. f. 75.

  * Lin. Syst. nat. éd. 10. p. 731.

  * *Mitra radiata.* Schum. Nouv. Syst. p. 238.

  * *Voluta paupercula.* Born. Mus. p. 223.

  * Quoy et Gaim. Voy. de l'Astr. Zool. t. 2. p. 643. pl. 45. f. 13 à 15.

  * Desh. Encycl. méth. Vers. t. 2. p. 461. n° 39.

  * Kiener. Spec. des Coq. p. 48. n° 47. pl. 15. f. 48.

  * Küster. Conch. Cab. p. 71. n° 46. pl. 13. f. 9. 10.

Habite l'Océan Indien. Mon cabinet. Jolie coquille remarquable par les raies longitudinales, ondées, et d'un beau rouge-brun, dont elle est ornée. Longueur : 16 lignes et demie.

54. Mitre cucumérine. *Mitra cucumerina.* Lamk.

M. testá ovatá, ventricosá, sulcis elevatis cinctá, aurantiá; ultimo anfractu fasciá albá subinterruptá cincto; spirá apice obtusá; columellá quadriplicatá.

Martini. Conch. 4. t. 150. f. 1398. 1399.

Encycl. pl. 375. f. 1.

Mitra cucumerina. Ann. ibid. n° 54.

  * Schrot. Einl. t. 1. p. 277. *Voluta.* n° 129.

  * *Voluta ferrugata.* Dillw. Cat. t. 1. p. 535. n° 79.

  * *Id.* Wood. Ind. Test. pl. 20. f. 77.

  * Desh. Encycl. méth. Vers. t. 2. p. 462. n° 40.

  * Kiener. Spec. des Coq. p. 62. n° 61. pl. 9. f. 24.

  * Küster. Conch. Cab. p. 65. n° 38. pl. 12. f. 10. 11.

Habite... Mon cabinet. Cette Mitre ressemble à un petit barillet ventru, bien cerclé. Longueur : un pouce.

55. Mitre patriarchale. *Mitra patriarchalis.* Lamk.

M. testá ovatá, transversè striatá, basi granosá, albá, fulvo vel spadiceo zonatá; anfractibus supernè angulatis, longitudinaliter plicatis, nodosis: nodis albis; spirá apice obtusá; columellá quadriplicatá.

Chemn. Conch. 10. t. 150. f. 1425. 1426.

Voluta patriarchalis. Gmel. p. 3460. n° 138.

Encycl. pl. 374. f. 1. a. b. *è specimine juniore.*

Mitra patriarchalis. Ann. ibid. p. 216. n° 55.

* *Voluta patriarchalis.* Dillw. Cat. t. 1. p. 535. n° 80.

* Desh. Encycl. méth. Vers. t. 2, p. 462. n° 41.

* Wood. Ind. Test. pl. 20. f. 78.

* Kiener. Spec. des Coq. p. 93. n° 91. pl. 27. f. 88.

* Küster. Conch. Cab. p. 101. n° 82. pl. 16. f. 11. 12.

Habite l'Océan Indien. Mon cabinet. Cette Mitre est fort jolie, et ses
caractères sont bien prononcés. Sa moitié supérieure ressemble à
une Thiare blanche, étagée, et couronnée de tubercules. Une
large zone d'un rouge brun orne son dernier tour. Longueur :
9 lignes un quart.

56. Mitre muriculée. *Mitra muriculata.* Lamk.

*M. testâ ovatâ, transversè sulcato-granosâ, aurantiâ; anfractibus
supernè angulatis : angulo tuberculis coronato; spirâ brevi; columellâ quadriplicatâ.*

Chemn. Conch. 10. t. 150. f. 1428.

Mitra muriculata. Ann. ibid. n° 56.

* *Voluta muriculata.* Dillw. Cat. t. 1. p. 535. n° 81.

* Desh. Encycl. méth. Vers. t. 2. p. 462. n° 42.

* Kiener. Spec. des Coq. p. 92. n° 90. pl. 28. f. 92.

* Küster. Conch. Cab. p. 102. n° 83. pl. 16. f. 17. 18.

Habite... l'Océan Indien? Mon cabinet. Moins ornée et plus raccourcie que la précédente, celle-ci doit être distinguée comme espèce. Sa spire est courte et pointue; ses stries granuleuses sont
toutes égales, et sa coloration est uniforme. Bord droit crénelé.
Longueur : 8 lignes un quart.

57. Mitre toruleuse. *Mitra torulosa.* Lamk. (1)

*M. testâ ovato-turritâ, tenuissimè decussatâ, cinereâ; anfractibus
longitudinaliter plicatis : plicis spadiceis, in ultimo anfractu supernè eminentioribus, compressis; columellâ quadriplicatâ.*

---

(1) Le *Voluta cruentata* de Chemnitz a les plus grands rapports avec celle-ci, et il est bien fâcheux que la figure très incorrecte qu'il donne, ne permette pas de l'assimiler avec certitude. La phrase caractéristique de cet auteur conviendrait
presque entièrement au *Torulosa*, s'il n'ajoutait que, dans son
espèce, la coquille est ceinturée de zones alternes blanches et

Mitra torulosa. Ann. ibid. n° 57.

* Kiener. Spec. des Coq. p. 90. n° 88. pl. 25. f. 77. *Excl. variet.*

* Küster. Conch. Cab. p. 84. n° 63. pl. 15. f. 10. *Excl. variet.*

Habite... l'Océan Indien. Mon cabinet. Petite coquille ovale-turriculée, à spire allongée, pointue, composée de huit ou neuf tours bien convexes, et ayant l'intérieur du bord droit strié. Elle est jolie et même élégante. Longueur : 10 lignes un quart.

58. Mitre bois-d'ébène. *Mitra ebenus.* Lamk. (1)

M. testâ ovato-acutâ, lævigatâ, basi subrugosâ, nigrâ; plicis longitudinalibus obsoletis; anfractibus convexis, infrâ suturas lineâ albidâ obscurè cinctis ; columellâ quadriplicatâ.

Mitra ebenus. Ann. ibid. n° 58.

* *Voluta caffra.* Delle Chiaje dans Poli. Testac. t. 3. part. 2. p. 36. pl. 46. f. 52.

* *Mitra Defrancii?* Payr. Cat. des Moll. de Corse. p. 166. pl. 8. f. 22.

* Philip. Enum. Moll. Sicil. p. 229. pl. 12. f. 9. 10.

* Blainv. Faun. franç. p. 217. n° 3. pl. 8 A. f. 2.

* Kiener. Spec. des Coq. p. 30. n° 28. pl. 12. f. 35.

* Küster. Conch. Cab. p. 81. n° 60. pl. 15. f. 4.

Habite la Méditerranée, dans le Golfe de Tarente. Mon cabinet. Coquille remarquable par sa coloration. Long. : 9 lignes et demie.

59. Mitre harpiforme. *Mitra harpæformis.* Lamk. (2)

M. testâ ovato-turritâ, apice obtusâ, aurantio-rubrâ, albo-fasciatâ;

---

noires; ce qui ne s'est jamais montré à moi, dans le *Mitra torulosa.* M. Kiener rapporte à cette espèce, à titre de variété, une coquille qui en paraît très différente, et pour laquelle Lamarck a établi une espèce sous le nom de *Mitra arenosa.*

(1) M. Philippi rapporte à cette espèce, non-seulement le *Mitra Defrancii* de M. Payraudeau, mais encore le *Voluta pyramidella* de Brocchi, et le *Mitra incognita* de Basterot. Nous pensons que ces espèces sont distinctes du *Mitra ebenus*, si ce n'est le *Mitra Defrancii* qui pourrait bien en être une variété. Sur trente-cinq individus du *Mitra ebenus*, que nous avons sous les yeux, il y en a neuf de différentes tailles qui n'ont que trois plis à la columelle; tous les autres en ont quatre. Le *Mitra plumbea* de Lamarck, n° 73, a été établie sur un individu à trois plis de cette espèce.

(2) Nous n'osons rapporter à cette espèce la figure qu'en

costellis albis longitudinalibus, æqualiter distantibus, in summitate nodulosis; interstitiis transversè striatis; columellá subquadriplicatá.

Mitra harpifera. Ann. ibid. p. 217. n° 59.

[b] *Var. testá vix turritá, apice acutá, fuscescente, albo-fasciatá; columellá triplicatá.*

Habite l'Océan Indien. Mon cabinet. Petite coquille, remarquable par ses côtes longitudinales qui ressemblent aux cordes d'une harpe et qui, près de leur sommet, portent chacune un petit nœud rougeâtre ou pourpré. Longueur : 9 lignes.

60. Mitre semi-fasciée. *Mitra semifasciata.* Lamk.

M. testá ovatá, longitudinaliter costatá, supernè albá, basi fulvo-rubente; costellis confertis, in summitate crassulatis; interstitiis transversè striatis; columellá triplicatá.

Mitra semifasciata. Ann. ibid. n° 60.

* Desh. Mag. de Zool. Coq. 1831. f. 36.

* Kiener. Spec. des Coq. p. 86. n° 84. pl. 26. f. 81.

* *Mitra rigida.* Swain. Zool. ill. 1re série. pl. 29.

* Wood. Ind. Test. Supp. pl. 3. f. 17.

* Küster. Conch. Cab. p. 114. n° 98. pl. 17 *b.* f. 3. 4.

Habite l'Océan Indien. Mon cabinet. Voisine de la précédente par ses rapports, mais plus petite et moins jolie, ses côtes ne portent point de nœuds à leur sommet, et sa coloration est différemment disposée. Une ligne brune, transverse et interrompue, se trouve sur la partie inférieure de chaque tour. Long. : 7 lignes et demie.

---

donne M. Kiener, parce que cette figure ne s'accorde pas avec la description ; elle pourrait convenir à la variété, mais cette variété, d'après les caractères que lui donne Lamarck, paraît devoir constituer une espèce distincte; il est fâcheux que M. Kiener n'ait pas figuré aussi le type de l'espèce. Dans la note relative à cette espèce, M. Kiener prétend que le *Mitra Defrancii* de M. Payraudeau n'est qu'une variété du *Harpæformis*, et doit lui être réuni. Nous ne partageons pas cette opinion, et pour nous, le *Mitra Defrancii* a beaucoup plus de rapports avec l'*Ebenus.* Les motifs qui nous déterminent à ne pas admettre les figures de M. Kiener, nous font aussi rejeter celles de M. Küster, qui nous paraissent copiées dans l'ouvrage de M. Kiener.

61. Mitre rétuse. *Mitra retusa.* Lamk.

*M. testá obovatá, infernè transversim striatá, albá, lineis longitudi-
nalibus spadiceis radiatim pictá; ultimo anfractu fasciá albá lineas
decussante; spirá brevi, obtusá; columellá quadriplicatá.*

Schroëter. Einl. in Conch. 1. t. 1. f. 11.

Mitra retusa. Ann. ibid. n° 61.

[b] *Var. lineis rubris.*

* Kiener. Spec. des Coq. p. 49. n° 48. pl. 15. f. 49.
* Küster. Conch. Cab. p. 86. n° 64. pl. 15. f. 13. 14.
* Quoy et Gaim. Voy. de l'Astr. Zool. t. 2. p. 645. pl. 45. f. 19 à 22.
* Desh. Encycl. méth. Vers. t. 2. p. 463. n° 43.

Habite l'Océan Indien. Mon cabinet. Constamment distincte du
M. paupercula, cette espèce est principalement remarquable par
sa spire courte, presque rétuse. Elle a, sur le milieu de son dernier tour, une fascie blanche qui croise quantité de lignes rougeâtres et longitudinales. Bord droit épaissi et un peu renflé en sa
face interne. Longueur : 9 lignes un quart.

62. Mitre petites-zones. *Mitra microzonias.* Lamk.

*M. testá ovatá, longitudinaliter obtusèque costatá, basi transversè
rugosá, fusco-nigricante, fasciis albis angustis subinterruptis
cinctá; columellá triplicatá.*

Encycl. pl. 374. f. 8. a. b.

Mitra microzonias. Ann. ibid. p. 218. n° 62.

* *Voluta microzonias.* Dillw. Cat. t. 1. p. 536.
* Blainv. Malac. pl. 28 bis. f. 2.
* Desh. Encycl. méth. Vers. t. 2. p. 463. n° 44.
* Wood. Ind. Test. pl. 20. f. 81.
* Kiener. Spec. des Coq. p. 94. n° 92. pl. 28. f. 89.
* Küster. Conch. Cab. p. 104. n° 86. pl. 17. f. 12. 13.

Habite l'Océan Indien. Mon cabinet. Spire un peu obtuse ; une seule
fascie sur chaque tour. Longueur : 8 lignes un quart.

63. Mitre ficuline. *Mitra ficulina.* Lamk.

*M. testá ovatá, transversè striatá, rufo-fuscá seu nigrá; costis lon-
gitudinalibus supernè incrassatis, obtusis; columellá subquadriplicatá.*

Mitra ficulina. Ann. ibid. n° 63.

* Kiener. Spec. des Coq. p. 97. n° 95. pl. 27. f. 86.
* Küster. Conch. Cab. p. 132. n° 118. pl. 17 d. f. 5.

Habite l'Océan Indien. Mon cabinet. Celle-ci est partout striée transversalement et n'a point de fascies. Spire un peu obtuse. Longueur : 9 lignes.

64. Mitre nucléole. *Mitra nucleola*. Lamk.

> *M. testá ovatá, longitudinaliter et obsoletè costatá, transversìm te-*
> *nuissimè striatá, luteo-fulvá; spirá apice obtusá; columellá sub-*
> *quadriplicatá.*

Mitra nucleola. Ann. ibid. n° 64.

* Küster. Conch. Cab. p. 112. n° 95. pl. 17. f. 18. 19.

* Kiener. Spec. des Coq. p. 84. n° 82. pl. 26. f. 83. *Excl. variet.*

Habite... Mon cabinet. Elle est moins ventrue que la précédente, et n'offre que des côtes obsolètes. Spire émoussée au sommet. Longueur : 7 lignes et demie.

65. Mitre unifasciale. *Mitra unifascialis*. Lamk. (1)

> *M. testá ovato-acutá, transversìm striatá, longitudinaliter et obsoletè*
> *costatá, aurantiá; anfractibus fasciá albidá cinctis; columellá*
> *quadri seu quinqueplicatá.*

---

(1) Nous avons quelques observations à faire au sujet de cette espèce. M. Kiener, à la page 51 de sa *Monographie des Mitres*, décrit et figure, sous le nom de *Mitra unifascialis* de Lamarck, une coquille lisse, d'un rouge orangé, et qui porte, en effet, une zone blanche sur les tours de spire; mais cette coquille ne répond pas à un caractère important signalé par Lamarck dans sa phrase caractéristique : *longitudinaliter et obsoletè costatá*; cette espèce, dont nous avons sous les yeux plusieurs exemplaires, n'offre aucune trace de côtes longitudinales, si obsolètes qu'on les suppose. Nous soupçonnions une erreur dans la détermination de cette espèce, et en effet, M. Kiener, à la page 85 de l'ouvrage que nous venons de citer, dans la note relative au *Mitra nucleola* de Lamarck, s'exprime de la manière suivante : «Nous rapportons encore à cette dernière espèce « (*Mitra nucleola*) le *Mitra unifascialis* de Lamarck, qui n'en « diffère que par une légère zone d'un blanc obscur, envelop- « pant la convexité du dernier tour; nous l'avons fait figurer « pl. 26, f. 84.» En consultant les dernières figures citées, on s'attend à trouver une nouvelle figure de l'espèce de la page 53, décrite et figurée sous le nom d'Unifasciale; mais on est bien déçu, car cette figure n'a pas la moindre analogie avec la première. Le nom de *Mitra unifascialis* de Lamarck se trouve donc appliqué à deux espèces, et pour s'en convaincre, il suffit

Mitra unifascialis. Ann. ibid. p. 219. n° 65.

× *Mitra nucleola.* Var. Kiener. Spec. des Coq. p. 85. n° 82. pl.
26. f. 84.

Habite... Mon cabinet. Longueur : 8 lignes.

66. Mitre bâtonnet. *Mitra bacillum.* Lamk.

*M. testâ fusiformi, subcylindraceá, transversè sulcatâ, fuscescente,
albido-undatá; spirâ brevi, obtusiusculá; columellá sexplicatá.*

Mitra bacillum. Ann. ibid. n° 66.

* Desh. Encycl. méth.Vers. t. 2. p. 463. n° 46.

* *Id.* Mag. de Zool. Coq. 1831. pl. 7.

* Kiener. Spec. des Coq. p. 114. n° 112. pl. 30. f. 99.

Habite... Mon cabinet. Ouverture allongée, étroite. Longueur:
7 lignes et demie.

67. Mitre conulaire. *Mitra conularis.* Lamk.

*M. testâ angusto-turbinatá, albo fuscoque marmoratá; striis trans-
versis remotis; spirâ acuminatá; columellá quadriplicatá.*

Mitra conularis. Ann. ibid. n° 67.

Habite... Collection du Muséum. Longueur: 19 à 20 millimètres.

68. Mitre sablée. *Mitra arenosa.* Lamk.

*M. testâ ovato-turritá, decussatá, subgranosá, albá; anfractibus fas-
ciá pallidè fulvá distinctis; columellá quadriplicatá.*

Mitra arenosa. Ann. ibid. n° 68.

* *Id. Mitra torulosa.*Var. Kiener. Spec. des Coq. p. 91.pl.25.f.80.

* Küster. Conch.Cab. p. 85. pl. 15. f. 12.

Habite... Collection du Muséum. Queue un peu ascendante. Long. :
2 centimètres.

69. Mitre petit-clou. *Mitra clavulus.* Lamk.

M. testâ turritá, lævi, albido-lutescente; lineis nigris transversis re-

---

de rapprocher, comme nous l'avons fait, les pages et les planches.
Maintenant il faut examiner à laquelle des deux espèces le nom
d'*Unifascialis* doit rester. Déjà nous avons fait pressentir notre
opinion, en disant qu'à l'espèce de la page 53 on ne pouvait
appliquer toute la phrase caractéristique de Lamarck. Cette
phrase convient, au contraire, parfaitement à l'espèce de la page
85, prise par M. Kiener pour une variété du *Nucleola* : aussi la figure de cette seconde espèce est la seule que nous rapporterons
au *Mitra unifascialis* de Lamarck.

motis; anfractibus complanatis; columellâ tri seu quadriplicatâ.
Mitra clavulus. Ann. ibid. n° 69.

Habite... Collection du Muséum. Ses tours sont au nombre de sept
et planulés. Longueur : 25 à 26 millimètres.

70. **Mitre écrite.** *Mitra litterata.* **Lamk.**

*M. testâ ovatâ, ventricosâ, albidâ; striis transversis puncticulatis;
maculis fuscis oblongis characteriformibus fasciatis.*
Mitra litterata. Ann. ibid. p. 220. n° 70.
* Kiener. Spec. des Coq. p. 50. n° 49. pl. 16. f. 50.
* Küster. Conch. Cab. p. 84. n° 62. pl. 15. f. 9.
Habite l'Océan Indien. Collection du Muséum. Long. : 2 centim.

71. **Mitre de Péron.** *Mitra Peronii.* **Lamk.**

*M. testâ ovato-conicâ, transversè sulcatâ, aurantiâ vel fuscâ; anfrac-
tibus fasciâ albidâ cinctis; columellâ quadriplicatâ.*
Mitra Peronii. Ann. ibid. n° 71.
[b] *Var. testâ breviore.*
* Kiener. Spec. des Coq. p. 58. n° 57. pl. 18. f. 58
Habite l'Océan Austral ou des Grandes-Indes. Péron. Mon cabinet. La fascie des tours de la spire est à leur base; celle du dernier
tour est un peu au-dessus de son milieu. Long. : 9 lignes 3 quarts.

72. **Mitre côtes-obliques.** *Mitra obliquata.* **Lamk.**

*M. testâ ovato-conicâ, fulvâ; costis longitudinalibus obliquatis, sub-
granosis; columellâ quadriplicatâ.*
Mitra obliquata. Ann. ibid. n° 72.
Habite... Collection du Muséum. Longueur : 15 ou 16 millimètres.

73. **Mitre plombée.** *Mitra plumbea.* **Lamk.**

*M. testâ ovato-conicâ, lævi, nitidâ, corneâ; lineâ albidâ transversali;
columellâ triplicatâ.*
Mitra plumbea. Ann. ibid. n° 73.
Habite... Collection du Muséum. Coquille lisse, luisante, d'un
brun corné et comme plombé. Longueur : 16 millimètres.

74. **Mitre larve.** *Mitra larva.* **Lamk.**

*M. testâ ovato-conicâ, basi transversè rugosâ, griseâ, subfulvâ; cos-
tellis longitudinalibus supernè granosis; columellâ bi seu triplicatâ.*
Mitra larva. Ann. ibid. n° 74.
* Kiener. Spec. des Coq. p. 88. n° 86. pl. 26. f. 82.
* Küster. Conch. Cab. p. 145. n° 136. pl. 17 e. f. 13.
Habite l'Océan des Grandes-Indes. Collection du Muséum. Bord
droit strié intérieurement. Longueur : 17 ou 18 millimètres.

22.

75. Mitre pisoline. *Mitra pisolina.* Lamk.

M. testá ovatá, longitudinaliter et obtusè costatá, lutescente, nigro-maculatá; striis transversis intercostalibus; columellá bi seu triplicatá.

Mitra pisolina. Ann. ibid. p. 221. n° 75.

[b] *Var. testá aurantiá, albo-maculatá.*

* *Voluta biplicata?* Gmel. p. 3454. n° 64.
* Schrot. Einl. t. 1. p. 278. *Voluta.* n° 132.
* Martini. Conch. t. 4. pl. 149. f. 1375?
* *Voluta biplicata.* Dillw. Cat. t. 1. p. 555. n° 130.
* Kiener. Spec. des Coq. p. 95. n° 93. pl. 28. f. 90.
* Küster. Conch. Cab. p. 87. n° 65. pl. 15. f. 15 à 17.

Habite l'Océan indien. Mon cabinet. Petite coquille ovale, ventrue, presque globuleuse, jaunâtre ou orangée, et tachetée irrégulièrement, soit de noir, soit de blanc. Elle est assez jolie. Longueur: 5 lignes 3 quarts; de sa variété: 7.

76. Mitre dermestine. *Mitra dermestina.* Lamk.

M. testá ovatá, costellatá, inter costas transversè striatá, castaneo et albo variegatá; plicis columellæ quaternis.

Mitra dermestina. Ann. ibid. n° 76.

* Kiener. Spec. des Coq. p. 96. n° 94. pl. 28. f. 91.
* Küster. Conch. Cab. p. 144. n° 135. pl. 17 e. f. 11. 12.

Habite l'Océan des Grandes-Indes. Mon cabinet. Longueur: 6 lignes un quart.

77. Mitre granulifère. *Mitra granulifera.* Lamk.

M. testá minimá, ovatá; costis longitudinalibus granosis spadiceis; interstitiis cinereis; columellá obsoletè plicatá; labro intùs dentato.

Mitra granulifera. Ann. ibid. n° 77.

Habite l'Océan des grandes Indes. Mon cabinet. Longueur: près de 4 lignes.

78. Mitre cloportine. *Mitra oniscina.* Lamk.

M. testá ovato-acutá, decussatá, granosá, fusco alboque fasciatá; columellá quadriplicatá.

Mitra oniscina. Ann. ibid. n° 78.

* Desh. Encycl. méth. Vers. t. 2. p. 463. n° 45.
* Kiener. Spec. des Coq. p. 87. n° 85. pl. 25. f. 79.
* Küster. Conch. Cab. p. 139. n° 127. pl. 17 e. f. 2.

Habite l'Océan des Grandes-Indes. Mon cabinet. Longueur: 6 lignes 3 quarts.

79. Mitre petit-taon. *Mitra tabanula.* Lamk.

> *M. testâ ovato-acutâ, fulvo rubente ; cingulis elevatis transversis ; interstitiis longitudinaliter striatis ; columellâ tri seu quadriplicatâ ; labro crenulato.*

Mitra tabanula. Ann. ibid. p. 222. n° 79.

* Quoy et Gaim. Voy. de l'Astr. Zool. t. 2. p. 652. pl. 45 bis. f. 10 à 13.
* Kiener. Spec. des Coq. p. 60. n° 59. pl. 9. f. 27.
* *An eadem?* Küster. Conch. Cab. p. 108. n° 91. pl. 17 a. f. 9. 10. 11?

Habite l'Océan des Grandes-Indes. Mon cabinet. Celle-ci est remarquable par ses cordelettes transverses et nombreuses, et par les stries fines et longitudinales de leurs interstices. Long.: 6 lignes.

80. Mitre pou. *Mitra pediculus.* Lamk.

> *M. testâ ovatâ, spadiceâ ; cingulis albis elevatis crebris ; columellâ triplicatâ ; labro crenulato.*

Mitra pediculus. Ann. ibid. n° 80.

* Kiener. Spec. des Coq. p. 55. n° 54. pl. 16. f. 53.
* Küster. Conch. Cab. p. 146. n° 138. pl. 17 e. f. 15. 16.

Habite l'Océan des Grandes-Indes. Mon cabinet. Cette Mitre et les six précédentes ont été rapportées par *Péron* des mers de l'Inde et de la Nouvelle-Hollande. Long.: 5 lignes 3 quarts.

† 81. Mitre du Chili. *Mitra chilensis.* Gray.

> *M. testâ ovato-oblongâ, lœvigatâ, nigrâ ; spirâ elongatâ ; anfractibus convexiusculis : ultimo basi attenuato, tenuissimè striato ; aperturâ albâ ; labro tenui, simplici ; columellâ quadriplicatâ, plicis duabus primis majoribus.*

Griff. Anim. Kingd. pl. 10. f. 28.

Kiener. Spec. des Coq. p. 26. n° 24. pl. 10. f. 28.

Küster. Conch. Cab. p. 6. n° 30 pl. 11. f. 8. 9.

Habite les côtes du Chili et du Pérou.

Espèce bien facile à distinguer parmi ses congénères, par sa coloration constamment d'un noir foncé. Elle est ovale-oblongue. Sa spire est un peu plus longue que l'ouverture ; elle est obtuse au sommet, et formée de sept à huit tours peu convexes, entièrement lisses ; le dernier seul offre à la base quelques fines stries obliques. L'ouverture est assez grande, elle est toute blanche et se termine à la base en une échancrure large et profonde. La columelle, presque droite, porte quatre plis très obliques, dont les deux postérieurs sont de beaucoup plus gros que les deux antérieurs.

Cette coquille, assez commune, est longue de 60 millimètres, et large de 28.

† 82. Mitre contractée. *Mitra contracta.* Swain.

M. testá elongato-cylindraceá, albá, ferrugineo-marmoratá, trans-
versìm obsoletè striatá, striis distantibus puncticulatis; aperturá
brevi, angustá, in medio coarctatá; labro incrassato, simplici,
columellá rectá, obliquè quinqueplicatá.

Swainson. Zool. illustr. 1re série. t. 1. pl. 18. Sup. et Inf.

Wood. Ind. Test. Sup. pl. 3. f. 14.

Kiener. Spec. des Coq. p. 24. n° 22. pl. 9. f. 25.

Habite...

La coquille figurée par M. Küster sous le nom de *Contracta* est une espèce bien distincte, et par conséquent ne peut entrer dans la synonymie.

Espèce qui a beaucoup d'analogie avec le *Mitra ferruginea* de Lamarck. Elle est allongée, étroite. Sa spire, pointue, est aussi longue que le dernier tour; elle est composée de dix tours étroits, peu convexes, sur lesquels on voit des stries transverses, obsolètes et à peine ponctuées. L'ouverture est courte, étroite, un peu évasée à la base; elle est d'un beau blanc jaunâtre. Le bord droit est simple, un peu rentré en dedans comme dans les Colombelles. La columelle est droite et elle porte cinq plis très obliques. Cette coquille, sur un fond d'un blanc jaunâtre, est ornée de deux zones transverses, d'un jaune orangé foncé, passant quelquefois au brun ferrugineux; ces deux zones sont traversées par quelques flammules longitudinales qui partent presque toujours de larges taches irrégulières.

Cette espèce, encore assez rare, a 40 millimètres de long, et 14 de large.

† 83. Mitre de Lamarck. *Mitra Lamarckii.* Desh.

M. testá elongato-turritá, acuminatá, albá, maculis rufis quadratis
quinque seriatim cinctá; striis transversis, obsoletis, punctatis;
aperturá subsemilunari, elongatá, albá; columellá quadri-
plicatá.

Desh. Encycl. méth. Vers. t. 2. p. 448. n° 1.

Habite....

Très belle espèce de Mitre que nous croyons nouvelle, et que nous dédions à la mémoire de l'illustre Lamarck. Elle a quelques rapports avec la Mitre cardinale, mais elle en diffère d'une manière essentielle, tant par l'allongement plus considérable de sa spire que par une disposition particulière de ses couleurs. Elle est

allongée, subturriculée, pointue au sommet, ayant le dernier tour
un peu ventru et un peu plus long que le reste de la spire. Cette
spire est formée de huit tours légèrement convexes, ornés principalement, à leurs parties supérieures et inférieures, de stries obsolètes, transverses, ponctuées fortement dans toute leur longueur.
La suture est simple, peu profonde. L'ouverture est allongée, un
peu oblique, atténuée supérieurement, elle est toute blanche en dedans ; son bord droit est simple et tranchant. La columelle
porte dans sa longueur quatre plis obliques et inégaux. En
dehors, cette coquille, sur un fond blanc laiteux, est ornée sur le
dernier tour, de cinq rangées de grandes taches fauves quadrangulaires, de grandeurs inégales. Les tours suivans n'offrent que deux
rangées de ces taches.

Cette coquille n'ayant point été figurée, **M.** Kiener, ainsi que
M. Küster l'ont prise pour une variété du *Mitra cardinalis* de
Lamarck, dont elle se distingue constamment par la grandeur des
taches.

Cette belle coquille, extrèmement rare jusqu'à présent dans les collections, est longue de 70 millimètres.

† 84. Mitre isabelle. *Mitra isabella.* Swain.

M. testâ elongato-subfusiformi, transversìm costulis acutis cingulatâ,
tenuè striatâ, striis longitudinalibus decussatâ, luteo-flavâ ;
aperturâ lutescente ; labro crenulato ; columellâ cylindraceâ,
quadriplicatâ.

Swains. Zool. illustr. 2e série. t. 2. pl. 5. f. 1.
Kiener. Spec. des Coq. p. 39. n° 38. pl. 14. f. 43.
Küster. Conch. Cab. p. 61. n° 32. pl. 11. f. 11. 12.
Habite les mers de la Nouvelle-Hollande.

Espèce très belle et fort recherchée dans les collections. Elle est
allongée, fusiforme, à spire pointue aussi longue que le dernier
tour. Les tours sont au nombre de dix ; ils sont larges et peu
convexes ; les premiers portent trois côtes transverses, aiguës,
tranchantes, également espacées, entre lesquelles il y a quelques
stries transverses découpées en granulations quadrangulaires par
des stries longitudinales très régulières ; le dernier tour est orné
de douze ou treize de ces côtes transverses, dont les plus rapprochées sont sur le milieu, et les plus saillantes, à la base de la
coquille ; cette base se prolonge en un canal court et un peu contourné sur lui-même. L'ouverture est allongée, étroite ; elle est partout d'un fauve pâle ; son bord droit est mince et tranchant, il est
crénelé dans sa longueur. La columelle est épaisse, cylindracée,

et elle porte quatre plis, dont le dernier est à peine apparent; ces plis sont obtus et peu saillans. Toute cette coquille est d'un jaune fauve uniforme quelquefois un peu rougeâtre.

Les grands individus ont 77 millimètres de long, et 22 de large.

† 85. Mitre rose. *Mitra ignea*. Wood.

M. testá elongato-angustá, subturritá, apice acuminatá, longitudi-naliter tenuè costatá, striis transversalibus decussatá, fulvo-rubente, supernè albo unifasciatá ; aperturá elongato-angustá, flavo-roseá; labro simpli, intùs tenuè plicato; columellá supernè callosá, tri-plicatá, plicá posteriore bifidá.

Mitra rosea. Kiener. Spec. des Coq. p. 83. n° 81. pl. 23. f. 73.

Voluta ignea. Gray dans Wood. Ind. Test. Suppl. pl. 3. f. 32.

Mitra rosea. Küster. Conch. Cab. p. 72. n° 47. pl. 13. f. 13. 14.

Habite les mers de l'Inde et les côtes de Coromandel, d'après M. Kiener.

Espèce très élégante, et qu'il est facile de distinguer. Elle est allon-gée, subfusiforme. Sa spire pointue est une fois et demie plus longue que l'ouverture ; on y compte dix à onze tours, larges, à peine convexes, sur lesquels descendent perpendiculairement des petites côtes étroites, de la plus parfaite régularité; elles se re-courbent un peu, au moment où elles partent de la suture; ces côtes sont presque lisses, et elles sont coupées en travers par des stries qui se montrent particulièrement dans leurs interstices. L'extrémité antérieure du dernier tour se termine en un canal court, un peu contourné, et relevé en dessus. L'ouverture est allongée, étroite ; elle est d'un fauve pâle en dedans, légèrement teintée de rose sur le pourtour. Le bord droit est obtus, assez épais, et finement plissé en dedans; avant de se terminer, il se recourbe un peu en arrière, et s'appuie sur une callosité columel-laire qu'il laisse en partie à découvert. La columelle est cylindra-cée, épaisse, et elle porte trois plis très écartés et très inégaux ; le premier est très gros et bifide; le second est médiocre et aplati; le troisième est à peine apparent. Cette coquille est d'un brun rougeâtre uniforme, quelquefois elle est ornée de fascies longitu-nales rosàtres, et l'on voit, vers le sommet des tours, une ligne étroite, blanchâtre ou blanche.

Cette belle espèce, assez rare encore dans les collections, à 35 millim. de long, et 10 de large.

† 86. Mitre rude. *Mitra exasperata*. Desh.

M. testá elongato-angustá, subumbilicatá, longitudinaliter costatá,

*angulatâ, decussatim striatâ, granulatâ, scabrâ, albâ vel viola-
cescente, pallidè fusco-zonatâ; columellâ quinqueplicatâ; labro
crenulato, intùs striato.*

Voluta exasperata. Chemn. Conch. t. 10. p. 172. pl. 151. f. 1440.
1441.

Id. Gmel. p. 3453.

Id. Dillw. Cat. t. 1. p. 543. n° 100.

Id. Wood. Ind. Test. pl. 20. f. 97.

Habite...

Petite espèce qui a beaucoup d'analogie avec le *Mitra torulosa* de
Lamarck; elle s'en distingue par ses côtes longitudinales plus nombreuses, et non prolongées par un tubercule à leur extrémité supérieure. La surface est striée transversalement et ces stries sont
découpées en granulations par d'autres stries longitudinales. La
spire est conique, pointue, plus longue que l'ouverture, et elle se
compose de neuf à dix tours, légèrement convexes. La columelle
est large et épaisse; sa base est percée d'un ombilic étroit, dont la
circonférence est limitée en dehors par un petit bourrelet oblique
et décurrent. Le bord droit est assez épais, crénelé dans sa longueur, et finement strié en dedans. Toute l'ouverture est d'un violet
pâle, et la columelle porte cinq plis; il y en a quatre seulement
dans le *Mitra torulosa*. Sur un fond d'un blanc un peu grisâtre,
cette coquille est ornée, sur le milieu du dernier tour, d'une fascie
d'un brun violacé, plus ou moins foncé, selon les individus; une
autre zone semblable occupe la base du dernier tour.

Cette espèce est longue de 25 millim. et large de 12.

† **87. Mitre reine.** *Mitra regina.* Swain.

*M. testâ elongato-angustâ, subturritâ, fusiformi, longitudinaliter
costellatâ, transversim striatâ, albo-luteâ, transversim fusco flavo-
vel luteo-rubescente fasciatâ; anfractibus convexiusculis: ultimo
basi attenuato, canali brevi contorto terminato; aperturâ fulvâ,
elongato-angustâ; labro obtuso, simplici; columellâ in medio quadriplicatâ.*

Voluta plicaria longissima. Chemn. Conch. t. 10. p. 139. et p.173.
pl. 151. f. 1444. 1445.

Voluta plicaria. Var. β. Gmel. p. 3452.

Mitra tœniata. pars. Lamk. n° 22.

Voluta tœniata. Dillw. Cat. t. 1. p. 550. n° 117.

Id. Kiener. Spec. des Coq. viv. p. 66. n° 65. pl. 19. f. a.

Mitre rubanée. Blainv. Malac. pl. 28. f. 2.

Mitra tœniata. Nob. Encycl. méth. Vers. t. 2. p. 458. n° 29.

Voluta tæniata. Wood. Ind. Test. pl. 20. f. 114.
Id. Wood. Supp. pl. 3. f. 10.
Reeve. Conch. Syst. t. 2. p. 252. pl. 280. f. 4.
Küster. Conch. Cab. p. 43. n° 9. pl. 8. f. 5. 6.
Habite les mers de la Chine.

En publiant cette espèce, Chemnitz l'a confondue avec une autre, et il devint nécessaire de lui imposer un autre nom. Aussi
Lamarck, dans les *Annales du Museum*, la rapporta au *Mitra
tæniata*, figuré dans l'*Encyclopédie*, quoiqu'en réalité, le *tæniata*
différât spécifiquement de la coquille de Chemnitz. Il fallait donc
conserver au *tæniata* son nom, et en imposer un qui restât définitivement à l'espèce de Chemnitz. D'après M. Sowerby, ce serait
M. Swainson, qui, le premier, aurait proposé le nom de *Mitra regina* pour cette belle espèce.

Cette Mitre est l'une des plus belles du genre, elle est allongée,
étroite, fusiforme. Sa spire pointue est un peu plus longue que le
dernier tour. Les tours sont au nombre de onze ou douze; les premiers sont un peu convexes, les suivans sont subanguleux vers le
milieu; il s'élève à leur surface des petites côtes longitudinales,
rapprochées, régulières, qui se continuent d'un tour à l'autre, et
qui parviennent jusqu'à la base du dernier tour. Outre ces côtes,
la coquille est encore ornée d'un grand nombre de stries transverses,
inégales, assez régulières, plus profondes dans l'interstice des côtes
que sur les côtes mêmes. Le dernier tour est atténué à la base, où il
se prolonge en un canal court, légèrement contourné sur lui-même,
et relevé en dessus. L'ouverture est allongée, étroite; elle est d'un
beau blanc. Le bord droit est obtus, il est presque insensiblement
infléchi en dedans; il porte un petit nombre de taches d'un roux
vif, qui correspondent aux zones de la même couleur de l'extérieur. La columelle est allongée, cylindracée, et elle porte quatre
plis très inégaux, le supérieur est très gros et subbifide, le quatrième
est obsolète, et à peine apparent. Sur un fond d'un blanc tantôt
grisâtre, tantôt jaunâtre, cette coquille est ornée de zones transverses, élégantes, brunes, jaunâtres ou fauves, plus ou moins foncées selon les individus.

Les grands individus ont 90 millim. de long et 24 de large.

† 88. Mitre ambiguë. *Mitra ambigua.* Swain.

*M. testâ ovato-oblongâ, apice acuminatâ, fuscescente, transversìm te-
nuè striatâ, striis puncticulatis; anfractibus planis, ad suturam tenuè crenulatis; aperturâ elongato-angustâ, fuscâ; labro incra-
sato, dentato, crenulato; columellâ subrectâ, albo quinqueplicaâ.*

Swain. Zool. illustr. 2ᵉ série. t. 1. pl. 30. f. 2.

Kiener. Spec. des Coq. p. 40. n° 39. pl. 6. f. 16.

An Voluta crassa. Wood. Ind. Supp. pl. 3. f. 18 ?

Habite les mers de l'Inde et l'île de France, d'après M. Kiener.

M. Küster rapporte à tort à cette espèce le *Mitra Coffea* de M. Wagner. Ces deux espèces sont très distinctes, le rapprochement des figures seules le prouve suffisamment. Cette coquille a beaucoup de rapports avec le *Mitra adusta* de Lamarck; elle s'en distingue constamment par des caractères qui lui sont propres. Elle est oblongue, un peu ventrue dans le milieu, atténuée à ses extrémités. Sa spire, conique et pointue, est un peu moins longue que l'ouverture. Les tours sont au nombre de dix, ils sont aplatis et finement crénelés à leur sommet. Toute la surface est couverte de petites stries transverses, dont les plus profondes sont à la base du dernier tour; toutes ces stries sont finement ponctuées. L'ouverture est allongée, étroite, d'un brun marron clair; son bord droit est épais, obtus, et il est garni, dans toute sa longueur, non-seulement d'une rangée de petites dentelures, mais encore de petits plis irréguliers et blanchâtres. La columelle est presque droite, et l'on y voit facilement cinq plis obliques, d'un assez beau blanc. La coloration de cette coquille la rend assez facile à reconnaître; elle est d'un brun marron foncé uniforme, quelquefois interrompu vers le milieu des tours par une zone mal arrêtée sur ses bords, d'un brun beaucoup plus pâle.

Cette espèce est longue de 55 millim. et large de 22.

† 89. Mitre émaillée. *Mitra nitens.* Kiener.

M. testá elongato-acuminatá, transversìm sulcatá, longitudinaliter tenuè striatá, albá, fusco-maculatá, in medio fasciatá; spirá acuminato-subulatá; anfractibus conjunctis, sulcis carinatis, inœqualibus; aperturá albá, elongato-angustá; labro crenulato; columellá rectá, sexplicatá.

Kiener. Spec. des Coq. p. 113. n° 111. pl. 29. f. 96.

Habite...

M. Küster prend pour cette espèce une coquille différente, qu'il figure sous le même nom.

Petite coquille très élégante, et très rare encore dans les collections. Elle est allongée, un peu subcylindracée. Sa spire, un peu plus courte que le dernier tour, est très pointue au sommet. On lui compte onze tours, sur lesquels sont placés avec beaucoup de régularité trois sillons transverses, dont le sommet est aigu et presque tranchant. Dans les interstices, on voit de fines stries longitudinales, régulières, imprimées assez profondément. Sur le dernier tour, s'élèvent douze sillons qui vont graduellement en diminuant d'arrière en avant ; ce dernier tour est lui-même conique, atténué à la base, ce qui lui donne assez le caractère des Conœlix de M. Swainson. L'ouverture est très allongée et très étroite, à bords parallèles. Le bord droit est assez épais, et régulièrement festonné dans toute sa longueur. La columelle est cylindracée, droite, et elle présente, dans le milieu, six plis imbriqués. La coloration de cette coquille contribue à la rendre plus élégante ; elle est d'un beau blanc laiteux, et le dernier tour porte, vers le milieu, une ceinture assez large de grandes taches brunes ; de plus il y a de petites taches de la même couleur, parsemées en petit nombre sur tout le reste de la surface.

Cette belle Mitre a 23 millim. de long et 8 de large.

† 90. Mitre glabre. *Mitra glabra.* Swain.

M. testá elongato-turritá, apice acuminatá, transversìm irregulariter striatá, striis puncticulatis, castaneá ; aperturá flavá, angustá ; labro tenui, simplici ; columellá quadriplicatá, obliquè profundèque emarginatá.

Swains. Exot. Conch. p. 26. pl. 18.

Habite...

Cette espèce pourrait bien être la même que celle nommée plus tard *Mitra buccinata* par MM. Quoy et Gaimard. Elle est très allongée, subturriculée ; elle est, de toutes les espèces, celle qui a la spire la plus longue, en proportion du dernier tour. Cette spire a près de deux fois la longueur de l'ouverture ; elle se compose de dix tours, larges, à peine convexes, qui paraissent lisses, mais qui, vus sous la loupe, présentent des stries transverses, irrégulières et obsolètes, peu profondes, et finement ponctuées. A la base du dernier tour, il y a un petit nombre de stries écartées, et plus apparentes que les autres. L'ouverture est fauve dans toutes ses parties, elle est étroite, un peu dilatée vers la base ; son bord droit est simple, mince et tranchant. La columelle est presque droite, et elle porte quatre plis obliques, blanchâtres. Toute la coquille est d'un beau brun marron foncé ; les stries sont noirâtres, et l'on remarque des lignes longitudinales d'un brun plus intense, qui sont les restes d'anciens péristomes.

Cette espèce, rare encore dans les collections, a 70 millim. de long, et 18 de large.

† 91. Mitre de Quoy. *Mitra Quoyi.* Nobis.

M. testá ovato-fusiformi, acutá, lævi, anticè transversìm striatá, nigrá ; aperturá amplá, posticè canaliculatá ; columellá triplicatá.

Mitra nigra. Quoy. Voy. de l'Astrol. p. 644. pl. 45. f. 16 à 18.

Mitra nigra. Kiener. Spec. des Coq. p. 44. n° 43. pl. 12. f. 37.

Habite le havre Carteret, à la Nouvelle-Irlande.

Cette Mitre, qu'il ne faut pas confondre avec la Mélanienne de Lamarck, qui est beaucoup plus grande, a des rapports, pour la
forme seulement, avec la Cornée du même auteur. Elle est petite,
ventrue, pointue, entièrement noire, striée en travers en avant,
lisse dans le reste de son étendue. Son ouverture est ovalaire, un
peu évasée, formant un canal rétréci en arrière. La columelle a
trois plis, le postérieur plus grand et blanchâtre.

Nous avons vu, à l'occasion du *Mitra melania* de Lamarck, que cette
espèce avait été nommée *Nigra* par Chemnitz, et que, par conséquent, le nom de *Mitra nigra* ne pouvait plus être accepté
pour une espèce différente. C'est pour cette raison que nous
donnons le nom de *Mytra Quoyi* à l'espèce que ce savant voyageur
a décrite le premier, sous le nom de *Mitra nigra.*

Cette coquille est longue de 20 millim., et large de 8.

† 92. Mitre fraise. *Mitra fraga.* Quoy et Gaimard.

*M. testá ovato-angustá, utrinquè attenuatá, transversìm sulcatá, in
interstitiis sulcorum longitudinaliter tenuissimè striatá , aurantiacá, sulcis albo-puncticulatis ; anfractibus convexiusculis ; aperturá elongatá, angustá ; labro obtuso, dentato ; columellá obliquá,
quadriplicatá.*

Quoy et Gaim. Voy. do l'Astr. Zool. t. 2. p. 660. pl. 45. bis. f.
28. 29.

Kiener. Spec. des Coq. p. 63. n° 62. pl. 9. f. 26?

Küster. Conch. Cab. p. 133. n° 120. pl. 17 *d.* f. 7-8.

Habite...

Après avoir décrit cette espèce à la page que nous venons de citer,
M. Kiener donne encore ce même nom de *Fraga* à une autre
Mitre voisine du *Patriarchalis,* à la page 90. Cette dernière de-
vra nécessairement changer de nom.

Cette espèce est allongée, atténuée à ses extrémités. Sa spire, obtuse, est un peu plus courte que l'ouverture ; elle se compose de
sept à huit tours peu convexes, sur lesquels se voient trois sillons
transverses, très réguliers, égaux ; il y en a treize sur ce dernier
tour ; lorsqu'on examine à la loupe les intervalles de ces sillons,
on y remarque de très fines stries longitudinales. L'ouverture est
allongée, étroite ; elle ressemble à celle des colombelles, par l'é-
paississement du bord droit à l'intérieur, et les dentelures qui

sont sur ce renflement ; elle est d'un beau jaune orangé. La columelle est assez épaisse, cylindracée, et l'on y voit quatre plis, dont
le premier est fort gros. Toute la coquille est d'un beau jaune
orangé, quelquefois rougeâtre, et elle est ornée de petites taches
blanches, disposées assez agréablement sur le sommet des sillons.
Cette petite coquille a 16 millimètres de long, et 9 de large.

† 93. Mitre de Savigny. *Mitra Savignyi*. Payraudeau.

M. testá minimá, elongatá, longitudinaliter costatá, fulvá vel fuscá,
albo unizonatá, zoná puncticulis fulvis subarticulatá ; aperturá
angustá, fuscá ; labro tenui, intùs profundè striato ; columellá
quadriplicatá.

Küster. Conch. Cab. p. 83. n° 63. pl. 15. f. 6. 7. 8.
Payr. Cat. des Moll. de Corse. p. 166. pl. 8. f. 23. 24. 25.
Philip. Enum. Moll. Sicil. p. 230. n° 4.
Mitra microzonias. Blainv. Faun. franç. p. 218. n° 4.
Kiener. Spec. des Coq. p. 100. n° 98. pl. 28. f. 93.
Habite la Méditerranée.

A la page 95 de sa monographie des Mitres, dans la note relative
au *Mitra microzonias*, M. Kiener met la phrase suivante, que nous
copions textuellement : « M. Payraudeau, dans son catalogue de
la Corse, lui a donné le nom de *Mitre Savigny*. Les individus de
la Méditerranée que cet auteur a décrits sont beaucoop plus petits que ceux de l'Océan indien, mais du reste parfaitement semblables. » D'après cette note, la Mitre Savigny se trouve donc
réunie au *Microzonias*, à titre de variété. Cependant cette opinion de M. Kiener n'est pas certaine pour lui-même, car à la page
100 du même ouvrage, on trouve la description de la Mitre Savigny, avec une note dans laquelle l'auteur dit qu'en effet cette
espèce a été confondue avec le *Mitra microzonias*, avec laquelle il
continue à lui trouver beaucoup d'analogie. Cette observation
était nécessaire pour prémunir les personnes qui, en consultant
l'ouvrage de M. Kiener, pourraient conserver quelque doute sur
la valeur de l'espèce de M. Payraudeau, laquelle doit être conservée dans les catalogues.

Jolie petite espèce qui se distingue facilement de ses congénères par
sa forme et sa coloration. Elle est allongée, étroite. Sa spire est
formée de sept tours, sur lesquels on remarque de grosses côtes
obtuses, qui disparaissent presque toujours sur le dernier tour.
L'ouverture est très petite, d'un brun intense en dedans ; son
bord droit est mince, simple, et garni à l'intérieur de stries qui
s'enfoncent profondément. La columelle présente constamment

quatre plis; il y a des individus où le pli antérieur est peu apparent. La coloration de cette espèce est assez variable : il y a des individus d'un jaune fauve, d'autres d'une couleur cornée, d'autres d'un brun plus foncé ; tous portent vers le milieu du dernier tour une zone blanche, étroite, qui est accompagnée, de chaque côté, d'une rangée de ponctuations brunes. La disposition de ces ponctuations donne une apparence particulière à la zone blanche qu'elles accompagnent.

Cette petite espèce est longue de 9 millimètres, et large de 3.

† 94. Mitre colombelliforme. *Mitra columbelliformis.* Kiener.

M. testá ovato-elongatá, fuscescente, in medio zoná pallidiore ornatá, transversìm tenuè striatá, striis tenuissimè puncticulatis; aperturá elongato-angustá, albá; labro incrassato, supernè unidentato; columellá albá, quinqueplicatá.

Kiener. Spec. des Coq. p. 47. n° 46. pl. 15. f. 46.

Küster. Conch. Cab. p. 122. n° 107. pl. 17 c. f. 4. 5.

Habite les mers de Madagascar, d'après M. Kiener.

Espèce fort intéressante, ovale-oblongue, à spire conique, pointue, un peu plus courte que l'ouverture, et formée de huit à neuf tours, à peine convexes, sur lesquels sont rangées avec régularité un grand nombre de fines stries transverses, sur lesquelles se voient des ponctuations extrêmement fines. L'ouverture est toute blanche, le bord droit, très épais, a de la ressemblance avec celui des Colombelles, mais il en diffère, car il reste lisse en dedans. La columelle étroite, prend plus de la moitié de sa longueur, et elle porte, dans cet endroit, cinq plis du plus beau blanc. La coloration est peu variable; sur un fond d'un brun marron assez foncé, la partie supérieure des tours est ornée d'une zone blanchâtre.

Cette espèce, assez rare encore dans les collections, est longue de 37 millim., et large de 17.

† 95. Mitre jaune. *Mitra lutea.* Quoy et Gaimard.

M. testá elongato-acuminatá ; spirá conicá, acutissimá; anfractibus planis, primis tenuissimis striatis : ultimo lœvigato ; aperturá albá, elongato-angustá; labro incrassato, coarctato, intùs subgibboso; columellá rectá, quinqueplicatá.

Quoy et Gaim. Voy. de l'Astr. t. 2. p. 650. pl. 45 bis. f. 7. 8. 9.

An eadem spec. Kiener. Spec. des Coq. p. 51. n° 50. pl. 15. f. 47?

Habite la Nouvelle-Guinée.

Nous doutons de l'identité de l'espèce de M. Kiener avec celle de MM. Quoy et Gaimard. Celle de M. Kiener est plus grande, plus

foncée en couleur, et elle a des stries ponctuées qui manquent au
type de l'espèce. M. Kiener rapporte aussi au *Mitra lutea* le *Mitra
acuminata* de M. Swainson. Nous n'admettons pas cette opinion;
l'espèce de M. Swainson doit être conservée. D'après la figure de
M. Küster, cet auteur aurait pris pour le *Mitra lutea* une espèce
différente de toutes les autres; il faudra donc la rétablir dans les
catalogues sous un autre nom. Quant à la synonymie de M. Küster,
elle ne peut être reçue, puisqu'elle rassemble les trois espèces que
M. Kiener mentionne.

Petite espèce qui, par ses caractères, rentre dans le groupe des Mitres
colombelliformes. Elle est allongée, étroite. Sa spire est aussi longue que l'ouverture, très pointue au sommet, et composée de neuf
à dix tours, aplatis, et à suture linéaire et très fine. Sur les premiers tours, on remarque des stries transverses, fines et régulières,
et très finement ponctuées; elles s'effacent insensiblement sur l'a-
vant dernier tour, et disparaissent presque entièrement sur le dernier. L'ouverture est blanche, étroite; son bord droit est épais, infléchi en dedans comme celui des Colombelles, et épaissi dans
l'endroit de son inflexion; mais il reste simple et lisse, et n'a point
de dentelures comme les Colombelles. La columelle est presque
droite; elle est garnie de cinq plis obliques, dont le dernier est à
peine apparent. Sous un épiderme d'un jaune verdâtre, cette coquille est d'un jaune fauve uniforme; je ne l'ai jamais vue rouge-
orangée, comme celle représentée par M. Kiener.

Les grands individus ont 30 millim. de long, et 13 de large.

† 96. Mitre zonée. *Mitra zonata.* Swainson.

> M. *testá elongato-angustá, fusiformi, acuminatá, lævigatá, nigrá,
> supernè zoná fuscescente, fusco-marmoratá circumdatá; aper-
> turá elongatá, basi latiore; labro tenui, simplici; columellá obliquè
> sexplicatá.*

Swains. Zool. illustr. 1re série. t. 1. pl. 3.

Risso. Hist. nat. des Moll. pl. 6. f. 73.

Kiener. Spec. des Coq. p. 107. n° 105. pl. 33. f. 108.

Wood. Ind. Test. Supp. pl. 3. f. 13.

Küster. Conch. Cab. p. 110. n. 93. pl. 17 a. f. 17. 18.

Habite la Méditerranée, la mer de Nice, et la rade de Toulon.

Nous avons vu dans la collection de M. Bonneau, ancien chirurgien
de la marine, et amateur distingué de conchyliologie, l'individu
de cette espèce très rare, qui a été recueilli dans la rade de Toulon. Cette coquille, la plus grande du genre que l'on trouve dans
nos mers, paraît habiter à d'assez grandes profondeurs; c'est ce

qui explique son extrême rareté dans les collections. Par sa forme générale, elle se rapproche beaucoup du *Mitra casta* ou du *Mitra fissurata* de Lamarck. Elle est ovale-allongée, à spire pointue aussi longue que le dernier tour. Les tours sont à peine convexes, la suture qui les sépare est peu apparente. L'ouverture est médiocre, elle est blanche en dedans ; son bord droit, simple et tranchant, est un peu dilaté vers la base. La columelle est oblique, pointue à son extrémité, et elle porte six plis très obliques, imbriqués comme dans les *Conœlix*. Toute la surface de cette coquille est lisse et polie ; toute sa base est du plus beau noir, et cette couleur se rencontre sous la forme d'une zone étroite, à la base des tours précédens. La partie supériéure des tours est ornée d'une large zone d'un fauve brunâtre, sur laquelle sont distribuées un grand nombre de petites taches brunâtres, irrégulières.

Cette belle coquille a 65 millim. de long, et 18 de large.

† 97. Mitre conovule. *Mitra olivæformis*. Kiener.

M. testá elongato-cylindraceá, lævigatá, lutescente, basi violaceo-maculatá; spirá brevissimá, acutá; aperturá elongato-angustá; labro incrassato, simplici ; columellá rectá, basi quinqueplicatá; plicis imbricatis.

Mitra conovula. Quoy et Gaim. Voy. de l'Astrol. t. 2. p. 655. pl. 45 bis. f. 18 à 22.

Swain. Zool. illustr. 2ᵉ série. t. 2. pl. 6. f. 3.

Kiener. Spec. des Coq. p. 108. n° 106. pl. 32. f. 107.

Küster. Conch. Cab. p. 97. n° 76. pl. 27. f. 9.

Habite l'île de Vanikoro.

Cette espèce appartient à la section des *Conœlix* de M. Swainson ; son nom indique que par sa forme elle se rapproche des Olives, elle en a même le brillant et le poli. Elle est allongée , étroite, subcylindracée. Sa spire, très courte, est quelquefois obtuse, quelquefois elle est pointue, et on y compte cinq à six tours très étroits, sur lesquels il y a une ou deux stries profondément ponctuées. Le dernier tour est conoïde, plus large au sommet qu'à la base, il est entièrement lisse et brillant. L'ouverture est très étroite, son angle supérieur est très aigu, et creusé d'une petite gouttière triangulaire qui remonte jusqu'à la suture. Le bord droit est épais, simple. La columelle est droite, et forme avec le bord opposé un angle très aigu. Elle porte à la base cinq plis imbriqués. Toute cette coquille est d'un jaune fauve, quelquefois d'un jaune paille ; son sommet est noirâtre, et l'extrémité antérieure de la columelle porte une tache violâtre.

Cette espèce est longue de 22 millim., et large de 8.

† 98. Mitre bicolore. *Mitra bicolor.* Swainson.

M. testá elongato-cylindraceá, albá, in medio zoná fuscá latá ornatá; spirá brevi, conicá, apice acutá, fuscescente; anfractibus angustis, primis puncticulatis : ultimo lœvigato, basi pauci-striato; aperturá angustissimá; labro simplici; columellá rectá, quinque plicatá; apice fuscescente, plicis imbricatis.

Swains. Zool. illustr. 2ᵉ série. t. 1. pl. 19. f. 2.

Küster. Conch. Cab. p. 92. n°71. pl. 27. f. 8.

Kiener. Spec. des Coq. p. 106, n° 104. pl. 32. f. 106. 106 a.

Habite l'Océan Austral.

Jolie espèce, dont la forme se rapproche beaucoup de celle des Olives. Elle est allongée, subcylindracée. Sa spire est courte, pointue, brune au sommet, et composée de dix tours étroits, à peine convexes, dont les premiers sont pourvus de deux rangées de ponctuations assez grosses. Le dernier tour est lisse, si ce n'est à la base, où il présente quelques stries obliques. L'ouverture est fort étroite, l'angle supérieur se termine en une petite rigole légèrement renversée à son extrémité. Le bord droit est assez épais, obtus. La columelle est épaisse, cylindracée, et elle porte cinq plis obliques, imbriqués, ce qui devrait faire passer cette coquille parmi les *Conœlix* de M. Swainson; cette columelle se termine en avant, en une pointe assez aiguë, teintée de brun. La coloration de cette espèce la rend facile à distinguer. Elle est d'un blanc jaunâtre, et un peu au-dessous du milieu du dernier tour elle est ornée d'une large zone d'un beau brun, sur laquelle on remarque à l'aide de la loupe un grand nombre de petites linéoles blanchâtres.

Cette jolie coquille est longue de 20 millim., et large de 8.

† 99. Mitre ponctuée. *Mitra punctata.* Swainson.

M. testá oblongo-turbinatá, conoideá; spirá brevissimá, subplanulatá, ad apicem mucronatá; ultimo anfractu basi attenuato, transversìm striato, striis tenuè puncticulatis; aperturá elongato-angustá, pallidè flavá; labro incrassato, simplici, obsoletè crenulato; columellá basi sexplicatá.

Conœlix punctatus. Swains. Zool. ill. 1ʳᵉ série. t. 1. pl. 24. f. 3.

Habite...

Cette Mitre a tout-à-fait la forme d'un cône; elle appartient par conséquent au groupe des *Conœlix* de M. Swainson. Elle est allongée, turbinée, à spire plate, pointue au sommet, et composée d'un grand nombre de tours étroits, profondément striés et ponctués; le dernier tour est très grand; il est subanguleux au sommet,

atténué à la base, et toute sa surface est ornée de stries transverses et régulières, également distantes, au fond desquelles on
découvre de fines ponctuations. L'ouverture est allongée, étroite,
d'un jaune fauve pâle, ses bords sont presque parallèles; le droit
est médiocrement épaissi, un peu infléchi dans son milieu, et il
porte dans toute sa longueur des crénelures presque effacées qui
correspondent à la terminaison des stries extérieures. La columelle est droite, cylindracée, elle est garnie, à la base, de six plis
imbriqués. Toute cette coquille est d'une couleur uniforme, d'un
jaune fauve pâle, sur lequel les stries sont d'une teinte un peu
plus foncée.

Cette jolie espèce a 22 millim. de long, et 11 de large.

† 100. **Mitre marbrée.** *Mitra conica.* Deshayes.

*M. testâ conoïdeâ, lævigatâ; spirâ conico-acutâ, brevi; anfractibus
angustis, primis fuscis, transversè striatis, alteris lævigatis: ultimo
basi striato, striis puncticulatis; aperturâ elongato-angustâ,
fuscâ; labro obtuso, albo; columellâ rectâ, sexplicatâ, plicis imbricatis.*

Imbricaria conica. Schum. Nouv. Syst. p. 236. pl. 21. f. 5.

Mitra marmorata. Quoy et Gaim. Voy. de l'Astr. t. 2. p. 647. pl.
45 bis. f. 1 à 4.

Mitra marmorata. Kiener. Spec. Gén. des Coq. p. 110. pl. 34.
f. 112.

Mitre décorée. Blainv. Malac. pl. 28 bis. f. 7.

Mitra marmorata. Schub. et Wagn. Chemn. Sup. p. 84. pl. 225.
f. 4000. 4001.

Conœlix marmoratus. Swains. Zool. illustr. 1re série. t. 1. pl.
24. f. 1.

Mitra marmorata. Reeve. Conch. Syst. t. 2. p. 253. pl. 280. f. 8.

Id. Küster. Conch. Cab. p. 52. n° 22. pl. 9. f. 17. 18.

Habite l'Océan Austral.

M. Küster, dans l'ouvrage que nous venons de citer, donne, sous le
nom de *Conica*, une autre espèce de Mitre qui n'est point le
véritable *Conica* de Schumacher; il suffit pour s'en convaincre
de comparer les figures en question.

Nous avons rendu à cette espèce son premier nom, qui, oublié dans
l'ouvrage de Schumacher, n'a point été connu de M. Swainson, qui
a imposé à l'espèce un autre nom plus généralement adopté.

Cette jolie espèce a la forme d'un cône. Sa spire courte, très pointue, est formée de huit à neuf tours très étroits, dont les premiers
sont bruns et striés, les suivans sont lisses, si ce n'est le dernier,

qui à la base offre un petit nombre de stries ponctuées. L'ouverture est allongée, très étroite ; elle est d'un brun noirâtre dans le
fond ; son bord droit est épaissi, obtus, simple et blanc. La columelle est droite, elle porte six plis, qui semblent imbriqués les
uns sur les autres. La coloration de cette espèce est très agréable ;
elle est ornée de dix à douze linéoles, d'un rouge ferrugineux
sur un fond d'un brun gris, sur lequel sont distribuées irrégulliè-
rement de petites taches assez semblables à des têtes de Notes.

Cette jolie espèce est longue de 28 millimètres, et large de 13.
Il y a une variété, en proportion plus étroite, et à spire plus
allongée.

† 101. Mitre de Vanikoro. *Mitra Vanikorensis.* Quoy.

*M. testâ elongato-turbinatâ, coniformi, supernè albo-zonatâ, fusces-
cente, albo tenuè punctatâ, transversìm striatâ, striis distantibus,
tenuissimè puncticulatis ; spirâ brevi, anfractibus numerosis angustis ; aperturâ angustâ, intùs flavescente ; labro obtuso, simplici ;
columellâ rectâ, sexplicatâ, plicis imbricatis.*

Quoy et Gaim. Voy. de l'Astr. Zool. t. 2. p. 649. pl. 45 bis.
f. 5. 6.
Kiener. Spec. des Coq. p. 111. n° 109. pl. 34. f. 113, 113 a.
Küster. Conch. Cab. p. 148. n° 149. pl. 17 e. f. 17.
Habite l'île de Vanikoro.

Très jolie petite espèce de Mitre, qui, par sa forme, rentre dans le
groupe des Conœlix de M. Swainson. Elle est allongée, conoïde,
subcylindracée, à spire très courte, en cône très surbaissé, et
mucroné au sommet. Cette spire compte dix à onze tours, dont la
suture linéaire est un peu profonde, et dont la surface est ornée
de deux stries profondément ponctuées ; le dernier tour est
conoïde, subcylindracé, subitement rétréci à son extrémité antérieure, où il est terminé par une échancrure profonde, et
relevée vers le dos ; toute la surface est chargée de stries très
fines qui se rapprochent graduellement vers l'extrémité antérieure ; écartées vers le sommet, elles sont très rapprochées à la
base, et toutes sont très finement ponctuées. L'ouverture est presque aussi longue que le dernier tour ; elle est d'un brun fauve à
l'intérieur, blanchâtre vers le pourtour. La columelle est droite,
et elle porte six plis à la base. La coloration est d'un brun marron assez vif, sur lequel ressortent agréablement de très fines
ponctuations blanches, d'un blanc pur et mat. A la partie supérieure du dernier tour, il y a une zone blanche assez large, au-
dessus de laquelle l'angle est couronné par une série de taches
alternativement blanches et brunes.

Cette jolie coquille, rare encore dans les collections, à 20 millim. de long, et 10 de large.

Espèces fossiles.

1. Mitre petites-côtes. *Mitra crebricosta.* **Lamk.**

M. testá ovato-fusiformi; costis crebris longitudinalibus, infernè obsoletis; columellá quadriplicatá.

Mitra crebricosta. Annales du Mus. vol. 2. p. 58. nᵒ 1.

* Desh. Encycl. méth. Vers. t. 2. p. 464. nᵒ 48.

* Desh. Coq. foss. de Paris. t. 2. p. 666. nᵒ 3. pl. 89. f. 21. 22.

Habite... Fossile de Grignon. Mon cabinet et celui de M. *Defrance.* Longueur de l'individu que je possède : 4 lignes et demie.

2. Mitre monodonte. *Mitra monodonta.* **Lamk.**

M. testá ovato-acutá, læviusculá, supernè longitudinaliter striatá ; labro intùs unidentato.

Mitro monodonta. Ann. ibid. nᵒ 2.

* Desh. Encycl. méth. t. 2. p. 464. nᵒ 49.

* Desh. Foss. de Paris. t. 2. p. 671. nᵒ 11. pl. 88. f. 24. 25. 26.

Habite... Fossile de Grignon. Mon cabinet. Elle est remarquable par une dent placée sur la face interne du bord droit de son ouverture. Longueur : 6 lignes trois quarts.

3. Mitre marginée. *Mitra marginata.* **Lamk.**

M. testá ovatá, læviusculá ; anfractibus margine variculoso crenulatoque subduplicatis.

Mitra marginata. Ann. ibid. nᵒ 3. et t. 6. pl. 44. f. 7. a. b.

* Desh. Encycl. méth. Vers. t. 2. p. 465. nᵒ 50.

* Desh. Coq. foss. de Paris. t. 2. p. 669. nᵒ 7. pl. 88. f. 13. 14.

Habite... Fossile de Grignon. Mon cabinet. Le bord supérieur de chaque tour de spire offre un petit bourrelet crénelé qui distingue cette espèce. Longueur : 5 lignes.

4. Mitre plicatelle. *Mitra plicatella.* **Lamk.**

M. testá fusiformi, lævigatá; anfractibus margine subplicatis; columellá quadriplicatá.

Mitra plicatella. Ann. ibid. nᵒ 4. et t. 6. pl. 44. f. 8.

* Desh. Encycl. méth. Vers. t. 2. p. 465. nᵒ 51.

* Desh. Coq. foss. de Paris. t. 2. p. 667. nᵒ 4. pl. 88. f. 7. 8.

Habite... Fossile de Grignon. Cabinet de M. *Defrance.* Elle est lisse, un peu plissée sur le bord de ses tours de spire.

5. Mitre labratule. *Mitra labratula.*

M. testá ovato-acutá, læviusculá, supernè costulis striisque transversis decussatá; labro crasso, marginato.

Mitra labratella. Encycl. pl. 392. f. 3. a. b.

Mitra labratula. Ann. ibid. n° 5.

* Roissy. Buf. Moll. t. 5. p. 443. n° 4.

* Desh. Encycl. méth.Vers. t. 2. p. 465. n° 52.

* Desh. Coq. foss. de Paris. t. 2. p. 672. n° 12. pl. 88. f. 9. 10. 18. 19.

Habite... Fossile de Grignon, où elle est assez commune. Mon cabinet. Longueur : 10 lignes un quart.

6. Mitres côtes-rares. *Mitra raricosta.*

M. testá ovato-acutá; costis longitudinalibus, distantibus, muticis; labro crasso, marginato, intùs subunidentato.

Voluta labiata. Chemn. Conch. 11. t. 212. f. 3008. 3009.

Mitra raricosta. Ann. ibid. n° 6.

* Desh. Coq. foss. de Paris. t. 2. p. 675. n° 17. pl. 88. f. 11. 12.

* Roissy. Buf. Moll. t. 5. p. 443. n° 5.

* Desh. Encycl. méth.Vers. t. 2. p. 466. n° 53.

Habite... Fossile de Grignon. Mon cabinet. Elle est remarquable par les côtes rares et longitudinales dont elle est ornée à l'extérieur. Sa columelle a quatre plis, et laisse voir la lèvre gauche qui la recouvre. Longueur : 9 lignes.

7. Mitre mixte. *Mitra mixta.*

M. testá fusiformi, lævigatá, basi apiceque obsoletè striatá, aperturá vix emarginatá.

Mitra mixta. Ann. ibid. p. 59. n° 7.

* Desh. Encycl. méth.Vers. t. 2. p. 466. n° 54.

* Desh. Coq. foss. de Paris. t. 2. p. 670. n° 10. pl. 88. f. 22. 23. 29. 30.

Habite... Fossile de Grignon. Mon cabinet. Elle a des rapports avec certaines Marginelles; mais elle a les plis des Mitres, et n'a point de bourrelet marginal. Longueur : 9 lignes un quart.

8. Mitre cancelline. *Mitra cancellina.*

M. testá subfusiformi, lævigatá; labro internè striato; aperturá basi subintegrá.

Mitra cancellina. Ann. ibid. n° 8.

* Desh. Encycl. méth.Vers. t. 2. p. 466. n° 55.

* Desh. Coq. foss. de Paris. t. 2. p. 669. n° 8. pl. 88. f. 15 à 17.

Habite... Fossile de Grignon. Cabinet de M. *Defrance.* Le bord droit de son ouverture est strié intérieurement.

9. **Mitre tarière.** *Mitra terebellum.* **Lamk.**

> *M. testâ fusiformi-turritâ, lævigatâ, infernè striatâ; aperturâ basi subintegrâ.*
>
> Encycl. pl. 392. f. 2. a. b. c. d.
> *Mitra terebellum.* Ann. ibid. n° 9.
> * Desh. Encycl. méth. Vers. t. 2. p. 467. n° 56.
> * Desh. Coq. foss. de Paris. t. 2. p. 668. pl. 89. f. 14. 15.
> Habite... Fossile de Grignon. Mon cabinet. Coquille grêle, un peu turriculée, et à peine échancrée à la base de son ouverture. Longueur : 7 lignes.

10. **Mitre fuselline.** *Mitra fusellina.* **Lamk.**

> *M. testâ ovato-fusiformi, lævi, minutâ, basi transversim striatâ; anfractibus supernè marginatis.*
>
> *Mitra fusellina.* Ann. ibid. n° 10.
> * Desh. Encycl. méth. Vers. t. 2. p. 467. n° 57.
> * Desh. Coq. foss. de Paris. t. 2. p. 667. n° 5. pl. 89. f. 18. 19. 20.
> Habite... Fossile de Grignon. Cabinet de M. *Defrance.* Elle est fort petite, et n'a que 4 ou 5 millim. de longueur.

11. **Mitre graniforme.** *Mitra graniformis.* **Lamk.**

> *M. testâ ovatâ, longitudinaliter costulatâ; anfractibus marginatis.*
> *Mitra graniformis.* Ann. ibid. n° 11.
> * Desh. Encycl. méth. Vers. t. 2. p. 467. n° 58.
> * Desh. Coq. foss. de Paris. t. 2. p. 670. n° 9. pl. 89. f. 11. 12. 13.
> Habite... Fossile de Parnes, près Magny. Mon cabinet. Espèce très petite, fort jolie, et bien caractérisée par ses côtes longitudinales et par les bourrelets de ses tours. Longueur : 2 à 3 lignes.

12. **Mitre mutique.** *Mitra mutica.* **Lamk.**

> *M. testâ ovato-acutâ, lævigatâ; anfractibus undiquè simplicibus; plicis columellæ quaternis.*
>
> Encycl. pl. 392. f. 1. a. b.
> *Mitra mutica.* Ann. ibid. p. 60. n° 12.
> * Desh. Encycl. méth. Vers. t. 2. p. 467. n° 59.
> * Desh. Coq. foss. de Paris. t. 2. p. 674. n° 15. pl. 88. f. 27. 28.
> Habite... Fossile de Grignon. Mon cabinet. Elle est remarquable en ce que ses tours ne sont nullement striés. Longueur : 11 lignes et demie.

13. **Mitre allongée.** *Mitra elongata.* **Lamk.**

> *M. testâ fusiformi-turritâ, lævigatâ; columellâ subquinqueplicatâ.*
> D'Argenv. Fossiles. pl. 29. [Buccinite. 2° fig. du n° 6.]

Mitra'elongata. Ann. ibid. n° 13.

[*b*] *Eadem, striis transversis vix perspicuis.*

* Desh. Encycl. méth.Vers. t. 2. p. 468. n° 60.

* Desh. Coq. foss. de Paris. t. 2. p. 665. n° 1. pl. 89. f. 7. 8.

Habite... Fossile de Montmirail, en Brie. Mon cabinet. Coquille allongée, turriculée, lisse, et qui a 2 pouces une ligne de longueur. Sa variété est encore un peu plus longue.

14. Mitre citharelle. *Mitra citharella* Lamk. (1)

M. *testá ovato-acutá, subventricosá; costis longitudinalibus, distantibus, muticis; columellá nudá, quadriplicatá.*

Habite.... Fossile de Grignon. Cabinet de M. *Defrance.* Elle a beaucoup de rapports avec la Mitre côtes-rares; mais elle est plus ventrue. Son bord droit n'a ni bourrelet ni dent intérieure, et sa columelle n'est pas recouverte par un bord gauche apparent.

15. Mitre de Dufresne. *Mitra Dufresnei.* Basterot.

M. *testá ovato-oblongá, crassá, ponderosá, lævigatá, vel obsoletè striatá; spirá breviusculá, obtusá; anfractibus convexiusculis: ultimo magno, basi attenuato; aperturá elongato-angustá; labro obtuso, simplici; columellá in medio inflatá, quinqueplicatá.*

Bast. Foss. de Bord. p. 44. n° 1. pl. 2. f. 8.

Habite fossile à Dax, et aux environs de Bordeaux.

Elle est la plus grande espèce fossile connue; par ses caractères, elle se rapproche un peu du *Mitra episcopalis;* cependant sa spire reste en proportion plus courte. Cette spire est à-peu-près du tiers de la longueur du dernier tour: elle est obtuse au sommet, et elle est composée de sept à huit tours, larges et médiocrement convexes; le dernier se rétrécit à la base, et il est terminé par une échancrure large et profonde. L'ouverture est étroite, allongée, un peu plus large à la base que dans le reste de son étendue. Le bord droit est obtus, simple. La Columelle est légèrement renflée vers le milieu, dans l'endroit où elle porte cinq plis, dont l'antérieur est peu apparent. Cette coquille est lisse; il y a des individus où l'on remarque un très petit nombre de stries transverses, distantes, presque effacées.

Cette coquille est longue de 97 millim., et large de 33.

---

(1) Cette espèce a été établie par Lamarck pour une variété jeune du *Mitra raricosta;* elle devra donc disparaitre du catalogue.

† 16. **Mitre fusiforme.** *Mitra fusiformis.* Broc.

*M. testâ elongato-turritâ, angustâ, lævigatâ; anfractibus numero-
sis, convexiusculis : ultimo basi obliquè substriatâ; columellâ incrassatâ, quinqueplicatâ, plicis obliquis subimbricatis.*

Aldrov. de Testac. p. 355. f. 5.

Brocc. Conch. Foss. Subap. t. 2. p. 315. n° 16.

Desh. Exp. de Morée. Zool. p. 201. n° 365. pl. 24. f. 32. 33.

Habite fossile en Italie et en Morée.

Coquille allongée, étroite, à spire longue, pointue, aussi longue que
le dernier tour. Cette spire se compose de onze à douze tours assez
étroits, peu convexes, à suture étroite et superficielle; ils sont
lisses; le dernier tour, atténué à sa base, offre au-dessus de l'é-
chancrure qui le termine un petit nombre de stries obliques,
obsolètes, qui vont graduellement en se perdant, depuis les supérieures jusqu'aux inférieures. L'ouverture est oblongue, étroite,
très rétrécie supérieurement; son bord droit est assez épais, simple
dans toute son étendue. La columelle est large et épaisse. Le bord
gauche ne devient saillant qu'à son extrémité antérieure, au-dessus
d'une fente ombilicale, étroite, limitée en dehors par un gros
bourrelet décurrent. Sur le milieu de la columelle, on compte
cinq plis obliques, presque également espacés, tranchans à leur
extrémité, subimbriqués, mais graduellement décroissans depuis
le supérieur qui est le plus gros, jusqu'à l'inférieur que l'on voit
à peine; l'échancrure de la base est étroite, oblique, et assez profonde.

Les individus fossiles se trouvent en Italie et en Morée. Ils ont
60 millim. de long, et 18 de large.

† 17. **Mitre de Brongniart.** *Mitra Brongnarti.* Desh.

*M. testâ elongatâ, fusiformi, acutâ, longitudinaliter costatâ; costis
supernè undulosis, longitudinalibus, basi evanescentibus; anfractibus convexis, supernè tenuè striatis; aperturâ elongatâ; columellâ
subquadriplicatâ.*

Desh. Coq. Foss. de Paris. t. 2. p. 665. n° 2. pl. 99. f. 9. 10.

Desh. Encyc. méth. Vers. t. 2. p. 468. n° 61.

Habite fossile à Parnes, Liancourt, Mouchy-le-Châtel.

Cette Mitre est la plus grande des espèces connues aux environs de
Paris, et, parmi les fossiles, une des plus grandes du genre. Elle
est très allongée, étroite, fusiforme, à spire longue et pointue, plus
longue que le dernier tour; on y compte dix à onze tours convexes, finement striés à leur partie supérieure, immédiatement au-
dessous de la suture. Ces tours sont ornés, dans leur longueur, de

côtes pliciformes, petites, courtes, plus ou moins nombreuses, selon les individus, et manquant quelquefois sur le dernier tour. Celui-ci, atténué à la base, est ordinairement mutique, et présente rarement de ce côté quelques stries obsolètes. La base de la columelle est circonscrite par un bourrelet tendu sur lui-même, dont le centre est occupé par une fente ombilicale, que le bord gauche recouvre ordinairement dans une partie de sa longueur. L'ouverture est oblongue, étroite, un peu plus large dans le milieu qu'à ses extrémités; le bord droit en est mince, tranchant et sinueux à sa partie supérieure : en se joignant à l'avant-dernier tour, il forme une échancrure anguleuse assez profonde. La columelle est presque droite; sur le milieu elle porte deux à quatre plis obscurs, dont le dernier surtout est presque toujours à l'état rudimentaire. Le bord gauche est mince et appliqué dans toute son étendue.

Cette coquille est longue de 85 millim., et large de 25.

† 18. Mitre scrobiculée. *Mitra scrobiculata*. Broc.

M. testá fusiformi, transversè confertìm sulcatá, interstitiis crenulato-punctatis; columellá quadriplicatá.

Aldrov. De Test. p. 355?

Brocchi. Conch. Foss. Subap. t. 2. p. 317. pl. 4. f. 3.

Bast. Foss. de Bord. p. 44. n° 2.

Desh. Encycl. méth. Vers. t. 2. p. 463. n° 62.

Habite... Fossile du Plaisantin, de Crète Sanesi, et du Piémont.

Comme l'a reconnu M. Kiener, cette espèce fossile, par l'une de ses variétés, a en effet la plus grande analogie avec le *Mitra Isabella* de M. Swainson ; mais l'espèce vivante diffère suffisamment de la fossile pour que toutes deux soient conservées dans la nomenclature. Le *Mitra scrobiculata* de Brocchi est l'une des plus grandes espèces fossiles connues. Elle est très allongée, étroite, subfusiforme. Sa spire, très pointue, est un peu plus courte que le dernier tour; elle est formée de onze à douze tours larges, à peine convexes; le dernier est atténué à la base, où il se prolonge en un canal court et large, terminé par une échancrure large et peu profonde, qui se relève un peu vers le dos. L'ouverture est allongée, étroite, à bords presque parallèles; le droit est obtus et simple. La columelle est allongée, cylindracée; elle porte dans le milieu trois plis obliques, dont l'antérieur est peu apparent. Les accidens extérieurs sont très variables dans cette espèce. Dans le plus grand nombre des individus, la surface est couverte de stries transverses, très écartées et profondément ponctuées; ces stries sont presque effacées sur le milieu du dernier tour, dans les grands

individus, et elles se changent en rides assez profondes à la base
du dernier tour. Dans une série considérable d'individus, on
voit les stries s'élargir et se creuser insensiblement, et l'on arrive
enfin à une dernière variété, dans laquelle toute la surface est
occupée par des sillons transverses à sommet aigu ; au lieu de
ponctuations se trouvent des stries longitudinales, qui découpent
la surface en petites portions subquadrangulaires.

Les grands individus de cette espèce ont 98 millimètres de long, et
23 de large.

† 19. Mitre striatule. *Mitra striatula*. Brocchi.

*M. testá fusiformi, glaberrimá, striis filiformibus, distantibus, le-
viter crenulatis, transversè succinctá ; columellá subtriplicatá.*

Brocchi. Conch. Foss. Subap. t. 2. p. 218. pl. 4. f. 8.

Desh. Encycl. méth. Vers. t. 2. p. 469. n° 64.

Habite... Fossile du Plaisantin, de la Sicile et des environs de Perpignan.

Cette Mitre a de l'analogie avec le *Scrobiculata*, mais elle en diffère
constamment par une taille beaucoup plus petite. Elle est allongée, fusiforme, étroite. Sa spire est aussi longue que le dernier
tour ; elle est très pointue, et composée de dix tours peu convexes, sur lesquels sont distribuées un petit nombre de stries
transverses, profondément ponctuées ; ces stries sont au nombre
de deux ou trois sur les premiers tours, il y en a une quinzaine
sur le dernier ; leur nombre est variable cependant, car il y a des
individus où elles sont pour ainsi dire dédoublées. L'ouverture est
allongée, très étroite. Le bord droit est mince, tranchant et simple. La columelle porte, dans le milieu, quatre plis peu obliques.

Les grands individus de cette espèce ont 36 millimètres de long, et 11
de large.

† 20. Mitre plicatule. *Mitra plicatula*. Brocchi.

*M. testá fusiformi, glabrá ; anfractibus obsoletè plicatis, basi rec-
tiusculá ; columellá quadriplicatá ; labro internè striato.*

Brocchi. Conch. Foss. Subap. t. 2. p. 318. pl. 4. f. 7.

Desh. Encycl. méth. Vers. t. 2. p. 469. n° 66.

Habite... Fossile du Plaisantin.

Petite espèce fort élégante, allongée, étroite, fusiforme, que l'on reconnaît facilement aux petites côtes longitudinales, plus ou moins
étroites, qui sont régulièrement disposées à la surface des tours ;
ces côtes sont presque toujours un peu infléchies dans leur longueur ; elles sont lisses, ainsi que les intervalles qui les séparent.

Le dernier tour est un peu plus court que la spire ; il se prolonge, à la base, en un canal étroit, assez long, sur le dos duquel

il y a un petit nombre de petits sillons obliques. L'ouverture est allongée, très étroite ; son bord droit est mince, tranchant, finement strié à l'intérieur. La columelle porte, dans le milieu, quatre gros plis subtransverses.

La longueur de cette espèce est de 20 millimètres, sa largueur de 7.

† 21. Mitre pyramidelle. *Mitra pyramidella.* Brocchi.

M. testâ fusiformi, lævigatâ ; apice spirâ longitudinaliter costulatâ ; columellâ quadriplicatâ, basi longiusculâ, leviter incurvâ ; labro internè striato.

Brocc. Conch. Foss. Subap. t. 2. p. 318. pl. 4. f. 5.

Desh. Encycl. méth. Vers. t. 2. p. 469. n° 65.

Habite... Fossile Crète Sanesi.

Petite coquille qui ne manque pas d'analogie avec le *Mitra ebenus* de Lamarck ; cependant elle reste constamment distincte par ses caractères. Elle est allongée, fusiforme. Sa spire, très pointue, est plus longue que le dernier tour ; elle se compose de douze tours cylindracés, dont les premiers sont profondément plissés dans leur longueur, tandis que les derniers sont lisses ; le dernier est atténué à la base, et prolongé en un canal étroit, sur le dos duquel on remarque quelques sillons obliques. L'ouverture est allongée, très étroite. Le bord droit est simple, mince et strié en dedans. La columelle est droite, et elle présente dans le milieu quatre gros plis, dont le premier est réellement énorme, en proportion de la grosseur de la coquille.

Cette petite espèce est longue de 25 millim., et large de 8.

† 22. Mitre cupressine. *Mitra cupressina.* Brocchi.

M. testâ turritâ, subulatâ, longitudinaliter costatâ, transversim striatâ, basi elongatâ, flexuosâ ; columellâ triplicatâ.

Brocc. Conch. Foss. Subap. t. 2. p. 319. pl. 4. f. 6.

Desh. Encycl. méth. Vers. t. 2. p. 470. n° 67.

Habite... Fossile du Plaisantin.

Petite coquille très élégante, et que l'on prendrait pour un Fuseau, tant est prolongé le canal qui la termine. La spire est allongée, pointue, un peu plus longue que le dernier tour ; les tours sont au nombre de onze ou douze, ils sont peu convexes, et les premiers sont bordés d'un petit bourrelet. Toute la surface est découpée en un réseau formé de petites côtes longitudinales obliques, traversées par un grand nombre de stries transverses un peu moins grosses et un peu moins saillantes que les côtes. L'ouverture est petite, fort étroite, prolongée à la base en un canal assez long, étroit. Le bord droit est mince, tranchant, simple. La columelle est munie, dans le milieu, de trois gros plis peu obliques.

Cette petite espèce est longue de 15 à 20 millim., et large de 4 à 5.

† 23. Mitre costulée. *Mitra costulata*. Desh.

M. testâ elongato-angustâ; costis crebris, longitudinalibus ornatâ; anfractibus convexiusculis : ultimo spirâ longiore, profundè basi emarginato; aperturâ oblongâ; columellâ subarcuatâ, quadriplicatâ; plicis inæqualibus; labro incrassato, in medio subdentato.

Desh. Coq. foss. de Paris. t. 2. p. 673. pl. 90. f. 1. 2.

Habite... Fossile à Mouchy, Parnes.

On serait tenté de confondre cette espèce avec le *Mitra crassidens*, à titre de variété; cependant elle se distingue non-seulement par le plus grand nombre de ses plis longitudinaux, mais encore par la columelle et les plis qu'elle porte.

Cette Mitre est allongée, étroite; sa spire, un peu plus courte que le dernier tour, est composée de sept à huit tours aplatis ou à peine convexes, sur lesquels sont disposées avec assez de régularité des côtes longitudinales, rapprochées, peu épaisses, légèrement arquées dans leur longueur et un peu obliques; la surface n'offre aucune strie transverse; le dernier tour est terminé à la base par une échancrure profonde relévée vers le dos. L'ouverture est fort étroite. La columelle, à peine arquée dans sa longueur, est munie de quatre plis graduellement décroissans. Le bord droit est épaissi, obtus, et pourvu d'une dent peu saillante à sa partie interne et submédiane. On trouve à Valognes, dans le terrain tertiaire, une variété de cette espèce, remarquable par la régularité de ses côtes et leur plus grande épaisseur.

Cette coquille est longue de 27 millim., et large de 11.

† 24. Mitre à grosse lèvre. *Mitra labrosa*. Desh.

M. testâ ovato-angustâ, elongatâ, utrinquè attenuatâ; spirâ acuminatâ; anfractibus convexiusculis, supernè obscurè transversim striatis; aperturâ angustissimâ; columellâ quadriplicatâ; plicis majoribus; labro extùs incrassato, gibboso, dilatato.

Desh. Coq. foss. de Paris. t. 2. p. 673. pl. 88. f. 20. 21.

Habite... Fossile à Mouchy.

Coquille singulière, et qui diffère essentiellement de la Mitre labratule, avec laquelle elle a cependant quelques rapports. Elle est ovale-oblongue, étroite, à spire pointue, plus longue que le dernier tour. On y compte sept à huit tours à peine convexes, à la partie supérieure desquels il y a quelques stries transverses, peu

constantes et obsolètes : le dernier tour est atténué à son extrémité, et terminé par une petite échancrure un peu relevée vers le
dos. L'ouverture est très étroite. La columelle est très étroite,
épaisse, et garnie de quatre gros plis presque égaux et peu obliques. Ce qui rend surtout cette espèce remarquable, c'est la forme
de son bord droit : il est garni en dehors d'un gros bourrelet très
épais, dilaté, semblable à celui de la plupart des Tritons ; ce bord
est simple en dedans et légèrement infléchi à sa partie supérieure.

Cette coquille, assez rare, est longue de 26 millim., et large de 12,
en y comprenant l'épaisseur du bourrelet marginal.

† 25. Mitre subplissée. *Mitra subplicata.* Desh.

*M. testá ovato-elongatá ; spirá acuminatá, conicá, lævigatá, obso-
letè longitudinaliter plicatá ; ultimo anfractu lævigato ; aperturá
angustá ; columellá quadriplicatá ; plicis subæqualibus ; labro incrassato, lævigato ; supernè obscurè unidentato.*

Desh. Coq. Foss. de Paris. p. 675. pl. 89. f. 1. 2.

Habite... Fossile à Grignon, Parnes, Valmondois.

Il y a peu de différence entre cette espèce et le *Mitra labratula ;* et
nous l'aurions réunie à ses variétés, si quelques individus, qui ont
conservé des traces de leur première coloration, ne nous avaient
aidé à trouver des caractères distinctifs, constans pour les deux
espèces.

La Mitre subplissée est plus ventrue que le Labratule. Sa spire est
proportionnellement plus courte, et son dernier tour plus grand.
Cette spire est conique, composée de sept tours aplatis, sans stries
transverses, mais obscurément plissées dans leur longueur ; les
plis, peu réguliers, disparaissent vers le dernier tour, qui est tout-
à-fait lisse. L'ouverture est très étroite, rétrécie à ses extrémités.
La columelle, oblique, à peine courbée dans sa longueur, est légèrement renflée dans l'endroit où sont placés les quatre plis presque
égaux dont elle est pourvue. Cette columelle est accompagnée d'un
bord gauche très mince, plus large à sa partie inférieure qu'à la
supérieure. Le bord droit est épais, obtus, évasé, et présentant,
dans la plupart des individus, un renflement court, obtus, et peu
marqué à sa partie supérieure. L'angle supérieur de l'ouverture
est très aigu, mais non échancré. La coloration consiste en une
série régulière de flammules courbées, d'un jaune ferrugineux,
placées à la partie supérieure des tours.

Les grands individus de cette espèce, plus rare que la plupart de celles
du même genre, ont 33 millim. de long, et 15 de large.

† 26. **Mitre à dent épaisse.** *Mitra crassidens.* Desh.

> *M. testá angustá, oblongá, longitudinaliter plicatá ; plicis distanti-*
> *bus, subregularibus ; aperturá angustá ; columellá quadriplicatá ;*
> *labro incrassato, supernè dente acuto, magno, instructo.*

Desh. Coq. Foss. de Paris. t. 2. p. 676. pl. 90. f. 3. 4. 7. 8.

Habite... Fossile à Grignon, Mouchy.

Malgré les rapports de cette espèce avec le *Mitra obliquata,* nous croyons devoir la séparer, car elle a des caractères que nous avons constamment retrouvés dans tous les individus.

Elle est ovale-oblongue, plus ou moins étroite, selon les individus. Sa spire est conique, pointue, plus courte que le dernier tour, et composée de sept à huit tours étroits, aplatis, sur lesquels s'élèvent un petit nombre de plis longitudinaux, distans, peu réguliers, et rendant la coquille polygonale, lorsqu'ils se succèdent, du sommet à la base. Du reste, la coquille est lisse, et son dernier tour, rétréci à son extrémité, est terminée par une échancrure assez profonde et à peine oblique. L'ouverture est très étroite. La columelle, assez épaisse, porte vers le milieu quatre plis presque égaux ; elle est revêtue d'un bord gauche mince, également large dans toute sa longueur ; le bord droit est épaissi, et il est singulier par la forme de la dent qu'il porte à sa partie supérieure : il semble que cette dent, relevée sur le bord droit, ayant été ramollie, a été infléchie à la partie interne du bord, où elle est saillante. Cette dent est grosse, conique et pointue. D'autres espèces de Mitres sont également dentifères, mais leur dent n'a pas la même forme que celle-ci.

Cette espèce est assez commune, et il est à présumer qu'elle a été confondue avec le *Mitra raricosta.* Elle est longue de 25 millim., et large de 13.

† 27. **Mitre à côtes obliques.** *Mitra obliquata.* Desh.

> *M. testá ovato-oblongá, longitudinaliter costatá ; costis subarcuatis,*
> *obliquis ; anfractibus convexiusculis ; aperturá oblongá, angustá ;*
> *columellá quadriplicatá ; plicis minoribus, subæqualibus ; labro in-*
> *crassato, simplici.*

Desh. Coq. Foss. de Paris. t. 2. p. 677. pl. 89. f. 3. 4. pl. 90. f. 5. 6.

Habite... Fossile à Parnes, Mouchy.

Coquille ovale-oblongue, ayant une spire conique et pointue, plus courte que le dernier tour, et composée de huit tours peu convexes, ornés de côtes longitudinales assez régulières, mais assez variables pour le nombre, selon les individus. Ces côtes sont peu saillantes; elles sont pliciformes, à peine courbées et obliques; elles se prolongent jusqu'à la base du dernier tour, et se terminent à un bourrelet oblique, aboutissant à l'échancrure terminale. Cette échancrure est profonde et renversée vers le dos; on y remarque, sur toute sa surface, d'autres stries que celles des accroissemens. L'ouverture est allongée, très étroite. La columelle, épaisse vers le milieu de sa longueur, porte dans cet endroit quatre plis assez gros et presque égaux; elle est accompagnée d'un bord gauche, large, peu épais, et nettement limité en dehors. Le bord droit est épais, obtus, simple, et un peu renversé en dehors.

Les grands individus de cette coquille, assez commune, ont 33 millim. de long, et 16 de large.

† 28. Mitre de Lajoye. *Mitra Lajoyi.* Desh.

M. testá ovatá, utrinquè attenuatá, striis transversis et costulis lon-
gitudinalibus clathratá; spirá acuminatá, conicá; anfractibus
supernè depressis, convexiusculis; aperturá oblongá, angustá; co-
lumellá incrassatá, quadriplicatá; plicis maximis, subæqualibus;
labro incrassato, supernè unidentato.

Desh. Coq. Foss. de Paris. t. 2. p. 678. pl. 89. f. 5. 6.

Habite... Fossile à Assy, Valmondois.

Avant M. Lajoye, à qui nous devons et dédions cette belle espèce, nous n'en connaissions qu'un seul individu, roulé et mutilé, que nous avions trouvé à Valmondois. Cette coquille est ovale-oblongue, ventrue dans le milieu. La spire est conique, moins longue que le dernier tour; les six ou sept tours, dont elle est composée, sont peu convexes et légèrement déprimés à leur partie supérieure; le dernier tour est atténué à son extrémité, où il est terminé par une échancrure profonde et oblique, non relevée vers le dos. Toute la surface extérieure est couverte d'un réseau assez grossier, et à grosses mailles, résultant de l'entre-croissement de stries transverses assez grosses, avec des côtes longitudinales, nombreuses, irrégulières, étroites et peu épaisses. L'ouverture est très étroite, et elle est rétrécie par quatre gros plis columellaires peu obliques, presque égaux, et dont le dernier est un peu plus petit que les autres. Le bord droit est épaissi, et il porte à sa partie supérieure une grosse dent obtuse en forme de mamelon, placée vis-à-vis l'enfoncement columellaire qui précède les plis.

Cette coquille, rare, est longue de 50 millim., et large de 23.

† 29. Mitre parisienne. *Mitra parisiensis.* Desh.

M. testá ovato-oblongá, subventricosá, lævigatá; spirá conicá; ultimo
anfractu supernè tuberculis majoribus coronato; columellá qua-

driplicatâ, in medio inflatá; labro incrassato, intùs supernè uni-
dentato.

Desh. Ency. méth. Vers. t. 2. p. 470. n° 69.

Desh. Coq. Foss. de Paris. t. 2 p. 677. pl. 89. f. 16. 17.

Habite... Fossile à Parnes, Mouchy.

Belle coquille remarquable, dont nous ne connaissons qu'un petit
nombre d'individus. Elle est ovale-ventrue. Sa spire, à-peu-près
aussi grande que le dernier tour, est formée de neuf à dix tours
aplatis ou à peine convexes; ils ne sont point également larges
dans toute leur étendue, sa suture, dans son développement, ayant
des irrégularités comparables à celles de certains Strombes vivans.
Ces tours sont obscurément interrompus d'une manière irrégulière par une ou deux côtes longitudinales variciformes; le dernier tour est couronné, à sa partie supérieure, par un petit
nombre de gros tubercules obtus, dont la base se prolonge quelquefois en une côte longitudinale, courte et obsolète. L'ouverture
est étroite, allongée. La columelle est épaisse, cylindracée et renflée dans le milieu : c'est sur ce renflement que sont placés quatre
gros plis columellaires, presque égaux. Le bord gauche, mince
supérieurement, s'élargit et s'épaissit à sa partie inférieure. Le
bord droit est fort épais, et présente, à sa partie supérieure et
interne, une dent en mamelon, placée vis-à-vis et un peu au-
dessus du premier pli de la columelle.

Les individus que nous possédons de cette espèce sont longs de
48 millimètres, et larges de 23. Nous en avons vu de plus
grands.

VOLUTE. (Voluta.)

Coquille ovale, plus ou moins ventrue, à sommet obtus ou en mamelon, à base échancrée et sans canal.
Columelle chargée de plis, dont les inférieurs sont les
plus grands et les plus obliques. Point de bord gauche.

*Testa ovata, plùs minusvè ventricosa; apice papillari;
basi emarginata; canali nullo. Columella plicata : plicis
inferioribus majoribus et magis obliquis. Lamina columel-
laris nulla.*

Observations. — Le genre *Voluta* de Linné, quoique caractérisé d'une manière assez distincte, d'après la considération

de l'existence des plis sur la columelle de la coquille, est très peu naturel ; car il réunit des coquillages de familles différentes qu'il faut distinguer, séparer et écarter, parce qu'elles ne s'avoisinent point. Il comprend effectivement des coquilles à ouverture entière, comme les Auricules ; d'autres à ouverture canaliculée à la base, comme les Fasciolaires et les Turbinelles qui avoisinent les rochers ; enfin, d'autres encore dont l'ouverture est simplement échancrée à sa base, comme celle des Buccins, etc., ce qui lui donne une étendue extrêmement considérable, nuisible à l'étude des espèces, et défectueuse à l'égard des rapports entre les objets réunis.

Bruguières avait commencé la réforme de ce genre trop nombreux établi par Linné, en supprimant avec raison les espèces dont la coquille n'est pas échancrée à sa base. J'ai ensuite porté plus loin cette réforme, et j'ai séparé du genre *Voluta* de Linné les Mitres, les Colombelles, les Marginelles, les Cancellaires et les Turbinelles, qui sont des genres distingués d'une manière remarquable des véritables Volutes, et dont deux sont d'une autre famille.

Le genre des Volutes, tel qu'il est ici caractérisé, est beaucoup plus circonscrit qu'il ne l'était, paraît plus naturel, et n'offre plus d'association disparate, comme auparavant. Il comprend néanmoins un grand nombre d'espèces, parmi lesquelles quantité sont très précieuses par leur rareté, par la beauté, la vivacité et la diversité de leurs couleurs. On peut dire que c'est un des plus beaux genres de la conchyliologie, et qu'il forme un des plus riches ornemens des collections.

Les espèces sont en général lisses, brillantes, et il ne paraît pas qu'aucune d'elles soit pourvue de drap marin. Dans les unes, la coquille est très ventrue et presque bombée comme les Tonnes ; dans d'autres, elle est simplement ovale et chargée de tubercules plus ou moins piquans ; enfin, dans d'autres encore, elle est ovale-conique, allongée, presque fusiforme ou turriculée, et se rapproche de la forme des Mitres. Ces considérations fournissent des moyens de diviser le genre, sans rompre les rapports qui lient entre elles les espèces et en facilitent l'étude.

Ces coquillages sont tous marins, et vivent en général dans

les mers des pays chauds. Aucune des espèces connues de ce genre ne vit dans nos mers.

C'est avec les Mitres que les Volutes ont le plus de rapports; mais elles en sont éminemment distinguées : 1° par les plis de leur columelle, dont les inférieurs sont les plus gros et les plus obliques; 2° par l'extrémité de leur spire, qui est obtuse ou en mamelon.

J'ai distingué les espèces de ce genre en quatre petites familles, que les rapports indiquent assez bien, mais que l'on ne doit pas séparer, parce qu'elles sont liées entre elles de manière à devoir constituer un seul genre.

L'animal des Volutes est un Trachélipode carnassier qui ne respire que l'eau. Sa tête est munie de deux tentacules pointus, portant les yeux à leur base extérieure. Sa bouche est en trompe allongée, cylindrique, rétractile, garnie de petites dents crochues. Un tube pour conduire l'eau aux branchies et saillant obliquement derrière la tête; pied fort ample; point d'opercule.

[Lamarck, comme on le sait, est celui des zoologistes qui, après Bruguières, a porté le plus loin la réforme du genre Volute de Linné. Cette réforme arrêtée, selon nous, dans de sages limites, n'a point paru suffisante à quelques personnes, et les conchyliologues anglais, particulièrement, suivant les traces de Denys de Montfort, ont reproduit récemment, non-seulement le genre *Cymbium* de cet auteur, mais y ont ajouté un genre *Melo*, qui, à nos yeux, n'est pas plus utile que le premier. Comme nous l'avons déjà dit, les genres ne peuvent être reçus qu'autant qu'ils sont mesurés sur des caractères égaux et comparables; ils ne peuvent être introduits dans une méthode naturelle, qu'autant qu'ils portent le cachet d'un ensemble de caractère, dont les limites sont bien déterminées; il faut, en un mot, qu'ils puissent entrer dans la philosophie de la science, et s'harmoniser avec tous les autres genres déjà adoptés dans la méthode. Dans notre pensée, le genre Volute, tel que Lamarck l'a conçu, est naturel, et mérite d'être conservé dans son ensemble; et il nous suffira, pour le prouver, d'examiner d'une manière générale ce qui est connu sur ce genre.

Lorsque Lamarck réformait le genre Volute de Linné, il ne

24.

connaissait qu'un seul animal des Volutes proprement dites : c'est celui du *Voluta Neptuni*, pour lequel Adanson a fondé son genre Yet. Cette espèce appartient à la section des Volutes à ouverture ample, dont Montfort a fait son genre *Cymbium*. Lorsque MM. Quoy et Gaimard revinrent de leur premier voyage de circumnavigation, ils rapportèrent l'animal du *Voluta Ethiopica*; M. de Blainville, dans la partie zoologique du voyage, donna la figure à la description de cette espèe. Pour terminer ce que l'on connaît de ce groupe de Volutes, nous ajouterons que M. Kiener, dans son *Species des coquilles*, reproduisit une nouvelle figure de l'Yet d'Adanson, figure qui fut recopiée un peu plus tard par M. Küster, dans la nouvelle édition du grand ouvrage de Martini et Chemnitz. On devait désirer que les animaux d'autres espèces de Volutes, appartenant aux trois autres groupes de Lamarck, fussent observés, et l'on doit à MM. Quoy et Gaimard la connaissance de plusieurs espèces intéressantes, auxquelles M. d'Orbigny en a ajouté quelques autres dans son voyage de l'Amérique du Sud. Au moyen de ces divers matériaux, il est permis aujourd'hui d'apprécier la valeur des divers genres que l'on a proposés aux dépens des Volutes de Lamarck.

Si nous prenons le genre Volute dans son ensemble, nous le voyons commencer par des coquilles amples, minces, à spire très courte, à columelle concave, portant de grands plis obliques. Si les coquilles de ce groupe étaient complétement isolées, on comprendrait que l'on ait voulu en faire un genre; mais on voit, dans une série considérable d'espèces, les caractères se modifier et passer insensiblement vers un autre groupe, dans lequel la coquille reste mince, mais la columelle est déjà redressée, et la spire élancée; peu-à-peu le test s'épaissit, l'ouverture se rétrécit, et l'on passe aux espèces d'un troisième groupe, auquel le *Voluta musicalis*, par exemple, pourrait servir de type. Il est à peine nécessaire de parler du genre *Melo*, dans lequel on propose de réunir celles des espèces à très grande ouverture, et à test mince, qui sont couronnées d'épines.

En nous aidant des matériaux publiés par les voyageurs, sur les animaux des Volutes, nous verrons que les caractères du genre persistent dans les groupes principaux établis par Lamarck. C'est ainsi que nous trouvons, dans toutes les espèces, le pied très grand, et toujours dépourvu d'opercule. Nous voyons aussi que le siphon charnu, qui sert à porter l'eau sur les branchies, est très gros et très épais, et prolongé à la base en deux appendices tentaculiformes que l'on ne remarque dans aucun autre genre connu. Il est remarquable que ce caractère se montre dans toutes les espèces connues jusqu'à présent. Dans toutes les espèces la tête est large, aplatie, et elle porte en avant une paire de tentacules très écartés entre eux, généralement courts et cylindracés; les yeux sont sessiles en arrière de ces tentacules, et rarement ils sont proéminens; au-dessous de la tête, se voit une fente longitudinale, par laquelle passe une trompe cylindrique, épaisse et charnue, au moyen de laquelle l'animal attaque d'autres Mollusques, perfore leur coquille, et suce la matière animale qu'elle renferme. D'après la figure de l'Yet, que donne M. Kiener, les tentacules seraient en forme d'oreillette triangulaire, tandis que, d'après Adanson, ces tentacules sont courts, mais cylindracés. Il reste à examiner un autre caractère qui paraît particulier à quelques Volutes: c'est celui qui est relatif à l'étendue du manteau. Il y a un certain nombre d'espèces, sur la coquille desquelles le bord gauche n'offre point de limites; on voit ce bord gauche s'étendre plus ou moins loin, et revêtir une grande partie de la spire et du ventre du dernier tour. M. d'Orbigny a fait voir que cela était dû au développement excessif que prend quelquefois le bord gauche du manteau, qui vient se renverser jusque sur le dos de la coquille, envahit sa spire dans toute sa longueur, et revêt toutes les parties qu'il touche d'une couche polie et vernissée, tout-à-fait comparable à celle des olives et des porcelaines. Lorsque l'on examine un grand nombre d'espèces de Volutes, on remarque tous les degrés entre ce développement extrême du manteau, dont nous venons de parler, et la réduction de cet organe aux proportions ordinaires chez les autres Mollusques. Ce développement a lieu, non-seulement dans certaines espèces de Volutes à test épais, mais se montre aussi dans la section des *Cymbium*, et on le remarque particulièrement dans les *Voluta porcina* et *proboscidalis* de Lamarck. Ce qui complète l'ensemble des caractères du genre Volute, c'est que tous ces animaux, sans exception, ont la même manière de vivre. Adanson a dit, le premier, que les espèces du Sénégal s'enfoncent dans le sable, et s'y cachent entièrement. Cette observation a été répétée par tous les voyageurs qui ont trouvé des Volutes vivantes.

Ainsi, comme on le voit d'après ce qui précède, le genre Volute doit rester tel que Lamarck l'a réformé, et il faut rejeter d'une méthode naturelle les divers genres qui ont été proposés par MM. Broderip et Sowerby, ainsi que par M. Swainson, et que quelques autres naturalistes ont adoptés sans en avoir suffisamment examiné la valeur. Les caractères des coquilles se nuancent entre eux ; les animaux des divers groupes ont des caractères semblables, tous ont une même manière de vivre ; il est donc naturel de voir dans cet ensemble un genre, dont la valeur est comparable à celle d'autres groupes analogues.

Le nombre des Volutes est assez considérable, et pour faciliter leur distinction spécifique, il est utile de les partager en plusieurs groupes, d'après les caractères extérieurs les plus saillans. C'est ainsi que l'on pourrait adopter la distribution qui a été proposée par M. Sowerby, dans son *Genera*, en prenant pour caractères principaux les accidens du sommet de la spire. D'autres personnes, à l'exemple de Lamarck, ont préféré distribuer les espèces en trois ou quatre groupes, d'après l'ensemble des caractères. Cette méthode est la plus rationnelle, aussi nous pensons que l'arrangement de Lamarck peut être conservé, en apportant quelques modifications dans le rapprochement des espèces. On en connaît aujourd'hui un assez grand nombre à l'état fossile, distribuées pour la plupart dans les terrains tertiaires. Il y en a cependant quelques-unes de mentionnées dans les terrains crétacés.]

ESPÈCES.

[a] *Coquille ventrue, bombée.* Les Gondolières. [*Cimbiolæ.*]

1. Volute nautique. *Voluta nautica.* Lamk. (1)

V. testâ ventricosissimâ, tumidâ, fulvo-rufescente ; spirâ brevis-

---

(1) M. Kiener confond avec cette espèce le *Voluta tesselata,*

simá, spinis brevibus, versùs axem penitùs inflexis coronatá ; colu-
mellá triplicatá.

Seba. Mus. 3. t. 64. f. 2.

Martini. Conch. 3. t. 75. f. 785.

Encyclop. pl. 387. f. 2.

* *Voluta æthiopica.* Var. D. Dillw. Cat. t. 1. p. 575.

* Desh. Encyclop. méth. Vers. t. 3. p. 1135. n⁰ 1.

* Kiener. Spec. des Coq. p. 5. n⁰ 2. pl. 2.

* Küster. Conch. Cab. p. 207. n⁰ 2. pl. 43. f. 2. pl. 46. f. 2.
   Exclus. varietatibus.

Habite l'Océan asiatique. Mon cabinet. Grande et belle coquille,
   très bombée, singulièrement remarquable par la direction des
   épines qui couronnent sa spire. Ces épines sont courtes, surtout
   dans les vieux individus, pliées en deux, et toutes couchées horizontalement, se dirigeant vers l'axe de la spire. Long. : 7 pouces
   9 lignes.

2. **Volute diadème.** *Voluta diadema.* **Lamk.** (1)

   V. testá ventricosá, fulvo-aurantiá, interdùm albo-marmoratá ;
   spirá spinis fornicatis, rectiusculis coronatá ; columellá tri-
   plicatá.

---

n⁰ 5, qui est cependant bien distincte par le nombre des plis
columellaires.

(1) En étudiant cette espèce et la suivante, on reconnaît que,
contrairement à l'opinion de M. Kiener, elles doivent être toutes
deux conservées. Les phrases de Lamarck les caractérisent suffisamment, mais la synonymie n'est point assez correcte, et nous
concevons que l'erreur soit facile, lorsque l'on s'en rapporte
uniquement à elle. Pour rendre à la synonymie de ces espèces
sa netteté, il suffit de retirer de celle-ci, pour la transporter au
Voluta armata, les citations de Rumphius et de Petiver. Parmi
les coquilles figurées par M. Kiener, sous le nom de *Voluta ar-*
mata, se trouve le *Diadema*, le *Ducalis* de Lamarck ; de plus,
une troisième espèce, pl. 8, f. 2. Mais le véritable *Armata* n'est
point dans cet ouvrage, quoiqu'il y ait six figures qui portent
ce nom. M. Küster, en adoptant l'opinion de M. Kiener, établit
trois variétés auxquelles il attribue une synonymie qui est la
reproduction de celle de Lamarck, à laquelle il n'apporte aucune amélioration.

Rumph. Mus. t. 31. fig. B.

Petiv. Amb. t. 7. f. 5.

Gualt. Test. t. 29. fig. H.

An Favanne. Conch. pl. 28. fig. B. 3? *spinis nimiùm longis.*

Martini. Conch. 3. t. 74. f. 780.

Encyclop. pl. 388. f. 2.

Voluta diadema. Annales du Mus. vol. 17. p. 57. n° 1.

* *Voluta æthiopica.* Dillw. Cat. t. 1. p. 575. Var. E.

* *Melo diadema.* Reeve. Conch. Syst. t. 2. p. 256. pl. 283. f. 1.

* Desh. Encyclop. méth. Vers. t. 3. p. 1135. n° 2.

* Swains. Conch. Exot. pl. 6. ??

* Seba. Mus. t. 3. pl. 65. f. 12. pl. 66. f. 13.

* Kiener. Spec. des Coq. pl. 7. *Vol. armata. Var.*

* Küster. Conch. Cab. pl. 41. f. 1. 2.

Habite l'Océan asiatique. Mon cabinet. Cette belle Volute constitue une espèce très distincte, et qui acquiert aussi un assez grand volume. Elle est marbrée de blanc sur un fond jaunâtre ; mais, dans son plus grand accroissement, elle est presque unicolore. Ses épines sont des écailles concaves, voûtées, pointues, presque droites, peu fréquentes sur le sommet du dernier tour, et plus grandes à mesure qu'elles s'approchent du bord droit. Longueur : 7 pouces 1 ligne.

3. Volute armée. *Voluta armata.* Lamk.

V. testâ ventricosâ, supernè attenuatâ, luteo-aurantiâ, anteriùs albo-marmoratâ ; spirâ spinis rectis prælongis coronatâ ; columellâ triplicatâ.

Martini. Conch. 3. t 76. f. 787. 788.

Encyclop. pl. 388. f. 1.

Voluta armata. Ann. ibid. n° 2.

[b] *Var. testâ transversìm bifasciatâ.*

Seba. Mus. 3. t. 65. f. 1. 2.

* *Voluta æthiopica.* Var. F. Dillw. Cat. t. 1. p. 575.

* Küster. Conch. Cab. pl. 43. f. 1. 2.

Habite les mers du cap de Bonne-Espérance. Collect. du Mus. Elle est distincte de la précédente par les longues épines dont elle est couronnée, et parce que son dernier tour s'amincit davantage vers son sommet.

4. Volute ducale. *Voluta ducalis.* Lamk.

V. testâ cylindraceo-ventricosâ, albidâ, maculis castaneis irregularibus biseriatìm cinctâ, venis rufis longitudinalibus flexuosis subreticulatá; spirâ spinis brevissimis coronatá; columellá quadri-plicatá.

Voluta ducalis. Ann. ibid. n° 3. *Varietatibus exclusis.*

* Schub. et Wagn. Suppl. à Chemn. p. 12. pl. 218. f. 3036. 3037.

* *Voluta armata. Var.* Kiener. Spec. des Coq. pl. 9. f. 2.

* *Id.* Küster. Conch. Cab. p. 212.

Habite l'Océan indien. Mon cabinet. Celle-ci est remarquable par ses épines très courtes, qui ressemblent à des dents ou à de petits tubercules pointus, et qui sont toujours dépassées par le mamelon très saillant et très renflé de la spire. Longueur : 2 pouces 8 lignes.

5. **Volute mouchetée.** *Voluta tessellata.* Lamk. (1)

V. testá ventricosá, albido sulphureá; zonis duabus fusco-tessellatis; spirá spinis brevibus incurvis coronatá; columellá quadriplicatá.

Lister. Conch. t. 797. f. 4.

Bonanni. Recr. 3. f. 1.

Seba. Mus. 3. t. 65. f. 10. et t. 66. f. 6.

Martini. Conch. 3. t. 74. f. 781.

Voluta tessellata. Ann. ibid. p. 58. n° 4.

* Lesser. Testaceotheol. p. 238. f. n° 55.

* *Voluta æthiopica. Var.* A. Dillw. Cat. t. 1. p. 574. n° 178.

* Swains. Exot. Conch. pl. 12.

* *Voluta nautica. Var.* Kiener. Spec. des Coq. p. 6. pl. 3. f. 2.

* *Id.* Küster. Conch. Cab. p. 200. pl. 41. f. 3.

Habite... Collect. du Mus. Elle paraît constamment distincte de celle qui suit, en ce qu'elle est plus bombée, et qu'elle offre deux rangées de taches brunâtres, presque carrées. Les épines qui la couronnent sont moins nombreuses et plus inclinées vers l'axe de la spire. Longueur : 8 centimètres.

6. **Volute éthiopienne.** *Voluta æthiopica.* Lin. (2)

V. testá obovatá, ventricosá, aurantio-cinnamomeá, immaculatá;

---

(1) Martini n'a pas toujours distingué bien nettement ses espèces de Volutes, et la synonymie en est défectueuse. Ici, il corfond avec le *Voluta tessellata* une variété du *Voluta æthiopica* qui se distingue par tous les caractères les plus essentiels.

(2) Il est certain que Linné, sous le nom de *Voluta æthio-*

spirá spinis brevibus crebris complicatis rectiusculis coronatá; columellá quadriplicatá.

Voluta æthiopica. Lin. Syst. nat. éd. 12. p. 1195. Gmel. p. 3465. n° 113.

Lister. Conch. t. 801. f. 7. b.

Gualt. Test. t. 29. fig. 1.

Knorr. Délic. nat. Select? tab. B. VI. f. 2.

Martini. Conch. 3. t. 75. f. 784.

Encycl. pl. 387. f. 1.

Voluta æthiopica. Ann. ibid. n° 5.

[*b*] *Var. testá fasciá albá transversali.*

D'Argenv. Conch. pl. 17. fig. F.

Seba. Mus. 3. t. 65. f. 4. 11. et t. 66. f. 9.

Martini. Conch. 3. t. 73. f. 777-779.

[*c*] *Var. fasciis duabus fuscis.*

Knorr. Vergn. 2. t. 4. f. 1.

Martini. Conch. 3. t. 74. f. 782.

Encycl. pl. 388. f. 3.

* Lin. Syst. nat. éd. 10. p. 733. *Excl. plur. synon.*

* Lin. Mus. Ulric. p. 598.

* Roissy. Buff. Moll. t. 5. p. 437. n° 3.

* *Cymbium æthiopicum.* Schum. Nouv. Syst. p. 237.

* Schrot. Einl. t. 1. p. 242. n° 44.

* *Voluta æthiopica.* Var. B. C. Dillw. Cat. t. 1. p. 575.

* Quoy et Gaim. Voy. de l'Uranie. Zool. pl. 71. f. 1. 2.

* Wood. Ind. Test. pl. 21. f. 175.

* Desh. Encycl. méth. Vers. t. 3. p. 1136. n° 3.

* Swains. Exot. Conch. pl. 39.

* Kiener. Spec. des Coq. p. 6. n° 3. pl. 5.

---

pica, rassemblait toutes les espèces connues de son temps, qui ont la spire couronnée d'écailles plus ou moins longues et redressées. La synonymie de Linné, dans les deux éditions principales du *Systema,* les descriptions et surtout celle du *Museum Ulricæ,* ne laissent aucun doute à cet égard. Gmelin a ajouté à la confusion à laquelle Dillwyn a porté remède, en divisant toute cette synonymie en plusieurs variétés qui correspondent assez exactement aux espèces de Lamarck. Ici se reproduit encore une fois l'inconvénient grave de conserver un nom linnéen auquel il est loisible d'appliquer plusieurs espèces.

Küster. Conch. Cab. p. 208. n° 3. pl. 39. f. 3. 4. 5. pl. 41. f. 4.

Habite l'Océan africain, le golfe Persique, etc. Mon cabinet. Cette Volute, assez commune dans les collections, n'est jamais marbrée ni tachetée comme les précédentes. Les jeunes individus n'ont que trois plis à la columelle. Longueur, 4 pouces 2 lignes : elle devient beaucoup plus grande. Vulg. la *Couronne d'Éthiopie*.

7. Volute melon. *Voluta melo*. Soland.

V. testá ventricosissimá, apice coarctatá, albido-lutescente; maculis fuscis raris subtriseriatis; spirá muticá, ferè occultatá; columellá quadriplicatá.

Knorr. Vergn. 5. t. 8. f. 1.

Favanne. Conch. pl. 28. fig. F.

Martini. Conch. 3. t. 72. f. 772. 773.

Voluta indica. Gmel. p. 3467. n° 120.

Encycl. pl. 389. f. 1.

Voluta melo. Ann. ibid. p. 59. n° 6.

* Küster. Conch. Cab. p. 218. n° 10. pl. 40. f. 2. 3.

* Mus. Gottw. pl. 10. f. 64.

* Dillw. Cat. t. 1. p. 580. n° 188.

* *Voluta indica.* Wood. Ind. Test. pl. 21. f. 185.

* Desh. Encycl. méth. Vers. t. 3. p. 1136. n° 4.

* Swains. Exot. Conch. pl. 22.

* *Melo indicus.* Sow. Genera of Shells. f. 1. 2.

* Kiener. Spec. des Coq. p. 14. n° 10. pl. 15.

Habite l'Océan indien. Mon cabinet. Espèce très belle et constamment distincte de toutes celles que l'on connait. Elle offre une coquille ovoïde, très ventrue, bombée, et tellement resserrée au sommet, qu'on voit à peine le mamelon de la spire. Sa base est très ridée. Longueur : près de 6 pouces.

8. Volute de Neptune. *Voluta Neptuni*. Gmel.

V. testá obovatá, ventricoso-tumidá, rufo-fuscescente; spirá penitùs obtectá, carinatá; columellá quadriplicatá.

Lister. Conch. t. 795. f. 2. et t. 802. f. 8.

Gualt. Test. t. 27. fig. AA.

Adans. Seneg. pl. 3. f. 1. l'yet.

Seba. Mus. 3. t. 64. f. 3. t. 65. f. 3. 7. et t. 66. f. 4.

Martini. Conch. 3. t. 71. f. 767-771.

Voluta Neptuni. Gmel. p. 3467. n° 117.

Ejusd. Voluta navicula. p. 3467. n° 118.

Encycl. pl. 386. f. 1.

Voluta Neptuni. Ann. ibid. n° 7.

* *Concha persica major*. Aldrov. de Testac. p. 560.

* Fab. Columna *aquat. et terrest*. Obs. p. LXIX. f. 4.

* Jonst. Hist. nat. de Exang. pl. 17. f. 15.

* Mart. Conch. t. 3. p. 13. vignette.

* Dillw. Cat. t. 1. p. 578. n° 184.

* Wood. Ind. Test. pl. 21. f. 181.

* Reeve. Conch. Syst. t. 2. p. 257. pl. 284. f. 1. *Cymba Neptuni*.

* Desh. Encycl. méth. Vers. t. 3. p. 1137. n° 5.

* *Cymba Neptuni*. Sow. Genera of Shells. f. 1.

* *Id*. Brod. dans Sow. Spec. Conch. p. 5. n° 1. f. 2. a. b. c. d.

* Kiener. Spec. des Coq. p. 13. n° 9. pl. 1. et pl. 9. f. 1.

* Küster. Conch. Cab. pl. 42. f. 3. pl. 47. f. 2 à 6. pl. B.

* D'Orbig. dans Web. et Berth. Voy. aux îles du cap Vert. p. 85. n° 114.

Habite l'Océan africain, le golfe Persique. Mon cabinet. La spire, entourée d'une carène, caractérise cette espèce. Son mamelon paraît dans les jeunes individus, et se trouve tout-à-fait recouvert dans les vieux. Alors ceux-ci offrent une grande coquille très bombée, ridée à sa base, et d'un roux foncé ou rembruni. Vulg. la *Tasse de Neptune*. Longueur : 7 pouces une ligne.

9. Volute gondole. *Voluta cymbium*. Lamk. (1)

V. testâ ovatâ, albo rufoque marmoratâ ; spirâ canaliculatâ, marginato-carinatâ : mamillâ terminali conspicuâ ; columellæ plicis variis.

---

(1) Le *Voluta cymbium* de Linné n'est pas l'espèce qui porte actuellement ce nom dans Lamarck et la plupart des auteurs ; si l'on s'en rapportait uniquement à la synonymie de Linné, il en serait d'elle comme de plusieurs autres ; il faudrait l'abandonner, parce que Linné y rapporte plusieurs espèces. Mais en consultant la description dans le *Museum Ulricæ*, il est facile de reconnaître dans cet ouvrage le *Voluta cymbium*. Linné supprime toute la synonymie, et il ne mentionne la figure B de la planche 29 de Gualtieri, que pour lui servir de terme de comparaison, et signaler les différences de son espèce avec celle-là. La description de Linné sert de contrôle à sa synonymie, et permet de la rectifier. Pour nous, nous avons la conviction que le *Voluta cymbium* de Linné est le même que l'espèce à laquelle Lamarck a donné le nom de *Voluta proboscidalis*. C'est donc à cette

Voluta cymbium. Lin. Gmel. p. 3466. n° 114.
Lister. Conch. t. 796. f. 3.
Gualt. Test. t. 29. fig. B.
D'Argenv. Conch. pl. 17. fig. G.   *
Favanne. Conch. pl. 28. fig. C. 4.
Seba. Mus. 3. t. 65. f. 8. 9.
Martini. Conch. 3. t. 70. f. 762. 763.
Encycl. pl. 386. f. 3. a. b.
Voluta cymbium. Ann. ibid. p. 60. n° 8.
* Mus. Gottw. pl. 10. f. 68. a. b.
* Born. Mus. p. 236.
* Schrot. Einl. t. 1. p. 243. n° 45.
* *Voluta glans.* Burrow. Elem. of Conch. pl. 15.
* Dillw. Cat. t. 1. p. 576. n° 181. f. 5.
* Blainv. Malac. pl. 29. f. 2.
* Blainv. Faune franç. p. 225. n° 1.
* Wood. Ind. Test. pl. 21. f. 178.
* Swains. Zool. ill. 2ᵉ série. t. 2. pl. 84.
* Desh. Encycl. méth. Vers. t. 3. p. 1137. n° 6.
* Swains. Exot. Conch. pl. 34.
* *Cymba cymbium.* Sow. Genera of Shells. f. 2.
* *Id.* Brod. dans Sow. Spec. Conch. p. 7. f. 9. a. b. c. d.
* Kiener. Spec. des Coq. p. 12. n° 8. pl. 13.
* *Cymbium cisium.* Menke, Synop. édit. alt. p. 87.
* *Id.* Küster. Conch. Cab. p. 215. n° 8. pl. 41. f. 5. 6. pl. 48
f. 1. 2.
Habite l'Océan Atlantique. Mon cabinet. Cette coquille est moins
bombée que la précédente, et se distingue par sa spire canaliculée
et carénée en spirale, ayant, dans tous les âges, son mamelon à
découvert. Les plis de la columelle varient de quatre à six dans
les individus, selon leur âge. Longueur : 5 pouces 9 lignes. Vulg.
le *Char de Neptune.*

10. Volute bouton. *Voluta olla.* Lin.

*V. testâ ovatâ, ventricosâ, pallidè luteo-fulvâ, immaculatâ ; spirâ
canaliculatâ, obtusâ : mamillâ glandiformi prominente; columellâ
adultorum biplicatâ.*

---

dernière que doit revenir le nom de *Voluta cymbium* de
Linné. Ce sont ces motifs qui probablement auront déterminé
M. Menke à proposer le nom de *Voluta cisium* pour le *Cymbium*
de Lamarck.

Voluta olla. Lin. Syst. nat. éd. 12. p. 1196. Gmel. p. 3466. n° 115.
Bonanni. Recr. 3. f. 6.
Gualt. Test. t. 29. fig. A.
Klein. Ostr. t. 5. f. 97.
D'Argenv. Conch. Append. pl. 2. fig. H. *Var. marmorata.*
Favanne. Conch. pl. 28. fig. C. 2. *idem.*
Knorr. Vergn. 6. t. 22. f. 2.
Martini. Conch. 3. t. 71. f. 766.
Schroëter. Einl. in Conch. 1. p. 245. n° 46. t. 1. f. 14.
Encycl. pl. 385. f. 2.
Voluta olla. Ann. ibid. n° 9.
[*b*] *Var. labro dilatatissimo, extùs sulco transversali distincto.*
Lister. Conch. t. 794. f. 1.
* Mus. Gotw. pl. 10. f. 68.
* *Concha persica minor.* Aldrov. de Test. p. 560.
* Fab. Columna. Aquat. et Terres. Observ. p. LXIX. f. 6.
* Jonst. Hist. nat. des Exang. pl. 17. f. 14.
* Lesser. Testaceotheol. p. 238. f. 11. n° 54.
* Lin. Syst. nat. éd. 10. p. 734.
* Lin. Mus. Ulric. p. 599.
* Crouch. Lamk. Conch. pl. 19. f. 9.
* *Cymbium papillatum.* Schum. Nouv. Syst. p. 237.
* Born. Mus. p. 236.
* Dillw. Cat. t. 1. p. 578. n° 183.
* Wood. Ind. Test. pl. 21. f. 180.
* Desh. Encycl. méth. Vers. t. 3. p. 1137. n° 7.
* Swains. Exot. Conch. pl. 26.
* *Cymba olla.* Brod. dans Sow. Spec. Conch. p. 7. f. 1. a. b. c. d.
* Kiener. Spec. des Coq. p. 11. n° 7. pl. 14.
* Küster. Conch. Cab. p. 214. n° 7. pl. 47. f. 1.
Habite l'Océan des Grandes-Indes. Mon cabinet. Celle-ci est très dis-
tincte par la forme de sa spire. Le sommet de chaque tour est ob-
tus, arrondi, et se replie pour former un canal en spirale. Le ma-
melon terminal est allongé, glandiforme, bien saillant. Les jeunes
individus seuls ont trois plis à la columelle. Longueur : 4 pouces
une ligne.

11. Volute proboscidale. *Voluta proboscidalis.* Lamk. (1)

   V. testá elongatá, ventricoso-cylindraceá, pallidè fulvá; suturis nul-

---

(1) Comme nous l'avons fait observer précédemment, à
l'occasion du *Voluta cymbium*, c'est à celle-ci que se rapporte

lis; spirâ truncatâ, carinatâ : mamillâ obsoletâ; columellâ quadri-
plicatâ.

Lister. Conch. t. 800. f. 7.

Encycl. pl. 389. f. 2.

Voluta proboscidalis. Ann. ibid. n° 10.

* *Voluta cymbium.* Lin. Syst. nat. éd. 10. p. 733. n° 374.

* Lin. Mus. Ulric. p. 599.

* Lin. Syst. nat. éd. 12. p. 1196. n° 436.

* *Cymba proboscidalis.* Sow. Genera of Shells. f. 3.

* *Id.* Brod. dans Sow. Spec. Conch. p. 5. f. 5. a. b. c. d.

* Kiener. Spec. des Coq. p. 15. n° 11. pl. 11.

* Knorr. Del. nat. Select. t. 1. Coq. pl. BVI. f. 3.

* *Voluta porcina.* Var. Dillw. Cat. t. 1. p. 577.

* Desh. Encycl. méth. Vers. t. 3. p. 1138. n° 8.

* *Cymbium proboscidalis.* Küster. Conch. Cab. p. 220. n° 11. pl. 49.
f. 1. 2.

* D'Orbig. dans Web. et Berth. Voy. aux Canaries. p. 86. n° 116.

Habite l'Océan des Philippines. Mon cabinet. Grande coquille fort
singulière en ce que son dernier tour fait lui seul toute sa longueur.
Deux lignes élevées et obsolètes en traversent obliquement le dos.
Sa spire est comme tronquée, et, quoique un peu enfoncée, n'a
point de canal; ses bords sont bien carénés, et le mamelon qui la
termine est presque entièrement recouvert. Longueur : 10 pouces
et demi.

12. **Volute porcine.** *Voluta porcina.* Lamk.

*V. testâ subcylindricâ, apice truncatâ, albidâ; spirâ plano-concavâ,
marginato-carinatâ : mamillâ partìm tectâ ; columellâ tri seu quadriplicatâ.*

Adans. Seneg. pl. 3. f. 2. le Philin.

Seba. Mus. 3. t. 65. f. 5. 6. et t. 66. f. 5.

Knorr. Delic. Tab. B. 6. f. 3.

Ejusd. Vergn. 2. t. 30. f. 1.

Martini. Conch. 3. t. 70. f. 764. 765.

Encycl. pl. 386. f. 2.

Voluta porcina. Ann. ibid. p. 61. n° 11.

* Kiener. Spec. des Coq. p. 16. n° 12. pl. 12.

* Küster. Conch. Cab. p. 221. n° 12. pl. 48. f. 3. 4.

---

la description du *Cymbium* de Linné : c'est donc à elle seule
que doit revenir le nom linnéen.

* D'Orbig. dans Web. et Berth.Voy. aux Canar. p. 85. n° 115.
* Fab. Columna *de purp.* p. 3o. f. 3.
* Dan. Major. Fab. Colum. *de purp.* p. 41.
* Dillw. Cat. t. 1. p. 577. n° 182. *Excl. var.*
* Wood. Ind. Test. pl. 21. f. 179.
* Desh. Encycl. méth.Vers. t. 3. p. 1138. n° 9.
* Swains. Exot. Conch. pl. 25.
* *Cymba porcina.* Brod. dans Sow. Spec. Conch. p. 6. f. 5. a. b. c. e. g. h. i. k.

Habite l'Océan africain. Mon cabinet. Linné a confondu cette espèce avec son *V. cymbium,* qui en est constamment distinct. Celle dont il s'agit ici n'est jamais marbrée, n'a point sa spire canaliculée, et n'est point bombée comme la V. gondole. C'est avec la V. proboscidale qu'elle a les plus grands rapports ; mais cette dernière est toujours allongée, devient bien plus grande, et a deux lignes dorsales qui ne se montrent point dans la V. porcine. Celle-ci a son bord droit dilaté inférieurement. Longueur : 5 pouces 5 lignes. Vulg. la *Cuiller de Neptune.*

13. Volute pied-de-biche. *Voluta scapha.* Gmel.

V. testá turbinato-ventricosá, crassá, ponderosá, albidá, lineis longitudinalibus angulato-flexuosis rufis vel spadiceis undatá; ultimo anfractu anteriùs obtusè angulato; labro subulato; columellá quadriplicatá.

Lister. Conch. t. 799. f. 6.
Bonanni. Recr. 3. f. 10.
Gualt. Test. t. 28. fig. S.
Klein. Ostr. t. 5. f. 94.
Seba. Mus. 3. t. 64. f. 5. 6.
Martini. Conch. 3. t. 72. f. 774.et t. 73. f. 775. 776.
Voluta scapha. Gmel. p. 3468. n° 121.
Encycl. pl. 391. fig. a. b.
Voluta scapha. Ann. ibid. n° 12.
[*b*] *Var. testá rubente, subnodulosá.*
* Schrot. Einl. t. 1. p. 3o5. *Voluta.* n° 237.
* Dillw. Cat. t. 1. p. 573. n° 175.
* Wood. Ind. Test. pl. 21. f. 172.
* Desh. Ency. méth.Vers. t. 3. p. 1138. n° 10.
* Swains. Exot. Conch. pl. 13 et 48.
* *Voluta fasciata.* Schub. et Wagn. Supp. à Chemn. p. 9. pl. 216. f. 3029. 3030.
* Kiener. Spec. des Coq p. 59. n° 50. pl. 16.17. 18 et 46. f. 2.

* Küster. Conch. Cab. p. 172. n° 21. pl. 30. f. 5. 6. pl. 33. f. 5. 6. pl. 39. f. 12. pl. 40. f. 1.

Habite les mers du cap de Bonne-Espérance ; la variété [b] se trouve sur les côtes de Java. Mon cabinet, pour l'espèce principale. Coquille belle et assez rare, et qui devient très épaisse, pesante, et presque ailée par le développement de son bord droit, qui forme un sinus en canal dans sa partie supérieure. La variété [b] a le fond rosé ou couleur de chair, les lignes ondées et les taches d'un rouge brun. On est tenté à son aspect de la distinguer comme une espèce. Longueur de la première : 5 pouces 11 lignes.

14. Volute du Brésil. *Voluta brasiliana.* Soland. (1)

V. testá obovatá, subturrinatá, inflatá, pallidè luteá, immaculatá ; ultimo anfractu supernè obtusè angulato : angulo nodoso ; spirá brevi, conicá; columellá triplicatá.

Voluta colocynthis. Chemn. Conch. 11. t. 176. f. 1695. 1696.

Voluta brasiliana. Ann. ibid. p. 62. n° 13.

* D'Orbig. Voy. Moll. p. 424. pl. 60. f. 4 à 6.

* Wood. Ind. Test. pl. 21. f. 174.

* Kiener. Spec. des Coq. p. 61. n° 51. pl. 30.

* Küster. Conch. Cab. p. 174. n° 22. pl. 28. f. 1. 2.

Habite les mers du Brésil. Collection du Mus. Cette Volute, très rare, a des rapports évidens avec la précédente ; mais elle est plus petite, moins épaisse, et unicolore. Longueur : 86 millimètres. Vulg. la *Coloquinte.*

[b] *Coquille ovale, épineuse ou tuberculeuse.* Les Muricines. [*Muricinæ*].

15. Volute impériale. *Voluta imperialis.* Lamk.

V. testá turbinatá, carneá, maculis lineisque angulatis rubro-fuscis undatá ; spirá spinis longis erectis subincurvis coronatá; columellá quadriplicatá.

Martini. Conch. 3. t. 97. f. 934. 935.

Encyclop. pl. 382. f. 1.

Voluta imperialis. Ann. ibid. n° 14.

* Desh. Encycl. méth. Vers. t. 3. p. 1139. n° 11.

---

(1) A ce nom de *Brasiliana,* emprunté à Solander, il y en a un autre qui doit être préféré, comme le plus ancien : c'est celui de Chemnitz, mentionné par Lamarck dans sa synonymie.

* Schub. et Wagn. Suppl. à. Chem. p. 6. pl. 214. 215.
* Kiener. Spec. des Coq. p. 17. n° 13. pl. 19.
* Küster. Conch. Cab. p. 203. n° 47. pl. 18. 19. pl. 20. f. 1. 2.
* *Voluta vespertilio.* Var. V. Born. Mus. p. 231.
* Dillw. Cat. t. 1. p. 564. n° 155. *Var. excl.*
* Wood. Ind. Test. pl. 21. f. 152.

Habite l'Océan oriental des Grandes-Indes. Mon cabinet. Volute très rare, précieuse, et l'une des plus belles de ce genre. Sa spire est courte, et élégamment couronnée d'épines, dont celles du dernier tour sont très grandes, presque droites, un peu courbées en dedans à leur sommet. Sur un fond couleur de chair, elle est ornée de quantité de lignes en zig-zag et de taches angulaires, les unes et les autres d'un rouge brun, avec une disposition dans les taches à former deux zones plus colorées. Longueur : 5 pouces 11 lignes.

16. Volute peau-de-serpent. *Voluta pellis serpentis.* Lamk.

V. testá ovato-oblongá, pallidè carneá, lineis maculisque rufis ornatá; ultimo anfractu supernè obtusè angulato : angulo nodis posticè plicatis instructo; spirá conicá, tuberculis acutis brevibus muricatá; columellá quadriplicatá.

Rumph. Mus. t. 32. fig. I.
Petiv. Amb. t. 15. f. 12.
Seba. Mus. 3. t. 67. *Series infima.*
An Knorr. Vergn. 2. t. 6. f. 4?
Encyclop. pl. 378. f. 1. a. b.
Voluta pellis serpentis. Ann. ibid. p. 63. n° 15.
* Valentyn. Amboina pl. 1. f. 1.
* Lesser. Testaceothéol. p. 246. f. n° 60.
* *Voluta vespertilio.* Var. B. Dillw. Cat. t. 1. p. 564.
* Desh. Encyclop. méth. Vers. t. 3. p. 1139. n° 12.
* Kiener. Spec. des Coq. p. 22. n° 19. pl. 23.
* Küster. Conch. Cab. p. 192. n° 39. pl. 36. f. 3.

Habite l'Océan des Grandes-Indes. Mon cabinet. Cette Volute; fort rare dans les collections, est une des espèces assez nombreuses et constamment distinctes que l'on a confondues avec le *V. vespertilio.* Elle est grande, allongée, ornée de nébulosités fines et de taches rousses sur un fond de couleur de chair un peu pâle. Son dernier tour est presque mutique, et sa spire est légèrement tuberculée. Le bord droit ne forme point de pli ou d'angle dans sa partie supérieure, comme dans l'espèce suivante. Longueur : 4 pouces 4 lignes.

17. **Volute chauve-souris.** *Voluta vespertilio.* Lin. (1)

V. testá turbinatá, tuberculis validis distantibus acutis armatá, albidá vel griseo-fulvá, lineis angulato-flexuosis maculisque angularibus rufo-fuscis pictá ; spirá muricatá ; labro supernè sinu instructo ; columellá quadriplicatá.

Voluta vespertilio. Lin. Syst. Nat. éd. 12. p. 1494. Gmel. p. 3161. n° 97.

Lister. Conch. 1. 808. f. 17.

Bonanni. Recr. 3. f. 294.

Rumph. Mus. t. 32. fig. H.

Petiv. Amb. t. 15. f. 3.

Gualt. Test. t. 28. fig. F. G. I. M. **V.**

Klein. Ostr. t. 5. f. 89.

Seba. Mus. 3. t. 67. *Serie infimá demptá.*

Knorr. Vergn. 1. t. 22. f. 3.

Martini. Conch. 3. t. 98. f. 937—939.

Encyclop. pl. 378. f. 2. a. b.

Voluta vespertilio. Ann. ibid. n° 16.

[*b*] *Var testá abbreviatá.*

Martini. Conch. 3. t. 97. f. 936.

* Mus. Gottv. pl. 17. f. 121. 122. 123.

* Knorr. Delic. nat. Select. t. 1. Coq. pl. B. vi. f. 5.

---

(1) Lorsque cette espèce était peu répandue dans les collections, il a été facile de se tromper sur la valeur de ses principales variétés; et comme ses variétés sont nombreuses, il a fallu les rassembler et les étudier avec soin pour s'assurer de leurs véritables rapports. Il est résulté pour nous de cet examen, que trois autres espèces de Lamarck peuvent être réunies à celle-ci, à titre de variété: c'est le *Pellis serpentis* que M. Kiener attribue à tort à Linné; c'est le *Voluta mitis*; et enfin le *Serpentina.* Si l'on a sous les yeux un grand nombre d'individus de ces diverses variétés, on les voit se fondre les unes dans les autres par une foule de nuances, tandis que l'on voit rester constans les véritables caractères spécifiques, que l'on retrouve dans le sommet, l'échancrure de la base, le nombre, la forme et la position relative des plis de la columelle.

25.

* Valentyn. Amboina. pl. 7. f. 62.
* Lin. Syst. nat. éd. 10. p. 733.
* Lin. Mus. Ulric. p. 598.
* Crouch. Lamk. Conch. pl. 19. f. 10.
* *Voluta vespertilio.* Schum. Nouv. Syst. p. 237.
* Born. Mus. p. 230.
* Schrot. Einl. t. 1. p. 234. n° 37.
* Dillw. Cat. t. 1. p. 563. n° 154. *Variet. exclus.*
* Wood. Ind. Test. pl. 21. f. 151.
* Quoy et Gaim. Voy. de l'Astr. Zool. t. 2. p. 629. pl. 44. f. 3. 4. 5.
* Kiener. Spec. des Coq. p. 21. n° 16. pl. 20 et 21. f. 12.
* Küster. Conch. Cab. p. 197. n° 44. pl. 20. f. 5. pl. 22. f. 1. 2. 3. pl. 28. f. 7. 8. pl. 34. f. 1 à 4. 9. 10.

[c] *Var. testá fasciá albá latissimá transversali.*
Chemn. Conch. 10. t. 149. f. 1399. 1400.

[d] *Var. testá transversìm bifasciatá : fasciis albidis spadiceo vel fusco maculatis.*
Chemn. Conch. 11. t. 176. f. 1699. 1700.

[e] *Var. testá castaneá, immaculatá.*
Chemn. Conch. 10. t. 149. f. 1397. 1398.

[f] *Var. testá reticulo arachnideo pictá, è Novell.-Holl.*
* Petiv. Gaz. t. 70. f. 10.
* Swains. Zool. Illustr. 2ᵉ série. t. 2. pl. 84.

Habite l'Océan des Grandes-Indes, des Moluques et de la Nouvelle-Hollande. Mon cabinet. Quelque nombreuses que soient les variétés de cette Volute, on ne saurait la confondre avec la précédente. Elle est toujours véritablement turbinée, moins allongée, à spire bien muriquée, et à tubercules du dernier tour beaucoup plus grands que les autres, et bien écartés. Long. : 3 pouces 9 lignes ; de la variété [f] : 2 pouces 9 lignes. Mon cabinet.

18. Volute douce. *Voluta mitis.* Lamk. (1)

V. testá ovato-oblongá, subturbinatá, luteo-fulvá, flammis angularibus spadiceis ornatá ; anfractibus primariis tuberculato-nodosis : ultimo mutico ; columellá quadriplicatá.

---

(1) M. Kiener dit justement que cette espèce n'est qu'une variété du *Pellis serpentis.* Nous avons sous les yeux une série de variétés dans laquelle on voit la disparition insensible des tubercules pointus de la spire.

Voluta mitis. Ann. ibid. p. 64. n° 17.

[*b*] *Var. testá breviore, nunc dextrá, nunc sinistrorsá ; flammis confluentibus fuscatis.*

Seba. Mus. 3. . 57. f. 4. 5.

Martini. Conch. 3. t. 98. f. 940.

Chemn. Conch. 9. t. 104. f. 888. 889. *Testa sinistra.*

* *Voluta vespertilio. Var.* C. Dillw. Cat. t. 1. p. 564.

* Kiener. Spec. des Coq. p. 24. n° 18. pl. 24. f. 1. 2.

* Küster. Conch. Cab. p. 190. n° 38. pl. 22. f. 4. pl. 33. f. 3. 4.

Habite les mers de la Nouvelle-Hollande et des Grandes-Indes. Collection du Mus. et mon cabinet, pour la variété [b]. Cette espèce, extrêmement rare, diffère essentiellement de la précédente, en ce que sa spire n'est nullement muriquée, mais simplement noduleuse, et que son dernier tour est tout-à-fait mutique. Longueur : 8 centimètres ; de la variété [b] : 22 lignes et demie.

19. Volute neigeuse. *Voluta nivosa.* Lamk.

V. testá ovatá, pallidè fulvá seu roseá, maculis niveis adspersá; fasciis duabus transversis fusco-lineatis : lineolis longitudinalibus; columellá quadriplicatá.

Voluta nivosa. Ann. du Mus. vol. 5. p. 158. pl. 12. f. 2. a. b. et vol. 17. p. 64. n° 18.

[*b*] *Var. testá breviore, supernè tuberculiferá.*

Ann. vol. 5. pl. 12. f. 3.

* Roissy. Buf. Moll. t. 5. p. 439. n° 5.

* Wood. Ind. Test. pl. 21. f. 171.

* Swains. Exot. Conch. pl. 5.

* Schub. et Wagn. Suppl. à Chemn. p. 7. pl. 216. f. 3025. 3026.

* Kiener. Spec. des Coq. p. 43. n° 36. pl. 34.

* Küster. Conch. Cab. p. 155. n° 5. pl. 29. f. 1. 2. pl. 30. f. 1. 2,

* Dillw. Cat. t. 1. p. 573. n° 174.

* Blainv. Malac. pl. 29. f. 1.

Habite les côtes de la Nouvelle-Hollande. *Péron.* Mon cabinet. Jolie coquille, offrant, sur un fond ventre de biche un peu rosé et parsemé de petites taches blanches ou neigeuses, deux fascies transverses composées de linéoles brunes verticales , plus ou moins interrompues. L'espèce se divise en deux variétés remarquables : dans la première, la coquille est mutique, à peine tuberculée sur les premiers tours de la spire ; dans la seconde, elle est plus raccourcie, anguleuse et tuberculeuse, même sur le dernier tour. Longueur : 2 pouces 9 lignes et demie.

20. Volute serpentine. *Voluta serpentina*. Lamk.

V. testá cylindraceo-fusiformi, anteriùs obsoletè tuberculatá, albá, lineis fulvis longitudinalibus flexuosis pictá; cingulo obliquo granoso ad basim columellæ; columellá quadriplicatá.

Voluta serpentina. Ann. du Mus. vol. 17. p. 65. n° 19.

* *Voluta vespertilio. Var.* Kiener. Spec. p. 22. pl. 22. f. 1.

* Küster. Conch. Cab. p. 193. n° 40. pl. 36. f. 1. 2.

Habite l'Océan des Grandes-Indes. Mon cabinet. Peu ventrue, et cylindracée-fusiforme, elle offre une spire courte, légèrement tuberculeuse. Ses raies colorées sont comme serpentantes. Espèce très rare. Longueur : 2 pouces 3 lignes.

[c] *Coquille ovale, subtuberculeuse.* Les Musicales. [*Musicales*].

21. Volute bois-veiné. *Voluta hebræa*. Lin.

V. testá ovato-turbinatá, crassá, albido-fulvá, lineis spadiceis undatis, veniformibus confertìm fasciatis cinctá; ultimo anfractu supernè tuberculis majusculis muricato; spirá conicá, tuberculato-nodosá; columellá plicis quinque inferioribus majoribus; cæteris superioribus minimis.

Voluta hebræa. Lin. Syst nat. éd. 12. p. 1194. Gmel. p. 3461. n° 98.

Lister. Conch. t. 809. f. 18.

Bonanni. Recr. 3. f. 293.

D'Argenv. Conch. pl. 14. fig. **D.**

Favanne. Conch. pl. 23. fig. **B.**

Seba. Mus. 3. t. 57. f. 1. 2. 3. 6.

Knorr. Vergn. 1. t. 24. f. 1. 2. et 6. t. 15 f. 1.

Martini. Conch. 3. t. 96. f. 924. 925.

Encyclop. pl. 380. f. 2.

Voluta hebræa. Ann. ibid. n° 20.

* Le Murex à bec de corbeau. Rondel. Hist. des Poiss. p. 50.

* Gessner. de Crust. p. 245.

* Aldrov. de Testac. p. 341.

* Klein. Ostrac. pl. 5. f. 88*.

* Born. Mus. p. 231.

* Schrot. Einl. t. 1. p. 235. n° 38.

* Mus. Gottv. pl. 16. f. 118. c. 119. a.

* Rariora. Mus. Besleriani. pl. 21. f. 7.

* Linné. Syst. nat. éd. 10. p. 733.

* Lin. Mus. Ulric. p. 597.

* Schum. Neuv. Syst. p. 238.

* Dillw. Cat. t. 1. p. 565. n° 157.

* Wood. Ind. Test. pl. 21. f. 154.

* Desh. Encyclop. méth. Vers. t. 3. p. 1140. n° 13.

* Kiener. Spec. des Coq. p. 18. n° 14. pl. 25. et pl. 26. f. 1.

* Küster. Conch. Cab. p. 201. n° 46. pl. 21. f. 5. 6.

Habite l'Océan indien et celui des Antilles. Mon cabinet. Belle coquille, la plus grande des Musicales, et qui serait précieuse si elle n'était commune. Sa moitié inférieure est turbinée, terminée par une rangée de grands tubercules non piquans. L'autre moitié constitue une spire conique, une peu tuberculeuse. Long.: 4 pouces 3 lignes.

22. Volute musique. *Voluta musica.* **Lin.**

V. testâ ovato-turbinatâ, albidâ, quadrifasciatâ : fasciis alternis: aliis lineis fuscis transversis parallelis; aliis punctis compositis, ad margines maculis nigris majoribus instructis ; ultimo anfractu anteriùs valdè tuberculato; spirâ tuberculis asperatâ; columellâ plicis sex inferioribus majoribus; cæteris minimis.

Voluta musica. Lin. Syst. Nat. éd. 12. p. 1194. n° 427. Gmel. p. 3460. n°. 96.

Lister. Conch. t. 805. f. 14.

Bonanni. Recr. 3 f. 296. 297.

Gualt. Test. t. 28. fig. X. ZZ.

D'Argenv. Conch. pl. 14. fig. F.

Favanne. Conch. pl. 23. fig. G. 1. G. 2.

Seba. Mus. 3. t. 57. f. 7—19.

Knorr. Vergn. 1. t. 23. f. 1. et 2. t. 15. f. 4. 5.

Martini. Conch. 3. t. 96. f. 927-929.

Encycl. pl. 380. f. 1. a. b.

Voluta musica. Ann. ibid. p. 66. n° 21.

[b] *Var. testá violacescente.*

* Dumoutet. Cat. de St.-Génev. pl. 44. f. 18.

* Wood. Ind. Test. pl. 21. f. 147.

* Desh. Encycl. méth. Vers. f. 3. p. 1140. n° 14.

* Kiener. Spec. des Coq. p. 25. n° 19. pl. 27.

* Küster. Conch. Cab. p. 189. n° 37. pl. 21. f. 1 à 4.

* Lin. Mus. Ulric. p. 597.

* Mus. Gottv. pl. 16. f. 115. a. b. 116. a. b. c. 117. a. b. c. d. 118. a. b. 119. b. c. d. e.

* Murray. Fundam. Test. Amæn. Acad. t. 8. p. 143. pl. 2. f. 17.

* Lesser. Testaceotheol. p. 246. f. n° 58.

* Lin. Syst. Nat. éd. 10. p. 733.

* Roissy. Buff. Moll. t. 5. p. 436. pl. 56. f. 8.
* Schum. Nouv. Syst. p. 238.
* Klein. Tent. Ostrac. pl. 5. f. 88.
* Born. Mus. p. 230.
* Schrot. Einl. t. 1. p. 232. n° 36.
* Dillw. Cat. t. 1. p. 561. n° 150. *Var. exclusis.*

Habite l'Océan des Antilles. Mon cabinet. Coquille commune dans les collections, et remarquable par les fascies ponctuées et sans lignes, dont les deux bords offrent des taches plus grandes, qui ressemblent à des notes de musique. Les tubercules de son dernier tour se prolongent postérieurement en côtes obtuses. Long. : 2 pouces 8 lignes.

23. Volute chlorosine. *Voluta chlorosina.* Lamk. (1)

V. testá ovato-turbinatá, anteriùs tuberculatá, albo-lutescente; fasciis fulvo-fuscis interruptis; guttis spadiceis raris; columellá decemplicatá: plicis inferioribus majoribus.

Voluta chlorosina. Ann. ibid. n° 22.

* *Voluta musica.* Var. Küster. Conch. Cab. p. 190.

Habite... Collect. du Mus. On distingue cette Volute de la précédente, en ce qu'elle n'a point de zone ponctuée ni de lignes transverses fines et parallèles, et que le fond de sa couleur est jaunâtre. Quant à la forme, c'est à-peu-près celle du *V. musica;* mais la coquille est moins grande. Longueur: 55 millimètres.

24. Volute thiarelle. *Voluta thiarella.* Lamk.

V. testá ovato-oblongá, anteriùs tuberculis obtusis instructá, albidá, transversìm quadrifasciatá: fasciis alternis: aliis lineis transversis parallelis; aliis punctatis ad margines albo fuscoque articulatis; columellá decem seu duodecim plicatá: superioribus minimis.

Lister. Conch. t. 806. f. 15.

Seba. Mus. 3. t. 57. f. 21.

Knorr. Vergn. 3. t. 12. f. 1.

Chemn. Conch. 10. t. 149. f. 1401. 1402.

Encycl. pl. 380. f. 3. a. b.

Voluta thiarella. Ann. ibid. n° 23.

[b] *Var. zoná undato-nebulosá.*

---

(1) M. Kiener dit que cette espèce a été établie par Lamarck sur des coquilles en mauvais état, usées et roulées. Malheureusement M. Kiener ne donne pas la figure de cette espèce.

* *Voluta musica.* *Var.* B. Dillw. Cat. t. 1. p. 562.

* *Voluta guinaica.* Conch. Lamk. Conch. pl. 19. f. 11.

* Desh. Encycl. méth. Vers. t. 3. p. 1141. n° 15.

* Kiener. Spec. des Coq. p. 28. n° 21. pl. 28. f. 1.

* Küster. Conch. Cab. p. 186. n° 35. pl. 34. f. 5. 6.

Habite... les mers d'Amérique? Mon cabinet. Cette espèce diffère éminemment des trois précédentes par sa forme allongée, non
turbinée, par ses tubercules peu élevés, presque nodiformes, et
par les dix ou douze plis de sa columelle. Elle est ornée de
lignes musicales transverses et d'une zone étroite, semée de points
rouge-brun. Longueur: 2 pouces 7 lignes.

25. Volute carnéolée. *Voluta carneolata.* Lamk.

*V. testâ ovatâ, muticâ, albido-luteâ, vel carneâ, vel croceâ, lineis
punctis maculisque fasciatìm cinctâ; costis longitudinalibus crassis obtusis; columellâ decemplicatâ : superioribus minimis.*

Encycl. pl. 379. f. 4. a. b.

Voluta carneolata. Ann. ibid. p. 67. n°. 24.

[b] *Var. transversìm rugosa.*

[c] *eadem, penitiùs rubente.*

Knorr. Vergn. 6. t. 23. f. 1.

Martini. Conch. 3. t. 96. f. 930. 931.

* Mus. Gottv. pl. 16. f. 120. c.?

* *Voluta musica.* *Var.* C. Dillw. Cat. t. 1. p. 562.

* *Voluta guinaica.* Brookes. Int. of. Couch. pl. 6. f. 70.

* Kiener. Spec. des Coq. p. 29. n° 22. pl. 29. f. 2.

* Küster. Conch. Cab. p. 186. n° 34. pl. 21. f. 7. 8.

Habite... Collect. du Mus.; et mon cabinet, pour la variété [c].
Elle ne devient jamais grande comme le *V. thiarella*, ni large
comme le *V. musica.* On la reconnaît au premier aspect par ses
côtes longitudinales grosses et obtuses. Elle varie du blanc pâle
ou jaunâtre à la couleur de chair, au fauve orangé, et enfin au
rouge-brun. Longueur: 46 à 48 millimètres; de la variété [c]:
22 lignes et demie.

26. Volute de Guinée. *Voluta guinaica.* Lamk.

*V. testâ ovatâ, anteriùs tuberculatâ, albidâ, violaceo-nebulosâ; li-
neis fuscis transversìm fasciatis decussatis; fasciis fusco-punctatis;
columellâ quatuordecimplicatâ : superioribus minimis.*

Voluta musica guineensis. Chemn. Conch. 11. t. 178. f. 1717. 1718.

Voluta guinaica. Ann. ibid. n° 25.

* *Voluta virescens.* Var. B. Dillw. Cat. t. 1. p. 562.

* Kiener. Spec. des Coq. p. 26. n° 20. pl. 29. f. 1.

* Küster. Conch. Cab. p. 188. n° 36. pl. 26. f. 7. 8.

Habite... les côtes de la Guinée? Mon cabinet. Espèce très distincte du *V. musica* par sa forme moins élargie, sa coloration particulière, et les plis nombreux de sa columelle. Longueur : 2 pouces 4 lignes. Vulg. la *Musique de Guinée.*

27. Volute lisse. *Voluta lævigata.* Lamk.

V. testá ovatá, muticá, obsoletè nodulosá, albidá, cinereo-violacescente; lineis fuscis transversìm fasciatis decussatis ; fasciis fuscopunctatis; columellá octoplicatá : plicis minoribus ternis.

Encycl. pl. 379. f. 2. a. b.

Voluta lævigata. Ann. ibid. n° 26.

* Kiener. Spec. des Coq. p. 30. n° 23. pl. 28. f. 2.

* Küster. Conch. Cab. p. 185. n° 33. pl. 38. f. 3.

Habite...   Mon cabinet. Les nodulations de sa spire sont peu éminentes, et le sommet de chacun de ses tours est orné de lignes rouges verticales. Longueur : 23 lignes. Vulgairement, la *Musique lisse.*

28. Volute polyzonale. *Voluta polyzonalis.* Lamk. (1)

V. testá ovato-turbinatá, cinereo-virescente, spadiceo-punctatá ; tæniis pluribus transversis lacteis; guttis fuscis raris; ultimo anfractu supernè angulato, tuberculis subacutis coronato; spirá brevi, conicá; columellá duodecimplicatá : superioribus minimis.

---

(1) M. Kiener confond avec le *Polyzonalis* deux des espèces de Lamarck, les *Voluta fulva* et *sulcata.* M. Kiener donne la figure de la première, et non celle de la seconde. Il nous semble que pour appuyer cette opinion, il aurait fallu qu'au lieu d'une simple assertion, M. Kiener discutât chacun des caractères que Lamarck donne à ses espèces; mais il aurait été bien plus essentiel encore d'apporter en preuve les figures bien faites des types de Lamarck, dont M. Kiener dispose. Or, cette variété du *Polyzonalis,* que M. Kiener croit être le *Voluta fulva,* n'est pas le type de Lamarck, et rien ne prouve que dans cette substitution l'erreur ne vienne pas de M. Kiener. Quant au *Voluta costata,* à en juger par la description et la figure de Chemnitz, elle constitue une espèce parfaitement distincte que Lamarck a eu raison de maintenir. En effet, cette coquille a beaucoup plus de rapports avec le *Voluta thiarella* qu'avec le

Seba. Mus. 3. t. 57. f. 22.

Martini. Conch. 3. t. 97. f. 932. 933.

Encycl. pl. 379. f. 1. a. b.

Voluta polyzonalis. Ann. ibid. p. 68. n° 27.

[*b*] *Var. valdè punctata.*

* *Voluta virescens.* Dillw. Cat. t. 1. p. 562. n° 151. *Variet. excl.*

* Wood. Ind. Test. pl. 21. f. 148.

* Kiener. Spec. des Coq. p. 32. n° 25. pl. 32. f. 1 et 2.

* Küster. Conch. Cab. p. 181. n° 30. pl. 20. f. 3. 4.

Habite l'Océan Indien. Mon cabinet. Coquille fort rare et très précieuse. Ce qui la rend remarquable, c'est d'offrir cinq ou six rubans transverses, et d'un blanc de lait, sur un fond cendré, quelquefois verdâtre, parsemé de points rouge-brun, et de présenter
en outre des taches brunes ou noirâtres, écartées, assez semblables
à des notes de musique. Les tubercules de son dernier tour se terminent postérieurement en côtes étroites. Cette coquille est striée
transversalement à sa base et à son sommet. Longueur : 2 pouces
2 lignes. Vulg. la *Musique verte.*

29. Volute fauve. *Voluta fulva.* Lamk.

*V. testá ovato-turbinatá, transversìm striatá, fulvo-rubellá, tæniis qua-
tuor albidis cinctá; ultimi anfractús angulo tuberculis coronato;
spirá brevi, conicá, nodulosá; columellá duodecim ad quatuorde-
cim plicatá : superioribus minimis.*

Encycl. pl. 382. f. 3. a. b.

Voluta fulva. Ann. ibid. n° 28.

* *Voluta virescens.* Var. C. Dillw. Cat. t. 1. p. 562.

* *Voluta polyzonalis.* Var. Kiener. Spec. des Coq. p. 32. pl. 32. f. 2.

* *Id.* Küster. Conch. Cab. p. 182.

Polyzonalis, et il suffit de consulter le texte de Chemnitz pour
s'en convaincre. Il est à remarquer, en général, que les personnes qui font de l'iconographie conchyliologique, appuyée
d'un texte plus ou moins étendu, ne se préoccupent pas assez
des travaux de leurs devanciers, et ne se figurent pas les peines,
les soins, les études qu'a exigés, par exemple, l'ouvrage de
Chemnitz, et ces personnes devraient éviter de porter des juge-
mens peu fondés, d'après la seule inspection de figures qui,
pour être moins achevées que celles que l'on exécute aujour-
d'hui, n'en ont pas moins le mérite d'une exactitude naïve.

Habite... l'Océan Indien? Mon cabinet. Coquille aussi et peut-être
plus rare que la précédente, avec laquelle elle a les plus grands
rapports, quoiqu'elle en soit très distincte. En effet, elle est plus
petite, traversée partout par des stries élevées, et n'offre quelques
points colorés que vers sa base. Elle est peu connue. Longueur :
21 lignes et demie. .

3o. Volute sillonnée. *Voluta sulcata.* Lamk. (1)

*V. testá ovatá, scabrá, transversìm sulcatá, albidá; costis longitudi-
nalibus obtusis; spirá nodulosá; ore croceo.*

Chemn. Conch. 10. t. 149. f. 1403. 1404.

Voluta sulcata. Ann. ibid. n° 29.

* *Voluta plicata.* Dillw. Cat. t. 1. p. 563. n° 152.

* *Voluta musica.* Var. δ. Gmel. p. 3460.

* *Voluta polyzonalis.* Kiener. Spec. des Coq. p. 32.

* *Voluta plicata.* Wood. Ind. Test. pl. 21. f. 149.

* Küster. Conch. Cab. p. 183. n° 31. pl. 34. f. 11. 12.

Habite... Elle appartient encore à la division des Volutes musicales,
mais sa coloration n'en offre plus les caractères. Ne la connaissant
pas elle-même, je renvoie à l'ouvrage cité de Chemnitz, qui en a
publié la description et la figure.

31. Volute noduleuse. *Voluta nodulosa.* Lamk. (2)

*V. testá ovatá, costato-nodulosá, albido-fulvá, maculis rufo-fuscis
irregularibus biseriatim cinctá; columellá septemplicatá : superioribus minimis.*

---

(1) Comme le savent tous les conchyliologues, les Mitres
faisaient partie du genre *Voluta* de Linné, et y ont été maintenues par les auteurs linnéens. Il est arrivé qu'une coquille du
genre Mitre a été nommée *Voluta sulcata* par Gmelin, et adop-
tée par Dillvyn. Ce dernier auteur, pour ne pas répéter le même
nom, en citant le *Voluta sulcata* de Lamarck, qui n'est point une
Mitre, mais une véritable Volute, a été obligé de changer son
nom; mais on conçoit qu'aujourd'hui il peut y avoir à-la-fois
un *Mitra sulcata* pour l'espèce de Gmelin, et un *Voluta sulcata*
pour celle de Lamarck.

(2) D'après M. Kiener, cette espèce devrait disparaître, parce
que Lamarck l'aurait faite avec des individus en mauvais état
du *Voluta musica* de Linné.

* *Voluta musica.*Var. B. Küster. Conch. Cab. p. 190.

Habite... Mon cabinet. Celle-ci est la dernière de la division des musicales, et, comme la précédente, sa coloration n'en offre pas plus les caractères. Cinq grands plis à la columelle, et deux autres très petits. Longueur : 2 pouces 3 lignes et demie.

[d] *Coquille allongée, ventrue, presque en fuseau.* Les Fusoïdes. [*Fusoideæ*].

32. Volute émaillée. *Voluta magnifica.* Chemn.

V. testá ovato-oblongá, ventricosá, pallidè fulvá, fasciis latis tribus aurantio-castaneis albo fuscoque maculatis cinctá; spirá conoideá, exsertiusculá; columellá quadriplicatá.

Voluta magnifica. Chemn. Conch. 11. t. 174. f. 1693. et t. 175. f. 1694.

Voluta magnifica. Ann. ibid. p. 69. n° 30.

* Perry. Conch. pl. 18. f. 1.

* Dillw. Cat. t. 1. p. 573. n° 176.

* Wood. Ind. Test. pl. 21. f. 175.

* Kiener. Spec. des Coq. p. 42. n° 35. pl. 33.

* Küster. Conch. Cab. p. 154. n° 4. pl. 23. 24.

Habite les mers de la Nouvelle-Hollande [*Péron*]; les côtes de l'île de Norfolk. Mon cabinet. Grande et très belle coquille, nouvellement découverte dans l'Océan austral, et fort remarquable par les vives couleurs dont elle est émaillée. Elle offre, sur un fond isabelle ou ventre de biche, trois ou quatre zones transverses, larges, d'un orangé marron, ornées de taches blanches hastées ou en fer de lance, de différentes grandeurs, entremêlées de taches brunes nébuleuses. Columelle orangée. Longueur : 7 pouces 8 lignes.

33. Volute ancille. *Voluta ancilla.* Soland. (1)

V. testá ovato-oblongá, ventricosiusculá, albidá seu pallidè fulvá, interdùm flammulis rufis angustis longitudinalibus undatis pictá; suturis anfractuum subplicatis; spirá conoidea, exsertiusculá; columellá triplicatá.

---

(1) Nous ne savons comment concilier la description que donne M. Kiener de cette espèce avec sa figure; car cette figure a quatre plis à la columelle, tandis qu'elle ne devrait en avoir que trois, d'après la description. Cette observation s'applique aussi à l'espèce suivante. La description dit qu'elle doit

Knorr. Vergn. 4. t. 29. f. 1. 2.

Favanne. Conch. pl. 28. fig. E.

Voluta spectabilis. Gmel. p. 3468. n° 142.

Encycl. pl. 385. f. 3.

Voluta ancilla. Ann. ibid. n° 31.

* Davila. Cat. t. 1. pl. 8. f. S.

* Kammerer. Rudolst. Cab. pl. 6. f. 1.

* Desh. Encycl. méth. Vers. t. 3. p. 1141. n° 16.

* Kiener. Spec. des Coq. p. 49. n° 33. pl. 51. *Voluta magellanica.*

* *Id.* Küster. Conch. p. 153. n° 2. pl. 32. f. 4.

* D'Orbig. Voy. Moll. p. 425.

Habite au détroit de Magellan. Mon cabinet. Elle est voisine de la précédente par sa forme; mais elle est moins grande, moins ventrue, et surtout beaucoup moins belle. Cette coquille n'est pas rare dans les collections. Longueur : 5 pouces 11 lignes.

34. Volute magellanique. *Voluta magellanica.* Chemn.

V. testá ovato-oblongá, albidá ; flammis angustis longitudinalibus undatis ferrugineis; spirá conicá, exsertá; columellá quadriplicatá.

Voluta magellanica. Chemn. Conch. 10. t. 148. f. 1383. 1384.

Gmel. p. 3465. n° 110.

Encycl. pl. 385. f. 1. a. b.

Voluta magellanica. Ann. ibid. n° 32.

* *Voluta ceramica.* Var. β pars. Gmel. p. 3463.

* *Voluta magellanica.* pars. Dillw. Cat. t. 1. p. 571. (1)

* Wood. Ind. Test. pl. 21. f. 168.

* *Voluta ancilla.* Kiener. Spec. des Coq. p. 39. n° 32. pl. 52.

* *Id.* Küster. Conch. Cab. p. 152. n° 1. pl. 32. f. 1.

---

avoir quatre plis; la figure représente une coquille dont la columelle n'a que trois plis. D'après cela, il serait probable que, par inadvertance, les noms des espèces eussent été transposés dans les planches de M. Kiener. M. Küster, qui a copié les figures de M. Kiener, a commis la même faute; pour nous, son *Voluta ancilla* est le *Magellanica* de Lamarck, et son *Magellanica* est l'*Ancilla*.

(1) Dillwyn confond avec le *Magellanica* une espèce toujours distincte, et que Lamarck avait déjà séparée avant la publication de l'ouvrage de l'auteur anglais: c'est le *Voluta ancilla*, nommé aussi *Spectabilis* par Gmelin.

* D'Orbig. Voy. Moll. p. 425.

Habite au détroit de Magellan. Mon cabinet. Plus rare et moins grande que celle qui précède, elle lui ressemble par sa forme; mais sa columelle est comme tronquée obliquement à sa base, et offre quatre et quelquefois cinq plis tous rapprochés les uns des autres. La coquille est d'ailleurs constamment ornée de flammes rousses longitudinales, plus ou moins en zig-zag. Longueur : 3 pouces. Elle devient néanmoins un peu plus grande.

35. Volute robe-turque. *Voluta pacifica.* Soland.

V. testâ ovato-fusiformi, anteriùs tuberculiferâ, pallidè fulvâ vel carneâ; fasciis tribus fusco-maculatis; venulis spadiceis; columellâ quinqueplicatâ.

Buccinum arabicum. Martyns. Conch. 2. f. 52.

Voluta arabica. Gmel. p. 3461. n° 144.

Voluta pacifica. Chemn. Conch. 11. t. 178. f. 1713. 1714.

Voluta pacifica. Ann. ibid. t. 17. p. 70. n° 33.

* Dillw. Cat. t. 1. p. 565. n° 156.

* Wood. Ind. Test. pl. 21. f. 153.

* Desh. Encycl. méth. Vers. t. 3. p. 1141. n° 17.

* Swains. Exot. Conch. pl. 14 et 43.

* Quoy et Gaim. Voy. de l'Astr. Zool. t. 2. p. 625. pl. 44. f. 6.

* Kiener. Spec. des Coq. p. 44. n° 37. pl. 37. f. 1. 2.

* Küster. Conch. Cab. p. 157. pl. 26. f. 1. 2.

Habite les côtes de la Nouvelle-Zélande. Mon cabinet. Très belle, très rare et très précieuse Volute. Dans sa jeunesse, elle est d'une couleur de chair presque rosée, avec des veinules d'un rouge brun, ondées ou en zig-zag, et elle offre trois bandes transverses, composées de taches irrégulières, brunes ou de couleur marron. Cet état me paraît être celui de sa plus grande beauté; car, en vieillissant, ses couleurs se rembrunissent et rendent son aspect moins agréable. Son dernier tour est couronné de tubercules inégaux, et sa spire est simplement noduleuse. Longueur : 3 pouces 4 lignes.

36. Volute foudroyée. *Voluta fulminata.* Lamk. (1)

V. testâ fusiformi, transversìm impresso-striatâ, obsoletè decussatâ, anteriùs longitudinaliter costatâ, fulvo-carneâ; lineis longitudinalibus flexuoso-undatis spadiceis; columellâ novemplicatâ.

---

(1) Non-seulement M. Schumacher change le nom de cette espèce, mais il en fait un genre nouveau, sous le nom de *Fulgoraria,* qu'il intercale parmi les quatre démembremens qu'il pro-

Martini. Conch. 3. t. 98. f. 941. 942.

Voluta rupestris. Gmel. p. 3464. n° 106.

Encycl. pl. 381. f. 2. a. b.

Voluta fulminata. Ann. ibid. n° 34.

* Schrot. Einl. t. 1. p. 275. *Voluta.* n° 119.

* *Voluta rupestris.* Dillw. Cat. t. 1. p. 571. n° 170.

* *Id.* Wood. Ind. Test. pl. 21. f. 167.

* Desh. Encycl. méth. Vers. t. 3. p. 1142. n° 18.

* Küster. Conch. Cab. p. 159. pl. 22. f. 5. 6.

* Perry. Conch. pl. 17. f. 4.

* *Fulgoraria chinensis.* Schum. Nouv. Syst. p. 242.

* Kiener. Spec. des Coq. p. 46. n° 39. pl. 42. f. 1.

Habite... Mon cabinet. Coquille rare, très précieuse, et fort recherchée dans les collections. Sur un fond presque couleur de
chair, elle offre des raies longitudinales ondées, en zig-zag, d'un
rouge brun, et qui représentent les traits de la foudre. Sa columelle a neuf plis éminens, entre lesquels on en aperçoit quelques-
uns plus petits. Longueur : 3 pouces une ligne.

37. Volute queue-de-paon. *Voluta junonia.* Chemn.

*V. testá ovato-fusiformi, lævi, albo-flavescente, maculis subqua-
dratis rubris seriatìm tessellatá; spirá sub apice cancellatá; columellá subseptemplicatá.*

Favanne. Conch. pl. 79. fig. A.

Voluta junonia. Chemn. Conch. 11. t. 177. f. 1703. 1704.

Voluta junonia. Ann. ibid. n° 35.

* Küster. Conch. Cab. p. 161. n° 10. pl. 27. p. 1. 2.

* Dillw. Cat. t. 1. p. 572. n° 173.

* Wood. Ind. Test. pl. 21. f. 170.

* Swains. Exot. Conch. pl. 33.

* Kiener. Spec. des Coq. p. 48. n° 41. pl. 45. f. 1.

Habite.... Mon cabinet. Volute très précieuse, l'une des plus rares
que l'on connaisse, et singulièrement remarquable par sa coloration. Elle est ovale-allongée, subfusiforme, lisse, striée transversalement à sa base, et un peu treillissée au-dessus de son sommet.
Sur un fond d'un blanc jaunâtre, elle offre une multitude de taches

---

pose pour le genre Turbinelle. Cet arrangement ne peut être
adopté. L'on ne peut conserver non plus le nom que donne
Lamarck à cette espèce, puisque long-temps avant, elle avait
été nommée *Voluta rupestris* par Gmelin.

d'un rouge rembruni, les unes rondes, les autres presque carrées, et disposées par rangées transverses, voisines les unes des autres. Longueur : 3 pouces 8 lignes et demie.

38. Volute ondulée. *Voluta undulata.* Lamk. '

V. testá ovato-fusiformi, lævigatá, albido-flavescente, maculis fulvis aut violaceis nebulatá; lineis spadiceis longitudinalibus crebris undatìm flexuosis; columellæ plicis præcipuis quaternis, interdìm duabus minoribus adjunctis.

Voluta undulata. Ann. du Mus. vol. 5. p. 157. pl. 12. f. 1. a. b. et vol. 17. p. 71. n° 36.

* Crouch. Lamk. Conch. pl. 19. f. 12.
* Roissy. Buf. Mol. p. 438. n° 4.
* Dillw. Cat. t. 1. p. 571. n° 160.
* Wood. Ind. Test. pl. 21. f. 166.
* Desh. Encycl. méth. Vers. t. 3. p. 1142. n° 19.
* Swainson. Exot. Conch. pl. 27.
* Quoy et Gaim. Voy. de l'Ast. Zool. t. 2. p. 623. pl. 44. f. 1. 2.
* Perry. Conch. pl. 17. f. 3.
* Schub. et Wagn. Supp. à Chemn. p. 8. pl. 216. f. 3027. 3028.
* Kiener. Spec. des Coq. p. 52. n° 44. pl. 44. f. 1.
* Küster. Conch. Cab. p. 163. n° 13. pl. 3. f. 3. 4.

Habite sur les côtes de la Nouvelle-Hollande, au détroit de Basse, et à l'île Maria [*Péron*]. Mon cabinet. Espèce fort belle, très distincte, singulièrement remarquable par ses lignes onduleuses, et qui était inédite et extrêmement rare dans les collections, lorsque *Péron* en a rapporté de beaux individus de son voyage à la Nouvelle-Hollande. Longueur : environ 3 pouces.

39. Volute poncticulée. *Voluta lapponica.* Lin.

V. testá ovatá, subfusiformi, lævi, basi transversè striatá, albá, fulvo-nebulatá, punctis lineolisque spadiceis creberrimis seriatìm cinctá; spirá infrá apicem longitudinaliter striatá; columellá septempli-catá : superioribus duabus minoribus.

Voluta lapponica. Lin. Syst. nat. éd. 12. p. 1195. Gmel. p. 3463. n° 103.

Rumph. Mus. t. 37. f. 3.

Seba. Mus. 3. t. 57. f. 25. 26.

Knorr. Vergn. 6. t. 11. f. 2.

Martini. Conch. 3. t. 89. f. 872. 873. et t. 95. f. 920. 921.

Encyclop. pl. 381. f. 3. a. b.

Voluta lapponica. Ann. du Mus. vol. 17. p. 71. n° 37.

* Schum. Nouv. Syst. p. 238.

TOME X. 26

* Schrot. Einl. t. 1. p. 241. n° 43.
* Dillw. Cat. t. 1. p. 570. n° 166.
* Wood. Ind. Test. pl. 21. f. 163.
* Kiener. Spec. des Coq. p. 55. n° 66 pl. 63. f. 1.
* Küster. Conch. Cab. p. 166. n° 15. pl. 35. f. 1 à 4.

Habite l'Océan des Grandes-Indes. Mon cabinet. Espèce peu commune, ayant à-peu-près la forme du *V. undulata*, et offrant, sur un fond blanchâtre, nué de taches fauves, une multitude de très petits points et de linéoles d'un rouge brun, disposés par rangées transverses, nombreuses et serrées. Sa spire, un peu gonflée à sa base, semble acuminée, malgré le petit mamelon qui la termine. Longueur : 2 pouces 8 lignes et demie. Elle devient plus grande.

40. Volute pavillon. *Voluta vexillum*. Chemn.

V. testâ ovatâ, subfusiformi, lævi, nitidâ, albidâ, tæniis aurantiorubris numerosis cinctâ ; ultimo anfractu supernè tuberculis compressis remotiusculis coronato ; columellâ sex ad octoplicatâ : tribus superioribus minimis.

Rumph. Mus. t. 37. fig. 2.
D'Argenv. Conch. Append. pl. 2. fig. G.
Favanne. Conch. pl. 33. fig. O 1.
Knorr. Vergn. 5. t. 1. f. 1.
Martini. Conch. 3. t. 120. f. 1098. *Mala*.
Voluta vexillum. Chemn. Conch. 10. p. 136. Vign. 20. fig. A. B.
Voluta vexillum. Gmel. p. 3464. n° 104.
Encyclop. pl. 381. f. a. b.
Voluta vexillum. Ann. ibid. p. 72. n° 38.
* Desh. Encycl. méth. Vers. t. 3. p. 1143. n° 20.
* Kiener. Spec. des Coq. p. 53. n° 45. pl. 44. f. 2.
* Küster. Conch. Cab. p. 164. n° 14. pl. 33. f. 1. 2. pl. 35. f. 5. 6.
* Kammerer. Rudolst. Cab. pl. 8. f. 1. 6.
* Perry. Conch. pl. 18. f. 2.
* Roissy. Buf. Moll. t. 5. p. 437. n° 2.
* Dillw. Cat. t. 1. p. 563. n° 153.
* Schrot. Einl. t. 1. p. 270. *Voluta*. n° 162.
* Wood. Ind. Test. pl. 21. f. 150.
* Swains. Zool. illustr. 2ᵉ série. t. 2. pl. 77.

Habite l'Océan des Grandes-Indes. Mon cabinet. Coquille très rare, l'une des plus belles et des plus précieuses de son genre, et remarquable par les rubans transverses, d'un rouge-orangé très vif, dont elle est ornée. Sa spire est conique, obscurément noduleuse, et n'est point reconnaissable dans la figure citée de *Martini*. Vulg. le *Pavillon d'orange*. Longueur : 2 pouces 11 lignes et demie.

41. Volute volvacée. *Voluta volvacea*. Lamk. (1)

V. testâ ovato-oblongâ, subpyriformi, lævi, albido-flavescente,

---

(1) Gmelin, depuis long-temps, avait donné le nom de *Voluta flavicans* à cette espèce, comme d'ailleurs le témoigne la synonymie de Lamarck lui-même ; il faut donc lui restituer cette première dénomination. Un autre changement est également nécessaire. La variété introduite par Lamarck doit être réintégrée dans les catalogues, à titre d'espèce, parce qu'en effet, elle est toujours distincte de celle-ci. En la rétablissant sous le nom de *Voluta volva*, il conviendra d'extraire avec elle la synonymie telle que nous venons de la compléter.

M. Kiener a bien distingué aussi les deux espèces de Lamarck ; il conserve le nom de *Volvacea* à la variété, et cependant il la caractérise avec la phrase caractéristique de Lamarck, qui se rapporte au type de l'espèce ; et de plus, M. Kiener renvoie aux figures de Seba, qui représentent aussi le même type. Enfin, au lieu de restituer à l'espèce le nom de *Voluta flavicans*, M. Kiener préfère celui de *Voluta punctata* de Wood (Suppl., pl. 3, f. 19), parce qu'il croit que ce *Punctata* est de la même espèce ; mais en cela il se trompe. Après avoir cité à tort les figures de Séba pour la variété du *Volvacea* de Lamarck, M. Kiener les mentionne encore pour son *Punctata* ; et, en effet, c'est à cette espèce seule qu'elles se rapportent. Je dois faire remarquer que sans doute, par suite d'une faute typographique, M. Kiener cite la planche 67 de Séba à l'une des espèces et la planche 65 à l'autre. Cette planche ne peut être ici mentionnée, puisqu'elle ne contient aucune figure qui se rapporte à l'une des espèces en question, et que d'ailleurs les figures de cette planche sont toutes numérotées, et non indiquées par des lettres, comme la planche 67. Toutes les observations qui précèdent s'appliquent aussi à l'ouvrage de M. Küster. Ce naturaliste trop confiant, n'ayant point vérifié la synonymie qu'il adopte, y introduit une grande confusion.

26.

infrà suturas fusco — nebulatâ; spirâ brevi; columellâ quadri-plicatâ.

Seba. Mus. 3. t. 67. fig. A. B.

Marlini. Conch. 3. t. 95. f. 922. 923.

Voluta flavicans. Gmel. p. 3464. n° 105.

Voluta volvacea. Ann. ibid. n° 39.

Voluta volva. Chemn. Conch. 10. t. 148. f. 1389. 1390.

Gmel. p. 3457. n° 126.

* *Voluta flavicans.* Wood. Ind. Test. pl. 21. f. 165.

* Reeve. Conch. Syst. t. 2. p. 255. pl. 282. f. 2.

* *Voluta punctata.* Kiener. Spec. des Coq. p. 64. n° 54. pl. 46. f. 1.

* *Id.* Küster. Conch. Cab. p. 816. n° 17. pl. 28. f. 5. 6.

[b] *Var. testâ elongatâ.*

* *Voluta volva.* Dillw. Cat. t. 1. p. 572. n° 172.

* *Id.* Wood. Ind. Test. pl. 21. f. 169.

* *Voluta volvacea.* Kiener. Spec. des Coq. p. 56. n° 47. pl. 47. f. 2.

* *Id.* Küster. Conch. Cab. p. 169. n° 18. pl. 31. f. 9. 10.

Habite l'Océan Africain, les côtes de la Guinée. Collection du Mus. Cette Volute est fort rare, mais n'offre rien de bien agréable dans son aspect. Elle a la forme générale d'une grande Marginelle qui serait privée de rebord. Sa couleur est d'un blanc sale, un peu jaunâtre, et elle est nuée de brun sous les sutures de chaque tour de spire, ainsi que dans le voisinage de la columelle. Longueur : 62 millim.

42. Volute parée. *Voluta festiva.* Lamk.

V. testâ fusiformi, ventricosâ, longitudinaliter costatâ, carneâ, fulvo-maculatâ, lineolis verticalibus guttisque spadiceis raris seriatìm cinctâ; columellâ triplicatâ.

Voluta festiva. Ann. ibid. p. 73. n° 40.

* Kiener. Spec. des Coq. p. 31. n° 24. pl. 22. f. 2.

* Küster. Conch. Cab. p. 184. n° 32. pl. 38. f. 4.

* D'Orbig. Voy. Moll. p. 426.

Habite... les mers de l'Amérique Méridionale? Collection du Mus. Très belle et très rare coquille qui avoisine le *V. magellanica* par ses rapports, mais qui en est très distincte et plus ornée. Côtes longitudinales bien exprimées sur la spire, plus effacées dans la moitié inférieure du dernier tour. Longueur : 71 millim.

43. Volute mitrée. *Voluta mitræformis.* Lamk.

V. testâ ovato-fusiformi, albidâ, fusco-maculatâ; costis longitudina-libus creberrimis, transversè spadiceo-lineatis; columellâ multipli-catâ : plicis inferioribus majoribus subternis.

Voluta mitræformis. Ann. ibid. n° 41.

* Kiener. Spec. des Coq. p. 36. n° 29. pl. 41. f. 2.
* Küster. Conch. Cab. p. 178. n° 27. pl. 38. f. 2.

Habite les mers de Java [M. Leschenault], et celles de la Nouvelle-Hollande [Péron]. Mon cabinet. Le mamelon bien exprimé qui termine le sommet de la spire, étant fort petit, donne à cette spire l'apparence d'être pointue, à la manière des Mitres. Ce qui distingue singulièrement cette coquille, ce sont les côtes longitudinales nombreuses et serrées dont elle est munie, lesquelles sont maculées de brun et traversées par des linéoles rougeâtres qui lui donnent un aspect fort agréable. Sa base est striée transversalement. Longueur : 21 lignes.

44. Volute noyau. *Voluta nucleus.* Lamk.

V. testâ ovatâ, longitudinaliter costatâ, fulvâ, albo castaneoque maculatâ; spirâ brevi; columellæ plicis duabus inferioribus majoribus.

Voluta nucleus. Ann. ibid. n° 42.

* Kiener. Spec. des Coq. p. 37. n° 30. pl. 40. f. 3.
* Küster. Conch. Cab. p. 179. n° 28. pl. 25. f. 45.

Habite... Je l'ai acquise avec d'autres venant de la mer du Sud. Mon cabinet. Beaucoup plus petite que l'espèce ci-dessus, et ressemblant par ses couleurs et ses côtes à une très petite Harpe, elle semble être l'analogue vivant du *V. harpula,* qui se trouve fossile en abondance à Grignon, quoique sa spire soit un peu plus raccourcie. Quelques stries transverses très fines s'observent sur la base de la coquille. Longueur : 9 lignes et demie.

† 45. Volute de Broderip. *Voluta Broderipii.* Gray.

V. testâ ovato-ventricosâ, lævigatâ, apice subtruncatâ; spirâ brevissimâ, latè canaliculatâ; anfractibus supernè spinis obliquis, squamosis, armatis; aperturâ intùs lutescente, magnâ; labro simplici; columellâ subrectâ, quadriplicatâ, plicis inæqualibus.

Gray dans Griffith. Anim. Kingd. pl. 26. Suppl.

Kiener. Spec. des Coq. p. 7. n° 4. pl. 6.

Küster. Conch. Cab. p. 210. n° 4. pl. 42. f. 2.

Habite...

Cette espèce appartient encore à la section des *Cymbium,* elle est ovale-ventrue. Sa spire est tronquée, extrêmement courte et à peine saillante au sommet; ce sommet est formé par un gros mamelon rougeâtre, lisse, auquel on compte quatre à cinq tours; les tours suivans sont au nombre de trois seulement; ils sont creusés à leur partie supérieure par une gouttière aplatie, superficielle, bordée en dehors par un angle étroit, sur lequel se relèvent très obli-

quement un grand nombre d'épines squamiformes, aplaties, creusées en dessous, et dirigées très obliquement vers le sommet. Le
dernier tour, atténué à la base, se termine en une large et profonde
échancrure. L'ouverture est très grande, d'un blanc jaunâtre, passant à un jaune plus vif sur son pourtour. La columelle est à peine
creusée, elle porte, vers le milieu, quatre plis très inégaux; le
premier ou antérieur est énorme, le dernier est très petit. Cette
coquille est d'un gris fauve terne, une zone pâle et sans tache se
remarque sur le milieu du dernier tour; en dessus et en dessous de
cette zone, la coquille est ornée de belles flammules étroites, assez
régulières, d'un beau brun marron; sur les vieux individus, ces
flammules disparaissent, elles sont remplacées d'abord par quelques gros points qui eux-mêmes s'évanouissent et laissent la coquille d'un gris brun à-peu-près uniforme.

Cette grande et belle espèce a 17 centimètres de long et 12 de large.

† 46. Volute de Milton. *Voluta Miltoni*. Gray.

*V. testá ovatá, tenui, lævigatá, albido-flavá, lineis flexuosis, macu-
lisque fuscis ornatá; spirá brevi, apice obtusá; anfractibus canaliculatis, spinis fornicatis coronatis; aperturá albo lutescente, am-
plissimá; labro tenui, acuto, fragili; columellá triplicatá.*

Gray. dans Griffith. Anim. Kingd. pl. 29.

Kiener. Spec. des Coq. *Voluta.* p. 10. n° 6. pl. 10.

Jay. Cat. on the Shells. p. 126. pl. 10. *V. armata.* Var. ?

Küster. Conch. Cab. p. 213. n° 6. pl. 42. f. 1.

Habite...

Grande et belle espèce de Volute qui appartient à la section des
Cymbium et qui a des rapports, par ses caractères, avec le *Voluta
diadema* de Lamarck. Elle est régulièrement ovalaire. Sa spire, très
courte, commence par un gros mamelon blanchâtre, composé de
cinq tours. Le reste de la spire n'en présente que trois autres; ces
derniers tours sont séparés entre eux par une suture creusée en une
profonde rigole; sur l'angle obtus qui forme leur sommet, se relèvent
à des distances assez égales, de longues épines ployées en deux et
creusées en dessous; ces épines sont un peu infléchies vers le sommet. Tout le reste de la coquille est lisse. Son ouverture est très
ample, ovalaire, dilatée dans le milieu; elle est d'un blanc jaunâtre, et sa columelle porte, vers le milieu, trois gros plis saillans,
mais minces, de la même couleur. Cette coquille est d'une très
belle coloration. Sur un fond d'un brun rougeâtre, un peu nua-
geux, se dessinent de grandes taches blanches et plus souvent triangulaires, très inégales et irrégulièrement disposées, qui souvent

sont bordées de linéoles d'un brun foncé, descendant en zigzag du sommet à la base.

Cette belle espèce, rare encore dans les collections, a 18 centimètres de long et 10 de large.

† 47. Volute cymbiole. *Voluta cymbiola.* Chemn.

V. testá ovato-oblongá, ad basim attenuatá, lævigatá, griseo flavescente, maculis albis triangularibus ornatá, lineisque fuscescentibus irregulariter aspersá; spirá brevi, obtusá; anfractibus basi tuberculis acutis coronatis; aperturá rubescente, elongato-angustá; columellá in medio quadriplicatá.

Chemn. Conch. t. 10. p. 141. pl. 148. f. 1385. 1386.

Sow. Tankarv. Cat. pl. 3. f. 1.

Wood. Ind. Test. Suppl. pl. 3. f. 5.

Voluta coronata. Kiener. Spec. des Coq. p. 49. n° 42. pl. 41. f. 1.

Voluta cymbiola. Reeve. Conch. Syst. t. 2. p. 254. pl. 282. f. 1.

Dillw. Cat. t. 1. p. 576. n° 180.

Voluta coronata. Küster. Conch. Cab. p. 162. n° 11. pl. 31. f. 1. 2.

Habite les mers de l'Inde.

M. Kiener donne le nom de *Coronata* à cette espèce, parce que, dit-il, il y a déjà dans Lamarck un *Voluta cymbiola* qui est différent de celle-ci ; il y a là une erreur matérielle, puisqu'en effet il n'y a point d'espèce de ce nom dans l'ouvrage en question.

Coquille restée très rare jusqu'à présent dans les collections, et dont nous ne connaissons jusqu'à présent que les quatre figures mentionnées dans notre synonymie : ces figures ne se ressemblent pas sous le rapport de la coloration, mais elles sont semblables dans leurs formes et leurs caractères extérieurs. Cette coquille est ovale-oblongue, plus ventrue à sa partie supérieure que dans la plupart des autres espèces, ce qui rapproche sa forme de celle des Pyrules. La spire est conique, très courte ; elle commence par un gros mamelon rougeâtre et lisse ; ses tours sont étroits, un peu creusés à leur partie supérieure, et ils portent à la base une rangée de tubercules pointus, subspiniformes ; le dernier tour s'atténue à la base, où il est terminé en une échancrure étroite et profonde. L'ouverture est allongée, étroite, un peu dilatée dans le milieu ; elle est rougeâtre ; son bord droit reste mince et tranchant. La columelle est à peine excavée dans le milieu, elle porte dans cet endroit quatre plis obliques presque égaux. Comme nous le disions précédemment, la coloration est assez variable. Dans l'individu figuré par Chemnitz, la coquille, sur un fond d'un fauve rosé très frais, est ornée de taches nuageuses, subtriangulaires, blanches et parse-

mées irrégulièrement de taches d'un roux brun foncé. La figure de
M. Kiener se rapproche de celle de Chemnitz. Seulement, aux
points dont nous venons de parler, s'ajoutent des taches allongées,
longitudinales, étroites, de la même couleur. Dans la figure de
M. Reeve, les points irréguliers n'existent pas, ils sont remplacés
par des lignes longitudinales brunes, qui servent de base aux taches
triangulaires blanches qui ornent la coquille. Ces taches triangulaires sont très nettes et ressortent sur un fond d'un fauve rosâtre
assez intense. Enfin, l'individu figuré par M. Sowerby diffère de
tous ceux que nous venons de citer, car il est d'un fauve brun, orné
de taches triangulaires blanches, mais les lignes et les points bruns
ont presque entièrement disparu.

Cette coquille a 75 millim. de long et 35 de large.

† 48. Volute harpe. *Voluta harpa*. Swains.

*V. testá ovato-oblongá, longitudinaliter costatá, albá, rubro trans-
versìm lineatá, maculisque rubris triseriatìm pictá; spirá elongato-
conicá, apice obtusá; anfractibus supernè emarginatis; aperturá
ovato-angustá, albá; labro incrassato, extùs marginato, simplici;
columellá arcuatá, triplicatá, transversìm rugosá.*

Voluta harpa. Swains. Exot. Conch. pl. 41.

Vol. anna. Lesson. Illust. de Zool. pl. 44.

Voluta anna. Kiener. Spec. des Coq. p. 34. n° 27. pl. 40. f. 1.

Id. Küster. Conch. Cab. p. 176. n° 25. pl. 26. f. 3. 4.

Habite. . .

M. Kiener donne, sous le nom de *Harpa*, une autre espèce que celle-
ci, et qu'il attribue à M. Sowerby. Nous avons inutilement cherché le nom et l'espèce dans les ouvrages du naturaliste anglais.
Nous sommes obligé de changer le nom que M. Lesson a proposé
pour cette espèce, parce que, dès 1820, M. Swainson, dans
Exot. Conch., lui avait imposé le nom que nous lui avons conservé.

Cette intéressante coquille a de l'analogie avec une espèce fossile
que l'on rencontre aux environs de Paris, et à laquelle on a donné
le nom de *Voluta turgidula*. Elle est ovale-oblongue. Sa spire,
obtuse au sommet, forme un peu moins du tiers de la longueur
totale. Elle se compose de six tours à peine convexes, et ayant à
leur partie supérieure un bord assez large, élégamment crénelé
par le sommet des côtes, qui se prolongent en un petit tubercule
pointu. Le dernier tour est atténué à la base, et l'on remarque
de ce côté un petit nombre de sillons transverses, le reste de la
coquille étant lisse; toute la surface est ornée d'un assez grand

nombre de côtes longitudinales, régulières, légèrement contournées à leur extrémité antérieure sur le dernier tour. L'ouverture
est d'un blanc laiteux ; elle est allongée, étroite, et son bord droit
est ordinairement garni d'une dernière côte plus épaisse que les
autres. La columelle est à peine concave : elle porte en avant trois
petits plis inégaux, et elle est revêtue d'un bord gauche peu
épais, sur lequel se montrent de fines rides transverses. Cette
espèce est d'une coloration très élégante, qui consiste en linéoles
transverses, étroites, irrégulières, d'un rouge safrané assez vif, et
il y a de plus sur le dernier tour trois séries de taches quadrangulaires, écartées, de la même couleur.

Cette espèce, rare encore dans les collections, a 5o millim. de long ,
et 25 de large.

† 49. Volute à bouche jaune. *Voluta luteostoma*. Chemn.

*V. testá ovato-subcylindraceá ; spirá brevi, conicá, apice obtusá ;
anfractibus in medio angulatis, albá, venis fuscescentibus undulatá,
tuberculis acutis, coronatis ; aperturá elongato-angustá, luteá ;
columellá subrectá, basi quadriplicatá.*

Voluta luteostoma. Chemn. Conch. t. 11. p. 18. pl. 177. fig. 1707.
1708.

Walch. Naturf. t. 19. pl. 3. f. 1.

Favanne. Cat. rais. pl. 3. f. 636.

Voluta imperialis. Variété. Dillw. Cat. t. 1. p. 565.

Voluta Chrysostoma. Swains. Exot. Conch. pl. 45.

Küster. Conch. Cab. p. 196. n° 43. pl. 27. f. 10. 11.

Habite...

Coquille que l'on pourrait confondre avec le *Voluta vespertilio*, si
elle ne se distinguait constamment par la couleur de son ouverture,
et par quelques autres caractères qui lui sont propres. Elle est
ovale–subcylindracée, à spire courte et obtuse au sommet. Les
tours sont étroits, anguleux dans le milieu, et ils sont couronnés
d'une rangée de gros tubercules pointus. La surface de la coquille
est lisse ; son ouverture est allongée, étroite, et d'une belle couleur
jaune. La columelle est presque droite, et elle porte à la base
quatre gros plis presque égaux. Sur un fond d'un beau blanc grisâtre, cette Volute est ornée d'un réseau élégant de linéoles onduleuses, irrégulières, d'un brun marron foncé. Elle est assez variable
en sa coloration, car cet individu représenté par M. Swainson,
au lieu du fin réseau qui se montre ordinairement sur la surface,
est marbré de grandes taches brunes.

Cette coquille est longue de 5o millimètres, et large de 28.

† 5o. Volute ornée. *Voluta pulchra.* Sow.

V. testá oblongo-ovatá, subfusiformi, lævi, nitidá, carneá, albido-maculatá, maculis spadiceis triseriatim irregulariter dispositis ornatá; anfractibus supernè adpressis, tuberculis acutiusculis, subcompressis, coronatis; aperturá supernè acutá; columellá quadriplicatá.

Sow. Tankar. Cat. pl. 3. f. 2.

Habite...

Cette coquille, par sa forme générale, se rappproche du *Voluta thiarella* de Lamarck ; mais comme son test est moins épais, elle a également de l'analogie avec le *Voluta vespertilio*. Sa spire est conique, courte, obtuse au sommet; les premiers tours sont plissés dans leur longueur, les suivans sont anguleux dans le milieu, et portent sur cet angle une rangée de tubercules obtus, dont la base se prolonge sur le dernier tour, jusque vers le milieu de sa longueur ; ce dernier tour est un peu cylindracé; il s'atténue assez brusquement à la base, où il est terminé en une échancrure étroite et peu profonde. L'ouverture est allongée, à bords presque parallèles ; elle est d'un beau rose pourpré très pâle. La columelle est presque droite, et elle porte à la base quatre plis très obliques et d'un beau blanc. Toute cette coquille est lisse, et elle est remarquable par la fraîcheur de ses couleurs. Sur un fond d'un fauve rosé pâle, elle est couverte d'un grand nombre de taches subcirculaires d'un beau blanc, et de plus, elle est ornée sur le dernier tour de trois zones transverses et étroites, de ponctuations d'un beau brun rouge.

Cette espèce, fort rare dans les collections, a 6o millim. de long, et 28 de large.

† 5i. Volute rouge. *Voluta rutila.* Brod.

V. testá ovato-oblongá, rufescente, maculis subtrigonis, confluentibus, croceo-rubris variá; spirá brevi, suturá simplici, apice papillari, subgranulato ; anfractu basali tuberculis armato, fasciisque duabus latis interruptis, rutilis ornato; columellá quadriplicatá.

Brod. Zool. jour. t. 2. p. 3o. pl. 3. f. 1 à 3.

Voluta aulica. Kiener. Spec. des Coq. p. 57. n° 48. pl. 47. f. 1.

Reeve. Conch. Syst. t. 2. p. 255. pl. 282. f. 3.

Voluta aulica. Küster. Conch. Cab. p. 167. n° 16. pl. 32. f. 2. 3.

Habite...

M. Kiener a pris cette espèce pour le *Voluta aulica* de M. Sowerby. Il est facile de les distinguer, et de rectifier cette erreur. M. Küster,

en suivant trop scrupuleusement les opinions de M. Kiener, est
tombé dans la même faute que lui.

Très belle espèce de Volute, des plus faciles à distinguer à cause de
sa coloration. Elle est ovale, à spire courte, conique et très obtuse.
Cette spire commence par un mamelon subgranuleux; et il se continue en quelques tours aplatis et lisses; le dernier est ventru dans
le milieu, atténué vers la base, où se voit une échancrure subtriangulaire peu profonde. L'ouverture est ovale-oblongue, terminée
supérieurement en un angle très aigu; elle est d'un fauve rougeâtre en dedans, et sa columelle, de la même couleur, est un
peu excavée, et présente trois plis médiocres très obliques. Toute
la surface est lisse, et elle est ornée d'une coloration très vive et
très brillante, qui consiste en un réseau de taches subtriangulaires
d'un beau rouge vif sur un fond blanc. Le dernier tour présente
deux zones transverses, dans lesquelles les taches blanches sont
moins nombreuses.

Cette belle espèce, très rare il y a quelques années dans les collections, y est aujourd'hui très répandue. Elle a 40 millim. de long,
et 30 de large.

† 52. Volute royale. *Voluta aulica.* Sow.

*V. testâ ovato-oblongâ, apice obtusâ, lævigatâ, albo luteoque nebu-
losâ; spirâ brevi, conicâ, anfractibus planis : ultimo supernè obtusissimè angulato; aperturâ magnâ, ovato-angustâ, profundè
basi emarginatâ; labro simplici, expanso, obtuso; columellâ quadriplicatâ, plicis albis.*

Sow. Tankarv. Cat. pl. 6.

Reeve. Conch. Syst. t. 2. p. 255. pl. 282. f. 4.

Habite l'Océan Austral, d'après M. Kiener; l'Océan Indien, d'après
Solander.

Très belle espèce de Volute, rare encore dans les collections, et que
M. Kiener a confondu avec une espèce parfaitement distincte,
connue sous le nom de *Voluta rutila.* Le *Voluta aulica,* par sa
forme générale et par sa coloration, se rapproche du *Voluta pellis-
serpentis,* ou plutôt du *Voluta mitis* de Lamarck; seulement elle.
acquiert une plus grande taille, et sa spire commence par un mamelon obtus, rougeâtre et lisse. La spire est courte et conique, les
tours sont aplatis, conjoints, et le dernier présente à sa partie supérieure un angle très obtus, à-peu-près comme dans le *Voluta
mitis;* nous avons un exemplaire chez lequel cet angle supérieur
est beaucoup plus prononcé; le dernier tour est atténué à la base,
où il se termine en une échancrure profonde et oblique; il est en-

tièrement lisse comme tout le reste de la coquille. L'ouverture est grande, étroite, un peu dilatée vers la base, blanche ou d'un blanc roussâtre. Le bord droit est simple, assez épais et courbé dans sa longueur. La columelle porte à la base quatre gros plis fort obliques et blanchâtres. La coloration de cette espèce paraît peu variable, elle consiste en taches nuageuses ou marbrées d'un rouge ferrugineux sur un fond blanc.

Les grands individus de cette espèce ont 11 centimètres de longueur, et 55 millim. de large.

† 53. Volute allongée. *Voluta elongata*. Swains.

V. testá ovato-cylindraceá, pallidè fulvá, lineis fuscescentibus, profundè undulatis ornatá; spirá conicá, apice obtusâ, anfractibus in medio angulatis, tuberculis minimis coronatis : ultimo ovato, basi profundè emarginato; aperturá ovato-angustá, albo fulvá; labro incrassato, reflexo, marginato; columellá rectá, in medio quadriplicatá.

Swains. Exot. Conch. pl. 20. 21.

Habite les mers Australes.

M. Swainson a figuré pour la première fois, dans son *Exotic conchology*, une belle espèce de Volute sous le nom d'*Elongata*. M. Kiener a décrit et figuré sous ce même nom une coquille qui diffère d'une manière notable de la première, tant par sa forme que par sa coloration; cependant l'éditeur de la seconde édition de l'ouvrage de M. Swainson admet la figure de M. Kiener dans la synonymie de l'espèce, ce qui ferait croire qu'elle est très variable. Quant à nous, nous n'osons introduire dans la synonymie les figures de M. Kiener.

Très belle espèce qui ne manque pas d'analogie avec quelques-unes des variétés du *Voluta pacifica*, mais elle s'en distingue toujours par des caractères qui lui sont propres. Elle est allongée, étroite. Sa spire, conique, commence par un petit mamelon lisse, tandis que les tours qui suivent sont anguleux dans le milieu, et ils portent sur l'angle une série de petits tubercules pointus, courts, qui ordinairement disparaissent presque entièrement sur le dernier tour. Celui-ci est ovalaire, dilaté à la base et terminé de ce côté par une échancrure large et profonde, et fortement renversée vers le dos. Toute la surface est lisse et polie. L'ouverture est allongée, étroite. Son bord droit est épais, renversé en dehors et souvent garni d'un bourrelet extérieur; l'angle supérieur se relève sur l'avant-dernier tour, un peu à la manière des Strombes. Un bord gauche, large et assez épais, se renverse sur la columelle et vient déborder à la base de la coquille. Cette columelle est presque droite; on y remarque, un peu au-dessous de l'insertion du bord droit, une callosité assez épaisse, et dans son milieu quatre gros plis blanchâtres. Cette coquille est d'une belle couleur fauve uniforme, et elle est peinte d'un grand nombre de linéoles brunes profondément anguleuses. Ces linéoles ne sont pas régulières, elles sont plus ou moins serrées, et elles deviennent plus larges sur le milieu et à la base du dernier tour.

Cette belle espèce a 11 centimètres de long, et 48 millim. de large.

† 54. Volute anguleuse. *Voluta angulata.* Swains.

V. testâ ovato-oblongâ, lævigatâ, fulvâ, lineis fuscis angulatis fulguratâ; spirâ brevi, conicâ, acuminatâ, anfractibus in medio angulatis; aperturâ aurantiacâ, elongatâ, dilatatâ; columellâ triplicatâ.

Swains. Exot. Conch. pl. 3 et 4.

Voluta nasica. Schub. et Wagn. Suppl. à Chemn. p. 10. pl. 217. f. 3031. 3032.

Kiener. Spec. des Coq. p. 65. n° 55. pl. 38.

Küster. Conch. Cab. p. 171. n° 20. pl. 25. f. 1. 2. pl. 36. f. 5.

Voluta angulata. D'Orb. Voy. Moll. p. 423. pl. 60. f. 1 à 3.

Habite les côtes de Patagonie.

Pendant long-temps, on crut que cette coquille provenait du banc de Terre-Neuve ou des côtes de l'Amérique septentrionale. Elle était connue, dans le commerce, sous le nom de *Volute de la pêche*, et plusieurs personnes, en la voyant revêtue dans une partie de sa surface, d'une couche vitrée et terne, supposaient qu'elle était à demi digérée par les Morues, qui en faisaient leur nourriture; mais on sait aujourd'hui par les observations de M. d'Orbigny, que cette espèce est en abondance sur les côtes de Patagonie, et que si elle est revêtue d'une couche vitrée, elle la doit à la structure de l'animal qui l'habite. Cette coquille est allongée; par sa forme et ses caractères, elle se rapproche un peu du *Voluta magellanica*, et elle est véritablement intermédiaire, par la forme et la grosseur de ses plis, entre les Volutes proprement dites et le genre *Cymbium* de Montfort. Elle est ovale-cylindracée. Sa spire est courte et pointue et formée d'un petit nombre de tours, dont le dernier est angulaire à son sommet. Ce dernier tour est atténué vers la base, où il se termine en une échancrure large et peu profonde. L'ouverture est d'un jaune orangé pâle; elle est grande, subquadrangulaire, un peu évasée dans le milieu. La columelle est presque droite, et cette partie est remarquable par les trois gros plis très épais qu'elle porte dans le milieu. Le bord gauche ne présente point de limites déterminées, il se continue sur presque toute la surface de la coquille, en une lame qui s'amincit considérablement, qui est blanchâtre et d'un jaune orangé très pâle. Toute la surface est lisse, et les parties que l'animal laisse à découvert sont d'un fauve pâle et ornées de lignes angulaires d'un beau brun.

Cette espèce a 14 centimètres de long, et 55 millimètres de large. Il y a des individus qui atteignent une plus grande taille.

† 55. Volute éclair. *Voluta fulgetrum.* Sow.

V. testá oblongá, lævi; spirá acuminatá, apice papillosá, lævi, pallidè carneá; spadiceo anguloso-strigatá (quasi fulguratá), anfractu ultimo ventricoso, supernè subangulato; aperturá oblongá, supernè acutá; labio columellari tenui, expansissimo; columellá triplicatá.

Sow. Tank. Cat. pl. 4. 5.

Habite...

Comme le dit M. Sowerby, cette espèce a de l'analogie avec le *Voluta magnifica.* Elle est ovale-oblongue. Sa spire, conique, forme à-peu-près le tiers de la longueur totale. Cette spire commence au sommet par un gros mamelon cylindracé très obtus, que l'on pourrait comparer à celui du *Fusus proboscidiferus* de Lamarck. Les tours sont convexes, un peu déprimés à leur partie supérieure; le dernier est ventru dans le milieu, atténué à la base, et terminé en avant par une échancrure large et peu profonde. L'ouverture est allongée, terminée supérieurement par un angle aigu; elle est rougeâtre en dedans. Son bord droit est simple et tranchant. La columelle est arquée dans sa longueur, et elle présente trois plis médiocres vers le tiers antérieur de sa longueur. Toute cette coquille est lisse, et elle est ornée, sur un fond d'un fauve pâle, d'un assez grand nombre de flammules d'un brun intense, fortement contournées en zigzags, et comme déchirées ou lascignées sur leurs bords.

Cette belle et précieuse coquille a 15 centimètres de long, et 75 millimètres de large.

Espèces fossiles.

1. Volute harpe. *Voluta cithara.* Lamk.

V. testá turbinato-ventricosá, basi transversè sulcatá; costis longitudinalibus distantibus supernè bispinosis; spirá brevi, acuminatá, muriculatá; columellá quinqueplicatá.

Favanne. Conch. pl. 66. fig. I 4?

Citharædus. Chemn. Conch. 11. t. 212. f. 2098. 2099.

Encycl. pl. 384. f. 1. a. b.

Voluta harpa. Ann. du Mus. vol. 1. p. 476. et vol. 17. p. 74. n° 1.

* Henkel. Flor. Satur. pl. 5. f. 9.

* Roissy. Buf. Moll. t. 5. p. 440. n° 6.

* Desh. Encycl. méth. Vers. t. 3. p. 1143. n° 21.

* Desh. Coq. foss. de Paris. t. 2. p. 681. n° 1. pl. 90. f. 11. 12.

Habite... Fossile de Grignon. Mon cabinet. Grande et belle Volute
   fossile dont l'analogue vivant n'est pas connu. Longueur : 3 pouces
   9 lignes.

2. Volute épineuse. *Voluta spinosa*. Lamk.

> *V. testá turbinatá, basi transversè striatá, longitudinaliter partim
> costatá; ultimo anfractu spinis peracutis coronato; spirá brevi,
> acutá, spinosá; columellá quadri ad sexplicatá.*

Strombus spinosus. Lin. Syst. nat. éd. 12. p. 1212. n° 510. Gmel.
   p. 3518. n° 27.

Lister. Conch. t. 1033. f. 7.

Gualt. Test. t. 55. fig. E.

Petiv. Gaz. t. 78. f. 11.

D'Argenv. Conch. pl. 29. fig. 10.

Favanne. Conch. pl. 66. fig. I 9.

Chemn. Conch. 11. t. 212. f. 3002. 3003.

Brand. Foss. Hant. t. 5. f. 65.

Encycl. pl. 392. f. 5. a. b.

Voluta spinosa. Ann. du Mus. vol. 1. p. 477. n° 2. et vol. 17. n° 2.

* *Conus spinosus*. Lin. Syst. nat. éd. 10. p. 715.

* *Strombus spinosus*. Schrot. Einl. t. 1. p. 443. n° 24.

* Desh. Encycl. méth. Vers. t. 3. p. 1143. n° 22.

* Desh. Coq. foss. de Paris. t. 2. p. 690. n° 12. pl. 92. f. 7. 8.

* Walch. Trait. des Pétrif. pl. 11. f. 2 a.

* Roissy. Buf. Moll. t. 5. p. 440. n° 7.

Habite... Fossile de Grignon, où il est très commun, ainsi que le
   précédent. Mon cabinet. Ses côtes longitudinales s'effacent vers sa
   base, et se terminent à l'angle de sa spire par des pointes fort aiguës. Longueur : près de 19 lignes.

3. Volute musicale. *Voluta musicalis*. Lamk.

> *V. testá turbinato-fusiformi, longitudinaliter transversìmque striatá ;
> costis longitudinalibus apice spinosis; spirá exsertá, conico-acutá,
> muricatá; columellæ plicis inferioribus quatuor maximis.*

D'Argenv. Conch. pl. 29. f. 9. *figuræ duæ ad dexteram.*
Strombus luctator. Brand. Foss. Hant. t. 5. f. 64.
Voluta musicalis. Chemn. Conch. 11. t. 212. f. 3006. 3007.
Encycl. pl. 392. f. 4. a. b.
Voluta musicalis. Ann. du Mus. vol. 1. p. 477. n° 3. vol. 6. pl. 43.
f. 7. et vol. 17. p. 75. n° 3.
* Desh. Encycl. méth. Vers. t. 3. p. 1144. n° 23.
* Desh. Coq. foss. de Paris. t. 2. p. 695. n° 18. pl. 94. f. 17. 18.
Habite... Fossile de Courtagnon et de Grignon. Mon cabinet. Très
belle espèce qui avoisine par ses rapports le *V. musica.* Elle est
ovale–pointue, à spire conique et muriquée. Son dernier tour, un
peu turbiné, est muni de côtes longitudinales qui se terminent à
leur sommet par autant de tubercules épineux; en outre, il est finement strié longitudinalement et en même temps treillissé par des
rides écartées et transverses. Bord droit sinueux supérieurement.
Longueur : 2 pouces 10 lignes et demie.

4. Volute hétéroclite. *Voluta heteroclita.* Lamk.

*V. testá ovatá, infernè lævi; spirá costatá, subtuberculatá; columellæ
plicis inferioribus majoribus inæqualibus : superioribus minimis.*
Voluta heteroclita. Ann. du Mus. vol. 17. p. 75. n° 4.
Habite... Fossile de Betz, près de Grignon. Collect. du Mus. Cette
espèce se distingue de la précédente en ce qu'elle n'est point striée
transversalement, que sa moitié inférieure est lisse, à côtes effacées, et que sa spire est plus courte, à peine tuberculeuse. Longueur : 68 millim.

5. Volute muricine. *Voluta muricina.* Lamk.

*V. testá ovato-fusiformi, subcaudatá, infernè lævi, supernè longitu-
dinaliter costato-spinosá; columellá inter plicas sulco lato exa-
ratá.*
Favanne. Conch. pl. 66. fig. I 1.
Encycl. pl. 383. f. 1. a. b.
Voluta muricina. Ann. du Mus. vol. 1. p. 477. n° 4. et vol. 17.
p. 75. n° 5.
* Swains. Zool. illustr. 2ᵉ série. pl. 53. f. 1.
* Desh. Encycl. méth. Vers. t. 3. p. 1144. n° 24.
* Desh. Coq. foss. de Paris. t. 2. p. 697. n° 20. pl. 91. f. 18. 19.
pl. 93. f. 3. 4. pl. 94. f. 3. 4.
Habite... Fossile de Courtagnon. Mon cabinet. Grande et belle es-
pèce qui a presque l'aspect du *Murex*, et dont la partie antérieure
est hérissée de grands tubercules spiniformes. Spire saillante, py-

ramidale. Le pli inférieur de la columelle est grand et séparé des autres par un sillon assez large. Longueur : 3 pouces 4 lignes.

6. Volute côtes-douces. *Voluta costaria*. Lamk.

V. testá fusiformi-turritá, subcaudatá; costis longitudinalibus muticis, dorso acutis, remotiusculis; columellá subquinqueplicatá.

Lister. Conch. t. 1033. f. 6.

Cochlea mixta. Chemn. Conch. 11. t. 212. f. 3010. 3011.

Encycl. pl. 383. f. 9. a. b.

Voluta costaria. Ann. du Mus. vol. 1. p. 477. n° 5. et vol. 17. p. 76. n° 6.

[b] *Var. testá breviore; costis tuberculiferis.*

Encycl. pl. 383. f. 7.

* Desh. Encycl. méth. Vers. t. 3. p. 1144. n° 25.

* Desh. Coq. foss. de Paris. t. 2. p. 698. n° 22. pl. 91. f. 16. 17.

Habite... Fossile de Grignon et de Courtagnon. Mon cabinet. Coquille allongée, à tours convexes sans être très renflés, offrant huit côtes longitudinales séparées, un peu plus élevées et comme comprimées dans leur partie supérieure, lisses et douces au toucher. Celles de la var. [b] portent un tubercule court, obtus et comprimé. Longueur de l'espèce principale : 2 pouces 5 lignes et demie; de la var. [b], 21 lignes trois quarts.

7. Volute lyre. *Voluta lyra*. Lamk.

V. testá ovato-oblongá, supernè subventricosá; costis longitudinalibus crebris muticis, versùs apicem denticulatis; spirá brevi, acutá, columellá quadri seu quinqueplicatá.

Favanne. Conch. pl. 66. fig. I 10?

Encycl. pl. 383. f. 6. a. b.

Voluta lyra. Ann. du Mus. vol. 1. p. 478. n° 6. et vol. 17. p. 76. n° 7.

* Desh. Encycl. méth. Vers. t. 3. p. 1145. n° 26.

* Desh. Coq. foss. de Paris. t. 2. p. 685. n° 5. pl. 92. f. 3. 4.

Habite... Fossile que je crois de Courtagnon. Mon cabinet. Longueur : 22 lignes un quart.

8. Volute couronne-double. *Voluta bicorona*. Lamk.

V. testá ovato-acutá, transversìm striatá, longitudinaliter costatá : costis supernè dentatis; spiræ anfractibus supernè angulo duplici dentato bicoronatis; columellá tri seu quadriplicatá.

Brand. Foss. Hant. pl. 5. f. 69.

Favanne. Conch. pl. 66. fig. I 4.

Encycl. pl. 384. f. 6.

Tome X. 27

Voluta bicorona. Ann. du Mus. vol. 1. p. 478. n° 7. et vol. 17. p. 76. n° 8.

* Desh. Encycl. méth. Vers. t. 3. p. 1145. n° 27.

* Desh. Coq. foss. de Paris. t. 2. p. 692. pl. 90. f. 16. 17.

Habite... Fossile de Chaumont et de Courtagnon. Mon cabinet. Es-pèce remarquable par la double couronne de dents qui orne le sommet de chacun de ses tours. Outre ses stries transverses, elle en a de longitudinales assez serrées. Longueur : environ 2 pouces.

9. Volute côtes-crénélées. *Voluta crenulata.* Lamk.

V. testá ovato-acutá, transversìm striatá, longitudinaliter costatá : costis granoso-crenulatis; anfractibus supernè angulo duplici dentato coronatis; columellá quadriplicatá.

Brand. Foss. Hant. t. 5. f. 71?

Encycl. pl. 384. f. 5.

Voluta crenulata. Ann. du Mus. vol. 1. p. 478. n° 8. et vol. 17. p. 77. n° 9.

* Brong. Vicent. p. 63.

* Bronn. Léth. Géogn. t. 2. p. 1106. pl. 42. f. 4.

* Desh. Encycl. méth. Vers. t. 3. p. 1145. n° 28.

* Desh. Coq. foss. de Paris. p. 693. n° 15. pl. 93. f. 7. 8. 9.

Habite... Fossile de Courtagnon. Mon cabinet. Cette espèce a beau-coup de rapports avec la précédente; mais, outre qu'elle est en-tièrement granuleuse, les intervalles qui séparent ses côtes sont très étroits et n'offrent point de stries longitudinales comme dans le *V. bicorona.* Longueur : 18 lignes.

10. Volute petit-dé. *Voluta digitalina.* Lamk.

V. testa ovatá, decussatá, subgranosá; spirá brevi.

Voluta digitalina. Ann. du Mus. vol. 17. p. 77. n° 10.

* Desh. Coq. foss. de Paris. t. 2. p. 693. n° 16. pl. 93. f. 1. 2.

Habite... Fossile de Courtagnon. Collect. du Mus. Cette Volute n'est peut-être qu'une variété du *V. crenulata ;* mais elle est plus raccourcie, plus bombée, éminemment treillissée, et moins gra-nuleuse. Sa spire est courte, presque obtuse. Le dernier tour forme un bourrelet en couronne à sa suture. Longueur : 26 millim.

11. Volute treillissée. *Voluta clathrata.* Lamk.

V. testá ovato-acutá, sulcis transversis longitudinalibusque cancellatá; costis exilibus longitudinalibus remotis; anfractibus supernè angulo duplici dentato coronatis; columellá multiplicatá.

Murex suspensus. Brand. Foss. Hant. t. 5. f. 70.

Voluta clathrata. Ann. ibid. n° 11.

Habite... Fossile de Courtagnon. Mon cabinet. C'est encore une
Volute très voisine des précédentes par ses rapports ; néanmoins
elle en est réellement distincte. Elle est éminemment treillissée,
même entre ses côtes qui sont bien séparées. Longueur : 18 lignes.

12. Volute ambiguë. *Voluta ambigua.* Lamk.

*V. testá ovato-oblongá, transversè striatá, longitudinaliter costatá;
ultimo anfractu supernè angulato : angulo simplici denticulato;
spirá brevi, conico-acutá; labro internè sulcato; columellá tri seu
quadriplicatá.*

Strombus ambiguus. Brand. Foss. Hant. t. 5. f. 69.
Voluta ambigua. Ann. ibid. n° 12.
* Desh. Coq. foss. de Paris. t. 2. p. 691. pl. 93. f. 10. 11.
Habite... Fossile de Courtagnon. Mon cabinet. Celle-ci se distingue
principalement des trois espèces qui précèdent, par l'angle simple
du sommet de son dernier tour, et parce que son bord droit est
sillonné en son limbe interne. Longueur : 17 lignes.

13. Volute petite-harpe. *Voluta harpula.* Lamk.

*V. testá ovato-fusiformi, longitudinaliter costatá; anfractibus su-
pernè crenatis, subcanaliculatis; columellá multiplicatá : plicis tribus infimis majoribus : penultimo elatiore.*

Encycl. pl. 383. f. 3.
Voluta harpula. Ann. du Mus. vol. 1. p. 478. n° 9. et vol. 17. p.
78. n° 13.
[*b*] *Var. testá minore; costis supernè denticulatis.*
* Desh. Encycl. méth. Vers. t. 3. p. 1146. n° 29.
* Desh. Coq. foss. de Paris. t. 2. p. 702. n° 27. pl. 91. f. 10. 11.
Habite... Fossile de Grignon, où elle est très commune. Mon cabinet. Côtes fréquentes et disposées à-peu-près comme celles du
V. mitræformis. Longueur : 18 lignes et demie. La var. [b] est
plus petite, striée transversalement à sa base, ainsi qu'au limbe
interne de son bord droit, et à ses côtes denticulées près de leur
sommet. On pourrait peut-être la distinguer comme espèce.

14. Volute labrelle. *Voluta labrella.* Lamk.

*V. testá ovato-turbinatá, ventricosá, basi transversè sulcatá; ultimo
anfractu supernè angulato, suprà plano; spirá brevi, infernè carinatá, supernè decussatim striatá, acutá; columellá quinque seu sexplicatá.*

Encycl. pl. 384. f. 3. a. b.
Voluta labrella. Ann. du Mus. vol. 1. p. 478. n° 10. et vol. 17. p.
78. n° 14.

* Desh. Encycl. méth. Vers. t. 3. p. 1146. n° 30.

* Desh. Coq. foss. de Paris. t. 2. p. 694. n° 17. pl. 91. f. 1 à 6.

Habite… Fossile de Grignon. Mon cabinet. Coquille courte, turbinée, ventrue, un peu carénée à la base de sa spire. Columelle calleuse dans sa partie supérieure, et munie de cinq à six plis dont les deux inférieurs sont les plus grands. Cette coquille est assez épaisse. Longueur : 21 lignes et demie.

15. Volute ficuline. *Voluta ficulina.* Lamk. (1)

V. testâ ovato-turbinatâ, transversè striatâ ; ultimo anfractu spinis coronato; spirâ brevi, acutâ; labro crassiusculo, extùs marginato, intùs striato, supernè arcuato; columellœ plicis inferioribus quatuor vel quinque majoribus.

Voluta ficulina. Ann. du Mus. vol. 17. p. 79. n° 15.

[*b*] *Var. testâ depressiusculâ; striis transversis obsoletis.*

Voluta depressa. Ann. du Mus. vol. 479. n° 12.

* *Voluta depressa.* Desh. Coq. foss. de Paris. t. 2. p. 688. n° 9. pl. 93. f. 14. 15.

Habite… Fossile des environs de Bordeaux, communiqué par M. Rodrigues. Mon cabinet. Longueur : près de 2 pouces. La var. [b] est un peu déprimée, surtout du côté de l'ouverture, et se trouve aux environs de Beauvais.

16. Volute rare-épine. *Voluta rarispina.* Lamk.

V. testâ obovatâ, basi transversè sulcatâ; ultimo anfractu supernè spinis raris instructo; spirâ brevissimâ, mucronatâ ; labro crasso, marginato, intùs striato; columellâ callosâ, depressâ, triplicatâ.

Encycl. pl. 384. f. 2. a. b.

Voluta rarispina. Ann. du Mus. vol. 17. p. 79. n° 16.

* Bast. Foss. de Bord. p. 43. pl. 2. f. 1.

* Phil. Enum. Moll. Sicil. p. 231.

* Desh. Encycl. méth. Vers. t. 3. p. 1146. n° 31.

* Desh. dans Lyell. 1re édit. t. 3. pl. 2. f. 1.

* Bronn. Léth. Geogn. t. 2. p. 1107. pl. 42. f. 40.

---

(1) La variété de cette espèce constitue une espèce très distincte propre aux environs de Paris, et que l'on ne rencontre pas dans les terrains de la Gironde. Lamarck avait d'abord distingué cette espèce, sous le nom de *Depressa*, dans les *Annales du Museum*. Nous l'avons rétablie dans notre ouvrage sur les fossiles des environs de Paris.

Habite... Fossile des environs de Dax. Mon cabinet. Elle est ovoïde, et n'offre sur le sommet de son dernier tour que deux ou trois épines distantes. Spire très courte, presque nulle, ne présentant qu'une pointe très aiguë. Longueur : 17 lignes 3 quarts.

17. Volute à bourrelet. *Voluta variculosa.* **Lamk.**

V. testâ oblongâ, subfusiformi, lævigatâ; varice marginali inter-
dùmque dorsali notatâ; plicis columellæ subquaternis.

Voluta variculosa. Ann. du Mus. vol. 1. p. 479. n° 13. et vol. 17. p. 79. n° 17.

* Desh. Coq. foss de Paris. t. 2. p. 703. n° 28. pl. 94. f. 8. 9.

* Desh. Encycl. méth. Vers. t. 3. p. 1147. n° 32.

Habite... Fossile de Grignon. Mon cabinet. Petite coquille, remarquable par le bourrelet extérieur de son bord droit. Elle paraît lisse; mais quand on l'examine à la loupe, on voit qu'elle est finement striée transversalement. Longueur : 7 lignes un quart.

18. Volute mitréole. *Voluta mitreola.* **Lamk.**

V. testâ ovato-acutâ, lævi; labro intùs obsolète bidentato.

Voluta mitreola. Ann. du Mus. vol. 1. p. 479. n° 14. et vol. 17. p. 80. n° 18.

* Desh. Coq. foss. de Paris. t. 2. p. 703. n° 29. pl. 94 bis. f. 12 à 14.

Habite... Fossile de Grignon. Cabinet de M. Defrance. Longueur : à peine 9 millim.

† 19. Volute antique. *Voluta antiqua.* **Brod.**

V. testâ ovato-fusiformi, costis magnis, longitudinalibus, elevatis;
spirâ mediocri, columellâ quadriplicatâ.

Brod. Zool. journ. t. 3. p. 234. pl. Supp. 19.

Faujas. Mont. de St.-Pierre de Maëstricht. p. 137. pl. 20. f. 1. 2.

Habite... Fossile dans la craie supérieure de la montagne St.-Pierre, près Maëstricht.

En comparant la figure donnée par Faujas à celle de M. Broderip, et en les rapprochant toutes deux de l'espèce même dont on n'a ordinairement que le moule, nous nous sommes assuré que les deux figures en question, malgré leur différence, représentent néanmoins une même espèce.

Cette coquille est allongée, fusiforme, et elle a un peu de l'apparence du *Voluta Lamberti.* Sa spire, courte et conique, commence par un gros mamelon obtus, lisse, tandis que sur les tours suivans on remarque des côtes longitudinales, étroites, assez nombreuses, qui s'élargissent et disparaissent insensiblement sur le dos du dernier tour; ce dernier tour est lisse à la base, il s'atténue et se prolonge un peu à la manière des Fuseaux. La columelle était assez épaisse, on le voit par la grandeur de l'impression qu'elle a laissée dans le moule. Elle portait vers le milieu de sa longueur quatre plis proéminens, écartés et inégaux.

L'échantillon que nous avons de cette espèce a 13 centimètres de long, et 60 millimètres de large; ceux de M. Broderip sont un peu plus grands, mais ceux qu'a figurées Faujas auraient 18 à 20 centimètres de longueur, s'ils étaient complets.

† 20. **Volute de Lambert.** *Voluta Lamberti.* **Sow.**

V. testá elongato-angustá, subfusiformi, lævigatá, apice obtusá; spirá conicá, elongatá; anfractibus convexiusculis: ultimo basi subcanilaculato, attenuato, vix emarginato; aperturá ovato-angustá, utrinquè angustatá; columellá rectá, quadriplicatá.

Sow. Min. Conch. pl. 129.

Parkin. Org. rem. t. 3. p. 26. pl. 5. f. 13.

Bast. Coq. Foss. de Bord. p. 45. nᵒ 1.

Dujard. Touraine. p. 300.

Habite... Fossile dans le crag d'Angleterre, les Faluns de la Touraine, ceux d'Angers, et aux environs de Dax et de Bordeaux.

Belle espèce fossile qui, par sa forme générale, se rapproche du *Voluta magellanica* de Lamarck; elle avoisine aussi le *Voluta papillaris* de M. Sowerby; mais elle reste distincte de toutes les espèces vivantes actuellement connues. Elle est allongée-étroite, ventrue dans le milieu, atténuée à ses extrémités. Sa spire est assez allongée, conique, obtuse au sommet, et composée de cinq à six tours à peine convexes, dont la suture est simple et superficielle; le dernier tour s'atténue vers la base et se prolonge en un canal, dont l'extrémité est à peine échancrée. Par sa forme générale, et surtout par le caractère du canal terminal, cette coquille se rapproche du *Fasciolaria tulipa* de Lamarck. L'ouverture est allongée, étroite, rétrécie à ses extrémités. Son bord droit est simple; il s'épaissit dans les vieux individus. Sa columelle est droite, et elle présente, dans le milieu, quatre plis subtransverses, dont l'un est presque effacé et ne se voit bien que lorsque la coquille a été cassée.

Les grands individus de cette espèce ont 15 à 16 centimètres de long, et 60 millimètres de large.

† 21. **Volute ventrue.** *Voluta ventricosa.* **Defrance.**

V. testá ovato-turbinatá, supernè ventricosá: spirá brevi, acuminatá; anfractibus convexis, longitudinaliter costatis, supernè bi-

fariàm nodoso-spinosis ; ultimo basi striato ; aperturâ ovato-oblongâ ; columellâ supernè rugoso-callosâ, in medio plicis tenuibus instructâ.

Desh. Coq. foss. de Paris. t. 2. p. 683. pl. 92. f. 9. 10.

Habite... Fossile de Parnes et Courlagnon.

Nous avions d'abord pensé qu'il était nécessaire de réunir cette espèce à la Volute harpe, à titre de variété ; mais, ayant pu en examiner plusieurs individus, et un, entre autres, qui a conservé des traces de sa coloration, nous avons été convaincu de la nécessité d'en faire une espèce, à laquelle nous avons conservé le nom que lui a donné M. Defrance, dans sa collection.

Par ses caractères, cette Volute tient à-la-fois du *Voluta harpa* et du *Depressa*. Elle est ovale, ventrue. Sa spire, courte, est composée de cinq ou six tours, dont les deux ou trois premiers forment au sommet un petit mamelon cylindroïde ; les suivans très convexes, ornés de côtes longitudinales, étroites, régulières, tranchantes au sommet et divisées, à leur partie supérieure, en une double rangée de petits tubercules pointus ; le dernier tour est très grand, conique ; les côtes dont il est pourvu, très saillantes à sa partie supérieure, s'abaissent rapidement et disparaissent vers le tiers inférieur. Toute la base de la coquille est couverte de petits sillons obliques, presque égaux et également distans. L'ouverture est assez grande, oblongue. La columelle, à peine excavée dans sa partie moyenne, est garnie, dans cet endroit, de cinq ou six plis très fins ; l'inférieur seul est très gros. Dans les vieux individus, la partie supérieure de la columelle est revêtue d'une callosité ridée. Le bord droit est simple et tranchant. Les vestiges de coloration consistent en linéoles jaunâtres onduleuses, qui descendent à la base du dernier tour, entre chaque côte ; ces linéoles ressemblent à celles que l'on voit sur la Volute foudroyée. Dans la Volute harpe, dont nous avons aussi des individus avec les traces de l'ancienne coloration, elles consistent en un grand nombre de linéoles transverses, étroites, semblables à celles du *Voluta spinosa.*

Cette espèce, assez rare, est longue de 5o millim. et large de 37.

† 22. Volute changée. *Voluta mutata*. Desh.

V. testâ ovato-oblongâ, tenui, fragili, longitudinaliter costellatâ, ad basìm tenuè striatâ ; spirâ brevi, acutâ ; anfractibus convexis, supernè obliquè depressis, ad peripheriam obsoletè spinosis ; aperturâ elongatâ, angustâ ; columellâ rectâ, obliquè triplicatâ ; labro tenui, simplici.

Desh. Coq. Foss. de Paris. t. 2. p. 682. pl. 92. f. 1. 2.

Habite... Fossile de Mary, Tancrou, Betz, Valmondois.

On prendrait facilement cette coquille pour une variété modifiée de la Volute harpe ; mais lorsqu'on l'étudie avec toute l'attention convenable, on lui reconnaît bientôt des caractères particuliers que n'offre jamais l'espèce dont nous venons de parler. Celle-ci est oblongue, étroite, sa spire est courte et pointue ; on y compte six à sept tours convexes, étroits, séparés par une suture formant un petit bourrelet que n'a jamais la Volute harpe. C'est au-dessous de ce bourrelet que commence une dépression oblique, qui s'étend jusque vers le milieu des tours ; il est limité, 'en dehors, par un angle obtus, se montrant particulièrement vers le sommet des côtes longitudinales : ces côtes, en nombre variable, selon les individus, se terminent à cet angle supérieur par un tubercule pointu. Le dernier tour est très grand, subcylindracé, les côtes se prolongent jusque vers la base ; elles sont remplacées, dans cet endroit, par des stries transverses, onduleuses et peu profondes. L'ouverture est allongée, étroite. La columelle, à peine infléchie, présente vers le milieu trois plis très inégaux. Le bord droit est simple, un peu épaissi dans certains individus, et détaché, à sa partie supérieure, de l'avant-dernier tour, par une petite échancrure assez profonde, placée à l'endroit où se termine le petit bourrelet des sutures.

Il est assez rare de rencontrer entière cette espèce. Elle est longue de 60 millim., et large de 32.

† 23. Volute dégénérée. *Voluta depauperata*. Swains.

V. testá ovato-oblongá, longitudinaliter costatá, basi tenuè striatá ; spirá brevi, conicá ; anfractibus supernè depressis, tuberculis brevibus, acutis, coronatis.

Sow. Min. Conch. pl. 396. f. 4.

Desh. Coq. Foss. de Paris. t. 2. p. 684. pl. 92. f. 5. 6.

Habite... Fossile de Valmondois, Mary, Tancrou et Barton, près de Londres.

Petite coquille ovale-oblongue, ayant quelques rapports avec les jeunes individus de la Volute harpe, mais toujours bien distincte par des caractères particuliers. Sa spire est courte et conique, formée de sept à huit tours peu convexes, ayant la suture bordée par un petit bourrelet aplati ; ils sont déprimés à leur partie supérieure, ou mieux encore, creusés d'une petite gouttière transverse : c'est sur le bord extérieur de cette gouttière, que viennent se terminer, en un tubercule pointu, les côtes longitudinales ; ces côtes sont plus ou moins nombreuses, selon les individus, et dans quelques-uns elles sont presque effacées ; lisses à leur partie supérieure, elles sont traversées à la base du dernier tour par des stries fines et régulières. L'ouverture est allongée, étroite. La columelle, faiblement arquée, porte dans le milieu trois plis inégaux, et elle paraît dépourvue de bord gauche. Le bord droit est mince, tranchant et simple.

Les grands individus de cette espèce, assez rare, sont longs de 40 millimètres, et larges de 20.

† 24. **Volute petite-bulbe.** *Voluta bulbula.* **Lamk.**

V. testá ovato-subfusiformi, lævigatá ; spirá conicá, acuminatá, brevi ; anfractibus convexiusculis, primis tenuè costellatis , aperturá oblongá ; columellá in medio quadri seu quinqueplicatá; labro tenui.

Lamk. Ann. du Mus. t. 1. p. 478. n° 11.

Fasciolaria bulbula. Defr. Dict. des Scien. Natur. t. 16. p. 97.

Desh. Coq. Foss. de Paris. t. 2. p. 685. pl. 90. f. 13. 14.

Habite... Fossile de Grignon, Courtagnon, Parnes.

Coquille ovale-oblongue, appartenant réellement aux Volutes et non aux Fasciolaires, comme l'a pensé M. Defrance. Sa spire est conoïde, peu allongée, pointue ; on y compte sept à huit tours étroits, à peine convexes, et dont les premiers sont ornés d'un réseau assez fin, formé par l'entre-croisement de petites côtes longitudinales, étroites, et de stries fines et transverses. Tout le reste de la coquille est parfaitement lisse. Le dernier tour, ventru à sa partie supérieure, s'atténue insensiblement vers la base, où il se termine en une échancrure large et peu profonde. L'ouverture est ovale-oblongue. La columelle, presque droite, paraît n'avoir que deux plis vers le milieu de sa longueur ; mais si on la regarde obliquement, ou mieux encore, si l'on a cassé le bord droit, on voit que ces deux premiers plis sont accompagnés de deux ou trois autres beaucoup plus fins. Le bord droit est simple, mince et tranchant.

Cette espèce est peu variable. On en voit quelques individus un peu plus ventrus. Les plus grands ont 60 millimètres de long, et 30 de large.

† 25. **Volute linéolée.** *Voluta lineolata.* **Desh.**

V. testá ovato-clavatá, pyruliformi ; spirá brevi, acutá ; anfractibus convexis, primis longitudinaliter costellatis, alteris lævigatis : ultimo supernè ventricoso, ad basim attenuato subcaudato, lineolis rubescentibus, transversis, numerosis, regularibus, ornato ; aper-

turá ovatá ; columellá rectá in medio triplicatá; labro tenuissimo, simplici.

Desh. Coq. Foss. de Paris. t. 2. p. 686. pl. 92. f. 11. 12.

Habite... Fossile de Parnes et Mouchy.

Il y a beaucoup de ressemblance entre cette coquille et la Bulbiforme. Cependant ces deux espèces se reconnaissent très bien, et elles se distingueraient non moins facilement quand même celle-ci n'aurait conservé, comme l'autre, aucune trace de coloration.

Par sa forme, cette coquille se rapproche des Pyrules de la section des Ficoïdes. Elle est ovale-oblongue, à spire pointue et proportionnellement plus étroite que dans les autres espèces de la même forme. Cette spire est composée de six à sept tours convexes, étroits ; les premiers sont ornés de petites côtes longitudinales très serrées, traversées à leur partie supérieure par quelques stries ; ces côtes disparaissent rapidement sur les derniers tours, et elles sont remplacées par une double série de tubercules très petits, placés à la partie moyenne et supérieure des tours. Le dernier tour est très grand, ventru supérieurement, et prolongé à la base en un canal large et court, que termine une échancrure large et peu profonde ; toute la surface de ce tour est lisse, et elle est ornée d'un grand nombre de linéoles transverses, d'un rouge ocracé, étroites, régulières, et également distantes. L'ouverture est ovale-oblongue. La columelle est droite, pointue à son extrémité ; elle ne semble avoir de bord gauche qu'à sa partie supérieure, où elle est revêtue d'une callosité large et peu épaisse ; vers le milieu de sa longueur, on remarque trois plis très obliques, minces et distans. Le bord droit est mince, simple et tranchant.

Cette coquille est assez rare. Les grands individus ont 55 millim. de long, et 29 de large.

† 26. Volute strombiforme. *Voluta strombiformis.* Desh.

V. testá ovato-turbinatá, magná, lævigatá ; spirá brevi, conicá; anfractibus subplanis, angustis ; ultimo supernè tuberculis crassis longiusculis coronato ; aperturá oblongá, subquadrilaterá ; columellá in medio triplicatá, basi callosá ; labro tenui, supernè profundè emarginato.

Desh. Coq. foss. de Paris. t. 2. p. 687. pl. 92. f. 13. 14.

Habite... Fossile de Valmondois et Mary.

Grande et belle espèce, que l'on peut comparer, pour sa forme extérieure, au *Voluta brasiliana*, en supposant cette dernière moins ventrue. Elle est allongée, turbinoïde, et a aussi quelque ressemblance avec certains Strombes. Sa spire est très courte et conique, obtuse au sommet. On y compte cinq tours étroits et aplatis, lisses, dont le dernier, subanguleux à sa circonférence, est couronné supérieurement par sept ou huit gros tubercules coniques, subtriangulaires, obtus au sommet, plus ou moins allongés, selon les individus; toute la partie inférieure de ce dernier tour est lisse; il s'atténue à la base, et se termine en une large échancrure peu profonde. L'ouverture est très ample, allongée, subquadrangulaire. La columelle, presque droite, est pourvue dans le milieu de trois gros plis inégaux et obliques. Le bord gauche s'étale sur toute la surface inférieure du dernier tour, et dans les vieux individus il s'épaissit en une large callosité, à bords saillans, comparable à celle du *Voluta rarispina*, que l'on trouve aux environs de Bordeaux. Le bord droit est simple, peu épais; à sa partie supérieure il forme un angle correspondant à la rangée de tubercules, et il se détache de l'avant-dernier tour par une échancrure assez large et profonde, comparable à celle du *Voluta proboscidalis*, par exemple, et de quelques autres espèces analogues.

Dans les localités où se trouve cette Volute, toutes les coquilles sont roulées et fatiguées : celle-ci l'est également, et nous n'avons encore vu aucun individu dans cet état de fraîcheur qui rend si remarquables les coquilles fossiles du bassin de Paris. Les grands individus de cette belle et rare espèce ont 95 millimètres de long, et 57 de large.

† 27. **Volute athlète.** *Voluta athleta.* Sow.

V. testá ovato-turbinatá, muricoideá; spirá conicá, acuminatá; anfractibus superioribus longitudinaliter costellatis, transversim depressis : ultimo anfractu supernè spinis longiusculis coronato, ad basìm obsoletè striato; aperturá elongato-angustá; columellá triplicatá, supernè callosá; labro tenui, simplici.

Strombus athleta. Brand. Foss. Hant. pl. 5. f. 66.

Voluta athleta. Sow. Min. Conch. pl. 396. f. 1. 2. 3.

Desh. Coq. foss. de Paris. p. 689. pl. 93. f. 12. 13.

Habite... Foss. de Monneville, Houdan et de Barton, près de Londres.

Par sa forme, cette espèce a quelque ressemblance avec certaines Pyrules : *Pyrula vespertilio*, par exemple. Elle est ovale-turbinoïde. Sa spire est courte, conique et pointue, composée de sept à huit tours, dont les deux ou trois premiers forment un petit mamelon lisse, tandis que les deux ou trois suivans sont chargés de petites côtes longitudinales, divisées à leur sommet par une dépression transverse, des bords de laquelle le sommet des côtes s'élève en petites épines ; les côtes disparaissent dans presque tous les individus vers l'avant-dernier tour, et elles sont remplacées par une série de tubercules spiniformes, plus ou moins allongés, selon les individus. Le dernier tour est conoïde ; il est lisse, si ce n'est à sa base, où l'on remarque quelques stries obsolètes transverses. L'ouverture est allongée, étroite. La columelle est revêtue à sa spire supérieure d'une large callosité lisse ; à sa partie moyenne, qui est un peu renflée, on trouve trois ou quatre plis inégaux très obliques. Le bord droit est mince et tranchant, et simple dans toute son étendue.

Le plus grand individu que nous ayons vu aux environs de Paris est long de 50 millimètres, et large de 43, en y comprenant la longueur des épines. Les individus que l'on trouve en Angleterre sont plus grands.

† 28. Volute étroite. *Voluta angusta*. Desh.

V. testâ elongato-subfusiformi , angustâ : spirâ acuminatâ, costato-nodulosâ ; anfractibus convexiusculis, supernè tenuissimè striatis : ultimo spirâ subæquali, supernè noduloso, ad basim lævigato; aperturâ elongatâ, angustâ ; columellâ rectâ, obscurè triplicatâ.

Desh. Coq. Foss. de de Paris. t. 2. p. 697. pl. 94. f. 5. 6.

Habite... Fossile de Rétheuil, Guise-Lamothe, Soissons.

On prendrait cette espèce pour une Mitre, si on la jugeait d'après sa forme extérieure ; mais les plis de la columelle ne laissent aucun doute; ils ont bien tous les caractères de ceux des Volutes. Cette coquille est très allongée, très étroite : elle a une ressemblance éloignée avec le *Voluta muricina*, et peut-être trouvera-t-on, par la suite, des variétés qui permettront de réunir ce que nous regardons aujourd'hui comme deux espèces distinctes. La spire, allongée, très pointue, est presque aussi grande que le dernier tour : elle est formée de dix à onze tours peu convexes, assez larges, sur lesquels s'élèvent huit à dix côtes longitudinales peu saillantes, prolongées vers le milieu de chaque tour en un gros tubercule obtus, comprimé latéralement et très court ; à leur partie supérieure les tours sont ornés de stries transverses extrêmement fines; le dernier tour est atténué à son extrémité, et terminé en une échancrure assez large et peu profonde. L'ouverture est étroite, à bords parallèles. La columelle est presque droite, et l'on n'y voit facilement qu'un seul pli; on n'aperçoit les deux autres que lorsque le bord droit a été cassé. Ce bord droit est simple, mince, fragile et anguleux à sa partie supérieure.

Cette coquille, assez commune, est longue de 67 millimètres, et large de 24.

† 29. Volute toruleuse. *Voluta torulosa.* Desh.

V. testâ elongato-angustâ, longitudinaliter costatâ; costis simpli-cibus, angustis; spirâ acuminatâ; anfractibus convexiusculis: ultimo spirâ longiore; basi contorto, tenuè striato; aperturâ angustâ; columellâ obscurè triplicatâ; labro simplici incras-sato.

Desh. Coq. Foss. de Paris. t. 2. p. 699. pl. 91. f. 12 à 15.

Habite... Fossile de Parnes et de Mouchy.

Belle espèce de Volute, que nous prenions d'abord pour le *Voluta costaria* de Lamark, mais qui en est constamment et parfaitement distincte. Cette coquille est allongée, étroite, subfusiforme, à spire longue et pointue, presque aussi longue que le dernier tour, compo-sée, dans les grands individus, de huit à neuf tours à peine convexes, sur lesquels sont disposées régulièrement neuf à dix côtes étroites, convexes, simples, droites, non courbées dans leur longueur, et se correspondant quelquefois d'un tour à l'autre, de manière à rendre la coquille régulièrement polygone. Quelques stries d'ac-croissement se remarquent entre les côtes, et l'on voit, à la base du dernier tour, un petit nombre de stries transverses très fines ; tout le reste de la surface est parfaitement lisse. La base du dernier tour est un peu prolongée, contournée, et terminée par une échan-crure large et peu profonde. L'ouverture est allongée, étroite. La columelle, presque droite, présente vers la base trois plis obli-ques, très inégaux, et elle est accompagnée d'un bord gauche très mince, mais assez large. Le bord droit est épais, renversé en dehors et simple dans toute son étendue.

Les grands individus de cette espèce, assez rare, ont 65 millimètres de long, et 24 de large.

† 30. Volute de Brander. *Voluta Branderi.* Defr.

V. testâ ovato-oblongâ, glandiformi, longitudinaliter costatâ; costis crassis, convexis; spira acuminatâ; anfractibus convexiusculis, supernè submarginatis; aperturâ elongatâ, angustâ; columellâ triplicatâ, aliquandò rugis transversalibus instructâ; labro incras-sato, simplici.

Desh. Coq. Foss. de Paris. p. 701. pl. 90. f. 15. 16.

Habite... Fossile de Monneville, Valmondois.

Cette Volute a beaucoup de ressemblance avec le *Voluta harpula.* Elle s'en distingue au premier aspect par ses grosses côtes longitudinales, beaucoup moins nombreuses sur chaque tour que dans l'espèce que nous venons de citer. Elle est ovale-oblongue, atténuée à ses extrémités. La spire est assez allongée ; on y compte sept à huit tours à peine convexes, nettement séparés par un petit aplatissement à leur partie supérieure ; ses côtes sont simples, épaisses et à peine obliques ; sur la base du dernier tour elles sont traversées par quelques stries onduleuses. L'ouverture est très étroite. La columelle, garnie par un bord gauche assez épais, présente à la base trois gros plis presque transverses, et au-dessus d'eux un assez grand nombre de rides transverses, simulant des plis columellaires. Le bord droit est fort épaissi à l'intérieur ; il est simple dans toute sa longueur. Nous avons vu un individu sur lequel existent encore quelques traces de coloration : elles consistent, sur le dernier tour, en trois zones transverses, formées chacune de quatre ou cinq linéoles rapprochées, de couleur de rouille. Peut-être que le *Voluta costata* de M. Sowerby (Min. Conch. pl. 290. f. 1. 2. 4) est de la même espèce que celle-ci ; mais nous n'osons l'affirmer, n'ayant, pour nous guider, qu'une figure qui nous paraît médiocre.

Les grands individus de cette espèce ont 38 millimètres de long, et 19 de large.

† 31. Volute tourelle. *Voluta pertusa*. Swains.

V. testá elongato-angustá, longitudinaliter et regulariter costatá ; costis simplicibus ; spirá elongato-conicá ; apice papillari ; anfractibus convexiusculis, supernè subdepressis, striatis ; striis puncticulatis ; aperturá elongato-angustá ; labro simplici ; columellá in medio biplicatá.

Swains. Zool. Illust. 2ᵉ série. t. 2. pl. 53. f. 2.

Habite... Fossile de Courtagnon.

Cette espèce est intermédiaire entre les dernières variétés du *Voluta muricina* de Lamarck et notre *Voluta turgidula*. Elle est allongée, étroite, sa spire régulièrement conique, est presque aussi longue que l'ouverture. Cette spire commence par un petit mamelon lisse ; c'est au quatrième tour que commencent les côtes longitudinales qui se continuent sur tout le reste de la coquille. Ces côtes sont assez nombreuses, simples, à peine contournées dans leur longueur ; elles sont obtuses, peu épaisses et, dans quelques individus, elles ont une tendance à se prolonger en tubercules vers le sommet du dernier tour. Ce dernier tour s'atténue à sa base, où il se termine en une échancrure peu profonde. L'ouverture est allongée, étroite. Le bord droit est simple ; il s'épaissit et se renverse en dehors, dans les vieux individus. La columelle est un peu saillante dans le milieu, et c'est sur cette portion proéminente que se voient les deux plis qu'elle porte. Outre les accidens dont nous avons parlé, on remarque encore sur les individus bien frais, des stries transverses, fines, profondément ponctuées sur le sommet des tours.

Cette coquille, assez rare, a 85 millimètres de long, et 35 de large.

† 3₂. **Volute papillaire.** *Voluta papillaris.* Borson.

> *V. testá ovato-oblongá, lævigatá, vel transversìm obsoletè striatá; spirá acutá; anfractibus primis longitudinaliter plicatis, alteris lævigatis; aperturá ovato-angustá, utrinquè attenuatá, basi sube-marginatá; columellá arcuatá, biplicatá.*

Borson. Oryct. Pedem. p. 26. n° 2. pl. 1. f. 8.

Voluta magorum. Pusch. Pod. pl. 11. f. 2. p. 117 *exclus. syno-nymia.*

Habite... Fossile de Dax, et de la Superga, près Turin.

M. Borson avait donné le nom de *Papillaris* à cette coquille, long-temps avant que M. Sowerby appliquât ce même nom à une es-pèce vivante très différente de celle-ci; l'espèce de M. Sowerby devra donc recevoir un autre nom.

Cette coquille fossile a un peu l'aspect d'une Mitre. Elle est ovale-oblongue. Sa spire est conique et pointue. On y compte sept à huit tours médiocrement convexes, dont les premiers sont plissés longitudinalement, tandis que les derniers sont entièrement lisses. Dans quelques individus, on remarque des stries trans-verses, qui paraissent dues plutôt à la coloration, car elles ne sont point enfoncées. L'ouverture est petite et étroite; elle est atténuée à ses extrémités : son bord droit est épais et simple. La columelle est médiocrement arquée dans sa longueur; vers la base, elle présente deux plis très obtus, et au-dessus d'eux, quelques rides transverses.

Cette espèce, assez rare, a 40 millimètres de long, et 18 de large.

† 33. **Volute simple.** *Voluta simplex.* Desh.

> *V. testá elongato-angustá, lævigatá, basi obsoletè striatá; spirá co-nicá, acuminatá; anfractibus convexiusculis, primis costellatis; aperturá angustá; columellá rectá, basi triplicatá; labro simplici intùs incrassato.*

Desh. Coq. foss. de Paris. t. 2. p. 704. pl. 94. f. 12. 13.

Habite... Fossile de Betz.

Nous devons la connaissance de cette espèce à M. Lajoye qui en a fait la découverte dans la localité que nous venons de citer. Cette coquille a beaucoup de ressemblance avec certaines Mitres, et on pourrait la prendre pour une variété de la Mitre labratule, si l'on ne faisait attention aux plis de sa columelle. Cette coquille est allongée, étroite. Sa spire, un peu plus courte que le dernier tour, est formée de sept tours à peine convexes, dont les trois ou quatre premiers sont garnis de petites côtes longitudinales peu saillantes et courbées. Tout le reste de la coquille est lisse, si ce n'est la base du dernier tour, où l'on remarque quelques stries transverses, obsolètes. L'ouverture est étroite, allongée. La columelle, droite, est garnie à la base de trois plis obliques et inégaux, et dans le reste de son étendue, de petites rides transverses comparables à celles du *Voluta musica* et d'autres espèces. Le bord gauche est étroit et peu épais. Le bord droit est simple et épaissi à l'intérieur. Cette espèce, dont nous n'avons vu qu'un seul individu, paraît très rare. Elle est longue de 39 millimètres, et large de 16.

MARGINELLE. (Marginella.)

Coquille ovale-oblongue, lisse, à spire courte, et à bord droit garni d'un bourrelet en dehors. Base de l'ouverture à peine échancrée. Des plis à la columelle, presque égaux.

Testa ovato-oblonga, lævis; spira brevis; labrum extùs varice marginatum. Aperturæ basis subemarginata. Columella plicata : plicis subæqualibus.

OBSERVATIONS. — Les Marginelles sont des coquilles généralement lisses, polies, munies la plupart d'assez belles couleurs, et remarquables par le bourrelet ou le rebord saillant qui garnit à l'extérieur le bord droit de leur ouverture. Elles tiennent de très près aux Volutes par leurs rapports; mais leur columelle n'en offre point réellement les caractères, et bien moins encore ceux des Mitres. D'ailleurs leur ouverture occupe presque toute la longueur de la coquille, leur spire étant fort courte, quelquefois même presque nulle. Linné les rapportait à son genre *Voluta;* mais il est évident qu'elles constituent un genre très particulier, tant par leur forme singulière, que par l'état des plis de leur columelle, et enfin parce que la base de leur ouverture est à peine échancrée. Les Marginelles habitent dans les mers des pays chauds; et déjà l'on en connaît un assez grand nombre d'espèces, parmi lesquelles celles qui n'ont presque plus de spire semblent faire une transition naturelle à notre famille des Enroulées.

L'animal des Marginelles est un trachélipode à deux tentacules pointus, qui portent les yeux près de leur base extérieure, et à un tube cylindrique se prolongeant obliquement au-dessus de la tête, formé par un repli du manteau, et qui sert à faire arriver l'eau aux branchies. Son disque ventral dépasse postérieurement la coquille. Point d'opercule.

Depuis la création du genre Marginelle par Lamarck, il semblait qu'il ne devait éprouver aucun changement, soit dans sa composition, soit dans ses rapports avec ses genres circonvoisins. Il n'en a pas été ainsi, et cependant rien ne justifie les changemens que l'on a proposés.

Linné, comme on le sait, rapportait une partie des Marginelles à son genre Bulle; une autre partie, et c'est la plus considérable, à son genre Volute. Dès ses premières classifications, Lamarck rassembla sous un même caractère les espèces qui étaient alors connues, et son genre très naturel a été assez généralement adopté. Cependant nous devons faire remarquer que plusieurs auteurs, attachés à la lettre de Linné, ont conservé ces coquilles parmi les Volutes, tandis que d'autres, tels que M. Schumacher, par exemple, ont démembré le genre en deux autres (*Hyalina* et *Persicula*), et un peu plus tard, M. Risso en détachait un petit genre sous le nom d'*Erato*. Lamarck lui-même, se fondant sur un caractère incomplétement observé, avait proposé pour des coquilles analogues aux Marginelles, son petit genre Volvaire, dont les rapports, d'abord incertains, ont été enfin fixés dans cet ouvrage. A cette courte histoire des modifications apportées au genre Marginelle, nous devons ajouter que, quelques années avant la publication des premiers travaux de Lamarck, Humphrey avait indiqué le genre Marginelle dans le catalogue de la collection de Calonnes, sous le nom de *Cucumis*. Mais, comme on le sait, ni M. Humphrey ni Lamarck ne sont les créateurs du genre : Adanson l'avait créé bien caractérisé, dans son *Voyage au Sénégal*, sous le nom de *Porcellana*. Parmi les genres que nous venons de mentionner, il en est quelques-uns qui ne méritent aucun examen. C'est ainsi que

le genre *Hyalina* de M. Schumacher, correspondant au genre
Volvaire de Lamarck, n'a pas besoin d'être autrement mentionné ; le genre *Persicula* du même auteur, destiné aux espèces
de Marginelles, dont la spire est entièrement cachée, n'a pas
besoin d'être examiné non plus, puisqu'il suffit d'avoir sous les
yeux un petit nombre d'espèces des Marginelles, pour voir que
ces deux groupes se lient de la manière la plus intime. Pour
M. Schumacher, le genre Marginelle est réduit à celle des espèces dont la spire est saillante. Quant au genre *Erato* de
M. Risso, adopté par plusieurs zoologistes, il mérite d'être
examiné avec plus d'attention, et cet examen nous conduit à le
réunir aux Marginelles. En effet, lorsque l'on a sous les yeux
des espèces qui appartiennent à ce petit groupe, on leur trouve un
cachet particulier : ce sont des coquilles pyriformes, à spire
très courte, ayant l'ouverture très étroite, à bords presque pa-
railéles, la columelle droite portant quelques petits plis à la
base ; l'ouverture a les bords dentelés de chaque côté, à la manière
des Porcelaines ; du reste, la coquille est lisse et polie, comme
dans les Marginelles, et l'ouverture est également garnie d'un
bourrelet marginal. La seule différence qu'il y aurait entre les
Eratos et les Marginelles proprement dites, consisterait principalement en ce que, dans les unes, il n'y a pas de dentelure sur
les bords columellaires, tandis qu'il en existe dans les autres.
Mais ce caractère n'a pas une valeur considérable, car il y a
des espèces fossiles chez lesquelles ces dentelures n'existent
pas. Pour nous, le genre Erato a besoin d'être confirmé par
l'observation de l'animal, avant d'être définitivement adopté, et
nous le considérons comme un petit groupe de Marginelles qui
sert d'un point de liaison de plus, entre ce genre et les Porcelaines.

Les détails que Lamarck a donnés sur l'animal des Marginelles sont empruntés à Adanson : c'est là, au reste, que tous
les naturalistes les ont puisés, puisque Adanson est le seul qui,
jusqu'à présent, ait donné la description de la figure d'une espèce de ce genre. Nous avons eu occasion, pendant notre séjour
sur les bords de la Méditerranée, d'observer vivantes plusieurs
espèces de Marginelles. Ce sont, en général, des animaux ornés
des plus vives couleurs ; ils rampent sur un pied large, mince,

qui déborde la coquille dans presque toute sa circonférence, mais principalement en arrière. Comme dans les Porcelaines, le manteau a deux lobes qui se relèvent sur la coquille et la recouvrent presque entièrement, si ce n'est au milieu du dos, où elle reste à découvert dans un espace généralement étroit. La tête est aplatie, petite ; elle porte en avant une paire de tentacules coniques, assez courts, en arrière desquels sont placés les yeux. Ces yeux sont sessiles ou à peine proéminens; ils ne sont point sur les côtés, comme dans la plupart des autres mollusques, mais ils sont tout-à-fait en dessus. A sa partie antérieure, le manteau se prolonge en un petit tube charnu très court, cylindracé, et qui porte l'eau sur les organes de la respiration. Dans quelques espèces, le manteau, renversé sur le dessus de la coquille, est orné de petits tubercules saillans, comparables à ceux des Porcelaines.

Les Marginelles sont nombreuses, et vivent particulièrement dans les mers des pays les plus chauds ; on en compte au moins 80 espèces répandues dans les collections, et 25 à 30 à l'état fossile. Ces dernières sont propres aux terrains tertiaires.

ESPÈCES.

[a] *Spire saillante.*

1. Marginelle neigeuse. *Marginella glabella.* Lamk.

 M. testá ovato-oblongá, griseo-fulvá, zonis rufo-rubentibus cinctá, maculis minimis albis adspersá; spirá brevè conicá, apice obtusá; columellá quadriplicatá.

 Voluta glabella. Lin. Syst. nat. éd. 12. p. 1189. Gmel. p. 3445. n° 32.

 Lister. Conch. t. 818. f. 29.

 Klein. Ostr. t. 5. f. 92.

 Adans. Seneg. pl. 4. f. 1. la Porcelaine.

 Knorr. Vergn. 4. t. 21. f. 3.

 Martini. Conch. 2. t. 42. f. 429.

 Encycl. pl. 377. f. 6. a. b.

 * *Voluta glabella.* Born. Mus. p. 221.

 * *Id.* Schrot. Einl. t. 1. p. 213. n° 16.

 * *Id.* Dillw. Cat. t. 1. p. 529. n° 65.

 * *Id.* Wood. Ind. Test. pl. 20. f. 64.

* Sow. Gener. of Shells. f. 1.
* Reeve. Conch. Syst. t. 2. p. 250. pl. 278. f. 1.
* Mus. Gottw. pl. 25. f. 171. a. b. 172. a. b.
* *Voluta glabella.* Lin. Syst. nat. éd. 10. p. 730.
* Lin. Mus. Ulric. p. 594.
* Gualt. Ind. Test. pl. 23. f. L.
* Roissy. Buf. Moll. t. 6. p. 8. n° 1.
* Schum. Nouv. Syst. p. 235.
* Desh. Encycl. méth. Vers. t. 2. p. 409. n° 1.
* Kiener. Spec. des Coq. p. 6. n° 5. pl. 1. f. 1. 2.

Habite les mers du Sénégal et celles des Antilles. Mon cabinet. Belle
espèce, très distincte, et dont on trouve peu de bonnes figures.
Limbe interne du bord droit crénelé. Long. : 16 lignes et demie.

2. Marginelle rayonnée. *Marginella radiata.* Lamk. (1)

*M. testá ovato-oblongá, albidá, strigis luteo-rufis longitudinalibus
angustis undulatis crebris radiatim pictá; spirá brevè conicá, obtusá; columellá quadriplicatá; labro intùs lævi.*

Voluta zebra. Leach. Miscell. Zool. 1. t. 12. f. 1.
* *Voluta zebra.* Wood. Ind. Test. pl. 21. f. 164.
* *Id.* Swains. Exot. Conch. pl. 44.
* *Id.* Dillw. Cat. t. 1. p. 570. n° 167.
* *Mitra zebra.* Küster. Conch. Cab. p. 74. n° 50. pl. 11. f. 6. 7.
* *Voluta radiata.* Kiener. Spec. des Coq. p. 58. n° 49. pl 43. f. 2.
* Desh. Encycl. méth. Vers. t. 2. p. 410. n° 3.

Habite... Communiquée par M. Alex. Macleay. Mon cabinet. Belle
coquille, d'une forme semblable à celle de la précédente, mais très
différente par sa coloration et par l'intérieur de son bord droit.
Longueur : 19 lignes.

3. Marginelle nubéculée. *Marginella nubeculata.* L. (2)

*M. testá ovato-oblongá, subturbinatá, albidá, flammulis longitudi-
nalibus undatis pallidè fulvis uno latere nigrinis; ultimo anfractu
superiùs obtusè angulato; spirá brevè conicá, obtusiusculá; columellá quadriplicatá; labro intùs lævi.*

---

(1) Nous pensons, avec la plupart des conchyliologues, que
cette espèce est une Volute. Quel que soit, au reste, le genre où
on la place, on doit lui rendre son premier nom spécifique
de *Voluta zebra*, que lui donna Leach avant Lamarck.

(2) Gronovius le premier ayant donné le nom de *Voluta pyrum* à cette espèce, elle devra reprendre cette dénomination

Lister. Conch. t. 818. f. 32.

Martini. Conch. 2. t. 42. f. 434. 435.

Encycl. pl. 377. f. 2. a. b.

* Klein. Tentam. Ostrac. pl. 5. f. 92.

* Knorr. Vergn. t. 5. pl. 23. f. 3.

* *Voluta. picta.* Dillw. Cat. t. 1. p. 529. n° 66.

* *Id.* Wood. Ind. Test. pl. 94. 20. f. 65.

* Reeve. Conch. Syst. t. 2. p. 249. pl. 277. f. 4.

* Kiener. Spec. des Coq. p. 8. n° 7. pl. 1. f. 3.

* *Voluta pyrum.* Gronov. Zooph. p. 298. n° 1318. pl. 19. f. 13. 14.

* Desh. Encycl. méth. Vers. t. 2. p. 410. n° 2.

Habite... Mon cabinet. Elle est très distincte du *M. glabella* par l'angle obtus de son dernier tour, par le limbe interne de son bord droit qui est lisse, et sa coloration. Long. : 14 lignes 3 quarts.

4. Marginelle bleuâtre. *Marginella cærulescens.* Lamk. (1)

M. testá ovato-oblongá, albido-cærulescente; spirá brevi, subacutá; labro intùs castaneo, margine interiore lævigato; columellá quadriplicatá.

Lister. Conch. t. 817. f. 28.

Adans. Seneg. pl. 4. f. 3. l'Egouen.

Martini. Conch. 2. t. 4. f. 422. 423.

Voluta prunum. Gmel. p. 3446. n° 33.

Encycl. pl. 376. f. 8. a. b.

* Crouch. Lamk. Conch. pl. 19. f. 13.

* *Voluta prunum.* Dillw. Cat. t. 1. p. 530. n° 69.

* *Id.* Wood. Ind. Test. pl. 20. f. 68.

* Desh. Encycl. méth. Vers. t. 2. p. 411. n° 5.

* Kiener. Spec. des Coq. p. 13. n° 16. pl. 1. f. 4.

Habite l'Océan Atlantique, sur les côtes de l'île de Gorée. Mon cabinet. Elle est quelquefois un peu zonée, et toujours sans taches. Longueur : 15 lignes.

5. Marginelle cinq-plis. *Marginella quinqueplicata.* Lamk.

M. testá ovato-oblongá, squalidè albidá; immaculatá; spirá brevissimá, apice obtusiusculá; plicis columellæ quinis; labro intùs lævi.

---

dans nos catalogues, et y être inscrite sous le nom de *Marginella pyrum.*

(1) Le nom que Lamarck donne à ceste espèce devra être également changé, puisque déjà elle avait été nommée *Voluta prunum* par Gmélin.

Encycl. pl. 376. f. 4. a. b.

* Desh. Encycl. méth. Vers. t. 2. p 410. n° 4.
* Schub. et Wagn. Suppl. à Chemn. p. 91. pl. 225. f. 4008. 4009.
* Kammerer. Rudolst. Cab. pl. 3. f. 4. 5.
* Kiener. Spec. des Coq. p. 13. n° 17. pl. 2. f. 5.

Habite... Mon cabinet. Le bourrelet de son bord droit est fort épais. Longueur : 14 lignes.

6. Marginelle galonnée. *Marginella limbata*. Lamk.

M. testá ovato-oblongá, albidá, strigis longitudinalibus angustis undatis pallidè luteis lineatá; spirá brevè conicá; labro intùs crenato, extùs varice transversìm lineato : lineolis rufo-fuscis; columellá quadriplicatá.

Encycl. pl. 376. f. 2. a. b.

* Kiener. Spec. des Coq. p. 9. n° 10. pl. 2. f. 6.
* Mus. Gottv. pl. 25. f. 169 a —h.

Habite... Mon cabinet. Espèce bien remarquable par les caractères de son bord droit. Le sommet de sa spire est un peu obtus. Longueur : 11 lignes 3 quarts.

7. Marginelle rose. *Marginella rosea*. Lamk.

M. testá ovatá, albo roseoque tessellatá; spirá conoideá, obtusá; labro intùs lævi, extùs varice transversìm rubro-lineato; columellá quadriplicatá.

* Desh. Encycl. méth. Vers. t. 2. p. 411. n° 6.
* Kiener. Spec. des Coq. p. 8. n° 8. pl. 2. f. 9.

Habite... Mon cabinet. Espèce fort jolie, parquetée de rose et de blanc, particulièrement sur le milieu de son dernier tour, où son parquetage imite celui d'un damier. Long. : 10 lignes et demie.

8. Marginelle bifasciée. *Marginella bifasciata*. Lamk.

M. testá ovato-oblongá, nitidá, anteriùs longitudinaliter costulatá, griseo-fulvá, fasciis duabus fuscescentibus cinctá; punctis nigrinis per series transversas dispositis; spirá exsertiusculá; labro intùs crenato; columellá quadriplicatá.

An Martini. Conch. 2. t. 42. f. 431?

Encycl. pl. 377. f. 8. a. b.

* Roissy. Buf. Moll. t. 6. pl. 57. f. 2.
* Desh. Encycl. méth. Vers. t. 2. p. 411. n° 7.
* Kiener. Spec. des Coq. p. 4. n° 2. pl. 2. f. 8.

Habite les mers du Sénégal. Mon cabinet. Petite coquille, singulière par les côtes longitudinales de sa partie antérieure, et par ses points noirâtres disposés en lignes transverses. Ses deux fascies sont subinterrompues et distantes. Longueur : près de 11 lignes.

9. Marginelle féverolle. *Marginella faba.* **Lamk.**

M. testá ovato-oblongá, anteriùs longitudinaliter costulatá, albidá, fulvo-nebulatá, nigro-punctatá : punctis sæpiùs oblongis, per series transversas longitudinalesque digestis; spirá exsertiusculá; labro intùs crenulato; columellá quadriplicatá.

Voluta faba. Lin. Syst. nat. éd.12. p.1189. Gmél. p. 3445. n° 31.

Petiv. Gaz. t. 10. f. 5.

Gualt. Test. t. 28. fig. Q.

Adans. Seneg. pl. 4. f. 2. le Narel.

Knorr.Vergn. 4. t. 17. f. 6.

Martini. Conch. 2. t. 42. f. 432. 433.

Encycl. pl. 377. f. 1. a. b.

* *Voluta faba.* Dillw. Cat. t. 1. p. 528. n° 63.

* Blainv. Malac. pl. 30. f. 5.

* Wood. Ind. Test. pl. 20. f. 63.

* Desh. Encycl. méth.Vers. t. 2. p. 412. n° 8.

* Kiener. Spec. des Coq. p. 3. n° 1. pl. 2. f. 7.

* Mus. Gottv. pl. 25. f. 170. a. b. c. d. e.

* *Voluta faba.* Lin. Syst. nat. éd. 10. p. 730.

* *M. bifasciata.* Sow. tankar. Cat. pl. 2. f. 3. 4.

* Roissy. Buf. Moll. t. 6. p. 9. n° 2.

* *Voluta faba.* Born. Mus. p.221.

* *Id.* Schrot. Einl. t. 1. p. 212. n° 15.

Habite les mers du Sénégal. Mon cabinet. Elle est distincte de la précédente par son défaut de fascies, et ses points la plupart oblongs. Longueur : 11 lignes.

10. Marginelle orangée. *Marginella aurantia.* **Lamk.**

M. testá ovatá, aurantio-rubente; spirá conoideá, obtusiusculá; labro intùs crenato; columellá quadriplicatá.

* Kiener. Spec. des Coq. p. 9. n° 9. pl. 3. f. 11.

Habite... Mon cabinet. Sa couleur n'est point uniforme, car elle offre quelques petites maculations blanches et irrégulières. Longueur : 8 lignes.

11. Marginelle double-varice. *Marginella bivaricosa.* **Lamk.** (1)

M. testá ovato-oblongá, albá; varicibus duobus utrisque luteo-aurantiis, spirá adnatis : labri varice aliarum, altero latere opposito; spirá brevissimá, acutá; columellá quadriplicatá.

---

(1) Il n'eût pas été impossible de laisser à cette espèce le

Voluta marginata. Born. Mus p. 220. t. 9. f. 5. 6.
Favanne. Conch. pl. 29. fig. E.
Chemn. Conch. 10. t. 150. f. 1421.
Voluta marginata. Gmel. p. 3449. n° 42.
Encycl. pl. 376. f. 9. a. b.
* *Voluta marginata*. Dillw. Cat. t. 1. p. 528. n° 62.
* *Id*. Wood. Ind. Test. pl. 19. f. 62.
* Sow. Genera of Shells. f. 3.
* *Marginella marginata*. Reeve. Conch. Syst. t. 2. p. 250. pl. 278.
f. 3.
* Desh. Encycl. méth. Vers. t. 2. p. 412. n° 9.
* Kiener. Spec. des Coq. p. 20. n° 27. pl. 3. f. 10.
Habite les mers du Sénégal. Mon cabinet. Les deux varices sont tantôt colorées particulièrement, et tantôt ne le sont pas. Celle qui est sur le côté opposé au bord droit est moins prononcée, et cependant assez distincte. Longueur : 10 lignes trois quarts.

12. Marginelle longue-varice. *Marginella longivaricosa.*
Lamk. (1)

> *M. testâ ovato-oblongâ, nitidâ, pallidè fulvâ, maculis albis minimis irregularibus adspersâ; labri varice longo, usquè ad apicem spiræ adnato, luteo-maculato; spirâ brevissimâ; columellâ quadriplicatâ; labro intùs obsoletè crenato.*

---

nom que Born le premier lui imposa : il y a assez de différence entre le nom générique et le spécifique pour pouvoir accepter dans la nomenclature un *Marginella marginata*.

(2) Ce *Marginella longivaricosa* avait été déjà nommé *Guttata* par Dillwyn avant Lamarck ; il faut donc lui restituer son premier nom de *Guttata*. Nous avons ajouté à la synonymie de cette espèce les figures 417 et 418 de Martini, parce qu'elles en offrent tous les caractères. M. Kiener est d'une autre opinion ; il cite ces figures pour son *Marginella Largillieri*, mais à tort, selon nous, et pour s'assurer que M. Kiener se trompe, il suffit de mettre en regard les deux espèces et les deux figures citées. Le *Marginella Largillieri* n'a pas la spire apparente, le bord n'a pas de taches fauves, et les plis de la columelle sont disposés d'une manière toute différente. Dans la coquille de Martini, la spire est saillante et le bord droit est tacheté de fauve, comme l'indique la description et la figure. Au reste,

* Martini. Conch. t. 2. p. 104. pl. 42. f. 417. 418.
* *Voluta persicula.*Var. C. Schrot. Einl. t. 1. p. 211.
* *Voluta guttata.* Dillw. Cat. t. 1. p. 526. n° 57.
* Desh. Encycl. méth. Vers. t. 2. p. 412. n° 10.
* Kiener. Spec. des Coq. p. 21. n° 29. pl. 3. f. 12.

Habite les mers du Sénégal. Mon cabinet. La varice de son bord droit s'étendant jusqu'au sommet de la spire, caractérise cette espèce. Ses petites taches blanches la rendent comme porphyrisée. Longueur : 9 lignes et demie.

13. Marginelle mouche. *Marginella muscaria.* Lamk.

M. testâ parvulâ, ovato–oblongâ, diaphanâ, albâ, interdùm luteo-aurantiâ; spirâ exsertiusculâ, obtusâ; columellâ quadriplicatâ; labro intùs lœvi.

* Desh. Encycl. méth.Vers t. 2. p. 413. n° 11.
* Kiener. Spec. des Coq. p. 11. n° 12. pl. 3. f. 14.

Habite les mers de la Nouvelle-Hollande, près de l'île Maria. Péron. Mon cabinet. Elle est si commune qu'on la ramasse dans son lieu natal par poignées. Longueur : 5 lignes et demie.

14. Marginelle formicule. *Marginella formicula.* Lamk.

M. testâ parvâ ovato–oblongâ, anteriùs longitudinaliter costatâ, al-bidâ aut corneo–lutescente; anfractibus supernè angulatis: angulo costis subcrenato; spirâ exsertiusculâ; columellâ quadriplicatâ; labro intùs lœvi.

* Kiener. Spec. des Coq. p. 6. n° 4. pl. 3. f. 13.

Habite les mers de la Nouvelle-Hollande, près de l'île Maria. Péron. Mon cabinet. Petite coquille, à côtes nombreuses. Long. : à peine 5 lignes.

15. Marginelle éburnée. *Marginella eburnea.* Lamk.

M. testâ fossili, parvâ, ovato–oblongâ; spirâ exsertiusculâ; marginibus anfractuum confluentibus; columellâ quadriplicatâ; labro mutico.

Marginella eburnea. Ann. du Mus. vol. 2. p. 61. n° 1.
* Roissy. Buff. Moll. t. 6. p. 9. n° 4.

---

nous nous servirons de M. Kiener contre lui-même, puisque, après avoir cité ces deux figures de Martini, pl. 42, f. 417 et 418 pour le *Marginella Largillieri*, il les mentionne également pour le *Marginella longivaricosa* de Lamarck.

* Brong.Vicc. p. 64. n₀ 1. et t. 6. pl. 44. f. 9.
* Desh. Encycl. méth.Vers. t. 2. p. 413. n° 13.
* Desh. Coq. foss. de Paris. t. 2. p. 707. n° 1. pl. 95. f. 14 à 16. 20 à 22.

Habite... Fossile de Grignon. Mon cabinet. Elle est le plus souvent d'un blanc et d'un luisant d'ivoire. Long. : environ 5 lignes.

16. Marginelle dentifère. *Marginella dentifera.* Lamk.

M. testá fossili parvá, gracili; spirá elongatá, subpyramidali; labro brevi, intùs unidentato.

Marginella dentifera. Ann. ibid. n° 2.
* Roissy. Buf. Moll. t. 6. f. 10. n° 5.
* Desh. Encycl. méth.Vers. t. 2. p. 413. n° 12.
* Desh. Coq. foss. de Paris. t. 2. p. 707. n° 2. pl. 95. f. 27.28.29.

Habite... Fossile de Grignon. Cabinet de M. Defrance. Petite coquille, grêle, à spire allongée en pyramide, et ayant une petite dent à l'intérieur de son bord droit.

17. Marginelle ovulée. *Marginella ovulata.* Lamk.

M. testá fossili, parvá, ovatá; spirá brevissimá; labro intùs sulcato; columellá quinque seu sexplicatá.

Marginella ovulata. Ann. ibid. n° 3.
Encycl. pl. 376. f. a. b.
* Roissy. Buf. Moll. t. 6. p. 10. n° 6.
* Desh. Encycl. méth.Vers. t. 2. p. 416. n° 20.
* Desh. Coq. foss. de Paris. t. 2. p. 709. n° 4. pl. 95. f. 12. 13.

Habite... Fossile de Grignon. Mon cabinet. Coquille ayant l'aspect d'une petite ovule ou d'une jeune porcelaine. Sa spire est très courte et un peu pointue; son bourrelet marginal étroit et peu épais. Longueur : 5 lignes 3 quarts.

(b) *Spire non saillante.*

18. Marginelle dactyle. *Marginella dactylus.* Lamk.

M. testá oblongá, angustá, subtereti, griseo-fulvá; apice obtuso; aperturá angustá; columellá quinqueplicatá; labro intùs lævigato.

* Kiener. Spec. des Coq. p. 28. n° 39. pl. 4. f. 16.

Habite... Mon cabinet. Coquille singulière par sa forme. Longueur : 10 lignes 3 quarts.

19. Marginelle bullée. *Marginella bullata.* Lamk. (1)

M. testá ovato-oblongá, cylindraceá, albidá, fasciis crebris angustis

---

(1) En mentionnant cette espèce, connue depuis long-temps,

rubro-lividis cinctá; apice obtuso; columellá quadriplicatá; labro intùs lævigato.

Lister. Conch. t. 803. f. 11.
Knorr. Vergn. 4. t. 23. f. 1. et t. 27. f. 1.
Martini. Conch. 2. t. 42. f. 424. 425.
Chemn. Conch. 10. t. 150. f. 1409. 1410.

Lamarck a rendu la synonymie assez exacte; et à l'exception des figures de l'Encyclopédie et de Martini et de Lister, toutes les autres se rapportent au *Voluta bullata* de Born. La figure de l'Encyclopédie a probablement trompé Lamarck, et c'est à l'espèce qu'elle représente que cet auteur a consacré le nom de *Bullata* dans sa collection; mais il est évident que cette espèce est très différente du vrai *Bullata*. Il est facile de rectifier la synonymie en supprimant les figures 424, 425 de Martini, ainsi que celle de l'Encyclopédie. M. Kiener n'a pas tenté cette rectification: il a laissé sous le nom de *Bullata* la coquille de l'Encyclopédie, et a donné à tort le nom de *Marginella Bellangeri* au véritable *Bullata* de Born. M. Kiener commet une autre faute : il donne comme synonymie du *Marginella bullata* de Lamarck la figure de Knorr, Vergnug. t. 4, pl. 23, f. 1, et pour son *Marginella Bellangeri* une autre figure de Knorr, Vergnug. t. 4, pl. 27 f. 1. Ces deux figures cependant ne représentent qu'une seule et même espèce : l'une la montre en dessus, la seconde, du côté de l'ouverture. Toutes deux représentent très fidèlement le *Marginella bullata* de Born, et non celle de la collection de Lamarck ; toutes deux représentent le *Marginella Bellangeri* de M. Kiener, qui est la même espèce que le *Bullata* de Born, comme nous le disions précédemment. Chemnitz, en reproduisant le *Voluta bullata* de Born, a soin de ne citer qu'avec doute la figure de la planche 803 de Lister, et en cela il a raison, et tout le reste de la figure, description et synonymie, s'accorde avec le *Bullata* de Born, ou le *Bellangeri* de M. Kiener. Ainsi, pour rendre à la nomenclature son exactitude, il convient de rendre au *Marginella bullata* son premier nom, sauf à donner celui de *Bellangeri* à l'espèce confondue avec la première, et qui est représentée dans l'Encyclopédie.

Voluta. bullata. Gmel. p. 3452. n° 129.

Encycl. pl. 376. f. 5. a. b.

* Bonan. Observ. Circavivent. Coq. f. 13.
* *Marginella Bellangeri.* Kiener. Spec. des Coq. viv. Margin. p. 27. n° 38. pl. 9. f. 43.
* Sow. Tankarv. Cat. pl. 2. f. 1.
* *Voluta bullata.* Wood. Ind. Test. pl. 20. f. 79.
* *Voluta bullata.* Born. Mus. p. 218.
* *Id.* Dillw. Cat. t. 1. p. 531. n° 71.

Habite l'Océan Indien. Mon cabinet. Longuenr : 10 lignes ; mais il paraît qu'elle devient beaucoup plus grande.

20. **Marginelle cornée.** *Marginella cornea.* Lamk.

M. testá ovato-oblongá, nitidá, albido-griseá, zonis tribus luteolis obscurè cinctá; apice obtuso; labro intùs crenato, anteriùs apicem superante; columellá septemplicatá.

* Desh. Encycl. méth. Vers. t. 2. p. 415 n° 18.
* Kiener. Spec. des Coq. p. 29. n° 41. pl. 4. f. 17.

Habite... Mon cabinet. Longueur : 9 lignes un quart.

21. **Marginelle aveline.** *Marginella avellana.* Lamk.

M. testá obovatá, apice retuso-concavá, nitidá, pallidè fulvá, punctis rufis creberrimis adspersá; columellá octoplicatá; labro intùs crenulato.

Encycl. pl. 377. f. 5. a. b.

* Kiener. Spec. des Coq. p. 22. n° 30. pl. 4. f. 18.

Habite... Mon cabinet. Ouverture blanche, quelquefois une ou deux zones obscures sur le dernier tour. Longueur : 9 lignes et demie.

22. **Marginelle tigrine.** *Marginella persicula.* Lamk.

M. testá obovatá, apice retuso-concavá, albá, punctis luteis confertis adspersá; columellá septemplicatá; labro intùs crenulato.

Voluta persicula. Lin. Syst. nat. éd. 12. p. 1189. *Excl. var.* Gmel. p. 3444. n° 29.

Lister. Conch. t. 803. f. 10.

Petiv. Gaz. t. 8. f. 2.

Bonanni. rec. t. 3? f. 246.

Gualt. Test. t. 28. fig. C. D. E.

Martini. Conch. 2. t. 42. f. 421. *Bona.*

Encycl. pl. 377. f. 3. a. b.

* *Voluta persicula.* Var. A. Schrot. Einl. t. 1. p. 210. n° 13.
* *Id.* Dillw. Cat. t. 1. p. 525. n° 55.
* *Id.* Wood. Ind. Test. pl. 19. f. 55.

* Desh. Encycl. méth.Vers. t. 2. p. 414. n° 17.
* Kiener. Spec. des Coq. p. 23. n° 31. pl. 5. f. 19.
* Mus. Gottw. pl. 8. f. 48. a. b.
* *Voluta persicula.* Lin. Syst. nat. éd. 10. p. 730.
* Barrelier. Plant. per Gall. pl. 1326. f. 33.
* Roissy. Buf. Moll. t. 6. p. 9. n° 3.
* *Persicula fasciata.* Schum. Nouv. Syst. p. 235.
* *Voluta persicula.* Var. β. Born. Mus. p. 220.

Habite l'Océan atlantique austral. Mon cabinet. Espèce distincte de
la suivante, au moins par sa coloration. Long.: 9 lignes et demie.

23. **Marginelle rayée.** *Marginella lineata.* Lamk. (1)

M. *testá obovatá, apice retuso-concavá, albá, lineis spadiceis remotiusculis propè labrum subramosis cinctá; columellá subseptemplicatá; labro intùs striato.*

Voluta persicula. Var. [b]. Lin. Syst. nat. éd. 12. p. 1189. Gmel.
p. 3444. n° 29.

Lister. Conch. t. 803. f. 9.

Petiv. Gaz. t. 8. f. 10.

Bonanni. Recr. 3. f. 238.

Gualt. Test. t. 28. fig. B.

Adans. Seneg. pl. 4. f. 4. le Bobi.

Knorr. Vergn. 6. t. 21. f. 6.

Martini. Conch. 2. t. 42. f. 419. 420.

Encycl. pl. 377. f. 4. a. b.

* Wood. Ind. Test. pl. 10. f. 56.
* Reeve. Conch. Syst. t. 2. p. 250. pl. 278. f. 2.
* Desh. Encycl. méth.Vers. t. 2. p. 414. n° 16.
* Kiener. Spec. des Coq. p. 23. n° 32. pl. 5. f. 22.
* Mus. Gottw. pl. 28. f. 50. a. b. c.
* Crouch. Lamk. Conch. pl. 19. f. 14.
* *Voluta persicula.*Var. A. Born. Mus. p. 220.Vig. p. 210. f. D.
* *Id.* Var. B. Schrot. Einl. t. 1. p. 211.
* *Voluta persicula.* Burrow. Elem. of Conch. pl. 15. f. 3.
* *Voluta cingulata.* Dillw. Cat. t. 1. p. 525. n° 56.
* *Marginella bobi.* Blainv. Malac. pl. 30. f. 6.

---

(1) Cinq ans avant Lamarck, Dillwyn avait donné le nom
de *Voluta cingulata* à cette espèce; il convient donc pour être
juste de lui restituer ce premier nom, et de l'inscrire à l'avenir
sous celui de *Marginella cingulata.*

* *Marginella persicula*. Sow. Genera of Shells. f. 2.

Habite les mers du Sénégal. Mon cabinet. Quoique voisine de la précédente, elle en diffère constamment par les caractères de sa coloration. Longueur : 10 lignes.

24. Marginelle parquetée. *Marginella tessellata*. Lamk.

M. testá obovatá, apice retusá, albidá, punctis rufis quadratis transversìm seriatis tessellatá : seriis confertis; columellá plicis præcipuis quinis instructá : suprà aliis duobus seu tribus minimis; labro intùs crenulato.

An Voluta porcellana? Chemn. Conch. 10. t. 150. f. 1419. 1420. Gmel. p. 3449. n° 139.

* Desh. Encycl. méth. Vers. t. 2. p. 413. n° 14.

* Kiener. Spec. des Coq. p. 24. n° 33. pl. 5. f. 20.

Habite… Mon cabinet. Ses points ne sont pas sagittés comme dans la figure citée de Chemnitz, mais carrés. Long. : 7 lignes et demie.

25. Marginelle interrompue. *Marginella interrupta*. L.

M. testá parvá, obovatá, apice retusá, albidá, lineis transversis confertissimis interruptis purpureis pictá; columellá subquadriplicatá; labro intùs obsoletè crenulato.

* Le Duchon. Adans. Seneg. p. 61. pl. 4. f. 5.

* Desh. Encycl. méth. Vers. t. 2. p. 414. n° 15.

* Mus. Gottw. pl. 8. f. 49.

Habite… Mon cabinet. Espèce fort petite et très distincte de toutes les autres. Longueur : 5 lignes.

† 26. Marginelle d'Adanson. *Marginella Adansoni*. Kiener.

M. Testá ovato-oblongá, lævigatá, albo-flavá, lineis nigris, exilibus undulatis, longitudinaliter pictis; spirá conicá; anfractibus longitudinaliter plicatis : ultimo plicis brevibus ornato; aperturá elongato-angustá, intùs albá; labro reflexo, incrassato, denticulato; columellá rectá, quadriplicatá.

Kiener. Spec. des Coq. p. 5. n° 3. pl. 7. f. 27.

Narel. Adans. Voy. au Sénég. p. 59. pl. 4. f. 2.

Habite les côtes du Sénégal.

Comme l'a très bien senti M. Kiener, en établissant cette espèce, elle est extrêmement voisine du *Marginella bifasciata* de Lamarck. Il est probable que plus tard elle y sera jointe à titre de variété; car, par sa forme, par les plis de la columelle, elle ne diffère pas du *Bifasciata*: elle se distingue uniquement par la couleur, et tous ceux qui étudient les coquilles savent combien ce caractère est peu important, surtout lorsqu'il est pris d'une manière trop absolue. Sur le *Bifasciata*, on remarque un très grand nombre de ponctuations;

dans l'*Adansoni*, il semble que ces ponctuations, ayant pris de la
longueur, se soient réunies les unes aux autres pour former des lignes longitudinales, onduleuses, et d'un noir assez intense. Nous
avons un individu dans lequel on aperçoit les points dans l'épaisseur des lignes; ils y sont plus larges, et d'une nuance plus foncée.
Ce qui tend encore à prouver que cette espèce n'est qu'une variété
du *Bifasciata*, c'est qu'il y a des individus chez lesquels, indépendamment des linéoles, on trouve encore des taches nuageuses, disposées en deux zones, et qui caractérisent le *Bifasciata*. L'ouverture est allongée, étroite; elle est d'un beau blanc laiteux. Le bord
droit est très épais, renversé en dehors, lisse en dedans, dans les
jeunes individus, crénelé dans toute sa hauteur, dans les vieux. La
columelle est droite, et les quatre plis qu'elle présente sont exactement semblables à ceux du *Bifasciata*. Sur un fond d'un blanc
jaunâtre ou fauve, cette coquille est ornée d'un grand nombre de
linéoles onduleuses, descendant du sommet à la base des tours.
La spire est courte, conique, ponctuée; ses tours sont plissés longitudinalement, et sur le dernier, les plis s'arrètent brusquement à la
partie supérieure.

Cette coquille est longue de 30 millim. et large de 415.

27. Marginelle à grosse lèvre. *Marginella labiata*. Kiener.

*M. testá ovato-conoideá, supernè turgidulá, anticè attenuatá, lævi-
gatá, albo-roseá, vel pallidè flavá; spirá brevissimá, obtusá; aperturá elongato-angustá; labro incrassato, emarginato, intùs denticulato; columellá quadriplicatá.*

Kiener. Spec. des Coq. p. 35. n° 47. pl. 11. f. 2.

Reeve Conch. Syst. t. 2. p. 249, pl. 277. f. 7.

Habite les mers de l'Inde.

Par sa forme générale, cette espèce se rapproche un peu du *Marginella quinqueplicata* de Lamarck. Elle est ovale-oblongue, renflée
supérieurement, atténuée à la base. Sa spire est courte et obtuse;
elle est composée de quatre à cinq tours, dont le dernier constitue
à lui seul presque toute la coquille. L'ouverture est allongée, très
étroite. Par son extrémité postérieure, le bord droit vient s'appuyer jusque vers le sommet de la spire; ce bord est large et épais;
il est garni, en dehors, d'un bourrelet marginal, dont le pourtour
est d'un jaune orangé pâle; en dedans, il est garni de fines dentelures. La columelle est épaisse, et l'on y compte quatre gros plis,
dont les antérieurs sont plus obliques et plus rapprochés. Cette coquille est d'une couleur uniforme, d'un blanc fauve et grisâtre,

très pâle, et il y a des individus sur lesquels on distingue difficilement deux zones transverses un peu plus foncées.

Sa longueur est de 28 millim. et sa largeur de 17.

† 28. Marginelle helmatine *Marginella helmátina*. Rang.

*M. testa ovato-oblongá, griseo-fulvá, fasciis duabus fuscescentibus
cinctá, punctis nigricantibus per series transversas dispositis; spirá
brevi, conicá; labro intùs crassato; columellá quadriplicatá.*

Rang. Mag. de Zool.

Kiener. Spec. des Coq. p. 10. n° 11. pl. 7 f. 28.

Habite vers l'embouchure de la Gambie.

Cette jolie petite espèce a été découverte par M. Rang, et décrite
par lui, pour la première fois, dans le *Magasin de Zoologie*. Par sa
forme, elle se rapproche du *Marginella rosea* de Lamarck. Elle
est ovale-oblongue. Sa spire, conique et obtuse au sommet, compte
cinq à six tours médiocrement convexes; le dernier est atténué à
la base. Son ouverture est longue et étroite, d'un très beau blanc.
Le bord droit est très épais, fortement renversé en dehors, et finement dentelé en dedans. La columelle est droite, et elle porte quatre plis, dont les deux antérieurs sont plus rapprochés que les deux
autres. Cette coquille est ordinairement d'un gris rosâtre, couleur
produite par un très grand nombre de ponctuations grises, disposées en une multitude de linéoles transverses. Le dernier tour est
orné de deux fascies de ponctuations, grosses et arrondies.

Cette jolie espèce a 18 à 20 millim. de long, et 10 à 12 de large.

† 29. Marginelle Raccourcie. *Marginella curta* Sowerb.

*M. testá-ovatá, linerascente fulvá; spirá brevi; labii externi reflexi
margine externá castaneá, facie albá; labii interni expansi et in-
crassati margine castaneá; columellá quadriplicatá, plicis æqualibus.*

Sow. Proced. of. Zool. Soc. Loid. p. 105.

Kiener. Spec. des Coq. p. 12. n° 15. pl. 7 f. 30.

Habite à Iquiqui et à Payta.

Coquille ovale, renflée, à spire courte, composée de cinq à six tours,
dont les premiers sont d'un brun foncé; le dernier est renflé à sa
partie supérieure, atténué à la base. L'ouverture est oblongue-étroi-
te; elle est d'un fauve brun en dedans, son pourtour est blanc. Le
bord droit est large et épais; il est simple, garni, en-dehors, d'un
bourrelet dont le bord supérieur est jaune. Le bord gauche s'étale
en une large callosité, assez épaisse, subcalleuse, bordée en dehors
d'une zone jaunâtre. La columelle est droite, et elle présente vers
sa base quatre plis, dont les deux antérieurs sont plus rapprochés

que les autres. A l'extérieur, cette coquille est d'un fauve grisâtre,
et souvent elle est ornée de points d'un blanc mat, et quelquefois
épais, et disposés en zones transverses.

Cette coquille est longue de 25 millim. et large de 15.

✝ 3o. **Marginelle de Goodall.** *Marginella Goodalli.* **Sow.**

M. *testá subovatá, extremitatibus subacuminatis, flavido-carneá,
albido-guttatá; spirá brevi; anfractu ultimo maximo, supernè
rotundato-angulato, suturá inconspicuá; aperturá angustá; columellá quadriplicatá, plicis validis; labii externi margine interno
denticulato.*

Marginella Goodalli. Sow. Tank. Cat. pl. 2. f. 2.

Wood. Ind. Test. Suppl. pl. 3. f. 7.

Reeve. Conch. Syst. t. 2. p. 25o. pl. 277. f. 8. 9.

Kiener. Spec. des Coq. p. 7. n° 6. pl. 7. f. 29.

Habite. . .

Cette espèce, rare encore dans les collections, se distingue facilement
parmi ses congénères ; par sa forme générale, elle se rapproche du
Marginella bifasciata de Lamarck ; elle est cependant plus courte
et plus ventrue ; sa spire, courte et obtuse, est formée d'un petit
nombre de tours convexes, dont la suture est cachée par la matière vitrée qui revêt toute la coquille ; le dernier tour est atténué à la base. L'ouverture est étroite, d'un beau brun fauve ou
canelle. Le bord droit est de la même couleur; il est épais et obtus, bordé en dehors et dentelé en dedans. La columelle est droite,
et porte à la base quatre gros plis, très écartés entre eux. Toute
cette coquille est d'un beau brun fauve, et elle est ornée de grandes
taches arrondies, du plus beau blanc.

Elle a 25 millimètres de long, et 15 de large.

✝ 31. **Marginelle olive.** *Marginella olivæformis.* **Kiener.**

M. *testá ovato-oblongá, angustá, lævigatá, roseá, albo longitudinaliter tenuissimè, strigatá ; spirá brevi, obtusá, aperturá flavescente
labro incrassato, simplici, albo; columellá quadriplicatá, plicis duabus anticis, longioribus.*

Kiener. Spec. des Coq. p. 12. n° 14. pl. 8. f. 36.

Habite les côtes du Sénégal.

Petite coquille ovale-oblongue, subcylindracée, dont la spire est
courte et obtuse. Le dernier tour est peu atténué à la base, où il
est terminé par une échancrure large et peu profonde. L'ouverture est allongée, fort étroite, un peu dilatée vers son extrémité
antérieure; cette ouverture est tantôt blanche, tantôt d'un beau
jaune fauve. Son bord droit est simple, fort épais, élargi et comme

écrasé; il est toujours d'un beau blanc. Sa columelle est droite, calleuse à la partie supérieure; elle présente en avant quatre plis, dont les deux antérieurs se prolongent plus en dehors que les deux autres. Les individus que l'on rencontre le plus abondamment sont d'une couleur rosée ou d'un fauve pâle, sur laquelle, à l'aide de la loupe, on distingue un grand nombre de petites linéoles longitudinales blanches. Il y a des individus chez lesquels la couleur blanche domine, et d'autres où l'on voit trois zones peu apparentes, d'un rose un peu plus foncé.

Cette petite espèce est longue de 17 millimètres, et large de 9.

† 32. Marginelle élégante. *Marginella elegans*. Kiener.

M. *testá ovatá, obtusá; spirá brevissimá, albo-griseá, griseo-transversim multifasciatá; aperturá elongato - angustá , aurantiacá, labro incrassato, marginato, obsoletè denticulato; columellá rectá, sexplicatá.*

An Lister. Conch. pl. 803. f. 11?

Voluta elegans. Gmel. p. 3448. nº 40.

Shrot. Einl. t. 1. p. 269. *Voluta.* nº 98.

Martini. Conch. t. 2. p. 106. pl. 42. f. 424. 425.

Voluta elegans. Dilw. Cat. t. 1. p. 531. nº 70.

Marginella elegans. Kiener. Spec. des Coq. p. 15. nº 19. pl. 8. f. 35.

An eadem. Wood. Ind. Test. pl. 20. f. 69.

Reeve. Conch. Syst. t. 2. p. 249. pl. 277. f. 5. 6.

Habite les mers des Indes orientales (Kiener).

M. Kiener dit, à la page 15, déjà citée à l'occasion de cette espèce : « Elle a été nommée par plusieurs auteurs *Bullata;* mais comme ce nom est déjà employé pour une espèce de Lamarck, nous avons cru devoir lui conserver celui d'*Elegans*, qui lui a été donné par Lister. » Il y a là une grave erreur : Lister, pas plus que les autres naturalistes antérieurs à Linné, n'avait une nomenclature binaire; cette nomenclature binaire, imaginée par le législateur d'Upsal, est un des plus beaux titres de ce grand génie à la reconnaissance éternelle des naturalistes de tous les temps. Si M. Kiener veut ouvrir l'ouvrage de Lister à l'endroit que lui-même a cité, il trouvera cette courte phrase latine qui se rapporte à la figure 11 en question : *Buccinum parvum, sublividum, leviter ex fusco fasciatum,* phrase dans laquelle le mot *elegans* ne se trouve pas, mais qui peut laisser du doute sur l'identité de cette coquille avec celle de M. Kiener.

Belle et rare espèce, ovale, à spire très courte, mais encore apparente; elle se trouve sur la limite des deux sections des marginelles de

Lamarck. Son ouverture est presque aussi longue que la coquille même. Son bord droit est épaissi, et obscurément dentelé chez les vieux individus. Ce bord est d'un très beau jaune orangé. La columelle est droite, épaisse : elle porte six plis, dont les antérieurs sont les plus gros ; à partir du troisième pli, on voit une large zone d'un beau jaune orangé, qui se contourne sur la base de la coquille. Sur un fond d'un blanc gris perlé, cette coquille est ornée d'un grand nombre de petites zones transverses, d'un gris plus foncé.

Cette coquille est longue de 30 millimètres, et large de 17.

† 33. Marginelle onduleuse. *Marginella undulata.* Desh.

M. testá ovatá, albo-griseá, lineis pallidè nigris, undatis, strigatá ; spirá brevi, obtusá ; ultimo anfractu basi zoná aurantiacá marginato ; aperturá elongato-angustá, albá ; labro simplici, marginato lutescente ; columellá quinqueplicatá.

Voluta glabella undulata. Chemn. Conch. t. 10. p. 166. pl. 150. f. 1423. 1424.

Voluta glabella. Var. Gmel. p. 3445.

Voluta strigata. Dillwyn. Cat. t. 1. p. 530. n° 68.

Marginella strigata. Kiener. Spec. des Coq. p. 14. n° 18. pl. 8. f. 37.

Voluta strigata. Wood. Ind. Test. pl. 20. f. 67.

Habite les côtes de Guinée.

M. Kiener, dans sa monographie des Marginelles, attribue à Chemnitz le nom de *Strigata,* qu'il préfère pour cette espèce ; cela prouve que M. Kiener a cité de mémoire, car Chemnitz nomme *Undulata* sa coquille, et c'est Dillwyn le premier qui lui a imposé celui de *Strigata* ; ce dernier doit être abandonné pour reprendre celui de Chemnitz, qui est plus ancien.

Par sa forme générale, cette espèce rappelle le *Marginella elegans* de Lamarck. Elle est ovale, presque aussi obtuse à une extrémité qu'à l'autre. Sa spire est très courte, et l'ouverture est presque aussi longue que toute la coquille ; cette ouverture est un peu dilatée dans le milieu. Son bord droit est simple, renversé en dehors, et d'un jaune orangé pâle. La columelle porte cinq gros plis, dont les deux antérieurs sont les plus rapprochés, et celui du milieu le plus gros ; ces deux plis antérieurs sont compris dans la hauteur d'une zone orangée qui se contourne obliquement à la base de la columelle, et vient se terminer à l'angle antérieur du bord droit. Cette coquille est d'un blanc gris pâle, et elle est ornée d'un très grand nombre de lignes longitudinales, finement onduleuses.

Les grands individus ont 35 millimètres de long, et 20 de large.

† **34. Marginelle clandestine.** *Marginella clandestina.* Brocchi.

> *M. testá minutissimá, ovato-globosâ, albo-griseá ; spirá involutá ; aperturá elongato-angustá ; labro intùs reflexo, tenuè denticulato; columellá rectá, obliquè quadriplicatá.*

Voluta clandestina. Brocchi. Conch. Foss. Subap. t. 2. p. 642. pl. 15. f. 11.

Savigny. Descr. de l'Egypte. pl. 6. f. 26.

Phil. Moll. Sicil. p. 231. n° 2.

Kiener. Spec. des Coq. p. 39. n° 51. pl. 13. f. 1.

Habite la Méditerranée, principalement les mers de Naples et de Sicile.

Elle est la plus petite des espèces connues: elle ressemble, par sa forme, à une très petite Porcelaine ; car son bord droit, au lieu d'être réfléchi en dehors, l'est en dedans, ce qui contribue à rétrécir l'ouverture, exactement comme cela a lieu dans les Porcelaines ; elle est toute lisse. La spire est entièrement involute, et l'extrémité supérieure du bord droit vient s'appuyer sur son sommet. Ce bord est très finement dentelé en dedans. La columelle est droite, et, à l'aide d'un grossissement suffisant, on y aperçoit quatre plis obliques. Cette petite coquille est toute lisse, d'un blanc grisâtre, uniforme et translucide. Brocchi l'a trouvée à l'état fossile, dans les terrains tertiaires d'Italie ; on la trouve également aux environs de Palerme.

Les grands individus de cette espèce n'ont pas plus de 3 millimètres de long, et un peu moins de large.

† **35. Marginelle cypréole.** *Marginella lœvis.* Desh.

> *M. testá ovato-subturbinatá, lœvi, nitidá, albá ; spirá brevi, obtusá; aperturá angustá ; labro incrassato, intùs reflexo, tenuè denticulato; columellá rectá, basi quadriplicatá.*

Cypræa voluta. Montagu. Test. Brit. p. 203. n° 4. pl. 6. f. 7.

Voluta lœvis. Donovan. Brit. Shells. t. 5. p. 165.

Marginella Donovani. Payr. Cat. p. 167. n° 335. pl. 8. f. 26. 27.

Voluta lœvis. Dillw. Cat. t. 1. p. 527. n° 61.

Erato lœvis. Gray. Sow. Cat. of Cypræolæ. p. 15. n° 3. Conch. illustr. f. 57.

Id. Reeve. Conch. Syst. p. 260. pl. 285. f. 3.

Erato cypræola. Risso. Nice. p. 240. f. 85.

Id. Phil. Enum. Moll. Sicil. p. 233.

Fossilis-voluta cypræola. Brocchi. Conch. Foss. Subap. t. 2. p. 321. pl. 4. f. 10.

M. Donovani. Kien. Spec. des Coq. p. 16. n° 31. pl. 8. f. 34.

Habite la Méditerranée et l'Océan d'Europe.

C'est avec cette espèce que M. Risso a établi son petit genre Erato ; nous avons dit précédemment pourquoi nous ne l'avions pas adopté. Cette coquille et quelques autres qui l'avoisinent, sont réellement intermédiaires entre les Marginelles et les Porcelaines. Elle est ovale-renflée, et, par sa forme générale, se rapproche un peu du *Marginella quadriplicata* de Lamarck. Elle est renflée à sa partie supérieure. Sa spire est courte et obtuse, et son dernier tour est très atténué à la base. L'ouverture est allongée, étroite, presque aussi longue que la coquille, Ses bords sont parallèles ; le droit est très épais, infléchi en dedans, comme celui des Porcelaines, mais de plus légèrement bordé en dehors. Ce bord est finement dentelé dans toute sa longueur. La columelle est droite, et souvent, surtout dans les vieux individus, elle est garnie de petites dentelures semblables à celles du bord droit ; indépendamment de ces dentelures, la columelle présente à sa base quatre petits plis très obliques, dont les deux premiers sont les plus apparens. Ces plis ne paraissent pas pénétrer dans l'intérieur de la coquille, ce qui ajouterait une ressemblance de plus avec les Porcelaines. Cette coquille est toute blanche, ou d'un blanc grisâtre.

Elle est longue de 10 millimètres, et large de 6.

† 36. Marginelle fasciée. *Marginella zonata.* Kiener.

M. testá minimá, elongato-angustá, cylindraceá, albá, zoná fuscescente, latissimá, ornatá; aperturá angustá ; labro albo, simplici, intùs reflexo ; columellá basi quadriplicatá ; plicis æqualibus.

Kiener. Spec. des Coq. p. 41. n° 53. pl. 13. f. 4.

Habite...

Celle-ci est l'une des plus petites espèces du genre ; elle appartiendrait au genre Volvaire de Lamarck si ce genre était conservé. Elle est allongée, étroite, cylindracée, à spire courte et obtuse. Son ouverture est presque aussi longue que la coquille ; elle est très étroite, un peu plus élargie vers la base. Son bord droit est blanc, un peu épaissi en dehors, infléchi en dedans et simple, et pourvu d'une petite tache roussâtre dans son angle supérieur. La columelle est droite, et on y compte quatre plis, dont les antérieurs sont les plus gros. Cette coquille est facile à reconnaître par sa coloration. Elle est blanche, et le milieu du dernier tour porte une large zone d'un brun roux, plus ou moins foncé, selon les individus.

Cette petite coquille a 8 millimètres de long, et 3 de large.

† 37. Marginelle lactée. *Marginella lactea*. Kiener.

M. testá minimá, elongato-angustá, cylindraceá, albá, translucidá; spirá brevi, obtusá; aperturá elongato-angustissimá; labro intùs inflexo, simplici; columellá rectá, basi quadriplicatá; plicis duabus anticis, geminatis.

Kiener. Spec. des Coq. p. 42. n° 54. pl. 13. f. 3.

Petite espèce qui se rapproche beaucoup du *Marginella avenacea* de M. Kiener : elle est également voisine du *Volvaria pallida* ; elle se distingue facilement de ces deux espèces. Elle est petite, allongée, étroite, subcylindracée. Sa spire est courte et obtuse, composée d'un petit nombre de tours étroits, dont les premiers sont d'un blanc mat ; le dernier est cylindracé, atténué à la base, et terminé par une dépression plutôt que par une échancrure. L'ouverture est allongée, très étroite, si ce n'est vers la base, où elle est un peu plus élargie. Le bord droit est simple, un peu infléchi en dedans, et médiocrement épais. La columelle est droite, à peine excavée vers son extrémité antérieure. Elle porte quatre plis, dont les deux antérieurs sont les plus rapprochés, et séparés des deux suivans par un intervalle plus profond. Cette petite coquille est d'un blanc laiteux uniforme.

Elle est longue de 8 à 9 millimètres, et large de 3.

† 38. Marginelle grain d'avoine. *Marginella avenàcea*. Kiener.

M. testá elongato-angustá, cylindraceá, nitidá, pallidè albo-flavescente, flavo transversìm trigonatá; spirá brevi, conicá; anfractibus vix perspicuis : ultimo maximo basi vix emarginato; aperturá elongato-angustá; labro in medio intùs coarctato; columellá quadriplicatá.

Kiener. Spec. des Coq. p. 17. n° 23. pl. 6. f. 24.

Habite les mers des Indes Occidentales, d'après M. Kiener.

Petite coquille qui a beaucoup d'analogie avec le *Voluta pallida* des auteurs anglais (*Volvaria pallida* Lamarck). Elle est allongée, cylindracée. Sa spire est courte, obtuse, et ses tours conjoints sont à peine apparens. Le dernier est très grand, atténué à la base, où il est terminé par une échancrure peu profonde. L'ouverture est allongée, très étroite, principalement dans le milieu. Le bord droit est simple, déprimé et un peu infléchi en dedans, à la manière de celui des Colombelles. La columelle porte à la base quatre plis, dont le premier est le plus petit. Toute cette coquille est d'un blanc jaunâtre transparent, et elle est ornée sur le dernier tour de trois zones d'un fauve pâle; les deux supérieures sont les plus apparentes.

Cette petite coquille a 12 millimètres de long, et 5 de large.

† 39. Marginelle de Largillier. *Marginella· Làrgillieri.* Kiener.

M. testá ovatá, flavescente, albo-punctatá; spirá involutá; ultimo anfractu basi attenuato; aperturá angustá; labro utroque latere marginato, intùs tenuè denticulato; columellá callosá, basi quadriplicatá, plicis duabus anticis, inæqualibus, geminatis.

Kiener. Spec. des Coq. p. 43, n° 55. pl. 11 f. 3.

Habite l'Océan Atlantique Austral, la baie de Baïa (M. Kiener).

Jolie espèce, assez rare encore dans les collections et qui, par sa forme générale, se rapproche du *Marginella sarda* de M. Kiener. Elle est ovale, à spire obtuse, complétement involvée. Toute sa surface est lisse. L'ouverture est fort étroite. Le bord droit est épaissi en dedans et en dehors; il est d'un jaune orangé, plus ou moins foncé, selon les individus; il est dentelé en dedans. La columelle est droite, calleuse à sa partie supérieure, et chargée, à la base, de quatre gros plis peu obliques, dont les deux premiers sont réunis en un seul très gros et comme tordu, à la base de la columelle. La coloration de cette coquille est peu variable; elle est d'un jaune rougeâtre, ou brunâtre pâle, et toute sa surface est parsemée de nombreuses taches arrondies ou oblongues, d'un beau blanc mat.

Cette espèce a 18 à 20 millim. de long, et 12 à 14 de large.

† 40. Marginelle grain d'orge. *Marginella hordeola.* Desh.

M. testá minimá, ovato-oblongá; spirá apice obtusá; ultimo anfractu æquali seu pauló breviore; anfractibus suturis confluentibus; aperturá angustissimá, quadriplicatá, plicis incrassatis; labro crassissimo, simplici.

Desh. Coq. Foss. de Paris. t. 2. p. 708. pl. 95. f. 26-29.

Habite... foss. de Grignon et de Parnes.

Peut-être cette coquille n'est-elle qu'une variété de la Marginelle Éburnée. Nous la séparons sur plusieurs caractères, qui séparément n'ont pas une grande valeur, mais qui en prennent par leur constance.

Cette coquille est toujours très petite, et comme on la trouve très épaisse et dans un état qui indique l'âge adulte, on ne peut la prendre pour les jeunes individus de la Marginelle éburnée; car, ayant des individus jeunes de cette dernière, ils ont encore le bord droit mince et tranchant, lorsqu'ils ont acquis une taille deux ou trois fois plus grande que celle de l'espèce dont nous nous occupons. La Marginelle grain d'orge a la spire presque aussi longue que le dernier tour, obtuse au sommet, composée de quatre tours à peine convexes, et dont la suture est cachée sous la couche vernissée qui couvre toute la coquille ; ce dernier tour est subanguleux à sa partie supérieure, atténué à sa base ; c'est à peine si l'on peut distinguer la petite échancrure qui la termine, réduite à une petite ondulation. L'ouverture est très étroite. Les bords sont parallèles, ce qui n'a pas lieu d'une manière aussi parfaite dans la Marginelle éburnée. La columelle est droite et garnie de quatre gros plis rapprochés et obtus. Le bord droit est simple, très épaissi et placé de manière à couvrir un peu l'ouverture.

Cette petite espèce est assez commune. Elle est longue de 6 millim. et large de 3.

† 41. Marginelle nitidule. *Marginella nitidula*. Desh.

M. testâ ovulatâ; spirâ brevissimâ, depressâ ; ultimo anfractu conoideo, supernè dilatato, lævigato ; aperturâ elongato-angustâ, columellâ quadriplicatâ ; plicis æqualibus, subtransversis, angustis ; labro extùs marginato, simplici.

Desh. Coq. Foss. de Paris. t. 2. p. 709. pl. 95. f. 10. 11.
Habite fossile de Parnes.

Voisine, par sa forme, de la Marginelle ovulée, celle-ci s'en distingue constamment par de très bons caractères ; elle a une forme à-peu-près semblable ; cependant elle est plus turbinoïde. Sa spire est plus courte et plus aplatie, formée d'un petit nombre de tours très étroits, presque entièrement cachés par l'enduit vitreux qui recouvre toute la coquille ; la surface extérieure est lisse et brillante. L'ouverture est allongée, étroite. La columelle présente constamment quatre plis transverses très étroits, très saillans, sub-lamelliformes. Le bord droit, à sa partie supérieure, se prolonge au-delà de l'avant-dernier tour, et va s'appuyer presque sur le sommet de la spire. Il est garni , en dehors, dans toute sa longueur, d'un bourrelet très épais, et limité en dehors par un angle aigu ; il est à peine infléchi en dedans, et simple dans toute son étendue.

Une petite coquille que l'on trouve au Sénégal a beaucoup de ressemblance avec celle-ci, et l'on pourrait la prendre pour son analogue, si les plis de la columelle étaient semblables. L'espèce fossile, rare aux environs de Paris, est longue de 14 millim., et large de 9.

† 42. Marginelle angystome. *Marginella angystoma*. Desh.

M. testâ elongato-angustâ, subcylindraceâ, lævigatâ ; spirâ involutâ;

*aperturâ elongato-angustissimâ ; columellâ quinque vel sexplicatâ,
plicis inæqualibus ; labro incrassato, intùs reflexo, tenuè denticulato.*

Desh. Coq. foss. de Paris. t. 2. p. 710. pl. 95. f. 23-25.

Habite fossile de Parnes, Grignon, Mouchy.

On a probablement confondu cette espèce avec la Marginelle ovulée;
mais elle s'en distingue constamment par des caractères non équi-
voques. Elle est oblongue-subcylindracée, sans spire apparente
et ayant le sommet caché sous une petite callosité. L'extrémité antérieure est peu rétrécie, et terminée par une petite échancrure
plus profonde que dans les espèces précédentes. L'ouverture est
extrêmement étroite, aussi longue que la coquille. La columelle
est garnie de cinq à six plis rapprochés, épais, graduellement décroissans. Le bord droit est épaissi, renversé en dedans, et garni,
dans presque toute sa longueur, de petites dents obsolètes.

Cette petite espèce est longue de 8 millim., et large de 4.

† 43. Marginelle ampoule. *Marginella ampulla.* Desh.

*M. testâ minimâ, conoideâ, subturbinatâ ; spirâ brevissimâ ; ultimo
anfractu supernè dilatato, basi attenuato ; aperturâ angustissimâ ;
columellâ intùs marginatâ, obsoletè plicatâ ; labro incrassato, intùs
inflexo.*

Desh. Coq. foss. de Paris. t. 2. p. 711. pl. 95. f. 17-19.

Habite fossile de Valmondois.

Très petite coquille, qui, par ses caractères, se rapproche du *Voluta
cypræola* de Brocchi, mais qui doit constituer une espèce distincte
par ses caractères les plus essentiels. Elle est suglobuleuse, dilatée,
à spire courte, formée d'un petit nombre de tours à peine distincts ; le dernier tour est très grand et constitue à lui seul presque toute la coquille ; il est lisse, conoïde, très rétréci à sa base et
à peine échancré. L'ouverture est droite, extrêmement étroite. La
columelle est garnie, dans toute sa longueur, d'un petit bourrelet
intérieur, comparable à celui de certaines porcelaines. Nous ne
découvrons qu'un seul pli à la base ; mais nous sommes convaincu
qu'à un âge différent de celui de nos individus, il doit y avoir des
plis, comme dans l'espèce de l'auteur italien. Le bord droit est très
épais, obtus et placé de manière à faire saillie en dehors et à se
renverser un peu à l'intérieur de l'ouverture. On remarque en dedans quelques dentelures irrégulières.

Cette petite coquille paraît fort rare. Elle est longue de 6 millim. et
large de 4.

VOLVAIRE. (Volvaria.)

Coquille cylindracée, roulée sur elle-même, à spire presque sans saillie. Ouverture étroite, aussi longue que la coquille. Un ou plusieurs plis sur la partie inférieure de la columelle.

Testa cylindracea, convoluta; spirâ vix exsertâ. Apertura angusta, longitudine testæ. Columella infernè plicifera.

Observations. — Ce genre fait évidemment le passage de la famille des Columellaires à celle des Enroulées ; il appartient à la première par les plis de la columelle des coquilles qu'il embrasse, et à la seconde par la forme de ces coquilles, lesquelles sont enroulées sur elles-mêmes par des tours dont la largeur égale la longueur de l'axe. C'est avec les Marginelles que les Volvaires ont le plus de rapports; mais en général elles n'offrent plus de bourrelets à l'extérieur de leur bord droit qui est peu épais, tranchant. Quelquefois seulement on en aperçoit encore quelques vestiges peu remarquables. Les espèces de ce genre sont la plupart de petite taille, surtout quelques-unes d'entre elles. Toutes sont marines.

[Dans nos généralités sur les Marginelles, nous avons dit que le genre Volvaire de Lamarck avait besoin d'une réforme considérable, et que le plus grand nombre des espèces devait passer au genre Marginelle. On voit, en effet, que les caractères du genre Volvaire ont très peu de valeur, et qu'il y a, parmi les Marginelles, des espèces auxquelles ces caractères pourraient convenir. Lamarck dit, dans ces caractères, que dans les Volvaires, il y a un ou plusieurs plis columellaires, et parmi les six espèces qu'il caractérise, toutes ont de trois à cinq plis, et nous n'en avons jamais vu qui n'en aient qu'un ou deux; sous ce rapport, les Volvaires sont donc identiques avec les Marginelles; aussi nous avons dit depuis long-temps que si le genre Volvaire pouvait être conservé, il ne devait contenir que celles des espèces chez lesquelles le bord droit reste simple et n'est point épaissi. Dans ces espèces, les plis de la columelle sont plus rapprochés à la base et sont en proportion beaucoup plus petits que dans les Marginelles. Ce genre, d'après ce que nous venons de dire, se trouverait réduit à deux espèces fossiles qui sont propres aux terrains Parisiens, auxquelles on pourrait peut-être joindre le *Volvaria pallida* (*Voluta pallida* de Linné). Ainsi réduit, le genre Volvaire est réellement intermédiaire entre les Marginelles et plusieurs des genres de la famille des Enroulées, mais ils appartiennent cependant encore à la famille des Columellaires.]

ESPÈCES.

1. **Volvaire à collier.** *Volvaria monilis.* **Lamk.** (1)

> *V. testâ ovatâ, subcylindricâ, opacâ, nitidâ, lacteâ; spirâ vix perspicuâ; columellâ subquinqueplicatâ.*

Voluta monilis. Lin. Syst. nat. éd. 12. p. 1189. Gmel. p. 3443. n° 27.

* Martini. Conch. t. 2. pl. 42. f. 426.
* *Voluta monilis.* Born. Mus. p. 219.
* *Id.* Schrot. Einl. t. 1. p. 209. n° 12.
* *Id.* Dillw. Cat. t. 1. p. 524. n° 53.
* *Marginella monilis.* Kiener. Spec. des Coq. p. 18. n° 24. pl. 6. f. 23.

Habite les mers du Sénégal, et, selon Linné, celles de la Chine. Mon cabinet. Petite coquille opaque, luisante, d'un blanc de lait éclatant, et qui fait tellement la transition des Marginelles aux *Volvaires*, qu'on aperçoit encore, sur certains individus, quelques vestiges de bourrelet, mais sans épaisseur. On s'en sert à faire des colliers; et j'en possède un assez grand nombre d'exemplaires encore réunis sous cette forme. Longueur: 4 à 5 lignes.

2. **Volvaire hyaline.** *Volvaria pallida.* **Lamk.**

> *V. testâ ovato-oblongâ, cylindraceâ, tenui, pellucidâ, albido-corneâ; spirâ vix prominulâ, obtusâ; columellâ basi incurvâ, quadriplicatâ.*

Voluta pallida. Lin. Syst. nat. éd. 12. p. 1189. Gmel. p. 3444. n° 30.

Lister. Conch. t. 714. f. 70.

---

(1) La coquille que Wood a figurée dans son Index, sous le nom de *Voluta monilis*, est une espèce différente, qui a beaucoup plus de rapport avec le *Marginella interrupta* de Lamarck.

An Adans. Seneg. pl. 5. f. 2? le Falier.

Martini. Corch. 2. t. 42. f. 426.

Schroëtter. Einl. in Conch. 1. p. 211. t. 1. f. 10. a. b.

* *Voluta pallida.* Dillw. Cat. t. 1. p. 327. n° 59. *Syn. plur. exclus.*

* *Marginella pallida.* Kiener. Spec. des Coq. p. 40. n° 52. pl. 13. f. 2.

* *Bulla pallida.* Linn. Syst. nat. éd. 10. p. 727.

* *Id.* Linn. Mus. Ulric. p. 588.

* Crouch. Lamk. Conch. pl. 19. f. 15.

* *Hyalina pellucida.* Schum. Nouv. syst. p. 434.

Habite les mers du Sénégal. Mon cabinet. Celle-ci est bien transparente, d'un corné blanchâtre, quelquefois obscurément fasciée de fauve. Longueur : 5 lignes trois quarts.

3. Volvaire grain-de-blé. *Volvaria triticea.* Lamk.

V. testá ovato-oblongá, subcylindricá, albidá, fulvo-fasciatá ; spirá subprominulá ; labro versùs medium depresso ; columellá rectá, subquadriplicatá.

Petiv. Gaz. t. 102. f. 13.

Adans. Seneg. pl. 5. f. 3. le Siméri.

Martini. Conch. 2. t. 42. f. 427.

Voluta exilis. Gmel. p. 3444. n° 28.

[*b*] *Var.* testá albidá aut rubente ; fasciis nullis.

* *An eadem spec.? Voluta exilis.* Delle Chiaje dans Poli. Testac. t. 3. p. 30. pl. 46. f. 35. 36.

* Schrot. Einl. t. 1. p. 270. *Voluta* n° 100.

* *Voluta exilis.* Dillw. Cat. t. 1. p. 525. n° 54. *Variet. exclus.*

* *Id.* Wood. Ind. Test. pl. 19. f. 54.

* *Marginella triticea.* Kiener. Spec. des Coq. p. 19. n° 28. pl. 6. f. 25.

* Philip. Enum. Moll. Sicil. p. 232. n° 1. pl. 12. f. 15.

Habite les mers du Sénégal. Mon cabinet. Longueur : 4 lignes trois quarts.

4. Volvaire grain-de-riz. *Volvaria oryza.* Lamk.

V. testá parvá, obovatá, albá, fulvo latè zonatá; spirá vix prominulá; columellá rectá, quadriplicatá.

An Adans. Seneg. pl. 5. f. 4? le Stipon.

An Martini. Conch. 2. t. 42. f. 428?

Encyclop. pl. 374. f. 6. a. b.

* *Voluta miliaria.* Dillw. Cat. t. 1. p. 524. n° 52. *Syn. plur. exclus.*

* *Marginella miliacea.* Var. Kiener. p. 20. pl. 6. f. 26. a.

Habite... les mers du Sénégal? Mon cabinet. Il paraît que cette pe-

lite coquille est quelquefois toute blanche; mais je ne la connais qu'avec une large zone. Néanmoins, *Adanson* dit que la lèvre gauche (la columelle) de son Stipon est munie de huit ou dix dents, tandisque celle de notre espèce n'en offre queq uatre. Long. 3 lign.

5. Volvaire grain-de-mil. *Volvaria miliacea*. Lamk. (1)

V. testá minimá, obovatá, albá, subpellucidá ; spirá vix conspicuá ; columellá rectá, subquinqueplicatá.

An voluta miliaria ? Lin. Syst. nat. éd. 12. p. 1139. Gmel. p. 3443. n° 26.

* *An voluta miliaria ?* Schrot. Einl. t. 1. p. 209.

* Payr. Cat. des Moll. de Corse. p. 168. n° 337. pl. 8. f. 28. 29.

• Kiener. Spec. des Coq. p. 19. n° 26. pl. 6. f. 26. *Exclus. varietate.*

* Philip. Enum. Moll. Sicil. p. 232. n° 2.

* Desh. Expéd. de Morée. p. 202. n° 360.

Habite la Méditerranée... Mon cabinet. C'est une des plus petites coquilles connues, surtout dans ce genre. Elle est un peu transparente. Longueur : près de 2 lignes.

6. Volvaire bulloïde. *Volvaria bulloides*. Lamk. (2)

V. testá fossili, cylindricá, transversè striatá : striis impresso-punctatis : spirá subinclusá, mucronatá; columellá basi quadriplicatá.

---

(1) C'est bien à celui-ci que l'on doit rapporter le *Voluta miliaria* de Linné et non à la précédente, comme a fait Dyllwin: il suffit de lire attentivement les phrases de Linné pour s'en convaincre. Nous avons quelques raisons de douter de l'identité des coquilles figurées par M. Kiener, sous le nom de *Miliacea*, avec celles que mentionne ici Lamarck. Lamarck mentionne une coquille toute blanche. M. Kiener, après avoir modifié la phrase caractéristique, figure une espèce linéolée transversalement et d'un jaune fauve: peut-être M. Kiener a-t-il eu raison dans sa substitution, car il serait possible que Lamarck n'eût eu dans sa collection que des individus roulés et blanchis sur les plages, et ayant perdu, comme cela se voit fréquemment, les deux linéoles transverses que portent la plupart des individus. M. Kiener propose de plus de joindre à cette espèce le *Volvaria oryza* ; mais nous pensons que cette espèce doit être conservée : ses caractères sont constans.

(2) Dillwyn cite, dans la synonymie de son *Bulla cylindracea*,

Volvaria bulloides. **Ann.** du **Mus.** vol. 5. p. 29. n° 1.
Encyclop. pl. 384. f. 4. a. b.
* Roissy. Buf. Moll. t. 5. p. 329. pl. 55. f. 2.
Habite... Fossile de Grignon. Mon cabinet. Elle est cylindrique, à
spire comme enfoncée, n'offrant qu'une petite pointe à peine en
saillie. Les trois plis de la columelle sont obliques. Long.: 8 lignes.

† 7. Volvaire aiguë. *Volvaria acutiuscula.* Sow.

*V. testá elongato-cylindraceá, supernè acutá, infernè attenuatá,
transversìm tenuè striatá ; striis tenuissimis, approximatis, puncticulatis ; aperturá angustá, supernè leviter arcuatá, infernè latiore;
columellá basi quadriplicatá.*

Desh. ¡Coq. foss. de Paris. t. 2. p. 712. pl. 95. f. 4. 5. 6.
Sow. Min. Conch. pl. 487.
Id. Gen. of Shells. f. 3.
Habite fossile, dans les environs de Paris, et en Angleterre, dans
l'argile de Londres.

Ce fut en Angleterre, dans les argiles de Londres, que cette espèce
fut d'abord découverte ; elle a été retrouvée nouvellement aux environs de Paris, dans les parties supérieures du calcaire grossier.
Elle est allongée, cylindracée, et son extrémité supérieure n'est
point obtuse, ni percée d'un ombilic. Une petite callosité recouvre
le sommet, s'élève au-dessus de lui, et c'est sur elle que vient
s'appuyer l'extrémité du bord droit. Par cette disposition, l'ouverture est réellement un peu plus grande que la coquille. Cette
ouverture est allongée, étroite, courbée à sa partie supérieure,
un peu élargie vers la base. La columelle porte, à son extrémité,
quatre petits plis obliques, presque égaux. Le bord droit est
mince et tranchant, simple dans tonte son étendue. Toute la surface extérieure est chargée de stries très fines, rapprochées, légèrement convexes, et très finement ponctuées.

Cette espèce est longue de 18 millimètres, et large de 6.

---

le *Volvaria bulloides* de Lamarck : et il a tort, puisqu'il compare avec une véritable Bulle vivante une coquille fossile d'un
tout autre genre.

LES ENROULÉES.

*Coquille sans canal, mais ayant la base de son ouverture
échancrée ou versante, et ses tours de spire étant larges,
comprimés, enroulés de manière que le dernier recouvre
presque entièrement les autres.*

Les *Enroulées* constituent la dernière famille de nos Trachélipodes. De même que les columellaires, leur coquille
n'a point de canal inférieurement, et la base de son ouverture est échancrée ou versante. Ce qui la rend remarquable, c'est que ses tours de spire sont larges, comprimés,
et s'enveloppent successivement de manière que le dernier
recouvre presque entièrement les autres. Il en résulte que
la cavité spirale de la coquille est large et étroite, ce qui
montre que le corps de l'animal est lui-même aplati.

Des six genres qu'embrassent les *Enroulées*, les deux
premiers comprennent des coquilles dont le bord droit
de l'ouverture est roulé ou recourbé en dedans. Voici ces
six genres : *Ovule, Porcelaine, Tarière, Ancillaire, Olive*
et *Cône.*

[Presque tous les conchyliologues ont adopté la famille
des Enroulées de Lamarck. En effet, il y a peu de familles
qui paraissent aussi naturelles que celle-là, surtout lorsqu'on en a retiré le genre Cône qui, évidemment, n'en a pas
les caractères. Comme on le sait, toutes les coquilles de
cette famille ont un poli naturel qui leur est donné par
l'animal qui développe sur son test une large expansion de
son manteau qui vient sécréter à la surface une couche
vernissée, dont les couleurs sont ordinairement des plus
brillantes. Ces caractères ne se montrent pas dans les
Cônes, puisqu'ils sont toujours recouverts d'un épiderme
quelquefois épais et tenace, que l'on était habitué d'enlever
dans les anciennes collections, pour polir artificiellement
les coquilles, et rendre, par ce moyen, un vif éclat à leurs

couleurs. Un autre caractère sépare encore les Cônes des Porcelaines, c'est que chez eux il y a un opercule, tandis que cette partie n'existe dans aucun des genres de la famille des Enroulées. Au reste, ces différences dans la coquille sont suffisamment justifiées par celles qui se montrent entre les animaux. L'animal des Cônes, en effet, se rapproche plus de celui des Buccins que de celui des Porcelaines ou des autres genres de la famille qui nous occupe. Maintenant il reste à examiner si parmi les autres genres de la famille des Enroulées, les caractères sont assez uniformes pour constituer un groupe naturel. Il est certain, comme nous le verrons un peu plus tard, que les Ancillaires et les Olives n'ont point de rapports immédiats avec les Ovules et les Porcelaines; chez ces animaux, le pied renversé sur la coquille remplit le rôle du manteau des Porcelaines; ce pied, prolongé en avant, cache quelquefois entièrement la tête et ne laisse plus paraître au dehors que le siphon branchial. Cette portion antérieure du pied prend une forme triangulaire, et n'est séparée du reste que par un sillon que l'on peut comparer à celui qui divise les Lobaires et les Bulles. Il est vrai que dans les Olives, outre cette disposition du pied, la tête peut se montrer un peu au dehors, et les tentacules sortir de leur enveloppe charnue. Néanmoins, les deux genres dont nous venons de parler présentent de profondes différences, et méritent de former à l'avenir une petite famille naturelle, que l'on ne pourra pas éloigner sans doute de celle des Enroulées, car il serait possible que le genre Tarière, dont nous n'avons encore rien dit, eût un animal intermédiaire entre les deux groupes, comme Lamarck semble l'avoir pressenti.]

OVULE. (Ovula.)

Coquille bombée, atténuée et subacuminée aux deux bouts; à bords roulés en dedans. Ouverture longitudinale, étroite, versante aux extrémités, non dentée sur le bord gauche.

Testa turgida, utrinquè attenuata, subacuminata ; marginibus convolutis. Apertura longitudinalis, angusta, ad extremitates effusa ; margine sinistro vel columellari edentulo.

OBSERVATIONS.— Les *Ovules*, que Bruguières a le premier distinguées, et que Linné confondait parmi ses *Bulla*, forment un genre naturel très voisin des Porcelaines par ses rapports.

Ce sont en effet des coquilles bombées, subfusiformes, atténuées et quelquefois comme rostrées aux deux bouts, à-peu-près lisses, et fort rapprochées des Porcelaines par leur conformation. Elles sont enroulées sur elles-mêmes de manière que leur cavité tourne autour de l'axe de la coquille et l'enveloppe entièrement, en sorte qu'elles n'ont réellement point de spire.

Dans la coquille parfaite, le bord droit de l'ouverture est replié et comme roulé en dedans. Il est quelquefois plissé et comme denté ; mais le bord gauche ou columellaire ne l'est jamais.

Ce caractère du bord gauche jamais denté, et celui d'un défaut constant de spire, suffisent pour distinguer les *Ovules* des Porcelaines. Enfin leur bord droit, replié ou roulé en dedans, ne permet pas qu'on les confonde avec les Bulles, celles-ci ayant toujours le leur bien tranchant.

Les coquilles de ce genre n'ont jamais sur leur bord gauche de lame particulière appliquée ; il est toujours nu, lisse, et plus ou moins bombé. Il en est de ces coquilles comme des Porcelaines ; elles n'ont ni drap marin ni opercule.

[Lorsque Lamarck a adopté le genre ovule de Bruguières, on connaissait à peine l'animal des Porcelaines, et celui des Ovules était entièrement inconnu. Il n'était guère possible d'établir de comparaison entre ces deux groupes, si ce n'est au moyen des coquilles, et par leurs caractères extérieurs, elles ont une analogie que personne n'a jamais contestée. Aussi, lorsque MM. Quoy et Gaimard, au retour de leur première circumnavigation, eurent rapporté l'animal de l'*Ovula oviformis*, et lorsque M. de

Blainville en eut donné une description et une figure, les zoologistes ne furent point étonnés de trouver, entre cet animal et celui des Porcelaines, une identité complète. M. de Blainville a conclu de l'examen comparatif des deux genres, que celui des Ovules devait disparaître et rentrer comme sous-division dans le genre des Porcelaines. L'examen que nous avons fait d'une espèce vivante de la Méditerranée, nous a convaincu de la justesse de l'opinion de M. de Blainville, et cependant nous avons cru remarquer, entre les Ovules et les Porcelaines, quelques légères nuances qui subsistent dans les animaux aussi bien que dans leurs coquilles. C'est ainsi que dans l'*Ovula spelta*, par exemple, la tête est beaucoup plus large que dans les Porcelaines figurées par M. Quoy, ainsi que dans les deux Ovules représentées par ce même naturaliste. La tête n'est point prolongée en trompe cylindracée, elle est ouverte en dessous par une ouverture buccale qui donne passage à une trompe cylindracée; les tentacules sont allongés, très pointus, et ils portent les yeux, non sur le tiers inférieur de leur longueur, mais tout-à-fait à la base externe, sur un renflement à peine saillant. Dans presque toutes les Porcelaines, la partie du manteau qui se renverse sur la coquille est garnie de papilles tentaculiformes plus ou moins nombreuses. Dans l'Ovule en question, le manteau est parfaitement lisse, ses deux lobes sont très inégaux; le gauche est le plus grand, et à lui seul il enveloppe presque toute la coquille. Lorsque l'animal marche, il étale un grand pied plat, linguiforme, qui dépasse un peu la longueur de la coquille en arrière. Le tube charnu du manteau, qui passe par l'échancrure antérieure de la coquille, est petit et souvent sort à peine au dehors.

Lamarck n'a connu qu'un petit nombre d'espèces appartenant au groupe des Ovules. M. Sowerby, dans une monographie qu'il a publiée en 1830, dans la première partie d'un *Species conchyliorum* qui malheureusement n'a pas eu de suite, a porté à 27 le nombre des espèces vivantes. Depuis cette époque, quelques autres ont été répandues dans les collections. Quant aux espèces fossiles, elles sont peu nombreuses. Aux deux espèces mentionnées par Lamarck, nous en avons ajouté une propre aux environs de Paris, qui est d'autant plus intéressante, qu'elle est chargée de gros tubercules, et que par l'ensemble de ses caractères elle devient une liaison de plus entre les Ovules et les Porcelaines. Enfin, nous mentionnerons encore une coquille très remarquable qui appartient aussi au bassin de Paris, où elle est extrémement rare, elle semble rattacher, par ses caractères, les Ovules aux Tarières; elle est involvée, à la manière de ce dernier genre, mais sa spire se prolonge en un rostre canaliculé comme celui des Ovules.]

ESPÈCES.

[a] *Bord droit denté par des plis.*

1. **Ovule des Moluques.** *Ovula oviformis.* **Lamk.**

O. *testâ ovato-inflatâ, medio ventricosâ, lævi, lacteâ; extremitatibus prominulis, subtruncatis; fauce aurantiacâ.*

Bulla ovum. Lin. Syst. nat. éd. 12. p. 1181. Gmel. p. 3422. n° 1.

Lister. Conch. t. 711. f. 65.

Bonanni. Recr. 3. f. 252.

Rumph. Mus. t. 38. fig. Q.

Petiv. Gaz. t. 97. f. 7. et Amb. t. 8. f. 6.

Gualt. Test. t. 15. fig. A. B.

D'Argenv. Conch. pl. 18. fig. A.

Favanne. Conch. pl. 30. fig. N.

Seba. Mus. 3. t. 76. *figuræ tres.*

Knorr. Vergn. 6. t. 33. f. 1.

Martini. Conch. 1. t. 22. f. 205. 206.

Encycl. pl. 358. f. 1. a. b.

Ovula oviformis. Ann. du Mus. vol. 16. p. 110. n° 1.

* Mus. Gottw. pl. 7. f. 43.

* Lesser. Testacéothéol. p. 135. n° 22.

* Lin. Syst. nat. éd. 10. p. 725.

* Lin. Mus. Ulric. p. 584.

* Perry. Conch. pl. 53. f. 1.

* Crouch. Lamk. Conch. pl. 19. f. 16.

* Roissy. Buf. Moll. t. 5. p. 421. n° 1. pl. 56. f. 4.

* *Ovula alba.* Schum. Nouv. Syst. p. 258.

* *Bulla ovum.* Born. Mus. p. 198.

* *Id.* Schrot. Einl. t. 1. p. 167. n° 1.

* *Bulla ovum.* Dillw. Cat. t. 1. p. 472. n° 1.

* Blainv. Malac. pl. 31. f. 1.

* *Bulla ovum.* Wood. Ind. Test. pl. 18. f. 1.

30.

* Quoy et Gaim.Voy. de l'Uranie. Zool. pl. 75. f. 2. 3.
* Sow. Genera of Shells. pl. 2. f. 1. 2. 3.
* *Ovulum ovum.* Sow. Spec. Conch. p. 4. f. 1 à 5.
* Kiener. Spec. des Coq. p. 3. n° 1. pl. 1. et pl. 3. f. 5.
* Quoy et Gaim.Voy. de l'Astr. t. 3. p. 50. n° 1. pl. 47. f. 7
* Desh. Encycl. méth.Vers. t. 3. p. 684. n° 1.

Habite l'Océan des Moluques et celui des îles des Amis. Mon cabinet. Coquille oviforme, d'un blanc de lait en dehors, d'une couleur orangée un peu rembrunie en dedans, et ayant ses deux extrémités saillantes et tronquées. Dans sa jeunesse, elle est mince,
comme papyracée, partout très blanche, et a son bord droit tranchant. Dans cette espèce, comme dans toutes les autres, l'ouverture occupe toute la longueur de la coquille. C'est, de toutes les
Ovules, celle dont le ventre est le plus bombé. Longueur : 3 pouces
5 lignes.

2. Ovule anguleuse. *Ovula angulosa*. Lamk. (1)

O. *testá ovato-ventricosá, subgibbosá, albá; ventre medio transver-*
sim obtusè angulato, lineis prominulis cincto; extremitatibus obtu-
sis; fauce roseo-violaceá.

Ovula costellata. Ann. ibid. n° 2.
* *Cypræa tortilis.* Martyns. Univ. Conch. pl. 60.
* Chemn. Conch. t. 10. p. 128.
* *Bulla ovum.*Var. β. Gmel. p. 3422.
* *Bulla imperialis.* Dillw. Cat. t. 1. p. 473. n° 2.
* *Id.*Wood. Ind. Test. pl. 18. f. 2.
* Kiener. Spec. des Coq. p. 4. n° 2. pl. 2. f. 1.
* Quoy et Gaim.Voy. de l'Astr. p. 5. n° 2. pl. 47. f. 3 à 6.
* Valentyn. Amboina. pl. 4. f. 32.
* Sow. Spec. Conch. p. 6. f. 6 à 9.
* *Ovula columba.* Schub. et Wagn. Suppl. à Chemn. p.116. pl. 228.
f. 4043. 4044.
* Desh. Encycl. méth.Vers. t. 3. p. 684. n° 2.

Habite... l'Océan des Grandes-Indes? Mon cabinet. Cette espèce,
quoique très voisine de la précédente par ses rapports, en est constamment distincte, et toujours plus petite. Elle est ovale, un peu
bossue, comme anguleuse transversalement dans sa partie moyenne,

---

(1) Cette espèce, ayant été nommée *Cypræa tortilis* long-temps
avant Lamarck, doit devenir *l'Ovula tortilis* dans une bonne
nomenclature.

avec des lignes transverses légèrement en saillie. Elle est blanche
en dehors, et offre à l'intérieur une teinte d'un rose violet. Longueur : 17 lignes.

3. Ovule à verrues. *Ovula verrucosa.* Lamk.

> O. *testá ovatá, gibbosá, transversè angulatá, albá; verrucá globosá
> ad utramque extremitatem in foveá inclusá.*

Bulla verrucosa. Lin. Syst. nat. éd. 12. p. 1182. Gmel. p. 3423.
n° 5.

Lister. Conch. t. 712. f. 67.

Rumph. Mus. t. 38. fig. H.

Petiv. Amb. t. 16. f. 23.

Gualt. Test. t. 16. fig. F.

D'Argenv. Conch. pl. 18. fig. M.

Seba. Mus. 3. t. 55. f. 17.

Knorr.Vergn. 4. t. 26. f. 7.

Martini. Conch. 1. t. 23. f. 220. 221.

Encycl. pl. 357. f. 5. a. b.

Ovula verrucosa. Ann. ibid. p. 111. n° 3.

[b] *Var. testá cœrulescente.*

* Lesser. Testacéothéol. p. 135. n° 24.

* *Bulla verrucosa.* Lin. Syst. nat. éd. 10. p. 726.

* *Id.* Lin. Mus. Ulric. p. 585.

* Roissy. Buff. Moll. t. 5. p. 422. n° 3.

* *Bulla verrucosa.* Born. Mus. p. 199.

* *Id.* Schrot. Einl. t. 1. p. 170. n° 5.

* *Id.* Dillw. Cat. t. 1. p. 475. n° 10.

* *Ovulum verrucosum.* Sow. Spec. Conch. p. 6. pl. 1. f. 10. 11. 12.

* Blainv. Malac. pl. 31. f. 4.

* Wood. Ind. Test. pl. 18. f. 10.

* Sow. Genera of Shells. pl. 1. f. 2. 3.

* Reeve. Conch. Syst. t. 2. p. 266. pl. 290. f. 2. 3.

* Sow. Spec. Conch. p. 6. f. 10 à 12.

* Kiener. Spec. des Coq. p. 5. n° 3. pl. 2. f. 3.

* Quoy et Gaim.Voy. de l'Astr. t. 3. p. 53. n° 3. pl. 47. f. 8. 9.

* Desh. Encycl. méth. Vers. t. 3. p. 684. n° 3.

Habite l'Océan des Grandes-Indes. Mon cabinet. Coquille ovale, bossue, anguleuse sur le dos, d'un beau blanc, teinte de rose à ses extrémités, et fort remarquable par la verrue singulière dont elle est
munie à chaque bout. Longueur : près d'un pouce.

4. Ovule lactée. *Ovula lactea.* Lamk.

> O. *testá ovatá, subgibbosá, lævi, extùs intùsque candidá; columellá
> basi compressá.*

Ovula lactea. Ann. ibid. n° 4.

[*b*] *Eadem minor, albo-cœrulescens.*

* Sow. Spec. Conch. p. 5. f. 13. 14.

* Kiener. Spec. des Coq. p. 8. n° 6. pl. 6. f. 1.

* Desh. Encycl. méth. Vers. t. 3. p. 685. n° 4.

Habite les mers de Timor. Mon cabinet. Petite coquille ovale, à peine un peu bossue, non rostrée aux extrémités, et d'un beau blanc. Longueur : 7 lignes un quart ; de sa variété : 6 lignes trois quarts.

5. Ovule incarnate. *Ovula carnea.* Lamk.

O. testá ovatá, gibbá, utrinquè subrostratá, carneo-rubente; labro arcuato; columellá anteriùs uniplicatá.

Bulla carnea. Poiret. Voy. 2. p. 21.

Bulla carnea. Gmel. p. 3434. n° 50.

Encycl. pl. 357. f. 2. a. b.

Ovula carnea. Ann. t. 16. p. 111. n° 5.

* Desh. Encycl. méth. Vers. t. 3. p. 685. n° 5.

* *Bulla carnea.* Delle Chiaje dans Poli testac. t. 3. 2ᵉ part. p. 18. pl. 46. f. 1. 2.

* Barrelier. Plant. per Gall. pl. 1326. f. 34.

* Payr. Cat. des Moll. de Corse. p. 168. n° 338.

* Schub. et Wagn. Suppl. à Chemn. p. 115. pl. 228. f. 4041. 4042.

* Sow. Zool. journ. t. 4. p. 151.

* Philip. Enum. Moll. Sicil. p. 234. n° 3.

* Wood. Ind. Test. pl. 18. f. 4.

* Sow. Spec. Conch. p. 5. f. 17. 18.

* Kiener. Spec. des Coq. p. 10. n° 8. pl. 6. f. 2.

Habite la Méditerranée, sur les côtes de la Barbarie. Mon cabinet. Coquille plus petite encore que la précédente, un peu bossue, légèrement en pointe aux deux bouts, et d'une couleur de chair rougeâtre ou vineuse, mais plus pâle sur le dos et en dessous. Long. : 5 lignes un quart.

6. Ovule grain-de-blé. *Ovula triticea.* Lamk. (1)

O. testá ovato-oblongá, lœvi, rubro-aurantiá; labro albido; columellá anteriùs uniplicatá.

---

(1) Dillwyn préfère pour cette espèce le nom que Solander lui a imposé dans un ouvrage resté manuscrit, à celui donné et publié par Lamarck dans les Annales du Muséum. Dillwyn au-

Petiv. Gaz. t. 66. f. 2 ?

Ovula triticea. Ann. ibid. n° 6.

* *Bulla lepida.* Dillw. Cat. t. 1. p. 474. n° 5.

* **Payr.** Cat. des Moll. de Corse. p. 169. n° 339. pl. 8.

* Sow. Spec. Conch. p. 6. f. 35.

* Kiener. Spec. des Coq. p. 15. n° 13. pl. 6. f. 3.

Habite les côtes de l'Afrique. Mon cabinet. C'est la plus petite des Ovules connues, et elle a beaucoup de rapports avec la précédente; mais elle est plus étroite et très peu bombée. Son bord extérieur, presque droit, est blanc, ainsi que le pli tuberculeux du sommet de sa columelle. Longueur : 5 lignes.

7. **Ovule grain-d'orge.** *Ovula hordacea.* **Lamk.**

O. testá oblongá, utrinquè acutiusculá; rubro-castaneá, dorso anticè subangulato ; columellá supernè uniplicatá.

Ovula hordacea. Ann. ibid. p. 112. n° 7.

* Sow. Spec. Conch. p. 10. f. 53.

* Kiener. Spec. des Coq. p. 16. n° 14. pl. 6. f. 6.

Habite les côtes de l'Afrique? Collect. du Mus. Coquille voisine de celle qui précède, mais plus grêle, presque cylindracée, et un peu anguleuse sur le dos antérieurement. Elle offre un gros pli blanc au sommet de sa columelle. Longueur : 11 à 12 millim.

[b] *Bord droit lisse, non denté.*

8. **Ovule gibbeuse.** *Ovula gibbosa.* **Lamk.**

O. testá ovato-oblongá, utrinquè obtusá, angulo elevato obtuso cinctá, albo-flavescente.

Bulla gibbosa. Lin. Syst. nat. éd. 12, p. 1183. Gmel. p. 3423. n° 6.

---

rait dû se souvenir qu'un nom spécifique n'a de valeur, dans la nomenclature, qu'autant que par sa publication il peut être connu de tous ceux qui sont intéressés à le savoir. Si un nom de manuscrit ou de collection de Solander peut être connu à Londres, il ne l'est point à Paris ni ailleurs; il n'existe réellement pas dans la science. On peut exiger de ceux qui écrivent sur les diverses branches de l'histoire naturelle, de connaître tout ce qui est publié dans chacune d'elles ; mais on ne peut exiger qu'ils sachent ce qui est en manuscrit, soit dans une bibliothèque , soit dans diverses collections publiques ou particulières.

Columu. Purp. p. 29. t. 3o f. 5.

Lister. Conch. t. 711. f. 64.

Bonanni. Recr. 3. f. 249. 339.

Petiv. Gaz. t. 15. f. 5.

Gùalt. Test. t. 15. f. 3.

D'Argenv. Conch. pl. 18. fig. Q.

Favanne. Conch. pl. 3o. fig. G. 1.

Seba. Mus. 3. t. 55. f. 18.

Knorr. Verg. 1. t. 14. f. 3. 4. et 6. t. 32. f. 4.

Martini. Conch. 1. t. 22. f. 211-214.

Encyclop. pl. 357. f. 4. a. b.

Ovula gibosa. Ann. ibid. n° 8.

* Mus. Gottw. pl. 8. f. 46. a.

* Dau. Major. fab. Colum. de Purp. p. 44.

* *Bulla gibbosa.* Lin. Syst. nat. éd. 10. p. 726.

* *Id* Lin. Mus. Ulric. p. 585.

* Perry. Conch. pl. 53. f. 2.

* Roissy. Buf. Moll. t. 5. p. 422. n° 4.

* Schumm. Nouv. Syst. p. 258.

* *Bulla gibbosa.* Born. Mus. p. 200.

* *Id.* Schrot. Einl. t. 1. p. 170: n° 6.

* *Id.* Dillw. Cat. t. 1. p. 476. n° 11.

* *Ovulum gibbosum.* Sow. Spec. Conch. p. 7. pl. 2. f. 28 à 31.

* Blainv. Malac. pl. 31. f. 22.

* *Bulla gibbosa.* Wood. Ind. Test. pl. 18. f. 11.

* Sow. Genera of Shells. pl. 1. f. 4.

* Reeve. Conch. Syst. t. 2. p. 266. pl. 290. f. 4.

* Sow. Spec. Conch. p. 7. f. 28 à 31.

* Kiener. Spec. des Coq. p. 17. n° 15. pl. 2. f. 2.

* Desh. Encycl. méth. Vers. t. 3. p. 685. n° 6.

Habite les mers du Brésil. Mon cabinet. Coquille ovale-oblongue, obtuse aux deux bouts, et très remarquable par l'angle ou pli transversal qui fait une forte saillie sur son dos. Elle est commune dans les collections. Longueur : 11 lignes et demie.

9. **Ovule aciculaire.** *Ovula acicularis.* Lamk. (1)

O. testâ lineari, perangustâ, diaphanâ, cinereo-cærulescente ; extremitatibus subacutis, labro vix marginato.

-----

(1) Nous ferons, au sujet du nom que Dillwyn consacre à cette espèce, la même observation que pour l'*Ovula triticea*, n° 6.

Ovula acicularis. Ann. ibid. n° 9.

* Lister. Conch. pl. 711. f. 66?

* *Bulla secale.* Dillw. Cat. t. 1. p. 474. n° 7.

* *Id.* Wood. Ind. Test. pl. 18. f. 7.

* Sow. Spec. Conch. p. 10. f. 49 à 52.

* Kiener. Spec. des Coq. p. 21. n° 18. pl. 5. f. 2.

Habite l'Océan des Antilles. *Maugé.* Mon cabinet. Espèce qui paraît très distincte des deux suivantes, dont elle se rapproche par ses rapports. Elle est subcylindrique, grêle, d'un cendré bleuâtre, et ressemble à un grain d'avoine allongé et peu renflé. Elle n'offre qu'un sinus léger et oblique sur sa columelle. Longueur: 6 lignes et demie.

10. **Ovule spelte.** *Ovula spelta.* Lamk. (1)

O. testâ oblongâ, ad utramque extremitatem obsoletè rostratâ, lævi, albâ; dorso tumidiusculo; labro arcuato, margine intùs incrassato.

Bulla spelta. Lin. Syst. nat. éd. 12. p. 1182. Gmel. p. 3423. n° 4.

Lister. Conch. t. 712. f. 68.

Gualt. Test. t. 15. f. 4.

Martini. Conch. 1. t. 23. f. 215. 216.

Ovula spelta. Ann. t. 16. p. 113. n° 10.

* *Bulla spelta.* Lin. Syst. nat. éd. 10. p. 726.

* *Id.* Oliv. Adriat. p. 157.

* *Id.* Dillw. Cat. t. 1. p. 475. n° 9.

* *Ovulum secale.* Sow. Spec. Conch. p. 8. pl. 2. f. 36.

* Payr. Cat. des Moll. de Corse. p. 169. n° 340.

* Sow. Zool. Journ. t. 4. p. 158.

* Philip. Enum. Moll. Sicil. p. 233. n° 2. pl. 12. f. 17.

* Desh. Encycl. méth. vers. t. 3. p. 685. n° 7.

* *Bulla spelta.* Born. Mus. p. 199.

---

(1) Nous ne rapportons pas dans la synonymie de cette espèce l'*Ovulum spelta* de M. Sowerby (Spec. Conch., pl. 2, fig. 43), parce que ses caractères ne s'accordent pas avec ceux du *Bulla spelta* de Linné. Linné dit de sa coquille: *Utrinque obtusiuscula denticulo obsoleto ad apicem columellæ.* Le *Spelta* de M. Sowerby n'a ni l'un ni l'autre de ces caractères: ce n'est donc point le véritable *Spelta*, tandis que les caractères en question se montrent très bien dans l'espèce que M. Sowerby nomme l'*Ovulum secale*; aussi c'est celle-là que nous rapportons au *Spelta*.

* *Id.* Schrot. Einl. t. 1. p. 169. n° 4.
* Blainv. Faun. franç. pl. 9. A. f. 5.
* Wood. Ind. Test. pl. 18. f. 9.
* Kiener. Spec. des Coq. p. 22. n° 19. pl. 5. f. 4.

Habite la Méditerranée. Mon cabinet. Coquille blanche, lisse, un peu renflée sur le dos, et qui n'est ni carénée ni striée transversalement, comme l'indiquent les figures citées de *Lister* et de *Martini*. Elle offre un petit pli au sommet de sa columelle, et a son bord droit marginé en dedans. Longueur : 8 lignes un quart.

11. Ovule birostre. *Ovula birostris*. Lamk. (1)

O. testá oblongá, dorso tumidiusculá, ad utramque extremitatem rostratá, lævi, albá ; labro margine exteriore incrassato.

Bulla birostris. Lin. Syst. nat. éd. 12. p. 1182. Gmel. p. 3423. n° 3.

An. Lister. Conch. t. 711. f. 66 ?

Knorr. Vergn. 6. t. 20. f. 5.

Favanne. Conch. pl. 30 fig. K. 1.

Martini. Conch. 1. t. 23. f. 217. a. b.

Encyclop. pl. 357. f. 1. a. b.

Ovula birostris. Ann. ibid. n° 11.

* Crouch. Lamk. Conch. pl. 19. f. 17.
* Wood. Ind. Test. pl. 18. f. 6.
* Sow. Genera of Shells. pl. 1. f. 5.
* Reeve. Conch. Syst. t. 2. p. 266. pl. 290. f. 5.
* Schub. et Wag. Supp. à Chemn. p. 116. pl. 228. f. 4045. 4046.
* Kiener. Spec. des Coq. p. 24. n° 21. pl. 5 f. 1.
* Desh. Encycl. méth. vers. t. 3. p. 686. n° 8.
* *Radius brevirostris.* Schum. Nouv. Syst. p. 259.
* *Bulla birostris.* Born. Mus. p. 198.
* *Id.* Schrot. Einl. t. 1. p. 168. n° 3.
* *Id.* Dillw. Cat. t. 1. p. 474. n° 6.

---

(1) M. Risso ayant trouvé un jeune individu de l'*Ovula spelta*, en a donné une figure grossie, et en a fait un genre sous le nom de Syninia. M. Kiener a pris cette figure pour celle de l'*Ovula birostris*. Si la figure du *Birostris*, que l'on voit dans l'ouvrage de M. Kiener, est fidèle, comme nous le croyons, il suffira de la mettre en regard de celle de M. Risso pour se convaincre qu'elles représentent deux espèces bien distinctes.

* Blainv. Faunc. franç. pl. 9. A. f. 6.

Habite les côtes de Java. Mon cabinet. Cette espèce est un peu plus grande que celle qui précède, et s'en distingue principalement en ce qu'elle est birostrée, et que son bord droit est muni d'un bourrelet en dehors. On la nomme vulgairement la *Fausse-navette*; mais elle est constamment distincte de l'espèce qui suit. Longueur : 8 lignes un quart; mais je n'ai qu'un jeune individu.

12. Ovule navette. *Ovula volva*. Lamk.

O. testâ medio ventricosâ, tumidâ, utrinquè rostratâ, albidâ; rostris prælongis, cylindraceis, obliquè striatis.

Bulla volva. Lin. Syst. nat. éd. 12. p. 1182. Gmel. p. 3422. n° 2.

Lister. Conch. t. 711. f. 63. *Mala.*

D'Argenv. Conch. pl. 18. fig. I.

Favanne. Conch. t. 30. fig. K 2.

Seba. Mus. 3. t. 55. f. 13-16.

Knorr. Vergn. 5. t. 1. f. 2. 3. et 6. t. 32. f. 1.

Martini. Conch. 1. t. 23. f. 218.

Encycl. pl. 357. f. 3. a. b.

Ovula volva. Ann. ibid. n° 12.

[*b*] *Eadem albido-roseâ, transversim striatâ.*

* *Balla volva.* Lin. Syst. nat. édit. 10. p. 725.

* *Bulla volva.* Herbst. Hist. Vern. pl. 45. f. 1.

* Lin. Mus. Ulric. p. 584.

* Lessons on Shells. pl. 2. f. 8.

* Perry. Conch. pl. 53. f. 3.

* Roissy. Buf. Moll. t. 5. p. 42. n° 2.

* *Bulla volva.* Schrot. Einl. t. 1. p. 168. n° 2.

* *Id.* Burrow. Elem. of Conch. pl. 14. f. 5.

* *Id.* Dillw. Cat. t. 1. p. 473. n° 2.

* Blainv. Malac. pl. 31. f. 3.

* Wood. Ind. Test. pl. 18. f. 3.

* Sow. Genera of Shells. pl. 1. f. 1.

* Reeve. Conch. Syst. t. 2. p. 266. pl. 290. f. 1.

* Sow. Spec. Conch. p. 9. f. 56. 57.

* Desh. Encycl. méth. vers. t. 3. p. 686. n° 9.

* Kiener. Spec. des Coq. p. 26. n° 25. pl. 4. f. 1.

Habite l'Océan des Antilles. Mon cabinet. Coquille bien singulière par sa forme, précieuse dans le commerce, assez rare, et toujours fort recherchée dans les collections, surtout lorsqu'elle est bien conservée. Elle est presque globuleuse dans son milieu, et se termine à chaque extrémité par un bec long, grêle, cylindracé et canaliculé. Longueur : 2 pouces 10 lignes et demie. La variété teinte de rose est fort rare. Je la crois des côtes du Brésil. [Collect. du Mus.]

† 13. Ovule adriatique. *Ovula adriatica.* Sowerby.

O. testá oblongo-ovali, subventricosá, utrinquè subacuminatá, pallidè carneá, hyalinâ; labii externi margine angusto, intùs denticulato; columellá supernè uniplicatá, infrà subdepressá, intùs marginatá.

Sow. Zool. Journ. t. 4. p. 150.
Sow. Spec. Conch. p. 4. f. 23. 24.
Philip. Enum. Moll. Sicil. p. 233. n° 1. pl. 12. f. 13.
Kiener. Spec. des Coq. p. 9. n° 7. pl. 2. f. 4.
Habite dans l'Adriatique et dans la mer de Sicile.

Cette espèce a des rapports avec l'*Ovula carneola*. Elle est plus grande, plus mince, et sa coloration est constamment plus pâle. Elle est ovale-oblongue, enflée vers son extrémité postérieure, atténuée en avant, et présentant à l'extrémité opposée un petit rostre très court. L'ouverture est plus longue que le dernier tour, elle est étroite, un peu dilatée vers la base. Le bord droit épais, faiblement bordé en dehors; il est renversé en dedans, et finement crénelé dans toute son étendue. Sur le sommet de la columelle se voit une callosité oblique, d'un blanc rosé qui contribue à former le canal postérieur. La base de la columelle est droite, lisse et un peu tordue vers son extrémité. Toute la coquille paraît lisse; mais, vue à la loupe, on remarque des stries transverses très fines au sommet et à la base. Cette coquille est d'un blanc uniforme, dans la plupart des individus; teintée de rose dans une variété assez constante; son test est mince et transparent.

Elle est longue de 23 millim. et large de 11.

† 14. Ovule intermédiaire. *Ovula intermedia.* Sowerby.

O. testá ovato-oblongá, utrinquè subacuminatá; dorso suprà medium transversim subangulato; labio columellari propè extremitatem obliquè uniplicato: labii externi margine interno edentulo.

Bonan. Observ. Circa. viv. Coq. f. 21?
Lister. Conch. pl. 712. f. 68?
Sow. Spec. Conch. p. 9. f. 32. 33.
Kiener. Spec. des Coq. p. 23. n° 20. pl. 4. f. 2.
Habite...

Espèce curieuse, qui semble tenir le milieu entre l'*Ovula gibbosa* et l'*Ovula acicularis*. Elle est allongée, un peu enflée dans le milieu, également atténuée à ses extrémités; un angle obtus et transverse la divise en deux parties égales. L'ouverture est allongée, étroite,

un peu dilatée vers la base ; elle est d'un blanc rose, très pâle en
dedans ; ses extrémités sont terminées par des rostres à-peu-près
égaux ; le postérieur est très étroit, et à son origine, il porte une
callosité en forme de plis très obliques. Le bord droit est très
épais ; il est simple, renversé en dehors, et non involvé en dedans,
comme dans beaucoup d'autres espèces. Tout le ventre de la coquille est garni d'une couche calleuse très lisse, et d'un blanc d'i-
voire. On remarque au sommet et à la base de cette coquille un
petit nombre de stries rapprochées et onduleuses. On en voit aussi
quelques autres sur la surface : elle sont obsolètes et beaucoup plus
espacées. Toute cette coquille est du plus beau blanc, si ce n'est le
bord droit, qui est jaunâtre.

Elle est longue de 34 millim., et large de 15.

† 15. Ovule perle. *Ovula margarita.* Sowerby.

O. testâ ovali-subglobosâ, supernè obtusâ, infrà subacuminatâ, al-
bâ ; columellâ intùs propè basin depresso-concavâ ; labii externi
margine rotundato, intùs denticulato.

Sow. Spec. Conch. p. 4. f. 19. 20.

Kiener. Spec. des Coq. p. 11. n° 9. pl. 6. f. 4.

Habite dans la mer Pacifique.

Petite espèce ovale-globuleuse, se rapprochant des Porcelaines par
sa forme générale. Son extrémité antérieure est atténuée en un
bec très court et pointu. L'ouverture est très étroite, un peu
dilatée vers son extrémité antérieure. Le bord droit un peu épaissi
en dehors, fortement renversé en dedans, est finement dentelé
dans toute son étendue ; ce bord droit est fortement courbé dans
toute sa longueur ; il est semblable à un arc qui embrasserait la
coquille par les extrémités de son axe. On voit au sommet de la
columelle une petite callosité oblique qui contribue à circonscrire
le canal supérieur de l'ouverture. Toute cette coquille est d'un
blanc laiteux ; elle est parfaitement lisse dans toutes ses parties.

Elle est longue de 13 millimètres, et large de 8.

† 16. Ovule ouverte. *Ovula patula.* Sowerby.

O. testâ tenui, ovato-oblongâ, medio subventricosâ, supernè coarc-
tatâ ; aperturâ latiusculâ ; labii externi margine arcuato, acuto ;
columellâ supernè uniplicatâ, propè basin longitudinaliter sulcato-
impressâ.

Bulla patula. Pennant. Zool. Brit. t. 4. p. 117. pl. 70. f. 85. A.

Id. Dillw. Cat. t. 1. p. 475. n° 8.

Ovulum patulum. Sow. Spec. Conch. p. 10. pl. 2. f. 58.

Habite dans l'Océan Britannique.

Coquille fort singulière, qui conserve à l'état adulte les caractères du jeune âge. Elle est ovale-oblongue, renflée dans le milieu, atténuée à ses extrémités, le rostre de l'extrémité postérieure plus allongé et plus large que le canal de la base. L'ouverture est oblongue, dilatée dans le milieu, rétrécie et canaliculée à chacune de ses extrémités. Le bord droit est simple, à peine épaissi; il n'est renversé ni en dedans ni en dehors. La columelle est simple, redressée à son extrémité antérieure. Toute cette coquille est d'un blanc laiteux, un peu diaphane, quelquefois légèrement teinte de rose, un peu pâle. Sa surface est parfaitement lisse.

Cette espèce, très rare, est longue de 25 millimètres, et large de 15.

Espèces fossiles.

1. Ovule passérinale. *Ovula passerinalis.* Lamk.

O. testá ovato-ventricosá, lævi, vix rostratá; labro arcuato lævissimo.
Ovula passerinalis. Annales du Mus. vol. 16. p. 114. n° 1.
Habite... Fossile des environs de Fiorenzola, dans le Plaisantin. Cabinet de feu M. Faujas. Petite ovule très distincte comme espèce, et dont l'analogue vivant n'est pas encore connu. Elle est ovale, ventrue, à peine rostrée, et n'offre ni dents ni plis sur le bord droit. On voit un gros pli vers l'extrémité antérieure de la columelle. La grosseur de cette coquille est à-peu-près égale à celle d'un œuf de moineau. Sa longueur est de 23 millim.

2. Ovule birostre. *Ovula birostris.* Lamk.

Ovula birostris. Ann. ibid. n° 2.
Habite... Fossile des environs de Fiorenzola, dans le Plaisantin. Cabinet de feu M. Faujas. Elle ressemble en tout à son analogue vivant, qui habite sur les côtes de Java. Son bord extérieur est bien marginé en dehors. Elle a un pli oblique sur la columelle du bec antérieur. Longueur : 28 millim.

† 3. Ovule tuberculeuse. *Ovula tuberculosa.* Duclos.

O. testá magná, ovatá, inflatá, lævigatá, dorso bituberculatá ; latere postico subplano, angulis callosis circumdato; aperturá elongatá, angustá, arcuatá, anticè latiore; labro supernè exserto, subauriculiformi.
Cypræa Deshayesii. Gray. Mon. des Cyp. Zool. Journ. t. 4. p. 83. n° 64.
Cypræa tuberculosa. Sow. Add. et Corr. à la Monog. des Cyp. Zool. Journ. t. 4. p. 221. pl. 30. Suppl.

Desh. Coq. Foss. des env. de Paris. t. 2. p. 717. pl. 96. f. 16. pl. 97. f. 17.

Habite fossile de Rétheuil et de Guisc-Lamothe.

M. Duclos, le premier, fit connaître cette coquille, en distribuant aux collecteurs une figure lithographiée qui la représente exactement. Cette planche, isolée et sans texte, n'appartenant à aucun recueil connu, n'a été sans doute connue que d'un très petit nombre de personnes, et nous aurions pu, malgré cette publication peu usitée, donner à cette espèce un autre nom; mais nous avons préféré celui-ci, déjà inscrit dans quelques collections.

L'Ovule tuberculeuse est une des plus rares et des plus précieuses coquilles du bassin de Paris. Elle est remarquable par sa taille et par les caractères qu'elle présente; elle se rapproche à quelques égards du *Cypræa mus*, ayant comme elle des tubercules sur le dos. Mais elle n'appartient pas aux Porcelaines proprement dites; l'absence des dents sur le bord de l'ouverture lui fait prendre place parmi les Ovules. Elle est ovale-oblongue, très ventrue, fort élargie postérieurement, et aplatie de ce côté. Cet aplatissement est rendu plus remarquable, parce qu'il est circonscrit de chaque côté par une callosité oblongue, qui remonte et disparaît vers le dos. Sur la ligne médiane et dorsale s'élèvent deux tubercules inégaux : celui qui est le plus en arrière est le plus saillant, et il est comprimé d'avant en arrière; le second tubercule ressemble à une grosse pustule arrondie, placée à peu de distance du premier. La coquille est aplatie en dessous. L'ouverture est allongée, courbée dans sa longueur, et principalement vers son extrémité postérieure ; elle se dilate légèrement vers la base, et dans l'endroit de cette dilatation les bords sont évasés et un peu infundibuliformes. Le bord droit est très épais; il porte du côté de l'ouverture quelques grosses rides irrégulières ; à l'extrémité postérieure de l'ouverture, il se prolonge en une sorte d'oreillette recourbée qui cache toute l'échancrure de ce côté, lorsqu'on la regarde de face. Toute la surface de cette coquille est lisse ; mais l'état fossile lui a ôté le brillant qu'elle devait avoir durant la vie de l'animal.

Les grands individus ont 125 millim. de long et 92 de large.

† 4. Ovule moyenne. *Ovula media*. Nobis.

O. *testá ovato-oblongá, minimá, lævigatá, fragilissimá, apice mucronatá, basi attenuatá; aperturá angustá ; labro tenuissimo, basi sinuoso.*

Desh. Coq. Foss. des env. de Paris. t. 1. p. 718. pl. 95. f. 34-36.

Habite fossile de Grignon et de Beyne.

Ce n'est qu'avec doute que nous plaçons cette coquille parmi les Ovules; elle n'en a pas tous les caractères, et peut-être conviendrait-il de la mettre au nombre des Tarières; mais elle n'a pas non plus exactement les caractères de ce dernier genre. Nous la plaçons ici, en attendant de nouvelles observations. Nous n'avons vu jusqu'à présent que quatre ou cinq individus de cette espèce : ils étaient tous de la même taille et offraient les mêmes caractères. Nous avions d'abord pensé qu'ils étaient de jeunes individus du *Terebellum convolutum*; mais dans une de nos dernières excursions à Grignon, ayant eu occasion de voir un assez grand nombre d'individus de tous les âges, nous ne leur avons jamais trouvé, à un degré quelconque, les caractères particuliers de l'espèce qui nous occupe.

Cette petite coquille est ovale-oblongue, ventrue à sa partie supérieure, rétrécie à sa base. Sa surface est lisse, polie, si ce n'est vers l'extrémité antérieure, où l'on trouve, à l'aide d'un grossissement convenable, quelques stries transverses. La spire semble saillante, et ne l'est cependant pas; elle est complétement involvée par le dernier tour. Ce qui donne au sommet de la coquille l'apparence d'une spire saillante, c'est parce que du centre s'élève un petit cône résultant du prolongement des deux bords de l'ouverture et de leur enroulement; ces deux bords, dans le prolongement, ne laissent entre eux qu'une fente extrémement étroite, et non un canal élargi, comme dans les Ovules. L'ouverture est peu élargie, elle est subquadrangulaire; son bord droit, très mince et très fragile, est légèrement courbé en avant et infléchi à son extrémité antérieure. Cette inflexion ressemble un peu à celle des Tarières, mais elle n'est pas semblable à celle du *Terebellum convolutum*, lorsqu'il est encore à la taille de notre coquille.

Cette espèce curieuse semble intermédiaire, par ses caractères, entre les Ovules et les Tarières, et peut servir à indiquer les rapports des deux genres. Sa longueur est de 7 millim., et sa largeur de 4.

M. Sowerby ayant, avant nous, donné le nom d'*Intermédiaire* à une espèce vivante d'Ovule, nous nous trouvons dans la nécessité de changer le nom de celle-ci.

PORCELAINE. (Cypræa.)

Coquille ovale ou ovale-oblongue, convexe, à bords roulés en dedans. Ouverture longitudinale, étroite, dentée

des deux côtés, versante aux deux bouts. Spire très petite,
à peine apparente.

Testa ovata vel ovato-oblonga, convexa, marginibus in-
volutis. Apertura longitudinalis, angustata, utrinquè den-
tata, ad extremitates effusa. Spira minima, obtecta.

OBSERVATIONS. — Les Porcelaines sont en général des coquilles
lisses, luisantes, agréablement variées dans leurs couleurs, et qui
n'ont jamais de drap marin. Elles constituent un genre très naturel, bien distinct, fort nombreux en espèces, et singulièrement
remarquable par les différens états de la coquille du même individu, selon l'âge de l'animal et à certaines époques de sa vie.

Dans leur état complet, ces coquilles [enroulées autour de
leur axe longitudinal, de manière que le dernier tour enveloppe
presque entièrement les autres] sont ovales, convexes en dessus, un peu aplaties en dessous et ont leur spire presque totalement cachée ou recouverte. Leur ouverture s'étend dans toute
leur longueur, est étroite et dentée sur ses deux bords, lesquels
sont roulés en dedans.

Mais, dans la jeunesse de l'animal, ces mêmes coquilles présentent une forme bien différente; car alors leur ouverture est
plus lâche, surtout inférieurement, n'est point dentée, et a son
bord droit tranchant [Encyclop., pl. 349, fig. a. b.]. Ensuite,
lorsqu'une de ces coquilles a acquis la forme générale qui caractérise son genre, elle n'est pas encore complète, parce qu'elle
n'a que son premier plan de matière testacée; que sa spire,
quoique très petite, n'est pas encore recouverte, et que les couleurs qui doivent l'orner dans son état complet ne sont point
encore acquises [Encyclop., pl. 349. fig. c.].

Ainsi les individus de chaque espèce de Porcelaine peuvent
être trouvés sous trois états différens : 1° sous l'état de première jeunesse : la coquille de ces individus est alors très imparfaite, et ressemble à un petit cône mince, à columelle courbée et tronquée à sa base, et n'offre nullement le caractère du
genre; 2° sous l'état moyen d'accroissement : la coquille, dans
cet état, est conformée comme l'exprime le caractère de ce
genre; elle est mince, offre une spire saillante, et n'a que son
premier plan de matière testacée, muni de couleurs particu-

lières; 3° enfin sous l'état adulte ou de développement complet: alors la coquille est plus épaisse, a un second plan de matière testacée dont les couleurs sont différentes de celles de son premier plan, et sa spire est recouverte.

Le second plan dont est munie la coquille complète lui a été fourni par les dépôts des deux ailes membraneuses du manteau de l'animal, qui, dans l'état adulte de cet animal, ont pris beaucoup d'accroissement et sont devenues fort grandes. Ces deux ailes se déploient sur le dos de la coquille, au moins dans les mouvemens de translation, la recouvrent alors entièrement, et y déposent les matériaux de son second plan testacé. Il résulte des dépôts ou de la transsudation des deux ailes de l'animal sur la coquille, qu'outre que celle-ci en acquiert plus d'épaisseur, elle se trouve alors émaillée de couleurs très différentes de celles dont la coquille inférieure ou première était ornée. J'ajoute que l'on a des observations qui tendent à prouver que l'animal des Porcelaines, parvenu à pouvoir former une coquille complète, a encore la faculté de grandir, et qu'alors il est obligé de quitter sa coquille pour en former une nouvelle: il en résulte qu'un même individu a pu former successivement plusieurs coquilles à plan simple et plusieurs autres à plan double ou complètes, ce que prouvent évidemment des Porcelaines complètes de la même espèce et de différentes grandeurs.

Il faut donc distinguer soigneusement trois états très particuliers, dans lesquels les Porcelaines peuvent se rencontrer dans le cours de leur formation, si l'on ne veut s'exposer à prendre pour espèces différentes trois individus qui appartiennent à la même.

Dans quelques espèces, le lieu de la spire présente un enfoncement ou une fossette qui imite un ombilic; mais dans d'autres, cette fossette s'efface insensiblement, et se prête difficilement à une division des espèces.

Il en est de même des deux bords extérieurs de la coquille, dont tantôt l'un et l'autre sont dilatés, tantôt un seul est dans ce cas, et tantôt ni l'un ni l'autre ne sont saillans ou renflés.

L'animal des Porcelaines a sur la tête deux tentacules coniques, effilés, à pointe très fine, portant les yeux près de leur base à leur côté externe. Le tube par lequel cet animal reçoit l'eau qu'il respire est court, placé sur le cou, formé par la partie antérieure de son manteau, et logé dans l'échancrure de la coquille, qui termine son ouverture du côté de la spire. Enfin son pied est un disque ventral, charnu, linguiforme, sur lequel il se traîne dans ses mouvemens de translation.

Les deux ailes amples et membraneuses dont cet animal est muni dans son état adulte sont placées aux côtés du corps, et ne sont que des extensions de son manteau. Lorsque ce Mollusque sort de sa coquille pour se déplacer et chercher sa nourriture, ces ailes se redressent et s'étendent sur la convexité de la coquille, la couvrent ou l'enveloppent entièrement, et alors la coquille n'est plus apparente. A l'endroit où ces ailes se joignent par leurs bords, on voit sur la coquille une ligne longitudinale d'une couleur particulière qui indique leur réunion; mais comme dans beaucoup d'espèces ces ailes sont inégales, de manière que l'une recouvre l'autre, alors la coquille complète n'offre point la ligne dont il s'agit.

Dans leur état de repos, les Porcelaines se tiennent enfoncées et cachées dans le sable, à quelque distance des rivages de la mer, dans les climats chauds et tempérés. On en connaît beaucoup d'espèces; mais leur détermination est difficile, parce que les caractères indépendans des couleurs de la coquille sont peu nombreux.

[Depuis que Lamarck a publié son travail sur les Porcelaines, beaucoup d'observations ont été faites sur ce genre par divers naturalistes, et il est bon de les présenter ici d'une manière succincte. Comme on a pu s'en apercevoir, Lamarck a donné des renseignemens incomplets sur l'animal des Porcelaines; MM. Quoy et Gaimard, d'abord à la suite de leur premier voyage de circumnavigation, et, plus tard, dans le grand ouvrage qu'ils ont publié au retour de l'expédition de l'Astrolabe, ont fait connaître un assez grand nombre d'animaux de Porcelaines, et c'est au moyen des observations de ces deux laborieux naturalistes, que l'on peut compléter aujourd'hui les caractères zoologiques du genre. D'un autre côté, plusieurs naturalistes anglais, et particulièrement M. Gray, ont rassemblé de nombreux matériaux pour compléter la monographie du genre qui nous occupe. Ces matériaux, en permettant de mieux apprécier les rapports des Porcelaines avec les genres environnans, ont donné le moyen de diviser le genre en groupes naturels, et d'indiquer d'une manière plus exacte les rapports des espèces.

On doit à M. de Blainville la première description anatomique de l'animal d'une Porcelaine. Cet animal est un Gastéropode qui rampe sur un pied large et aminci par ses bords. En avant, une tête aplatie, porte deux grands tentacules coniques, à la base desquels se montrent des yeux assez grands portés sur un renflement généralement peu saillant ; ce renflement est tantôt sur le tentacule, tantôt au point de jonction de ce tentacule avec la tête. L'extrémité antérieure de la tête est coupée en arc de cercle, et présente en dessous une petite fente buccale en forme de boutonnière : c'est au fond de cette fente que l'on trouve la véritable bouche garnie de lèvres et renfermant une longue langue armée de crochets, et qui descend jusque dans la cavité viscérale. Le manteau est très ample dans les Porcelaines : il s'élargit en deux larges expansions qui, au moment où l'animal marche, se renversent sur le dos de la coquille, et se rejoignent, tantôt vers le milieu du dos, lorsque les lobes sont égaux, tantôt vers le côté droit, lorsque ces lobes sont inégaux. Comme le savent très bien les naturalistes, ce manteau sécrète sur la coquille une couche particulière qui ne s'y voyait pas dans le jeune âge, et nous n'avons pas à revenir sur le phénomène des diverses couches colorées des Porcelaines, qui a été très bien expliqué par Bruguière et par Lamarck ; mais ce qui est particulier aux Porcelaines, c'est que leur manteau est orné, sur toute sa surface, de tubercules saillans qui quelquefois même s'allongent en tentacules plus ou moins nombreux. Il y a même des espèces chez lesquelles ces tentacules sont divisés et rameux ; les deux lobes du manteau se joignent en avant pour former un canal qui fait saillie au dehors par l'échancrure antérieure de la coquille. Ce canal est généralement court, simple, dans quelques espèces ; il est frangé ou cilié dans les autres. Les Porcelaines sont des Mollusques qui ont les sexes séparés sur des individus différens ; ils appartiennent par conséquent à la classe des *Paracéphalophores dioïques* de M. de Blainville. La cavité respiratrice est très grande ; elle occupe presque tout le dernier tour de la coquille, et elle contient sur le côté gauche un double peigne branchial qui tapisse presque toute la voûte de cette cavité.

Lamarck partageait encore l'opinion de Bruguière relativement à la faculté dont les Porcelaines auraient joui de changer leur coquille à mesure de leur accroissement. On sait que, dans une même espèce de Porcelaine, il existe fréquemment des individus de tailles diverses qui sont tous à l'état adulte. Bruguière s'imagina que l'animal d'un de ces petits individus parfaits n'étant pas arrivé à tout son développement pouvait abandonner cette coquille trop petite pour en reconstruire une autre, et répéter plusieurs fois cette opération dans le cours de sa vie. Bruguière s'appuyait sur une comparaison qui n'est pas suffisamment juste, prise dans la faculté dont jouissent les Crustacés, de changer de peau chaque année, à mesure que leur accroissement l'exige. D'abord, quoique la coquille soit une dépendance de la peau des Mollusques, on ne peut cependant la comparer à la peau durcie des Crustacés qui constitue leur carapace; tout est différent, non-seulement par la manière dont ces parties solides sont produites, mais encore par les moyens à l'aide desquels l'animal est fixé au corps solide qui le protége. Lorsqu'un Crustacé change de peau, sa carapace se fend, et l'animal en sort dans un état de mollesse qui se continue pendant plusieurs jours; c'est alors que la nouvelle peau se sécrète partout à-la-fois et se durcit en même temps sur toutes les parties du corps. L'accroissement des Mollusques est tout différent : l'animal est tenu à sa coquille par un muscle columellaire plus ou moins étendu, et c'est son manteau qui, depuis la sortie de l'œuf, est chargé de l'accroissement de la coquille, à laquelle il ajoute des couches très minces qui se dépassent sur le bord droit. Les expériences de Réaumur, que sans doute Bruguière avait mises en oubli, prouvent de la manière la plus irrévocable que le bord du manteau correspondant au bord droit de la coquille est seul chargé de la sécrétion de la partie extérieure du test. Aussi il est de toute impossibilité à un animal mollusque de refaire avec leurs couleurs les premiers tours de sa spire, et il périt constamment s'il est dépouillé de son test, quelles que soient du reste les précautions que l'on prenne pour prolonger son existence. Comment admettre, d'ailleurs, dans l'hypothèse de Bruguière et de Lamarck, qu'un animal mollusque peut détacher le muscle qui le fixe à sa coquille, pour sortir de cette coquille? Comment ensuite pourrait-il sécréter à-la-fois de toutes les parties de son corps un test nouveau, coloré comme le premier, lorsque l'organe de la sécrétion est arrivé à un point de développement qui ne lui permet plus de rétrograder vers l'état du premier âge qu'il lui faudrait pour recommencer ses fonctions.

Il nous semble évident, d'après ce que nous venons d'exposer, qu'il est impossible aux animaux des Porcelaines de quitter leur première coquille pour en faire une autre, comme l'ont supposé Bruguière et Lamarck. Dans tous les êtres organisés, parmi les plantes comme parmi les animaux, on est habitué à observer de très grandes différences dans la taille des individus d'une même espèce. On n'a pas cherché à expliquer ce phénomène par des lois contraires à l'organisation des êtres; on y a vu une règle générale à laquelle les Porcelaines n'ont point été soustraites, et l'on peut dire que, dans une même espèce, des individus adultes, de petite et de grande taille, sont arrivés au même âge et ont subi les mêmes modifications. Ce que l'on n'admettrait pas pour une coquille aussi ouverte qu'une Patelle, par exemple, ou pour une coquille turriculée, on ne saurait le concevoir pour une Porcelaine, l'accroissement des Mollusques étant soumis aux mêmes lois.

Nous n'avons plus à revenir sur le genre Péribole d'Adanson, tous les naturalistes savent aujourd'hui que cet observateur, trompé par la différence qui existe entre le jeune âge et l'état adulte des Porcelaines, a fait de ce jeune âge le genre dont nous venons de parler. A mesure que les espèces nouvelles se sont ajoutées à celles que Linné a inscrites dans son catalogue, on a vu combien le genre Porcelaine était naturel; aussi personne n'a songé à le diviser en de nouveaux genres. Cependant M. Gray, après avoir publié une Monographie des Cyprées, dans le *Zoological Journal*, dans un autre opuscule, a proposé de joindre les Ovules et les Eratosaux Porcelaines, de constituer une famille avec les genres que nous venons de mentionner, et de séparer des Porcelaines de Lamarck trois genres, sous les noms de *Lu-*

ponia, *Cypræovula* et *Trivia*. Ces trois genres, rejetés par les naturalistes anglais, ne nous paraissent pas fondés sur des caractères assez considérables pour être conservés dans une méthode naturelle; pour nous, ils représentent de petits groupes d'espèces, et peut-être M. Gray aurait-il pu ajouter encore au nombre de ces nouveaux genres; le genre *Trivia*, par exemple, contient toutes les espèces qui sont sillonnées, telles que les *Cypræa pediculus*, *europea*, *australis*, etc. M. Gray range lui-même dans ce nouveau genre les *Cypræa radians* et *pustulata*; mais il en écarte le *Nucleus* et le *Madagascariensis*, parce que sans doute ces espèces ont les extrémités un peu plus canaliculées. Le genre *Luponia* rassemble celles des espèces dont le bord droit vient s'infléchir vers le sommet, et se termine en s'y appuyant, comme cela se voit dans le *Cypræa elegans*, par exemple, et le *Cypræa dactylosa* de Lamarck. Enfin le genre *Cypræovula* ne contient qu'une espèce, c'est le *Cypræa capensis*, qui ne nous paraît offrir aucun caractère générique qui lui soit propre.

En conservant au genre *Cypræa* les limites que lui ont imposées Linné et Lamarck, il renferme aujourd'hui un nombre très considérable d'espèces, tant vivantes que fossiles. Lamarck, comme on le voit ici, ne connaissait que 68 espèces vivantes et 18 fossiles. Ce nombre a été plus que doublé, de sorte qu'aujourd'hui on compte tout près de 200 espèces dans ce beau genre. Comme le dit Lamarck, les espèces sont difficiles à déterminer. Si dans les vivantes la forme fait quelquefois défaut, le naturaliste est guidé par la coloration. La difficulté s'accroît pour les espèces fossiles: aussi les naturalistes en ont-ils diminué ou augmenté le nombre, selon qu'ils ont attaché plus ou moins de valeur à des accidens, que les uns ont considérés comme des caractères spécifiques, et d'autres comme de simples variétés. Aujourd'hui que l'espèce s'établit non plus sur un seul individu, mais sur un grand nombre, les conchyliologues considèrent comme de la même espèce les individus qui offrent l'identité la plus parfaite. Si cette manière de déterminer les espèces a l'avantage d'être nette et précise, elle fait peut-être passer sous un titre qui ne leur appartient pas, de simples variétés qui deviennent ainsi des parasites dans la nomenclature.]

ESPÈCES.

1. Porcelaine cervine. *Cypræa cervina*. Lamk. (1)

> *C. testá ovato-ventricosá, fulvá aut castaneá; guttis albidis parvis numerosissimis sparsis; lineá longitudinali rectá, pallidá; labro intùs violacescente.*

Lister. Conch. t. 697. f. 44.

Bonanni. Recr. 3. f. 267.

Knorr. Vergn. 1. t. 5. f. 3. 4.

Martini. Conch. 1. t. 26. f. 257. 258.

Chemn. Conch. 10. t. 145. f. 1343.

Cypræa ovulata. Gmel. p. 3403. n° 18.

Encyclop. pl. 351. f. 3.

Cypræa cervus. Ann. du Mus. vol. 15. p. 447. n° 1.

* *Cypræa cervus.* Linné. Mantissa. p. 548.

* Perry. Conch. pl. 22. f. 72.

* *Cypræa cervina.* Gray. Monog. of Cypr. Zool. Journ. t. 1. p. 140.

* Desh. Ency. Méth. Vers. t. 3. p. 812. n° 1.

* Sow. Jun. Conch. Ill. f. 175.

* Reeve. Conch. Syst. t. 2. p. 263. pl. 287, 288. f. 175.

* Kiener. Spec. des Coq. pl. 2 et 3. f.

Habite les mers de l'Amérique. Mon cabinet. C'est une des plus grandes de ce genre. Elle est ventrue, comme enflée, et se distingue par ses taches petites, nombreuses et d'un beau blanc. Sa raie longitudinale est droite, blanchâtre, ou d'un fauve pâle, et à bords bien terminés, surtout dans les individus de taille moyenne. Longueur: 4 pouces une ligne. Vulgairement le *Firmament.*

2. Porcelaine exanthème. *Cypræa exanthema*. Lin. (2)

> *C. testá ovato-cylindricá, fulvá; maculis albidis rotundis subocellatis sparsis; lineá longitudinali pallidá; labro intùs violacescente.*

---

(1) On ne peut en douter, le *Cypræa cervus* de Linné est bien la même espèce que celle-ci. Il est remarquable que Lamarck, après avoir adopté le nom linnéen dans les *Annales du Museum*, le rejette ici et le change sans nécessité. Nous proposons de rendre à l'espèce le nom de *Cypræa cervus*. Plusieurs auteurs, et notamment Gmelin et Dillwyn, ont confondu cette espèce avec la suivante.

(2) Born confond avec cette espèce la précédente, quoique

Cypræa exanthema. Lin. Syst. nat. éd. 12. p. 1172, Gmel. p. 3397.
   n° 1.

Ejusd. Cypræa zebra. p. 3400. n° 8.

Lister. Conch. t. 669. f. 15. t. 698. f. 45. et t. 699. f. 46.

Bonanni. Recr. 3. f. 257. 266.

Gualt. Test. t. 16. fig. N. O.

Seba. Mus. 3. t. 76. f. 4. 5. et 15.

Martini. Conch. 1. t. 28. f. 289. et t. 29. f. 298-300.

Encyclop. pl. 349. fig. a. b. c. d. e.

Cypræa exanthema. Ann. ibid. n° 2.

[*b*] *Eadem maculis perparvis ocellatis.*

Favanne. Conch. pl. 29. fig. B. 1.

* Marti. Conch. t. 4. pl. 26. f. 556.

* Regenf. Conch. pl. 10. f. 38.

* Wood. Int. Test. pl. 16.

* Dillw. Cat. t. 1 p. 436. n° 1. *excl. plus. syn.*

* Mus. Goltow. pl. 4. f. 14. a. b. *Junior.* f. 14. c. d. e. f.

* Valentyn. Amboina. pl. 2. f. 13. *Junior.* id. pl. 9. f. 85.

* Herbst. Hist. Verm. pl. 44. f. 1.

* Barrelier. Plant. per Ital. pl. 1325. f. 22.

---

bien distincte : c'est pour cette raison que nous n'admettons la citation de son ouvrage qu'en restreignant et en corrigeant sa synonymie. Le *Cypræa zebra* de Linné n'est autre chose qu'une variété jeune de l'Exanthème, et quoique séparée par Born et d'autres conchyliologues, nous la réunissons avec toute sa synonymie. Gmelin prend le jeune âge de cette espèce pour des espèces distinctes, et il le reproduit sous trois noms, comme il est facile de le constater. M. Kiener figure, pl. 21 de sa Monographie des Porcelaines, une coquille qu'il donne comme variété de l'*Exanthema*; nous avons de la peine à nous persuader qu'une coquille qui diffère autant du type de l'espèce en soit une variété. La coloration est à-peu-près semblable; mais l'ouverture est bien différente; elle n'est point dilatée à la base : le bord droit dépasse le gauche à son extrémité postérieure; la forme générale est très différente : ici elle est oviforme; dans le type, elle est ovale allongée. La coquille de M. Kiener se rapproche du *Cypræa nivosa* de M. Gray, dont elle reste distincte par plusieurs caractères.

* Roissy. Buf. Moll. t. 5. p. 4t5. n° 2.
* Schumm. Nouv. Syst. p. 246.
* Born. Mus. p. 172. *exclus. plur. syn.*
* Schrot. Einl. t. 1. p. 93. n° 1. *Cypræa exanthema.*
* *Var. Junior. Cypræa zebra.* Lin. Syst. nat. éd. 12. p. 1174. n° 332.
* D'Argenv. Conch. pl. 18. f. 3.
* Born. Mus. p. 177. pl. 8. f. G.
* Schrot. Einl. t. 1. p. 101. n° 8. pl. 1. f. **6.**
* Blainv. Malac. pl. 30. f. 1. 2.
* *Cypræa bifasciata.* Gmel. p. 3405. n° 33.
* *Cypræa plumbea.* Gmel. p. 3403. n° 17.
* *Cypræa dubia.* Gmel. p. 3405. n° 30.
* Gray. Monog. of Cypr. Zool. Journ. t. 1. p. 139.
* Desh. Encycl. méth. Vers. t. 3. p. 813. n° 2.
* Gray. Desc. Cat. Schells. p. 2. n° 7.
* Sow. jun. Conch. Ill. f. 170.
* Kiener. Spec. des Coq. pl. 4. et pl. 5. f. 1. *Junior.* pl. 9. et pl. 10. f. 1.
Habite l'Océan des Antilles, etc. Mon cabinet. Elle devient aussi fort
grande, et est parsemée de taches blanchâtres, rondes, souvent oculées et inégales, sur un fond fauve. Son intérieur est d'un bleu
violet, et les dents de l'ouverture d'une couleur marron. Les figures
citées de l'*Encyclopédie* la représentent dans les différens états par
où elle passe avant d'arriver à celui où elle est complète. Longueur :
3 pouces 7 lignes. La **Var.** [b] est si particulière qu'on pourrait la
distinguer comme espèce. Elle est plus effilée, plus cylindracée, et
ses taches sont extrêmement petites, d'un blanc violâtre, et la plupart oculées. Longueur : 2 pouces 10 lignes. Vulg. le *Faux Argus.*

3. Porcelaine Argus. *Cypræa Argus.* Lin.

*C. testâ ovato-oblongâ, subcylindricâ, albido–flavescente, ocellis fulvis
adspersâ; subtùs maculis quatuor fuscis.*

Cypræa Argus. Lin. Syst. nat. éd. 12. p. 1173. Gmel. p. 3398 n° 4.
Lister. Conch. t. 705. f. 54.
Bonnani. Recr. 3. f. 263.
Rumph. Mus. t. 38. fig. D.
Petiv. Gaz. t. 97. f. 6. et Amb. t. 5. f. 9.
Gualt. Test. t. 16. fig. T.
Klein. Ostr. t. 6. f. 101.
D'Argenv. Conch. pl. 18. fig. D.
Favanne. Conch. pl. 29. fig. B. 2.
Knorr. Vergn. 3. t. 11. f. 5.
Martini. Conch. 1. t. 28. f. 285. 286.

Chemn. Conch. 10. t. 145. f. 1344. 1345.

Encyclop. pl. 350 f. 1. a. b.

Cypræa Argus. Ann. ibid. p. 448. n° 3.

* Regenf. Conch. pl. 5. f. 57.

* Valentyn. Amboina. pl. 10 f. 88.

* Lin. Syst. nat. éd. 10. p. 719.

* Lin. Mus. Ulric. p. 567.

* Barrelier. Plant. per Ital. pl. 1325. f. 25.

* Perry. Conch. pl. 20. f. 7.

* Roissy. Buf. Moll. t. 5. p. 415. n° 1.

* Born. Mus. p. 174.

* Schrot. Einl. t. 1. p. 97. n° 4.

* Dillw. Cat. t. 1. p. 440. n° 5.

* Wood. Ind. Test. pl. 16 f. 5.

* Gray. Monog. of Cypr. Zool. Journ. t. 1. p. 141. n° 11.

* Desh. Encycl. méth. Vers. t. 3. p. 813. n° 3.

* Gray. Descr. Cat. Shells. p. 2. n° 6.

* Sow. jun. Conchr. Ill. f. 125.

* Kiener. Spec. des Coq. pl. 37. et 38. f. 1.

Habite l'Océan des Grandes-Indes. Mon cabinet. Très belle espèce, remarquable par ses taches assez grandes, lesquelles sont constituées
par une multitude de petits cercles d'un fauve brun, dont le centre
montre le fond de la coquille; mais plusieurs de ces taches, plus
grandes que les autres, sont pleines et tout-à-fait d'un fauve foncé.
Le dessous de la coquille offre quatre larges taches d'un brun noirâtre, deux sur chaque bord de son ouverture. Cette espèce, sans
être rare, est recherchée dans les collections. Longueur: 3 pouces
9 lignes.

4. Porcelaine lièvre. *Cypræa testudinaria*. Lin.

C. testá ovato-oblongá, subcylindricá, albido fulvo castaneoque ne-
bulosa, punctulis albidis furfuraceis adspersá; extremitatibus depressis; aperturá albá.

Cypræa testudinaria. Lin. Syst. nat. éd. 12. p. 1173. Gmel. p. 3399.
n° 5.

Lister. Conch. t. 689. f. 36.

Rumph. Mus. t. 38. fig. C.

Petiv. Amb. t. 8. f. 7.

Knorr. Vergn. 4. t. 27. f. 2.

Favanne. Conch. pl. 30. fig. O.

Martini. Conch. 1. t. 27. f. 271. 272.

Encycl. pl. 351. fig. O.

Cypræa testudinaria. Ann. ibid. n° 4.

* Lin. Syst. nat. éd. 10. p. 719.
* Lin. Mus. Ulric. p. 567.
* Perry. Conch. pl. 20. f. 1.
* Born. Mus. p. 175.
* Schrott. Einl. t. 1. p. 98. n° 5.
* Dillw. Cat. t. 1. p. 440. n° 6.
* Wood. Ind. Test. pl. 16. f. 6.
* Gray. Monog. of Cypr. Zool. Journ. t. 1. p. 138.
* Desh. Encycl. méth. Vers. t. 3. p. 814. n° 4.
* Gray. Descr. Cat. Shells. p. 3. n° 15.
* Sow. jun. Conch. Ill. f. 152.
* Kiener. Spec. des Coq. pl. 15 et 16. f. 1.

Habite l'Océan des Grandes-Indes. Mon cabinet. C'est encore une des grandes espèces de ce genre ; elle acquiert même un peu plus de longueur que la précédente, et se distingue facilement de toutes les autres par sa forme et ses couleurs. Vulg. le *Lièvre*. Longueur : 4 pouces.

5. Porcelaine Maure. *Cypræa mauritiana.* Lin. (1)

C. testá ovato-triquetrá, gibbá, posteriùs depressá, subtùs planá, dorso fulvo-fuscá, maculatá ; lateribus infràque nigerrimis labro intùs cærulescente.

Cypræa mauritiana. Lin. Syst. nat. éd. 12. p. 1176. Gmel. p. 3407. n° 41.

Lister. Conch. t. 703. f. 52.

Bonanni. Recr. 3. f. 261.

Rumph. Mus. t. 38. fig. E.

Petiv. Gaz. t. 96. f. 8.

---

(1) Born figure, sous le nom de *Cypræa fragilis* de Linné, le jeune âge du *Mauritiana*, et en cela il se trompe, car le *Fragilis* de Linné est sans le moindre doute le jeune âge du *Cypræa arabica*, comme il est facile de s'en assurer par la description dans le *Museum Ulricæ* et la synonymie. Il est curieux de remarquer les nombreux doubles emplois auxquels cette espèce a donné lieu ; il est vrai que le jeune âge diffère d'une manière bien notable de l'adulte ; néanmoins, avec un peu d'attention, Gmelin aurait pu en éviter plusieurs : c'est ainsi qu'il cite les mêmes figures pour le *Cypræa regina* et pour le *Bulla ovata*, etc.

Gualt. Test. t. 15. fig. S.

Seba. Mus. 3. t. 76. f. 19.

Knorr. Vergn. 1. t. 13. f. 1. 22. t. 27. f. 5. et 6. t. 18. f. 2.

Favanne. Conch. pl. 30. fig. F. 2.

Martini. Conch. 1. t. 30. f. 317-319.

Cypræa regina. Chemn. Conch. 10. t. 144. f. 1335. 1336.

Encycl. pl. 350. f. 2. a. b.

Cypræa mauritiana. Ann. ibid. n° 5.

* *Junior. Cypræa undata.* Chemn. Conch. t. 10. p. 102. pl. 144. f. 1337.

* *Cypræa undulata.* Gmel. p. 3406. n° 118.

* *Cypræa undata.* Dillw. Cat. t. 1. p. 445. n° 16.

* *Cypræa regina.* Gmel. p. 3406.

* *Cypræa fragilis.* Born. Mus. p. 179. pl. 8. f. 6.

* *Cypræa turbinata.* Gmel. p. 3404. n° 22.

* *Cypræa trifasciata.* Gmel. p. 3405. n° 31.

* *Bulla ovata.* Gmel. p. 3432. n° 34.

* Mus. Gottw. pl. 6. f. 29. 30. *Junior.* pl. 7. f. 34.

* Lin. Syst. nat. éd. 10. p. 721.

* Lin. Mus. Ulric. p. 571.

* Perry. Conch. pl. 21. f. 6. 7.

* Roissy. Buf. Moll. t. 5. p. 417. n° 5.

* *Junior cypræa fragilis.* Born. Mus. p. 179. pl. 8. f. 6.

* *Senior.* Born. Mus. p. 180.

* *Junior. Bulla cypræa.* Born. Mus. p. 206. pl. 9. f. 2.

* Schrot. Einl. t. 1. p. 107. n° 16.

* Burrow. Elem. of Conch. pl. 25. f. 1. 2.

* Dillw. Cat. t. 1. p. 447. n° 20.

* Wood. Ind. Test. pl. 17. f. 20.

* Quoy et Gaim. Voy. de l'Astr. t. 3. p. 35. pl. 48. f. 2. à 4.

* Gray. Monog. of Cypr. Zool. Journ. t. 1. p. 79.

* Sow. Gener. of Shells. f. 1. 2.

* Desh. Encycl. méth. Vers. t. 3. p. 815. n° 5.

* Gray. Desc. Cat. Shells. p. 3. n° 11.

* Sow. jun. Conch. Ill. f. 164.

* Kiener. Spec. des Coq. pl. 39 et 40. f. 1.

* Gray dans Bechee. Voy. Zool. p. 132.

* Menke. Spec. Moll. Nouv. Holl. p. 29. n° 151.

Habite les mers de l'Ile-de-France, de l'Inde et de Java. Mon cabinet. Coquille bien caractérisée par sa forme et ses couleurs, et qui, dans son état parfait, est pesante, ovale, trigone, bombée en dessus, aplatie en dessous, et à côtés comprimés. Les parties noires de cette coquille ont été d'abord d'un fauve ou roux livide, et l'on en rencontre beaucoup d'individus qui sont encore dans cet état. Cette espèce est commune dans les collections. Longueur : 2 pouces 10 lignes.

6. Porcelaine géographique. *Cyprœa mappa.*

C. testá ovato-ventricosá, albidá, caracteribus fulvis inscriptá; lineá longitudinali ramosá; guttis albidis sparsis.

Cyprœa mappa. Lin. Syst. nat. éd. 12. p. 1173. Gmel. p. 3397. n° 2.

Rumph. Mus. t. 38. fig. B.

Petiv. Gaz. t. 96. f. 6. et Amb. t. 16. f. 2.

D'Argenv. Conch. pl. 18. fig. B.

Favanne. Conch. pl. 29. fig. **A.** 3.

Seba. Mus. 3. t. 76. f. 3. 13. 17.

Knorr. Vergn. 1. t. 26. f. 3.

Martini. Conch. 1. t. 25. f. 245. 246.

Encyclop. pl. 352. f. 4.

Cyprœa mappa. Ann. ibid. p. 440. n° 6.

[*b*] *Eadem roseo tincta.*

* Knorr. Delic. nat. select. t. 1. Coq. pl. B. IV. f. .

* *An eadem?* Aldrov. de Test. p. 557. fig. iufér.

* Lin. Syst. nat. éd. 10. p. 718.

* Lin. Mus. Ulric. p. 565.

* Perry. Conch. pl. 23. f. 1.

* Roissy. Buf. Moll. t. 5. p. 416. u° 3.

* Born. Mus. p. 172.

* Schrot. Einl. t. 1. p. 95. n° 2.

* Wood. Ind. Test. pl. 16. f. 2.

* Dillw. Cat. t. 1. p. 438. n° 2.

* Gray. Monog. of Cypr. Zool. Jour. t. 1. p. 75. n° 2.

* Sow. Genera of Shells. f. 3.

* Desh. Encyclop. méth. Vers. t. 3. p. 815. n° 6.

* Gray. Descr. Cat. Shells. p. 2. n° 8.

* Sow. jun. Conch. Ill. f. 70. et 99.

* Kiener. Spec. des Coq. pl. 20. f. 1. 2.

Habite l'Océan des Grandes-Indes. Mon cabinet. Belle espèce singulièrement caractérisée par sa ligne dorsale constamment rameuse. Elle est ovoïde, bombée, à côtes bien arrondies, et couleur de chair en dessous. Vulgair. la *Carte géographique.* Longueur : 2 pouces 9 lignes. La Var. [b] est fort rare et très belle.

7. Porcelaine arabique. *Cypræa arabica.* Lin. (1)

C. *testá ovato-ventricosá, albidá, caracteribus fuscis inscriptá; lineá longitudinali simplici; lateribus fusco-maculatis, obsoletè angulatis.*

Cypræa arabica. Liu. Syst. nat. éd. 12. p. 1173. Gmel. p. 3398. n° 3.

Lister. Conch. t. 658. f. 3.

Gualt. Test. t. 16. fig. V.

Knorr. Vergn. 3. t. 12. f. 2. et 6. t. 20. f. 2.

Martini. Conch. 1. t. 31. f. 328.

Encyclop. pl. 352. f. 1. 2.

Cypræa arabica. Ann. ibid. n° 7.

[b] *Var. laterum angulo eminentiore, dorso maculis irregularibus notato.*

D'Argenv. Conch. Append. pl. 2. fig. I.

Favanne. Conch. pl. 29. fig. A. 2.

Knorr. Vergn. 2. t. 16. f. 1.

Martini. Conch. 1. t. 31. f. 330. 331.

Encyclop. pl. 352. f. 5.

* *Junior.* Rondel. Hist. des Poiss. p. 67.

* *Junior.* Gesner. de Crust. p. 254. f. 2.

* *Id.* Aldrov. de Testac. p. 555.

* *Id.* Jonst. Hist. nat. de exang. pl. 17. f. 7.

* Lin. Mus. Ulric. p. 566. n° 180.

* Schrot. Einl. t. 1. p. 95. n° 3.

* *Cypræa fragilis.* Schrot. Einl. t. 1. p. 106. n° 14.

* *Cypræa, fragilis.* Lin. Mus. Ulricæ. p. 570. n° 188.

* Burrow. Elem. of Conch. pl. 14. f. 1.

* Wood. Ind. Test. pl. 16. f. 3.

* Dillw. Cat. t. 1. p. 438. n° 3.

* Linné. Syst. nat. éd. 10. p. 718.

* *Rariora.* Mus. Besleriani. pl. 21. f. 8.

* *Specim. denu.* Herbst. Hist. Verm. pl. 44. f. 8.

* *Junior. Cypræa fragilis.* Liu. Syst. nat. éd. 10. p. 720. *Id.* éd. 12. p. 1175. n° 338.

-----

(1) Il n'y a pour nous aucun doute, le *Cypræa fragilis* de Linné a été établi avec de jeunes individus de l'*Arabica*. Il suffit de lire attentivement la description que donne Linné dans le *Museum Ulricæ*, pour se convaincre de la justesse de notre opinion.

* *Id.* Gualt. Test. pl. 16. f. Q.
* Barrelier. Plant. per Ital. pl. 1325. f . 20.
* Lessons. On Shells. pl. 2. f. 2. 3.
* *Junior.* Perry. Conch. pl. 22. f. 1.
* Perry. Conch. pl. 21. f. 1.
* Shum. Nouv. Syst. p. 246.
* Born. Mus. p. 171. Vig. f. *b.* et p. 173. Var. β. *exclus.*
* Saviguy. Egyp. Coq. pl. 6. f. 28.
* Quoy et Gaim. Voy. de l'Astr. t. 3. p. 37. pl. 48. f. 5.
* Gray. Monog. of Cypr. Zool. Jour. t. 1. p. 76. *exclusá varietate secundá.*
* Desh. Encyclop. méth. Vers. t. 3. p. 816. n° 7.
* Gray. Descr. Cat. Shells. p. 2. n° 9.
* Sow. Conch. man. f. 445. 446.
* Sow. jun. Conch. Ill. f. 85.
* Kiener. Spec. des Coq. pl. 17. f. 1. 2.
* Menke. Spec. Moll. Nouv. Holl. p. 29. n° 149.

Habite l'Océan des Grandes-Indes. Mon cabinet. Cette espèce est bien distinguée de la précédente par sa ligne dorsale non rameuse, et par les taches brunes ou noirâtres de ses deux bords. Sa face inférieure est aplatie, d'un blanc teint de fauve, et les dents de l'ouverture sont d'une couleur marron. La coquille imparfaite est cendrée avec des bandes transverses nuées de brun. Longueur : 3 pouces et une demi-ligne ; la Var. [b] a 2 pouces 6 lignes et demie. On rencontre des individus complets et parfaits de cette espèce à différentes tailles.

8. **Porcelaine arlequine.** *Cyprœa histrio.* Gmel. (1)

> C. *testá ovato-turgidá, fulvá, albido-ocellatá : ocellis subpolygonis; lateribus nigro-maculatis.*

Lister. Conch. t. 659. f. 3. a.

Bonanni. Recr. 3. f. 260.

---

(1) Le nom de cette espèce doit être changé. Martyns, en 1785, lui a donné celui de *Cyprœa reticulata*, et c'est deux années plus tard qu'elle est inscrite, sous le nom de *Cyprœa histrio*, dans le *Museum Geversianum*, nom adopté par Gmelin et ensuite par les autres naturalistes. Gmelin fait encore ici un double emploi. On trouve un *Histrio* auquel il rapporte la figure de Martyns, puis un *Reticulata* pour la figure de Rumphius, pl. 39, f. R, qui représente la même espèce, mais avec moins de perfection.

Rumph. Mus. t. 39. fig. R.

Petiv. Amb. t. 16. f. 3.

Knorr. Vergn. 2. t. 16. f. 1.

Cypræa arlequina. Chemn. Conch. 10. t. 145. f. 1346. 1347.

Cypræa histrio. Gmel. p. 3403. n° 120.

Encycl. pl. 351. f. 1. a. b.

Cypræa histrio. Ann. ibid. p. 450. u° 8.

Testa incompleta.

Cypræa amethystea. Lin. Gmel. p. 3401.   10.

Lister. Conch. t. 662. f. 6.

Rumph. Mus. t. 39. fig. Q.

Petiv. Amb. t. 16. f. 5.

Seba. Mus. 3. t. 76. f. 32.

Knorr. Vergn. 5. t. 28. f. 5.

Martini. Conch. 1. t. 25. f. 247–249.

* Mus. Gottw. pl. 2. f. 7. 8. *Junior.* pl. 3. f. 13. *Junior.* pl. 10. f. 66. a. b.

* Valentyn. Amboina. pl. 4. f. 31.

* *Cypræa arabica.* Var. β. Born. Mus. p. 173.

* Wood. Ind. Test. pl. 16. f. 4.

* *Cypræa reticulata.* Martyns. Univ. Conch. pl. 15.

* *Id.* Gmel. p. 3420.

* Dillw. Cat. t. 1. p. 439. n° 4.

* Quoy et Gaim. Voy. de l'Astr. t. 3. p. 30. pl. 47. f. 10. 11.

* *Cypræa arabica.* Var. 2. Gray. Monog. of Cypr. Zool. Journ. p. 77.

* Desh. Encycl. méth. Vers. t. 3. p. 817. n° 8.

* *Cypræa arabica.* Var. Gray. Descr. Cat. Shells. p. 3.

* Sow. jun. Conch. Ill. f. 80. et 166.

* Kiener. Spec. des Coq. pl. 4. f. 3. et pl. 18. f. 1.

Habite l'Océan Indien, les côtes de Madagascar. Mon cabinet. Cette espèce est plus rare que celle qui précède, plus bombée, et s'en distingue aisément par ses taches polygones et assez serrées. Toutes ces taches sont bien circonscrites, ce qui n'a point lieu dans le *Cypræa arabica.* Sa face inférieure est un peu violâtre, légèrement bossue du côté du bord gauche. Lorsqu'elle est incomplète, elle offre, sur un fond bleuâtre ou violet, des bandes transverses, avec des nébulosités en zigzags. Longueur : 2 pouces 5 lignes.

9. **Porcelaine bouffonne.** *Cypræa scurra.* Chemn.

C. *testá ovato-cylindricá, albo-lividá, caracteribus fulvis inscriptá; ocellis dorsalibus pallidis incompletis; lateribus fusco-punctatis.*

Rumph. Mus. t. 38. fig. M.

TOME X.   32

Martini. Conch. 1. t. 27. f. 276. 277.
Cypræa scurra. Chemn. Conch. 10. t. 144. f. 1333. a. 1.
Cypræa scurra. Gmel. p. 3409. n° 122.
Encycl. pl. 352. f. 3.
Cypræa scurra. Ann. ibid. n° 9.
* Rumph. Mus. pl. 39. fig. 11.
* Dillw. Cat. t. 1. p. 452. n° 30.
* Wood. Ind. Test. pl. 17. f. 30.
* Gray. Monog. of. Cypr. Zool. Journ. t. 1. p. 138.
* Desh. Encycl. méth. Vers. t. 3. p. 818. n° 11.
* Gray. Descr. Cat. Shells. p. 3. n° 10.
* Sow. jun. Conch. Ill. f. 103 et 106.
* Kiener. Spec. des Coq. pl. 5. f. 2. et pl. 50. f. 1.
* Menke. Spec. Moll. Nouv.-Holl. p. 29. n° 150.
Habite l'Océan des Grandes-Indes. Mon cabinet. Espèce très distincte
   du *C. arabica* par une taille toujours moindre, par sa forme cylin-
   dracée, ses extrémités tachées de brun, et parce que ses côtes sont
   ornées de points bruns et épars, au lieu de grosses taches noirâtres.
   Elle n'est point commune. Longueur : 22 lignes et demie.

10. Porcelaine rat. *Cypræa rattus.* Lamk. (1)

*C. testâ ovato-ventricosâ, turgidâ, pallidâ, maculis fulvo-fuscis irre-
   gularibus nebulosâ, subtùs albido-lividâ; dentibus incoloratis.*
Petiv. Gaz. t. 96. f. 7.
Gualt. Test. t. 15. fig. T.
Encycl. pl. 351. f. 4.
Cypræa rattus. Ann. ibid. p. 451. n° 10.
Habite l'Océan Africain? Mon cabinet. Celle-ci ne doit pas être
   confondue avec le *C. stercoreria;* car elle devient plus grande, et
   quoiqu'elle soit bombée, elle n'est point bossue. D'ailleurs toute sa
   partie convexe est couverte de taches irrégulières, plus ou moins
   confluentes, d'un roux brun ou marron, sur un fond blanchâtre et
   livide. On aperçoit une grosse tache brune dans le voisinage de la
   spire. Longueur : 2 pouces 10 lignes.

---

(1) Il est à présumer que Lamarck a séparé cette espèce de
la suivante, parce qu'il n'avait qu'un petit nombre d'individus;
aujourd'hui que les collections en rassemblent un grand nombre, il est facile de s'assurer que le *Cypræa rattus* n'est qu'une
variété du *Stercoraria.*

11. Porcelaine livide. *Cypræa stercoraria.* **Lin.** (1)

*C. testâ ovato - ventricosâ , gibbâ , albido-virescente; lineâ dorsali
nullâ; maculis fulvis sparsis raris; infimâ facie dilatatâ, lividâ.*

Cypræa stercoraria. Lin. Syst. nat. éd. 12. p.1174. *Excl. plur. synon.*
  Gmel. p. 3399. n° 6.

Lister. Conch. t. 687. f. 34.

Knorr. Vergn. 4. t. 13. f. 1.

Adans. Seneg. pl. 5. f. 1. a. le Majet.

Schroëtter. Einl. in Conch. 1. p. 99. t. 1. f. 5.

Born. Mus. p. 175. t. 8. f. 1.

Favanne. Conch. pl. 30. fig. C.

Chemn. Conch. 11. t. 180. f. 1739. 1740.

Encycl. pl. 354. f. 5.

Cypræa stercoraria. Ann. ibid. n° 11.

* Martini. Conch. t. 1. pl. 31. f. 332.

* *Junior. Cypræa fasciata.* Chemn. Conch. 10. p. 100. pl. 144. f. 1334.

* Mus. Gottw. pl. 8. f. 10.

* Lin. Syst. nat. éd. 10. p. 719. *Excl. synon.* Gualt.

* Kursten. Mus. Lesk. t. 1. pl. 3. f. 3.

* *Cypræa olivacea.* Gmel. p. 3408. n° 46.

* *Cypræa conspurcata.* Gmel. p. 3405. n° 31.

* *Cypræa gibba.* Gmel. p. 3403. n° 21.

* *Cypræa fasciata.* Gmel. p. 3406. n° 116.

* Dillw. Cat. t. 1. p. 441. n° 7.

* Wood. Ind. Test. pl. 16. f. 7.

* Gray. Monog. of. Cypr. Zool. Journ. p. 80 et 137.

* Desh. Encycl. méth. Vers. t. 3. p. 819. n° 12.

* *Cypræa olivacea.* Gray. Descr. Cat. Shells. p. 3. n° 14.

* Sow. jun. Conch. Ill. f. 167.

---

(1) Lorsque l'on a lu attentivement la description de Linné,
de son *Cypræa stercoraria*, on reconnaît facilement l'espèce qui
est bien la même que celle de Lamarck. Si l'on s'en tient uniquement à la synonymie, comme elle est très défectueuse, on
est tenté de rejeter l'espèce; cependant elle ne doit pas l'être
et elle doit conserver son nom, puisque Linné l'a rendue reconnaissable par sa description : en cela, l'exemple de M. Gray ne
doit pas être imité, ce zoologiste ayant adopté pour cette espèce
le nom de *Cypræa olivacea* donné en double emploi à une variété de l'espèce par Gmelin.

32.

* *Cypræa rattus*. Kiener. Spec. des Coq. pl. 11. f. 1. 2.

* *Cypræa stercoraria*. Kiener. Spec. des Coq. pl. 12. f. 1.

Habite les mers occidentales de l'Afrique. Mon cabinet. Cette Porcelaine, que l'on nomme vulgairement le *Lapin* lorsqu'elle est parfaite, et l'*Écaille* lorsqu'elle n'a point sa dernière couche testacée, se distingue de la précédente en ce qu'elle est bossue, d'une couleur livide, et chargée de petites taches rousses, rares et éparses. Les dents de son ouverture sont blanches, et leurs interstices rembrunis. Long. : 2 pouces 5 lignes.

12. Porcelaine saignante. *Cypræa mus*. Lin.

C. testá ovatá, gibbá, subtuberculatá, cinereá, anteriùs maculá fusco-sanguineá insignitá; lineá dorsali albá, guttis rufo-fuscis utroque latere seriatìm pictá; lateribus undatìm nebulosis.

Cypræa mus. Lin. Syst. nat. éd. 12. p. 1176. Gmel. p. 3407. n° 43.

Rumph. Mus. t. 39. fig. S.

Petiv. Amb. t. 16. f. 4.

Seba. Mus. 3. t. 76. f. 33. 34.

Knorr. Vergn. 3. t. 12. f. 3.

Favanne. Conch. pl. 30. fig. A.

Martini. Conch. 1. t. 23. f. 222. 223.

Encycl. pl. 354. f. 1.

Cypræa mus. Ann. ibid. n° 12.

* *Junior. Bulla ferruginosa*. Gmel. p. 3432.

* *Junior*. Mus. Gottw. pl. 8. f. 53.

* Lin. Syst. nat. éd. 10. p. 721.

* Lin. Mus. Ulric. p. 572.

* Perry. Conch. pl. 21. f. 2.

* Born. Mus. p. 181.

* Schrot. Einl. t. 1. p. 110. n° 18.

* Dillw. Cat. t. 1. p. 448. n° 22.

* Wood. Ind. Test. pl. 17. f. 22.

* Kiener. Spec. des Coq. pl. 25. f. 1.

* Schrot. Einl. t. 1. p. 188. *Bulla*. n° 3.

* Martini. Conch. t. 1. p. 296. pl. 22. f. 209. 210.

* *Bulla ferruginosa*. Dillw. Cat. t. 1. p. 477. n° 13.

* Blainv. Faune franç. p. 239. n° 1. pl. 8 B. f. 11.

* *Bulla ferruginosa*. Wood. Ind. Test. pl. 18. f. 13.

* Gray. Monog. of Cypr. Zool. Journ. t. 1. p. 496. n° 64.

* Desh. Encycl. méth. Vers. t. 3. p. 820. n° 13.

* Gray. Descrip. Cat. Shells. p. 5. n° 33.

* Scw. jun. Conch. Ill. f. 156. 157.

Habite l'Océan Américain et la Méditerranée. Mon cabinet. Elle est ovale, presque deltoïde, un peu bossue, et munie antérieurement de deux ou trois tubercules écartés. Elle offre, sur un fond cendré, une ligne dorsale blanche, accompagnée sur les côtés de petites taches très rembrunies, et en avant une autre large et sanguinolente qui la rend remarquable. Les dents de son ouverture sont de couleur marron. Vulg. le *Léopard* ou le *Coup-de-Poignard*. Long. : 2 pouces.

13. Porcelaine gésier. *Cypræa ventriculus.* Lamk. (1)

C. testâ ovato-ventricosâ, castaneâ, subtùs albidâ; maculâ dorsali albâ lanceolatâ; lateribus cinereo-lividis, transversim lineatis.

Cypræa ventriculus. Ann. ibid. p. 452. n° 13.

* *Cypræa carneola.* Martyns. Univ. Conch. t. 1. pl. 14.

* *Cypræa achatina.* Dillw. Cat. t. 1. p. 446. n° 18.

* Quoy et Gaim. Voy. de l'Uranie. Zool. pl. 72. f. 6. 7.

* Wood. Ind. Test. pl. 17. f. 18.

* *Cypræa achatina.* Gray. Monog. of Cypr. Zool. Journ. t. 1. p. 148. n° 21.

* Desh. Encycl. méth. Vers. t. 3. p. 820. n° 14.

* *Cypræa achatina.* Sow. jun. Conch. Ill. f. 73.

* Kiener. Spec. des Coq. p. 38. f. 3.

Habite les mers de la Nouvelle-Hollande. Collect. du Mus. Nouvelle espèce, voisine des deux précédentes, mais qui en est très distincte. C'est une coquille ovale, bombée sans être bossue, épaisse, pesante, et qui ressemble, en quelque sorte, à un estomac d'oiseau. Longueur : un peu plus de 2 pouces et demi.

---

(1) Espèce très bien figurée par Martyns, *Universal Conchologyst.* Sous le nom de *Cypræa carneola*, Dillwyn, qui a connu le travail de Lamarck sur les Porcelaines, publié dans le tome xv des *Annales du Museum*, change les noms spécifiques de Lamarck et de Martyns pour celui d'*Achatina* donné par Solander, dans un catalogue manuscrit de la collection de Portland. Un manuscrit n'étant pas une publication, et la nomenclature devant se fixer sur la date d'ouvrages imprimés, on ne peut admettre un précédent comme celui-là, et cette espèce doit conserver le nom que Lamarck lui a imposé, puisque déjà avant Martyns, Linné avait donné le nom de *Carneola* à une espèce très différente de celle-ci.

14. Porcelaine aurore. *Cyprœa aurora.* Solander.

C. testá ovato-ventricosá, turgidá, subglobosá, aurantiá, immaculatá, lateribus albis; fauce aurantiá.

Cyprœa aurantium. Martyns. Conch. 2. f. 59.

Favanne. Conch. pl. 30. fig. S.

Cyprœa aurantium. Gmel. p. 3403. n° 121.

Cyprœa aurora Solandri. Chemn. Conch. 11. t. 180. f. 1737. 1738.

Cyprœa aurora. Ann. ibid. n° 14.

* Reeve. Conch. Syst. t. 2. p. 263. pl. 286. f. 141.

* Kiener. Spec. des Coq. pl. 26 et 27. f. 1.

* Dillw. Cat. t. 1. p. 441. n° 8.

* Wood. Ind. Test. pl. 16. f. 8.

* Gray. Monog. of Cypr. Zool. Journ. p. 150. n° 24.

* Gray. Descr. Cat. Shells. p. 1. n° 1.

* Sow. jun. Conch. Ill. f. 141.

Habite les mers de la Nouvelle-Zélande, des îles des Amis, d'Otaïti, etc. Mon cabinet. Coquille très belle, fort rare, bombée, presque globuleuse, d'une couleur orangée, sans ligne dorsale et sans taches. Ses côtés, ainsi que ses extrémités et sa face inférieure, sont blancs ; mais les interstices des dents de son ouverture sont d'un orangé vif et même rougeâtre. On la nomme l'*Orange.* Long. : 3 pouces et demi.

15. Porcelaine tigre. *Cyprœa tigris.* Lin.

C. testá ovato-ventricosá, turgidá, albo-cœrulescente, subtìus albá; dorso guttis nigris majusculis numerosis sparsis; lineá dorsali rectá, ferrugineá; anticè labiis retusis.

Cyprœa tigris. Lin. Syst. nat. éd. 12. p. 1176. Gmel. p. 3408. n° 44.

Lister. Conch. t. 682. f. 29.

Rumph. Mus. t. 38. fig. A.

Petiv. Gaz. t. 96. f. 8.

Gualt. Test. t. 14. fig. G. I. L.

D'Argenv. Conch. pl. 18. fig. F.

Favanne. Conch. pl. 30. fig. L 2.

Seba. Mus. 3. t. 76. f. 7. 9. 14.

Knorr. Vergn. 6. t. 21. f. 4.

Martini. Conch. 1. t. 24. f. 232-234.

Encycl. pl. 353. f. 3.

Cyprœa tigris. Ann. ibid. n° 15.

Testa incompleta.

Lister. Conch. t. 672. f. 18.

Gualt. Test. t. 16. fig. S.

Seba. Mus. 3. t. 76. f. 1. 2. 8.

Born. Mus. p. 182. t. 8. f. 7.

Cyprœa feminca. Gmel. p. 3409. n° 47.

* Gesner. de Crust. p. 254. f. 1.

* Aldrov. Test. p. 556. 557. f. 2. 3. 4.

* Bonan. Recr. part. 3. f. 231. 232.

* Mus. Gottw. pl. 1. f. 1. 2. 3. 4. pl. 2. f. 6. pl. 3. f. 11. *Junior.* pl.
    10. f. 65 a.

* Valentyn. Amboina. pl. 1. f. 3. pl. 3. f. 29. pl. 4. f. 3o.

* Lin. Syst. nat. éd. 10. p. 721.

* Lin. Mus. Ulric. p. 573.

* Barrelier. Plant. per Gall. pl. 1326. f. 24.

* Schrot. Einl. t. 1. p. 110. n° 19.

* *Cyprœa flammea.* Gmel. p. 3408. n° 45.

* *Cyprœa tigrina.* Gmel. 3404. n° 29.

* Quoy et Gaim. Voy. de l'Astr. t. 3. p. 29. pl. 47. f. 1. 2.

* Gray. Monog. of Cypr. Zool. Journ. t. 1. p. 367. n° 27.

* Desh. Encycl. méth. Vers. t. 3. p. 817. n° 9.

* Gray. Descr. Cat. Shells. p. 2. n° 3.

* Sow. jun. Conch. Ill. f. 90.

* Menke. Spec. Moll. Nouv.-Holl. p. 28. n° 147.

* *Var. intensè castanea.* Perry. Conch. pl. 19. f. 1.

* Roissy. Buf. Moll. t. 5. p. 416. n° 4. pl. 56. f. 3.

* Schum. Nouv. Syst. p. 246.

* Quoy et Gaim. Voy. de l'Uranie. Zool. pl. 70. f. 1 à 3.

* Dillw. Cat. t. 1. p. 449. n° 23.

* Wood. Ind. Test. pl. 17. f. 23.

* Knorr. Vergn. t. 5. pl. 8. f. 2. 3.

Habite les mers de Madagascar, de l'Ile-de-France, de Java, des Moluques, etc. Mon cabinet. C'est encore une des plus belles espèces
de ce genre, et à-la-fois une des plus communes dans les collections.
Elle est ovale, ventrue, très bombée, épaisse, et devient presque aussi
grosse que le poing. Quoique très blanche en dessous, son dos est
orné d'une multitude de grosses taches noires, arrondies, éparses sur
un fond blanc nué d'un gris bleuâtre. Sa ligne dorsale est ferrugineuse, droite, quelquefois ondulée. Longueur : 4 pouces 2 lignes.
Cette espèce se trouve dans l'état parfait et complet à différentes
tailles ; ce qui prouve qu'après avoir fait une coquille complète, l'a-
nimal grandit encore et en forme d'autres.

16. Porcelaine tigrine. *Cypræa tigrina*. Lamk. (1)

C. testá ovatá, ventricosiusculá, albidá, subtùs albá; dorso guttis fusco-nigris parvulis punctiformibus sparsis; lineá dorsali undosá, ferrugineá; anticè labiis prominulis.

Lister. Conch. t. 681. f. 28.

Gualt. Test. t. 14. fig. H.

Knorr. Vergn. 1. t. 26. f. 4.

Martini. Conch. 1. t. 24. f. 235–236.

Encycl. pl. 353. f. 5.

Cypræa guttata. Ann. ibid. p. 453. n° 16.

[*b*] *Eadem castaneo-rubra.*

* Coquille de Vénus. Rond. Hist. des Poiss. p. 66?

* *Id.* Aldrov. Test. p. 554.

* Bonanni. Recr. 3. f. 253.

* Barrelier. Plant. per Gall. pl. 1325. f. 21. 23.

* Dillw. Cat. t. 1. p. 449. n° 24.

* Wood. Ind. Test. pl. 17. f. 24.

* Gray. Monog. of Cypr. Zool. Journ. t. 1. p. 368.

* Desh. Encycl. méth. Vers. t. 3. p. 818. n° 10.

* Gray. Descr. Cat. Shells. p. 2. n° 4.

* Sow. jun. Conch. Ill. f. 134 et 168. 169.

* Kiener. Spec. des Coq. pl. 41. f. 1. pl. 42. f. 1. 1 *a*.

Habite l'Océan Indien. Mon cabinet. Toujours d'une taille inférieure à celle de la précédente, et bien moins bombée, elle n'offre sur sa partie convexe que de petites taches ponctiformes, brunes et éparses. Longueur : 2 pouces 8 lignes ; de sa var.: 2 pouces 5 lignes et demie. Cette dernière est très rare. Toute sa partie convexe est d'un marron rougeâtre et foncé, qui cache, en grande partie, les points dont elle est tigrée. Mon cabinet.

17. Porcelaine taupe. *Cypræa talpa*. Lin.

C. testá ovato-oblongá, subcylindricá, fulvá; zonis tribus pallidè albis; subtùs lateribusque fusco-nigricantibus.

Cypræa talpa. Lin. Syst. nat. éd. 12. p. 1174. Gmel. p. 3400. n° 9.

---

(1) Gmelin avait déjà donné ce nom à une autre espèce, avant que Lamarck l'imposât à celle-ci. Il est vrai que l'espèce de Gmelin ne restera pas, puisqu'elle a été établie pour une variété jeune de l'espèce précédente. Néanmoins, pour éviter toute confusion, il conviendrait de substituer au nom de *Tigrina* celui de *Pantherina* proposé par Solander et adopté par Dillwyn.

Lister. Conch. t. 668. f. 14.

Rumph. Mus. t. 38. fig. I.

Petiv. Amb. t. 16. f. 1.

Gualt. Test. t. 16. fig. N.

D'Argenv. Conch. pl. 18. fig. H.

Favanne. Conch. pl. 29. fig. C 1.

Knorr. Vergn. 1. t. 27. f. 2. 3.

Regenf. Conch. 1. t. 10. f. 37.

Martini. Conch. 1. t. 27. f. 273. 274.

Encycl. pl. 353. f. 4.

Cypræa talpa. Ann. ibid. n° 17.

* Sow. jun. Conch. Ill. f. 113.

* Mus. Gottw. pl. 5. f. 16. a. b.

* Lin. Syst. nat. éd. 10. p. 720.

* Lin. Mus. Ulric. p. 568.

* Born. Mus. p. 177.

* Schrot. Einl. t. 1. p. 102. n° 9.

* Dillw. Cat. t. 1. p. 442. n° 10.

* Wood. Ind. Test. pl. 16. f. 10.

* Quoy et Gaim. Voy. de l'Astr. p. 34. pl. 48. f. 1.

* Gray. Monog. of Cypr. Zool. Journ. t. 1. p. 142.

* Desh. Encycl. méth. Vers. t. 3. p. 820. n° 15.

* Gray. Descr. Cat. Shells. p. 4. n° 28.

* Kiener. Spec. des Coq. pl. 12. f. 2.

Habite l'Océan Indien, les côtes de Madagascar. Mon cabinet. Coquille oblongue, peu bombée, à dos d'une couleur fauve, avec trois zones pâles ou d'un blanc jaunâtre, et ayant la face inférieure et les côtés d'un roux très brun, presque noir. Vulg. le *Café au lait.* Longueur : 2 pouces 9 lignes.

18. Porcelaine carnéole. *Cypræa carneola.* Lin.

C. testá ovato-oblongá, pallidá, fasciis incarnatis cinctá; lateribus arenoso-cinereis; fauce violaceá.

Cypræa carneola. Lin. Syst. nat. éd. 12. p. 1174. Gmel. p. 3400. n° 7.

Lister. Conch. t. 664. f. 8.

Rumph. Mus. t. 38. fig. K.

Gualt. Test. t. 13. fig. H.

D'Argenv. Conch. pl. 18. fig. O.

Favanne. Conch. pl. 29. fig. C 5.

Knorr. Vergn. 6. t. 17. f. 4.

Born. Mus. t. 8. f. 2. p. 176.

Martini. Conch. 1. t. 28. f. 287. 288.

Encycl. pl. 354. f. 3.

Cypræa carneola. Ann. ibid. n° 18.

* Sow. jun. Conch. Ill. f. 165.

* Kiener. Spec. des Coq. pl. 37. f. 3.

* Mus. Gottw. pl. 5. f. 20.

* Lin. Syst. nat. éd. 10. p. 719.

* Lin. Mus. Ulric. p. 563.

* Schrot. Einl. t. 1. p. 100. n° 7.

* *Cypræa crassa.* Gmel. p. 3421. n° 108.

* Dillw. Cat. t. 1. p. 442. n° 9.

* Wood. Ind. Test. pl. 16. f. 9.

* Gray. Monog. of Cypr. Zool. Journ. t. 1. p. 147.

* Desh. Encycl. méth. Vers. t. 3. p. 121. n° 16.

* Gray. Descr. Cat. Shells. p. 4. n° 21.

Habite l'Océan des Grandes-Indes. Mon cabinet. Coquille oblongue, médiocrement bombée, non marginée, ayant trois ou quatre zones rougeâtres ou couleur de chair, et les côtés comme sablés par une multitude de très petits points blanchâtres sur un fond cendré. Longueur : 23 lignes et demie. Elle devient un peu plus grande.

19. Porcelaine souris. *Cypræa lurida.* Lin.

C. testâ ovato-oblongâ, luridâ; zonis binis pallidis; extremitatibus incarnatis, nigro-bimaculatis.

Cypræa lurida. Lin. Syst. nat. éd. 12. p. 1175. Gmel. p. 3401. n° 11.

Lister. Conch. t. 671. f. 17. et t. 673. f. 19.

Bonanni. Recr. 3. f. 251.

Gualt. Test. t. 13. fig. E. I.

D'Argenv. Conch. pl. 18. fig. C.

Adans. Seneg. pl. 5. fig. D.

Martini. Conch. 1. t. 30. f. 315.

Encycl. pl. 354. f. 2.

Cypræa lusida. Ann. du Mus. vol. 16. p. 89. n° 19.

* Philip. Enum. Moll. Sicil. p. 234. n° 1.

* Blainv. Faun. franç. pl. 9. f. 2.

* Dillw. Cat. t. 1. p. 443. n° 11.

* Wood. Ind. Test. pl. 16. f. 11.

* Gray. Monog. of Cypr. Zool. Journ. t. 1. p. 145. n° 16.

* Mus. Gottw. pl. 5. f. 16 c.

* Delle Chiaje. Testac. de Poli. t. 3. 2e part. p. 10. pl. 45. f. 21. 24.

* Lin. Syst. nat. éd. 10. p. 720.

* Crouch. Lamk. Conch. pl. 19. f. 18, 19.

* Sow. jun. Conch. Ill. f. 82.

* D'Orb. dans Webb. et Berth. Voy. aux Can. p. 87. n° 120.

* Kiener. Spec. des Coq. pl. 23. f. 1

* Born. Mus. p. 178.

* Schrot. Einl. t. 1. p. 103. n° 11.

* Burrow. Elem. of Conch. pl. 14. f. 3.

* Desh. Encycl. méth. Vers. t. 3. p. 821. n° 17.

* Gray. Descr. Cat. Shells. p. 5. n° 31.

Habite l'Océan Atlantique, les mers du Sénégal, etc. Mon cabinet. Espèce fort remarquable par les deux taches noires qui sont à chacune de ses extrémités. Sa couleur est d'un gris de souris, avec deux zones transversales très pâles, blanchâtres ou bleuâtres. Elle n'est pas très commune. Longueur : 20 lignes et demie.

20. Porcelaine neigeuse. *Cypræa vitellus*. Lin.

C. testá ovato-ventricosá, subturgidá, fulvá, guttulis punctisque niveis adspersá; lateribus substriatis arenaceis.

Cypræa vitellus. Lin. Syst. nat. éd. 12. p. 1176. Gmel. p. 3407. n° 42.

Lister. Conch. t. 693. f. 40.

Bonanni. Recr. 3. f. 254.

Rumph. Mus. t. 38. fig. L.

Petiv. Gaz. t. 80. f. 2.

Gualt. Test. t. 13. fig. T.V.

Knorr. Vergn. 6. t. 20. f. 3.

Favanne. Conch. pl. 30. fig. I 1. I 2.

Martini. Conch. 1. t. 23. f. 228.

Encycl. pl. 354. f. 6.

Cypræa vitellus. Ann. ibid. n° 20.

* Mus. Gottw. pl. 2. f. 9.

* Lin. Syst. nat. éd. 10. p. 721.

* Lin. Mus. Ulric. p. 572.

* Perry. Conch. pl. 23. f. 3.

* Born. Mus. p. 181.

* Schrot. Einl. t. 1. p. 109. n° 17.

* Dillw. Cat. t. 1. p. 448. n° 21.

* Wood. Ind. Test. pl. 17. f. 21.

* Quoy et Gaim. Voy. de l'Astr. t. 3. p. 39. pl. 48. f. 8. 9.

* Gray. Monog. of Cypr. Zool. Journ. t. 1. p. 150. n° 26.

* Desh. Encycl. méth. Vers. t. 3. p. 822. n° 18.

* Gray. Descr. Cat. Shells. p. 3. n° 16.

* Sow. jun. Conch. Ill. p. 66.

* Kiener. Spec. des Coq. p. 19. f. 1.

* Menke. Spec. Moll. Nouv.-Holl. p. 29. n° 152.

* Gray. Add. et Corr. Monog. of Cypr. Zool. Journ. t. 4. p. 74. n° 25.
Habite l'Océan Indien. Mon cabinet. Jolie Porcelaine, bien caractérisée par ses petites taches d'un blanc de lait, éparses sur un fond
fauve ou jaunâtre. La coquille jeune, quoique complète, est ovale-
oblongue, médiocrement bombée ; mais celle qui, par l'âge avancé de
l'animal, a acquis son plus grand volume, est alors très bombée, et
fort rembrunie sur les côtés. Long. : 2 pouces 4 lignes.

21. Porcelaine tête-de-serpent. *Cypræa caput serpentis.* Lin.

*C. testá ovatá, scutellatá, subtùs planulatá; dorso gibbo, maculis punc-
tisque albis reticulato; lateribus depressis fusco-nigricantibus ; fauce
albidâ.*

Cypræa caput serpentis. Lin. Syst. nat. éd. 10. p. 1175. Gmel. p.
3406. n° 39.
Lister. Conch. t. 702. f. 5o.
Bonanni. Recr. 3. f. 258.
Rumph. Mus. t. 38. fig. F.
Petiv. Gaz. t. 96. f. 9. 10. et Amb. t. 16. f. 7.
Gualt. Test. t. 15. fig. I. O.
Adans. Sénég. pl. 5. fig. G.
Knorr. Vergn. 4. t. 9. f. 3.
Favanne. Conch. pl. 3o. fig. F 1.
Martini. Conch. 1. t. 3o. f. 316.
Encycl. pl. 354. f. 4.
Cypræa caput serpentis. Ann. ibid. p. 90. n° 21.
* Jonst. Hist. nat. de Exang. pl. 17. f. 13.
* Lin. Syst. nat. éd. 10. p. 720.
* Lin. Mus. Ulric. p. 571.
* Perry. Conch. pl. 21. f. 4.
* Mus. Gottw. pl. 16. f. 31. et pl. 7. f. 32 a.
* Coquille de Vénus. Rondel. Hist. des Poiss. p. 68.
* Gesner. de Crust. p. 255. f. 1.
* Aldrov. de Testac. p. 555.
* Mus. Moscardo. p. 209. f. 2.
* *Junior. Cypræa reticulum.* Gmel. p. 3407. n° 40.
* Lister. Conch. pl. 701. f. 49.
* Martini. Conch. pl. 26. f. 259.
* Quoy et Gaim. Voy. de l'Astr. p. 33. pl. 47. f. 14. 15.
* Gray. Monog. of Cypr. Zool. Journ. t. 1. p. 495. n° 63.
* Brookes. Introd. of Conch. pl. 5. f. 61.
* Roissy. Buf. Moll. t. 5. f. 417. n° 6.

* orn. Mus. p. 171. Vign. f. O. et p. 179.
* Shrot. Einl. t. 1. p. 107. n° 15.
* Burrow. Elem. of Conch. pl. 14. f. 2.
* Dillw. Cat. t. 1. p. 446. n° 19.
* Wood. Ind. Test. pl. 17. f. 19.
* Desh. Encycl. méth. Vers. t. 3. p. 822. n° 19.
* Gray. Descr. Cat. Shells. p. 8. n° 63.
* Sow. jun. Conch. Ill. f. 127 et 131.
* Menke. Spec. Moll. Nouv.-Holl. p. 29. n° 156.

Habite l'Océan Indien, les côtes de l'Ile-de-France, du Sénégal, etc. Mon cabinet. Ses deux côtés dilatés, aplatis et presque tranchans, lui donnent la forme d'un écusson. Elle est très commune. Long. : 17 lignes.

22. Porcelaine cendrée. *Cypræa cinerea.* Gmel. (1)

C. testâ ovato-oblongâ; cinereâ, immaculatâ; fasciis duabus pallidis; lateribus submarginatis; fauce dentibus albidis.

Lister. Conch. t. 667. f. 11.

Gualt. Test. t. 16. fig. M.

Martini. Conch. 1. t. 25. f. 254. 255.

Cypræa cinerea. Gmel. p. 3402. n° 16.

Cypræa cinerea. Ann. ibid. n° 22.

* Schrot. Einl. t. 1. p. 134. n° 6.
* Dillw. Cat. t. 1. p. 451. n° 27.
* Wood. Ind. Test. pl. 17. f. 27.
* Gray. Monog. of Cypr. Zool. Journ. t. 1. p. 145.
* *Cypræa sordida.* Desh. Encycl. méth. Vers. t. 3. p. 823. n° 21
* Gray. Descr. Cat. Shells. p. 4. n° 20.
* Sow. jun. Conch. Ill. f. 163.
* *Cypræa sordida.* Kiener. Spec. des Coq. p. 26. f. 2.

Habite... l'Océan Asiatique? Mon cabinet. Coquille ovale-oblongue, peu bombée, mince, à côtés un peu marginés sans dilatation, d'un cendré légèrement roussâtre, avec deux fascies transverses d'un blanc pâle ou bleuâtre, et sans aucune tache. Elle a à-peu-près la forme et la taille du *Cypr. lurida.* Long. : 16 lignes et demie.

---

(1) Le *Cypræa sordida* de Lamarck a été établi avec des individus bien frais et maculés du *Cypræa cinerea* de Gmelin. Ce double emploi une fois reconnu, les deux espèces de Lamarck doivent être réunies sous le nom de *Cypræa cinerea.*

23. Porcelaine fasciée. *Cypræa zonata*. Chemnitz. (1)

C. testâ ovatâ, cinereo-cærulescente flammis, fulvis undatis fasciatâ; lateribus albidis, purpureo-guttatis.

Cypræa zonata. Chemn. Conch. 10. t. 145. f. 1342.

Cypræa zonaria. Gmel. p. 3414. n° 119.

Cypræa zonata. Ann. ibid. n° 23.

⁑ Dillw. Cat. t. 1. p. 454. n° 36.

* Wood. Ind. Test. pl. 17. f. 34.

* Gray. Monog. of Cypr. Zool. Journ. t. 1. p. 388. n° 53.

* Desh. Encycl. méth. Vers. t. 3. p. 323. n° 20.

* Gray. Descr. Cat. Shells. p. 10. n° 83.

* Sow. jun. Conch. Ill. f. 79?

Habite les côtes de Guinée. Collect. du Mus. La coquille de Chemnitz paraît être imparfaite; mais parmi celles du Muséum se trouve un individu complet, qui offre néanmoins trois bandes transverses, composées chacune d'une série de flammes rousses ondées ou en zigzags. Les côtés, sans être marginés, sont blanchâtres, et parsemés de gros points purpurins. La spire est légèrement enfoncée. Longueur : 35 millim.

24. Porcelaine sale. *Cypræa sordida*. Lamk.

C. testâ ovato-ventricosâ, subcinereâ vel pallidè fulvâ, ad latera maculis sordidis minimis irregularibus notatâ ; zonis binis albidis.

Cypræa sordida. Ann. ibid. n° 24.

Habite... Mon cabinet. Sa couleur est d'un fauve très pâle ou d'un gris un peu couleur de chair. Ses deux zones sont peu apparentes, et elle est comme salie sur les côtés par des points noirâtres et irréguliers. Longueur : 17 lignes et demie.

25. Porcelaine ictérine. *Cypræa icterina*. Lamk.

C. testâ ovato-oblongâ, pallidè lutescente et viridescente ; lineis duabus transversis fuscatis distantibus ; infernâ facie albidâ.

Cypræa icterina. Ann. ibid. p. 91. n° 25.

* Gray. Monog. of Cypr. Zool. Journ. t. 1. p. 586. n° 50.

* Kiener. Spec. des Coq. pl. 34. f. 3.

Habite... Mon cabinet. Cette coquille, que je crois inédite, paraît

---

(1) M. Kiener, sous ce nom, figure une espèce différente du *Zonata*; elle a des rapports avec quelques variétés du *Caurica* dont elle se distingue aussi.

complète, et constitue une espèce très distincte. Sa couleur est
d'un blanc jaunâtre mêlé d'une nuance de vert. Long. : 1 pouce.

26. Porcelaine miliaire. *Cypræa miliaris.* (1)

C. *testâ ovatâ, ventricosâ, luteo-lividâ, punctis albis ocellisque pallidis adspersâ ; lateribus albidis, fulvo-guttatis.*

Lister. Conch. t. 701. f. 48.
Martini. Conch. 1. t. 30. f. 323.
Cypæa miliaris. Gmel. p. 3420. n° 106.
Cypræa miliaris. Ann. ibid. n° 26.
* *Cypræa Lamarckii.* Gray. Monog. of Cyp. Zool. Journ. t. 1. p. 506.
n° 76.
* *Cypræa miliaris.* Desh. Encycl. méth. Vers. t. 3. p. 824. n° 22.
* Gray. Descr. Cat. Shells. p. 8. n° 60. *Cypr. Lamarckii.*
* *Cypræa Lamarckii.* Sow. jun. Conch. Ill. f. 12. et 96.
* Kiener. Spec. des Coq. pl. 8. f. 2. et pl. 30. f. 2.

Habite l'Océan des Grandes-Indes. Mon cabinet. Elle a de grands
rapports avec le *Cypræa ocellata ;* mais, outre qu'elle est beaucoup
plus grande, son dos n'est jamais orné de points noirs entourés d'un
cercle blanc. Son extrémité postérieure est rayée par des lignes
longitudinales d'un roux marron. Longueur : 20 lignes et demie.

27. Porcelaine rougeole. *Cypræa variolaria.* Lamk. (2)

C. *testâ ovatâ ; dorso flavescente, maculis albidis nebulato ; lateribus incrassatis, albis, purpureo-guttatis.*

---

(1) Le *Cypræa miliaris* de Lamarck est une espèce bien distincte du *Miliaris* de Gmelin, avec laquelle elle est ici confondue.
Le *Miliaris* de Gmelin est une variété de l'*Erosa*, et c'est là
qu'elle doit se trouver dans la synonymie. Il était nécessaire
pour éviter toute confusion de donner à la coquille de Lamarck
un nouveau nom, et c'est ce que M. Gray a fait en lui imposant
celui du célèbre auteur de cet ouvrage.

(2) On trouve dans Gmelin un *Cypræa cruenta* établi sur une
figure de Gualtieri. Cette figure laisse beaucoup d'incertitude
sur l'espèce qu'elle représente, et ce que Gualtieri en dit ne
peut suppléer à l'incorrection de cette figure. Dans notre opinion, l'espèce de Gmelin doit être regardée comme non avenue,
et rien ne prouve que M. Dillwyn ait eu raison de lui rapporter
le *Cypræa variolaria* de Lamarck. Aussi, malgré l'opinion du

Rumph. Mus. t. 38. fig. O.

Petiv. Amb. t. 8. f. 8.

Martini. Conch. 1. t. 29. f. 303.

Encyclop. pl. 353. f. 2.

Cyprœa variolaria. Ann. ibid. n° 27.

* *Cyprœa cruenta.* Gmel. p. 3420. n° 103??

* *Id.* Dillw. Cat. t. 1. p. 460. n° 49.

* *Id.* Wood. Ind. Test. pl. 17. f. 47.

* Sow. jun. Conch. Ill. f. 112.

* *Cyprœa caurica.* Var. Gmel. p. 3415.

* Quoy et Gaim. Voy. de l'Astr. t. 3. p. 38. pl. 48. f. 6. 7.

* *Cyprœa cruenta.* Gray. Monog. of Cypr. Zool. Journ. t. 1. p. 490. n° 58.

* Desh. Encycl. méth. Vers. t. 3. p. 824. n° 23.

* Gray. Descr. Cat. of Shells. p. 9. n° 74.

* Savigny. Egypte. Moll. pl. 6. f. 29.

* Kiener. Spec. des Coq. pl. 27. f. 2. 3.

Habite l'Océan Indien. Mon cabinet. Espèce bien distincte, la coquille offrant sur ses côtés des taches d'un rouge pourpre, presque violet, éparses sur un fond blanc, et qui imitent celles de la rougeole. Le bord droit de son ouverture est grossièrement denté. Longueur: 18 lignes.

28. Porcelaine roussette. *Cyprœa rufa.* Lamk. (1)

C. testá ovatá, emarginatá, fulvo-rufescente ; dorso subfasciato et maculis albidis nebulato; lateribus subtiisque fulvo-croceis ; fauce dentibus albidis.

Martini. Conch. 1. t. 26. f. 267. 268.

Cyprœa pyrum. Gmel. p. 3411. n° 59.

Encyclop. pl. 353. f. 1.

Cyprœa rufa. Ann. ibid. p. 92. n° 28.

* *Cyprœa pyrum.* Delle Chiaje dans Poli. Testac. t. 3. 2ᵉ part. p. 12. pl. 45. f. 14 à 17.

---

savant anglais, nous pensons que l'espèce doit conserver le nom que Lamarck lui a imposé.

(1) Cette espèce, à notre connaissance, a reçu déjà cinq à six noms; parmi eux, un seul, le plus ancien doit être préféré, ce devrait être celui de Born; mais Born a appliqué à cette espèce un nom linnéen qui ne saurait lui convenir. C'est donc le nom spécifique de Gmelin qui doit être adopté à l'exclusion de tous les autres, puisque après celui de Born il est le plus ancien.

* *Cypræa flaveola*. Born. Mus. p. 190. *Non Linnei*.

* *Cypræa cinnamomea*. Olivi. Zool. Adriat. p. 134.

* *Cypræa pyrum*. Phil. Enum. Moll. Sicil. p. 235. n° 2.

* Blainv. Faune franc. pl. 9. f. 1.

* Bonan. Recr. p. 146. f. 259.

* *Cypræa maculosa*. Gmel. p. 3412. n° 60.

* Gualt. Index. Test. pl. 14. f. E.

* Schrot. Einl. t. 1. p. 138. n° 16.

* *Cypræa pyrum*. Dillw. Cat. t. 1. p. 457. n° 42.

* *Id*. Wood. Ind. Test. pl. 17. f. 40.

* *Id*. Gray. Monog. of Cypr. Zool. Journ. t. 1. p. 371. n° 32.

* Desh. Encycl. méth. Vers. t. 3. p. 824. n° 24.

* *Cypræa pyrum*. Gray. Descr. Cat. Shells. p. 10. n° 81.

* *Id*. Sow. jun. Conch. Ill. f. 72.

* D'Orb. dans Web et Berth. Voy. aux Canar. p. 87. n° 121.

* Kiener. Spec. des Coq. pl. 28. f. 2.

Habite l'Océan africain, les côtes du Sénégal, la Méditerranée. Mon cabinet. Elle est ovale, un peu allongée, à bords non dilatés, d'un roux ferrugineux ou rougeâtre. Ses côtés, ses extrémités et sa face inférieure offrent une couleur de safran ou un aurore roussâtre. Dans la coquille très jeune et complète, les côtés sont glauques, et le dessous couleur de chair. J'en ai reçu de très beaux individus du golfe de Tarente. Longueur : 19 lignes et demie.

29. Porcelaine lynx. *Cypræa lynx*. Lin. (1)

C. testá ovatá, ventricosá, albá ; dorso nebulato, subpunctato fulvo vel cœrulescente ; guttis fuscis raris sparsis ; lineá dorsali flavescente ; rimá croceá.

Cypræa lynx. Lin. Syst. nat. éd. 12. p. 1177. Gmel. p. 3409. n° 48.

Lister. Conch. t. 683. f. 30.

Rumph. Mus. t. 38. fig. N.

Petiv. Gaz. t. 97. f. 17.

------

(1) La description que donne Linné du *Cypræa Vanelli*, dans le *Museum Ulricæ*, ne permet pas de douter que cette espèce a été faite sur de jeunes individus du *Cypræa lynx*. Ceux des auteurs qui ont étudié les ouvrages de Linné, avec le plus de soin, rapportent au *Vanelli* toute la synonymie dans laquelle le jeune *Lynx* est représenté. A titre de variété du *Vanelli*, Dillwyn confond d'autres jeunes Porcelaines appartenant certainement à plusieurs autres espèces.

TOME X.   33

Gualt. Test. t. 13. fig. Z. et t. 14. fig. B. C. D.

Seba. Mus. 3. t. 55.

Knorr. Vergn. 6. t. 23. f. 6.

Born. Mus. p. 183. t. 8. f. 8. 9.

Martini. Conch. 1. t. 25. f. 230. 231.

Encyclop. pl. 355. f. 8. a. b.

Cyprœa lynx. Ann. ibid. n° 29.

Testa incompleta.

Lister. Conch. t. 684. f. 31.

Gualt. Test. t. 16. fig. R.

Martini. Conch. 1. t. 25. f. 250. 251.

Cyprœa squalina. Gmel. p. 3420. n° 101.

* Mus. Gottw. pl. 1. f. 5. et f. e. *Junior.* pl. 5. f. 18. d. e. f.

* Lin. Syst. nat. édit. 10. p. 721.

* Murray. Fundam. testac. Amœn. Acad. t. 8. p. 142. pl. 2. f. 10.

* Lin. Mus. Ulric. p. 573.

* Perry. Conch. pl. 22. f. 3.

* Schrott. Einl. t. 1. p. 112. n° 20.

* Dillw. Cat. t. 1. p. 450. n° 25.

* Wood. Ind. Test. pl. 17. f. 25.

* Gray. Monog. of Cypr. Zool. Journ. t. 11. p. 151. n° 27.

* Desh. Encycl. méth. Vers. t. 3. p. 825. n° 25.

* Gray. Descr. Cat. Shells. p. 2. n° 5.

* Sow. jun. Conch. Ill. f. 107. et 118.

* Kiener. Spec. des Coq. pl. 25. f. 2. *Junior.* pl. 38. f. 2.

* Besch. Voy. Zool. p. 132. p. 183.

* Menke. Spec. Moll. Nouv. Holl. p. 28. n° 148.

* *Cyprœa Vanelli.* Lin. Syst. nat. éd. 10. p. 720.

* *Id.* Lin. Mus. Ulric. p. 569. n° 186.

* *Id.* Lin. Syst. nat. éd. 12. p. 1175. n° 336.

* *Cyprœa Vanelli.* Schrot. Einl. t. 1. p. 105. n° 12.

* Knorr. Vergn. t. 4. pl. 9. f. 6.

* *Cyprœa Vanelli.* Dillw. Cat. t. 1. p. 443. n° 12.

* *Id.* Wood. Ind. Test. pl. 616. f. 12.

Habite l'Océan indien, les côtes de Madagascar, de l'Ile-de-France , etc.
Mon cabinet. Coquille commune dans les collections, et d'un aspect
assez agréable , surtout lorsqu'elle a acquis son plus grand volume.
Alors elle est très bombée. Longueur : 21 lignes et demie.

30. Porcelaine rôtie. *Cyprœa adusta.* Chemn. (1)

(1) Il est bien certain pour nous que cette espèce de La-

C. testâ ovato-ventricosá, anticè subumbilicatá; dorso fusco-rufescente; zonis binis obscuris; lateribus subtùsque nigris.

Lister. Conch. t. 657. f. 2.

Cypræa adusta. Chemn. Conch. 10. t. 145. f. 1341.

Cypræa adusta. Ann. ibid. n° 30.

* Linn. Syst. nat. éd. 12. p. 1177. n° 346.

* Martini. Conch. t. 1. pl. 26. f. 269. 270.

* *Cypræa pulla.* Gmel. p. 3412. n° 61.

* Dillw. Cat. t. 1. p. 452. n° 31.

* Wood. Ind. Test. pl. 17. f. 31.

* *Cypræa onyx.* Linn. Syst. nat. éd. 10. p. 722. *Id.* Mus. Ulric. p. 574.

* Gualt. Test. pl. 15. f. N.

* *Cypræa onyx.* Schrot. Eial. t. 1. p. 114. n° 22. *Syn. plur. exclus.*

* *Cypræa onyx.* Gray. Monog. of Cypr. Zool. Journ. t. 1. p. 370. n° 31.

* Desh. Encyclop. méth. Vers. t. 3. p. 825. n° 26.

* Gray. Descr. Cat. Shells. p. 10. n° 80.

* *Var.* Sow. jun. Conch. Ill. f. 17. et 133.

* Kiener. Spec. des Coq. pl. 44.

Habite l'Océan asiatique. Mon cabinet. Coquille assez rare, ovale-ventrue, bombée, enfoncée et comme ombiliquée à la spire, et qui, dans un âge avancé, devient toute brune. Ses côtés et sa face inférieure très noirs la font paraître comme rôtie. Vulg. *l'Agathe brûlée.* Longueur: 18 lignes.

31. Porcelaine rongée. *Cypræa erosa.* Lin. (1)

C. testâ ovato-oblongá; dorso luteo-virescente, punctis albidis ocellisque raris ornato; marginibus incrassatis rugosis maculá-subfuscá notatis.

Cypræa erosa. Linn. Syst. nat. éd. 12. p. 1179. Gmel. p. 3415. n° 84.

---

marck a été connue de Linné qui l'a désignée, dès la 10° édition du *Systema naturæ*, sous le nom de *Cypræa onyx.* La description qu'il donne dans le *Museum Ulricæ*, ne laisse aucun doute à ce sujet. Au nom de Lamarck il faudra donc substituer celui de Linné.

(1) Le *Cypræa miliaris* de Gmelin est en réalité une variété de celle-ci, tandis que l'espèce inscrite par Lamarck sous ce nom est bien distincte de l'*Erosa.*

Lister. Conch. t. 692. f. 39.
Rumph. Mus. t. 39. fig. A.
Petiv. Gaz. t. 97. f. 19.
Gualt. Test. t. 15. fig. H.
Knorr. Vergn. 6. t. 20. f. 4.
Born. Mus. p. 189. t. 8. f. 13.
Favanne. Conch. pl. 30. fig. E 2?
Martini. Conch. 1. t. 30. f. 320. 321.
Encyclop. pl. 855. f. 4. a. b.
Cypræa erosa. Ann. ibid. p. 93. n° 31.
* *Cypræa miliaris.* Gmel. p. 3420. n° 106.
* Gray. Descr. Cat. Shells. p. 8. n° 59.
* Sow. jun. Conch. Ill. f. 119 et 171. 172.
* Kiener. Spec. des Coq. pl. 9. f. 2. 3. pl. 10. f. 2. 3.
* Mus. Gottw. pl. 7. f. 37.
* Lin. Syst. nat. éd. 10. p. 723.
* Lin. Mus. Ulric. p. 579.
* Perry. Conch. pl. 22. f. 2.
* Born. Mus. p. 171. Vig. f. f.
* Schrot. Einl. t. 1. p. 122. n° 33.
* Philip. Enum. Moll. Sicil. p. 235. n° 6.
* Quoy et Gaim. Voy. de l'Astr. t. 3. p. 31. pl. 47. f. 12. 13.
* Dillw. Cat. t. 1. p. 61. n° 50.
» Wood. Ind. Test. pl. 17. f. 48.
* Gray. Monog. of. Cypr. Zool. Journ. t. 1. p. 504. n° 74.
* Desh. Encylop. méth. Vers. t. 3. p. 826. n° 27.

Habite l'Océan indien, les côtes de l'Ile-de-France, etc. Mon cabinet. Coquille très commune, mais bien distincte par sa forme, ses couleurs et la large tache de chacun de ses côtés. Cette tache, ordinairement très brune, est quelquefois rougeâtre ou violâtre. Longueur : 18 lignes.

32. Porcelaine caurique. *Cypræa caurica.* Lin. (1)

C. *testá ovato-oblongá; dorso livido-lutescente, punctis fulvis nebulato; lateribus incrassatis albidis fusco-guttatis.*

---

(1) Cette espèce est très variable, comme le savent tous les collectionneurs de coquilles; elle est souvent élargie sur les côtés par des bourrelets, et ce sont ces individus que Lamarck a pris pour type de l'espèce; mais il est d'autres individus chez lesquels ces bourrelets n'existent pas, soit à cause de l'âge, soit

Cypræa caurica. Lin. Syst. nat. éd. 12. p. 1179. Gmel. p. 3415.
n° 83.

Lister. Conch. t. 677. f. 24. et t. 678. f. 25.

Rumph. Mus. t. 38. fig. P.

Gualt. Test. t. 15. fig. AA.

Favanne. Conch. pl. 30. fig. E 1 ?

Martini. Conch. 1. t. 29. f. 301. 302.

Encyclop. pl. 356. f. 10.

Cypræa caurica. Ann. ibid. n° 32.

* Schrot. Einl. t. 1. p. 122. n° 32.

* Dillw. Cat. t. 1. p. 460. n° 47.

* Wood. Ind. Test. pl. 17. f. 45.

* Gray. Monog. of Cypr. Zool. Journ. t. 1. p. 491. n° 59.

* Desh. Encyclop. méth. Vers. t. 3. p. 827. n° 28.

* Gray. Descr. Cat. Shells. p. 9. n° 73.

* Mus. Gottw. pl. 7. f. 40. 41.

* Murray. Fundam. Testac. Amœn. Acad. t. 8. p. 142. pl. 2. f. 13.

* Schum. Nouv. Syst. p. 246.

* Born. Mus. p. 188.

* *Cypræa corrosa.* Gronov. Zooph. p. 291. n° 1281. pl. 18. f. 10.

* Var. *Cypræa dracæna.* Born. Mus. p. 189. pl. 8. f. 12.

* Martini. Conch. t. 1. p. 372. pl. 28. f. 292. 293.

* Schrot. Einl. t. 1. p. 125.

* Gmel. p. 3416. n° 85. *Cypræa derosa.*

* *Cypræa dracæna.* Dillw. Cat. t. 1. p. 460. n° 48.

* *Id.* Wood. Ind. Test. pl. 17. f. 46. *Cypræa stolida.*

* *Cypræa stolida.* Gmel. p. 3416. n° 89. (*Non Linnei*).

* Schrot. Einl. t. 1. p. 125.

* Sow. jun. Conch. Ill. f. 158. 159. 160.

* Menke. Spec. Moll. Nouv.–Holl. P. 30. n° 159.

Habite l'Océan des Grandes-Indes, les côtes de Madagascar, etc. Mon

---

parce qu'ils constituent une variété constante : cette variété a été considérée par Born comme une espèce à part, et il l'a désignée sous le nom de *Cypræa dracæna.* Dillwyn a adopté cette espèce, et nous proposons de la joindre au *Caurica*, à titre de variété. C'est encore ici que doit se placer le *Cypræa stolida* de Gmelin, qui n'est pas la même espèce que celle de Linné, mais qui représente sous un autre nom le *Dracæna* de Born, et par conséquent la variété du *Caurica*.

cabinet. Coquille encore très commune. Ses côtés sont ornés chacun de plusieurs taches d'un roux brun ou noirâtre. Sa spire est un peu enfoncée. Vulg. la *Peau-d'âne*. Longueur : 19 lignes.

33. Porcelaine isabelle. *Cypræa isabella*. Lin.

C. testâ ovato-oblongâ, subcylindricâ, cinereo-fulvâ aut incarnatâ; extremitatibus aurantio-maculatis; infimâ facie albâ.

Cypræa isabella. Lin. Syst. nat. éd. 12. p. 1177. Gmel. p. 3409. n° 19.

Lister. Conch. t. 660. f. 4.

Rumph. Mus. t. 39. fig. G.

Petiv. Gaz. t. 97. f. 16. et Amb. t. 16. f. 16.

D'Argenv. Conch. pl. 18. fig. P.

Favanne. Conch. pl. 29. fig. C. 6.

Knorr. Vergn. 4. t. 9. f. 5. Martini. Conch. t. 27. f. 275.

Encyclop. pl. 355. f. 6.

Cypræa isabella. Ann. ibid. n° 33.

* Lin. Syst. nat. éd. 10. p. 722.

* Lin. Mus. Ulric. p. 574.

* Perry. Conch. pl. 19. f. 7.

* Born. Mus. p. 183.

* Schrot. Einl. t. 1. p. 113. n° 21.

* Quoy et Gaim. Voy. de l'Astr. t. 3. p. 47. pl. 48. f. 18.

* Dillw. Cat. t. 1. p. 451. n° 28.

* Wood. Ind. Test. pl. 17. f. 28.

* Gray. Monog. of Cypr. Zool. Journ. t. 1. p. 143.

* Desh. Encyclop. méth. Vers. t. 3. p. 827. n° 29.

* Gray. Descr. Cat. Shells. p. 5. n° 34.

* Sow. jun. Conch. Ill. f. 98.

* Menke. Spec. Moll. Nouv.-Holl. p. 29. n° 154.

Habite l'Océan asiatique, les côtes de Madagascar et de l'Ile-de-France. Mon cabinet. Coquille oblongue, cylindracée, d'un fauve cendré ou couleur de chair, et remarquable par les deux taches orangées qui ornent ses extrémités. On aperçoit sur son dos de très petites linéoles brunes, disposées par rangées longitudinales et interrompues. Elle n'est pas rare. Longueur : 14 lignes.

34. Porcelaine ocellée. *Cypræa ocellata*. Lin.

C. testâ ovatâ, turgidâ, submarginatâ, luteâ; dorso albo-punctato ocellisque nigris circulo albo circumdatis confertim instructo; lateribus rufo-punctatis.

Cypræa ocellata. Lin. Syst. nat. éd. 12. p. 1180. *plur. syn. exclus.* Gmel. p. 3417. n° 91.

Lister. Conch. t. 696. f. 43.

Bonnani. Recr. 3. f. 359.

Petiv. Gaz. t. 9. f. 7.

Martini. Conch. 1. t. 31. f. 333. 334.

Encyclop. pl. 355. f. 7.

Cypræa ocellata. Ann. ibid. p. 94. n₀ 34.

* Lin. Syst. nat. éd. 10. p. 724.

* Lin. Mus. Ulric. p. 580. p. 192.

* Perry. Conch. pl.

* Born. Mus. p. 192.

* Schrot. Einl. t. 1. p. 127. n° 38.

* Fav. Conch. pl. 29. f. B. 5.

* Dillw. Cat. t. 1. p. 464. n° 57.

* Wood. Ind. Test. pl. 17. f. 54.

* Gray. Monog. of Cypr. Zool. Journ. t. 1. p. 505. n° 75.

* Desh. Ency. méth. Vers. t. 3. p. 828. n° 30.

* Gray. Desc. Cat. Shells. p. 8. n° 61.

* Sow. jun. Conch. Ill. f. 67.

Habite... Mon cabinet. Jolie coquille, ovale, à dos renflé, d'un jaune fauve ou cannelle, parsemée de points blancs, et ornée de petits yeux noirs entourés chacun d'un cercle blanc. Ses côtés, un peu dilatés, offrent des points roussâtres ou purpurins. Elle est blanche en dessous, et a une ligne dorsale étroite et livide. Longueur: 13 lignes et demie.

35. Porcelaine crible. *Cypræa cribraria.* Lin.

C. *testá ovato-oblongá, subumbilicatá, luteá vel cinnamomeá; maculis rotundis albis subæqualibus confertis; ventre lateribusque albidis.*

Cypræa cribraria. Lin. Syst. nat. éd. 12. p. 1178. Gmel. p. 3414. n° 80.

Lister. Conch. t. 695. f. 42.

Petiv. Gaz. t. 8. f. 3.

D'Argenv. Conch. pl. 18. fig. X.

Favanne. Conch. pl. 29. fig. B. 4. B. 6.

Regenf. Conch. 1. t. 12. f. 14.

Martini. Conch. 1. t. 31. f. 336.

Encyclop. pl. 355. f. 5.

Cypræa cribraria. Ann. ibid. n° 35.

* Mus. Gottw. pl. 2 f. 9.

* Lin. Syst. nat. éd. 10. p. 723.

* Lin. Mus. Ulric. p. 577.

* *An varietas?* Perry. Conch. pl. 21. f. 5.

* Born. Mus. p. 186.
* Schrot. Finl. t. 1. p. 119. n° 29
* Quoy et Gaim. Voy. de l'Astr. t. 3. p. 41. pl. 48. f. 12.
* Dillw. Cat. t. 1. p. 458. n° 44.
* Wood. Ind. Test. pl. 17. f. 42.
* Gray. Monog. of Cypr. Zool. Jour. t. 1. p. 382.
* Desh. Encyclop. méth. Vers. t. 3. p. 828. n° 31.
* Gray. Descr. Cat. Shells. p. 10. n° 78.
* Sow. jun. Conch. Ill. f. 63.
* Kiener. Spec. des Coq. pl. 29. f. 1.

Habite... Mon cabinet. Coquille oblongue, peu renflée, d'un jaune fauve un peu cannelle, et ornée d'une multitude de taches rondes, d'un blanc de lait, qui lui donnent l'aspect d'un crible. Elle n'est pas moins jolie que la précédente. Vulg. le *Petit-Argus*. Longueur: 13 lignes.

36. Porcelaine grive. *Cyprœa turdus*. Lamk.

C. testá ovato-ventricosá, turgidá, albidá; punctis fulvis inæqualibus sparsis; aperturá basi dilatatá.

Encyclop. pl. 355. f. 9.

Cyprœa turdus. Ann. ibid. n° 36.

* Perry. Conch. pl. 21. f. 3.
* Gray. Monog. of Cypr. Zool. Journ. t. 1. p. 501. n° 70.
* Wood. Ind. Test. Suppl. pl. 3. f. 6.
* Desh. Ency. Méth. Vers. t. 3. p. 828. n° 32.
* Gray. Descr. Cat. Shells. p. 8. n° 62.
* Savigny. Egypt. Coq. pl. 6. f. 31.
* Mus. Gottw. pl. 7. f. 33 l.
* *Var. alba.* Sow. jun. Conch. Ill. f. 54.
* Sow. jun. Conch. Ill. f. 173.
* Kiener. Spec. des Coq. pl. 4. f. 2.

Habite... Mon cabinet. Coquille ovale, bombée, oviforme, à dos d'un blanc légèrement bleuâtre, parsemé de points roux, inégaux et épars. Elle est blanche en dessous, et son ouverture est dilatée inférieurement. Longueur: 12 lignes et demie.

37. Porcelaine olivacée. *Cyprœa olivacea*. Lamk. (1).

C. testá ovato-oblongá, flavo-viridescente, punctis fulvis confertis

----

(1) La description de cette espèce, dans le *Museum Ulricæ* (*Cyprœa errones*), ne laisse aucun doute sur son identité avec le *Cyprœa olivacea*, var. *b.* de Lamarck. De ce fait il doit résul-

*nubeculatá, lateribus ventreque albidis, immaculatis; rimá flaves-
cente, intùs violaceá.*

Martini. Conch. 1. t. 27. f. 278. 279.

Cypræa ovum. Gmel. p. 3412. n° 65.

Cypræa olivacea. Ann. ibid. p. 95. n° 37.

[b] *Var. maculá dorsali rufo-fuscá.*

Cypræa errones. Lin. Syst. nat. éd. 10. p. 723. n° 311.

* *Id.* Lin. Mus. Ulric. p. 577. n° 202.

* *Id.* Lin. Syst. nat. éd. 12. p. 1178. n° 352.

* *Cypræa erronea.* Born. Mus. p. 185.

* *Cypræa erronea.* Gmel. p. 3412.

* *Id.* Dillw. Cat. t. 1. p. 456. n° 41.

* Mus. Gottw. pl. 6. f. 28.

* *Cypræa erronea.* Schrott. Éinl. t. 1. p. 118. n° 28.

* Quoy et Gaim. Voy. de l'Astr. t. 3. p. 42. pl. 48. f. 13.

* *Cypræa subflava.* Gmel. p. 3413. n° 71.

* Schrot. Einl. t. 1. p. 148. n° 54.

* *Id.* Dillw. Cat. t. 1. p. 453. n° 32.

* *Id.* Wood. Ind. Test. pl. 17. f. 32.

* *Cypræa errones.* Gray. Monog. of. Cypr. Zool. Journ. t. 1. p. 385.
n° 49.

* *Id.* Gray. Descrip. Cat. Shells. p. 11. n° 94.

* *Id.* Sow. jun. Conch. Ill. f. 124. 128. 129. 132.

* Kiener. Spec. des Coq. pl. 29. f. 4.

* Menke. Spec. Moll. Nouv. Holl. p. 30. n° 160.

Habite.... Mon cabinet. Espèce bien distincte, ayant un peu l'aspect
d'une olive par sa forme ovale-oblongue, cylindracée, et par sa
couleur d'un jaune verdâtre, nuée de très petites taches fauves et
serrées. Le dessous et les côtés sont immaculés et d'un blanc pâle.
Longueur : 13 lignes trois quarts.

38. Porcelaine tête-de-dragon. *Cypræa stolida.* Linné.

*C. testá oblongá, albidá; maculis dorsalibus fulvis, albo-punctatis,
quadratis, angulis decurrentibus; anticá extremitate sursùm prominulá, rimá rufescente.*

---

ter deux choses: 1° la variété de Lamarck redevient le type de
l'espèce; 2° l'espèce reprend son nom linnéen. Le *Cypræa subflava* de Gmelin, adopté par Dillwyn, nous paraît un double
emploi de l'espèce de Linné, et nous l'ajoutons à notre synonymie.

Cypræa stolida. Lin. Syst. nat. éd. 12. p. 1180. n° 860.

Petiv. Gaz. t. 97. f. 18.

D'Argenv. Conch. pl. 18. fig. Y.

Favanne. Conch. pl. 29. fig. S.

Born. Mus. p. 191. t. 8. f. 15.

Martini. Conch. 1. t. 29. f. 305.

Cypræa rubiginosa. Gmel. p. 3420. n° 105.

Chemn. Conch. 11. t. 180. f. 1743. 1744.

Cypræa stolida. Ann. ibid. n° 38.

* Gray. Monog. of. Cypr. Zool. Journ. t. 1. p. 378. n° 41.

* Desh. Ency. méth. Vers. t. 3. p. 829. n° 33.

* Gray. Desc. Cat. Shells. p. 9. no 69.

* Sow. jun. Conch. Ill. p. 12 et 91. 92.

* Lin. Syst. Nat. éd. 10. p. 724.

* Lin. Mus. Ulric. p. 580.

* Perry. Conch. pl. 23. f. 4.

* Schrot. Einl. t. 1. p. 125. no. 86. *synon. plur. exclus.*

* Dellw. Cat. t. 1. p. 462. no. 53.

* *Cypræa rubiginosa.* Wood. Ind. Test. pl. 17. f. 50.

Habite... Mon cabinet. On a confondu cette espèce avec des individus de la Var. [c] du *C. hirundo*, qui s'en rapprochent par leur forme, mais qui ont aux extrémités deux taches brunes ou noires, qu'on ne trouve point dans celle-ci. Elle est oblongue, cylindracée, peu ventrue, d'un blanc livide ou cendré, et marquée sur le dos d'une ou deux taches carrées, d'un fauve roux, ponctuées de blanc, et dont les angles se prolongent en formant d'autres taches placées en damier. Longueur : un pouce.

39. Porcelaine hirondelle. *Cypræa hirundo.* Lin. (1)

C. testá ovatá, albido-cœrulescente, obsoletè bifasciatá, interdùm ma-

---

(1) Lamarck a donné beaucoup trop d'extension à cette espèce de Linné. Le *Cypræa hirundo* est très bien caractérisé par Linné dans le *Museum Ulricæ*, et la seule figure de Petiver qu'il y rapporte, offre bien tous les caractéres de l'espèce. La synonymie qui, depuis Linné, a été ajoutée par Schrötter et Gmelin n'est pas exempte de reproches; celle de Dillwyn est plus correcte et pourrait être admise sans changemens, mais Lamarck a rassemblé sous le nom de *Cypræa hirundo* toutes les espèces qui, d'un médiocre volume, ont deux taches brunes à chaque extrémité de la coquille. Lamarck considérait ce carac-

culá dorsali rufo-fuscescente si gnatá; extremitatibus maculis duabus fusco-nigris; lateribus subpunctatis.

Cypræa hirundo. Lin. Syst. nat. ed. 12. p. 1178. Gmel. p. 3411. n° 55.

Lister. Conch. t. 674. f. 20.

Petiv. Gaz. t. 30. f. 3.

Knorr. Vergn. 4. t. 25. f. 4.

Born. Mus p. 184. t. 8. f. 11.

Martini. Conch. 1. t. 28. f. 282.

Encycl. pl. 356. f. 6 et 15.

Cypræa hirundo. Ann. ibid. n° 39.

[b] *Var. testá ovato-oblongá.*

Martini. Conch. 1. t. 28. f. 283. 284.

Cypræa felina. Gmel. p. 3412. n° 66.

[c] *Var. testá elongatá, fulvo-subpunctatá, maculá dorsali rufescente latá signatá.*

Martini. Conch. 1. t. 28. f. 294. 295.

* Lin. Syst. nat. éd. 10. p. 722.

* Lin. Mus. Ulric. p. 576.

* Schrot. Einl. t. 1. p. 119. n° 26.

* Dillw. Cat. t. 1. p. 455. n° 37.

* Wood. Ind. Test. pl. 17. f. 35.

* Gray. Monog. of Cypr. Zool. Journ. t. 1. p. 377. n° 40.

* Gray. Descr. Cat. Shells. p. 9. n° 68.

* Gray. Ad. et Corr. Monog. of Cypr. Zool. Journ. t. 4. p. 78. n° 49.

* Var. Sow. jun. Conch. ill. f. 12**.

* Sow. jun. Conch. ill. f. 174.

* Kiener. Spec. des Coq. pl. 32. f. 1. 1 *a.* 1 *b.*

Habite l'Océan Indien, les côtes des Maldives. Mon cabinet. L'espèce principale est une des plus petites de son genre. Elle est d'un cendré bleuâtre, avec deux zones blanches un peu obscures. Ses deux variétés sont plus allongées et plus grandes, et elles offrent à chacune de leurs extrémités deux points noirâtres qui caractérisent l'espèce. Longueur de celle-ci : à peine 8 lignes; de la Var. [c]: 13 lignes.

---

tère comme le plus essentiel : aussi il rapporte à titre de variété le *Cypræa felina* de Gmelin, qui est une espèce très distincte et une autre qui a les plus grands rapports avec le *Cypræa cylindrica* de Born. Les deux espèces en question doivent être séparées de l'*Hirundo* et prendre place dans le catalogue.

40. Porcelaine ondée. *Cypræa undata*. Lamk. (1)

C. testá ovato-ventricosá, umbilicatá, castaneo-violaceá; zonis binis albis; lineis fulvis flexuosis undatim pictis; ventre albido, punctis fuscis notatö.

D'Argenv. Conch. pl. 18. fig. **N**.

Favanne. Conch. pl. 29. fig. I.

Martini. Conch. 1. t. 23. f. 226. 227.

Encycl. pl. 356. f. 11.

Cypræa zigzag. Ann. ibid. p. 96. n° 40.

[*b*] *Eadem strigis albis longitudinalibus angustis undatis, lineata*

* Seba. Mus. t. 3. pl. 55. n° 19. *Figuræ quatuor.*

* Gray. Monog. of Cypr. Zool. Journ. t. 1. p. 372.

* Desh. Encycl. méth. Vers. t. 3. p. 829. n° 34.

* Gray. Descr. Cat. Shells. p. 12. n° 97.

* Mus. Gottw. pl. 5. f. 18. h. 1. k.

* Perry. Conch. pl. 23. f. 6.

* *Cypræa zigzag pars*. Schrot. Einl. t. 1. p. 116. n° 25.

* Wood. Ind. Test. pl. 17. f. 18.

* Sow. jun. Conch. ill. f. 109.

* Kiener. Spec. des Coq. pl. 30. f. 3.

Habite... l'Océan Atlantique? Mon cabinet. Coquille fort jolie, commune dans les collections, et très distincte de la suivante avec laquelle on l'a confondue. Elle est ovale, bombée, de couleur marron, un peu violâtre, et offre deux zones blanches rayées de lignes fauves brisées et en zigzags. Longueur : 12 lignes et demie ; de la Var. [b] : 13 lignes. Cette dernière vient de Lisbonne. Mon cabinet.

41. Porcelaine zigzag. *Cypræa zigzag*. Lin.

C. testá ovatá, cinereo-albidá; lineis flavescentibus undatis flexuosis pallidis; ventre luteo, punctis rubro-fuscis picto.

---

(1) Comme on peut s'en assurer, en lisant la description du *Cypræa zigzag*, dans le *Museum Ulricæ*, Linné confondait cette espèce avec la suivante, ce qui est arrivé aussi à la plupart des auteurs qui ont suivi. Déjà Chemnitz avait inscrit un *Cypræa undata* dans son grand ouvrage pour un jeune individu du *Cypræa mauritiana*. Ce nom, changé en *Undulata* par Gmelin, ne peut cependant pas être employé de nouveau sans entraîner avec lui de la confusion. Dillwyn a adopté l'espèce de Chemnitz, tandis que Wood a donné, sous le nom d'*Undata*, la même espèce que Lamarck.

Cypræa zigzag. Lin. Syst. nat. éd. 12. p. 1177. Gmel. p. 3410. n° 54.

Lister. Conch. t. 661. f. 5.

Petiv. Gaz. t. 12. f. 7.

D'Argenv. Conch. pl. 18. fig. R.

Martini. Conch. 1. t. 23. f. 224. 225.

Encycl. pl. 356. f. 8. a. b.

Cypræa undata. Ann. ibid. n° 41.

* Lin. Syst. nat. éd. 10. p. 722.

* Lin. Mus. Ulric. p. 575.

* Roissy. Buf. Moll. t. 5. p. 417. n° 5.

* *Cypræa zigzag pars.* Schrot. Einl. t. 1. p. 116. n 25.

* *Id.* Dillw. Cat. t. 1. p. 454. n° 35.

* Gray. Monog. of Cypr. Zool Journ. t. 1. p. 373. n° 35.

* Desh. Encycl. méth. Vers. t. 3. p. 829. n° 35.

* Gray. Descr. Cat. Shells. p. 11. n° 96.

* Sow. jun. Conch. ill. f. 143.

* Kiener. Spec. des Coq. pl. 31. f. 2. 2 *a*.

Habite... Mon cabinet. Elle est peu bombée, n'acquiert jamais la moitié du volume de la précédente, et est différemment colorée. Sur un fond blanchâtre ou cendré, elle offre des lignes étroites, très pâles, élégamment fléchies en zigzags, tantôt longitudinales, et tantôt interrompues par trois bandes jaunâtres. Long. : 8 lignes un quart.

42. Porcelaine flavéole. *Cypræa flaveola.* Lamk. (1)

C. testâ ovatâ, marginatâ, luteo-nebulatâ, subtùs albâ; lateribus albidis, fusco-punctatis.

---

(1) Sous le nom de *Cypræa flaveola*, Linné, aussi bien dans le *Museum Ulricæ* que dans la 12ᵉ édition du *Systema naturæ*, a établi une espèce à laquelle il n'ajoute aucune synonymie; mais dans le premier de ces ouvrages il donne une description qui prouve que la coquille voisine de celle de Lamarck en diffère cependant par plusieurs caractères. Lamarck semble le reconnaître, et cependant il a le tort d'appliquer le nom de Linné à une autre espèce que celle de ce grand naturaliste. Il faut laisser à l'espèce de Linné son nom, et il faudrait en donner un autre à l'espèce de Lamarck, si Linné lui-même ne nous évitait ce soin. En effet, comme Dillwyn l'a reconnu le premier, et M. Gray ensuite, le *Cypræa spurca* de Linné est la même espèce que le *Flaveola* de Lamarck. Dans la synonymie du *Cy-*

Martini. Conch. t. t. 31. f. 335.

Cyprœa acicularis. Gmel. p. 3421. n° 107.

Encycl. pl. 356. f. 14.

Cyprœa flaveola. Ann. ibid. p. 97. n° 42.

* *Cyprœa spurca.* Phil. Enum. Moll. Sicil. p. 235. n° 5.

• *Cyprœa flaveola.* Blainv. Faun. franç. p. 240. pl. 8 B. f. 7. 8.

* *Cyprœa spurca.* Lin. Syst. nat. éd. 12. p. 1179.

* *Id.* Gmel. p. 3416. n° 87.

* Mus. Gottw. pl. 5. f. 18 a. b. c.?

* *Cyprœa spurca.* Schrot. Einl. t. 1. p. 124. n° 35.

* *Cyprœa flaveola.* Payr. Cat. des Moll. de Corse. p. 170. n° 343.

* Dillw. Cat. t. 1. p. 462. n° 52.

* Wood. Ind. Test. pl. 17. f. 49.

• *Cyprœa spurca.* Gray. Monog. of Cypr. Zool. Journ. t. 1. p. 501. n° 71.

* Desh. Encycl. méth. Vers. t. 3. p. 830. n° 36.

* Gray. Descrip. Cat. Shells. p. 7. n° 57.

* *Var. alba.* Sow. jun. Conch. ill. f. 53.

* Sow. Conch. Ill. f. 81. et 104.

* D'Orb. dans Web. et Bert. Voy. aux Can. p. 87. n° 122.

• *Cyprœa spurca.* Kiener. Spec. des Coq. p. 30. f. 1.

Habite... Mon cabinet. Sous le même nom, Linné mentionne une Porcelaine qui ne m'est pas connue, et dont il n'indique aucun synonyme. Celle dont il s'agit ici est peu bombée, à dos jaunâtre, obscurément mouchetée de fauve, à côtés dilatés, blancs ainsi que le ventre, et ornés de points rouge-brun, parmi lesquels ceux qui sont près du bord sont excavés. Longueur : 10 lignes et demie.

43. Porcelaine sanguinolente. *Cyprœa sanguinolenta.* Gmel.

C. testâ ovato-oblongâ, cinereo-cærulescente, fulvo vel fusco fasciatâ; lateribus incarnato-violaceis, sanguineo-punctatis.

Martini. Conch. 1. t. 26. f. 265. 266.

Cyprœa sanguinolenta. Gmel. p. 3406. n° 38.

Encycl. pl. 356. f. 12.

---

prœa spurca, nous n'admettons pas celle de Born, qui est une espèce différente de celle de Linné et de Lamarck. Quant au *Flaveola* de Born, c'est le *Cyprœa pyrum* de Gmelin ou *Rufa* de Lamarck, et par conséquent ce n'est pas le *Flaveola* de Linné.

Cypræa sanguinolenta. Ann. ibid. no 43.

* Adans. Seneg. pl. 5. f. E.
* Schrot. Einl. t. 1. p. 137. *Cypræa.* no 15.
* D'Argenv. Conch. pl. 18. f. R.
* Dillw. Cat. t. 1. p. 445. no 15.
* Wood. Ind. Test. pl. 17. f. 15.
* Swains. Zool. ill. 1re série. t. 3. pl. 182.
* Gray. Monog. of Cypr. Zool. Journ. t. 1. p. 390. no 55.
* Desh. Encycl. méth. Vers. t. 3. p. 830. no 37.
* Gray. Descr. Cat. Shells. p. 11. no 90.
* Sow. jun. Conch. ill. f. 108.
* Kiener. Spec. des Coq. pl. 33. f. 1.
* *Fossilis.* Dujardin. Touraine. p. 303. no 1.

Habite... Mon cabinet. La coloration de ses côtés rend cette espèce fort remarquable. Longueur : 11 lignes trois quarts.

44. Porcelaine poraire. *Cypræa poraria.* Lin. (1)

C. testá ovatá fulvá; punctis ocellisque albis sparsis : ocellis circulo fusco circumvallatis; lateribus ventreque incarnato-purpureis, immaculatis.

An Cypræa poraria? Lin. Syst. nat. 2. p. 1180. no 363.

Born. Mus. p. 192. t. 8. f. 16.

Martini. Conch. 1. t. 24. f. 237. 238.

Cypræa poraria. Ann. ibid. no 44.

* Lin. Syst. nat. éd. 10. p. 724.
* Schrot. Einl. t. 1. p. 128. no 39. *Exclus. synon.*
* Gray. Descr. Cat. Shells. p. 7. no 50.
* Seba. Mus. t. 3. pl. 55. f. 19. no 5.
* Gmel. p. 3417. no 92. *Exclus. plur. synony.*
* Encycl. méth. pl. 356. f. 4.
* Dillw. Cat. t. 1. p. 465. no 58.
* Wood. Ind. Test. pl. 17. f. 55.
* Gray. Monog. of Cypr. Zool. Journ. t. 1. p. 509. no 80.

---

(1) Nous pensons que l'espèce de Linné est bien la même que celle de Lamarck. Si Lamarck avait consulté la description de Linné dans le *Museum Ulricæ*, il n'aurait conçu aucun doute et aurait facilement reconnu l'espèce linnéenne. Gmelin confond avec cette espèce, à l'exemple de Martini, une autre coquille toujours distincte, et que Dillwyn, le premier, a inscrite sous le nom de *Cypræa gangrenosa.*

* Desh. Encycl. méth. Vers. t. 3. p. 835. n° 49.
* Lin. Mus. Ulric. p. 581.
* Sow. Conch. Ill. f. 68.

Habite les côtes du Sénégal, d'où je l'ai reçue. Mon cabinet. Les individus de notre espèce n'ont pas la ligne dorsale exprimée dans les figures citées. Son dos, d'un fauve roussâtre, offre des points blancs et
épars, parmi lesquels plusieurs, cerclés de brun, forment des ocelles
peu remarquables. Les côtés et le ventre sont d'un blanc purpurin et
légèrement violet. Longueur : 7 lignes et demie.

45. Porcelaine petit-ours. *Cypræa ursellus*. Gmel.

*C. testá ovato-oblongá, albá; zonis tribus rufis inæqualibus; extremita-
tibus lateribusque fusco-punctatis.*

Rumph. Mus. t. 39. fig. O.

Gualt. Test. t. 15. fig. L.

Martini. Conch. 1. t. 24. f. 241. *Mala.*

Cypræa ursellus. Gmel. p. 3411. n° 58.

Encycl. pl. 356. f. 6.

Cypræa ursellus. Ann. ibid. p. 98. n° 45.

* Dillw. Cat. t. 1. p. 455. n° 38.
* Wood. Ind. Test. pl. 17. f. 36.
* *Cypræa hirundo.* Var. 2. Gray. Monog. of Cypr. Zool. Journ. t. 1.
p. 577.
* Kiener. Spec. des Coq. pl. 33. f. 4.

Habite l'Océan des Grandes-Indes. Mon cabinet. Elle a des rapports
avec la suivante, mais elle s'en distingue par la couleur rousse de ses
bandes dorsales, et surtout par les points d'un roux brun qui se trouvent à ses extrémités et le long de ses côtés. Ces points manquent
souvent dans les jeunes individus. Longueur : 7 lignes un quart.

46. Porcelaine aselle. *Cypræa asellus*. Lin.

*C. testá ovato-oblongá, albá; zonis tribus fusco-nigris; extremitatibus
lateribusque immaculatis; aperturá dentibus inæqualibus.*

Cypræa asellus. Lin. Syst. nat. éd. 12. p. 1178. Gmel. p. 3411.
n° 56.

Lister. Conch. t. 666. f. 10.

Bonanni. Recr. 3. f. 236.

Rumph. Mus. t. 39. fig. M.

Petiv. Gaz. t. 97. f. 11. et Amb. t. 16. f. 18.

Gualt. Test. t. 15. fig. M. CC. DD.

D'Argenv. Conch. pl. 18. fig. T.

Favanne. Conch. pl. 29. fig. P.

Adans. Sénég. pl. 5. fig. H.

Knorr. Vergn. 4. t. 25. f. 3.
Martini. Conch. 1. t. 27. f. 280. 281.
Encycl. pl. 356. f. 5.
Cypræa asellus. Ann. ibid. n° 46.
* Mus. Gottw. pl. 6. f. 26.
* Lin. Syst. nat. éd. 10. p. 722.
* Lin. Mus. Ulric. p. 576.
* Barrelier. Plant. per Gall. pl. 1326. f. 27.
* Perry. Conch. pl. 19. f. 3.
* Born. Mus. p. 171. Vign. fig. D. et p. 185.
* Schrot. Einl. t 1. p. 117. n° 27.
* Blainv. Faun. franç. pl. 8 B. f. 9 10.
* Dillw. Cat. t. 1. p. 456. n° 40. *exclusa var.* C.
* Wood. Ind. Test. pl. 17. f. 38.
* Gray. Monog. of Cypr. Zool. Journ. t. 1. p. 375.
* Desh. Encycl. méth. Vers. t. 3. p. 834. n° 48.
* Gray. Descr. Cat. p. 9. n° 66.
* Sow. jun. Conch. Ill. f. 93.
* Kiener. Spec. des Coq. pl. 31. f. 3.
Habite l'Océan asiatique et celui d'Afrique. Mon cabinet. Coquille très
commune, et facile à reconnaître. Elle est d'un blanc de lait, avec
trois zones très brunes, presque noires, qui la traversent et s'inter-
rompent près du bord. Vulg. le *Petit-Ane.* Longueur : 10 lignes.

47. Porcelaine collier. *Cypræa moniliaris.* Lamk. (1)

*C. testá ovatá, albá; zonis tribus incarnatis obsoletis; aperturá denti-
bus subæqualibus.*

Petiv. Gaz. t. 97. f. 10.
Cypræa moniliaris. Ann. ibid. n° 47.
* *Cypræa clandestina.* Lin. Syst. nat. éd. 12. p. 1177.
* *Id.* Gmel. p. 3410. n° 52.
* *Id.* Dillw. Cat. t. 1. p. 453. n° 33.
* Gray. Descr. Cat. Shells. p. 12. n° 98.
* Sow. jun. Conch. Ill. f. 87.

---

(1) Il est certain, comme M. Gray l'a reconnu, que cette
espèce est la même que le *Clandestina* de Linné : elle devra en
conséquence changer son nom pour celui de Linné. Dillwyn
fait un double emploi avec cette espèce, en la citant d'abord
sous le nom linnéen, et en la reproduisant ensuite comme variété de l'*Asellus* dont elle reste toujours distincte.

TOME X. 34

* *Cypræa asellus.* Var. C. Dillw. Cat. t. 1. p. 456.
* *Cypræa clandestina.* Gray. Monog. of Cypr. Zool. Journ. p. 374. nº 36.
* Wood. Ind. Test. Suppl. pl. 3. f. 17.

Habite l'Océan Asiatique. Mon cabinet. Elle se distingue de la précédente par ses trois zones constamment très pâles. Long. : 9 lignes.

48. Porcelaine piqûre-de-mouche. *Cypræa stercus muscarum.* Lamk. (1)

C. *testá ovato-oblongá, exiguá, albido-carneá; punctis rubiginosis sparsis; rimá flavescente.*

Martini. Conch. 1. t. 28. f. 290. 291.

Cypræa atomaria. Gmel. p. 3412. nº 67.

Encyclop. pl. 355. f. 10.

Cypræa stercus muscarum. Ann. ibid. nº 48.

* Dillw. Cat. t. 1. p. 458. nº 43.
* Wood. Ind. Test. pl. 17. f. 41.
* Gray. Monog. of. Cyp. Zool. Journ. t. 1. p. 380.
* Desh. Encycl. méth. vers. t. 3. p. 834. nº 46.
* Mus. Gottw. pl. 8. f. 51. b?
* *Cypræa punctata.* Lin. Maut. p. 548.
* *Id.* Gmel. p. 3414. nº 115.
* Schrot. Einl. t. 1. p. 140. nº 25.
* *Cypræa punctata.* Gray. Descr. Cat. Shells. p. 9. nº 70.
* *Id.* Sow. jun. Conch. Ill. f. 117.
* *Cypræa atomaria.* Kiener. Spec. des Coq. pl. 39. f. 2.

Habite... Mon cabinet. Petite coquille ovale-oblongue, blanche avec une légère teinte couleur de chair, et parsemée de points rouge-bruns, écartés ou un peu rares. Longueur : 7 lignes.

49. Porcelaine pois. *Cypræa cicercula.* Lin.

C. *testá ovato-globosá, turgidá, utrinquè rostratá, granulosá,*

---

(1) Il est certain que cette espèce de Lamarck est spécifiquement la même que le *Cypræa punctata* de Linné : il faut donc lui restituer ce nom. Lamarck avait même reconnu l'identité de son espèce avec le *Cypræa atomaria* de Gmelin, et il aurait dû appliquer ce nom dans le cas où il aurait conçu quelques doutes au sujet du *Punctata* de Linné. Gmelin fait encore pour cette espèce un double emploi bien évident.

*albá aut pallidè fulvá ; lineá dorsali impr ess , rimá peran-
gustá.*

Cypræa cicercula. Lin. Syst. Nat. éd. 12. p. 1181. Gmel. p. 3419.
n° 98.

Lister. Conch. t. 710. f. 60.

Bonanni. Recr. 3. f. 243. *Ampliata.*

Rumph. Mus. t. 39. fig. K.

Petiv. Amb. t. 16. f. 21.

Born. Mus. p. 195. t. 8. f. 19.

Martini, Conch. 1. t. 24. f. 243. 244.

Encyclop. pl. 355, f. 1, a, b.

Cypræa cicercula. Ann. ibid. p. 99. n° 49.

[b] *Var. testá læviusculá , posticè non rostratá, lacteá.*

* Mus. Gottw. pl. 8. f. e. f.

* Lin. Syst. Nat. éd. 10. p. 725 .

* Perry. Conch. pl. 23. f. 7.

* Schrot. Einl. t. 1. p. 470. n° 43.

* Dillw. Cat. t. 1. p. 470. n° 68.

* Wood. Ind. Test. pl. 17. f. 65.

* Gray. Monog. of. Cypr. Zool. Journ. t. 1. p. 515. n° 88.

* Desh. Ency. méth. Vers. t. 3. p. 834. n° 47.

* Gray. Descr. Cat. Shells. p. 6. n° 43.

* Sow. jun. Conch. Ill. f. 84.

* Kiener. Spec. des Coqs. pl. 50. f. 3. 4.

Habite l'Océan des Grandes-Indes , les côtes de Timor. Mon cabinet.
Coquille presque globuleuse, bombée, rostrée aux deux bouts, et
chargée de points élevés qui la rendent granuleuse. Sa face inférieure , un peu convexe , est striée transversalement par le
prolongement des dents de l'ouverture. Longueur : 9 lignes. Sa var.
vient de Timor, d'où elle fut rapportée par M. Leschenault. Mon
cabinet.

50. Porcelaine perle. *Cypræa lota.* Lin. (1)

C. *testá ovatá , subturgidá , lævissimá, albá, margine exteriore suprá
crenulato.*

---

(1) Malgré la description que Linné donne de cette espèce
dans le *Museum Ulricæ*, il est bien difficile aujourd'hui de la
reconnaître. Je n'ai jamais vu dans les collections une coquille
qui convînt aux caractères du *Lota* de Linné. Nous avons vu des
coquilles roulées, blanchies au soleil, qui avaient à-peu-près

34.

Cyprœa lota. Lin. Syst. Nat. éd. 10. p. 720. n° 296. Gmel. p. 3402. no 13,

Born. Mus. t. 8. f. 4. 5.

Martini. Conch. 1. t. 30 f. 322.

Cyprœa lota. Ann. ibid. n° 50.

* Lin. Mus. Ulric. p. 570. n° 187.

* Lin. Syst. Nat. éd. 12. p. 1175. n° 337.

★ Schrot. Einl. t. 1. p. 105. n° 13.

* Dillw. Cat. t. 1. p. 444. n° 13.

* Gray. Monog. of Cypr. Zool. Journ. t. 3. p. 572. n° 110.

Habite l'Océan Asiatique. Mon cabinet. Coquille ovale, bombée, très lisse, blanche, marginée latéralement, surtout à son bord droit, et dont le bourrelet de celui-ci est muni de points enfoncés. Longueur : 7 lignes et demie. Elle devient plus grande.

51. Porcelaine globule. *Cyprœa globulus.* Lin.

C. *testá ovato-ventricosá, subglobosá, utrinquè rostratá, luteo-fulvá, punctis rufo-fuscis sparsis, lineá dorsali nullá.*

Cyprœa globulus. Lin. Syst. Nat. éd. 12. p. 1181. Gmel. p. 3419. n° 99.

Rumph. Mus. t. 39. fig. L.

Petiv. Gaz. t. 97. f. 14. et Amb. t. 16. f. 19.

Gualt. Test. t. 14. fig. M.

Murray. Testaceol. t. 1. f. 12.

Knorr. Vergn. 6. t. 21. f. 7.

Born. Mus. p. 195. t. 8. f. 20. *Optima.*

Martini. Conch. 1. t. 24. f. 242.

Chemn. Conch. 10. t. 145. f. 1339, 1340. *Optima.*

Encyclop. pl. 356. f. 2.

Cyprœa globulus. Ann. ibid. n° 51.

* Mus. Gottw. pl. 8. f. 44. c. d.

★ Lin. Syst. Nat. éd. 10. p. 725.

★ Lin. Mus. Ulric. p. 583.

* Schrot. Einl. t. 1. p. 132. n° 44.

* Dillw. Cat. t. 1. p. 470. n° 70.

---

tous les caractères du *Cyprœa lota,* ce qui nous fait penser que depuis long-temps cette espèce devait être rejetée parmi les incertaines. Quant au *Lota* de Lamarck, M. Gray le rapporte comme individu blanchi, au *Cyprœa flaveola.*

* Wood. Ind. Test. pl. 17. f. 67.

* Gray. Monog. of Cypr. Zool. Journ. t. 1 p. 517. n₀ 90.

* Desh. Ency. méth. Vers. t. 3. f. 833. no 45.

* Sow. jun. Conch. Ill. f. 78.

Habite l'Océan Asiatique. Mon cabinet. Elle est distinguée du *C. cicercula*, principalement parce qu'elle est presque lisse, d'une couleur fauve ou rousse, et qu'elle manque de ligne dorsale. Long.: 8 lignes.

52. Porcelaine ovulée. *Cypræa ovula.* Lamk.

C. testá ovato-ventricosá, albá; labro extùs marginato; aperturá laxissimá; dentibus columellæ minimis.

Encyclop. pl. 355. f. 2. a. b.

Cypræa ovuluta. Ann. ibid. no 52.

* Reeve. Conch. Syst. t. 2. p. 263. pl. 286. f. 145.

* Kiener. Spec. des Coqs. pl. 51. f. 3.

* *Cypræa carnea.* Var. Gray. Monog. of Cypr. Zool. Journ. t. 3. p. 569.

* Sow. jun. Conch. Ill. f. 145.

Habite... Mon cabinet. Celle-ci, quoique très distincte, parait inédite. Elle est ovale-globuleuse, bombée, lisse, mince, marginée seulement sur le bord droit, et a son ouverture fort lâche, dilatée, munie sur le bord gauche de dents très petites et fort courtes. Longueur: 8 lignes et demie.

53. Porcelaine étoilée. *Cypræa helvola.* Lin.

C. testá ovato-turgidá, subtriquetrá, marginatá; dorso albido, maculis fulvis substellatis picto; lateribus fulvo-fuscis; ventre aurantio.

Cypræa helvola. Lin. Syst. Nat. éd. 12. p. 1180. Gmel. p. 3417. no 90.

Lister. Conch. t. 691. f. 38.

Rumph. Mus. t. 39. fig. B.

Petiv. Amb. t. 16. f. 17.

Martini. Conch. 1. t. 30. f. 326. 327.

Encyclop. pl. 366. f. 13.

Cypræa helvola. Ann. ibid. p. 100. n° 53.

* Lin. Syst. Nat. éd. 10. p. 724.

* Lin. Mus. Ulric. p. 579.

* Perry. Conch. pl. 19. f. 6.

* Born. Mus. p. 191.

* Schrot. Einl. t. 1. p. 126. n° 37.

* Philip. Enum. méth. Sicil. p. 236. no 7.

* Knorr. Vergn. t. 6. pl. 14. f. 6. 7.
* Dillw. Cat. t. 1. p. 464. n° 156.
* Wood. Ind. Test. pl. 17. f. 53.
* Gray. Monog. of Cypr. Zool. Journ. t. 1. p. 508. n° 78.
* Desh. Encycl. méth. Vers. t. 3. p. 833. n° 44.
* Gray. Descr. Cat. Shells. p. 7. n° 55.
* Sow. jun. Conch. Ill. f. 12.
* Kiener. Spec. des Coq. pt. 28. f. 1.

Habite l'Océan indien, les côtes des Maldives, etc. Mon cabinet Elle a un peu l'aspect du *C. caput serpentis*; mais elle est plus petite, et ses côtés, ainsi que sa face inférieure, sont d'un orangé roussâtre. On voit sur son dos quantité de points serrés les uns contre les autres, et parmi eux des taches rousses, presque en étoiles et éparses. Longueur : 8 lignes trois quarts.

54. Porcelaine arabicule. *Cypræa arabicula*. Lamk.

C. testá ovatá, marginatá, albidá; characteribus fulvo-fuscis inscriptis; marginibus carneis, violaceo-maculatis; aperturæ dentibus albidis.

Cypræa arabicula. Ann. ibid. n° 54.
* Gray. Descr. Cat. Shells. p. 3. n° 16.
* Sow. jun. Conch. Ill. f. 77.
* Kiener. Spec. des Coq. pl. 28. f. 3.
* Gray. Monog. of Cypr. Zool. Journ. t. 1. p. 78. pl. 7 et 12. f. 4.
* Wood. Ind. Test. Suppl. pl. 3. f. 7.

Habite les côtes occidentales du Mexique, près d'Acapulco. MM. de Humboldt et Bonpland. Mon cabinet. Cette petite Porcelaine, qui est dans l'état parfait, ressemble beaucoup au *C. arabica*; cependant elle est constamment de très petite taille, les dents de son ouverture sont blanchâtres et non de couleur marron, et sa ligne dorsale est un peu rameuse. Sa face inférieure est aplatie et d'un fauve pâle. Longueur : 9 lignes.

55. Porcelaine graveleuse. *Cypræa staphylæa*. Lin. (1)

C. testá ovatá, subspadiceá, punctis albidis elevatis scabriusculá; extremitatibus croceis; ventre sulcato.

---

(1) M. Gray, dans sa Monographie des Porcelaines, considère le *Cypræa limacina* de Lamarck comme une variété de celle-ci. Nous avons vu un assez grand nombre d'individus de l'une et de l'autre espèce, et nous les avons toujours facilement reconnus à des caractères qui leur sont propres.

Cypræa staphylæa. Lin. Syst. Nat. éd. 12. p. 1181. Gmel. p. 3419.
n° 97.

Gualt. Test. t. 14. fig. T.

D'Argenv. Conch. pl. 18. fig. S.

Knorr. Vergn. 4. t. 16. f. 2.

Born. Mus. p. 194. t. 8. f. 18.

Martini. Conch. 1. t. 29. f. 313. 314.

Encyclop. pl. 356. f. 9. a. b.

Cypræa staphylæa. Ann. ibid. n₀ 55.

* Mus. Gottw. pl. 5. f. 18. l. m. n?

* Lin. Syst. Nat. éd. 10. p. 725.

* Mus. Ulric. p. 583.

* Schrot. Einl. t. 1. p. 131. n° 42.

* Dillw. Cat. t. 1. p. 469. n° 67.

* Wood. Ind. Test. pl. 17. f. 64.

* Gray. Monog. of Cypr. Zool. Journ. t. 1. p. 514. n° 84. *exclusa
varietate.* B.

* Desh. Ency. méth. Vers. t. 3. p. 8324. 43.

* Gray. Descr. Cat. Shells. p. 6. n₀ 44. *exclusa Cypr. limacina.*

* Kiener. Spec. des Coq. pl. 36. f. 2.

Habite... Mon cabinet. Coquille constamment très petite et toujours
bien distincte. Elle est ovale, peu bombée, d'un fauve légèrement
pourpré, et chargée d'une multitude de points élevés, granuleux et
blanchâtres. Ses deux extrémités sont teintes d'un jaune safran. Le
dessous de la coquille est sillonné dans toute sa largeur. Longueur:
7 lignes trois quarts.

56. Porcelaine pustuleuse. *Cypræa pustulata.* Lamk.

*C. testá ovatá, cinereo-plumbeá, verrucis croceis exasperatá ; ventre
fuscato, sulcis albis transversis striato.*

An Lister. Conch. t. 710. f. 62 ?

Cypræa pustulata. Ann. ibid. p. 101. n° 56.

* Schrot. Einl. t. 1. p. 146. n° 47.

* Dillw. Cat. t. 1. p. 469. n° 66.

* Wood. Ind. Test. pl. 17. f. 63.

* Gray. Monog. of Cypr. Zool. Journ. t. 1. p. 513. n₀ 85.

* Sow. Genera. of Shells. f. 5.

* *Trivia pustulata.* Gray. Descr. Cat. Shells. p. 16. n° 138.

* Sow. jun. Conch. Ill. f. 71.

* Kiener. Spec. des Coq. pl. 2. f. 3.

Habite les côtes occidentales du Mexique, près d'Acapulco. MM. de
Humboldt et Bonpland. Mon cabinet. Petite Porcelaine qui tient

par ses rapports à la précédente et à celle qui suit, mais qui en est bien distincte. Son dos est chargé de verrues arrondies, d'un orangé rouge ou safran, dont les plus grosses sont dans le milieu. Longueur: 7 lignes.

57. Porcelaine grenue. *Cypræa nucleus*. Lin.

C. testâ ovatâ, subrostratâ; marginatâ, albâ, dorso granosâ; granis lateralibus sulcis coadunatis; ventre latè sulcato.

Cypræa nucleus. Lin. Syst. Nat. éd. 12. p. 1181. Gmel. p. 3418. n° 95.

Rumph. Mus. t. 39. fig. I.

Petiv. Gaz. t. 97. f. 12. et Amb. t. 16. f. 11.

Gualt. Test. t. 14. fig. Q. R. S.

D'Argenv. Conch. pl. 18. fig. V.

Favanne. Conch. pl. 29. fig. Q. 1.

Knorr. Vergn. 4. t. 17. f. 7.

Born. Mus. p. 194. t. 8. f. 18.

Encyclop. pl. 355. f. 3.

Cypræa nucleus. Ann. Ibid. n° 57.

[*b*] *Var. testâ depressiusculâ, albo-violacescente.*

* Mus. Gottw. pl. 8. f. 44. a. b.

* Lin. Syst. Nat. éd. 10. p. 724.

* Lin. Mus. Ulric. 582.

* Perry. Conch. pl. 23. f. 5.

* Schrot. Einl. t. 1. p. 130. n° 41.

* Dillw. Cat. t. 1. p. 468. n° 65. *exclusâ varietate.*

* Gray. Monog. of Cypr. Zool. Journ. t. 1. p. 515. n° 87.

* Desh. Ency. méth. Vers. t. 3. p. 682. n° 42.

* Gray. Descr. Cat. Shells. p. 6. n° 45.

* Sow. jun. Conch. Ill. f. 86.

* Kiener. Spec. des Coq. pl. 3. f. 2.

Habite l'Océan des Grandes-Indes et la mer Pacifique. Mon cabinet. Cette coquille est chargée de grains inégaux, blancs, dont ceux des côtés sont liés entre eux par des stries élevées. Sa ligne dorsale est un sillon longitudinal très prononcé. Longueur: 13 lignes. Sa var. se trouve sur les côtes d'Otaïti, où on en forme des colliers. Longueur: 11 lignes. M. *Fayole.* Mon cabinet.

58. Porcelaine limacine. *Cypræa limacina*. Lamk.

C. testâ ovato-oblongâ, cinereo-violaceâ vel fuscatâ, granis albis distinctis adspersâ; extremitatibus aurantiis; rimâ fulvâ.

Lister. Conch. t. 708. f. 58.

Regenf. Conch. 1. t. 12. f. 75.

Martini. Conch. 1. t. 29. f. 312.

Cypræa limacina. Ann. ibid. n° 58.

* *Cypræa nucleus.* Quoy et Gaim. Voy. de l'Astr. p. 40. pl. 48. f. 10. 11.

* *Cypræa nucleus. Var.* Dillw. Cat. t. 1. p. 468.

* *Cypræa staphylæa. Var.* Gray. Monog. of Cypr. Zool. Journ. t. 1. p. 513.

* *Cypræa interstincta.* Wood. Ind. Test. Suppl. pl. 3. f. 9?

* *Cypræa staphylæa.* Sow. jun. Conch. Ill. f. 83.

* *Cypræa staphylæa junior.* Kiener. Spec. des Coq. pl. 22. f. 2. et pl. 35. f. 1.

Habite... Mon cabinet. Celle-ci, d'une forme plus allongée que celle de la précédente, n'a plus ses verrues latérales liées entre elles et comme enchaînées par des rides transverses. Elles sont d'ailleurs peu élevées, très inégales, et toutes séparées. Ses extrémités sont teintes de jaune-orangé, et les sillons transverses de son ventre n'atteignent pas ses bords latéraux. Longueur : 13 lignes.

59. Porcelaine cauris. *Cypræa moneta.* Lin. (1)

C. testá ovatá, marginatá, albido-lutescente; marginibus tumidis nodosis; ventre planulato, pallido.

Cypræa moneta. Lin. Syst. nat. éd. 12. p. 1178. Gmel. p. 3414. n° 81.

Lister. Conch. t. 709. f. 59.

Bonanni. Recr. 3. f. 233.

Rumph. Mus. t. 39. fig. C.

Petiv. Gaz. t. 97. f. 8. et Amb. t. 16. f. 14.

---

(1) Cette espèce est mentionnée dans les catalogues des coquilles de la Méditerranée: elle se trouverait à Toulon, en Corse, en Sicile; mais personne ne dit avoir vu l'animal vivant. Cette coquille, ainsi que le *Cypræa annulus*, étaient, il y a peu d'années, l'objet d'un assez grand commerce, parce qu'elles servaient de monnaie dans la traite des noirs. N'est-il pas possible que des événemens maritimes, comme des naufrages, par exemple, soient la cause de la présence de ces espèces dans les régions de la Méditerranée les plus fréquentées par le commerce, car elles ne se rencontrent pas dans les régions sauvages des côtes de Barbarie.

Gualt. Test. t. 14. f. 3-5.

D'Argenv. Conch. pl. 18. fig. K.

Favanne. Conch. pl. 29. fig. G.

Knorr. Vergn. 4. t. 24. f. 4.

Martini. Conch. 1. t. 31. f. 337. 338. *et specimina decorticata.* f. 339. 340.

Encycl. pl. 356. f. 3.

Cypræa moneta. Ann. ibid. p. 102. n° 59.

* Mus. Gottw. pl. 7. f. 42.

* Murray. Fund. Test. Amœn. Acad. t. 8. p. 142. pl. 2. f. 11.

* Gesner. de Crust. p. 255. f. 3.

* Aldrov. de Test. p. 558. f. 10.

* Jonst. Hist. nat. de Exang. pl. 17. f. 11.

* Lin. Syst. nat. éd. 10. p. 723.

* Lin. Mus. Ulric. p. 578.

* Barrelier. Plant. per Gall. pl. 1326. f. 26.

* Lessons on Shells. pl. 2. f. 4.

* Perry. Conch. pl. 22. f. 4.

* Roissy. Buf. Moll. t. 5. p. 418. n° 8.

* Born. Mus. p. 171. Vign. fig. E. et p. 187.

* Schrot. Einl. t. 1. p. 120. n° 30.

* Burrow. Elem. of Conch. pl. 14. f. 4.

* Payr. Cat. des Moll. de Corse. p. 170. n° 342.

* Philip. Enum. Moll. Sicil. p. 235. n° 3.

* Blainv. Faune franç. pl. 9. f. 3. 4. 5.

* Quoy et Gaim. Voy. de l'Astr. t. 3. p. 44. pl. 48. f. 17.

* Dillw. Cat. t. 1. p. 458. n° 45. *exclusá varietate.*

* Wood. Ind. Test. pl. 17. f. 43.

* Gray. Monog. of Conch. Zool. Journ. p. 492. n° 60.

* Desh. Encycl. méth. Vers. t. 3. p. 831. n° 40.

* Gray. Descr. Cat. Shells. p. 8. n° 65.

* Sow. jun. Conch. Ill. f. 123. 130.

* Kiener. Spec. des Coq. p. 34. f. 1.

* Menke. Spec. Moll. Nouv.-Holl. p. 30. n° 158.

Habite les mers de l'Inde, les côtes des Maldives, l'Océan Atlantique, etc. Mon cabinet. Petite coquille très commune que l'on connaît sous le nom de *Monnaie-de-Guinée.* Longueur : 14 lignes.

60. Porcelaine à bourrelet. *Cypræa obvelata.* Lamk.

C. *testá ovatá, marginatá, dorso cærulescente; marginibus albidis, lævissimis, tumidis, dorso elevatioribus; ventre convexiusculo.*

Cypræa obvelata. Ann. ibid. n° 60.

* Mus. Gottw. pl. 7. f. 33.

* *Cypræa moneta*. Var. Dillw. t. t. p. 459.

* Gray. Monog. of Cypr. Zool. Journ. t. t. p. 493. n° 61.

* Sow. jun. Conch. Ill. f. 13.

* Kiener. Spec. des Coq. pl. 34. f. 4.

Habite les mers de la Nouvelle-Hollande. Mon cabinet. Cette espèce,
très voisine de la précédente, en paraît constamment distincte, ses
bords étant sans nodosités, très renflés et plus élevés que le dos qu'ils
recouvrent en partie. Ce dernier est légèrement bleuâtre, et circonscrit par une ligne jaune peu apparente. Long. : 10 lignes et demie.

61. Porcelaine anneau. *Cypræa annulus.* Lin. (1)

> *C. testâ ovatâ, marginatâ, albidâ; marginibus depressis lævibus; dorso
> lineâ flavâ circumdato.*

Cypræa annulus. Lin. Syst. nat. éd. 12. p. 1179. Gmel. p. 3415. n° 82.

Bonanni. Recr. 3. f. 240. 241.

Rumph. Mus. t. 39. fig. D.

Petiv. Gaz. t. 6. f. 8.

Gualt. Test. t. 14. f. 2.

Knorr. Vergn. 4. t. 9. f. 4.

Martini. Conch. 1. t. 24. f. 239. 240.

Encycl. pl. 356. f. 7.

Cypræa annulus. Ann. ibid. n° 61.

* La 4e espèce de coquille de Vénus. Rondel. Hist. des Poiss. p. 68.

* Mus. Gottw. pl. 7. f. 33 g.

* Lin. Syst. nat. éd. 10. p. 723.

* Lin. Mus. Ulric. p. 578.

* Perry. Conch. pl. 22. f. 6. 8.

* Born. Mus. p. 187.

* Schrot. Einl. t. 1. p. 121. n° 31.

* Payr. Cat. des Moll. de Corse. p. 169. n° 341.

---

(1) M. Payraudeau ainsi que M. Philippi citent cette espèce dans les mers de Corse et de Sicile; elle se trouverait en
même temps dans les mers de l'Inde. Si ce fait est vrai, et j'en
doute, ce serait un exemple de plus de l'identité d'une même
espèce vivant à de grandes distances et sous des climats assez
différens. On a cité cette espèce à l'état fossile, en Piémont, à
la Superga près Turin : elle a été également mentionnée aux
environs de Dax; mais un nouvel examen nous fait croire que
les coquilles fossiles constituent une espèce distincte.

* Phil. Enum. Moll. Sicil. p. 235. n° 4.
* Sow. jun. Conch. Ill. f. 115.
* Broch. Voy. Zool. p. 133.
* Gesner. de Crust. p. 255. f. 2.
* Aldrov. de Test. p. 555.
* Mus. Moscardo. p. 209. f. 3.
* Blainv. Faune franç. pl. 9. f. 6.
* Quoy et Gaim. Voy. de l'Astr. t. 3. p. 45. pl. 48. f. 14 à 16.
* Dillw. Cat. t. 1. p. 459. n° 46.
* Wood. Ind. Test. pl. 17. f. 44.
* Gray. Monog. of Cypr. Zool. Journ. t. 1. p. 494. n° 62.
* Desh. Encycl. méth. Vers. t. 3. p. 832. n° 41.
* Gray. Descr. Cat. Shells. p. 8. n° 64.
* Kiener. Spec. des Coq. pl. 34. f. 2.
* Menke. Spec. Moll. Nouv.-Holl. p. 30. n° 157.

Habite les côtes des Moluques. Mon cabinet. Cette espèce a des rapports évidens avec les deux précédentes; mais ses côtés ne sont point
renflés en bourrelet, et une ligne jaune ou orangée trace un anneau
coloré autour du dos de la coquille. Longueur : 11 lignes. On dit
qu'on la trouve fréquemment près d'Alexandrie.

62. **Porcelaine rayonnante.** *Cypræa radians.* **Lamk.**

*C. testâ suborbiculatâ, pallidè rubellâ; dorso striis prominulis utroque
latere divaricatis subradiato; lineâ dorsali impressâ; lateribus dilatatis
depressis; ventre plano, striato.*

Cypræa radians. Ann. ibid. n° 62.
* *Cypræa oniscus.* Wood. Ind. Test. pl. 17. f. 58.
* Davila. Cat. t. 1. pl. 15. fig. I.
* Gray. Monog. of Cypr. Zool. Journ. t. 3. p. 364. n° 94.
* *Trivia radians.* Gray. Descr. Cat. Shells. p. 16. n° 137.
* Sow. jun. Conch. Ill. f. 146.
* Reeve. Conch. Syst. t. 2. p. 263. pl. 286. f. 146.
* Kiener. Spec. des Coq. pl. 23. f. 3.

Habite les côtes occidentales du Mexique, près d'Acapulco. MM. de
Humboldt et Bonpland. Mon cabinet. Coquille presque orbiculaire,
large et aplatie en dessous, avec des stries transverses qui se continuent sur les côtés et remontent sur le dos jusqu'au sillon dorsal, où
elles s'arrêtent en formant chacune un épaississement tuberculeux. Le
dos est élevé sans être arrondi ou enflé. Diam. longit. : 9 lignes.

63. **Porcelaine cloporte.** *Cypræa oniscus.* **Lamk. (1)**

(1) Lamarck mentionne pour cette espèce une figure de Lis-

*C. testâ ovato-globosâ, inflatâ, subvesiculosâ, albido-carneâ, immacu-
latâ; striis transversis subramosis; lineâ dorsali impressâ; ventre
convexo, striato; aperturâ latissimâ.*

Bonanni. Recr. 3. f. 239.

Lister. Conch. t. 706. f. 55.

Favanne. Conch. pl. 29. fig. H 3.

Martini. Conch. 1. t. 29. f. 306. 307.

Cypræa oniscus. Ann. ibid. p. 103. n° 63.

* *Cypræa aperta.* Gray. Monog. of Cypr. Zool. Journ. t. 3. p. 571.
n° 109.

* Wood. Ind. Test. Suppl. pl. 3. f. 10.

* Sow. jun. Conch. Ill. f. 144.

* Kiener. Spec. des Coq. pl. 51. f. 2. *excl. var.*

* *Cypræa pediculus.* Var. β Gmel. 3418.

* Schrot. Eiul. t. 1. p. 142. n° 33.

* Dillw. Cat. t. 1. p. 466. n° 61. *excluso Listeri synon.*

* *Trivia aperta.* Gray. Cat. Shells. p. 13. n° 108.

Habite l'Océan américain. Collect. du Mus. Quoique cette espèce ait
de grands rapports avec la suivante, elle est beaucoup plus grosse,
plus vésiculeuse; ses stries dorsales sont lisses et jamais granuleuses;
son ouverture large et très dilatée la caractérise particulièrement.
Vulg. la *Tortue.* Longueur: 21 millimètres.

64. Porcelaine pou-de-mer. *Cypræa pediculus.* Lin. (1)

*C. testâ ovato-ventricosâ, albido-rubellâ, fusco-maculatâ; striis
transversis subgranosis; lineâ dorsali impressâ; ventre convexiusculo; striato; rimæ labiis inæqualibus.*

---

ter (pl. 706, f. 55) qui ne la représente pas. Cette figure doit
entrer dans la synonymie de l'espèce précédente, le *Cypræa
radians.* Cette erreur facile à rectifier a été reproduite par Dillwyn, et c'est sans doute par suite de cette incorrection que Wood
dans son catalogue a donné le *Radians* sous le nom d'*Oniscus.*

(1) Les figures que Linné cite dans sa synonymie ne sont pas
toutes également bonnes. Néanmoins nous reconnaissons deux
espèces sous cette commune dénomination, celle de Rumphius
qui est l'*Oryza* de Lamarck et l'espèce d'Adanson que Lamarck
rapporte à l'*Oryza*, mais qui nous paraît être une espèce très
distincte des deux autres. Born répète la confusion synonymique
de Linné, ainsi que le plus grand nombre des auteurs qui l'ont
suivi, tels que Schröter, Gmelin et même Dillwyn, quoique ce

Cyprœa pediculus. Lin. Syst. nat. éd. 12. p. 1180. *Syn. plur. exclus.*
    Gmel. p. 3468. n° 93.
    Lister. Conch. t. 706. f. 56.
    Gualt. Test. t. 15. fig. P.
    D'Argenv. Conch. pl. 18. fig. L. et Zoomorph. pl. 3. fig. I. K.
    Favanne. Conch. pl. 26. fig. H 1.

dernier ait eu le soin de rapporter à la synonymie des variétés qui constituent autant d'espèces distinctes. Lamarck a resserré l'espèce dans de plus étroites limites. Toute sa synonymie se rapporte à une seule espèce; mais cette espèce doit-elle conserver le nom linnéen? Pour répondre à cette question, il faut étudier l'espèce dans le *Museum Ulricæ* où elle est brièvement décrite. Cette description pouvant s'appliquer à plusieurs espèces, la synonymie elle-même comprenant toutes les espèces sillonnées connues du temps de Linné, notre réponse peut être prévue d'après les principes que nous avons suivis, et pour nous cette espèce doit être de celles qu'il faut abandonner : aussi nous pensons que l'exemple de Dillwyn sera suivi, et un autre nom sera imposé, car celui de *sulcata* proposé par l'auteur anglais ferait double emploi avec le *sulcata* de Gmelin qui appartient à une autre espèce. Plusieurs conchyliologues confondent avec le *Cyprœa pediculus* une espèce des mers d'Europe qui lui ressemble, mais qui reste toujours distincte, c'est le *Cyprœa europea* de Montagu, *Cyprœa coccinella* de Lamarck. On a souvent cité le *Cyprœa pediculus* à l'etat fossile dans diverses localités des terrains tertiaires de l'Europe ; nous avons examiné la plupart de ces coquilles, et nous avons reconnu qu'à l'exception d'une seule sur laquelle on pourrait élever encore quelques doutes, toutes les autres constituent des espèces distinctes. La coquille fossile que nous regardons comme l'analogue du *Pediculus*, se trouve en Touraine et se confond habituellement avec les variétés de plusieurs autres espèces qui y sont très communes. Quant au *Pediculus* cité par Lamarck aux environs de Paris, nous avons démontré depuis long-temps, dans notre ouvrage sur les fossiles de Paris, que la coquille fossile est une espèce très distincte et du *Pediculus* et de toutes les autres.

Knorr. Vergn. 6. t. 17. f. 5.

Martini. Conch. 1. t. 29. f. 310. 311.

Encyclop. pl. 356. f. 1. a.

Cypræa pediculus. Ann. ibid. n° 64.

* Coll. des Ch. Cat. du Moll. des Finist. p. 55. n° 1.

* Blainv. Faune Franç. pl. 9 A. f. 2.?

* *Cypræa sulcata.* Dillw. Cat. t. 1. p. 466. n° 62. *excl. varietatibus.*

* *Id.* Wood. Ind. Test. pl. 17. f. 59.

* *Cypræa pediculus.* Gray. Monog. of Cypr. Zool. Jour. t. 3. p. 370. n° 100.

* Desh. Ency. méth. Vers. t. 3. p. 831. n° 39.

* Mus. Gottw. pl. 8. f. 45. a. b. c. d. e.

* Delle Chiaje. Testac. de Poli. t. 3. 2° part. p. 10. pl. 45. f. 22. 23.

* Lin. Syst. Nat. éd. 10. p. 724.

* Lin. Mus. Ulric. p. 582.

* Lessons on Shells. pl. 2. f. 3.

* Roissy. Schrot. Einl. Buf. Moll. t. 5. p. 418. n° 9.

* Born. Mus. t. 1. p. 129. n° 40. p. 193. *exclus. plur. syn.*

* *Trivia pediculus.* Gray. Desc. Cat. Shells. p. 15. n° 132.

* Sow. Conch. Man. f. 449. 450.

* Sow. jun. Conch. Ill. f. 29. et 148.

* Reeve. Conch. Syst. t. 2. p. 263. pl. 286. f. 148.

* Kiener. Spec. des Coq. pl. 40. f. 2.

* *Fossilis.* Duj. Foss. de Touraine. p. 303. n° 6.

Habite l'Océan des Antilles, etc. Mon cabinet. Coquille petite et fort commune. Elle est bombée, marginée au bord droit, d'un gris de lin un peu rosé ou rougeâtre, avec quelques taches brunes irrégulières. Ses stries transverses sont granuleuses ou graveleuses, et son sillon dorsal n'atteint point ses extrémités. Longueur : 6 lignes.

65. Porcelaine grain-de-riz. *Cypræa oryza.* Lamk.

C. testá ovato-globosá, immarginatá, niveá; striis tenuissimis transversis lævibus; lineá dorsali impressá; rimæ labiis subæqualibus.

Rumph. Mus. t. 39. fig. P.

Petiv. Amb. t. 16. f. 22.

Gualt. Test. t. 14. fig. P.

Adans. Seneg. pl. 5. f. 3. le Bitou.

Cypræa oryza. Ann. ibid. p. 204. n° 65.

[*b*] *Eadem, minima, fusca.*

* Mus. Gottw. pl. 5. f. 21. c?

* Delle Chiaje. Poli. Test. t. 3. 2° part. p. 11. pl. 45. f. 19. 20.

* *Cypyœa sulcata.* Var. B. Dillw. Cat. t. 1. p. 466.

* Gray. Monog. of Cypr. Zool. Journ. t. 1. p. 369. n° 99.

* *Trivia scabriuscula.* Gray. Descr. Cat. Shells. p. 15. n° 126.

* Sow. jun. Conch. Ill. f. 38.

Habite l'Océan Asiatique, les côtes de Timor, celles du Sénégal. Mon cabinet. Petite coquille, qui est ovale-globuleuse, très blanche, toujours sans taches, et non marginée au bord droit. Ses stries sont très lisses, jamais granuleuses, et traversent le sillon dorsal, qui néanmoins est bien marqué. Longueur : 4 lignes. Sa var. est très brune, et a à peine 2 lignes 3 quarts de longueur. Mon cabinet.

66. Porcelaine coccinelle. *Cyprœa coccinella.* Lamk. (1)

C. *testá ovato-ventricosá, albido-fulvá aut rubellá; striis transversis lœvibus; lineá dorsali nullá; labro longiore, extiùs marginato; rimá infernè dilatatá.*

Lister. Conch. t. 707. f. 57.

Encycl. pl. 356. f. 1. b.

Cyprœa coccinella. Ann. ibid. n° 66.

[*b*] *Eadem minima; dorso sublœvigato.*

* Philip. Enum. Moll. Sicil. p. 236. n° 8.

* Coll. des Ch. Cat. des Moll. du Finist. p. 55.

* Blainv. Faun. franç. pl. 9 A. f. 1.

* Bouch. Chantr. Cat. des Moll. du Boul. p. 69.

* *An Cyprœa pediculus?* Gerville. Cat. des Coq. de la Manche. p. 34. n° 1.

* Mus. Gottw. pl. 8. f. 9. h. ?

* Delle Chiaje dans Poli. Test. t. 3. p. 2. 12. pl. 45. f. 25. 26.

* *Cyprœa pediculus.* Olivi. Zool. Adriat. p. 134.

* Payr. Cat. des Moll. de Corse. p. 170. n° 344.

* *Cyprœa europea.* Mont. Test. brit. Suppl. p. 88.

* Pennant. Zool. brit. t. 4. p. 252. pl. 73.

* D'Acosta. Brit. Conch. p. 32. pl. 2. f. 6.

* Donovan. Brit. Shells. t. 2. pl. 43.

* *Cyprœa europea.* Dillw. Cat. t. 1. p. 467. n° 63.

* *Id.* Wood. Ind. Test. pl. 17. f. 60.

---

(1) Celle-ci est une des espèces que Linné a confondues avec le *Pediculus.* Lorsque Lamarck sépara cette espèce, il ignorait sans doute que Montagu l'avait déjà reconnue et nommée *Cyprœa europea.* L'antériorité de ce nom exige qu'il soit restitué à l'espèce.

* *Id*. Gray. Monog. of Cypr. Zool. Journ. t. 3. p. 366. n° 96.
* Desh. Encycl. méth. Vers. t. 3. p. 830. n° 38.
* *Trivia europea*. Gray. Descr. Cat. Shells. p. 14. n° 118.
* *Cypræa europea*. Sow. jun. Conch. Ill. p. 142.
* Desh. Exp. sc. de Morée. Moll. p. 202.
* *Fossilis*. Bronn. Leth. Géog. t. 2. p. 1115. pl. 42. f. 7.

Habite... Mon cabinet. Coquille grisâtre, fauve ou rosée, tantôt tachée de brun, et tantôt immaculée. Le bord droit de son ouverture est plus long que le gauche, et courbé antérieurement. Cette coquille se distingue du *C. pediculus*, en ce qu'elle n'a point de sillon dorsal, et que ses stries transverses sont toutes et toujours très lisses. Longueur : 6 lignes un quart. Elle est souvent bien plus petite.

67. Porcelaine australe. *Cypræa australis*. Lamk.

C. testá ovatá, albidá, maculis raris pallidè carneis pictá; extremitatibus roseis; striis transversis ante lineam dorsalem interruptis; labro longiore, extùs marginato.

* Quoy et Gaim. Voy. de l'Astr. t. 3. p. 48. pl. 48. f. 19 à 26.
* Gray. Monog. of Cypr. Zool. Journ. t. 3. p. 570. n° 108.
* *Trivia australis*. Gray. Descr. Cat. Shells. p. 13. n° 110.
* Menke. Spec. Moll. Nouv.-Holl. p. 30. n° 162.

Habite les mers de la Nouvelle-Hollande. M. Macleay. Mon cabinet. Elle diffère de la précédente par sa ligne dorsale, quoique faiblement marquée, et par ses stries qui s'interrompent avant d'y arriver. Longueur : 6 lignes.

68. Porcelaine albelle. *Cypræa albella*. Lamk.

C. testá ovatá, lateribus dilatatá, lævi; dorso ventreque albis; marginibus flavidis; infimá facie planá.

* Gray. Monog. of Cypr. Zool. Journ. t. 3. p. 572. n° 111.

Habite les mers de l'Ile-de-France. Mon cabinet. Elle est un peu scutiforme, et a les dents de son ouverture raccourcies. Longueur : 7 lignes et demie.

† 69. Porcelaine princesse. *Cypræa valentia*. Perry.

C. testá orbiculato-ovatá, gibbá, albidá; dorso lineolis fuscis ornato, lineá dorsali centrali, simplici, basi planulatá; lateribus rotundatis, gibbis, pallidè incarnatis fusco-maculatis; extremitatibus concentricè fusco-lineatis.

Cypræa valentia. Perry. Conch. pl. 23. f. 2.

Cypræa princeps. Gray. Monog. of Cypr. Zool. Journ. t. 1. p. 75.

Id. Gray. Descr. Cat. Shells. p. 2. n° 2.

Cypræa valentia. Gray. ad et Cor. to a Mono. of Cypr. Zool. Journ. t. 4. p. 68. n° 1.

Tome X. 35

Cypræa princeps. Sow. jun. Conch. lll. n° 1. f. 1.

Id. Kiener. Spec. des Coq. pl. 7 et 8. f. 1.

Habite le golfe Persique. [Coquille globuleuse, ovale, convexe, blanche;
le dos est orné de lignes brunes, diversement recourbées. A la partie
supérieure des cotés, près du centre, il y a deux taches subquadrangulaires; la ligne dorsale est près du centre et droite; les côtés sont
arrondis, convexes, couleur de chair, avec des taches brunes de différentes grosseurs; les extrémités sont marginées, accompagnées de
lignes brunes concentriques; la base est blanche, arrondie, penchée
un peu autour de l'ouverture. Les dents du bord intérieur sont
petites, serrées; la face de la columelle est profonde; les plis du
bord extérieur sont plus larges et plus espacés; les tours sont en partie
visibles, coniques, convexes; le dedans est blanc.

Nous empruntons à M. Gray la description de cette coquille, très rare
et fort intéressante. Elle n'existe encore dans aucune des collections
de Paris; nous n'avons pu la décrire comme nous le faisons des autres
espèces.

Cette grande coquille, qui a des rapports avec le *Cypræa tigris,* a 95
millimètres de long et 70 de large.]

† 70. Porcelaine mélanostome. *Cypræa cameleopardalis.* Perry.

*C. testá ovali, turgidá, subfuscá, transversè obsoletissimè brunneo-
fasciatá, guttulis elevatiusculis, niveis conspersá; ventre convexiusculo, extremitatibusque albidis, lateribus dorsalibus subincrassatis,
utráque extremitate subfoveolatis; dentibus labii externi mediocribus,
interni minoribus, interstitiis fusco-violacescentibus.*

Cypræa cameleopardalis. Perry. Conch. pl. 19. f. 5.

Id. Gray. Descr. Cat. Shels. f. 3. n° 19.

Cypræa melanostoma. Sow. Tank. Cat. add. p. 31.

Id. Zool. Journ. t. 2. p. 495. pl. 18. f. 34.

Gray. add. et corr. Monog. of. Cypr. Zool. Journ. t. 4. p. 75. n. 25.

Cypræa melanostoma. Sow. Jun Conch. lll. f. 64. 65.

Cypræa cameleopardalis. Kiener. Spec. des Coq. pl. 24.

Habite dans la mer Rouge et l'Océan indien.

Cette coquille a les plus grands rapports avec le *Cypræa vitellus,* et il
est à présumer qu'elle a été long-temps confondue avec elle à titre de
variété, car, considérée d'abord comme rare, cette espèce n'a pas été
plus tôt signalée qu'elle s'est trouvée dans presque toutes les collections. Sa forme est semblable à celle du vitellus, et cependant un
peu plus allongée, et ses extrémités sont un peu plus prolongées.
Son ouverture est assez large, dilatée vers la base, les bords en sont

également dentelés ; le gauche présente une série de sillons qui s'enfoncent en dedans, et dont les interstices sont d'un violet noirâtre, ce qui a valu à l'espèce le nom de Mélanostome que lui a donné M. Sowerby. Les callosités sont blanches, elles s'étalent de chaque côté, sous la forme de languettes demi-circulaires, et elles ne présentent jamais les fines stries qui caractérisent le *vitellus*. Dans les individus jeunes, on voit assez distinctement quatre zones d'un fauve très pâle qui ont une tendance à se confondre avec la couleur d'un gris fauve qui forme le fond. Sur cette coloration sont irrégulièrement éparses un assez grand nombre de taches arrondies, inégales et saillantes, d'un très beau blanc. Quelques personnes persistent à conserver à cette espèce le nom de *Cyprœa melanostoma ;* mais il est évident qu'elle a été très nettement distinguée, dès 1811, par Perry, qui lui a consacré celui de *Cameleopardalis.*

Cette espèce est longue de 68 millimètres, et large de 42.

† 71. **Porcelaine cervinette.** *Cyprœa cervinetta.* Kiener.

C. *testâ ovato-oblongâ, cylindraceâ, flavescente, fusco transversim quadrifasciatâ, subtùs castaneâ, maculis albulis inœqualibus irregulariter et densè irroratâ ; aperturâ subrectâ, basi dilatatâ, fusco sulcato-dentatâ, anticè posticèque profundè emarginatâ.*

Kiener. Spec. des Coq. pl. 6. f. 1. 2.

Habite dans l'Océan indien?

Cette espèce, distinguée par M. Kiener, n'est peut-être qu'une variété intermédiaire entre les *Cyprœa exanthema et cervus* de Linné. Elle est ovale-allongée, subcylindracée, toujours plus petite que ces deux espèces, avec lesquelles nous la comparons. Son ouverture est allongée et s'élargit graduellement du sommet à la base. Le bord droit est plus étroit que le gauche ; il est dentelé en dedans ; ses dentelures sont d'un brun foncé, et se continuent en dehors par autant de petites côtes qui atteignent presque la limite extérieure de ce bord droit. Le bord gauche ou columellaire présente à sa partie supérieure une callosité assez grosse, qui complète le canal postérieur de l'ouverture. Sur la partie interne de la columelle se montrent un assez grand nombre de plis transverses dans le milieu, et obliques en avant et en arrière, peu saillans : les antérieurs sont un peu plus écartés que les postérieurs. Ces plis semblent se prolonger assez loin sur le bord gauche, mais si l'on y applique le doigt, on s'aperçoit qu'ils sont représentés par des lignes alternativement blanches et brunes, noyées dans l'épaisseur de la callosité ; il semblerait que les plis existent, mais en dessous de la couche vernissée et transparente. A la base de la columelle se voit un pli brun, détaché de tous les autres par une

35.

échancrure large et peu profonde ; ce pli suit une direction presque perpendiculaire à celle des autres. Sur un fond d'un brun fauve, cette coquille offre quatre zones transverses, égales, d'un brun plus foncé, et toute sa surface est irrégulièrement parsemée de taches blanches, arrondies, au centre desquelles il y a souvent un petit point brun. Le bord gauche est d'un brun foncé, passant insensiblement au brun fauve clair ; tandis que le bord gauche est d'un fauve un peu rougeâtre. Cette espèce se distingue facilement de celles avec lesquelles nous l'avons comparée, d'abord par sa forme générale et sa coloration, et plus spécialement par les caractères de son ouverture.

Elle est longue de 80 millimètres et large de 40.

† 72. Porcelaine de Scott. *Cypræa Scottii*. Brod.

C. testá ovato-oblongá, subpyriformi, gibbá, pallidè ferrugineá, maculis atro-ferrugineis, subtùs planulatá, fusco-nigricante, intùs albidá ; aperturæ albentis latere sinistro ut plurimùm edentulo, anticè crenato.

Menke. Spec. Moll. Nouv. Holl. p. 29. n° 155.

Brod. Zool. Journ. t. 5. p. 330. pl. 14. f. 1. 2. 3.

Cypræa friendii. Gray. Desc. Cat. Shells. p. 5. n° 32.

Sow. jun. Conch. Ill. f. 44.

Kiener. Spec. des Coq. pl. 14. f. 1.

Habite le détroit du Sund, au-dessus de Java, et la partie occidentale de la Nouvelle-Hollande.

Très belle coquille, qui, par sa forme générale, se rapproche un peu du *Cypræa stercoraria*. Cependant la plupart des individus sont en proportion plus étroits ; mais cette coquille est variable sous le rapport de la forme, car nous avons dans notre collection deux individus beaucoup plus ventrus que tous ceux figurés jusqu'à ce jour. Cette coquille est ovale-ventrue, atténuée à ses extrémités, aplatie en dessous, et son ouverture assez large est presque médiane. Les flancs sont garnis de bourrelets devenant très épais et très saillans aux extrémités. Le bord droit est tout-à-fait aplati en dessous, et il est limité en dehors par un angle plus aigu que dans la plupart des autres espèces ; il est armé en dedans d'un assez grand nombre de dentelures égales, mais les extrémités en sont entièrement dénudées. La columelle ne porte qu'un petit nombre de dentelures vers la base ; elles sont irrégulières et obsolètes. Les échancrures qui terminent l'ouverture sont très profondes, et fortement renversées vers le dos de la coquille. Lorsque cette coquille est fraîche, elle est d'une belle coloration. L'ouverture est blanchâtre en dedans, et la base ainsi que les callosités sont d'un beau brun café brûlé, et ornées sur les flancs, de

grosses taches arrondies d'un beau brun noirâtre. En dessus, la coquille est d'un gris livide, et elle est ornée de taches irrégulières
d'un brun très foncé; celles occupant le dos représentent assez exactement des caractères hébraïques.

Les grands individus ont 75 millimètres de long et 47 de large.

† 73. Porcelaine sableuse. *Cypræa arenosa.* Gray.

C. testâ ovali-ovatâ, subventricosâ, pallidè fuscâ, quadrifasciatâ; basi
convexâ; marginibus incrassatis, angulatis, suprà arenoso-cinereis;
aperturâ dentibusque minutis, albis.

Gray. Monog. of Cypr. Zool. Journ. t. 1. p. 147. pl. 8 et 12. f. 6.
Wood. Ind. Test. Suppl. pl. 3. f. 5.
Gray. Descript. Cat. Shells. p. 4. n° 26.
Sow. jun. Conch. Ill. f. 75.
Kiener. Spec. des Coq. pl. 2. f. 4.

Habite dans l'Océan Pacifique. Coquille qui, par sa forme générale, se
rapproche beaucoup du *Cypræa ventriculus* de Lamarck. Elle est
régulièrement ovalaire, aplatie en dessous, convexe en dessus, élargie
sur les côtés. L'ouverture est submédiane en fente très étroite, à
peine arquée dans sa longueur, et très peu dilatée à la base. Le bord
droit est dentelé dans toute sa longueur, mais les dentelures ne dépassent pas le côté interne; il en est de même pour le côté gauche;
mais sur le bord intérieur de la columelle les dents se continuent en
forme de plis profonds qui se perdent à l'intérieur. Les dents de
l'ouverture sont égales des deux côtés, si ce n'est à la base de la columelle, où l'on en voit deux ou trois plus grosses que les autres. Toute
la surface inférieure de la coquille est d'un beau blanc vers l'ouverture,
passant au jaunâtre et au fauve vers les bords. Les bords sont garnis
de bourrelets épais, dont la substance est chargée de granulations
inégales et blanchâtres qui ressemblent à des grains de sable enfoncés dans une matière vitrée très polie. Ces callosités laissent à découvert une grande partie du dos de la coquille, et l'on voit quatre zones
transverses d'un brun rougeâtre sur un fond d'un beau gris perlé.

Cette coquille, assez rare encore dans les collections, a 35 millimètres
de long et 24 de large.

† 74. Porcelaine ivoire. *Cypræa eburna.* Barnes.

C. testâ oblongo-ovatâ, niveâ; marginibus incrassatis, rotundatis; extre-
mitate anteriori suprà obscurè foveolatâ.

Barnes. Ann. Lyc. Nat. Hist. t. 1. p. 133. pl. 9. f. 2.
Cypræa nivea. Gray. Report proc. Zool. Soc. Zool. Journ. t. 1. p. 420.
Cypræa eburna. Gray. Monog. of Cypr. Zool. Journ. t. 1. p. 510.
n° 82.

Kiener. Spec. des Coq. pl. 8. f. 3.

Habite les mers de Chine et l'Océan Pacifique.

Après avoir adopté cette espèce sous le même nom, M. Gray, dans son catalogue descriptif, la rapporte au *Cyprœa turdus*, à titre de variété très jeune.

Belle espèce, facile à distinguer, puisqu'elle est du petit nombre de celles qui sont toutes blanches. Elle est ovale, oblongue, très convexe, atténuée à son extrémité antérieure, un peu aplatie en dessous. Son ouverture assez étroite, un peu dilatée vers la base, permet d'apercevoir la couleur d'un beau jaune fauve de l'intérieur. L'ouverture est garnie de chaque côté de 14 ou 15 dentelures, grosses, épaisses et courtes. Son extrémité postérieure est un peu inclinée à gauche, et l'échancrure qui la termine de ce côté est oblique, profonde, et ses extrémités sont inégales, celle qui appartient au bord droit étant plus proéminente que l'autre. Le bord droit est un peu saillant en dehors et il est garni, dans toute sa longueur, d'une série de petites lacunes que l'on voit se prolonger sur toute la partie antérieure du bord gauche : des lacunes semblables se montrent sur un assez grand nombre d'autres espèces. Toute cette coquille est d'un beau blanc d'ivoire, un peu grisâtre en dessus.

Cette espèce, assez rare encore dans les collections, a 47 millimètres de long, et 28 de large.

† 75. Porcelaine trui tée. *Cyprœa guttata*. Gmel.

C. testâ ovatâ, fulvâ, guttulis punctisque niveis adspersâ ; basi albâ, rufo-fulvo venosâ; marginibus subincrassatis, suprà acutis, rufo-flavo, costato-striatis.

Gmel. p. 3402. n° 15.

Martini. Conch. t. 1. pl. 25. f. 252. 253.

Schrot. Einl. t. 1. p. 134. n° 5.

Dillw. Cat. t. 1. p. 444. n° 114.

Wood. Ind. Test. pl. 17. f. 14.

Gray. Monog. of Cyp. Zool. Journ. t. 1. p. 511. n° 83.

Sow. Zool. Jour. t. 2. p. 496. pl. 18. f. 1. 2.

Gray. Descr. Cat. Shells. p. 7. n° 49.

Sow. jun. Conch. Ill. f. 176.

Reev. Conch. Syst. t. 2. p. 264. pl. 288. f. 176.

Kiener. Spec. des Coq. pl. 43. f. 1.

Habite la mer Rouge.

Très belle et très rare espèce, dont la forme est assez semblable à celle du *Cyprœa eburna ;* elle est ovoïde, subpyriforme, atténuée à son extrémité antérieure, rétrécie en dessous, ayant une ouverture assez

large et arquée à son extrémité postérieure ; cette ouverture est dilatée à son extrémité antérieure , et son bord droit est beaucoup plus
étroit que le gauche ; de l'un et l'autre côté, les dentelures se prolongent sur toute la largeur des bords ; et sur le côté gauche, elles se bifurquent souvent avant d'atteindre la limite de ce bord ; ces dentelures sont d'un très beau brun, sur un fond du plus beau fauve. Sur
les extrémités de la coquille les côtes se relèvent et se prolongent en
dessus jusqu'à la limite des bourrelets. Les échancrures qui terminent
l'ouverture sont larges et profondes; la postérieure est comprise
entre deux lèvres inégales; celle qui dépend du bord droit est la plus
proéminente. Sur un fond du plus beau fauve, tirant un peu à l'o-
range, cette coquille est ornée d'un petit nombre de petites taches
blanchâtres jaunâtres, qui, pour leur distribution, rappellent un peu
celles du *Cyprœa cameleopardalis.*

Cette belle et rare espèce est longue de 65 millimètres et large de 38.

† 76. Porcelaine gonflée. *Cyprœa physis.* Brocchi.

*C. testâ ovato-inflatâ, anticè attenuatâ, subtùs convexiusculâ, albâ,
lateribus aurantiacâ, supernè fusco-bizonatâ, maculis irregularibus
fuscis aspersâ; aperturâ latâ, basi dilatatâ; labro tenuè dentato;
columella edentulâ, basi obsoletè dentatâ.*

Cyprœa physis. Brocchi. Conch. Foss. Subap. t. 2. p. 284. n° 5. pl.
2. f. 3.

Sow. jun. Conch. Ill. f. 179. *Cyprœa achatidea.*

Reeve. Conch. syst. t. 2. p. 264. pl. 289. f. 179.

Cyprœa Grayi. Kiener. Spec. des Coq. f. 3.

Habite la Méditerranée; fossile dans les terrains subapennins.

Nous rendons à cette espèce le nom que Brocchi le premier lui a donné,
car pour nous l'identité de l'espèce fossile avec la vivante est incon-
testable. Il est à présumer que M. Sowerby, en inscrivant cette espèce sous le nom d'*Achatidea,* dans ses Illustrations conchyliologiques,
n'avait pas reconnu son identité avec le *Cyprœa physis* de Brocchi.
Cette coquille, fort rare encore, est ovale globuleuse ; par sa forme
elle se rapproche du *Cyprœa vitellus.* Elle est convexe en dessous;
son ouverture est assez large, blanche ; son bord droit porte un grand
nombre de fines dentelures égales. La columelle est dépourvue de
dents, si ce n'est vers son extrémité antérieure , où l'on eu remarque
quelques-unes d'obsolètes. L'échancrure antérieure est large, mais
peu profonde; la postérieure, au contraire, est plus profonde et plus
étroite. Tout le dessous de la coquille est d'un beau blanc, passant
insensiblement au jaune orangé, qui est la couleur des flancs de la
coquille ; cette couleur est disposée en une zone qui circonscrit les

bourrelets. En dessus, la coquille est d'un gris cendré; elle est ornée de deux zones transverses, d'un brun assez foncé, et elle est parsemée d'un grand nombre de taches irrégulières, souvent confluentes, d'un brun assez intense.

Les grands individus ont 38 millim. de long et 25 de large.

† 77. Porcelaine mignonne. *Cyprœa puchella*. Swains.

C. testá ovatá, albidá, obscurè fasciatá, fulvo punctatá, maculis dorsalibus duabus fulvis irregularibus signatá; lateribus albido-flavescentibus, nigro fusco-guttatis; basi convexá, striatá, striis elevatis, spadiceis.

Swains. Exot. Conch. p. 25. pl. 35.
Gray. Monog. of Cypr. Zool. Journ. t. 1. p. 379. n° 42.
Gray. Descr. Cat. Shells. p. 9. n° 71.
Sow. jun. Conch. III. f. 40.
Kiener. Spec. des Coq. pl. 28 f. 2. 3.

Habite les mers de la Chine. Fort jolie espèce de Porcelaine, restée rare pendant long-temps dans les collections. Elle est oblongue, pyriforme, plus atténuée à son extrémité antérieure que la plupart des autres du même genre. Elle est convexe en dessous, et ses extrémités sont relevées, de sorte que, placée sur un plan horizontal, elle n'y touche que par son centre. Son ouverture est allongée, très étroite, plus rétrécie dans le milieu qu'à ses extrémités; elle est terminée par des échancrures profondes; l'antérieure est dilatée et un peu infundibuliforme. Le bord droit est large, convexe, et il est garni, ainsi que le gauche, d'un grand nombre de plis d'un beau brun, se continuant en dehors dans une zone étroite pour le bord droit, beaucoup plus large pour le gauche. Ces plis bruns ressortent agréablement sur le fond blanc de la base de la coquille. Sur les flancs, les bourrelets sont peu épais, et ils sont parsemés irrégulièrement de belles taches arrondies, d'un très beau brun. On remarque de plus, en avant et en arrière, de chaque côté des échancrures, une tache brune assez large. En dessus, la coquille est d'un fauve-grisâtre; elle porte sur le milieu du dos une zone assez large de taches brunes quadrangulaires, interrompues; toute la surface est irrégulièrement parsemée de taches inégales, très menues, d'un brun pâle.

Cette espèce a 43 milimètres de long et 26 de large.

† 78. Porcelaine de Reeve. *Cyprœa Reevii*. Gray.

C. testá ovatá, tenui, fragili, subtùs albá, extremitatibus purpurascente, supernè pallidè flavá, flavo intensiore quadrifasciatá; aperturá angustá, basi dilatatá, tenuissimè dentatá.

Gray. Cat. des Cypr. dans Sow. Jun. Conch. Ill.

Sow. jun. Conch. Ill. f. 52.

Kiener. Spec. des Coq. pl. 87. f. 2.

Menke. Spec. Moll. Nov. Holl. p. 29. n° 153.

Habite la Nouvelle-Hollande. Coquille qui atteint à-peu-près la grosseur du *Cypræa lurida*, et qui constitue une espèce parfaitement
distincte de ses congénères. Elle est ovale-ventrue, son test reste
mince. Tous les individus que nous avons vus avaient l'apparence
d'être jeunes. L'ouverture est étroite, dilatée à la base, et garnie
dans toute sa longueur d'un grand nombre de dents très fines. Celles
du bord columellaire descendent sur toute la hauteur de la columelle,
sous forme de plis. Cette columelle présente à la base un bord intérieur blanchâtre, et aussi profondément dentelé que le bord droit.
L'échancrure postérieure est plus oblique, plus étroite, et plus
profonde que l'antérieure. La spire reste constamment apparente ;
elle est toujours revêtue d'une couche transparente, de couleur
grenat. Le dessous de cette coquille est blanchâtre ; elle devient
d'un rouge pourpre peu foncé à ses extrémités ; en dessus elle est
d'un fauve pâle, et la plupart des individus présentent quatre zones
transverses, d'un fauve un peu plus foncé ; deux de ces zones occupent
les extrémités ; les deux autres se voient sur le milieu du dos.

Cette coquille, rare encore dans les collections, a 40 millimètres de
long et 25 de large.

† 79. Porcelaine tessellée. *Cypræa tessellata*. Swains.

C. testá ovatá, gibbá, aurantiacá, ad latera tesseris albis fuscisque
alternis tessellatá ; basi albidá, dentibus luteo-fuscis.

Swain. Zool. illust. 1re série. t. 2. pl. 3.

Gray. Monog. of Cypr. Zool. Journ. t. 1. p. 150. n° 25.

Wood. Ind. Test. Suppl. pl. 3 f. 1.

Gray. Descript. Cat. Shells. p. 6. n° 39.

Gray. Add. et Corr. Monog. of Cypr. Zool. Journ. t. 4. p. 74. no 24.

Sow. jun. Conch. Ill. f. 94.

Kiener. Spec. des Coq. pl. 22. f. 3.

Habite la Nouvelle-Zélande. Fort belle espèce de Porcelaine, rare
encore dans les collections ; elle se distingue très facilement. Elle
est ovale-globuleuse, très convexe en dessus, aplatie en dessous,
garnie à sa circonférence de bourrelets assez épais, et subrostrée à ses
extrémités. L'ouverture est submédiane, un peu infléchie dans le
milieu, à bords parallèles, et finement dentelée de chaque côté ; les
dents sont égales, et sont d'un beau brun-roussâtre, tranchant
agréablement sur le fond blanc-jaunâtre de l'ouverture. Les échan-

crures terminales sont égales, étroites et peu profondes. Le dessous de la coquille est d'une belle couleur jaune, nuagée de blanc. Sur les extrémités des bourrelets et en dessus, se voient de chaque côté deux grosses taches arrondies d'un beau brun-marron foncé; deux autres taches plus petites, et un peu moins foncées, se voient à chaque extrémité, de chaque côté du canal de l'échancrure terminale. Le dos de la coquille présente deux zones blanchâtres transverses, sur un fond d'un beau jaune tirant à l'orangé.

Cette belle espèce a 32 millimètres de long et 22 de large.

† 80. Porcelaine cylindrique. *Cypræa cylindrica*. Born.

C. testá oblongo-ellipticá, subcylindricá, albido-cœrulescente, obscurè fusco-trifasciatá, punctisque fulvis nebulatá; spirá planá; basi sub-cylindricá, semisulcatá, albá; labro marginato, dentibus maximis; columellá convexiusculá.

Cypræa cylindrica. Born. Mus. p. 184. pl. 8. f. 10.

Schrot. Einl. t. 1. p. 160. n° 109.

Gmel. p. 3405. n° 34.

Dillw. Cat. t. 1. p. 452. n° 29.

Wood. Ind. Test. pl. 17. f. 29 ?

Gray. Monog. of Cypr. Zool. Journ. t. 1. p. 382. n° 45.

Sow. Genera of Shells. f. 4.

Gray. Descr. Cat. Shells. p. 9. n° 72.

Sow. jun. Conch. Ill. f. 101.

Kiener. Spec. des Coq. pl. 16. f. 3.

Habite les mers de la Chine. Cette espèce mérite bien le nom que Born lui a imposée. Elle est une des plus allongées ; elle est étroite, cylindracée. Son ouverture est blanchâtre, sensiblement dilatée à son extrémité antérieure. Le bord droit est étroit, un peu épaissi en dehors, garni en dedans de grosses dentelures écartées, au nombre de 16 ou 17, et se continuant au dehors par autant de petites côtes qui ne dépassent pas la largeur de ce bord. Les dentelures du bord gauche sont bien différentes; celles du milieu sont fines, serrées, peu apparentes et transverses; à l'extrémité postérieure, elles sont plus longues et plus espacées ; mais à l'extrémité antérieure, elles deviennent graduellement plus grosses et plus séparées entre elles. La dernière forme un gros pli oblique qui occupe l'extrémité de la columelle. Dans les individus encore jeunes, les dents médiane sont très courtes, tandis que celles des extrémités sont plus longue. Dans les vieux, elles sont presque égales, elles occupent presque toue la surface du bord gauche. Lorsque la coquille est jeune, elle est d'un violet pâle, et elle est ornée de quelques taches d'un brun-roux, ordinairement disposées en deux ou trois zones transverses ; dans les individus adultes, la coquille est d'un gris-cendré, très finement ponctué de brun, avec quelques taches nuageuses d'un brun plus foncé sur le milieu du dos. La spire est tronquée, subombiliquée, et deux taches d'un brun foncé se remarquent à chaque extrémité de la coquille sur les parties latérales du canal terminal, dont la partie supérieure est blanche, ainsi que tout le dessous de la coquille. Les grands individus ont 32 millimètres de long et 15 de large.

† 81. Porcelaine vergetée. *Cypræa tabescens.* Dillw.

C. testá oblongo-elliptica, subcylindrica, subumbilicatá, albido cærulescente, interruptè fusco trifasciatá punctisque fulvis nebulatá ; basi albá; labro marginato, suprá fusco maculato ; dentibus approximatis; columellá concavá.

Dillw. Cat. t. 1. p. 463. n° 54.
Cypræa stolida var. B. Gmel. p. 3417.
Schrot. Einl. t. 1. p. 141. n° 26. pl. 1. f. 7.
Cypræa teres. Gmel. p. 3405.
Wood. Ind. Test. pl. 17. f. 51.
Gray. Monog. des Cyp. Zool. Journ. t. 1. p. 381. n° 44.
Martini. Conch. t. 1. pl. 22. f. 294. 295.
Gray. Descr. Cat. Shells. p. 9. n° 75.
Sow. jun. Conch. Ill. f. 14.
Kiener. Spec. des Coq. pl. 5. f. 3.

Habite l'Océan indien. [Coquille allongée, cylindracée, atténuée, à ses extrémités, ayant la spire ombiliquée et notablement dépassée par le prolongement en bec du canal postérieur; en dessous elle est un peu aplatie, et bordée à la circonférence d'un bourrelet étroit, et assez saillant. L'ouverture est étroite, à peine courbée dans sa longueur, un peu dilatée à la base. Les bords sont garnis dans toute leur hauteur de dentelures très fines, se prolongeant un peu sur le côté droit, et qui, sur le gauche, sont à ras de la surface. Les deux ou trois dernières dents columellaires sont plus écartées et un peu plus grosses que les précédentes; la dernière, épaisse et assez large, est séparée par une échancrure étroite et profonde. Le dessous de la coquille est d'un beau blanc; les bourrelets sont ornés de grosses ponctuations, d'un brun pâle et violâtre. Sur le dos, cette coquille présente, sur un fond d'un roux très pâle, quatre zones transverses, étroites, de taches subquadrangulaires d'un brun-roussâtre, peu foncé. Indépendamment de ces zones, il existe souvent une tache irrégulière sur le milieu du dos, et de plus, toute la surface dorsale est chargée d'une multitude de taches roussâtres, irrégulières et souvent confluentes.

Les grands individus de cette espèce assez rare sont longs de 3o millimètres et larges de 22.

† 82. Porcelaine de Walker. *Cypræa Walkeri*. Gray.

C. testá ovato-oblongá, subpyriformi, anticè attenuatá, subtùs convexiusculá; aperturá multidentatá, violaceá; labro violavescente, latere columellari flavescente, maculis atro-purpureis, irregulariter sparsis ornato; spirá umbilicatá, supernè griseá, trifasciatá; fasciis angustis maculis subquadrangularibus.

Gray. Descr. Cat. Shells. p. 11. n° 94 *a*.

Sow. jun. Conch. Ill. f. 22. *Mediocris.*

Kiener. Spec. des Coq. pl. 14. f. 3.

Habite l'Océan indien et les îles Philippines. [Cette coquille ne manque pas de rapports avec le *Cypræa sanguinolenta*. Elle est ovale–subpyriforme, atténuée à son extrémité antérieure, médiocrement convexe en dessous et garnie de bourrelets latéraux peu saillans, surtout du côté gauche. L'ouverture est en fente étroite, un peu dilatée à son extrémité antérieure; elle est fortement recourbée à l'extrémité opposée; son bord droit dépasse le gauche, se courbe subitement pour venir s'implanter vers le sommet de la spire. L'échancrure postérieure est très oblique et très profonde, l'antérieure l'est beaucoup moins. Les dents du bord droit sont fines, égales; celles du gauche sont beaucoup plus fines et plus serrées; les deux avant-dernières sont très grosses, et séparées de la dernière par une échancrure large et peu profonde. Ces dents sont jaunâtres et ressortent sur un fond violet du bord droit et du bord columellaire; le côté gauche et sa callosité sont d'un fauve clair et un peu livide. Vers la limite supérieure des bourrelets se montre un petit nombre de taches arrondies, d'un brun violâtre un peu foncé. Aux extrémités de la coquille, et sur les parties latérales des échancrures, on voit une tache violette diffuse, moins foncée que les taches arrondies des bourrelets. Sur un fond d'un gris-verdâtre, le dos de la coquille est orné dans le milieu d'une très large zone brune, bordée en dessus et en dessous d'une petite zone de points bruns quadrangulaires. En avant de ces deux zones, on en trouve une troisième un peu plus pâle; de plus, toute la surface dorsale est couverte d'une multitude de très petites ponctuations, souvent confluentes, et assez également réparties.

Cette espèce, rare encore dans les collections, a 3o millimètres de long et 27 de large.

† **83. Porcelaine pâle.** *Cypræa pallida.* Gray.

*C. testá ovato-turgidá, subtus albá, in lateribus punctulis pallidè fuscis
notatá ; maculá dorsali irregulari fuscescente ornatá, pallidè griseá,
flavo punctulis minutis irregularibus irroratá.*

Gray. Descr. Cat. Shells. p. 10 n° 85.

Sow. jun. Conch. Ill. f. 19 et 76.

Habite... Cette espèce ne manque pas d'analogie avec le *Cypræa
punctulata*. Elle s'en distingue par sa forme plus ovalaire, et par
plusieurs parties de sa coloration. Elle est ovale-oblongue, oviforme, très bombée en dessus, un peu aplatie en dessous, atténuée à
son extrémité antérieure ; elle est garnie, de ce côté, de deux bourrelets qui font une saillie notable. L'ouverture est assez fortement
arquée à son extrémité postérieure. Le bord droit est armé, à son
côté interne, de 18 ou 19 dents égales ; celles du côté gauche sont
plus petites, mais elles vont graduellement en s'accroissant vers la
base ; vers l'extrémité antérieure, l'ouverture est sensiblement dilatée,
et l'échancrure qui la termine de ce côté est plus oblique et plus
profonde que celle de l'extrémité opposée. L'ouverture et le dessous
de cette coquille sont d'un beau blanc. Sur les flancs, et vers la limite
des bourrelets, on remarque un petit nombre d'assez grosses ponctuations d'un brun-pâle. En dessus, la coquille est d'un blanc-grisâtre ;
elle est toute couverte d'un grand nombre de ponctuations très fines,
irrégulières, quelquefois confluentes, d'un fauve pâle. On remarque
sur le milieu du dos une tache irrégulière, formée de l'assemblage d'un
grand nombre d'autres d'un brun assez foncé.

Cette espèce est longue de 30 millimètres et large de 17.

† **84. Porcelaine peinte.** *Cypræa picta.* Gray.

*C. testá ovato-oblongá, subumbilicatá, albidá, obscurè trifasciatá,
punctis maculisque fuscis nebulatá, basi albido-purpureá, marginibus livido-purpureis, nigro maculatis ; aperturá albidá, labii dentibus minutis, inæqualibus ; columellá lævi.*

Gray. Monog. of Cypr. Zool. Journ. t. 1. p. 389. n° 54. pl. 7. f. 10.

Gray. Descr. Cat. Shells. p. 10. n° 82.

Sow. jun. Conch. Ill. f. 162.

Habite les mers d'Afrique. [Cette coquille a des rapports avec le *Cypræa
sanguinolenta*. Elle est ovale-oblongue, aplatie en dessus, atténuée
à son extrémité antérieure, et bordée sur les flancs de bourrelets qui
s'épaississent particulièrement à son extrémité antérieure. L'ouverture
est à peine arquée dans sa longueur ; elle se dilate graduellement
d'avant en arrière, et elle est armée, de chaque côté, de dentelures
nombreuses, courtes, égales sur le côté droit, plus fines et plus

rapprochées sur le gauche. Les trois premières dents columellaires sont plus grosses que les autres et plus écartées. Les échancrures terminales de l'ouverture sont peu profondes et peu élargies. Le dessous de la coquille est teinté d'un violet pâle et blanchâtre, passant sur les côtés à un violet plus brunâtre qui se termine à la limite des bourrelets latéraux. Sur ces bourrelets, se montrent un petit nombre de grosses ponctuations d'un brun noirâtre, irrégulièrement distribuées. Les bords intérieurs de l'ouverture sont blancs. En dessus, la coquille est d'un gris-bleuâtre ; elle est ornée de deux zones brunâtres, dont une est médiane, et l'autre occupe l'extrémité postérieure de la coquille ; outre les deux zones, la coquille est encore ornée de petites taches ou ponctuations d'un brun plus ou moins foncé. Elles sont quelquefois très rapprochées ou confluentes, et alors le fond bleuâtre disparaît presque entièrement.

Cette espèce est longue de 30 millimètres et large de 28.

† 85. Porcelaine pointillée. *Cypræa irrorata*. Gray.

C. testâ ovato-oblongâ, subcylindraceâ, anticè angustiore, subtùs depressâ albâ, supernè flavo violacescente, punctulis fuscis irregulariter irroratâ ; aperturâ angustâ, dentibus brevibus armatâ, anticis eminentioribus.

Gray. Descr. Cat. Shells. p. 12. n° 101.

Sow. jun. Conch. Illus. p. 25.

Habite les mers du Sud. [Petite espèce qui se rapproche un peu du *Cypræa felina*, et mieux encore du *Cypræa hirundo*. Elle est ovale-oblongue, subcylindracée, un peu rétrécie en avant, aplatie en dessous. Les échancrures qui terminent l'ouverture sont étroites, assez profondes, et la postérieure est plus dilatée à sa partie supérieure qu'à son entrée. L'ouverture est en fente fort étroite ; elle est garnie des deux côtés de fines dentelures qui dépassent à peine ses bords. Ce qui rend cette espèce facile à distinguer, c'est que les dents antérieures, surtout les columellaires sont plus grosses et beaucoup plus proéminentes que les autres ; la première dent est même séparée des autres par une échancrure très étroite et très profonde. Toute la base de la coquille est d'un très beau blanc ; en dessus, elle est d'un fauve pâle un peu violacé, et toute parsemée de petites taches d'un brun pâle, arrondies et inégales ; quelques-unes de ces taches sont plus rapprochées sur les deux extrémités.

Cette petite coquille, assez rare, est longue de 14 millimètres, et large de 8.

† 86. Porcelaine flavéole. *Cypræa flaveola*. Linné.

C. testâ oblongo-ovatâ, luteo-fuscâ, punctis ocellisque albidis con-

*fertis ornatâ ; ocellis pupillo fusco—notatis ; basi albâ convexius-
culâ ; marginibus subincrassatis , suprâ foveolatis , atro fuscoque
maculatis ; dentibus obtusis.*

Lin. Mus. Ulric. p. 581. n° 209.

Lin. Syst. nat. p. 1179.

Gmel. p. 3416. n° 86.

Dillw. Cat. t. 1. p. 462. n° 51.

Gray. Monog. of Cypr. Zool. Journ. t. 1. p. 502. n° 72.

Habite les Antilles (M. Hotessier). [Comme nous l'avons vu, Lamarck
a attribué le nom de cette espèce à une coquille de la Méditerranée
voisine de celle-ci, et nommée *Spurca* par Linné. La Porcelaine fla-
véole est une petite coquille ovale-ventrue, élargie dans le milieu, et
aplatie en dessous, à-peu-près de la même manière que le *Cypræa helvola.* Son ouverture est presque médiane ; elle est à peine arquée
dans sa longueur, et sensiblement dilatée à son extrémité antérieure.
Cette ouverture est garnie, de chaque côté, de 14 ou 15 gros plis rayon-
nans, courts, épais et rapprochés. Ceux de la columelle sont comme
écrasés. L'échancrure antérieure est étroite et peu profonde. Les
bords dépassent un peu le dos de la coquille à son pourtour, et l'on
voit, à la jonction de ces bords avec le dos, une série de petites lacunes
peu enfoncées, dont le fond est teinté d'un brun roux très foncé.
Tout le dessous de cette coquille est d'un blanc jaunâtre ; le dessus
est fauve, et il est tout parsemé de ponctuations d'un fauve plus intense, souvent entourées d'une sorte d'iris blanchâtre.

Cette coquille a 25 millimètres de long, et 17 de large.

† 87. Porcelaine esontropie. *Cypræa esontropia*. Duclos.

*C. testâ ovato-oblongâ , subumbilicatâ, luteâ vel cinnamomeâ, ma-
culis rotundis , albis, subæqualibus , confertis ornatâ , saltiùs albâ ,
in lateribus fusco-punctatâ.*

Duclos. Mag. de zool. 1833. pl. 36.

Kiener. Spec. des Coq. pl. 29. f. 2.

Habite... [Cette coquille a tellement de ressemblance avec le *Cypræa
cribraria,* qu'on serait tenté de la regarder comme une simple variété.
M. Duclos l'a cependant séparée , d'après un caractère qui paraît
avoir assez de constance, ce qui rend l'espèce facile à distinguer.
Dans le *Cypræa cribraria,* le dessous et les côtés de la coquille sont
du plus beau blanc : ici cette couleur persiste; mais il y a de plus que
dans le *Cribraria,* et principalement vers le bord externe de la callosité du bord gauche, un grand nombre de ponctuations arrondies,
d'un beau brun rougeâtre. On remarque encore quelques autres différences ; ainsi l'extrémité postérieure de l'ouverture est plus prolon-

gée, un peu moins subitement tronquée que dans le *Cribraria* ; l'ouverture elle-même est toujours plus large, dilatée à l'extrémité antérieure ; les dentelures du bord droit sont un peu plus grosses, au
nombre de 16 ou 17, tandis que celles du bord gauche sont en proportion un peu plus fines.

Cette coquille, assez rare encore dans les collections, a 30 millimètres
de long, et 17 de large.

† 88. Porcelaine de Beck. *Cypræa Beckii.* Gask.

*C. testâ ovato-oblongâ, subcylindraceâ, griseâ, fusco-maculatâ, sub-
tùs albâ, castaneo multi-punctatâ ; spirâ umbilicatâ ; aperturâ angustâ, dentatâ, utroque latere sulcatâ, extremitatibus subrostratâ.*

Sow. jun. Conch. Ill. f. 97.

Habite dans la Mer Rouge et l'Océan Indien. [Petite coquille fort intéressante, ovale-oblongue, subcylindracée, ayant des rapports bien évidens avec le *Cypræa stolida* de Linné. Son ouverture est étroite,
blanche, et armée, de chaque côté, de grosses dents qui se continuent
en dehors ; celles du côté droit jusque vers la limite extérieure de ce
bord ; celles du côté gauche envahissent presque la moitié extérieure de ce bord : on compte 15 à 16 dents sur le bord droit, et 12
ou 13 sur le gauche. Les extrémités de l'ouverture forment un petit canal
terminé par une échancrure. Le sommet de la spire est creusé en un
ombilic assez profond. Les callosités latérales sont courtes, peu épaisses et laissent à découvert tout le dos de la coquille. La coloration de
cette espèce la rend assez facile à distinguer de ses congénères. Sur un
fond d'un gris pâle et bleuâtre se montrent des taches irrégulières,
irrégulièrement disposées, d'un brun fauve peu foncé. Sur le milieu
du dos, plusieurs de ces taches réunies forment une figure irrégulière ;
de chaque côté des extrémités de l'ouverture, et en dessus, on remarque
une petite tache brune assez semblable à celle du *Cypræa felina*, par
exemple ; les callosités sont blanches et chargées d'un grand nombre
de ponctuations d'un brun marron assez foncé.

Cette jolie petite espèce a 17 millimètres de long et 9 de large.

† 89. Porcelaine chat. *Cypræa felina.* Gmel.

*C. testâ oblongo-ovatâ, albido-cærulescente, obscurè fusco-trifasciatâ,
punctulisque fulvis nebulatâ ; basi convexiusculâ, marginibus luteis nigro-guttatis.*

Gmel. p. 3412. n° 66.

Schrœt. Einl. t. 1. p. 140. n° 24.

Lister. Conch. pl. 680. f. 7.

Martini. Conch. t. 1. pl. 28. f. 283. 284.

Dillw. Cat. t. 1. p. 450. n° 26.

Wood. Ind. Test. pl. 17. f. 26.
Cypræa hirundo. Var. B. Lamk.
Gray. Monog. of Cypr. Zool. Journ. t. 1. p. 384. n° 48.
Gray. Descr. Cat. Shells. p. 11. n° 93.
Sow. jun. Conch. Ill. f. 135. 137.
Kiener. Spec. des Coq. pl. 33. f. 3.

Habite dans l'Océan indien et les mers d'Afrique. [Lamarck considère cette espèce comme une variété de son *Cypræa hirundo*; mais elle mérite d'être distinguée, et en complétant sa synonymie, nous lui avons rendu son premier nom, que Gmelin lui avait donné. Sa forme est ovale-oblongue, elle est un peu aplatie en dessous, très couvexe en dessus, un peu plus atténuée en avant qu'en arrière. La spire est entièrement cachée et non ombiliquée. L'ouverture n'est point médiane; elle est étroite, un peu dilatée à son extrémité antérieure, légèrement arquée dans sa longueur. Le bord droit est largement dentelé dans toute sa hauteur; les dentelures sont courtes et dépassent à peine le bord intérieur de l'ouverture; les dents du bord gauche sont plus fines, plus nombreuses, et par conséquent plus rapprochées; la dernière dent antérieure est séparée des autres par une échancrure étroite, profonde. Les échancrures terminales sont égales, seulement l'antérieure est plus oblique et plus dilatée. Le dessous de la coquille et les callosités latérales sont d'un beau jaune fauve uniforme, ornées sur les côtés de grosses ponctuations d'un brun noirâtre, en petit nombre, et irrégulièrement éparses. En dessus, la coquille est d'un gris bleuâtre assez foncé, parsemé d'un très grand nombre de ponctuations arrondies, inégales, d'un brun roux assez intense. Quatre zones transverses, quelquefois très obscurément indiquées, se montrent sur le dos de la coquille; enfin, à chaque extrémité, on voit, comme dans le *Cypræa hirundo*, deux grosses taches brunes.

Cette espèce est longue de 22 millimètres, et large de 13.

† 90. Porcelaine gangréneuse. *Cypræa gangrenosa.* Dilw.

C. *testá ovato-oblongá, viridi-griseá, marginatá, punctis ocellisque albidis sparsis; ocellis pupillo fusco-notatis; basi convexiusculá, albidá, margine suprà denticulatá; extremitatibus brunneis, suprà bimaculatis.*

Cypræa poraria. var. V. A. Martini. Conch. t. 1. p. 394. pl. 30. f. 324. 325.
Schrot. Einl. t. 1. p. 128.
Gmel. p. 3417. *Cypræa poraria (pro Martinii synonymo).*
Dillw. Cat. t. 1. p. 465. n° 59.
Wood. Ind. Test. pl. 17. f. 56. *Mala.*
Gray. Monog. of Cypr. Zool. Journ. t. 1. p. 503. n° 73.

Tome X. 36

Gray. Descr. Cat. Shells. p. 7. n° 53.

Sow. jun. Conch. Ill. f. 88.

Kiener. Spec. des Coq. pl. 50 f. 2.

Habite les côtes de la Chine. Petite coquille bien facile à distinguer
parmi ses congénères. De forme ovale-oblongue, elle est un peu déprimée en dessous. Son ouverture est étroite, dilatée vers la base, est
armée, de chaque côté, d'un assez grand nombre de grosses dents égales et plus découpées sur le bord droit que sur le gauche. La spire est
peu saillante. Les bords sont garnis de callosités qui s'étalent plus du
côté gauche que du côté droit. L'échancrure antérieure de l'ouverture est petite et dilatée ; la postérieure est étroite et profonde. Le
long du bord droit, on trouve une série de petites lacunes irrégulières. La dernière dent columellaire est profondément séparée des
précédentes par une échancrure assez large. Toute la surface inférieure de la coquille est du plus beau blanc ; les échancrures de l'ouverture sont teintes d'un beau brun rougeâtre, et cette couleur se
répète en dessus en deux ponctuations à chaque extrémité. Le fond
de la coquille est d'un fauve un peu brunâtre, et il est tout parsemé
de taches blanches irrégulières, comparables à celles du *Cypræa vitellus* ; au centre de quelques-unes de ces taches, se montre un point
d'un brun livide.

Cette jolie espèce a 17 millimètres de long et 10 de large.

† 91. Porcelaine jaunâtre. *Cypræa lutea*. Gronov.

*C. testâ ovato-oblongâ, anticè attenuatâ, subtùs convexiusculâ, luteo-
flavâ, fusco multi-punctatâ, supernè albo-bizonatâ, flavo puncti-
culatâ ; aperturâ angustâ ; columellâ dentibus minoribus armatâ.*

Gronov. Zooph. pl. 19. f. 17.

Schrot. Einl. t. 1. p. 168.

Gmel. p. 3414. n° 78.

Dillw. Cat. t. 1. p. 456. n° 39.

Wood. Ind. Test. pl. 17. f. 37.

Cypræa Humphreysii.

Id. Gray. Descr. Cat. Shells. p. 11. n° 92.

Id. Sow. jun. Conch. Ill. f. 55.

Kiener. Spec. des Coq. pl. 14. f. 4.

Habite... [Il est à présumer que cette espèce a été établie avec de jeunes
individus du *Cypræa Humphreysii* de M. Gray. Nous avons sous les
yeux une coquille dont les caractères s'accordent exactement avec la
caractéristique de Gronovius, et avec sa figure. Si, comme nous le
croyons, elle est une jeune *Humphreysii*, cette espèce devra changer
de nom, et prendre celui de *Lutea*, qui est plus ancien.

Petite espèce ovale-oblongue, ayant la spire assez profondément ombiliquée. Son ouverture n'est point médiane ; le côté droit est plus étroit que le gauche. Les bords en sont presque parallèles ; les dents qui les garnissent sont fines et peu saillantes ; celles du bord gauche sont plus fines et plus rapprochées que celles du côté droit ; une échancrure large et peu profonde sépare la première dent de celles qui suivent. En dessous, la coquille est d'un jaune fauve quelquefois safrané, et elle est ornée, de ce côté, d'un grand nombre de ponctuations d'un brun assez intense. Dans les jeunes individus, la coquille est d'un jaune fauve, et ornée de deux petites zones blanchâtres fort écartées, qui divisent la coquille en trois parties presque égales. Des points d'un brun pâle et arrondis, en petit nombre, sont parsemés sur toute la surface de la coquille.

Cette jolie espèce, fort rare encore dans les collections, a 15 millimètres de long et 9 de large.

† 92. Porcelaine ponctulée. *Cypræa punctulata*. Gray.

C. testá ovato-oblongá, emarginatá, albido-griseá, maculis fulvo-fuscis, tenuibus, irregulariter adspersá, marginibus fulvis, fusco-maculatis ; aperturá albá, angustá, dentibus crassiusculis armatá.

Gray. Descr. Cat. Shells. p. 10. n° 86.
Sow. jun. Conch. Ill. f. 20.
Kiener. Spec. des Coq. pl. 21. f. 2.
Habite Panama.

Les plus grands rapports existent entre cette espèce et le *Cypræa urabicula* de Lamarck, elle est de la même taille, et à-peu-près de la même coloration. Elle est ovalaire, élargie sur les côtés par des bourrelets épais. Sa face intérieure est aplatie ; l'ouverture la partage en deux parties presque égales, car son bord droit est presque aussi large que le gauche. L'ouverture est étroite, faiblement arquée dans sa longueur, et à peine un peu plus large à son extrémité antérieure ; elle est blanche, et les dents qui la garnissent sont grosses et courtes ; celles du côté gauche sont un peu plus fines et plus effacées ; la dernière est séparée des précédentes par une échancrure étroite et oblique. Les échancrures terminales sont presque égales ; elles sont peu obliques, étroites et profondes. En dessus, cette coquille est blanche ; elle devient fauve sur les flancs, et sur cette couleur des bourrelets ressortent agréablement de grosses ponctuations d'un brun foncé, irrégulièrement éparses. En dessus, la coquille, sur un fond d'un blanc grisâtre, est couverte d'un très grand nombre de petites taches irrégulières, confluentes, au-dessous desquelles on aperçoit deux zones brunâtres occupant le milieu du dos.

36.

Cette coquille est longue de 28 millimètres et large de 20.

† 93. Porcelaine à petites dents. *Cyprœa microdon.* Gray.

C. testá ovato-angustá, subcylindraceá, antice angustiore, subtùs albidá, supernè maculis fuscescentibus undulatis bifasciatá, flavido irregulariter multipunctatá, maculis duabus violacescentibus utráque extremitate ornatá; aperturá angustá, basi dilatatá, dentibus minutissimis armatá.

Gray. Descr. Cat. Shells. p. 5. n° 38.

Sow. jun. Conch. Ill. pl. 1. f. 3.

Habite l'Océan pacifique.

Petite espèce très jolie et facile à distinguer. Elle est ovale-oblongue, étroite, subcylindracée, aplatie en dessous, atténuée en avant. Sa spire est ombiliquée, et son ouverture est très étroite postérieurement, dilatée vers son extrémité antérieure. Le bord droit est plus étroit que le gauche, et il est garni d'un assez grand nombre de dentelures fines et égales; sur le bord gauche, ces dentelures sont plus fines, mais elles vont graduellement en grossissant vers l'extrémité antérieure. Les échancrures terminales sont petites; l'antérieure est plus oblique, et dilatée; ces parties sont ornées, en dedans et en dehors, de deux petites taches d'un violet obscur. En dessus, la coquille est ornée de deux petites zones médianes formées de taches onduleuses et brunâtres; le reste de la coquille est d'un blanc jaunâtre pâle, et toute la surface supérieure est chargée d'un très grand nombre de fines ponctuations d'un fauve brunâtre. En dessous, la coquille est du plus beau blanc.

Cette espèce est longue de 14 millimètres, et large de 7.

† 94. Porcelaine interrompue. *Cyprœa interrupta.* Gray.

C. testá ovato-cylindraceá, umbilicatá, subtùs albá, supernè, griseo-violaceá, densissimè fusco-punctatá, transversìm quadrifasciatá, fasciis maculis subquadratis fuscis subarticulatis; aperturá angustá, multidentatá; columellá intùs plicato-dentatá.

Gray. Descr. Cat. Shells. p. 10. n° 76.

Sow. jun. Conch. Ill. f. 15.

Kiener. Spec. des Coq. pl. 43. f. 2.

Habite...

Petite coquille se rapprochant, pour la forme, du *Cyprœa hirundo.* Elle est ovale-cylindracée, presque aussi convexe en dessous qu'en dessus. L'ouverture est très étroite, et le bord droit, plus étroit que le gauche, semble s'avancer au-dessous de lui, comme s'il voulait fermer l'ouverture; ce bord droit est armé, dans toute sa longueur, d'un grand nombre de dentelures fines et saillantes, et qui se prolongent à peine sur la surface extérieure du bord. Les dentelures du bord gauche sont plus fines et moins apparentes. La columelle est sensiblement creusée en gouttière; les dents descendent perpendiculairement sur elle, sous forme de plis, et se montrent encore sur le bord interne, sous forme de dents. Les échancrures terminales de l'ouverture sont très petites et fort étroites. En dessous, cette coquille est d'un blanc laiteux; en dessus, elle est d'un gris verdâtre, parsemée d'une multitude de ponctuations d'un brun fauve peu foncé. Une tache brune se montre sur l'extrémité antérieure, et deux autres plus petites, de la même couleur, occupent l'extrémité postérieure. Sur le dos, on remarque quatre zones transverses de taches quadrangulaires, d'un brun marron foncé; les deux zones médianes sont les plus étroites et les plus rapprochées.

Cette espèce a 20 millimètres de long et 12 de large.

† 95. Porcelaine de Madagascar. *Cyprœa Madagascariensis.* Gmel.

> *C. testâ ovato-oblongâ, depressâ, albidâ basi convexâ, costatâ; tuberculis rotundatis, costis subanastomosis, coadunatis exasperatâ; lineâ dorsali impressâ; extremitatibus rotundatis depressis.*

Gmel. p. 3419. n° 96.

Schrot. Einl. t. 1. p. 146. n° 45.

Lister. Conch. pl. 710. f. 61.

Dillw. Cat. t. 1. p. 468. n° 64.

Wood. Ind. Test. pl. 17. f. 60.

Gray. Monog. of Cypr. Zool. Journ. t. 1. p. 514. n° 86.

Sow. Gener. of Shells. f. 6.

Sow. jun. Conch. Ill. f. 116.

Kiener. Spec. des Coq. pl. 3. f. 4.

Habite l'Océan pacifique.

Cette coquille a beaucoup d'analogie avec le *Cyprœa nucleus* de Linné, elle s'en distingue cependant par plusieurs caractères. Elle est ovale, déprimée à la manière du *Cyprœa moneta*; plate en dessous, convexe en dessus et dilatée sur les côtés. L'ouverture est submédiane, elle est un peu arquée dans sa longueur et ses bords sont sensiblement parallèles. Du bord columellaire partent 13 à 14 petites côtes étroites, également distantes, parcourant toute la base, sur les flancs de la coquille, et venant aboutir sur le dos à la limite des bourrelets. Des côtes semblables partent également des dentelures du côté droit, et viennent se terminer au bord supérieur du bourrelet du même côté. Entre ces côtés, il existe une strie assez fine, un peu plus grosse à droite qu'à gauche. Tout le dos de la coquille est parsemé de tubercules irrégulièrement épars, comparables à ceux du *Cyprœa nucleus* ; enfin on remarque sur le milieu du dos une ligne étroite, enfoncée, qui s'étend d'une extrémité à l'autre de la coquille. Cette espèce, très rare, est d'un blanc jaunâtre lorsqu'elle est fraîche.

Elle est longue de 33 millimètres, et large de 23.

† 96. Porcelaine de Children. *Cyprœa Childreni*. Gray.

C. testá ovatá, subcylindricá, pallidè costatá ; striatá lineá dorsali subimpressá, indistinctà ; basi planá; extremitatibus subrostratis compressis, infrà carinatis.

Gray. Monog. of Cypr. Zool. Journ. t. 1. p. 518. n° 91.

Wood. Ind. Test. Suppl. pl. 3. f. 16.

Gray. Descr. Cat. Shells. p. 6. n° 46.

Sow. jun. Conch. Ill. f. 69.

Kiener. Spec. des Coq. pl. 40. f. 3.

Habite...

Cette coquille est du petit nombre de celles qui, étant sillonnées sur toute leur surface, se distinguent facilement de leurs congénères, parcequ'en effet, le nombre des espèces qui présentent ce caractère est très limité. Cette coquille est oblongue-ovalaire, cylindracée, presque également convexe des deux côtés. Son ouverture est en fente très étroite. Le bord gauche est presque aussi large que le droit ; tous deux sont parallèles et suivent une ligne presque droite. Les bords de l'ouverture sont finement dentelés ; les dentelures sont égales des deux côtés, et elles donnent naissance à de très fines côtes qui, dans la plupart des individus, viennent se rejoindre exactement, et sans solution de continuité, presque sur le milieu du dos. On remarque cependant, dans quelques individus, qu'il y a des sillons dont les extrémités chevauchent l'une sur l'autre, ce qui produit une espèce de ligne dorsale, comparable à celle du *Cyprœa australis*, par exemple; souvent une strie très fine s'interpose entre ces sillons. Un autre caractère, qui rend encore cette espèce remarquable, c'est la profondeur et l'étroitesse des échancrures qui terminent son ouverture. Toute cette coquille est d'une coloration uniforme, d'un blanc jaunâtre ; les côtes sont d'un jaune un peu plus foncé.

Cette espèce a 22 millimètres de long et 15 de large.

† 97. Porcelaine arrosée. *Cyprœa suffusa*. Gray.

C. testá, ovato-globosá, subtùs albo-roseá, supernè purpurascente,

*extremitatibus rubescente, maculis fuscescentibus, minimis irregulariter
irroratá, transversìm striatá, striis subgranosis, lineá dorsali prælongá interruptis; aperturá angustá, arcuatá, basi latiore.*

Trivia suffusa. Gray. Desc. Cat. Shells. p. 16. n° 134.

Sow. jun. Conch. Illustr. f. 41.

Cypræa armandina. Kien. Spec. Coq. pl. 46. f. 2.

Habite l'Océan pacifique.

Petite coquille qui avoisine le *Cypræa quadripunctata* ainsi que l'*Australis.* Elle est ovale-globuleuse. Son ouverture est latérale, étroite,
arquée à son extrémité postérieure, sensiblement dilatée vers
son extrémité antérieure; il en sort, de chaque côté, un grand
nombre de stries, dont quelques-unes se bifurquent à une petite
distance. En arrivant sur le dos, ces stries semblent subgranuleuses;
elles ont, en effet, quelques étranglemens, et viennent aboutir à une
ligne dorsale étroite et assez profonde, sur le bord de laquelle elle
se termine par un petit tubercule. Les échancrures sont petites et
peu profondes. En dessous, cette espèce est d'un blanc rosé; elle
devient d'un rose pourpré en dessus, et ses extrémités sont teintes
de la même couleur, mais plus intense. Toute sa surface est couverte
d'un grand nombre de ponctuations irrégulières d'un brun rougeâtre; une tache plus grande se montre ordinairement vers le
milieu du dos, et elle est partagée en deux par la ligne dorsale.

Cette petite coquille est longue de 9 millimètres et large de 6.

† 98. Porcelaine de Californie. *Cypræa Californica.* Gray.

*C. testá ovato-globosá, turgidá, rubro-vinosá, in medio albescente,
transversìm paucisulcatá; sulcis pallidioribus; aperturá angustá,
arcuatá, paucidentatá; lineá dorsali impressá, utroque latere tuberculosá.*

Trivia californica. Gray. Descr. Cat. Shells. p. 16. n° 135.

Sow. jun. Conch. Ill. f. 42.

Habite dans la mer de Californie.

Petite coquille de la grosseur d'un gros pois, ovale-globuleuse, aplatie
en dessous, très convexe en dessus, et portant sur le dos une ligne
blanchâtre peu profonde, d'où partent des sillons transverses dont
elle est ornée. Ces sillons commencent pour la plupart par un tubercule oblong; ils descendent sur les flancs de la coquille; ceux
du côté droit gagnent le côté droit de l'ouverture, et ceux du
côté gauche s'enfoncent dans cette ouverture, en passant sur la columelle; entre ces sillons principaux, il y en a un plus petit qui
commence plus bas, sans tubercule, et qui descend parallèlement
avec ceux qui l'accompagnent; en avant et en arrière, il y a d'autres

sillons qui se détachent des premiers pour couvrir le sommet et la base
de la coquille ; ceux-ci sont plus fins que tous les autres. L'ouverture
est étroite, arquée dans sa longueur, à bords parallèles. Le bord droit
est plus étroit que le gauche. On y compte douze ou treize dentelures ; il y en a seulement neuf ou dix sur le gauche. Toute cette
coquille est d'un rouge lie-de-vin assez intense ; la ligne dorsale
est blanchâtre, et le sommet des sillons est plus pâle que le reste.

Cette petite espèce a 11 millimètres de long et 9 de large.

† 99. **Porcelaine à côtes.** *Cyprœa costata.* **Gmel.**

C. testâ ovato-globosâ, inflatâ, roseâ, immaculatâ ; striis longitudina-
libus, lœvibus ; lineâ dorsali nullâ ; aperturâ albidâ, amplissimâ,
abbreviatâ, dentibus inœqualibus.

Gmel. p. 3418. n° 94.

Cyprœa sulcata. Var. D. Dillw. Cat. t. 1. p. 467.

Knorr. Vergn. t. 6. pl. 15. f. 7.

Cyprœa carnea. Gray. Monog. of Cypr. Zool. Journ. t. 3. p. 569. n°
106. *Exclusâ varietate detritâ.*

Cyprœa carnea. Gray. Descript. Cat. Shells. p. 13. n° 109.

Wood Ind. Test. Suppl. pl. 3. f. 15. *Cyprœa rosea.*

Trivia carnea. Gray. Descr. Cat. Shells. p. 13. n° 109.

Cyprœa carnea. Sow. jun. Conch. Ill. f. 147.

Cyprœa rosea. Reeve. Conch. Syst. t. 2. p. 263. pl. 286. f. 147.

Cyprœa oniscus Var. Kiener. Spec. des Coq. pl. 51. f. 2. a.

Habite. .

Nous avons déjà signalé l'erreur par suite de laquelle le nom de cette
espèce a été changé ; nous lui restituons actuellement celui qu'elle
doit conserver. Cette espèce a de l'analogie avec le *Cyprœa oniscus*
de Lamark, et c'est elle que M. Kiener a prise pour une variété.
Elle est ovale-globuleuse. Son test est mince et transparent. Le bord
droit est étroit. L'ouverture est large, légèrement arquée dans sa
longueur, et à bords parallèles ; son pourtour est blanc ; elle est finement dentelée de chaque côté, et de chacune de ces dentelures part
une petite côte transverse, dont les extrémités viennent se rejoindre
sur le dos , sans laisser de solution de continuité. Le plus grand nombre de ces côtes sont simples, quelques-unes se bifurquent. La coquille est presque aussi convexe en dessous qu'en dessus. L'ouverture est échancrée en avant, et plutôt déprimée qu'échancrée en arrière. L'extrémité de la spire produit au dehors une saillie peu
apparente, près de laquelle vient s'implanter l'extrémité du bord
droit. Les côtes dont cette coquille est couverte sont très fines, régulières, simples, et au nombre d'une trentaine au moins. Toute
cette coquille est d'un beau rose uniforme.

Elle est longue de 17 millimètres, et large de 12.

† 100. **Porcelaine puce.** *Cypræa pulex.* **Gray.**

> *C. testá ovatá, subventricosá, fuscá, immaculatá: striis longitudina-*
> *libus, lævibus; lineá dorsali impressá; aperturá lineari, posticè*
> *subproductá; dentibus subæqualibus basique submarginatá albis.*

Kiener. Spec. des Coq. pl. 53. f. 1.

Sow. jun. Conch. Ill. f. 32 *.

Cypræa pediculus. Var. D.Dillw. Cat. t. 1. p. n^u .

Gray. Monog. of Cypr. Zool. Journ. t. 3. p. 368. n° 7.

Trivia pulex. Gray. Descr. Cat. Shells. p. 15. n° 131.

Philip. Encycl. méth. Sic. t. 2. p. 200. n° 39.

Habite la Méditerranée, la Sicile et l'Ile-de-France.

Petite espèce très commune dans la Méditerranée, et particulièrement dans les mers de Sicile et de Naples. Elle a beaucoup de rapports avec le *Cypræa coccinella;* elle est finement striée en travers comme elle, mais au lieu d'être d'un blanc rosé, elle est constamment blanche en dessous, et d'un brun foncé un peu livide en dessus. M. Gray attribue à cette espèce un caractère que nous ne lui avons pas trouvé. Il dit qu'elle a une ligne dorsale submédiane, et malgré le grand nombre d'individus que nous avons vus, nous n'avons point observé cette ligne. L'ouverture est étroite, d'un très beau blanc; quelques-unes des petites côtes qui en sortent se bifurquent à une petite distance; d'abord saillantes sur la base de la coquille, ces petites côtes s'amoindrissent, et finissent par disparaître sur le dos. La spire reste toujours saillante, et dans le jeune âge, la coquille est mince, transparente, subcornée.

Cette petite espèce n'a pas plus de 10 millimètres de long et 6 de large.

† 101. **Porcelaine quadriponctuée.** *Cypræa quadripunc-tata.* **Gray.**

> *C. testá ovatá, ventricosá, roseá, punctis quatuor fuscis notatá; striis*
> *longitudinalibus confertis, lævibus; lineá dorsali angustá, im-*
> *pressá; basi convexá; aperturá lineari, armatá dentibus æqua-*
> *libus.*

Gray. Monog. of Cypr. Zool. Journ. t. 3. p. 368. n° 98.

Trivia quadripunctata. Gray. Descr. Cat. Shells. p. 14. n° 20.

Habite l'Océan atlantique?

Petite coquille qui se rapproche un peu du *Pediculus,* et qui s'en distingue constamment. Elle est ovale-globuleuse, convexe en dessous. Son ouverture, très étroite, un peu arquée dans sa longueur, laisse sortir un très grand nombre de petites côtes, dont un assez bon nombre se bifurque à une petite distance ; ces côtes viennent aboutir à une petite ligne déprimée occupant le milieu du dos. Toute la coquille est d'un très beau rose pourpré, plus pâle en-dessous qu'en dessus, et elle est ornée, de chaque côté de cette ligne dorsale, de deux taches d'un brun plus ou moins foncé, selon les individus. Ces taches sont alternes, celles de droite correspondant avec les espaces que laissent celles de gauche.

Cette petite coquille, très élégante par la finesse de ses stries et la richesse de ses couleurs, a 9 millimètres de long et 7 de large.

† 102. **Porcelaine sanguine.** *Cypræa sanguinea.* **Gray.**

C. testá ovato-globosá, transversìm striatá, subtùs convexá, intensè rubro-sanguineá, striis pallidioribus; lineá dorsali subimpressá; aperturá angustá; extremitatibus arcuatá, profundè emarginatá.

Gray. Descr. Cat. Shells. p. 141. n° 119.

Sow. jun. Conch. Ill. f. 32.

An eadem ? Cypræa latyrus. Kiener. Spec. des Coq. pl. 22. f. 4.

Habite l'Océan pacifique. [Petite coquille très rare encore dans les collections, et qui se distingue facilement par sa coloration. Elle est ovale-globuleuse, convexe en dessous. Son ouverture est étroite et fortement arquée à son extrémité postérieure; il en sort de chaque côté un grand nombre de côtes transverses, remontant jusqu'au milieu du dos, où elles se réunissent sans interruption; au point de leur jonction, on remarque une ligne dorsale à peine apparente, un peu blanchâtre, et de chaque côté de laquelle il y a une zone d'un rouge plus éclatant que le reste de la coquille. Tous les individus que nous avons vus de cette espèce sont d'un rouge très foncé et obscur, assez semblable à la couleur du sang desséché; les stries transverses, dont quelques-unes se bifurquent, sont d'un rouge plus pâle.

Cette espèce a 13 millimètres de long, et 9 de large.

Espèces fossiles.

1. **Porcelaine léporine.** *Cypræa leporina.* **Lamk.**

C. testá ovatá, ventricosá, submarginatá; aperturá basi dilatatá.

Cypræa leporina. Ann. du Mus. vol. 16. p. 104. n° 1.

* *Cypræa gibbosa.* Gray. Monog. of Cypr. Zool. Journ. t. 1. p. 149. n° 22.

* *Cypræa leporina.* Gray. Desc. Cat. Shells. p. 4. n° 24.

* Bast. Coq. foss. de Bord. p. 41. n° 4.

* Duj. Tour. p. 303. n° 2.

Habite... Fossile des environs de Dax. Mon cabinet. Je ne reconnais

dans aucune des espèces vivantes que j'ai décrites la forme précise
de cette Porcelaine fossile ; cependant c'est de la suivante qu'elle se
rapproche le plus. Elle est ovale, un peu bombée sans être bossue,
obscurément marginée, à face inférieure un peu convexe. Longueur :
21 lignes.

2. Porcelaine saignante. *Cypræa mus*. Lamk.

> *Cypræa mus*. Ann. ibid. p. 105. n° 2.
> Habite... Fossile des environs de Fiorenzola, dans le Plaisantin. Ca-
> binet de feu M. Faujas. Elle est parfaitement l'analogue fossile de
> l'espèce vivante dont elle porte le nom. Quoiqu'elle ait perdu pres-
> que entièrement ses couleurs, elle offre encore des restes de la trai-
> née de taches dorsales et sanguinolentes qui caractérisent cette espèce.

3. Porcelaine pyrule. *Cypræa pyrula*. Lamk.

> *C. testá ovato-ventricosá, obtusá, posticè angustatá; labro marginato.*
> *Cypræa pyrula.* Ann. ibid. n° 3.
> * *Cypræa physis*. Gray. Descr. Cat. Shells. p. 4. n° 22.
> Habite... Fossile recueilli dans les mêmes lieux que le précédent. Ca-
> binet de feu M. Faujas. Sa forme est très rapprochée de celle du
> *C. adusta;* mais elle n'est nullement ombiliquée, et au lieu d'être
> noire en sa face inférieure et sur les côtés, elle y offre une couleur
> blanche. Son dos est fauve, et sa base n'est presque point échancrée.
> Longueur : 46 millim.

4. Porcelaine utriculée. *Cypræa utriculata*. Lamk.

> *C. testá ovato-ventricosá, inflatá, subumbilicatá; labro obsoletè margi-*
> *nato.*
> *Cypræa utriculata.* Ann. ibid. n° 4.
> Habite... Fossile des environs de Fiorenzola, dans le Plaisantin. Cabi-
> net de feu M. Faujas. Elle se rapproche aussi beaucoup du *C. adusta,*
> et même elle est un peu excavée près de la spire, qui paraît à peine ;
> mais elle est plus raccourcie, plus bombée, et toute blanche. Lon-
> gueur : 37 millim.

5. Porcelaine rousse. *Cypræa rufa*. Lamk. (1)

> *Cypræa rufa.* Ann. ibid. n° 5.

-----

(1) Il est à présumer que la coquille fossile que Lamarck regarde comme l'analogue du *Cypræa rufa* est le *Cypræa porcel-*
lus de Brocchi. Nous n'apercevons en effet que de très petites
différences entre l'espèce vivante et la fossile, et nous pensons
qu'elles peuvent être réunies à titre de variété.

* *Cypræa porcellus.* Brocc. Conch. Foss. Subap. t. 2. p. 283. n° 3. pl. 2. f. 2.

Habite... Fossile du Plaisantin. Cabinet de feu M. Faujas. Elle ne diffère de l'analogue vivant déjà cité que par l'altération de ses couleurs. Longueur : 36 millim.

6. Porcelaine antique. *Cypræa antiqua.* Lamk.

C. testá ovato-oblongá, ventricosá, rudi, immarginatá, subtùs planiusculá; rimá angustatá.

· *Cypræa antiqua.* Ann. ibid. n° 6.

Habite... Fossile de la vallée de Ronca, dans le Vicentin. Cabinet de feu M. Faujas. Longueur : 29. millim.

7. Porcelaine rudérale. *Cypræa ruderalis.* Lamk.

C. testá ovato-oblongá, rudi, lateribus obsoletè marginatá.

Cypræa ruderalis. Ann. ibid. p. 106. n° 7.

Habite... Fossile des mèmes lieux que le précédent. Mon cabinet. Celle-ci n'est point bombée comme celle qui précède. Ses côtés sont légèrement convexes. Longueur : près de 8 lignes.

8. Porcelaine fabagine. *Cypræa fabagina.* Lamk. (1)

C. testá ovatá, subventricosá, subtùs plano-convexá; uno latere obscurè marginato.

Cypræa fabagina. Ann. ibid. n° 8.

* *Cypræa diluviana.* Gray. Monog. of Cypr. Zool. Journ. p. 149. n° 23.

* *Cypræa fabagina.* Gray. Descr. Cat. Shells. p. 5. n° 37.

Habite... Fossile des environs de Turin. Mon cabinet. Forme rapprochée de celle du *C. flaveola*, mais sans enfoncement distinct près de la spire. Longueur : 22 millim.

9. Porcelaine flavicule. *Cypræa flavicula.* Lamk.

C. testá ovato-oblongá, ventricosá, hinc marginatá; dorso flavescente, punctis albidis notato.

Cypræa flavicula. Ann. ibid. n° 9.

Habite... Fossile des environs de Fiorenzola, dans le Plaisantin. Cabinet de feu M. Faujas. Sa forme est aussi un peu rapprochée de celle du *C. flaveola;* mais la coquille est un peu plus grande, marginée d'un seul côté, et à dos jaunâtre, parsemé de points blancs. Longueur : 29 millim.

---

(1) M. Gray a changé inutilement, selon nous, le nom de cette espèce inscrite dans les catalogues long-temps avant la publication de la Monographie publiée en 1824 dans le *Zoological journal.*

10. Porcelaine ambiguë. *Cypræa ambigua.* **Lamk.**

C. *testá ovato-ventricosá, utrinquè attenuatá, subtùs convexiusculá; rimá flexuosá.*

Cypræa ambigua. Ann. ibid. n° 10.

Habite... Fossile des environs de Bordeaux. Collection du Mus. Coquille se rapprochant, par sa forme, du *C. staphylœa*, mais un peu plus grande et plus rétrécie aux extrémités. Elle n'est point granuleuse sur le dos, et sa face inférieure n'est point sillonnée transversalement. Longueur: 21 millimètres.

11. Porcelaine gonflée. *Cypræa inflata* (1). **Lamk.**

C. *testá ovato-ventricosá, turgidá, subgibbosá; labro exteriore marginato.*

Cypræa inflata. Ann. ibid. n° 11. et t. 6. pl. 34. f. 1.

* Roissy, Buf. Moll. t. 5. p. 419. n° 10.

* Gray. Descr. Cat. Shells. p. 5. n° 35.

* Gray. ad. et Corr. Monog. of Cypr. Zool. Journ. t. 4. p. 76. n$_0$ 30.

* Desh. Coq. Foss. de Paris. t. 2. p. 724. n° 14. pl. 97. f. 7. 8.

* *An eadem? Cypræa oviformis.* Sow. Min. Conch. pl. 4.

Habite... Fossile de Grignon; se trouve aussi dans le Plaisantin. Mon cabinet et celui de feu M. *Faujas.* Coquille très rapprochée, par la forme et la taille, du *C. turdus;* néanmoins son ouverture n'est pas aussi dilatée inférieurement. Longueur : 13 lignes.

12. Porcelaine colombaire. *Cypræa columbaria.* **Lamk.**

C. *testá ovato-oblongá, subventricosá; labro externo marginato, anticè prominulo.*

Cypræa columbaria. Ann. ibid. p. 107. n° 12.

Habite... Fossile de... Collect. du Mus. Cette Porcelaine se rapproche entièrement, par la forme et la taille, du *C. sanguinolenta;* cependant elle un peu plus bombée. Elle est toute blanche. Longueur : 25 mill.

13. Porcelaine dactylée. *Cypræa dactylosa.* **Lamk.**

C. *testá oblongá, ventricoso-cylindraceá, obtusá, transversìm sulcatá; labro exteriore marginato.*

---

(1) Brocchi cite cette espèce en Italie, dans les terrains du Plaisantin. Nous avons examiné beaucoup de Porcelaines fossiles de ce pays, et jamais nous n'avons vu d'espèces analogues à celles de Paris. M. Michelotti nous a assuré qu'en effet cette *Inflata* de Brocchi était fort différente de celle de Lamarck.

Cyprœa dactylosa. Ann. ibid. n° 13.

* *Cyprœa sulcosa.* Lamk. Mém. sur les Foss. de Paris. p. 21. n°. 3.

* *Id.* Desh. Coq. Foss. de Paris. t. 2. p. 726. n° 7. pl. 97. f. 1. 2.

* *Cyprœa gervilei.* Sow. Genera of Shell. f. 8.

* Gray. Monog. of Cypr. Zool. Journ. t. 3. p. 574. n° 113.

* *Luponia dactylosa.* Gray. Descr. Cat. Shells. p. 15. n° 106.

Habite... Fossile très rare, qui paraît avoir été recueilli à Grignon. Mon cabinet. Très belle espèce de Porcelaine, éminemment distincte de toutes celles qui sont connues, et surtout de celles qui composent la division des sillonnées. Elle est oblongue, ventrue, cylindracée, obtuse, partout striée ou sillonnée transversalement. Sa face intérieure n'offre aucun aplatissement, et son dos ne présente aucun sillon longitudinal qui interrompe ses stries. Le bord droit de l'ouverture est légèrement marginé en dehors, et dépasse antérieurement. La spire ne paraît point et n'offre aucun enfoncement dans son voisinage. Une strie très fine se trouve interposée dans chaque interstice des plus grandes. Longueur : 16 lignes.

14. Porcelaine sphériculée. *Cyprœa sphœriculata.* Lamk.

C. testá subglobosá, inflatá, transversìm striatá; sulco dorsali nullo; labro exteriore marginato.

Cyprœa sphœriculata. Ann. ibid. n° 14.

* Gray. Monog. of Cypr. Zool. Journ. t. 3. p. 567. n° 101.

* *Trivia sphœriculata.* Gray. Descr. Cat. Shells. p. 14. n° 114.

Habite... Fossile des environs de Fiorenzola, dans le Plaisantin. Collect. du Mus. Cette Porcelaine se rapproche du *C. oniscus* par sa taille et son aspect; mais elle manque de sillon dorsal, et son ouverture n'est point dilatée. On peut la confondre avec le *C. pediculus,* ses stries n'étant point graveleuses, et sa forme enflée, presque sphérique, s'éloignant de l'ovale. Elle n'est peut-être qu'une variété fort grosse et plus globuleuse du *C. coccinella.* Longueur : 22 millimètres.

15. Porcelaine pou-de-mer. *Cyprœa pediculus.* Lin.

Cyprœa pediculus. Ann. ibid. n° 5.

Habite... Fossile de Grignon, et des environs d'Angers. Mon cabinet.

16. Porcelaine coccinelle. *Cyprœa coccinella.* Lamk.

Cyprœa coccinella. Ann. ibid. p. 108. n° 16.

Habite... Fossile de Grignon. Mon cabinet.

17. Porcelaine pisoline. *Cyprœa pisolina.* Lamk.

C. testá globosá, pisiformi, dorso lævissimá; labro exteriore marginato; rimá curvá, plicato-dentatá.

Cypræa pisolina. Ann. ibid. n° 17.

* Gray. Monog. of Cypr. Zool. Journ. t. 3. p. 567. n° 102.

Habite... Fossile des environs d'Angers. M. Ménard. Mon cabinet.
Jolie petite Porcelaine, très distincte comme espèce, et dont l'analogue vivant n'est pas encore connu. Elle est globuleuse, n'offre sur
le dos ni stries transverses, ni sillon longitudinal, n'est point rostrée aux extrémités comme le *C. cicercula*, et a le ventre en partie
sillonné. Longueur du plus fort individu: 5 lignes.

18. Porcelaine ovuliforme. *Cypræa ovuliformis.* Lamk.

*C. testâ ovato-turgidâ, anticè obtusâ, lævi, immarginatâ; columellæ
dentibus absoletis.*

Cypræa ovulata. Ann. ibid. n° 18.

Habite... Fossile des environs d'Angers. M. Ménard. Mon cabinet.
On la prendrait d'abord pour une ovule, les dents de son bord columellaire paraissant à peine. Elle est plus petite encore que le *C.
pisolina*, et quoique très bombée, elle est moins globuleuse, et n'appartient nullement à la division des Porcelaines striées. Longueur:
4 lignes un quart.

† 19. Porcelaine de Brocchi. *Cypræa Brochii.* Desh.

*C. testâ ovatâ, subtùs depressâ, lateribus marginatâ, dilatatâ; aperturâ
angustâ, arcuatâ, submediâ; labro incrassato, multi-dentato, dentibus
brevibus; columellâ tenuè plicatâ, basi emarginatâ.*

Cypræa annulus. Var. Brocchi. Conch. Foss. Subap. t. 2 p. 282. pl. 2.
f. 1. a. b.

Brong. Vicent. p. 62. *Cypræa annulus.*

Id. Bast. Coq. Foss. de Bord. p. 40. n° 2.

Habite... fossile des environs de Dax, de la Superga, près Turin, et du
Plaisantin. [Presque tous les auteurs ont confondu cette espèce avec
celle qui vit dans l'Océan indien, et que Linné a nommée *Cypræa
annulus.* Il existe cependant des différences constantes entre ces
espèces : c'est ce qui nous détermine aujourd'hui à séparer, sous le nom
du savant Brocchi, l'espèce fossile que le premier il a figurée. Par
sa forme générale, cette coquille se rapproche beaucoup de l'*Annulus.* Elle est ovale, convexe en dessus, aplatie en dessous. Un des
premiers caractères qui la distinguent de l'*Annulus*, c'est que l'extrémité postérieure du bord droit dépasse le gauche, ce qui n'a pas
lieu dans l'espèce vivante. L'ouverture est submédiane, étroite, à
peine dilatée à la base. Les dents du bord droit sont courtes, multipliées, égales, et toujours plus nombreuses que dans le *Cypræa
annulus.* Celles du bord gauche sont petites, rapprochées, obsolètes,
un peu rayonnantes à l'extrémité postérieure de l'ouverture ; la

première antérieure est séparée des autres par une échancrure étroite et peu profonde. Les différences que nous venons de signaler, nous les avons observées sur un grand nombre d'individus, pour nous assurer qu'elles sont constantes, et peuvent par conséquent servir à distinguer les espèces que nous avons comparées.

Cette coquille est longue de 29 millimètres, et large de 22.

† **20. Porcelaine angistome.** *Cypræa angystoma.* Desh.

C. testá ovatá, inflatá, lævigatá; spirá sulco depresso circumdatá; aperturá elongatá, supernè inflexá, angustissimá, dentato-plicatá, infernè dilatatá; dentibus subæqualibus, regularibus.

Deshayes. Coq. Foss. des env. de Paris. t. 2. p. 723. pl. 95. f. 39. 40.

Habite... fossile de Chaumont. Cette coquille a incontestablement beaucoup plus de rapports avec le *Cypræa inflata* de Lamarck, mais plusieurs bons caractères la distinguent. Elle est oviforme, plus élargie à sa partie postérieure qu'à l'antérieure. La spire n'est point saillante, mais elle est recouverte d'une callosité circonscrite en dehors par un sillon. Toute la surface est lisse. L'ouverture est sublatérale, très étroite; son extrémité postérieure est fortement infléchie, et elle se termine par une échancrure étroite et profonde, que n'a pas le *Cypræa inflata*. Une callosité placée au sommet de la columelle forme le bord gauche de cette échancrure, tandis que le bord droit, détaché en une sorte d'oreillette, la couvre en partie; à son extrémité antérieure on voit entre les bords une dilatation remarquable, un peu infundibuliforme; cette extrémité se termine aussi par une échancrure plus profonde que la postérieure, étroite et courbée dans sa longueur. Le bord droit de l'ouverture est plus étroit que le gauche; tous deux sont garnis, dans leur longueur, de dentelures égales et régulières.

Cette coquille est rare; nous n'en avons vu que deux individus. Le plus grand a 47 millimètres de long et 31 de large.

† **21. Porcelaine exerte.** *Cypræa exerta.* Desh.

C. testá ovato-oblongá, supernè inflatá, basi attenuatá; spirá exertá, acuminatá; aperturá angustissimá, basi paulò latiore; labris tenuè denticulatis.

Deshayes. Coq. Foss. des env. de Paris. t. 2. p. 725. pl. 94 *bis.* f. 35. 36. 37.

Habite... fossile de Rétheuil. [C'est à M. Lévesque que nous devons la connaissance de cette jolie espèce. Elle est petite, ovale-oblongue, renflée supérieurement, atténuée à son extrémité antérieure. Sa surface est toute lisse, brillante, et l'on y remarque quelques linéoles blanchâtres qui pourraient bien être des traces de sa première coloration. Elle est du petit nombre des espèces dont la spire est saillante ; quoique courte, on y compte cependant huit tours très étroits et aplatis. L'ouverture est extrêmement étroite, et ressemble beaucoup à celle du *Cypræa globulus*. Le bord droit remonte jusqu'au sommet de la spire, dont il est séparé par une petite échancrure étroite et profonde. Vers la base, à l'endroit où l'ouverture s'élargit un peu, les bords s'évasent et se renversent sensiblement en dehors. Les deux bords de l'ouverture sont garnis, dans toute leur longueur, de dentelures très fines ; celles de l'extrémité antérieure sont un peu plus grosses que les autres.

Nous ne connaissons qu'un seul individu de cette espèce ; il a 15 millimètres de long et 39 de large.

† 22. Porcelaine de Levesque. *Cypræa Levesquei*. Desh.

C. testá ovatá, inflatá, oviformi, lævigatá ; apertuá magná, arcuatá, posticè vix emarginatá ; marginibus obsoletè denticulatis.

Deshayes. Coq. Fos. env. de Paris. t. 2. p. 722. pl. 94 *bis.* f. 33. 34.

Habite... fossile de Rétheuil et du Soissonnais.

Nous ne connaissons encore que deux individus de cette belle espèce : l'un provient de la collection de M. Petit, de Soissons, et appartient actuellement à la collection de M. Michelin ; l'autre nous a été communiqué par M. Levesque.

Coquille oviforme, renflée dans le milieu ; elle s'atténue de la même manière à ses deux extrémités. Toute sa surface est lisse. Sa spire est involvée complétement, et son ouverture est proportionnellement plus large que dans la plupart des autres espèces. Sous ce rapport, elle a quelque ressemblance avec le *Cypræa mus* encore jeune. Le bord droit, assez épais et aplati, vient s'incliner au-dessus du sommet, et il n'est point échancré, comme cela a lieu dans les autres espèces du même genre. Il n'en est pas de même du côté de la base, où l'on trouve une échancrure large et peu profonde. Les bords de l'ouverture sont obscurément plissés, et les plis sont peu nombreux et distans, mieux marqués sur le côté gauche que sur le droit.

L'individu que nous avons sous les yeux a 50 millimètres de long et 29 de large.

† 23. Porcelaine moyenne. *Cypræa media.* Desh.

C. testá ovato-oblongá, in medio inflatá, æqualiter extremitatibus attenuatá, lævigatá ; aperturá angustá, vix inflexá, intùs plicatá, utráque extremitate emarginatá.

Deshayes. Coq. Foss. env. de Paris. t. 2. p. 723. pl. 95. f. 37. 38.

Habite... fossile de Valmondois.

Coquille ovale-oblongue, toute lisse, enflée dans le milieu, et presque également rétrécie à chaque extrémité; elle est cependant un peu plus obtuse du côté postérieur; elle est beaucoup moins enflée que le *Cypræa angystoma*, et par sa forme se rapproche assez bien de l'*Inflata*; mais elle diffère essentiellement de cette dernière par les caractères de son ouverture. Cette ouverture est placée presque dans l'axe de la coquille; elle est étroite, presque droite; les bords en sont presque parallèles dans toute sa longueur; à l'intérieur ils sont garnis de vingt-deux ou vingt-trois plis égaux, qui ne se prolongent pas à l'extérieur. A l'extrémité antérieure de la columelle, et au dessous des derniers plis, on voit une petite callosité oblique, formant une partie du bord intérieur de l'échancrure. Les échancrures sont presque égales, étroites, peu profondes, et parfaitement découvertes. Cette coquille, très rare, est longue de 37 millimètres, et large de 25.

† **24. Porcelaine crénelée.** *Cypræa crenata.* **Desh.**

C. testâ minimâ, ovatâ, supernè inflatâ, transversìm eleganter sulcatâ, dorso longitudinaliter sulcatâ, sulco utroque latere crenulato; aperturâ utrinquè plicatâ.

Deshayes. Coq. Foss. Envir. de Paris. t. 2. p. 728. pl. 94 *bis*. f. 30.-32.

Habite... fossile de Vivray près Chaumont.

C'est à notre ami, M. Duchâtel, que nous devons la connaissance de cette curieuse espèce. Elle a des caractères ambigus qui la mettent sur les limites des genres Marginelle et Porcelaine. La jugeant d'après sa forme, nous l'aurions comprise au nombre des Marginelles, si elle eût eu des plis columellaires, semblables à ceux des coquilles de ce genre.

Cette coquille est ovale-oblongue, renflée à sa partie supérieure. La spire est un peu plus longue que l'ouverture, et sur le milieu du dos on trouve un sillon longitudinal, bordé de chaque côté par des tubercules assez gros, réguliers, desquels partent des sillons transverses, simples, qui se rendent vers l'ouverture et y pénètrent, en se contournant sur les bords. Il y a quelques sillons de plus que de tubercules; cela tient à ce que deux sillons naissent de la bifurcation d'un tubercule. L'ouverture est allongée, étroite, et à peine échancrée à son extrémité supérieure. Le bord droit est un peu renflé dans le milieu, ce qui donne à l'ouverture plutôt la forme de celle des Marginelles que des Porcelaines.

Nous ne connaissons encore qu'un seul individu de cette jolie coquille; il est long de 4 millimètres et large de 3.

† **25. Porcelaine pédiculaire.** *Cypræa pedicularis.* **Desh.**

C. testâ minimâ, ovatâ, subtùs depressâ, utrinquè æqualiter attenuatâ,

*transversìm sulcatâ ; sulcis simplicibus, angulosis, sulco longitudinali
submediano, dorsali, interruptis; aperturâ angustâ, arcuatâ, extremitatibus vix emarginatâ.*

Cypræa pediculus. Lamk. Ann. Mus. t. 2. p. 20. n° 1. et t. 6. pl. 44. fig. (*mala*).

Deshayes. Coq. Foss. Env. de Paris. t. 2. p. 727. pl. 97. fig. 9. 10. *Cypræa Lamarckii.*

Habite... fossile de Grignon, Valmondois, Tancrou,

Lamarck a confondu cette espèce rare et curieuse avec le *Cypræa pediculus*, que l'on trouve communément vivant dans l'Océan européen. Il ne faut pas une comparaison bien longue et bien attentive pour reconnaître les différences spécifiques qui existent entre ces deux coquilles. Celle-ci est petite, ovale-oblongue, enflée dans le milieu et presque également rétrécie à ses extrémités; sa surface est ornée de gros sillons transverses, au nombre de onze ou douze, parmi lesquels quelques-uns sont bifides; ses sillons sont gros, anguleux au sommet et interrompus vers le milieu du dos par un sillon longitudinal, comparable à celui du *Cypræa pediculus*. En dessous, la coquille est déprimée; on voit de ce côté des sillons se rapprocher sensiblement pour entrer dans l'ouverture, en se contournant sur les bords. Cette ouverture est étroite, régulièrement arquée, et ses bords sont parallèles; ses extrémités sont terminées par une échancrure très courte et à peine creusée.

Nous n'avons encore vu qu'un petit nombre d'individus de cette espèce; les plus grands ont 13 millimètres de long et 10 de large.

† 26. Porcelaine coccinelloïde. *Cypræa coccinelloides.* Sow.

C. testâ ovato-sphæroideâ, longitudinaliter striatâ; striis numerosis, acutis, continuis; aperturâ parùm arcuatâ.

Sow. Min. Conch. t. 4. p. 107. pl. 378. f. 1.

Gray. Monog. of Cypr. Zool. Journ. t. 3. p. 567. n° 103.

Trivia coccinelloides. Gray. Descript. Cat. Shells. p. 54. n° 117.

Habite... fossile dans le Crag d'Angleterre.

Petite coquille globuleuse qui, ainsi que l'indique son nom, se rapproche du *Cypræa coccinella* de Lamarck. Elle est ovale-globuleuse, chargée de fins sillons, au nombre de treize ou quatorze; ils partent de chaque côté de l'ouverture pour venir se réunir sans interruption sur le dos; quelques-uns de ces sillons sont bifurqués, et quelques autres plus petits s'échappent des extrémités de l'ouverture pour garnir le sommet et la base. L'ouverture est très étroite; son bord droit est convexe et à peine bordé en dehors; le gauche est plus

37.

large et dénué de callosités, si ce n'est, vers l'extrémité postérieure
de l'ouverture, où l'on en remarque une peu saillante, circonscrite
dans l'échancrure postérieure. Il existe dans les faluns de la Touraine une espèce extrêmement voisine de celle-ci et qui n'en est
peut-être qu'une variété.

Cette coquille est longue de 9 millimètres et large de 7.

† 27. Porcelaine élégante. *Cypræa elegans*. **Defr.**

C. testá tenui, subovato-oblongá, obtusá, albá, cancellatá, costato-
striatá ; striis numerosis tenuibus ; interstitiis concentricè striatis.

Defrance, Dict. Sc. Nat. t. 43.

Sowerby. Genera of Shells. f. 7.

Gray. Monog. of Cypr. Zool. Journ. t. 3. p. 575. nº 114.

Luponia elegans. Gray. Descr. Cat. Shells. p. 12. nº 105.

Desh. Coq. Foss. de Paris. t. 2. p. 725. nº 6. pl. 97. f. 3. a. b.

Habite. . . fossile de Grignon, Mouchy, Acy, et Hauteville près Valognes.

Coquille des plus remarquables que l'on connaisse à l'état fossile. Elle
est ovale-oblongue, peu enflée, plus obtuse du côté postérieur que
de l'antérieur. Toute sa surface est couverte par un réseau très élégant, formé par l'entrecroisement de sillons transverses, étroits et
très réguliers, et de stries longitudinales, un peu plus fines et un peu
moins saillantes que les sillons. Dans la plupart des individus, surtout
dans les plus gros, un sillon un peu plus fin vient se placer entre les
plus gros. L'ouverture est allongée, étroite; ses bords sont presque
parallèles, et l'on y voit aboutir des sillons extérieurs qui, après s'être
infléchis sur les bords, viennent rentrer en dedans ; l'ouverture se
termine postérieurement par une dépression comparable à celle du
Cypræa inflata ; antérieurement elle se prolonge en une sorte de petit canal dilaté et peu allongé.

Cette espèce, assez rare, est longue de 22 millimètres et large de 14.

† 28. Porcelaine allongée. *Cypræa elongata*. **Brocchi.**

C. testá ovato-subcylindricá, oblongá, tenui, fragili, anticè attenuatá,
basi angustá ; aperturá angustá , labio in medio latiore, tenuè den-
tato ; columellá parcè dentatá ; dentibus obsoletis.

Brocchi. Conch. Foss. Subap. t. 2. p. 284. nº 4. pl. 1. f. 12. a. b.

Habite. . . fossile du Plaisantin.

Le *Cypræa tabescens* rappelle cette espèce pour son volume et ses formes
générales ; le fossile se distingue cependant de l'espèce vivante par
tous ses caractères, et si nous la mentionnons c'est pour en donner un aspect général. Cette coquille est ovale-oblongue, étroite, subcylindracée, atténuée à son extrémité antérieure. Son ouverture est
assez large, un peu dilatée à la base, sensiblement rétrécie dans le mi-

lieu, à cause de l'élargissement du bord droit dans cette partie de sa longueur; ce bord est garni dans toute sa hauteur d'un grand nombre de fines dentelures égales et courtes, qui ne se prolongent pas en dehors de l'ouverture. La columelle est presque entièrement dénuée de dents; on en remarque un petit nombre d'obsolètes à la base. L'extrémité du bord droit dépasse un peu celle de la columelle, il s'infléchit fortement pour venir s'appuyer tout près du sommet de la coquille. Par cette disposition, l'échancrure postérieure est étroite et très oblique; l'antérieure est plus large et moins profonde.

Les grands individus de cette espèce ont 38 millimètres de long et 20 de large.

† 29. Porcelaine lyncoïde. *Cyprœa lyncoides*. Brongn.

C. testá ovatá, anticè attenuatá, subtùs planiusculá, supernè subgibbosá, aperturá submediá, angustá, basi dilatatá; labro dentibus oblongis, rugœformibus armato; columellá obsoletè dentatá; basi emarginatá.

Brong. Vicent. p. 62. pl. 4. f. 11.

Bast. Coq. foss. de Bord. p. 41. n° 5.

Habite... fossile de la Superga, près Turin, et des environs de Bordeaux.

Cette coquille offre peu de différence avec le *Cyprœa leporina*; peut-être pourrait-on la considérer comme une simple variété, cependant elle n'a pas un des caractères prédominans du *Leporina*; dans cette dernière, l'ouverture a la forme d'une *S* très allongée; ici, au contraire, l'ouverture est droite, étroite à son extrémité postérieure, dilatée à l'antérieure; elle est presque médiane, c'est-à-dire que le bord droit est presque aussi large que le gauche. Sur le bord interne on compte 20 à 22 dentelures assez épaisses, obtuses, égales, transverses dans le milieu, un peu obliques à l'extrémité postérieure. Les dents de la columelle sont moins apparentes, plus courtes et la première antérieure, est séparée des autres par une gouttière un peu oblique, creusée dans toute la hauteur du plan columellaire: l'échancrure antérieure est peu profonde, la postérieure est plus profonde, plus étroite.

Cette espèce est longue de 44 millimètres et large de 27.

† 30. Porcelaine subrostrée. *Cyprœa subrostrata*. Gray.

C. testá ovatá, ventricosá, albá; spirá convexá, basi convexiusculá; extremitatibus subproductis, marginatis; lateribus subincrassatis rotundatis; columellá lœvi, planá, profundá.

Gray. Monog. of Cypr. Zool. Journ. t. 1. p. 369. n° 30.

Gray. Descr. Cat. Shells. p. 5. n° 36.

Habite... fossile d'Orglande et de Nehou.

Coquille fossile bien distincte de toutes ses congénères. Par sa forme, elle se rapproche un peu du *Cypræa ovulata* de Lamarck; mais elle s'en distingue éminemment par ses autres caractères. Elle est ovale-allongée, subpyriforme, très convexe en dessus, ayant le dessous très étroit, et sans apparence de bourrelets latéraux. La spire est saillante, et l'on y compte trois tours. L'ouverture est submédiane, elle est très faiblement arquée dans sa longueur, très étroite, et à peine dilatée vers l'extrémité antérieure; à chaque extrémité, cette ouverture est prolongée plus que dans les autres espèces; les échancrures terminales sont plus larges que l'ouverture, elles sont dilatées et renversées sur le dos. Le bord droit est épais, dentelé sur son bord interne, et ses dents sont courtes et égales. Les dentelures du bord gauche sont moins nombreuses, elles sont plus obsolètes, et on les voit descendre perpendiculairement sur la face interne de la columelle; la dernière dent du côté antérieur est séparée des autres par une gouttière descendant obliquement sur toute la hauteur du plan columellaire. Toute cette coquille est lisse et polie.

Elle a 31 millimètres de long et 29 de large.

† 31. Porcelaine de Duclos. *Cypræa Duclosiana*. Bast.

C. testá ovato-oblongá, extremitatibus attenuatá, pustulosá, lineá dorsali in medio impressá; aperturá submediá, angustá; basi latiore, sublùs transversìm tenuè costatá, in lateribus marginatá, marginibus sulcatis.

Bast. Foss. de Bord. p. 41. pl. 2. f. 9.

Trivia Duclosiana. Gray. Descr. Cat. Shells. p. 16. n° 139.

Habite... fossile de Bordeaux, Dax et de la Superga, près Turin.

Cette coquille a beaucoup d'analogie avec le *Cypræa pustulata* de Lamarck; elle constitue cependant une espèce bien distincte de la vivante. Elle est ovale-oblongue, un peu déprimée, quelquefois élargie sur les flancs par des bourrelets épais, ce qui lui donne assez la forme du *Cypræa annulus*. L'ouverture est submédiane, très étroite, un peu dilatée vers la base; il en sort un grand nombre de petites côtes transverses que l'on peut comparer pour le nombre et la disposition à celles du *Cypræa staphylæa*. Ces petites côtes, après avoir traversé la base, remontent sur les flancs et se terminent à la limite des bourrelets, venant rencontrer les pustules du dos, où un assez grand nombre d'entre elles aboutissent. Tout le dessus de la coquille est pustuleux; les pustules sont arrondies, peu épaisses, semblables à celles du *Cypræa pustulata*, mais un peu plus petites. Dans un individu des environs de Dax, ces pustules ont conservé une couleur ocracée, ce qui annonce qu'avant la fossilisation, la coloration de cette espèce s'approchait beaucoup de celle du *Pustulata*.

Cette coquille assez rare, a 18 millim. de long et 13 de large.

TARIERE. (Terebellum.)

Coquille enroulée, subcylindrique, pointue au sommet. Ouverture longitudinale, étroite supérieurement, échancrée à sa base. Columelle lisse, tronquée inférieurement.

Testa convoluta, subcylindrica, apice acuta. Apertura longitudinalis, supernè angustata, basi emarginata. Columella lævis, infernè truncata.

OBSERVATIONS. — Il semble que le genre *Bulla* de Linné fut pour lui une sorte de réceptacle ou de lieu provisoire où il plaçait toutes les coquilles univalves qui l'embarrassaient dans leur classification. Aussi les *Tarières*, qu'il ne pensa pas à caractériser comme genre particulier, furent-elles regardées par lui comme du même genre que les Ovules, les Bulles proprement dites, les Agathines, certaines Pyrules, etc., malgré la disparité de ces associations.

Les *Tarières* sont des coquilles enroulées sur elles-mêmes, à bord droit, simple et tranchant, à ouverture longitudinale, rétrécie dans sa partie supérieure, et à columelle lisse, tronquée à sa base. Elles sont assez jolies, très lisses, dépourvues de drap marin, et ont le test mince, enroulé autour de l'axe longitudinal, sous la forme d'un cône allongé, presque cylindrique, pointu au sommet.

Vues du côté du dos, ces coquilles sont échancrées irrégulièrement à leur base. Leurs rapports les plus évidens les rapprochent des Ancillaires, des Olives et des Cônes ; enfin, les Porcelaines, dans leur premier état, leur ressemblent un peu.

On ne connaît que trois espèces de ce genre, dont une seule dans l'état vivant ou frais.

[Nous n'aurons presque rien à ajouter aux généralités du genre *Terebellum*. Aucune espèce nouvelle n'a été découverte depuis la publication de l'ouvrage de Lamarck, et les rapports qu'il a indiqués pour ce genre, adoptés par les conchyliologistes, doivent être maintenus, puisque aucun fait n'est venu les infirmer. L'animal des Tarières est toujours inconnu, et l'on peut encore supposer avec Lamarck que le genre en question est intermédiaire entre la famille des Porcelaines et celle des Olives.

M. Sowerby, dans son *Genera of Shells*, avait pensé que les Tarières ne sont pas éloignées des Strombes, et il fondait son opinion sur les rapports existans entre le *Strombus terebellatus* et
les Tarières elles-mêmes. Cette opinion doit rester incertaine,
jusqu'au moment où l'animal des Tarières déterminera rigou-
reusement la place que ce genre doit occuper dans la méthode.]

ESPÈCES.

1. **Tarière subulée.** *Terebellum subulatum*. **Lamk.**

*T. testá cylindraceo-subulatá, tenui, lævi, nitidá; spirá distinctá; labio
columellá adnato.*

Bulla terebellum. Lin. Syst. Nat. éd. 12. p. 1185. Gmel. p. 3428. n° 22.

Terebellum subulatum. Ann. du Mus. vol. 16. p. 301. n° 1.

[a] *Var. testá spadiceo-nebulosá, quadrifasciatá.* Mon cabinet.

Lister. Conch. t. 736. f. 30.

Gualt. Test. t. 23. fig. O.

D'Argenv. Conch. pl. 11. fig. G.

Favanne. Conch. pl. 19. fig. D.

Knorr. Vergn. 2. t. 4. f. 5.

Martini. Conch. 2. t. 51. f. 569.

Encyclop. pl. 360. f. 1. a. b.

[b] *Var. testá lineis spadiceis flexuosis obliquis transversim pictá.*
Mon cabinet.

Lister. Conch. t. 736. f. 31.

Knorr. Vergn. 2. t. 4. f. 4.

Encyclop. pl. 360. f. 1. c.

[c] *Var. testá punctatá.* Mon cabinet.

Lister. Conch. t. 737. f. 32.

Rumph. Mus. t. 30. fig. S.

Petiv. Amb. t. 13. f. 24.

Terebellum punctatum. Chemn. Conch. 10. t. 146. f. 1362. 1363.

[d] *Var. testá albá.* Mon cabinet.

Martini. Conch. 2. t. 51. f. 568.

* Blainv. Malac. pl. 27. f. 1.

* Lesser. Testaceotheol. p. 144. f. n° 34.

* Klein. Tentam. Ostrac. pl. 2. f. 48. 49.

* Sow. Genera. of Shells. f. 1. 2.

* Reeve. Conch. Syst. t. 2. p. 267. pl. 29. f. 12.

* Sow. Man. Conch. f. 452.

* *Conus terebellum.* Lin. Syst. nat. éd. 10. p. 718.

* *Id*. Lin, Mus. Ulric. p. 564.
* Brookes. Introd. of Conch. pl. 5. f. 63.
* Crouch. Lamk. Conch. pl. 20. f. 1.
* Roissy. Buf. Moll. t. 5. p. 424. n° 1. pl. 56. f. 5.
* Schum. Nouv. Syst. p. 206.
* *Bulla terebellum*. Born. Mus. p. 20.
* *Id*. Schrot. Einl. t. 1. p. 182. n° 20.
* Mus. Gottw. pl. 43. f. 53. a. b.
* Burrow. Elem. of Conch. pl. 14. f. 8.
* *Bulla terebellum*. Dillw. Cat. t. 1. p. 489. n° 41.
* *Id*. Wood. Ind. Test. pl. 18. f. 41.
* Desh. Ency. méth. Vers. t. 3. p. 1004. n° 1.

Habite l'Océan Indien. Mon cabinet. Cette belle espèce est la seule connue de ce genre comme vivant actuellement dans les mers. C'est une coquille allongée, cylindracée-conique, pointue au sommet, très lisse et à spire distincte. L'ouverture est un peu moins longue que la coquille, et son bord gauche, tout-à-fait appliqué sur la columelle, est néanmoins bien apparent. Elle offre des variétés si remarquables, surtout dans la disposition de ses couleurs, c'est-à-dire des nébulosités, des bandes, des lignes ou des points dont elle est ornée, qu'on pourrait les distinguer comme des espèces particulières. Sa longueur varie de 19 à 22 lignes.

2. Tarière oublie. *Terebellum convolutum*. Lamk.

T. testâ fossili, subcylindricâ, obtusiusculâ; spirâ nullâ; aperturâ longitudine testæ.

Bulla sopita. Brand. Foss. t. 1. f. 29. a.
Ejusd. bulla volutata. t. 6. f. 75.
Encycl. pl. 360. f. 2. a b.
Terebellum convolutum. Ann. ibid. p. 302. n° 2. et t. 6. pl. 44. f. 3.
* Aldrov. Mus. métall. pl. 211. f. 1. 2.
* Reeve. Conch. syst. t. 2. p. 268. pl. 291. f. 4.
* Sow. Conch. Mon. f. 451.
* Desh. Coq. foss. de Paris. t. 2. p. 737. pl. 95. f. 32. 33.
* Galeotti. Brab. p. 148.
* Blainv. Malac. pl. 27. f. 2.
* Roissy. Buf. Moll. t. 5. p. 425. n° 2.
* Sow. Genera of Shells. f. 4.
* Desh. Encycl. méth. Vers. t. 3. p. 1005. n° 2.
* Sow. Min. Conch. pl. 286.
* Bronn. Leth. Géog. t. 2. p. 1114. pl 42. f. 13.

Habite... Fossile de Grignon. Mon cabinet. Coquille mince, fragile, cylindracée, légèrement ventrue, roulée en cornet ou en oublie, de manière que le bord droit de son ouverture s'étend jusqu'à son sommet, où elle se termine par une pointe fort émoussée, ne laissant paraître aucune spire. Longueur : 2 pouces 2 lignes.

3. Tarière fusiforme. *Terebellum fusiforme.*

T. testâ fossili, cylindraceo-fusiformi, elongatâ; spirâ exquisitâ.

Terebellum fusiforme. Ann. ibid. n° 3.

* Desh. Encycl. méth. Vers. t. 3. p. 1005. n° 3.

* Reeve. Conch. Syst. t. 2. p. 268. pl. 291. f. 3.

* Desh. Coq. foss. de Paris. t. 2. p. 738. n° 2. pl. 95. f. 30. 31.

* Roissy. Buf. Moll. t. 5. p. 426. n° 3.

* Sow. Genera of Shells. f. 3.

Habite... Fossile dont la localité n'est pas bien connue. Mon cabinet. Cette espèce se rapproche beaucoup du *T. subulatum;* mais elle est fusiforme, moins pointue au sommet, et laisse voir cinq tours de spire. L'individu que je possède n'offre inférieurement que le moule intérieur de la coquille; mais il est suffisant pour indiquer les différences qui caractérisent cette espèce. Longueur : 2 pouces 4 lignes.

ANCILLAIRE. (Ancillaria.)

Coquille oblongue, subcylindrique; à spire courte, non canaliculée aux sutures. Ouverture longitudinale, à peine échancrée à sa base, versante. Un bourrelet calleux et oblique, au bas de la columelle.

Testa oblonga, subcylindrica; spira brevis, ad suturas non canaliculata. Apertura longitudinalis, basi vix emarginata, effusa. Varix callosus et obliquus ad basim columellæ.

OBSERVATIONS. — Les *Ancillaires* ressemblent beaucoup aux Olives par leur aspect, et elles paraissent en quelque sorte intermédiaires entre celle-ci et les Tarières. Mais les tours de leur spire ont leur bord supérieur appliqué contre le tour précédent, et ne sont point séparés par un canal en spiral, comme dans toutes les Olives, c'est-à-dire que leurs sutures sont simples. Le bourrelet calleux et oblique de la base de leur columelle les distingue des Tarières, qui toutes ont la columelle lisse, et il les distingue en outre des Buccins, avec lesquels quelques espèces un peu ventrues pourraient se confondre.

L'ouverture des *Ancillaires* est plus longue que large ; mais sa longueur n'égale jamais celle de la coquille. Elle est un peu évasée inférieurement, et offre à peine une échancrure à sa base.

Les *Ancillaires* sont marines ; mais on n'en connaît encore que peu d'espèces dans l'état frais ou vivant ; celles qui sont connues dans l'état fossile sont plus nombreuses.

[Dans nos généralités sur la famille des Enroulés de Lamarck, nous avons fait apercevoir que cette famille aurait besoin d'être divisée, et cette division se trouverait justifiée par les différences considérables qui se montrent entre les animaux des Porcelaines et des Ovules, d'un côté, et ceux des Ancillaires et des Olives, de l'autre. Pour se convaincre de ce que nous avançons, il suffit de comparer les figures de ces divers genres, que l'on trouve dans le *Voyage de l'Astrolabe* de MM. Quoy et Gaimard. La famille des Cyprées se trouverait réduite aux deux genres Porcelaine et Ovule, et celle des Olivaires comprendrait les deux genres Ancillaire et Olive.

Lorsque l'on consulte la longue liste des auteurs qui ont parlé des Ancillaires, on s'aperçoit que le premier naturaliste qui ait donné un renseignement, incomplet, il est vrai, sur l'animal de ce genre, est Forskal, qui en trace une figure, à la planche 40 de son *Voyage en Arabie*. Cette figure, inscrite sous le nom de Volute, n'a point été mentionnée depuis 1775, elle devait rester incompréhensible, jusqu'au moment où d'autres animaux du même genre seraient observés. Aussitôt que les figures de MM. Quoy et Gaimard ont été publiées, il a été facile de reconnaître que la Volute de Forskal était une véritable Ancillaire.

Lamarck avait d'abord proposé ce genre, sous le nom d'Ancilla, dans ses premières méthodes conchyliologiques ; mais l'analogie de ce nom avec celui du genre Ancille qui est fluviatile, lui a fait renoncer à cette première dénomination et lui a fait adopter celle qui est actuellement admise chez les auteurs. Dans l'intervalle, F. de Roissy avait proposé pour le genre un autre nom, celui d'Anaulax, que l'on trouve pour la première fois dans les Mollusques du Buffon de Sonnini, que l'on doit à la plume de ce savant naturaliste. Quelques espèces ont été confondues parmi les Bulles par Linné d'abord, et par ceux des auteurs qui se sont attachés à la lettre du *Systema naturæ*. Ces espèces sont inscrites sous le nom de Bulla, dans le Catalogue de Dillwin et même dans l'*Index testaceologicus* de M. Wood, publié depuis, en 1838. M. Lea, dans son ouvrage sur les fossiles tertiaires de l'Amérique Septentrionale, ayant observé une petite espèce qui porte une dent vers le sommet de la columelle, en a fait un genre particulier sous le nom de *Monoptigma*. Ce genre ne pouvait être adopté, car depuis long-temps nous connaissons une espèce vivante qui présente ce même caractère et qui conserve en même temps tous les autres caractères des Ancillaires.

L'animal des Ancillaires est très curieux, il paraît beaucoup trop grand pour pouvoir rentrer dans sa coquille. Son pied est très considérable, beaucoup plus long et plus large que la coquille, sur laquelle il se renverse de tous côtés pour la cacher presque entièrement. Ce pied est bifurqué à son extrémité postérieure, et il se prolonge à son extrémité antérieure en une proéminence subcéphalique, de forme pyramidale, triangulaire, obtuse au sommet et circonscrite à sa base par un sillon qui la distingue du pied proprement dit. Cette espèce de lobe antérieur peut se comparer à celui des Bulles ou des Bullées. Le dos de la coquille est dégagé de son enveloppe charnue, et son échancrure est assez relevée pour permettre au siphon branchial de se porter au dehors. Ce siphon est un petit canal charnu, cylindracé, ouvert à son extrémité ; il n'est autre chose qu'un prolongement du manteau destiné à porter l'eau dans la cavité branchiale. Lorsque l'on dégage la partie antérieure de l'espèce de capuchon dont elle est couverte, on trouve au-dessous une tête très petite, en forme de grand V, parce qu'elle se prolonge en avant par deux petits tentacules coniques; de cette tête sort une trompe grêle et cylindracée, dont l'animal se sert pour attaquer sa proie. Vers l'extrémité antérieure du pied, en dessous et vers le sillon qui le sépare du lobe antérieur, on retrouve une ouverture particulière qui est celle des canaux aquifères, au moyen desquels l'animal peut se gonfler d'une assez grande quantité d'eau.

Comme on le voit d'après cette description, l'animal des Ancillaires n'a presque point d'analogie avec celui des Porcelaines, tandis qu'il en a beaucoup, comme nous le verrons bientôt, avec celui des Olives. Déjà, il existe dans un genre qui paraît fort éloigné de celui-ci, une disposition du pied se rapprochant un peu de celle que l'on remarque dans les Ancillaires ; nous voulons parler de l'animal des Natices, dont le pied prolongé en avant, en forme de coin, sert à l'animal à s'enfoncer sous le sable dans lequel il se cache. Les Ancillaires ont une semblable manière de vivre ; aussi il faut les chercher sur les plages sableuses, et non attachés aux rochers, comme la plupart des autres Gastéropodes.

Lamarck n'a connu qu'un très petit nombre d'espèces vivantes appartenant au genre Ancillaire. M. Sowerby, dans la 1re livraison (la seule publiée) de son *Species Conchyliorum*, a donné une monographie, dans laquelle il porte à 20 le nombre des espèces vivantes ; mais il faut dire que dans ce nombre est comprise l'*Eburna glabrata* de Lamarck, véritable Ancillaire, comme nous l'avons dit au sujet des Eburnes. Depuis la publication de l'ouvrage de M. Sowerby, quelques espèces ont encore été ajoutées ; quant aux fossiles, elles sont moins nombreuses et se distribuent dans les différens terrains tertiaires de l'Europe ; mais c'est dans les environs de Paris que l'on en rencontre le plus.

ESPÈCES.

1. **Ancillaire canelle.** *Ancillaria cinnamomea.* Lamk. (1)

> *A. testá oblongá, ventricoso-cylindraceá, castaneo-fulvá; anfractibus supernè albido-fasciatis; varice columellari rufo, substriato.*
> Chemn. Conch. 10. t. 147. f. 1381.

---

(1) Dillwyn rapporte à cette espèce le *Bulla Cypræa* de Linné, et je partage son opinion. Linné dit, en effet, de sa coquille, qu'elle est ovale, à sutures oblitérées, à sommet peu saillant; l'ouverture plus dilatée postérieurement ; la columelle tordue (il faut se rappeler que le côté postérieur de Linné est véritablement l'antérieur par rapport à l'animal) ; elle est de la grosseur d'un gland et plus. Linné ajoute : *Je place ici cette coquille, de peur qu'on ne la confonde avec celle du n° 359 (Cypræa Spurca)*, qui finit, avec l'âge, par rapprocher les bords et y acquérir des dents. D'après cette observation, il sera convenable de rendre à l'espèce le nom linnéen.

Encycl. pl. 393. f. 8. a. b.

Ancillaria cinnamomea. Ann. du Mus. vol. 16. p. 304. n. 1.

* Blainv. Malac. pl. 28. f. 3?

* Mus. Gottw. pl. 43. f. 40. d.

* *Anaulax cinnamomea.* Roissy. Buf. Moll. t. 5. p. 431. n° 1.

* *Ancilla brunnea.* Schum. Nouv. Syst. p. 244.

* *Bulla cypræa.* Lin. Syst. nat. éd. 12. p. 1185.

* *Id.* Dillw. Cat. t. 1. p. 490. n° 42.

* Crouch. Lamk. Conch. pl. 20. f. 2.

* *Ancilla marginata.* Sow. Genera of Shells. f. 1.

* Sow. Spec. Conch. p. 4. f. 10 à 13.

* Desh. Encycl. méth. Vers. t. 2. p. 41. n° 1.

* Sow. Conch. Man. f. 456.

* Küster. Conch. Cab. Genre Olive. pl. 5. f. 15. 16.

Habite... Mon cabinet. Coquille oblongue, cylindracée, **peu ventrue,** pointue au sommet; mais sa spire est courte, et elle a l'aspect d'une petite Olive. Elle est d'un marron fauve, avec une zone blanche près du bord supérieur de chacun de ses tours; on voit un sillon dorsal transverse et très oblique vers la partie inférieure du dernier. Son bourrelet columellaire est épais, roussâtre et strié. Longueur : 10 lignes et demie.

2. **Ancillaire ventrue.** *Ancillaria ventricosa.* **Lamk.** (1)

A. testâ ovatâ, ventricosâ, aurantio-fulvâ; spirâ apice obtusiusculâ; varice columellari albo, læviusculo.

Martini. Conch. 2. t. 65. f. 731.

Ancillaria ventricosa. Ann. ibid. n° 2.

* *Bulla ventricosa.* Dillw. Cat. t. 1. p. 490. n° 43.

* Wood. Ind. Test. pl. 18. f. 43.

* Sow. Spec. Conch. p. 6. f. 26 à 32.

* Desh. Encycl. méth. Vers. t. 2. p. 42. n° 2.

Habite... Mon cabinet. Cette espèce est plus ventrue, et par conséquent moins cylindracée que celle qui précède. Les sutures de ses tours sont comme fondues et indistinctes, et son bourrelet collumellaire est épais, blanc et presque lisse. Longueur : près de 10 lignes.

---

(1) Lamarck rapporte à son *Ancillaria ventricosa* une figure de Martini qui ne peut donner qu'une idée peu exacte de son espèce, puisque cette figure, comme le dit Martini lui-même, appartient au genre Peribole d'Adanson, et représente une jeune Porcelaine.

Peut-être pourrait-on y rapporter le *Rhombus brevior croceus* de Lister [Conch. t. 746, f. 40] ; mais, outre que la figure dont il s'agit représente une coquille beaucoup plus grande, la spire montre des sutures très distinctes que la nôtre n'offre pas.

3. Ancillaire bordée. *Ancillaria marginata.* Lamk.

A. testâ ovatâ, ventricosâ, albidâ; spirâ exserto-acutâ, carinulatâ; anfractibus supernè maculis rufis seriatìm marginatis; aperturâ basi emarginatâ; callo columellari angusto, striato.

Encycl. pl. 393. f. 2. a. b.

Ancillaria marginata. Ann. ibid. n° 3.

* Sow. Spec. Conch. p. 7. f. 40 à 43.

* Reeve. Conch. Syst. p. 242. pl. 272. f. 5.

Habite l'Océan austral, dans le voisinage de la Nouvelle-Hollande. Mon cabinet. Celle-ci s'éloigne un peu, par sa forme, des autres espèces de ce genre, et a tout-à-fait l'aspect d'un Buccin ; mais la base de sa columelle offrant un bourrelet oblique, quoique peu épais, m'autorise à la rapporter ici. Longueur : 14 lignes et demie.

4. Ancillaire blanche. *Ancillaria candida.* Lamk.

A. testâ elongatâ, semicylindricâ, candidâ; suturis anfractuum obsoletis; varice columellari substriato.

Martini. Conch. 2. t. 65. f. 722.

Voluta ampla. Gmel. p. 3467. n° 116.

Encycl. pl. 393. f. 6. a. b.

Ancillaria candida. Ann. ibid. n° 4.

* *Bulla ampla.* Wood. Ind. Test. pl. 18. f. 44 ?

* Desh. Encycl. méth. Vers. t. 2. p. 42. n° 3.

* Schrot. Einl. t. 1. p. 303. *Voluta.* n° 232.

* *Voluta ampla.* Dillw. Cat. t. 1. p. 490. n° 44.

* Sow. Spec. Conch. p. 3. f. 5. 6. 7.

Habite... Mon cabinet. Coquille allongée, un peu étroite, semi-cylindrique, pointue au sommet, et à spire courte, dont les sutures des tours sont presque effacées. Elle est toute blanche ; mais on aperçoit sur certains individus quelques taches orangées vers leur sommet. L'ouverture est un peu évasée dans sa partie inférieure. Longueur : 13 lignes et demie.

† 5. Ancillaire éburnée. *Ancillaria eburnea.* Desh.

A. testâ ovato-acutâ, candidâ, intùs flavescente ; spirâ exsertiusculâ, acutâ; varice columellari minimo, albo, striato; labro dextro basi dentifero.

Desh. Encycl. méth. Vers. t. 2. p. 42.

Habite...

Petite coquille d'un blanc d'ivoire, c'est-à-dire jaunâtre, ovalaire, pointue au sommet. Ses tours de spire sont confondus. Elle est toute lisse. On voit à la base un double sillon étroit et déprimé, qui aboutit obliquement vers l'angle du bord droit, où il donne naissance à une petite dent assez saillante. La spire est allongée et l'ouverture assez courte, étroite, peu évasée à sa base. Le bourrelet columellaire est d'un blanc plus éclatant, il est petit et strié. Un dépôt calcaire se remarque sur la columelle à l'angle postérieur de l'ouverture. En dedans, cette coquille est d'un fauve très pâle.

Elle est longue de 17 millimètres.

† 6. Ancillaire australe. *Ancillaria australis.* Sow.

A. testá obovatá, fuscá; spirá acuminatá, albo fuscoque cingulatá; ultimo anfractu propè basim lineá inpressá, et balteis duobus cinctá: balteo superiore fusco, inferiore et varicem columellari albicantibus, sulco suprà varicem profundo; varice sulcato; aperturá supernè subacuminatá, infrà emarginatá; labio externo propè basim obsoletè unidentato; callo per ætatem spiram obtegente.

Sow. Spec. Conch. p. 7. f 44 à 46. *Junior.*

Quoy et Gaim. Voy. de l'Astr. t. 3. p. 20. n° 20: n° 2. pl. 49. f. 13 à 17. *Senior.*

Reeve. Conch. Syst. t. 2. p. 241. pl. 272. f. 1. 2.

Habite les bords de la Nouvelle-Hollande.

MM. Quoy et Gaimard ont fait figurer de magnifiques individus de cette belle espèce. Ceux représentés par M. Sowerby étant beaucoup plus petits ne donnent qu'une idée imparfaite du développement que prend quelquefois cette coquille. L'Ancillaire australe ne manque pas d'analogie avec les variétés allongées d'une espèce fossile connue sous le nom de *Glandiforme.* Elle est allongée, étroite, buccinoïde, atténuée à ses extrémités. La spire est un peu plus courte que l'ouverture; elle est conique et pointue dans le jeune âge; dans les vieux individus, elle est revêtue d'une couche calleuse très épaisse qui la recouvre et ne laisse plus saillante que la pointe de la spire. L'extrémité antérieure du dernier tour est occupée par une large zone, précédée par un sillon peu profond, se terminant sur le bord droit en une petite dent peu saillante. La callosité inférieure est partagée entre deux parts inégales, non-seulement par un sillon mais encore par une notable différence de coloration. La première zone est blanchâtre, la seconde est d'un brun fauve uniforme. L'ouverture est ovale-oblongue; elle est d'un beau brun marron en dedans. La columelle est arquée dans sa longueur; elle est garnie dans sa hauteur d'un bord gauche calleux et blanchâtre; à sa base elle présente une callosité peu épaisse, divisée en deux parties égales par un sillon oblique. La coloration de cette espèce la rend facile à distinguer. La callosité supérieure est d'un brun fauve; le milieu du dernier tour est d'un brun bleuâtre, et la base reprend la couleur de la spire.

Les grands individus de cette espèce ont 40 millimètres de long et 20 de large.

† 7. Ancillaire Mauritienne. *Ancillaria Mauritiana.* Sow.

A. testá ovato-oblongá, ventricosá, castaneo-fulvá, marginibus validioribus; spirá brevissimá, superioribus anfractuum marginibus obtusè angulatis; ultimo anfractu balteo solitario et sulco lato suprà varicem adjecto; baltei margine superiore levato; varice albo, glaberrimo; aperturá amplissiná, supernè obtusiusculá, subtùs effusá; labio externo supernè emarginato, edentulo.

Sow. Spec. Conch. p. 3. f. 1. 2.

Ancillaria volutella. Desh. Mag. de Zool. Moll. 1831. pl. 31.

Sow. Conch. Man. 562.

Reeve. Conch. Syst. t. 2. p. 241. pl. 272. f. 3.

Habite l'île de Saint-Maurice.

Coquille assez singulière, différant d'une manière assez sensible des autres espèces du même genre, et qu'il faut admettre cependant parmi les Ancillaires. Elle est ovale-oblongue, un peu cylindracée, ventrue dans le milieu, tronquée à ses extrémités. La spire est courte, subtronquée, composée d'un petit nombre de tours aplatis à leur partie supérieure. Les sutures sont cachées sous un dépôt brillant, d'un fauve clair. Le dernier tour constitue à lui seul presque toute la coquille: il porte à la base une large bordure oblique, saillante, divisée au sortir de l'ouverture en trois parties presque égales qui finissent par se fondre et disparaître, avant que cette bordure ait atteint l'extrémité antérieure du bord droit. Une échancrure très large et peu profonde termine la coquille à son extrémité antérieure; elle est si grande qu'elle permet de voir l'enroulement de la coquille lorsqu'on la regarde par la base. L'ouverture est très grande, atténuée à son extrémité postérieure, où le bord droit se détache de l'avant-dernier tour par une échancrure peu profonde, de la largeur de la partie plate de la spire. Cette ouverture est d'un blanc jaunâtre en dedans; le bord droit est mince et présente une légère sinuosité concave dans le milieu. La base de la columelle porte un bourrelet assez long, toujours blanc, lisse, et légèrement tordu dans sa longueur. Toute cette coquille est mince, d'un beau brun fauve uniforme. La bordure inférieure est ordinairement un peu plus foncée.

On connait actuellement dans les collections une belle variété, du blanc le plus pur.

Cette espèce est longue de 47 millimètres et large de 25.

† 8. Ancillaire sillonnée de blanc. *Ancillaria albisulcata*. Sow.

A. testá ovato-oblongá, subventricosá, castaneá; spirá brevissimá, ple-rùmque mucronatá, nonnunquàm obtusissimá, ad basim obscurè al-bido-fasciatá; anfractu ultimo ad basim lacteis duobus instructo, margine superioris albo : sulco suprà varicem inconspicuo; varice al-bo, obliquo, striato; aperturá supernè acuminatá, subtùs effusá; mar-gine labii externi supernè plerùmque crassiusculo, infrà acuto, uni-dentato.

Sow. Spec. Conch. p. 4. f. 14 à 19.

Ancilla marginata. Sow. Gener. of Shells. f. 1.

Habite l'Océan Indien.

MM. Quoy et Gaimard ont décrit et figuré sous ce nom une espèce bien distincte de celle-ci ; elle nous paraît avoir beaucoup plus de rapports avec l'*Ancillaria mucronata*. Le nom que M. Sowerby donne à son espèce ne lui convient guère, puisque d'après les figures de cet auteur, l'espèce en question ne présente presque jamais le caractère que son nom indique comme l'un des plus essentiels. M. Sowerby l'admet aussi comme variété des coquilles qui paraissent assez distinctes les unes des autres, soit par la longueur de la spire, soit par la disposition des sillons de la callosité inférieure.

Cette coquille est ovale-oblongue, subcylindracée, à spire courte, en-tièrement envahie par le dépôt vernissé qui caractérise toutes les es-pèces du genre. Une zone blanche, étroite, se montre ordinairement à la place que doit occuper la suture des côtes. Le dernier tour est grand, il présente à la base une zone assez large, partant du milieu de la columelle et allant gagner obliquement l'extrémité antérieure du bord droit; cette zone, plus saillante que le reste de la surface, est partagée en deux parties égales par un sillon oblique qui aboutit au milieu de l'échancrure inférieure. Cette échancrure est large, peu profonde. Le bord droit est simple, assez épais. La columelle est creu-sée dans le milieu et se termine en avant par un gros bourrelet blanc chargé de fines stries obliques. A son extrémité antérieure, au-des-sous du point où se termine la bordure, le bord droit porte une petite dent un peu concave à sa partie externe. Toute cette coquille est d'un fauve brunâtre, plus ou moins foncé, selon ses variétés.

Elle est longue de 30 millim., et large de 15.

† 9. Ancillaire exiguë. *Ancillaria exigua.* Sow.

*A. testâ exiguâ, oblongâ; spirâ acuminatâ, longitudinem aperturæ
æquante; ultimo anfractu balteo basali unico et sulco suprà varicem
instructo; varice brevi, obliquè striato; plicâ solitariâ columellari in
superiore aperturæ parte positâ; labio externo edentulo.*

Sow. Spec. Conch. p. 6. f. 33. 34. 35.

Habite...

Petite coquille très singulière que l'on distingue avec facilité parmi les
autres espèces du même genre. Elle est petite, ovalaire, lisse et brillante, ayant la spire et le dernier tour couverts d'un même enduit,
sans qu'il soit possible de compter les tours qu'elle renferme. Cette
spire est pointue au sommet; le dernier tour présente à la base et
partant du sommet de la columelle, une large zone oblique un peu
saillante, mais sans aucune sorte de division. L'ouverture est petite,
étroite, plus large à la base, où elle se termine par une échancrure
large et un peu profonde. Le bord droit est simple, sans dent à son
extrémité; mais ce qui rend plus particulièrement remarquable cette
espèce, c'est qu'elle porte au sommet de la columelle un gros pli triangulaire qui obstrue la partie supérieure de l'ouverture; ce pli ne se
contourne pas sur la columelle, et en cela il ressemble aux plis que
l'on remarque sur les Ricinules. Cette petite espèce, rare encore dans
les collections, est d'un blanc d'ivoire quelquefois nuancé de fauve
pâle.

Elle est longue de 11 millim., et large de 6.

† 10. Ancillaire oblongue. *Ancillaria oblonga.* Sow.

*A. testâ oblongâ, pallidè brunneâ; spirâ acuminatâ; apice obtuso; an-
fractu ultimo fusco-marmorato, supernè balteato, balteo fusco-maculato; infrà lineâ impressâ obsoletissimâ, balteis duobus fusco-maculatis et sulco suprà varicem instructo; varice albo, obliquè striato;
aperturâ supernè acuminatâ, infrà emarginatâ; labio externo propè
basim obsoletissimè unidentato.*

Sow. Spec. Conch. p. 7. f. 38. 39.

Habite les bords de la Nouvelle-Hollande et de la Nouvelle-Guinée.

Cette espèce a de l'analogie avec l'*Ancillaria marginata* de Lamarck;
elle en est cependant distincte par sa forme plus allongée et surtout
par sa coloration. Elle est ovale-allongée, buccinoïde; sa spire est
aussi longue que l'ouverture, elle est pointue, conique, et malgré la
callosité qui la couvre, on peut compter les cinq tours dont elle est
composée, parce qu'ils sont bordés d'une zone assez large de taches
allongées d'un très beau brun, qui ressortent sur le fond d'un blanc
jaunâtre de cette partie de la coquille. Le dernier tour est ventru dans

38.

le milieu, il est atténué à son extrémité antérieure et terminé par une échancrure étroite et assez profonde. Une zone assez large, d'un beau blanc, part obliquement du milieu de la columelle et va gagner l'extrémité antérieure du bord droit ; cette zone est partagée en deux parties inégales par un sillon aboutissant au sommet de l'échancrure de la base. L'ouverture est ovalaire, blanche en dedans ; la columelle est régulièrement arquée et terminée par un bourrelet blanc, cylindracé, strié très obliquement et contourné dans sa longueur. Le dernier tour est orné, sur la partie non occupée par les callosités, de fines linéoles fauves, en zigzag, ou simplement ondulées.

Cette espèce, fort rare encore dans les collections, a 25 millim. de long, et 10 de large.

Espèces fossiles.

1. Ancillaire glandiforme. *Ancillaria glandiformis.* Lamk.

A. testâ ovatâ, ventricosiusculâ, subacutâ, subtùs callosâ; suturis anfractuum occultatis.

Encycl. pl. 393. f. 7. a. b.

Ancillaria glandiformis. Ann. du Mus. vol. 16. p. 305. n° 1.

* *Ancillaria inflata.* Borson. Oryc. Péd. p. 25. n° 5. pl. 1. f. 7.

* *Anaulax inflata.* Brong. Vic. pl. 4. f. 12.

* Bast. Foss. de Bord. p. 42. n° 2.

* Desh. Encycl. méth. Vers. t. 2. p. 42. n° 5.

* Sow. Genera of Shells. f. 3.

* *Ancillaria conus.* Andreo. Bull. de Mosc. t. 6. pl. 2. f. 1.

* *Ancillaria coniformis.* Pusch. Pal. Pol. p. 116. pl. 11. f. 1.

* Bronn. Léth. Géogn. t. 2. p. 1112. pl. 42. f. 11.

Habite... Fossile des environs de Bordeaux. Mon cabinet. Coquille oblongue, légèrement ventrue, un peu pointue au sommet, calleuse en dessous, et en quelque sorte glandiforme. Elle est lisse, sauf les sillons obliques de sa partie postérieure, et semble un peu déprimée. Ses sutures sont fondues et effacées. Longueur : 18 lignes et demie.

2. Ancillaire buccinoïde. *Ancillaria buccinoides.* Lamk.

A. testâ ovato-acutâ, ad spiram basimque margaritaceâ; callo columellæ striato.

An Lister. Conch. t. 1034. f. 8 ?

Encycl. pl. 393. f. 1. a. b.

Ancillaria buccinoides. Ann. ibid. n° 2. et t. 6. pl. 44. f. 5.

* Roissy. Buf. Moll. t. 5. p. 432. n° 5. pl. 5. 6. f. 7.

* *Ancilla subulata.* Sow. Genera of Shells. f. 2.

* Favanne. Conch. pl. 66. f. 111.

* Desh. Encycl. méth.Vers. t. 2. p. 43. n° 6.
* Desh. Coq foss. de Paris. t. 2. p. 730. n° 1. pl. 97. f. 11 à 14.

Habite... Fossile de Grignon. Mon cabinet. Coquille ovale, pointue au sommet, et qui ressemble beaucoup à un Buccin; mais sa columelle offre inférieurement une callosité oblique et striée. Sa spire et sa base sont luisantes et comme nacrées. Longueur : 19 lignes.

3. Ancillaire subulée. *Ancillaria subulatā*. Lamk.

A. testá subturritá, lævigatá, nitidá; spirá elongatá, subulatá; fasciis transversis suturalibus; callo columellæ striato.

Knorr. Foss. 2. t. 43. f. 18.
Encycl. pl. 393. f. 5. a. b.
Ancillaria subulata. Ann. ibid. n° 3.
* Roissy. Buf. Moll. t. 5. p. 432. n° 4.

Habite... Fossile des environs de Villers-Coterets. Mon cabinet. Coquille presque turriculée, moins ventrue, moins blanche et plus luisante que celle qui précède. La longueur de l'ouverture égale à peine la moitié de celle de la coquille. Celle-ci a 16 lignes un quart.

4. Ancillaire olivule. *Ancillaria olivula*. Lamk.

A. testá cylindraceá, mucronatá; labro basi unidentato; callo columellæ striato.

Encycl. pl. 393. f. 3. a. b.
Ancillaria olivula. Ann. ibid. p. 306. n° 4.
* Roissy. Buf. Moll. t. 5. p. 433. n° 6.
* Desh. Encycl. méth.Vers. t. 2. p. 45. n° 9.
* Desh. Coq. foss. de Paris. t. 2. p. 735. n° 6. pl. 96. f. 6. 7.10.11.

Habite... Fossile de Courtagnon et de Grignon. Mon cabinet. Sutures des tours irrégulières, comme fondues et presque effacées. Long. : 10 lignes et demie.

5. Ancillaire à gouttière. *Ancillaria canalifera*. Lamk. (1)

A. testá cylindraceá, mucronatá; labro antiquo canalifero; callo columellæ subplicato.

Encycl. pl. 393. f. 3. a. b.
Ancillaria canalifera. Ann. ibid. n° 5. et t. 6. pl. 44. f. 6.
* Bronn. Léth. Géogn. t. 2. p. 1110. pl. 42. f. 10.

---

(1) Lamarck a laissé subsister un double emploi au sujet de cette espèce; il la reproduit, en effet, parmi les Olives, sous le nom d'*Oliva canalifera*. Cette Olive doit donc être supprimée, parce que, en effet, l'espèce dont il est question est une véritable Ancillaire.

* *Oliva striata.* Swain. Zool. ill. 2ᵉ série. t. 2. pl. 40. f. 2?
* Roissy. Buf. Moll. t. 5. p. 433. n⁰ 5.
* Bast. Foss. de Bord. p. 42. n⁰ 1.
* *Ancillaria turritellata.* Sow. Min. Conch. pl. 99. f. 1. 2.
* Desh. Encycl. méth. Vers. t. 2. p. 46. n⁰ 12.
* Desh. Coq. foss. de Paris. t. 2. p. 734. pl. 96. f. 14. 15.

Habite... Fossile de Grignon. Mon cabinet. Elle est allongée, cylindracée, mucronée au sommet, un peu déprimée inférieurement. Le sommet du bord droit offre une gouttière ou petit canal dans le lieu de sa jonction à la spire. Elle a des stries longitudinales d'accroissement apparentes et un peu sinueuses ou irrégulières. Long. : 1 pouce.

† 6. Ancillaire obsolète. *Ancillaria obsoleta.* Brocchi.

A. testá ovato-elongatá, utráque extremitate attenuatá, basi angustá emarginatá; spirá acutá, callosá; aperturá ovato-oblongá; labro simplici, basi dentato; columellá arcuatá, supernè, latissimè callosá, basi callo angusto cylindraceo tenuè striato terminatá.

Bucc. obsoletum. Brocc. Conch. Subap. p. 330. pl. 5. f. 6.

Habite... fossile dans les terrains subapennins du Plaisantin.

Cette espèce fossile a beaucoup d'analogie avec l'*Ancillaria glandiformis* de Lamarck; elle en a également avec notre *Ancillaria elongata.* Elle se distingue néanmoins par des caractères particuliers, de chacune de ces espèces. Elle est allongée, étroite, buccinoïde. Sa spire pointue et conique est à-peu-près aussi longue que l'ouverture; elle est entièrement couverte par une couche calleuse, sur laquelle se montre ordinairement un petit sillon transverse qui marque la suture du dernier tour. Ce dernier tour porte sur son extrémité antérieure une large zone qui part de la partie supérieure de l'ouverture pour se rendre à l'extrémité antérieure du bord droit; au-dessus de cette zone on remarque un sillon très déprimé, qui, en aboutissant sur le bord droit, se prolonge en une petite dent aplatie. L'ouverture est ovalaire. Le bord droit est mince et tranchant. La columelle est régulièrement arquée, et de sa partie supérieure s'échappe une large callosité couvrant une partie du ventre du dernier tour, et venant se confondre avec celle de la spire. A la base, cette columelle est subitement tronquée ; sa callosité est cylindracée et chargée de stries très fines et très obliques. L'échancrure qui termine l'ouverture est très étroite et très profonde.

Cette coquille est longue de 22 millimètres, et large de 10.

† 7. Ancillaire renflée. *Ancillaria inflata.* Desh.

A. testá ovato-acutá, ventricosá; spirá subbrevi, conicá, acutá, niti

*dissimâ ; aperturâ subtetragonâ ; columellâ callosâ ; varice colu-
mellari brevi, striato.*

Desh. Encyc. méth. Vers. t. 2. p. 44.

Habite... fossile des environs de Paris.

Quoique voisine de l'*Ancillaria buccinoides* de Lamarck, cette espèce s'en distingue assez facilement. Quelques personnes cependant l'ont confondue avec elle, et M. Sowerby, dans le *Mineral Conchology*, ne les a pas distinguées ; il les a représentées toutes deux dans la planche 333, ce qui donne un moyen bien facile de les reconnaître. Ce qui me confirme dans l'opinion que l'on doit admettre notre nouvelle espèce, c'est la comparaison que nous avons pu faire de leur coloration qui est fort différente, comme nous le verrons bientôt. L'Ancillaire renflée est toujours d'un moindre volume que la Buccinoïde : elle est ovale, atténuée aux deux extrémités ; elle semble composée de deux cônes soudés base à base : celui formé par la spire est régulièrement conique, pointu, très lisse, couvert d'un enduit brillant cachant les sutures ; il forme un angle obtus à l'endroit de sa jonction avec le reste de la coquille ; l'autre a son sommet à la base de la coquille : il est curvi-ligne, il comprend un peu plus de la moitié de la longueur totale. Le ventre de la coquille n'est point lisse comme la spire : il est marqué de stries un peu obliques, irrégulièrement espacées, qui indiquent les accroissemens. La base est revêtue d'une bande oblique divisée en trois autres par deux sillons : la première est comprise entre le bourrelet et un sillon superficiel aboutissant au milieu de l'échan-crure de la base ; la seconde est au-dessus de celle-ci ; le sillon qui la sépare de la troisième est quelquefois à peine sensible, il est cepen-dant plus marqué vers la columelle que vers le bord droit, où il disparaît entièrement dans quelques individus. L'ouverture est la moitié de la longueur de la coquille ; elle est subquadrangulaire, plus large dans le milieu qu'à ses extrémités ; la lèvre droite est mince et tranchante dans toute son étendue ; à sa jonction avec le bord gauche, elle présente un sinus bien prononcé. Dans cet endroit, la columelle est garnie d'une callosité assez épaisse, lisse et polie ; cette callosité descend en s'amincissant sur la columelle jusqu'à l'origine du bourrelet ; celui-ci est médiocre, garni de quelques sillons ; sa lon-gueur égale presque celle du bord droit, ce qui n'a pas lieu dans le Buccinoïde.

Nous possédons un individu de cette espèce qui a conservé des traces bien sensibles de sa primitive coloration. La spire est d'un blanc jaunâtre ; cette couleur a une teinte plus foncée vers les sutures ; la callosité columellaire est de la même couleur, mais le bourrelet est blanc teinté de jaune à sa base. Le ventre de la coquille est d'un gris

cendré. La bande de la base est d'une couleur orangée, et le pourtour de l'échancrure est d'un blanc jaunâtre très clair; à l'intérieur,
elle est blanche et le limbe est jaune. Nous le faisons remarquer
encore une fois, cette coloration est totalement différente de celle de
l'*Ancillaria buccinoides*.

Les plus grands individus n'ont que 35 millimètres de longueur.

† 8. Ancillaire allongée. *Ancillaria elongata*. Desh.

*A. testâ ovato-elongatâ, utrâque extremitate attenuatâ; spirâ prælongâ,
obtusâ; aperturâ ovatâ, mediocri; columellâ callosâ, arcuatâ; varice
angusto unistriato.*

Desh. Encycl. méth. Vers. t. 2. p. 45.

Habite... Fossile des faluns de la Touraine.

Notre espèce a beaucoup d'analogie avec celle de Brocchi, cependant
elle n'est pas tout-à-fait semblable, ce qui nous a forcé de les séparer. L'Ancillaire allongée est fort longue, fort étroite, peu calleuse,
rétrécie à ses deux extrémités, ce qui lui donne la forme d'un ovale
très long et très étroit. Sa spire occupe plus de la moitié de la longueur totale, elle est couverte d'une couche lisse qui en cache tous les
tours; son extrémité est arrondie et obtuse. La base est séparée en
deux parties inégales par un double sillon descendant de l'ouverture
au bord droit; l'intervalle entre les deux sillons est le plus étroit.
L'ouverture est ovalaire, rétrécie à ses deux extrémités; elle est plus
courte que la spire, et à peine calleuse sur la columelle; celle-ci est
arquée médiocrement et terminée à sa base par un bourrelet oblique,
étroit, le plus souvent lisse ou présentant une strie seulement. La
base est échancrée, mais cette échancrure est médiocre.

Elle est longue de 33 millim. et large de 12.

OLIVE. (Oliva.)

Coquille subcylindrique, enroulée, lisse; à spire courte,
dont les sutures sont canaliculées. Ouverture longitudinale, échancrée à sa base. Columelle striée obliquement.

*Testa subcylindrica, convoluta, lævis; spirâ brevi; sutu-
ris canaliculatis. Apertura longitudinalis, basi emarginata.
Columella obliquè striata.*

OBSERVATIONS. — Les Olives sont des coquilles très lisses, brillantes, agréablement variées dans leurs couleurs, et qui n'ont

jamais de drap marin. Elles sont distinguées des Cônes cylindracés, qu'on nomme vulgairement Rouleaux, par le canal qui
sépare les tours de leur spire et par les stries de leur columelle.

On ne peut les confondre avec les Volutes ni avec les Mitres,
les coquilles de ces genres n'ayant les tours de leur spire séparés
que par de simples sutures.

D'ailleurs, dans toutes les Olives, le bord gauche ou columellaire offre, à son extrémité supérieure, une callosité en saillie
qui concourt à la formation du canal de la spire, et qui caractérise éminemment ce genre. Enfin, à la base de leur columelle,
on aperçoit les vestiges de la callosité très oblique qui forme un
des caractères des Ancillaires, et qui montre les rapports entre
ces deux genres. Mais les Ancillaires n'ont point leurs sutures
canaliculées, ni leur columelle striée.

La coquille de l'Olive a l'ouverture longitudinale et étroite,
comme celle du Cône et des autres coquilles de la famille des
Enroulés. Le test s'enroule autour de l'axe longitudinal, laissant un vide à la place de cet axe, et le dernier tour recouvre
tellement les autres, qu'il ne laisse à découvert que leur partie
supérieure, et conséquemment qu'une spire fort courte. Or,
cette ouverture, étant étroite et allongée, montre que la cavité
spirale qui contient l'animal est comprimée dans sa largeur.

Il paraît que, dans la formation de l'Olive, le test se compose
de deux plans différens de matière testacée, presque comme
dans les Porcelaines : car, en enlevant le plan extérieur, on
trouve, en général, un plan différemment coloré ; et, comme les
Olives sont toujours lisses et privées de drap marin, il est probable que, pendant la vie de l'animal, elles sont souvent enve-
loppées ou recouvertes par le manteau. Mais on ne voit pas sur
les Olives la ligne dorsale qui indique la jonction des lobes latéraux de ce manteau, comme on l'observe dans beaucoup de
Porcelaines.

Linné n'a pas distingué les Olives de ses *Voluta*, et même il
les a réunies presque toutes comme constituant des variétés
d'une seule espèce, à laquelle il a donné le nom de *Voluta Oliva*.
Il est néanmoins certain que les Olives maintenant connues présentent un assez grand nombre d'espèces très distinctes entre
elles, indépendamment des variétés que chacune d'elles peut

offrir; mais on ne saurait disconvenir que, parmi la plupart de ces espèces, les variétés ne soient souvent nombreuses.

Le genre des Olives est facile à reconnaître par les caractères que j'ai cités; mais il semble difficile à étudier dans ses espèces, parce que les différences de forme, quoique concourant avec les divers modes de coloration à les caractériser, sont souvent peu considérables ou tranchées. Et cependant ces espèces, leurs variétés même, sont constantes dans les lieux d'habitation où on les recueille, ce que le nombre des individus des unes et des autres que j'ai observés m'a forcé de reconnaître. Aussi chaque espèce de ce genre, y compris ses variétés, est tellement circonscrite par les caractères qui la déterminent, qu'en vain voudrait-on lui en associer aucune autre, on ne le pourrait pas, tant les caractères qui lui sont propres la séparent de ses congénères.

Ces coquillages, comme les Cônes et les Volutes, vivent dans les mers des pays chauds. Les animaux qui y donnent lieu sont des Trachélipodes qui ne respirent que l'eau, et qui probablement sont carnassiers. Ils ont la tête munie de deux tentacules longs et aigus; les yeux situés vers le milieu de ces tentacules; un tube au-dessus de la tête, apportant l'eau aux branchies. Point d'opercule.

[Si l'on voulait tracer l'histoire du genre Olive, on aurait à mentionner un grand nombre d'auteurs qui ont représenté un nombre d'espèces plus ou moins considérable. Parmi ceux qui ont précédé Linné, Gualtieri doit plus particulièrement attirer notre attention. Il faut se rappeler que dans cet ouvrage, Tournefort, notre célèbre botaniste, a établi la classification; aussi on doit être moins surpris d'y trouver un assez bon nombre de genres vraiment naturels. Celui des Olives est de ce nombre, et il serait irréprochable, si l'on n'y remarquait la seule espèce vivante de Tarière. En présence d'un genre aussi naturel, on doit reprocher à Linné de ne l'avoir point adopté, d'avoir confondu toutes les Olives parmi ses Volutes, et ce qui est pire encore, d'avoir rapporté toutes les espèces à une seule. A la même époque que Linné, Adanson avait séparé les Olives des Volutes, mais ayant négligé d'observer complétement l'animal, il les rapporta à son genre Porcelaine, qui représente, comme nous le savons déjà, le genre Marginelle de Lamarck. Ainsi, pour Adanson, les Olives et les Marginelles appartenaient à un même genre, confusion qui n'aurait pas eu lieu de la part d'un aussi excellent observateur, s'il avait comparé les animaux des deux genres. C'est Bruguière qui, dans l'Encyclopédie, détacha des Volutes de Linné le genre qui nous occupe, et lui imposa le nom qu'il porte encore aujourd'hui. Comme nous l'avons dit dans les généralités de la famille des Enroulés, ce genre a beaucoup plus de rapport avec les Ancillaires qu'avec les Porcelaines, pour la forme de la coquille, et surtout par les caractères des animaux. Or, nous le répétons, les Olives et les Ancillaires doivent se détacher de la famille des Porcelaines pour former une petite famille particulière.

Il faut regarder comme non avenus le peu de détails que Lamarck donne sur l'animal des Olives. Ces détails empruntés à Adanson ont rapport aux Marginelles. L'animal des Olives n'a été réellement connu que depuis la publication du *Voyage de l'Astrolabe* de MM. Quoy et Gaimard. Cet animal est un Gastéropode rampant sur un pied allongé, étroit, linguiforme, quelquefois un peu plus court que la coquille, et, dans quelques espèces, plus allongé qu'elle. Ce pied, très épais, se relève de chaque côté et vient s'appliquer sur la coquille, à-peu-près comme le fait le manteau des Porcelaines, mais plus exactement comme le fait celui des Ancillaires; il se prolonge en avant en une sorte de lobe triangulaire fendu dans le milieu et détaché du reste par un sillon assez profond qui le circonscrit à la base ; déjà un semblable lobe existe dans les Ancillaires, mais il est plus grand que celui des Olives, il s'avance davantage sur l'extrémité antérieure de la coquille et il est dépourvu d'ailleurs des appendices pointus ou auriculiformes qui, dans les Olives, le terminent sur les côtés. Le pied, dans les Olives, couvre beaucoup moins la coquille ; il laisse la spire à découvert, et l'extrémité antérieure, plus dégagée, permet à la tête de se montrer. Cette tête est fort petite : elle consiste presque entièrement en deux tentacules réunis à la base. Ces tentacules ressemblent un peu à ceux des Strombes, la base en est plus épaisse, cylindracée, tronquée au sommet et portant l'œil sur la troncature ; le reste du tentacule est plus grêle, allongé, pointu au sommet, et part latéralement de l'extrémité antérieure de la base. Cette base constitue à-peu-près le tiers de la longueur du tentacule. Au-dessous de la tête se montre une petite fente buccale. Le manteau offre deux caractères particuliers aux Olives; après s'être roulé en un tuyau cylindrique pour porter l'eau aux branchies, il fournit dans l'échancrure même de la coquille une duplicature qui se porte au dehors sous la forme d'une languette triangulaire, libre et flottante, placée derrière le siphon. Les tours de la spire dans les Olives sont toujours séparés les uns des autres par un petit canal étroit et assez profond; ce canal est destiné à contenir un petit appendice flabelliforme postérieur du manteau : on ignore l'usage de cet appendice qui ne se trouve que dans le genre des Olives. M. Quoy auquel la science est redevable d'une anatomie de l'Olive, fait remarquer l'extrême étroitesse de l'œsophage de cet animal, et il se demande comment une nourriture un peu solide peut franchir un canal qui ne dépasse guère le volume d'un gros fil. Il faut se souvenir de la dilatabilité des divers organes des Mollusques, et il est à présumer que dans celui-ci l'œsophage peut se dilater assez pour admettre des alimens suffisans.

Les Olives sont des animaux très carnassiers; on les pêche facilement dans les lieux où elles habitent, en envoyant au fond de la mer une ligne à laquelle on a attaché des morceaux de chair crue; les Olives s'y attachent et ne quittent l'appât que près de la surface; avancés à la portée d'une poche en filet, on les y fait tomber. Les Olives habitent en grand nombre les plages sableuses et un peu profondes des pays chauds; elles s'enfoncent sous le sable comme font les Natices, les Ancillaires et plusieurs autres Mollusques, qui probablement dévorent les Mollusques bivalves ou les animaux mous habitant les mêmes régions. On compte aujourd'hui un grand nombre d'espèces d'Olives dans les collections, mais on manque encore d'une monographie bien faite de ce genre difficile. Si un certain nombre d'espèces est assez facile à reconnaître, il en est d'autres dont les nombreuses variétés semblent lier à un même type des espèces qui paraissent bien distinctes en l'absence de ces intermédiaires. Les espèces fossiles sont peu nombreuses, et toutes, sans exception, sont distribuées dans les terrains tertiaires.]

ESPÈCES.

1. **Olive porphyre.** *Oliva porphyria.* **Lamk.**

O. testá magná , albido-carneá, rufo-maculatá, lineis rufis angularibus ornatá ; spirá basique violaceo-tinctis.

Voluta porphyria. Lin. Syst. Nat. éd. 12. p. 1187. *Syn. pl. excl.* Gmel. p. 3438. nº 16.

Gualt. Test. t. 24. fig. P.

D'Argenv. Conch. pl. 13. fig. K.

Favanne. Conch. pl. 19. fig. K.

Knorr. Delic. t. B. 4. f. 4.

Ejusd. Vergn. 1. t. 15 f. 1.

Martini. Conch. 2. t. 46. f. 485. 486. et t. 47. f. 498.

Encyclop. pl. 361. f. 4. a. b.

Oliva porphyria. Ann. du Mus. vol. 16. p. 309. nº 1.

* *Voluta porphyria.* Lin. Syst. nat. édit. 10. p. 729. *plur. Synon. exclu.*

* Perry. Conch. pl. 41. f. **3.**

* Brookes. Introd. of Conch. pl. 6. f. 68.

* Roissy. Buf. Moll. t. 5. p. 429. nº 1. pl. 56. f. 6.

* Schum. Nouv. Syst. p. 243.

* *Voluta porphyria.* Born. Mus. p. 212.

* *Id.* Schrot. Einl. t. 1. p. 201. nº 7.

* *Id.* Dillw. Cat. t. 1. p. 510. nº 29.

* Blainv. Malac. pl. 30. f. 4.

* Wood. Ind. Test. pl. 19. f. 29.

* Sow. Genera of Shells. f. 1.

* Desh. Encycl. Méth. Vers. t. 1. p. 648. nº 8.

* Küster. Conch. Cab. p. 10. nº 3. pl. 2. f. 5. pl. 6. f. 1. 2.

* Reeve. Conch. Syst. t. 2. p. 243. pl. 273. f. 1.

Habite les mers de l'Amérique méridionale , les côtes du Brésil. Mon cabinet. C'est la plus belle et la plus grande des espèces de ce genre. Elle est cylindracée, et se termine supérieurement par une spire courte et acuminée. Sur un fond couleur de chair, cette belle coquille offre quantité de lignes d'un rouge brun, anguleuses ou deltoïdes, inégales entre elles, et des taches rousses ou marron, irrégulières, et dont plusieurs sont assez grandes. Vulg. l'*Olive de Panama.* Longueur : 3 pouces 11 lignes. J'en possède un individu qui est ceint, vers le milieu, d'un cordon plissé et élevé. Est-ce une variété ou la suite d'une maladie de l'animal ?

2. Olive textiline. *Oliva textilina*. Lamk.

*O. testá albido-cinereá, lineis punctatis flexuosis subreticulatá fasciis
duabus fuscis characteribus inscriptis; callo canalis prominente.*

Lister. Conch. t. 725. f. 12.

Petiv. Gaz. t. 102. f. 19.

Martini. Conch. 2. t. 51. f. 559. 561.

Encycl. pl. 362. f. 5. a. b.

Oliva textilina. Ann. ibid. no 2.

* Knorr. Vergn. t. 3. pl. 2. f. 4? *an Var.?*

* *Voluta oliva.* Var. a. Born. Mus. p. 213.

* *Id.* Dillw. Cat. t. 1. p. 511. n° 31. Var. A.

* Küster. Conch. Cab. p. 11. n° 4. pl. 7. f. 1. 2.

* Quoy et Gaim. Voy. de l'Astr. Zool. t. 3. p. 14. n° 5. pl. 46. f. 1.

Habite l'Océan des Antilles. Mon cabinet. Grande et belle Olive d'un
aspect grisâtre, moiré et comme satiné. Elle offre, sur un fond
blanchâtre, quantité de linéoles ponctuées, en zigzags, irrégulières,
diversement serrées, et deux bandes transverses plus ou moins
marquées, composées de petites lignes brunes, serrées en zigzags,
et qui ressemblent à des caractères d'écriture. Longueur : 2 pouces
9 lignes.

3. Olive érythrostome. *Oliva erythrostoma*. Lamk. (1)

*O. testá albidá, lineis luteo-fuscis flexuosis longitudinalibus pictá;
fasciis duabus fuscis subinterruptis; ore croceo.*

Rumph. Mus. t. 39. f. 1.

Gualt. Test. t. 24. fig. H. O.

Regenf. Conch. 1. t. 2. f. 15.

Martini. Conch. 2. t. 45. f. 476. 477.

Oliva erythrostoma. Ann. ibid. n° 3.

[b] *Var. testá intensè rufá* Mon cab.

Encyclop. pl. 361. f. 3. a. b.

* [c] *Var. testá magná; ore pallido.*

* Lister. Conch. pl. 727. t. 14.

* Martini. Conch. t. 2. p. 152. pl. 48. f. 519.

---

(1) Martini confond plusieurs espèces avec celle-ci, et dans sa
synonymie y rapporte le *Voluta Porphyria* de Linné qu'il décrit un peu plus loin sous le nom de *Castra Turici*. Cette erreur de la part de Martini se conçoit difficilement, car tout le
monde sait combien l'espèce linnéenne est facile à reconnaître,
soit par la description, soit par la synonymie.

* Knorr. Vergn. t. 3. pl. 2. f. 3.
* Kammerer. Rudolst. Cab. pl. 4. f. 3 ?
* Schum. Nouv. Syst. p. 244.
* *Voluta Oliva.* Var. Born. Mus. p. 212.
* *Voluta erythrostoma.* Diillw. Cat. t. 1. p. 511.
* *Voluta porphyria.* Var. B. Schrot. Einl. t. 1. p. 202.
* *Id.* Vood. Ind. Test. pl. 19. f. 30.
* Küster. Conch. Cab. p. 6. n° 1. pl. 1. f. 508.
* Quoy et Gaim. Voy. de l'Astr. Zool. t. 3. p. 8. n° 1. pl. 46. f. 7 à 19.
* Menke. Moll. Nouv. Holl. Spec. p. 29. n° 139.

Habite... Mon cabinet. Grande et belle coquille, distinguée éminemment par la belle couleur d'un rouge orangé ou de safran qui s'offre à son ouverture, c'est-à-dire à l'intérieur du bord droit. Au dehors, elle présente des lignes d'un brun violâtre et jaune, disposées en zigzags irréguliers sur un fond blanchâtre. Deux zones rembrunies la traversent, et une troisième, mais imparfaite, se montre à son extrémité postérieure. Longueur : 2 pouces 7 lignes. Vulg. la *Bouche aurore.*

4. Olive pie. *Oliva pica.* Lamk.

O. *testâ fuscâ, albo-maculatâ : maculis pluribus subtrigonis; ore candido.*

Oliva pica. Ann. ibid. p. 310. n° 4.

Habite les mers de la Nouvelle-Hollande. Mon cabinet. Sur une couleur brune ou d'un fauve très rembruni, cette Olive offre des taches d'un beau blanc, irrégulières, et dont plusieurs sont trigones ou deltoïdes. Ces taches sont plus fréquentes et plus marquées sur les jeunes individus que sur les vieux. L'ouverture est d'une grande blancheur. Longueur : 3 pouces une ligne.

5. Olive trémuline. *Oliva tremulina.* Lamk.

O. *testâ albido-lutescente; lineis violaceo-fuscis longitudinalibus flexuosis remotiusculis; fasciis duabus fuscis; ore pallido.*

Lister. Conch. t. 727. f. 14.

Oliva tremulina. Ann. ibid. n° 5.

* Seba. Mus. t. 3. pl. 53. f. a. b. c. e.

Habite... Mon cabinet. Belle Olive, qui paraît avoir des rapports avec l'*O. erythrostoma,* mais qui s'en distingue constamment par ses lignes longitudinales plus séparées, jamais nuées de jaune, et par la couleur pâle de son ouverture. Longueur : 2 pouces 10 lignes.

6. Olive anguleuse. *Oliva angulata.* Lamk. (1)

---

(1) Nous avons déjà fait remarquer ailleurs que Dillwyn a le

O. testá cylindraceo-ventricosá, ponderosá, albido-cinereá, spadiceo-punctatá; lineis fuscis irregularibus transversis; labro crasso, obsoletè angulato.

Martini. Conch. 2. t. 47. f. 499. 500.

Encyclop. pl. 363. f. 6. a. b.

Oliva angulata. Ann. ibid. n° 6.

* *Voluta incrassata.* Dillw. Cat. t. 1. p. 516. n° 35.

* *Id* Wood. Ind. Test. pl. 19. f. 35.

* Desh. Encycl. Méth. Vers. t. 3. p. 649. n° 9.

* Küster. Conch. Cab. pl. 2. f. 1. 2.

* Davila. Cat. t. 1. pl. 15. f. F.

* *Voluta oliva.* Var. β. Gmel. p. 3440.

* Schrot. Einl. t. 1. p. 251. *Voluta* n° 17.

Habite... Mon cabinet. Coquille épaisse, pesante, ventrue, presque ovale, et dont le dernier tour offre antérieurement un angle fort obtus. Son bord droit est très épais et comme anguleux dans sa partie supérieure. Sur un fond blanchâtre, parsemé de points rouge-brun, elle présente des masses inégales de lignes brunes, transverses, inclinées et irrégulières. La moitié inférieure de chaque tour de spire offre un anneau lisse, non tacheté. Cette espèce est extrèmement rare et fort recherchée dans les collections. Longueur : 2 pouces 11 lignes.

7. Olive maure. *Oliva maura.* Lamk.

O. testá cylindricá, apice retusá, nigrá; labro extùs subplicato; ore candido.

Lister. Conch. t. 718. f. 2. et t. 739. f. 27.

Rumph. Mus. t. 39. f. 2.

Gualt. Test. t. 23. fig. B.

Seba. Mus. 3. t. 53. fig. K. L.

---

tort bien grave d'adopter de préférence les noms du manuscrit de Solander à ceux de Lamarck, par exemple, publiés plus tard. Un manuscrit n'est rien dans la science, parce qu'il ne peut être connu que d'un très petit nombre de personnes; une publication prend son rang par la date authentique qu'elle porte et par sa valeur intrinsèque. La nomenclature tomberait dans les plus grands désordres, si les naturalistes accordaient une valeur quelconque à des manuscrits qui peuvent contenir d'excellentes choses, mais dont l'autorité ne doit dater que du moment de la publication.

Knorr. Vergu. 5. t. 28. f. 6. et pl. 27. f. 4. 5.

Martini. Conch. 2. t. 45. f. 472. 473. et pl. 47. f. 501. 502.

Encyclop. pl. 366. f. 2. a. b.

Oliva maura. Ann. ibid. p. 311. n° 7.

[b] *Var. testâ luteo-olivaceâ, lineis subfuscis perpaucis cinctâ.* Mon cabinet.

Chemn. Conch. 10. t. 147. f. 1382.

Encycl. pl. 365. f. 2. et pl. 366. f. 1.

[c] *Var. testâ fulvo-castaneâ, bifasciatâ.*

Knorr. Vergu. 3. t. 17. f. 3.

Regenf. Conch. 1. t. 1. f. 2.

Martini. Conch. 2. t. 45. f. 474.

[d] *Var. testâ fulvo-virente, undatìm fusco-maculatâ.* Mon cab.

Martini. Conch. 2. t. 47. f. 503. 504.

Encycl. pl. 365. f. 3.

* *Voluta oliva.* Var. A. Born. Mus. p. 215.

* *Voluta oliva.* Var. A. Schrot. Einl. t. 1. p. 203.

* Mus. Gottw. pl. 43. f. 49. 50.

* Valent. Amboina. pl. 8. f. 70. 71.

* *Voluta oliva.* Herbst. Hist. Verm. pl. 46. f. 2.

* Perry. Conch. pl. 41. f. 1.

* Brookes. Introduc. of Conch. pl. 6. f. 6g.

* Crouch. Lamk. Conch. pl. 20. f. 13.

* *Voluta oliva.* Var. M. H. N. O. P. Q. Diliw. Cat. t. 1. p. 512. 513.

* [e] *Var. testâ fulvâ fusco longitudinaliter strigatâ.*

* Martini. Conch. t. 2. p. 167. pl. 47. f. 505. 506.

* Seba. Mus. t. 3. pl. 53. fig. M. G.

* Martini. Conch. t. 2. pl. 47. f. 501. 502.

* *Voluta oliva.* Var. x. Born. Mus. p. 215.

* *Voluta oliva.* Var. b. Schrot. Einl. t. 1. p. 204.

* *Voluta oliva.* Wood. Ind. Test. pl. 19. f. 31.

* *Oliva maura.* Sow. Conch. Man. f. 457.

* Desh. Encycl. Méth. Vers. t. 3. p. 649. n° 10.

* Küster. Conch. Cab. p. 7. n° 2. pl. 1. f. 2. 3. 4. pl. 2. f. 3. 4. 6. 7. 8. 9. pl. 5. f. 17.

* Sow. Genera of Shells. f. 2.

* Quoy et Gaim. Voy. de l'Astr. t 3. p. 13. n° 4. pl. 46. f. 20. 21.

* Reeve. Conch. Syst. t. 2. p. 243. pl. 273. f. 2.

Habite l'Océan des Grandes-Indes, et la var. [b] sur les côtes de la Nouvelle-Hollande. Mon cabinet. Espèce remarquable par sa forme, et surtout par sa spire qui est très courte, rétuse et mucronée. La coquille [a] est toute noire à l'extérieur. Vulg. la *Moresque.* Lougueur : 2 pouces 3 lignes. La var. [b], ou la *Datte cerclée*, est d'un jaune olivâtre, avec deux ou plusieurs lignes brunes qui la ceignent. La var. [c], ou la *Veuve éthiopienne*, qu'on nomme aussi le *Manteau de deuil*, est d'un fauve marron, avec deux zones transverses, formées par des taches noires angulaires et carrées. Enfin, la var. [d], ou la *Datte moirée*, est d'un fauve verdâtre, et ondée ou moirée de taches rembrunies, dont les unes sont angulaires et les autres en zigzags.

8. Olive sépulturale. *Oliva sepulturalis* (1). Lamk.

O. *testâ cylindraceâ, apice retusâ, cinereo-virescente; fasciis duabus nigris interruptis; ore candido.*

Gualt. Test. t. 24. fig. E.

Encycl. pl. 365. f. 1.

Oliva sepulturalis. Ann. ibid. n° 8.

[b] *Var. testâ longitudinaliter nigro-maculatâ.* Mon cabinet.

* *Voluta oliva. Var.* K. Dillw. Cat. t. 1. p. 513.

Habite... l'Océan des Grandes-Indes? Mon cabinet. Sa spire est extrêmement courte, rétuse. Longueur : 2 pouces 3 lignes.

9. Olive foudroyante. *Oliva fulminans.* Lamk.

O. *testâ cylindraceâ, apice retusâ, cinereo-viridescente; lineis fuscis longitudinalibus flexuoso-angulatis; ore candido.*

Chemn. Conch. 10. t. 147. f. 1374.

Encycl. pl. 364. f. 4. a. b.

Oliva fulminans. Ann. ibid. p. 312. n° 9.

* *Voluta oliva. Var.* L. Dillw. Cat. t. 1. p. 513.

* Martini. Conch. t. 2. p. 154. pl. 51. f. 563.

* Seba. Mus. t. 3. pl. 53. f. *a*.

* Valentyn. Amb. Verhand. pl. 8. f. 70.

Habite... Mon cabinet. Spire très rétuse; callosité du sommet de la columelle un peu forte et saillante. Longueur : 23 lignes.

10. Olive irisante. *Oliva irisans.* Lamk.

O. *testâ cylindricâ, lineis luteo-fuscis flexuosis in fundo albido subreticulatâ, bifasciatâ; spirâ acuminatâ; columellâ basi subcarneâ.*

---

(1) Cette espèce, ainsi que la suivante : *Oliva fulminans*, pourront disparaître sans inconvénient de la nomenclature du genre *Oliva*; elles ont été établies sur des variétés de l'*Oliva maura*. On voit dans une grande série ces variétés se rattacher au type de l'espèce par un grand nombre de nuances insensibles, la seule différence que Lamarck a aperçue se montre dans la coloration qui, on le sait, est très variable dans ce genre.

Oliva irisans. Ann. ibid. n° 10.

* *Voluta oliva. Var.* B. Dillw. Cat. t. 1. p. 512.

Habite... Mon cabinet. Elle est élégamment ornée de lignes en zigzags, serrées, brunes et bordées d'un jaune orangé. Deux zones rembrunies et réticulées la traversent. Longueur : 22 lignes et demie.

11. Olive élégante. *Oliva elegans.* **Lamk.**

O. *testá cylindraceá, albidá; lineis flexuoso-angulatis, interruptis, subpunctatis, luteis fuscis et cœrulescentibus; spirá retusá, mucronatá.*

Encycl. pl. 367. f. 3. a. b.

Oliva elegans. Ann. ibid. n° 11.

[b] *Var. testá zonis duabus fuscis cinctá.* Mon cabinet.

Lister. Conch. t. 728. f. 15.

Encycl. pl. 362. f. 3. a. b.

* *Voluta oliva. Var.* C. Dillw. Cat. t. 1. p. 512.

* Quoy et Gaim. Voy. de l'Astr. Zool. t. 3. p. 10. n° 2. pl. 46. f. 1. 2. 3. 4.

* Menke. Moll. Nouv.-Holl. Spec. p. 28. n° 140.

Habite... Mon cabinet. Ouverture blanche, teinte de couleur de chair au bas de la columelle. Longueur : 17 à 18 lignes ; de la var. [b] : 2 pouces. Celle-ci vient des mers de Ceylan. M. Macleay.

12. Olive épiscopale. *Oliva episcopalis.* **Lamk.**

O. *testá cylindraceá, crassiusculá, albidá, punctis luteo-fuscis nebulatá; ore violaceo.*

Lister. Conch. t. 719. f. 3.

Gualt. Test. t. 23. fig. F.

Oliva episcopalis. Ann. ibid. p. 313. n° 12.

* *Voluta oliva. Var.* D. Dillw. Cat. t. 1. p. 512.

* Desh. Encycl. méth. Vers. t. 3. p. 649. n° 11.

* Menke. Moll. Nouv.-Holl. Spec. p. 28. n° 141.

Habite... Mon cabinet. Coquille blanche, mouchetée de points bruns mêlés d'un peu de jaune ou d'orangé, et remarquable par le beau violet de l'intérieur de son bord droit. Sa spire est convexe, terminée en pointe. Longueur : 21 lignes et demie.

13. Olive veinulée. *Oliva venulata.* **Lamk.**

O. *testá cylindraceo-ventricosá, albido-lutescente; lineis flexuosis angulatis fusco-punctatis; spirá acutá.*

Martini. Conch. 2. t. 46. f. 488.

Encyclop. pl 361. f. 5.

Oliva venulata. Ann. ibid. n° 13.

* *Voluta ispidula Var.* B. Born. Mus. p. 216.

* Desh. Encycl. Méth. Vers. t. 3. p. 650. n° 12.

* Küster. Conch. Cab. pl. 6. f. 5.

Habite... Mon cabinet. Coquille ovale, pointue au sommet, et d'un aspect grisâtre. Elle offre, sur un fond d'un blanc jaunâtre, quantité de traits en zigzags, ponctués de brun, et des taches jaunâtres, triangulaires-aiguës, qui ne sont que les parties nues du fond. Longueur : 22 lignes et demie.

14. Olive maculée. *Oliva guttata.* Lamk.

O. testá cylindraceo-ventricosá, albidá; maculis fusco-violaceis sparsis; spirá acutá; ore aurantio.

Lister. Conch. t. 720. f. 5.

Rumph. Mus. t. 39. f. 6.

Petiv. Amb. t. 22. f. 5.

Gualt. Test. t. 23. fig. L.

Knorr. Vergn. 2. t. 10. f. 6. 7.

Martini. Conch. 2. t. 46. f. 491. 492.

Encycl. pl. 368. f. 2. a. b.

Oliva guttata. Ann. ibid. n° 14.

[*b*] *Var. testá maculis minimis fuscatis confertis subnebulatá.* Mon cabinet

* Mus. Gottw. pl. 42 f. 4. 5. a. b?

* Seba. Mus. t. 3. pl. 53. f. m.

* *Voluta ispidula.* Var. E. Gmel. p. 3443.

* *Voluta cruenta.* Dilw. Cat. t. 1, p. 514, n° 32.

* Id. Wool. Ind. Test. pl. 19. f. 32.

* Desh. Encycl. méth. Vers. t. 3, p. 650. n° 13.

* Küster. Conch. Cab. p. 14. n° 7. pl. 6. f. 12. 13.

Habite l'Océan des Grandes-Indes, et sa variété, les mers de la Nouvelle-Hollande. Mon cabinet. Cette Olive est encore une espèce bien tranchée dans ses caractères, et qu'on ne saurait confondre avec aucune de celles déjà exposées. Sur un fond blanchâtre, elle offre une multitude de taches ou gouttelettes d'un brun rougeâtre ou violet, et qui sont inégales et éparses. Ces taches, d'un violet plus foncé sur les bords supérieurs des tours, font paraître ces bords comme crénelés. Longueur : 22 lignes et demie.

15. Olive angulaire. *Oliva leucophæa.* Lamk. (1)

O. testá cylindraceo-ventricosá, albidá; ultimo anfractu medio transversim angulato; spirá acutá; ore albido.

______

(1) Cette *Oliva leucophæa* de Lamarck n'est autre chose qu'une variété blanche et anguleuse de l'*Oliva guttata.* Si, en

Lister. Conch. t. 717 f. 1.
Martini. Conch. 2. t. 51. f. 564.
Voluta annulata. Gmel. p. 3441. n° 18.
Encyclop. pl. 363. f. 2.
Oliva leucophæa. Ann. ibid. p. 314. n° 15.
* *Voluta annulata.* Dillw. Cat. t. 1. p. 515. no 33.
* Id. Wood. Ind. Test. pl. 19. f. 33.
Habite... l'Océan Indien? Collect. du Mus. Son angle transversal la rend très remarquable.

16. **Olive réticulaire.** *Oliva reticularis.* **Lamk.**

O. *testá cylindraceá, albá, subbifasciatá, lineis fulvo-rufis subpunctatis, flexuoso-angulatis reticulatá; spirá acutá.*

Encyclop. pl. 361. f. 1. a. b.
Oliva reticularis. Ann. ibid. n°. 16.
* Küster. Conch. Cab. p. 13. n° 6. pl. 6. f. 3. 4.
Habite... Mon cabinet. Sur un fond blanc, elle offre quantité de lignes en zigzags, rousses, subponctuées. Dans les espaces qu'embrassent deux bandes transverses, ces lignes, plus épaissies et plus colorées, imitent, en quelque sorte, des caractères d'écriture. Le bord supérieur du dernier tour est comme dentelé par des taches d'un brun violet, composées de lignes repliées en faisceau. Longueur : 21 lignes et demie.

17. **Olive flammulée.** *Oliva flammulata.* **Lamk.**

O. *testá cylindraceá, lineis rufis et angulatis undatá; maculis albis, trigono-acutis, transversis, inæqualibus : spirá acutá.*

Martini. Conch. 2. t. 49. f. 526.
Encyclop. pl. 367. f. 5.
Oliva flammulata. Ann. ibid. n° 17.
* Le Girol. Adanson. Voy. Sénég. p. 61. pl. 4. f. 6.
* *Voluta ispidula.* Var. A. Born. Mus. p. 216.
* *Voluta oliva.* Var. T. Dillw. Cat. t. 1. p. 513.
* Desh. Encycl. Meth. Vers. t. 3. p. 651. n° 14.

---

effet, on rassemble un grand nombre d'individus de ces deux espèces, on trouve des *Guttata* qui deviennent insensiblement anguleuses, et qui, perdant insensiblement leurs taches, deviennent entièrement blanches. Dans cette variété blanche, il y a des individus anguleux, comme dans le *Guttata ;* avec une trentaine d'individus bien choisis, on en a assez pour prouver que les deux espèces dont il est question n'en font réellement qu'une seule.

* Mus. Gottv. pl. 42. f. b. c.
* Küster. Conch. Cab. p. 12. n° 5. pl. 4. f. 5.
Habite.. Mon cabinet. Coquille cylindracée, peu ventrue, d'un gris
roussâtre, nuée de linéoles anguleuses d'un roux brun, et ornée de
flammules ou taches blanches, trigones, aiguës et inégales. Longueur :
14 lignes et demie.

18. Olive granitelle. *Oliva granitella*. Lamk.

*O. testá cylindraceá, fulvo-castaneá, maculis albis trigonis minimis et
creberrimis pictá; spirá brevissimá, mucronatá; ore albo.*
Oliva granitella. Ann. ibid. n° 18.
[b] *Var. testá rufo-undulatá; maculis rariusculis.* Mon cabinet.
Habite... Mon cabinet. Belle coquille, fort remarquable par la multitude
et la petitesse de ses taches blanches et trigones sur un fond roussâtre.
Longueur : 2 pouces 5 lignes.

19. Olive aranéeuse. *Oliva araneosa*. Lamk.

*O. testá cylindraceá, fulvo-rufescente, obsoletè undatá; lineolis fuscis
aut nigris tenuissimis transversis; spirá acutá; ore albo.*
Martini. Conch. 2. t. 48. f. 509. 510.
Encyclop. pl. 363. f. 1. a. b.
Oliva araneosa. Ann. ibid. p. 315. n° 19.
Habite... l'Océan Austral? Mon cabinet. Espèce rare. Ses linéoles transverses sont d'une finesse extrême, et imitent en quelque sorte les fils
d'une toile d'araignée. Spire un peu saillante et pointue. Longueur:
2 pouces.

20. Olive littérée. *Oliva litterata*. Lamk.

*O. testá cylindraceá, elongatá, cinereo fulvoque undatá; fasciis duabus
characteribus castaneo-fuscis inscriptis; spirá exserto-acutá.*
Encyclop. pl. 362. f. 1. a. b.
Oliva litterata. Ann. ibid. n° 20.
* Mus. Gottw. pl. 42. f. 14. a.
* Blainv. Malac. pl. 28 *bis.* f. 5.
* Desh. Encycl. méth. Vers. t. 3. p. 651. n° 15.
Habite... l'Océan des Grandes-Indes? Mon cabinet. Belle et grande Olive,
à spire élevée et pointue, remarquable par ses deux zones transverses,
lesquelles sont formées de lignes d'un brun marron, interrompues,
qui imitent des caractères d'écriture, et qui tranchent sur un fond
d'un cendré violâtre, nué de lignes fauves, pâles et angulaires. De
petites taches blanches et trigones paraissent çà et là. Longueur :
2 pouces 8 lignes.

21. Olive écrite. *Oliva scripta*. Lamk.

O. testâ cylindraceâ, reticulo tenui fulvo coloratâ; fasciis characterum fuscorum obsoletis; spirâ brevi; ore cœrulescente.

Encycl. pl. 362. f. 4. a. b.

Oliva scripta. Ann. ibid. n° 21.

[b] *Var. spirâ elatiore.* Mon cabinet.

* Desh. Encycl. méth. Vers. t. 3. p. 651. n° 16.

* Menk. Moll. Nouv. Holl. Spec. p. 28. n° 143.

Habite... Mon cabinet. Celle-ci n'est point rare dans les collections, e cependant je n'en connais de figure que dans l'Encyclopédie. Elle est plus ou moins foncée en couleur, selon que le réseau fin et d'un fauve brun qui la couvre est plus ou moins apparent. Ses deux zones transverses, composées de traits bruns, presque en forme de lettres, sont aussi plus ou moins exprimées, selon les individus. Longueur : 21 lignes et demie; de sa var. : 2 pouces.

22. Olive tricolore. *Oliva tricolor*. Lamk.

O. testâ cylindraceâ, albo luteo viridique subtessellatìm maculatâ, zonis duabus aut tribus viridibus cinctâ; spirâ brevi, variegatâ.

Lister. Conch. t. 739. f. 26.

Gualt. Test. t. 24. fig. I. L. N.

Martini. Conch. 2. t. 48. f. 511. 511. a.

Encyclop. pl. 365. f. 4. a. b.

Oliva tricolor. Ann. ibid. p. 316. n° 22.

* Var. *pallidior.* Martin. Conch. t. 2. p. 154. pl. 45. f. 478. 479.

* *Voluta Oliva.* Var. V. Born. Mus. p. 213.

* Id. Var. E. Dillw. Cat. t. 1. p. 512.

* *Voluta ventricosa.* Var. C. Dillw. Cat. t. 1. p. 515.

* Martini. t. 2. pl. 45. f. 478. 479.

* Desh. Encycl. méth. Vers. t. 3. p. 652. n° 17.

Habite l'Océan des Grandes-Indes, les côtes de Java, de Timor, etc. Mon cabinet. Coquille très-commune dans les collections, et fort jolie par les couleurs dont elle est ornée. Sur un fond blanc, presque entièrement caché par les autres couleurs, elle offre deux ou trois zones verdâtres, et dans leurs intervalles, quantité de petites taches nuées de vert et de jaune. Son ouverture est blanche ou d'un blanc bleuâtre; mais la base de sa columelle est teinte de couleur de chair. Longueur : 21 lignes.

23. Olive sanguinolente. *Oliva sanguinolenta*. Lamk.

O. testâ cylindraceâ, lineolis rufo-fuscis in fundo albo tenuissimè reticulatâ, zonis duabus fuscis cinctâ; columellâ aurantio-rubrâ.

Lister. Conch. t. 739. f. 28.
Seba. Mus. 3. t. 53. fig. H. I: O.
Martini. Conch. 2. t. 48. f. 512. 513 et 651 (1).
Oliva sanguinolenta. Ann. ibid. n° 23.
[*b*] *Var. Reticulo laxo.* Mon cabinet.
* *Voluta Oliva.* Var. β. Born. Mus. p. 213.
* *Voluta oliva.* Var. 1. Dillw. Cat. t. 1. p. 512.
* Desh. Encycl. méth. Vers. t. 3. p. 652, n° 18.
* *Oliva zebra.* Küster. Conch. Cab. pl. 5. f. 5. 6.
* Quoy et Gaim. Voy. de l'Astr. Zool. t. 3. p. 11. n° 3. pl. 46. f. 5. 6.
Habite l'Océan des Grandes-Indes, les côtes de Timor. Mon cabinet.
   Sa spire est très courte, et sa columelle, d'un orangé fort rouge, paraît
   comme sanguinolente. Elle est encore assez commune. Longueur :
   environ 18 lignes ; de sa var. : 20.

24. Olive mustéline. *Oliva mustelina.* Lamk.

   O. *testá cylindricá, albido-griseá ; lineis rufo-fuscis flexuosis longitu-*
      dinalibus ; spirá brevi ; ore violaceo.

Lister. Conch. t. 731. f. 20.
Martini. Conch. 2. t. 48. f. 515. 516.
Oliva mustelina. Ann. ibid. n° 24.
* Seba Mus. t. 3. pl. 53. f. *h.*
* *Voluta oliva.* Var. G. Dillw. Cat. t. 1 p. 512.
Habite... l'Océan Américain ? Mon cabinet. Elle paraît avoir des rap-
   ports avec la variété de l'*O. glandiformis ;* mais son ouverture, d'un
   beau violet, et sa forme plus cylindrique, ainsi que sa coloration,
   l'en distinguent. Longueur : 10 lignes trois quarts.

25. Olive de deuil. *Oliva lugubris.* Lamk.

   O. *testá cylindraceá, albidá ; maculis fuscis cæruleo-nebulatis diversi-*
      formibus ; spirá exsertiusculá, acuminatá ; ore violaceo.

Oliva lugubris. Ann. ibid. p. 317. n° 25.
* Menke. Moll. Nov. Holl. Spec. p. 28. n° 144.
Habite l'Océan des Grandes-Indes. Mon cabinet. Il me paraît que cette
   espèce n'a pas encore été figurée, et cependant elle est assez remarquable, et n'est point rare dans les collections. Ses taches, disposées

---

(1) Martini cite deux fois cette figure 561 pour deux de ses
espèces, et à la même page de son ouvrage ; mais pour ce genre,
cet auteur a été si mal guidé dans la distinction de ses espèces,
il a laissé régner tant d'incertitudes, qu'il faut regarder cette
partie de son travail comme non avenue.

les unes par masses, les autres par traits en zigzags, lui donnent un aspect rembruni. Columelle blanche; bord droit violet à l'intérieur. Longueur : 20 lignes.

26. Olive funébrale. *Oliva funebralis.* **Lamk.**

O. *testâ cylindraceâ, flavidâ ; maculis olivaceo-fuscis ; spirâ brevi ; ore albido.*

Martini. Conch. 2. t. 45. f. 480. 481.

Oliva funebralis. Ann. ibid. nº 26.

* *Voluta oliva.* Var. F.

Dillw. Cat. t. 1. p. 512.

* Desch. Encycl. méth. Vers. t. 3. p. 653. nº 19.

* Küster. Conch. Cab. pl. 1. f. 9. 10.

Habite l'Océan des Grandes-Indes. Mon cabinet. Elle a quelques rapports avec la précédente ; mais ses taches sont disposées sur un fond jaunâtre, sa spire est très courte, et son ouverture est blanchâtre. Longueur : près de 15 lignes.

27. Olive glandiforme. *Oliva glandiformis.* **Lamk.**

O. *testâ ovato-cylindraceâ, supernè turgidulâ, maculis exiguis fusco-rubiginosis subtessellatâ; spirâ retusâ, mucronatâ; ore albo.*

Oliva glandiformis. Ann. ibid. nº 27.

[b] *Var. testâ rubente, lineis purpureis longitudinalibus flexuosis ornatâ.* Mon cabinet.

Adans. Seneg. pl. 4. f. 6. Le Girol.

Habite... les mers de l'Amérique méridionale? Mon cabinet. Elle ressemble assez, par sa forme, à un gros gland, et elle est finement marquetée de rouge-brun ou de couleur de rouille sur un fond blanchâtre; quelquefois les mailles de son réseau forment des ondes en zigzags. Cette espèce est peu commune. Longueur : 21 lignes. Sa Var. vient des mers du Sénégal. Elle est moins ventrue, et un peu plus petite.

28. Olive du Pérou. *Oliva peruviana.* **Lamk.** (1)

O. *testâ ovatâ, subventricosâ, albidâ ; punctis fusco-rubris acervatim undatis; spirâ brevi, mucronatâ ; ore albo.*

Encyclop. pl. 367. f. 4. a. b.

Oliva peruviana. Ann. ibid. nº 28.

[b] *Eadem intensiùs colorata.*

* Kammerer. Rudolst. Cab. pl. 4. f. 4. 5.

---

(1) L'espèce suivante, *Oliva senegalensis*, n'est qu'une variété de celle-ci, à laquelle Lamarck a donné le nom d'un pays où elle **ne** se rencontre jamais.

* Wood. Ind. Test. suppl. pl. 4. f. 35.

* D'Orb. Voy. Moll. p. 419. n° 326.

* Desh. Encycl. méth. Vers. t. 3. p. 653. n° 20.

Habite les côtes du Pérou. *Dombey*. Mon cabinet. Cette Olive constitue une espèce bien distincte par sa forme et ses couleurs. Longueur : 19 lignes et demie.

29. Olive du Sénégal. *Oliva senegalensis*. Lamk.

O. *testá ovatá, anteriùs turgidulá, albidá ; lineis rubris longitudinalibus undatìm flexuosis ; spirá breviusculá.*

D'Argenv. Conch. pl. 13. fig. S.

Favanne. Conch. pl. 19. fig. R.

Encycl. pl. 364. f. 3.

Oliva senegalensis. Ann. ibid. p. 318. n° 29.

Habite les côtes du Sénégal. Mon cabinet. Coquille ovale, bombée, à spire en cône court et pointu, et fort remarquable par sa coloration. Vulg. la *Papeline*. Longueur : 17 lignes trois quarts.

30. Olive fusiforme. *Oliva fusiformis*. Lamk.

O. *testá ventricosá, utrinquè attenuatá, albá ; lineis fulvis undatim flexuosis ; spirá acutá.*

Seba. Mus. 3. t. 53. fig. R.

An. Martini. Conch. 2. t. 51. f. 562?

Encycl. pl. 367. f. 1. a. b.

Oliva fusiformis. Ann. ibid. n° 30.

Habite... Mon cabinet. Elle semble avoir des rapports avec l'*O. peruviana ;* mais elle en est très distincte par sa spire élevée et pointue. Sur un fond d'un blanc de lait très brillant, elle est ornée de lignes rousses ondées ou en zigzags, qui lui donnent un aspect agréable. Longueur : 21 lignes et demie.

31. Olive ondée. *Oliva undata*. Lamk. (1)

O. *testá ovatá, ventricosá, albido-cinereá, lineis fuscis flexuosisque undatá ; spirá brevissimá ; columellá callis compressis tuberculatá.*

Lister. Conch. t. 740. f. 29.

Martini. Conch. 2. t. 47. f. 507. 508.

Chemn. Conch. 10. t. 147. f. 1373.

Encycl. pl. 364. f. 7. a. b.

Oliva undata. Ann. ibid. n° 31.

---

(1) Martini fait un singulier mélange de cette espèce avec deux autres qui en sont très distinctes : l'une très voisine de l'*Oliva irisans* de Lamarck, et l'autre est le *Fusiformis*.

* Mus. Gottw. pl. 42. f. 11. 12.
* Valentyn. Amb. Verhand. pl. 8. f. 71.
* Blainv. Malac. pl. 28. *bis.* f. 4.
* Küster. Conch. Cab. pl. 5. f. 7. 8. 12.
* *Voluta ventricosa. Pars.* Dillw. Cat. t. 1. p. 515. n° 34.
* Id. Wood. Ind. Test. pl. 19. f. 34.

Hbite les mers de Ceylan. M. Macleay. Mon cabinet. Espèce constamment distincte et bien caractérisée par sa forme, ainsi que par les
callosités de sa columelle. Elle est ovale, ventrue, à spire très courte,
et offre, sur un fond blanchâtre, des lignes brunes, longitudinales,
en zigzags irréguliers, et quelquefois de larges taches d'un brun roussâtre. Longueur : 20 lignes trois quarts.

32. Olive enflée. *Oliva inflata.* Lamk.

*O. testá ovatá, ventricosá, albido-lutescente, fusco-punctatá; spirá
brevi, mucronatá; columellá callis tuberculatá.*

Encyclop. pl. 364. f. 5. a. b.
Oliva inflata. Ann. ibid. p. 319. n° 32.
* Mus. Gottw. pl. 43. f. 45. a. b. f. 35.

Habite... Mon cabinet. Elle ressemble assez à la précédente par les callosités de sa columelle, et même par sa forme ovale, un peu ventrue ;
mais elle est colorée différemment, et sa spire, quoique très courte,
est plus éminemment mucronée. Longueur : 18 lignes.

33. Olive à deux bandes. *Oliva bicincta.* Lamk.

*O. testá ovatá, ventricosá, albá, punctis pallidè cœruleis adspersá;
fasciis duabus transversis fulvo-fuscis; spirá brevi, mucronatá; columellá tuberculatá.*

Encyclop. pl. 364. f. 1. a. b.
Oliva bicingulata. Ann. ibid. n° 33.
* Kammerer. Rudolst. Cab. pl. 3. f. 7. 8.
* Mus. Gottw. pl. 43. f. 29. 6. 32. 37. b. c. d. 426.
* Aldrov. de. Testac. p. 558. f. 5. 6. ?
* Lister. Conch. pl. 735. f. 25.
* Klein. Tentam. Ostrac. pl. 5. f. 91. a. b.
* *Voluta ventricosa.* Var. B. Dillw. Cat. t. 1. p. 515.
* Menke. Moll. Nov. Holl. Spec. p. 28. n° 45.

Habite... Mon cabinet. Elle est bien distincte des deux précédentes,
et cependant elle leur ressemble par sa forme générale, par sa spire
courte et mucronée, et par les tubercules comprimés de sa columelle.
Elle est parsemée de points ou de gouttelettes d'un gris bleuâtre, et
offre deux bandes transverses, brunes ou couleur de rouille, qui sont
quelquefois interrompues. Longueur : 14 lignes et demie.

34. Olive harpulaire. *Oliva harpularia*. Lamk.

O. testâ cylindraceâ, fulvâ aut spadiceâ, bizonatâ; maculis albis trigonis exiguis; costellis longitudinalibus obsoletissimis; spirâ exserto-acutâ; ore albido.

Chemn. Conch. 10. t. 147. f. 1376. 1377.
Oliva harpularia. Ann. ibid. n₀ 34.
* Küster. Conch. Cab. pl. 5. f. 9. 10.

Habite... Mon cabinet. Elle est d'un roux brun ou d'un brun rougeâtre, marquée de très petites taches blanches et trigones, et offre deux zones transversales. Ses petites côtes ne sont que des espèces de stries longitudinales peu sensibles au toucher, et cependant perceptibles. Longueur : environ 22 lignes.

35. Olive hépatique. *Oliva hepatica*. Lamk.

O. testâ cylindraceâ, elongatâ, castaneo-fuscescente, obscurè zonatâ; spirâ convexo-acutâ, variegatâ; ore albo.

Oliva hepatica. Ann. ibid. p. 320. n° 35.

Habite... Mon cabinet. Celle-ci est allongée, cylindracée, d'un marron brunâtre, presque sans aucune tache. Spire médiocre, pointue, panachée de blanc et de brun. Columelle striée transversalement dans toute sa longueur, et d'un beau blanc ainsi que le bord droit. Longueur : 23 lignes et demie.

36. Olive rôtie. *Oliva ustulata*. Lamk.

O. testâ cylindraceâ, fulvo-fuscâ, lineis albidis cinctâ; spirâ exserto-acutâ; ore albido.

Oliva ustulata. Ann. ibid. n° 36.

Habite... Mon cabinet. Cette coquille nous paraît inédite, et néanmoins elle est réellement distincte par ses lignes blanchâtres transverses, sur un fond très rembruni. Spire un peu élevée et pointue. Longueur : 17 lignes et demie.

37. Olive aveline. *Oliva avellana*. Lamk.

O. testâ cylindricâ, fulvo rubente, undis minimis vix perspicuis reticulatâ; spirâ retusâ; ore albo.

Oliva avellana. Ann. ibid. n° 37.

Habite... Mon cabinet. Ses ondes menues et en zigzags, et sa spire rétuse, la rendent très remarquable. Longueur : 16 lignes un quart.

38. Olive marquetée. *Oliva tessellata*. Lamk.

O. testâ cylindraceâ, luteâ; guttulis violaceo-fuscis sparsis; spirâ brevi, callosâ; ore violaceo.

Lister. Conch. t. 721. f. 6.
Gualt. Test. t. 23. fig. T.

Martini. Conch. 2. t. 46. f. 493. 494.

Encyclop. pl. 368. f. 1. a. b.

Oliva tessellata. Ann. ibid. n° 38.

* *Cylindrus tigrinus.* Meusch. Mus. Gevers. p. 370. n° 1120.

* *Voluta ispidula.* Var. Gmel. p. 3443.

* *Voluta tigrina.* Schrot. Einl. t. 1. p. 247. *Voluta.* n° 4.

* Desh. Encycl. méth. Vers. t. 3. p. 654. n° 21.

* Mus. Gottw. pl. 42. f. 5. f. 15. h.

Voluta oliva. Var. 1. Born. Mus. p. 215.

* Küster. Conch. Cab. pl. 3. n° 8. pl. 6. f. 78.

Habite... Mon cabinet. Petite Olive fort jolie, et très distincte de l'*O. guttata*, quoique tachetée de la même manière. Sa spire est calleuse, en sorte que son canal n'est conservé que sur le bord du dernier tour. Longueur : 11 ligues et demie.

39. Olive carnéole. *Oliva carneola.* Lamk.

O. testá cylindraceá, luteo-aurantiá, subfasciatá ; spirá obtusá, semicallosá ; ore albo.

Martini. Conch. 2. t. 46. f. 495.

Voluta carneolus. Gmel. p. 3443. n° 24.

Encycl. pl. 365. f. 5. a. b.

Oliva carneola. Ann. ibid. p. 321. n° 39.

* Seba. Mus. t. 3. pl. 53. f. k.

* *Voluta oliva.* Var. N. Born. Mus. p. 214.

* *Voluta carneola.* Dillw. Cat. t. 1. p. 520. n° 43.

* *Id.* Wood. Ind. Test. pl. 19. f. 43.

* Desh. Ency. méth. Vers. t. 3. p. 654. n° 22.

* Küster. Conch. Cab. p. 16. n° 9. pl. 6. f. 10. 11.

Habite... Mon cabinet. Coquille ovale-cylindracée, obtuse au sommet, d'un jaune orangé, souvent tachée de violet près de la spire. Elle offre tantôt une large zone blanche qui l'entoure, tantôt deux fascies blanches et étroites, et tantôt une couleur non interrompue par aucune bande. Longueur : 10 lignes.

40. Olive ispidule. *Oliva ispidula.* Lin.

O. testá cylindraceá, angustá, colore variá ; spirá prominulá, acutá ; ore fuscato.

Voluta ispidula. Lin. Syst. Nat. éd. 12. p. 1188. Gmel. p. 3442. n° 23.

Oliva ispidula. Ann. ibid. n° 40.

[a] *Var. testá albá, maculis parvis violaceo-fuscis insignitá ; zoná cœruleo-violaceá infrà spiram.* Mon cabinet.

Seba. Mus. 3. t. 53. fig. X.

Knorr. Vergn. 3. t. 19. f. 3.

Martini. Conch. 2. t. 49. f. 524. 525.

Encyclop. pl. 366. f. 6. a. b.

[*b*] *Var. testá albá; zonis duabus vel tribus cœruleo-fuscis.* Mon cabinet.

Bonanni. Recr. 3. f. 369.

Rumph. Mus. t. 39. f. 7.

Petiv. Gaz. t. 59. f. 8. et Amb. t. 22. f. 7.

Martini. Conch. 2. t. 49. f. 530.

[*c*] *Var. testá fulvo-lutescente, violaceo-guttatá.* Mon cabinet.

Martini. Conch. 2. t. 49. f. 522. 523. et 527–529.

[*d*] *Var. testá fulvo-cœrulescente nebulatá; maculis violaceo-fuscis.* Mon cabinet.

* Mus. Gottw. pl. 42. f. 21. 22. 23. 24.

* *Voluta ispidula.* Lin. Syst. nat. éd. 10. p. 730.

* *Id.* Lin. Mus. Ulr. p. 594.

* Martini. Conch. t. 2. pl. 49. f. 530. 531. et 534 à 538.

* *Voluta ispidula.* Born. Mus. p. 216. *exclus. plur. variet.*

* *Id.* Schrot. Einl. t. 1. p. 267. n° 9.

* *Voluta oliva.* Var. S. Dillw. Cat. t. 1. p. 513.

* *Voluta ispidula.* Dillw. Cat. t. 1. p. 517. n° 38. *variet. exclus.*

* *Id.* Wood. Ind. Test. pl. 19. f. 38.

* Desh. Ency. méth. Vers. t. 3. p. 655. n° 23.

* Küster. Conch. Cab. pl. 4. t. 1 à 4 et 6 à 10. pl. 6. f. 13. 14.

Habite l'Océan-Indien. Mon cabinet. Cette Olive offre beaucoup de variétés dans ses couleurs ; mais toutes ces variétés appartiennent à une espèce caractérisée par une forme cylindracée, une spire un peu élevée et pointue, et la couleur rembrunie, enfumée ou violâtre de l'ouverture. Longueur des plus grandes : 17 lignes.

41. Olive oriole. *Oliva oriola.* Lamk.

O. testá cylindraceá, angustá, castaneá; spirá brevi, acutá; ore albo.

Martini. Conch. 2. t. 49. f. 537. 538.

Encycl. pl. 366. f. 3. a. b.

Oliva oriola. Ann. ibid. n° 41.

[*b*] *Var. testá luteá.* Mon cabinet.

Martini. Conch. 2. t. 49. f. 534–536.

Encyclop. pl. 367. f. 2. a. b.

* *Voluta oliva.* Var. V. Dillw. Cat. t. 1. p. 513.

* Desh. Ency. méth. Vers. t. 3. p. 655. n° 24.

* Küster. Conch. Cab. pl. 4. f. 15. 18. 19.

Habite... l'Océan Indien? Mon cabinet. Quelque rapport que cette

Olive ait avec la précédente, elle s'en distingue toujours aisément par sa spire plus courte, et par son ouverture blanche, rarement pâle ou altérée. Longueur : 13 lignes et demie.

42. Olive blanche. *Oliva candida.* Lamk.

> *O. testá ovato-cylindraceá, albá; immaculatá ; spirá subacutá; plicis columellæ remotiusculis.*

Encyclop. pl. 368. f. 4. a. b.

Oliva candida. Ann. ibid. p. 322. n° 42.

[*b*] *Var. testá pallidè citriná.* Mon cabinet.

* Küster. Conch. Cab. pl. 6. f. 9.

Habite... Mon cabinet. La forme de celle-ci présente un léger renflement qui n'a point lieu dans les deux précédentes; et quant à sa coloration, elle est toute blanche, immaculée, sans être néanmoins fossile. Longueur : 15 lignes trois quarts.

43. Olive volutelle. *Oliva volutella.* Lamk.

> *O. testá ovato-conicá, subcœruleá, ad spiram basimque luteo-fuscatá ; spirá validè productá, acutá.*

Oliva volutella. Ann. ibid. n° 43.

* Swain. Zool. Ill. 2ᵉ série. t. 2. pl. 40. p. 1.

* Gray dans Beech. Voy. Zool. p. 131.

* *Oliva cœrulea.* Wood. Ind. Test. Suppl. pl. 1. f. 36.

Habite les côtes du Mexique. MM. de Humboldt et Bonpland. Mon cabinet. L'élévation de sa spire, dont les tours sont aplatis, donne à cette Olive une forme tout-à-fait particulière. L'ouverture est d'un roux brun, et occupe à peine les deux tiers de la longueur de la coquille. Celle-ci est bleuâtre; mais sa base et sa spire sont d'un jaune brun. Longueur : 14 lignes.

44. Olive tigrine. *Oliva tigrina.* Lamk.

> *O. testá cylindraceo-ventricosá, albidá ; punctis lividis lineisque fusci flexuoso-angulatis ; spirá brevi.*

An Gualt. Test. t. 23. fig. PP ?

Martini. Conch. 2. t. 45. f. 475.

Oliva tigrina. Ann. ibid. n° 44.

* Wood. Ind. test. pl. 19. f. 42.

Habite... Mon cabinet. Coquille cylindracée, ventrue, à spire très courte, mucronée, et à bords des sutures non flambés. Ses points sont d'un cendré livide, et disposés en lignes fléchies. Ouverture blanche. Longueur : 21 lignes.

45. Olive du Brésil. *Oliva brasiliensis.* Chemn.

> *O. testá turbinatá ; strigis longitudinalibus rectis alternatim albidis et*

pallidè fulvis ; lineolis fuscis capillaribus transversis ; spirá latá, depressá ; columellá supernè callosá.

Chemn. Conch. 10. t. 147. f. 1367. 1368.

Oliva brasiliana. Ann. ibid. n° 45.

* Kammerer. Rudolst. Cab. pl. 4. f. 1. 2.

* Schumm. Nouv. Syst. p. 144.

* Desh. Encycl. méth. Vers. t. 3. p. 657. n° 28.

* Swain. Zooll. ill. 1ʳᵉ sér. t. 1. pl. 42.

* D'Orbig. Voy. moll. p. 420. n° 327.

* Küster. Conch. Cab. pl. 5. f. 1. 2.

* *Voluta pinguis.* Dillw. Cat. t. 1. p. 516. n° 36.

* Id. Wood. Ind. Test. pl. 19. f. 36.

Habite les côtes du Brésil. Mon cabinet. Coquille très singulière par sa forme, ayant presque l'aspect d'un cône, et à spire large, courte, aplatie, mucronée au centre, et dont le canal ne se continue pas jusqu'au sommet. Columelle blanche, très calleuse supérieurement. Longueur : environ 22 lignes.

46. Olive utricule. *Oliva utriculus.* Lamk. (1)

O. testá ovatá, anteriùs ventricosá, cinereo-cœrulescente ; basi zoná obliquá, luteá, fusco-flammulatá ; spirá conoideá, acutá ; columellá callosá, albá.

Lister. Conch. t. 723. f. 10. et pl. 730. f. 19.

Petiv. Gaz. t. 19. f. 9.

D'Argenv. Conch. pl. 13. fig. M.

Favanne. Conch. pl. 19. fig. E. 3.

Knorr. Vergn. 2. t. 12. f. 4. 5.

Martini. Conch. 2. p. 180. pl. 49. f. 539. 540. t. 50. f. 541. 542. et t. 51. f. 565. 566.

Voluta utriculus. Gmel. p. 3441. n° 19. *Var. pleris. exclus.*

Encyclop. pl. 565. f. 6. a. b. c.

---

(1) Le *Voluta utriculus* de Gmelin est un assemblage incohérent de cinq à six espèces qui n'ont presque point de rapport entre elles. Parmi ces espèces se trouve le *Voluta gibbosa* de Born. Born a très bien caractérisé cette espèce, et lui a donné une synonymie irréprochable qui correspond à celle de l'*Utriculus* réformé de Lamarck : aussi, pour éviter toute confusion et rétablir la nomenclature, il convient de restituer à cette espèce son premier nom, et de l'inscrire sous celui d'*Oliva gibbosa.*

Oliva utriculus. Ann. ibid. p. 323. n° 46.

[*b*] *Var. testâ medio fasciâ albâ cinctâ.*

Oliva cingulata. Chemn. Conch. 10. t. 147. f. 1369. 1370.

* *Testa arte denudata.* Knorr. Vergn. t. 5. pl. 4. f. 4.

* *Voluta gibbosa.* Born. Mus. p. 215.

* Schumm. Nouv. Syst. p. 244.

* *Voluta* Schrott. Einl. t. 1. p. 252. n° 20.

* *Voluta gibbosa.* Dillw. Cat. t. 1. p. 517. n. 37.

* *Voluta utriculus.* Wood. Ind. Test. pl. 19. f. 37.

* Desh. Encyclop. méth. Vers. t. 3. p. 657. n° 27.

* Küster. Conch. Cab. pl. 3. f. 1. 2. pl. 5. f. 3. 4.

Habite... Mon cabinet. Cette Olive se rapproche de la précédente par
ses rapports ; mais sa spire est un peu élevée et pointue, avec un canal
qui se propage jusqu'au sommet. Elle est d'un cendré bleuâtre sur le
dos, et sa base dorsale offre une zone oblique, large, jaune, et flammulée de brun. Sous son plan testacé extérieur, elle est marbrée de
fauve et de blanc, de manière que lorsqu'on enlève ce plan, on a une
coquille différemment colorée, que l'on pourrait prendre pour une
autre espèce, si ce fait n'était point connu. Longueur : 2 pouces
2 lignes et demie.

47. Olive auriculaire. *Oliva auricularia.* Lamk. (1)

O. *testâ ventricosâ, albido-cinereâ ; basi fasciâ latâ obliquâ ; columellâ
callosâ, complanatâ.*

Oliva auricularia. Ann. ibid. n° 47.

* Klein. Tentam. Ostrac. pl. 5. f. 96 ?

* *Oliva patula.* Sow. Tank. Cat. app. p. 33.

* Guérin Icon. du Règ. anim. Moll. pl. 16. f. 13.

Habite les côtes du Brésil. Collect. du Mus. C'est encore une Olive voisine de la précédente par ses rapports ; mais elle est ventrue dans
son milieu, et non près de la spire. Elle a d'ailleurs la columelle très
aplatie, et, en général, la coquille est plus déprimée que dans aucune
autre espèce. Sa taille est la même que celle de l'*O. utriculus,* ou un
peu au-dessous.

48. Olive acuminée. *Oliva acuminata.* Lamk.

O. *testâ elongatâ, cylindricâ, albido cinereoque marmoratâ ; fasciis*

---

(1) M. A. d'Orbigny a confondu avec cette espèce, une coquille très différente, à laquelle déjà depuis long-temps M. Gray

duabus fulvis distantibus; spirâ exsertâ, acuminatâ ; ore albo.

Lister. Conch. t. 722. f. 9.

Bonanni. Recr. 3. f. 141.

Rumph. Mus. t. 39. f. 9.

Petiv. Gaz. t. 102. f. 18.

Seba. Mus. 3. t. 53. fig. P. Q.

Knorr. Vergn. 3. t. 17. f. 2. et 5. t. 18. f. 1.2.

Martini. Conch. 2. t. 50. f. 551-553.

Encyclop. pl. 368. f. 3.

Oliva acuminata. Ann. ibid. n° 48.

* Mus. Gottv. pl. 43. f. 51. a.

* *Voluta ispidula.* Var. γ. Born. Mus. p. 217.

* Id. Var. A. Dillw. Cat. t. 1. p. 518.

* Desh. Encyclop. méth. Vers. t. 3. p. 646. n° 1.

* Küster. Conch. Cab. pl. 3. f. 11. 12. 13.

Habite l'Océan Indien, les côtes de Java, etc. Mon cabinet. Espèce remarquable par sa forme allongée, et par sa spire élevée et pointue.
Columelle blanche, calleuse dans sa partie supérieure. Longueur :
2 pouces 8 lignes.

49. Olive subulée. *Oliva subulata.* **Lamk.**

O. *testâ cylindraceo-subulatâ, fusco-plumbeâ; basi zonâ fulvo-rufescente latâ et obliquâ; anfractuum margine superiore fusco-maculato ;
ore albo-cærulescente.*

Gualt. Test. t. 23. fig. RR.

Martini. Conch. 2. t. 50. f. 549. 550.

Encyclop. pl. 368. f. 6. a. b.

Oliva subulata. Ann. ibid. p. 324. n° 49.

* Mus. Gottv. pl. 43. f. 51. b. c. f. h.

* *Voluta ispidula.* Var. B. Dillw. Cat. t. 1. p. 518.

* Blainv. Malac. pl. 28 *bis.* f. 6.

* Sow. Conch. Mus. f. 458.

* Sow. Genera of Shells. f. 3.

* Desh. Encycl. méth. Vers. t. 3. p. 446. n° 2.

* Küster. Conch. Cab. pl. 3. f. 9. 10.

* Reeve. Conch. Syst. t. 2. p. 243. pl. 273. f. 3.

Habite l'Océan Indien, les côtes de Java. M. Leschenault. Mon cabinet.
Celle-ci est constamment plus étroite, moins tachetée, moins veinée,
et d'une couleur plus rembrunie que la précédente. Sa spire allon-

---

dans le supplément à l'ouvrage de Wood, avait donné le nom
d'*Oliva biplicata.*

gée en pointe la fait paraître subulée. Columelle un peu calleuse au
sommet. Longueur : 20 lignes.

50. Olive lutéole. *Oliva luteola.* **Lamk.**

O. testâ cylindraceâ, albido-lutescente, maculis pallidè fuscis undatâ ;
spirâ convexo-acutâ, immaculatâ ; columellâ callosâ.

Gualt. Test. t. 24. fig. A.

Martini. Conch. 2. t. 50. f. 554.

Oliva luteola. Ann. ibid. n° 50.

[b] *Var. testâ infrà spiram turgidulâ.* Mon cabinet.

* *Voluta ispidula.* Var. C'. Dillw. Cat. t. 1. p. 518.

* Küster. Conch. Cab. pl. 3. f. 14.

Habite... Mon cabinet. Coquille jaunâtre, marquetée ou ondée par des
taches livides ou d'un brun pâle, et ayant à sa base une large zone,
oblique, et d'un jaune un peu intense. Longueur : 17 lignes et demie.

51. Olive testacée. *Oliva testacea.* **Lamk.**

O. testâ cylindraceo-ventricosâ, dorso testaceâ ; spirâ basique fuscatis ;
ore subviolaceo, infernè patulo.

Oliva testacea. Ann. ibid. n° 51.

Habite la mer du Sud, sur les côtes du Mexique. MM. de Humboldt et
Bonpland. Mon cabinet. Espèce très distincte de toutes celles de son
genre, ayant la spire courte, très brune, ainsi que la base du dernier
tour, et le dos couleur de bois ou de terre cuite. Son ouverture, par
un écartement du bord droit, est graduellement dilatée vers sa base.
Columelle calleuse supérieurement. Longueur : environ 2 pouces.

52. Olive hiatule. *Oliva hiatula* **Lamk. (1)**

O. testâ ventricoso-conicâ, albidâ vel cinereo-cærulescente, venis flexuosis fuscis undatâ ; spirâ prominente, acutâ ; ore infernè patulo.

An Gualt. Test. t. 23. fig. SS?

Encyclop. pl. 368. f. 5. a. b.

Oliva hiatula. Ann. ibid. p. 325. n° 52.

[b] *Var. testâ minore, maculis parvis pallidè fuscis notatâ.* Mon cabinet.

Lister. Conch. t. 729. f. 17.

Adans. Seneg. pl. 4. f. 7. l'Agaron.

Martini. Conch. 2. t. 50. f. 555.

---

(1) Cette espèce a son analogue fossile aux environs de
Bordeaux et de Dax. Lamarck l'a inscrite sous le nom d'*Oliva
plicaria.* Il sera donc convenable de joindre ces deux espèces
qui n'en font réellement qu'une seule.

40.

Voluta hiatula. Gmel. p. 3442. n° 20.
* *Ancilla maculata.* Schumm. Nouv. Syst. p. 244.
* *Voluta hiatula.* Dillw. Cat. t. 1. p. 518. n° 39.
* Id. Wood. Ind. Test. pl. 19. f. 39.
* Desh. Encyclop. méth. Vers. t. 3. p. 656. n° 25.
* *Hiatula Lamarkii.* Swain. Zool. ill. 2° série. t. 2. pl. 76. f. 2.
* Küster. Conch. Cab. pl. 3. f. 15.

Habite l'Océan Américain austral et les côtes du Sénégal. Mon cabinet. Elle a beaucoup de rapports avec la précédente par la forme de son ouverture; mais sa spire plus élevée, et sa coloration bien différente, l'en distinguent. La partie inférieure de sa columelle est plissée très obliquement, et le pli le plus bas est plus gros que les autres. Ces plis sont très blancs, tandis que dans la var. [b] ils sont d'un brun marron. Longueur de l'espèce principale : 22 lignes.

53. Olive obtusaire. *Oliva obtusaria.* Lamk.

O. testá majusculá, cylindraceá, pallidè carneá, maculis rufo-castaneis irregularibus crebris undatá, sub-bifasciatá; spirá brevi, obtusá, longitudinaliter fusco-lineatá; ore albido.

Habite... Mon cabinet. Grande et belle Olive, remarquable par sa spire courte, obtuse et rayée de brun. Columelle striée inférieurement, non calleuse. Longueur : 2 pouces 11 lignes.

54. Olive de Ceylan. *Oliva zeilanica.* Lamk.

O. testá cylindraceá, aurantio-luteá; lineis longitudinalibus creberrimis undatìm flexuosis fusco-cærulescentibus; spirá exserto-acutá, fusco-sublineatá.

Habite les mers de Ceylan. M. Macleay. Mon cabinet. Espèce fort jolie par sa coloration, offrant, sur un fond d'un jaune presque orangé, quantité de lignes longitudinales serrées, ondées, légèrement fléchies, un peu en réseau et d'un brun nué de bleu. Ouverture blanche. Longueur : 2 pouces 7 lignes.

55. Olive nébuleuse. *Oliva nebulosa.* Lamk.

O. testá ovato-cylindraceá, cinereo luteo cæruleoque nebulosá; basi zoná luteo-fulvá, fusco-flammulatá; spirá exsertiusculá, acutá: anfractibus convexis, margine superiore fusco-punctatis; columellá callosá.

Martini. Conh. 2. t. 49. f. 539. 540.
* Küster. Conch. Cab. pl. 4. f. 11. 12.

Habite les côtes de Ceylan. M. Macleay. Mon cabinet. Plus petite et moins jolie que celle qui précède, cette espèce nous paraît néanmoins distincte de toutes les Olives que nous connaissons. Longueur : 15 lignes trois quarts.

52. Olive féverolle. *Oliva fabagina.* **Lamk.**

> *O. testá brevi, ovatá, albo fuscoque vel fulvo-variegatá ; spirá brevi, acutá.*

Martini. Conch. 2. t. 49. f. 532. 533.

Encycl. pl. 363. f. 5. a. b.

Oliva fabagina. Ann. ibid. n° 53.

* *Voluta ventricosa.* Var. D. Dillw. Cat. t. 1. p. 515.

* Küster. Conch. Cab. pl. 4. f. 13. 14.

Habite... Il n'y a point de doute que cette Olive ne soit une espèce très distinguée de celles que l'on connait, tant sa forme est particulière. Elle est singulièrement courte, relativement à sa largeur. Je ne possède point cette espèce.

57. Olive conoïdale. *Oliva conoidalis* **Lamk.** (1)

> *O. testá ovato-conicá, cinereo-lutescente aut virescente, venosá ; anfranctuum margine superiore maculato; spiræ canali angustissimo.*

Lister. Conch. t. 725. f. 13.

Petiv. Gaz. t. 152. f. 6.

Martini. Conch. 2. t. 50. f. 556.

Voluta jaspidea. Gmel. p. 3442. n° 21.

Oliva conoidalis. Ann. ibid. n° 54.

[*b*] *Var. testá punctiferá.*

Lister. Conch. t. 726. f. 13. a.

[*c*] *Var. testá graciliore, achatiná.* Mon cabinet.

* Schrot. Einl. t. 1. p. 254. *Voluta.* n° 26.

* *Voluta jaspidea.* Dillw. Cat. t. 1. p. 519. n° 41.

* Id. Wood. Ind. Test. pl. 19. f. 41.

* Desh. Encycl. méth. Vers. t. 3. p. 656. n° 26.

---

(1) Je ne cesserai de le répéter, si l'on veut avoir une nomenclature en histoire naturelle, il ne faut, sous aucun prétexte tolérer les changemens dans les noms spécifiques. La loi de l'antériorité doit être inflexible : si elle cessait de l'être, la confusion s'accroîtrait sans cesse, et deviendrait un obstacle puissant aux progrès de la science. Malheureusement Lamarck n'a pas assez senti la néoessité de la sévérité qui doit régner dans la nomenclature, et il s'est trop souvent permis de changer les noms donnés par ses devanciers. Aujourd'hui il faut restituer à toutes les espèces leur premier nom : celle-ci deviendra donc l'*Oliva jaspidea.*

* Küster. Conch. Cab. pl. 3. f. 16.

Habite l'Océan des Antilles. Mon cabinet. Petite Olive ovale-conique, à spire élevée et pointue, et qui a l'aspect d'un Buccin. Elle varie à fond blanchâtre, jaunâtre, ou couleur de chair, obscurément moucheté ou veiné. Le bord supérieur des tours offre une zone panachée et tachetée de blanc et de rouge brun. La bande oblique de la base présente une zone plus large, et diversement panachée. Longueur : 8 lignes. La var. [*c*] est plus petite, et habite les mers du Sénégal.

58. Olive ondatelle. *Oliva undatella*. Lamk.

O. testá ovato-conicá, fuscescente; anfractuum margine superiore fasciá luteá angustá, transversim fusco-lineatá; zoná baseos latá luteá, lineis fuscis pictá; ore fusco.

Oliva undatella. Ann. ibid. p. 326. n° 55.

* Gray. dans Beech. Voy. Zool. p. 131. pl. 36. f. 23. 27. 26.

Habite l'Océan Pacifique, sur les côtes d'Acapulco. MM. de Humboldt et Bonpland. Mon cabinet. Celle-ci, voisine de la précédente, en diffère par sa spire moins élevée, par sa columelle striée différemment, et par ses caractères de coloration. Longueur : 6 lignes.

59. Olive ivoire. *Oliva eburnea* Lamk. (1)

O. testá cylindraceo-conicá, albá, fasciis duabus purpureis interruptis distantibus cinctá; spirá prominente.

Martini. Conch. 2. t. 50. f. 557.

Oliva eburnea. Ann. ibid. n° 56.

[*b*] *Var. penitùs alba.* Mon cabinet.

Martini. Conch. 2. t. 50. f. 558.

Voluta nivea. Gmel. p. 3442. n° 22.

* *Voluta nivea.* Dillw. Cat. t. 1. p. 519. n° 40.

* Id. Wood. Ind. Test. pl. 19. f. 40.

* Desh. Encycl. méth. t. 3. p. 647. n° 4.

* Küster. Conch. Cab. pl. 3 f. 17. 18.

Habite la mer d'Espagne, selon Gmelin. Mon cabinet. Quoique très voisine de l'*O. conoidalis*, cette espèce en est bien distincte par sa spire plus allongée, de manière que l'ouverture n'a que la moitié de la longueur de la coquille. Elle est blanche, avec deux zones écartées, tachetées de pourpre. Quelquefois on aperçoit des ondes purpurines entre les deux zones. Longueur : 8 lignes un quart.

---

(1) Voici encore une espèce à laquelle on devra rendre **son** premier nom, donné par Gmelin, comme Lamarck le constate lui-même dans sa synonymie.

60. **Olive naine.** *Oliva nana.* **Lamk.**

O. testá exiguá, ovatá, cinereo-lividá, lineis fuscis aut purpureis un-datá; spirá gibbosulá, prominente; columellá callosá.

Lister. Conch. t. 733. f. 22.

Martini. Conch. 2. t. 5o. f. 543. 544.

Encyclop. pl. 363. f. 3. a. b.

Oliva nana. Ann. ibid. n° 57.

[*b*] *Var. testá minore; spirá vix gibbosulá.* Mon cabinet (1).

Martini. Conch. 2. t. 5o. f. 545—547.

* *Voluta ispidula.* Var. ζ. Born. Mus. p. 217.

* Desh. Encycl. mét. Vers. t. 3. p. 647. n° 5.

* Gray. dans Beech. Voy. p. 131.

* Küster. Conch. Cab. pl. 3. f. 3. 4.

* *Voluta micans.* Dillw. Cat. t. 1. p. 521. n°. 44.

* Schrot. Einl. t. 1. p. 253. *Voluta.* n° 21.

* *Voluta nitidula.* Dillw. Cat. t. 1. p. 521. n° 45.

* Schrot. Einl. t. 1. p. 253. *Voluta.* n° 4.

* *Voluta micans.* Wood. Ind. Test. pl. 19. f. 44.

* Küster. Conch. Cab. pl. 3. f. 6. 7.

Habite l'Océan Américain. Collect. du Mus., pour l'espèce principale; mon cab., pour la var. [b]. Longueur de celle-ci : 4 lignes.

61. **Olive zonale.** *Oliva zonalis.* **Lamk.**

O. testá minimá, ovatá, fasciis albis et fuscis aut fulvis alternatìm zo-natá; spirá conicá; aperturá breviusculá.

Oliva zonalis. Ann. ibid. p. 327. n° 58.

* Gray. Dans Beech. Voy. Zool. p. 131. pl. 36. f. 25.

Habite les mers du Mexique, près d'Acapulco. MM. de Humboldt et Bonpland. Mon cabinet. Très petite Olive, d'une forme ovale, un peu conique. Ouverture de moitié plus courte que la coquille. Longueur de celle-ci : 2 lignes 3 quarts.

62. **Olive grain-de-riz.** *Oliva oryza.* **Lamk.**

O. testá minimá, ovato-conicá, candidá, immaculatá; spirá conoideá.

Martini. Conch. 2. t. 5o. f. 548.

Oliva oryza. Ann. ibid. n° 59.

* *Voluta oryza.* Dillw. Cat. t. 1. p. 522. n° 46.

---

(1) Lamarck confond ici deux espèces très distinctes. La variété figurée, il est vrai, d'une manière imparfaite par Martini, constitue une espèce toujours différente de l'*Oliva nana*. Cette variété deviendra l'*Oliva nitidula* de Dillwyn.

* Wood. Ind. Test. pl. 19. f. 46.
* Küster. Conch. Cab. pl. 3. f. 8.
Habite... Mon cabinet. Longueur : 3 lignes.

† 63. Olive téhuelche. *Oliva tehuelchana*. D'Orb.

O. testá elongatá, angustatá, albidá; spirá elongatá, acuminatá; aperturá triangulari, anticè dilatatá, posticè angustatá; labro columellari lævigato, anticè uniplicato.

D'Orbig. Voy. en Am. Moll. p. 418. pl. 49. f. 7-12.

Habite la baie de San-Blas, en Patagonie.

L'animal, avec les mêmes formes que dans l'*O. puelchana*, est encore un peu moins volumineux, les lobes du bouclier sont plus étroits, très acuminés. Sa couleur est d'un blanc uniforme; l'opercule est plus étroit, plus allongé.

Coquille étroite, très allongée; spire allongée, conique, à sommet aigu, composée de cinq tours assez larges, fortement séparés par le canal sutural profond; bouche large en avant, très étroite en arrière; columelle pourvue d'un seul pli en avant et légèrement encroûtée en arrière du bord postérieur. Couleur blanche; elle diffère de l'*O. puelchana* par sa forme plus allongée, plus aiguë, par sa couleur blanche uniforme, par son bord columellaire pourvu d'un seul pli, au lieu de trois. Elle s'enfonce profondément dans le sable au niveau des plus basses marées.

Elle est longue de 8 millim., et large de 3.

Nous empruntons à M. d'Orbigny la description textuelle de cette espèce et de la suivante, ce naturaliste ayant donné les figures intéressantes des animaux et des détails curieux sur leur manière de vivre. Nous ajouterons ici quelques observations qui n'ont pas trouvé place dans nos généralités. M. d'Orbigny admet une famille pour les Olives, dans laquelle il introduit les trois genres : Olive, Ancillaire et Cône. Nous avons eu occasion de discuter la valeur des caractères de ces genres, et nous avons fait voir que celui des Cônes n'avait aucun rapport avec ceux auxquels M. d'Orbigny les associe.

† 64. Olive puelche. *Oliva puelchana*. D'Orb.

O. testá ovato-conicá, fusco-violaceá, anticè posticèque albido-cinctá; spirá elongatá, conicá, apice acuminatá; aperturá anticè dilatatá, posticè angustatá; columellá lævigatá, anticè triplicatá.

D'Orb. Voy en Am. Moll. p. 418. pl. 49. f. 13-19.

Habite la baie de San-Blas, en Patagonie.

Animal peu volumineux, enveloppant seulement la partie antérieure de la coquille; le pied, ovale transversalement, se relève sur la coquille; bouclier très étroit, déprimé, pourvu de deux lobes lancéolés et fortement acuminés latéralement ; tube long ; sur la partie postérieure du pied un opercule subtriangulaire, allongé, corné, mince. Couleur de l'animal, d'un jaune très pâle.

Coquille ovale, allongée, conique ; spire allongée, occupant la moitié de la longueur totale, conique, à sommet acuminé, composé de sept tours aplatis, bien séparés par le canal sutural ; bouche étroite en arrière, élargie en avant ; bord columellaire lisse, marquée en avant de trois petits plis obliques ; en arrière, il y a un large encroûtement peu convexe, sa couleur est variable, blanchâtre, nuagée de fauve ou violet foncé, avec une ligne blanche transversale près du sillon antérieur, et une autre sur la suture.

Cette jolie petite espèce, bien distincte par son bord columellaire lisse, par sa spire saillante, habite en grand nombre les parties peu agitées des bancs de sable de la baie de San-Blas, en Patagonie. Nous l'avons recueillie au niveau des marées basses ordinaires. Elle s'enfonce sous le sable, et laisse en dehors une légère trace. Nous l'avons placée avec du sable dans un vase, où elle vécut plusieurs jours ; c'est alors que nous nous sommes aperçu d'un manége assez singulier : souvent, au milieu de sa marche rapide, elle développe tout d'un coup les lobes de son pied, s'élance dans les eaux, y papillonne à la manière des Ptéropodes, puis se laisse tomber au fond, où elle recommence à ramper en se cachant sous le sable.

Elle est longue de 12 millim. et large de 5.

† 65. Olive columellaire. *Oliva columellaris*. Sow.

O. testá oblongá, depressá, fuscá; apice, basique, fasciis duabus albidis; labio columellari albo, incrassato, calloso; callo supernè inter superiorem labii externi partem et spiram interposito; plicá unicá ad basim internam columellæ; aperturá supernè acutá, subtùs effusá; margine albido; operculo tenui, lanceolato, corneo.

Sow. Tank. Cat. App. p. 34.
Wood. Ind. Test. Suppl. pl. 4. f. 34.
D'Orb. Voy. Moll. p. 419. n° 325.
Habite les mers du Pérou.

Petite coquille très singulière, allongée, très pointue au sommet, dilatée à la base. On compte sept à huit tours à la spire ; ils sont aplatis, d'un blanc jaunâtre, et séparés entre eux par une suture canaliculée étroite et profonde. L'ouverture est petite, en triangle, très allongée très étroite à son extrémité postérieure et dilatée à sa base ; son bord droit est mince et tranchant ; en dedans il est d'un beau brun marron, avec une zone blanchâtre médiane. La columelle est blanche, chargée dans toute sa longueur d'une énorme callosité, à la base de laquelle se trouve l'indice d'un bourrelet très oblique; cette columelle est simple et sans plis: du milieu de sa longueur s'échappe une zone d'un blanc d'ivoire venant aboutir obliquement à l'angle antérieur du bord droit. Cette petite coquille se reconnaît assez bien à la coloration: elle est d'un brun grisâtre foncé, et elle est ornée de trois zones blanches transverses. Il y a cependant des individus blanchâtres, et d'autres presque entièrement bruns, chez lesquels les zones transverses ont disparu à-peu-près.

Cette petite espèce est longue de 17 millim., et large de 8.

† 66. Olive à deux plis. *Oliva biplicata*. Sow.

O. testâ ovali, griseo-fulvescente, longitudinaliter substriatâ, lævi; spirâ subacuminatâ; suturâ subfuscâ; columellâ lævi, supernè callosâ, ad basim biplicatâ; aperturâ, columellæ basi, cinguloque basali violaceo tinctis.

Wood. Ind. Test. Suppl. pl. 4. f. 33. *Oliva nux.*

Oliva biplicata. Sow. Tank. Cat. App. p. 33.

Olivancillaria auricularia. D'Orb. Voy. p. 421. pl. 59. f. 20-22.

Habite la côte nord de l'Amérique.

M. D'Orbigny a confondu cette espèce avec l'*Oliva auricularia* de Lamarck. Ces coquilles sont cependant très différentes, et malgré la brièveté de la description de Lamarck, il est impossible de s'y méprendre. L'*Oliva biplicata* est une jolie espèce ovale-glandiforme, à spire pointue, peu allongée, blanchâtre ou brunâtre, composée de six à sept tours aplatis et séparés par un canal très étroit. Le dernier tour, rétréci à son extrémité antérieure, se termine par une échancrure large et peu profonde, entourée par une zone columellaire lisse et d'un beau violet. L'ouverture est allongée, très étroite à son extrémité postérieure, dilatée à sa base; son bord droit est mince et tranchant. La columelle est obliquement tronquée à son extrémité antérieure; au-dessus de la troncature elle porte un pli saillant et oblique, divisé en deux par une faible rainure; au-dessus, la columelle est lisse, mais épaisse et calleuse dans le reste de son étendue; cependant elle est loin de présenter l'aplatissement et l'énorme callosité qui caractérise l'Olive auriculaire. Vers le milieu de la columelle, au-dessus du bord gauche, part obliquement un petit sillon brunâtre qui va gagner l'extrémité antérieure du bord droit; ce sillon circonscrit la zone lisse qui occupe la base de la coquille. Le reste de la surface est lisse et poli, et il faut un grossissement assez fort pour apercevoir les stries d'accroissement. Tout le milieu de la coquille est d'un gris tantôt brunâtre, tantôt violâtre. L'intérieur de l'ouverture, ainsi que la base de la columelle, sont teints de violet peu foncé.

Cette espèce est longue de 25 millimètres et large de 14. Il existe une variété d'un brun gris très intense, et une autre qui est presque blanche.

Espèces fossiles.

1. Olive à gouttière. *Oliva canalifera.* **Lamk.**

O. testâ subfusiformi; spirâ conico-acutâ ; callo columellœ canalifero.

Oliva canalifera. Ann. du Mus. vol. 16. p. 327. n° 1.

Habite... Fossile des environs de Paris, etc., communiquée par M. Montfort. Mon cabinet. Olive cylindracée-conique, offrant à la base de sa columelle une callosité oblique, striée avec un sillon particulier plus grand, qui ressemble à une gouttière. Long. : 14 lignes et demie.

2. Olive plicaire. *Oliva plicaria.* **Lamk.**

O. testâ elongatâ, cylindraceo-conicâ ; spirâ acutâ, breviusculâ ; columellâ longitudinaliter plicatâ.

Oliva plicaria. Ann. ibid. n° 2.

Habite... Fossile des environs de Bordeaux. Mon cabinet. Son ouverture est ample et lâche inférieurement, comme dans l'*O. hiatula.* Ses plis columellaires sont tellement obliques, qu'ils sont presque longitudinaux. Longueur: 13 lignes.

3. Olive chevillette. *Oliva clavula.* **Lamk.**

O. testâ cylindraceo-subulatâ; spirâ prominente, acutâ; striis columellœ numerosis.

Oliva clavula. Ann. ibid. p. 328. n° 3.

* Bast. Coq. Fos. de Bord. p. 42. n. 2. pl. 2. f. 7.

* Reeve. Conch. Syst. t. 2. p. 244. pl. 273. f. 4.

* Sow. Genera of Shells. f. 4.

* Desh. Ency. méth. Vers. t. 3. p. 647. n° 3.

Habite... Fossile des environs de Bordeaux; communiquée avec la précédente et beaucoup d'autres, par M. Dargelas. Mon cabinet. Petite Olive cylindrique-subulée, grêle, à spire élevée et pointue, et à columelle multi-striée transversalement et obliquement. Long. : 8 lignes 3 quarts.

4. Olive mitréole. *Oliva mitreola.* **Lamk.**

O. testâ fusiformi-subulatâ, lœvigatâ ; spirâ elongatâ, acutâ ; columellâ basi striato-plicatâ.

Oliva mitreola. Ann. ibid. n° 4. et t. 6. pl. 44. f. 4.

* Roissy. Buff. Moll. t. 5. p. 430. n. 2.

* Desh. Encycl. méth. Vers. t. 3. p. 648. n. 6.

Habite... Fossile de Grignon, etc. Mon cabinet. Petite Olive luisante, à
spire conique subulée, aussi longue que l'ouverture, et qui a six ou
sept tours. Sa longueur est de 7 lignes 3 quarts.

5. Olive de Laumont. *Oliva Laumontiana*. Lamk.

O. *testá ovato-subulatá, nitidulá, subviolaceá; columellá basi subbiplicatá.*

Oliva laumontiana. Ann. ibid. n° 5.

* Desh. Encycl. méth. Vers. t. 3. p. 648. n° 7.

Habite... Fossile d'Ésanville, près d'Aumont, et au-dessous d'Ecouen;
observée et communiquée par M. Gilet-Laumont. Mon cabinet. Cette
Olive, plus petite et moins effilée que la précédente, est luisante, d'un
blanc violâtre ou rosé. La base de sa columelle offre deux ou trois
plis. Longueur: 5 lignes 1 quart.

† 6. Olive de Brander. *Oliva Branderi*. Sow.

O. *testá ovato-ventricosá, lævigatá; spirá brevi, conicá; anfractibus
planis, angustis, suturá profundá separatis; ultimo anfractu basi
attenuato, callo bipartito circumdato; columellá arcuatá, basi profundè bi seu triplicatá.*

Sow. Min. Conch. pl. 288. f. 1. 2.

Voluta hispidula. Brand. Foss. haut. f. 72.

Desh. Coq. Foss. env. de Paris. t. 2. p. 740. pl. 96. f. 17. 18.

Habite... Fossile du Valmondois et des terrains tertiaires du Hamp-
shire, en Angleterre.

Espèce bien distincte, et dont la forme rappelle, dans une taille plus
petite, celle de l'Olive du Brésil. Elle est glandiforme, ovale-oblongue, à spire courte, conique, pointue, composée de six ou sept
tours étroits et aplatis. Le canal de la suture présente un caractère
particulier: son bord extérieur est fort saillant; il est très profond et très
rétréci par un petit bourrelet appliqué sur le tour précédent. De
cette manière le canal est plus large au fond qu'à son entrée, et il
suffit de le voir de profil pour s'en convaincre. Le dernier tour est
grand, un peu conoïde dans les vieux individus, et terminé à la base
par une échancrure large et profonde. Cette base est enveloppée sous
une surface calleuse, divisée en deux parties inégales par un sillon
profond. L'ouverture est ovale-oblongue, plus large dans le milieu
qu'aux extrémités. La columelle est terminée par un gros bourrelet
oblique, tordu et divisé en deux parties égales par un sillon assez
profond. Deux stries se voient sur la partie supérieure, trois sur
l'inférieure. Le bord droit est tranchant, épaissi à sa partie supérieure, et profondément détaché de l'avant-dernier tour.

Cette espèce, assez rare, est longue de 34 millimètres et large de 18.

† 7. Olive nitidule. *Oliva nitidula*. Desh.

O. testá elongatá, angustá, politá, nitidá ; spirá acuminatá ; ultimo anfractu breviore ; aperturá angustá, basi dilatatá ; columellá leviter arcuatá, callo simplici terminatá.

Desh. Coq. Foss. envir. de Paris. t. 2. p. 1. pl. 96. f. 19. 20.

Habite... Fossile de Grignon, Beyne, Courtagnon, Parnes.

Nous distinguons cette espèce de l'Olive mitréole, dont elle a presque tous les caractères extérieurs, parce que sa columelle nous a constamment offert des différences qui nous paraissent suffisantes pour la distinction des espèces. Elle est allongée, étroite, généralement plus grande que la Mitréole. Sa spire, pointue, est toujours plus courte que le dernier tour ; elle est formée de huit à neuf tours aplatis, et dont la suture est occupée par un petit canal très étroit et peu profond ; le dernier tour est entouré à la base par une petite callosité divisée en deux par un petit filet à peine saillant, venant aboutir au sommet de l'échancrure. L'ouverture est allongée, étroite, et offre la forme d'un triangle très aigu. Le bord gauche est plus dilaté vers la base que dans les autres espèces. La columelle est légèrement arquée vers son extrémité, qui est occupée par un petit bourrelet très oblique, lisse ou à peine strié. Le bord droit est mince et tranchant, et, vu de profil, il offre constamment une sinuosité médiane rentrante, et une saillie en arc de cercle à son extrémité.

Les grands individus de cette espèce ont 28 millimètres de long et 11 de large.

† 8. Olive de Marmin. *Oliva Marmini*. Michelin.

O. testá elongatá, angustá , apice acuminatá, nitidá ; spirá acuminatá, ultimo anfractu subæquali ; aperturá angustá ; columellá callo tripartito instructá ; basi callo minimo, substriato, terminatá.

Michelin. Représ. de quelques Coq. f. 6. et 7.

Desh. Coq. Foss. des environs de Paris. t. 2. p. 741. pl. 96. f. 23. 24.

Habite... Fossile de Valmondois.

Cette coquille a beaucoup de ressemblance, par sa forme générale, avec l'*Oliva mitreola*. Elle est étroite, à spire pointue, presque aussi longue que l'ouverture. Elle est formée de sept à huit tours aplatis, séparés par une suture dont le canal est étroit et peu profond. Le dernier tour est légèrement ventru dans le milieu, et sa base, à partir de la columelle, est circonscrite par une callosité assez épaisse, partagée en trois parties légèrement convexes. A son extrémité, la columelle est terminée par un petit bourrelet sur lequel se montrent quelques stries obsolètes. L'ouverture est allongée, étroite. Son bord droit, mince et tranchant, est plus long que la columelle.

Cette coquille, assez rare, est longue de 20 millimètres et large de 7.

FIN DU DIXIÈME VOLUME.

TABLE DES MATIÈRES

CONTENUES DANS LE DIXIÈME VOLUME.

FIN DE LA TABLE.